国家级一流本科专业建设成果教材

普通高等教育一流本科课程教材

石油和化工行业“十四五”规划教材

能源与动力工程测试技术

穆林 尚妍 东明 编著

尹洪超 审

化学工业出版社

·北京·

内容简介

《能源与动力工程测试技术》是石油和化工行业“十四五”规划教材（普通高等教育），书中系统地介绍了能源与动力工程测试技术的基础理论、基本概念、测试原理和方法以及应用技术等内容。全书共11章，内容包括：绪论，测量技术的基本知识，误差分析与测量不确定度，温度测量，压力测量，流速测量，流量测量，液位测量，气体成分及颗粒物测量，转速、转矩与功率测量以及振动与噪声测量。

本书系统性强，信息量大，学科交叉特色显著，在强化基础理论、力求通俗易懂、简明扼要的同时，适当引入本领域的新技术和新内容。

本书可作为普通高等学校能源与动力工程专业以及相关工科专业的本科或研究生教材和教学参考书，同时也可供相关专业和领域从事设计、制造、安装、运行、检测的工程技术人员参考使用。

图书在版编目（CIP）数据

能源与动力工程测试技术/穆林，尚妍，东明编著.—北京：化学工业出版社，2024.1(2024.11重印)

ISBN 978-7-122-44506-3

Ⅰ.①能… Ⅱ.①穆…②尚…③东… Ⅲ.①能源-测试技术-高等学校-教材②动力工程-测试技术-高等学校-教材 Ⅳ.①TK

中国国家版本馆CIP数据核字（2023）第225980号

责任编辑：陶艳玲　　文字编辑：蔡晓雅
责任校对：王鹏飞　　装帧设计：关　飞

出版发行：化学工业出版社
（北京市东城区青年湖南街13号　邮政编码100011）
印　　装：北京机工印刷厂有限公司
787mm×1092mm　1/16　印张23　字数525千字
2024年11月北京第1版第2次印刷

购书咨询：010-64518888　　售后服务：010-64518899
网　　址：http://www.cip.com.cn
凡购买本书，如有缺损质量问题，本社销售中心负责调换。

定　　价：79.00元　　

前言

近年来，随着工程教育认证在能源与动力工程专业的逐步深入，以及“卓越工程师培养计划 2.0”的实施，我国的普通高等教育，特别是高等工程教育开始进入一个新的时代。工程科技进步和创新成为推动人类社会发展和工程教育创新的重要引擎，也对新时代工程创新人才的培养提出了更高的要求。

教材建设是打造“金课”、培养创新型人才、推进教育教学创新改革的基本要素之一，在推动学科专业发展、促进教学方式转变、提高人才培养质量等方面起着重要作用。“能源与动力工程测试技术”是面向能源动力类各专业方向，并兼顾机械类、航空航天类等工科专业部分方向的专业基础课程之一。该课程是一门与工程实践结合非常紧密的课程，具有极强的应用性和学科交叉特色，需要学生们学习本课程后，提高学生解决复杂的科研和工程技术问题的创新能力，未来可解决科研、生产、国防建设所面临的实验以及工程实践的测量问题。

本书是能源与动力工程专业基础课“先进热动力测试技术”（原名：热工测试技术）的配套教材，能源与动力领域的测试技术课程是“能源动力类教学质量国家标准”中规定的核心课程。该课程历经 30 余年的发展和建设，在国家本科教学工程项目、辽宁省教育教学改革项目的支持下，于 2021 年获批辽宁省线下一流本科课程。

本书在内容的选择、组织和编排上，更加注重知识体系的逻辑性，从测量的基本概念、基础理论入手，涉及了动态和静态测量分析，涵盖了不同热工参数以及测试装置和系统的定量描述、分析和设计；更加重视内容的适应性，学习和掌握有关物理量的测量，其最终目的是能够正确选择和使用合适的测量仪器，完成有关的测量测试任务。因此，希望学生通过本书的学习，能够做到“会选、会用、会分析”，包括结合不同测量仪表的动静态特性、使用规范、操作手册，实现亲自动手使用和操作，能够根据所获得的测量结果，按照一定的数据分析方法和策略，得到满足测量要求的结果。

从现代测试技术的发展来看，包括能源与动力工程测试技术在内的各类测试技术是综合运用其他多学科的内容与成果而发展起来的。科学技术的进步不仅对测试任务提出了更高的要求，也有力地促进了测试技术向智能化、集成化、网络化方向不断延伸，各种高性能、高灵敏度、高精度、高可靠性以及高环境适应性的先进测试技术和测试仪器广泛应用于科研、生产和生活的各个领域。因此本书还加强了对国内外在能源与动力工程测量技术方面的新成就、新发展和新趋势等的介绍，以便于扩展读者的知识面，开阔思路，提高解决实际技术问题的能力。

本书也更重视学生的实践能力的培养，这是因为能源与动力工程测试技术这门课程本身就是一门具有实验性质的课程。学生不仅要学习有关的理论知识，更需要在学习中密切联系实际，加强实操性和实践性，只有通过足够和必要的实验才能得到应有的实验能力的训练，才能获得关于测试工作的比较完整的概念，也只有这样才能初步具有分析和处理实际测试工作的能力。因此，本书的内容也尽可能与相关专业在实验、实践课程中的教学内容契合，实现理论教学和实践教学的有机结合。

本书设置了一些典型的例题和新颖的测试案例，有助于在课堂上实施引导式、启发式教学活动，丰富课堂教学形式。在每一章的最后，附有一定量的思考题与习题，它们不仅是对该章节内容的高度总结和提炼，也是对重要知识点的回顾，有助于学生开展自主学习。本书力求内容上的精益求精，不过分地延展和讨论。如果读者对书中的某个专题或知识点感兴趣，可以参考相关的资料。

本书共11章，其中，第1～5章由穆林编写，第6～8章由尚妍编写，第9～11章由东明编写，全书由穆林统稿，大连理工大学尹洪超教授审阅全稿并提出了许多宝贵的意见和建议，刘宏升教授、李宏坤教授、刘晓华教授等对本书的编写提供了大量的帮助。在教材的编写和修改过程中，作者参考并引用了本专业和相关专业领域的专家、学者的教材、论著和文献，在此一并表示衷心感谢。

由于时间仓促和编者水平有限，书中不妥之处在所难免，敬请读者和同行不吝指教，并提出建议，以期再版时修订和完善。

编著者

2024年1月

目录

第1章　绪论　1

1.1　测量的概念　1

1.1.1　测量与测试　1

1.1.2　与测量有关的其他术语　2

1.2　现代测试技术发展及其在能源动力领域的应用　2

1.3　未来测试技术的发展趋势　3

第2章　测量技术的基本知识　5

2.1　测量方法　5

2.2　测量系统　6

2.2.1　测量系统的组成　6

2.2.2　测量环节的功能　7

2.3　测量系统的静态特性　8

2.4　测量系统的动态特性　12

2.4.1　传递函数　12

2.4.2　单位阶跃响应函数　15

2.4.3　频率响应函数　18

2.4.4　实现不失真测量条件　20

2.4.5　测量系统动态参数的测定　21

思考题与习题　23

第3章　误差分析与测量不确定度　25

3.1　测量误差的概念及分类　25

3.1.1　测量误差的概念　25

3.1.2 测量误差的分类 26
3.1.3 测量的准确度、精密度和精确度 28
3.2 测量误差分析 29
3.2.1 随机误差分析与处理 29
3.2.2 系统误差分析与处理 33
3.2.3 粗大误差的剔除 37
3.3 测量误差计算 42
3.3.1 直接测量误差计算 42
3.3.2 间接测量误差计算 46
3.4 测量数据的处理和表达 51
3.4.1 有效数字及其运算规则 51
3.4.2 测量数据的图示处理 53
3.4.3 测量数据的曲线拟合 54
3.4.4 计算机绘图软件 57
3.5 测量不确定度的评定 60
3.5.1 测量不确定度定义 61
3.5.2 测量误差与测量不确定度的区别 62
3.5.3 标准不确定度的评定 63
3.5.4 标准不确定度的合成 66
3.5.5 扩展不确定度的确定 67
3.5.6 不确定度评定实例 68
思考题与习题 70
第4章 温度测量 72
4.1 概述 72
4.1.1 温标 72
4.1.2 温度测量方法 74
4.2 膨胀式温度计 75
4.2.1 液体膨胀式温度计 75
4.2.2 固体膨胀式温度计 76
4.2.3 压力式温度计 77
4.3 热电偶测温技术 77
4.3.1 热电偶测温原理 77
4.3.2 热电偶回路的基本定律 79
4.3.3 热电偶结构及分类 81
4.3.4 热电偶参比端温度补偿 85
4.3.5 热电偶测温的应用 86

4.4 热电阻测温技术 88
4.4.1 热电阻测温原理 88
4.4.2 金属热电阻温度计 89
4.4.3 金属热电阻的结构 90
4.4.4 半导体电阻温度计 90
4.5 接触式温度测量仪表校验与误差分析 91
4.5.1 温度测量仪表校验 91
4.5.2 接触式温度测量的误差分析 93
4.6 非接触式温度测量技术 100
4.6.1 热辐射理论基础 100
4.6.2 单色辐射式光学温度计 101
4.6.3 全辐射高温计 104
4.6.4 比色高温温度计 105
4.6.5 红外测温仪及红外热像仪 106
4.7 先进温度测量技术及应用 108
4.7.1 光纤温度计 108
4.7.2 噪声温度计 112
4.7.3 锅炉炉膛温度场测量技术 113
4.7.4 航空发动机高温测试技术 115
思考题与习题 117
第5章 压力测量 118
5.1 概述 118
5.1.1 压力的概念与表示方法 118
5.1.2 压力测量方法 119
5.2 液柱式压力计 120
5.2.1 U形管压力计 120
5.2.2 单管式压力计 121
5.2.3 斜管式压力计 121
5.2.4 多管式压力计 122
5.2.5 液柱式压力计误差分析 122
5.3 弹性式压力计 123
5.3.1 弹性元件 123
5.3.2 弹簧管压力表 124
5.3.3 膜片（盒）压力计 126
5.3.4 波纹管压力计 127
5.4 动态压力测量 128

5.4.1 电阻式压力传感器 129
5.4.2 电感式压力传感器 133
5.4.3 压电式压力传感器 135
5.4.4 电容式压力传感器 138
5.4.5 霍尔式压力传感器 141
5.5 压力传感器及压力系统的标定 143
5.5.1 静态压力标定系统 143
5.5.2 动态压力标定系统 144
思考题与习题 147

第6章 流速测量 148

6.1 皮托管测速技术 148
6.1.1 皮托管测速原理 148
6.1.2 皮托管的形式 149
6.1.3 皮托管的使用 152
6.2 热线（热膜）测速技术 155
6.2.1 热线风速仪的结构 155
6.2.2 热线风速仪测速原理 155
6.2.3 热线风速仪测速的应用 158
6.3 流速测量仪表的校准 161
6.3.1 皮托管的校准 161
6.3.2 热线风速仪的校准 162
6.4 激光多普勒测速技术 163
6.4.1 激光多普勒测速原理 163
6.4.2 激光多普勒测速仪的光学部件 167
6.4.3 激光多普勒测速仪的信号处理系统 174
6.4.4 激光多普勒测速技术的应用 176
6.5 粒子图像测速技术 177
6.5.1 粒子图像测速原理 177
6.5.2 粒子图像测速系统的组成和信号处理 178
6.5.3 示踪粒子的选择 180
6.5.4 粒子图像测速技术的应用 181
思考题与习题 183

第7章 流量测量 185

7.1 概述 185

7.2 差压式流量计 186
7.2.1 差压式流量计测量原理 186
7.2.2 节流装置 189
7.2.3 转子流量计 194
7.3 涡轮流量计 195
7.3.1 涡轮流量计测量原理 195
7.3.2 涡轮流量计的基本特性 196
7.3.3 涡轮流量计的特点和安装要求 197
7.4 涡街流量计 198
7.4.1 涡街流量计测量原理 198
7.4.2 旋涡发生体结构类型 199
7.4.3 旋涡频率检测器 200
7.4.4 涡街流量计的特点及安装要求 201
7.5 电磁流量计 201
7.5.1 电磁流量计测量原理 201
7.5.2 电磁流量计结构组成 202
7.5.3 电磁流量计的特点及选用要求 204
7.6 容积式流量计 205
7.6.1 容积式流量计测量原理 205
7.6.2 容积式流量计工作过程 205
7.6.3 容积式流量计的特点及安装要求 207
7.7 超声波流量计 208
7.7.1 超声波流量计测量原理 208
7.7.2 传播速度法超声波流量计 209
7.7.3 超声波流量计的特点和安装要求 211
7.8 质量型流量计 213
7.8.1 直接式质量流量计 213
7.8.2 间接式质量流量计 217
7.9 气液两相流的流量测量 219
7.9.1 气液两相流概述 219
7.9.2 气液两相流测量基本参数 219
7.9.3 气液两相流测量基本原理 222
7.9.4 气液两相流流量测量的典型技术 224
思考题与习题 228

第8章 液位测量 229

8.1 概述 229

8.2 浮力式液位计 230
8.2.1 浮子式液位计 230
8.2.2 浮筒式液位计 233
8.3 差压式液位计 233
8.3.1 差压式液位计测量原理 233
8.3.2 锅炉汽包的水位测量 235
8.4 电容式液位计 239
8.4.1 电容式液位计测量原理 239
8.4.2 测量导电介质的电容式液位计 240
8.4.3 测量非导电介质的电容式液位计 242
8.4.4 电容式液位计的特点 243
8.5 电阻式液位计 244
8.5.1 电接点液位计 244
8.5.2 热电阻液位计 245
8.6 其他类型的液位计 246
8.6.1 磁翻板液位计 246
8.6.2 光纤液位计 247
8.6.3 超声液位计 249
8.6.4 雷达液位计 250
思考题与习题 252
第9章 气体成分及颗粒物测量 253
9.1 概述 253
9.2 气相色谱分析法 254
9.2.1 色谱分析仪的基本原理 254
9.2.2 组分定性分析 256
9.2.3 工业气相色谱分析仪的组成 257
9.3 红外气体分析仪 260
9.3.1 红外气体分析原理 260
9.3.2 红外气体分析仪的结构 261
9.4 氧量分析仪 265
9.4.1 氧化锆氧量分析仪的基本工作原理 265
9.4.2 氧化锆氧量分析仪测量系统 267
9.5 化学发光气体分析仪 267
9.6 颗粒物排放测量 269
9.6.1 颗粒的基本知识 269
9.6.2 颗粒粒径的测试技术 273

9.6.3 几种常见的粒径谱仪 278
9.6.4 烟度测量 280
思考题与习题 282

第10章 转速、转矩及功率测量 284

10.1 转速测量 284
10.1.1 转速测量概述 284
10.1.2 常用的转速测量仪器 284
10.2 转矩测量 288
10.2.1 转矩测量方法分类 288
10.2.2 常用的转矩测量仪器 289
10.3 功率测量 294
10.3.1 功率测量的基本方法 294
10.3.2 测功器 295
思考题与习题 299

第11章 振动与噪声测量 300

11.1 振动测量概述 300
11.2 振动测量传感器 302
11.2.1 振动位移传感器 303
11.2.2 振动速度传感器 305
11.2.3 振动加速度传感器 306
11.3 振动测试仪器与振动测量 309
11.3.1 振动测试仪器 309
11.3.2 测频系统 313
11.3.3 激振设备 315
11.3.4 振动测试实例 318
11.4 噪声测量概述 321
11.4.1 噪声测量的基本概念 322
11.4.2 声级的计算 325
11.4.3 人对噪声的主观量度 328
11.5 噪声测量仪器 331
11.5.1 传声器 331
11.5.2 声级计 333
11.5.3 噪声分析仪 335
11.6 噪声测量技术 336

11.6.1 测试环境对噪声的影响 336
11.6.2 噪声级的测量 336
11.6.3 声功率级的测量 338
11.6.4 声强的测量 340
思考题与习题 341

附录 343

附录 A.1 铂铑 10-铂热电偶分度表 343
附录 A.2 镍铬-镍硅热电偶分度表 348
附录 A.3 分度号为 Cu50 的铜热电阻分度表 353

参考文献 355

第1章 绪论

1.1 测量的概念

随着科学技术的发展和信息技术水平的不断提高，对各种信息进行准确及时的检测、转换、处理、存储及传输的技术变得日益重要。以检测、转换、处理为主要内容的“测试技术”逐渐发展成为一门专门的学科，并广泛地应用于科学实验、国防建设、工程设计、产品开发、生产监督、质量控制乃至我们日常生活的各个领域，成为人们认识客观世界的手段之一。先进可靠的测量方法不仅为工业过程实现自动控制提供了保障，也为各类前沿尖端的科学试验提供了可靠的数据支撑，很多复杂的数学模型和数值计算结果也需要测量提供的数据进行比对验证。因此，掌握并正确运用测试技术有助于人们增强对物体、物质和自然现象的属性认知，增强对自然规律认识的确信性和科学性。

1.1.1 测量与测试

“测量”是以确定被测对象量值的存在或大小为目的而进行的全部操作。测量是把被测量的物理量与同性质的标准量进行比较，从而对被测对象进行量化描述的过程，它与测量结果的预期用途、测量程序和特定测量条件下运行测量程序的校准测量系统相关。如测量机械零件的尺寸，测量某时刻的环境温度，测量某管路内的流体压力等。而“测试”则是带有一定试验性质的测量，以试验为需求，以测量为手段，通过测试，不仅可以获得被测对象或过程的各种参数和各种变量，也可以表征被测对象的某些特性，甚至揭示某些现象发生的内在规律。“测量”和“测试”在某些场合具有相同的含义，但又有区别。有时也把复杂的测量称为测试，因此测试一般由两个过程组成：一是使用专门的仪器设备获取被测量的量值；二是在获取量值的基础上，借助于人、计算机或一些数据分析与处理系统，从被测量的量值中提取被测量对象的有关信息。测试的主要意义在于：

① 测试的目的是解决科研和生产中的实际问题；

② 测试具有探索性，是试验研究的过程；

③ 测试的本质是测量，最终要拿出数据；

④ 测试的范围十分广泛，包括定量测定、定性分析、试验等，可以是单项测试，也可以是综合测试。

1.1.2 与测量有关的其他术语

与测量相关的技术名词和术语很多，比如“计量”“检测”“监测”“控制”“测控”等，这些概念之间彼此有着密切的关系，但又有一定的差异，尤其是针对研究对象的不同，其定义也有一定的差别。

“计量”从狭义上来讲，是利用技术和法治手段实现单位统一和量值准确可靠的测量。计量可看作是测量的特殊形式。因此计量也可认为是实现单位统一和量值准确可靠的活动，它对整个测量领域起着指导、监督、保证和仲裁的作用。实现单位统一和量值准确是计量的根本出发点。通常包括六个方面：计量（测量）单位和单位制；计量器具（测量仪器），包括实现或复现计量单位的计量基准、标准和计量器具；量值传递和量值溯源，包括检定、校准、测试、检验与检测；物理常量、材料与物质特性的测定；不确定度、数据处理与测量理论及其方法；计量管理、计量保证与计量监督。

“检测”是利用各种物理、化学效应，选择合适的方法与装置，将生产、科研、生活等各方面的有关信息通过检查与测量的方法得到定量结果的过程。

“监测”是指利用人工或专用的仪器工具，在规定的位置，对被测对象进行间断或连续的监视与检测，通过对与设备状态相关的特征参数（如温度、压力、振动等）进行测取，将测定值与规定的正常值（门限值）进行比较，以判断设备的工作状态是否正常，从而掌握设备异常的征兆和劣化程度。

“控制”是指为确保状态稳定和在需要改变状态时能够正确改变状态所采用的技术。

“试验”是在真实或模拟的条件下，对被试对象（如材料、元件、设备和系统等）的特性、能力和适应性等进行测量和度量的研究过程。

“测控”是测量与控制的结合，它以测量为手段，以控制为目的。

1.2 现代测试技术发展及其在能源动力领域的应用

测试技术的发展与科学技术的进步相得益彰。一方面，先进测试技术的发展为各项科学技术的研究提供了坚实的基础信息获取手段，通过大量基础信息的挖掘，促进了新现象的发现、新理论的产生、新技术的发明；另一方面，科学技术的不断进步也对测试技术提出了更高的要求，并有力地促进了测试技术向智能化、集成化、网络化方向不断延伸，各种新的高精度化、多功能化、自动化的先进测试技术和测试仪器广泛应用于科研、生产和生活的各个领域。

在能源与动力工程领域，早期的参数测量主要以机械式传感器为主，如弹簧压力表、膨胀式温度计等。随着测试技术理论和应用的不断发展和完善，测试技术与传感技术、计算机及信息技术、应用数学及自动控制技术等深度融合。非电量电测技术和相应的二次仪表开始广泛地应用于各种场合的参数测量，实现了将特定的非电量的被测信息变化为易于处理和便于传输的电信号，同时也能够实现键盘操作、数字显示、数据存储和基本运算等功能。20世纪80年代，计算机和智能化仪表进入参数测量领域，实现了对动态参数的实时检测和处理。在工业生产和工程设计方面，广泛应用的自动控制技术已越来越多地运用了测试技术，测试装置已经成为控制系统中不可缺少的重要组成部分，而传感器技术的发展，更加完善和充实了测试和控制系统，使测试与控制成为现代生产系统的必需。基于参数测量、远程控制等技术的先进测试系统能够将现场测量得到的温度、压力、流量、液位、成分等各种物理量转换成控制装置或仪表能够接收到的电信号，以方便控制装置或显示仪表用来进行自动控制或参数显示。根据测量的参数，可以监督各类热动力设备或装置的运行状态，从而对自动控制进行调整，对机组进行经济核算、事故分析甚至是预测等。近年来，许多新型测试技术相继出现并越来越多地应用于能源与动力工程领域当中，如激光全息摄影技术、光纤传感技术、红外CT技术、超声波测试技术、虚拟仪器技术及网络化测试技术等，并将传统的对宏观稳态过程的静态、单一维度、单一参数的测量，延伸到了对微观瞬变过程的动态、多维度、多参数的测量，从而使研究人员深入掌握各种复杂物理化学过程的内在演变规律，为设计优化、性能改进与控制理论及技术的发展提供科学基础。

1.3 未来测试技术的发展趋势

现代测试系统及测试技术在国家现代化建设中起着越来越重要的作用。面向未来能源动力发展的先进测试技术经过几十年的发展，已日趋系列化、标准化和通用化，并发挥着重要的作用。在未来，人们将充分利用大数据，将人工智能、移动互联网、移动计算、建模、控制与优化等信息技术与制造过程的物理资源紧密融合与协同，这将促使测试仪器向智能化、集成化、多参数、高精度、高时空分辨率方向发展，测试技术和测试系统向综合化、网络化和虚拟现实方向发展，从而提高测试技术的科技水平和实用能力，满足更加复杂参数和复杂环境下的测试信息的处理、存储、传输和控制。具体而言，未来测试技术的发展体现如下。

① 测试精度更高。随着科学技术的不断进步，对测试技术也提出了更高的要求。例如

在尺寸测试方面，已经提出了纳米的要求，且纳米的测量还不是单一方向的测量，而是实现空间坐标测量；在时间测量方面，分辨率已经达到飞秒级，相对精度达 10^{-14}。

② 测试范围更大。近年来，对测试系统的性能要求在不断提高，原有测试系统的技术指标也在不断提高，应用范围也在不断扩大，在常规测量方面，测试技术是比较可靠的。在一些极端参数的测试方面，要求测试系统的测试范围不断扩大，同时还要有很高的精度与可靠性，这些极端参数的测量将促进测试范围的进一步扩大，因此测试技术未来将向解决极端测量问题的方向发展。

③ 测试功能更强。随着社会的发展，需要测试的领域不断扩大，测试的环境和条件也更复杂，同时需要测量的参数也不断增多，这些都对测试的功能提出了越来越高的要求。例如有时还要求联网测量，就是在不同的地域来完成同步测量，还要实现高精度和高可靠性，这就要求测量系统具有更强的功能，才能满足对测试系统不断增长的要求。

④ 测试速度更快。在科学研究领域，部分物理现象和化学反应变化较快，有时甚至要用到飞秒激光进行测试。在现代测试中，还有一些情况要求在高速运动中进行测试，例如飞行器在飞行中对其轨道和速度不断进行校正，这就要求在很短的时间内测出其运行参数，这对测试系统的测试速度提出了更高的要求。

第2章 测量技术的基本知识

2.1 测量方法

根据测量结果获得过程的不同，测量可分为直接测量、间接测量和组合测量。

（1）直接测量

使被测量与选用的标准量直接进行比较，或直接通过预先标定过的测量仪器得到被测量量值的测量方法称为直接测量。例如，使用水银温度计测量温度，使用压力表测量压力等。工程上的许多物理量并不能通过直接测量的方法得到结果，但可以通过以直接测量的方法为基础引出的其他测量方法得到。

（2）间接测量

通过直接测量与被测量有一定函数关系的其他各个变量，然后将所得测量值通过函数关系进行计算，最终得到所需的被测量的测量方法称为间接测量。例如，测量发动机的输出功率 P（kW）时，需要测量发动机的转速 n（r/min）和转矩 M（N·m），然后通过公式 $P=Mn(\pi/30)$ 就可以计算出相应的功率 P。

（3）组合测量

组合测量是指被测量的测量结果需要用多个参数表达时，可通过改变测试条件进行多次测量，根据被测量与参数间的函数关系列出方程组并求解，最终确定被测量的量值。由于被测量的量值需要求解联立方程组才能确定，故又称联立测量。例如，热电阻温度系数的测量，已知热电阻和温度的关系为

$$R_t = R_0(1 + At + Bt^2) \tag{2-1}$$

式中，R_t、R_0 分别为温度为 t℃和 0℃时的电阻值，Ω；A、B 分别为铂电阻常数，单位分别为℃$^{-1}$、℃$^{-2}$。为确定常数 A、B，首先要测定铂电阻在不同温度下的电阻值，然后再建立联立方程组求解，计算出 A、B 的值。为提高测量精度，可以增加温度和电阻值的测量组合的组数，然后采用最小二乘法确定 A、B 的数值。

对于测量方法的分类还有其他的方式，例如按照测量条件分类，可以分为等精度测量和非等精度测量，其中，在完全相同的测量条件（包括测量仪器、测量人员、测量方法及环境条件等）下，对同一被测量进行多次测量，称为等精度测量；反之，在多次测量中，测量条件不尽相同，则称为非等精度测量。按被测量的量值与时间的关系进行分类，可以把测量分为稳态（静态）测量和非稳态（动态）测量；按选取的测量点是一个还是多个分类，可将测量分为单点测量和分布测量；按测量系统是否向被测对象施加能量进行分类，可将测量分为主动式测量和被动式测量；按被测对象与测量敏感元件是否接触进行分类，可将测量分为接触式测量和非接触式测量；按测量数据是否需要实时处理进行分类，可将测量分为在线测量和离线测量；按对测量结果的精度要求进行分类，可将测量分为精密测量和工程测量；按被测量与测量结果获取地点的关系进行分类，可将测量分为本地（原位）测量和远地测量（遥测）等。

2.2 测量系统

在测量技术中，为了测得某一被测量的数值，总要使用若干个测量设备，并将它们按一定的方式组合起来。为实现一定的测量目的而将测量设备进行有效组合所形成的测量体系，称为测量系统。任何一次有意义的测量，都必须由测量系统来实现。设计或选择测量系统是测量工作的一项重要任务，需要将被测量信号的性质、测量精度和测量环节性价比要求等因素与测量系统的性能进行匹配。

2.2.1 测量系统的组成

任何一个测量系统都可以由有限个具有一定功能的测量环节组成。测量环节是指建立输入量和输出量之间某种函数关系的基本部件。一个完整的测量系统一般包括合适的传感器（或测量器具）、信号调理单元、信号分析处理单元及结果显示和记录单元等部件，如图 2-1 所示。对于某些特定的测量任务，如振动测量，测量系统还包括将被测对象置于测量状态下的激励装置，连接和协调各环节的传输及反馈控制单元等。

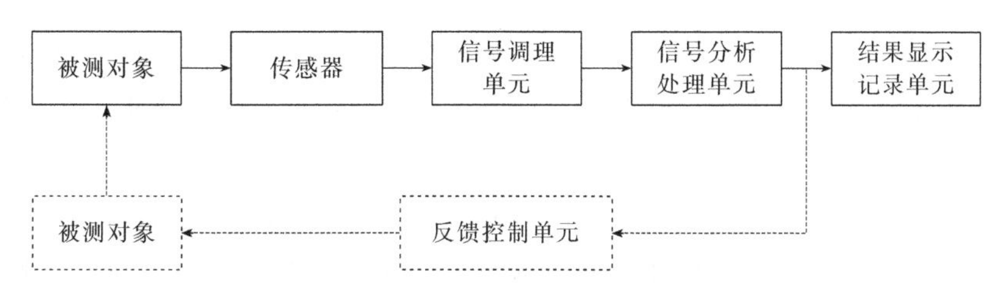

图 2-1　测量系统的组成框图

实际的测量工作中，由于测量原理不同或测量精度要求不同等原因，测量系统的复杂程度会有明显差异。根据测量系统的复杂程度，可将测量系统分为简单测量系统和复杂测量系统。一个用于测量温度的温度测量系统只有一个液柱式温度计，这种测量系统就是简单测量系统。而使用多个测量仪表或通过计算机处理数据使其高度自动化的测量系统则是复杂测量系统。火电厂的烟气连续排放监测系统（continuous emission monitoring system，CEMS）就是一个典型的复杂测量系统。该系统包括颗粒物监测子系统，气态污染物监测子系统，烟气排放参数监测子系统，系统控制、数据采集和处理及远程监测子系统等。前三个子系统可以通过采样和非采样方式，测定烟气中颗粒物浓度、气态污染物浓度，同时测量烟气温度、烟气压力、烟气流速或流量、烟气含湿量（或输入烟气含湿量）、烟气氧含量（或二氧化碳含量）等参数。系统控制、数据采集和处理及远程监控子系统以微机为核心，其中系统控制可以实现监测仪器的定时开关、校零、校标，按一定时段处理数据，定时传输数据等目标；数据采集控制器可以定时采集各项参数，并生成各污染物浓度对应的干基、湿基及折算浓度；远程监控中心则可以实现连接一个或多个前端数据采集器，显示实时数据和系统运行状态，下载历史数据，以图表形式显示历史数据，并打印输出各种数据报表等需求。

2.2.2　测量环节的功能

传感器一般是由敏感元件、转换元件和转换电路组成的，如图 2-2 所示。传感器是以一定的精确度将被测量（物理量、生物量、化学量）转化为与之有确定关系的便于处理应用的某种物理量（电量、光学量）的器件或装置（测头）。因为电量（电流、电压）最容易被使用，所以传感器的输出一般为电信号。当输出为规定的标准信号时，则称之为变送器。

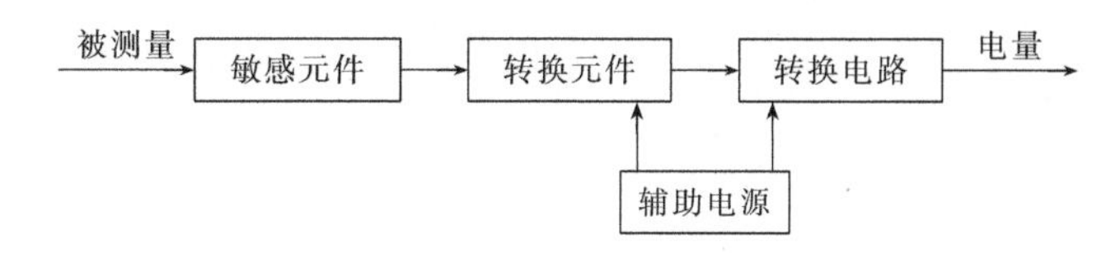

图 2-2　传感器的组成框图

在理想情况下，敏感元件应满足下列条件：

① 只能感受被测量的变化并发出相应的信号，其他量变化时敏感元件不应发出同类信号；

② 敏感元件发出的信号与被测量之间应呈单值函数关系，即两者一一对应；

③ 敏感元件对被测量的干扰应尽量小。

但实际上很难找到一种具有完全选择性的测量装置，往往有不希望出现的信号夹杂在被测量中，造成测量的误差或困难。这时候有必要采用引入修正系数或增加补偿装置的方法消除附加因素的影响。

信号调理单元是将传感器所得的信号进行放大、滤波、调制和解调等处理，使信号转变为适合传输或后续处理的信号，以便更好地满足下一级标准部件或设备对信号特性的要求。根据需要，信号调理单元可以实现增加信号的幅值、能量，转换信号的形式（如脉冲、微分、积分、模/数转换、数/模转换等），传输信号（遥感、遥测、分布式测量等），滤除噪声（选择性滤波、剔除各种干扰信号）等功能。信号调理单元输出的信号根据需要可以直接将结果进行显示、打印记录，也可以送入信号分析处理单元做进一步的分析处理。

信号分析处理单元是将调理后的信号送入计算机或微处理器做进一步的分析处理，如小波变换、频谱分析等。分析处理后的结果可直接进行显示、打印记录，或用于过程监测和控制。

结果显示记录单元是将测量所得的信息变换成易于理解的形式输出，常见的有模拟式、数字式和屏幕式三种。模拟式最常见的为指针式仪表，其结构简单、价格低廉，是目前主要的显示仪表，但容易产生视差，且不能显示被测量的动态变化。数字式是以数字形式给出被测量值，不会产生视差。记录时可以打出数据。数字式显示仪表容易存在量化误差，量化误差的大小取决于模数转换器的位数，直观性不如模拟仪表。屏幕式显示仪表是电视技术在测量中的应用，它既可以按模拟方式给出曲线，也可以给出数字，或者两者同时显示，具有形象性和易于读数的优点，并能在屏幕上显示出大量的数据，便于比较判断。

连接各测量环节，实现信号输入、输出的称为传输通道，分为电线、光导纤维和管路等几种形式。它应按规定要求进行选择和布置，否则会造成信息损失、信号失真或引入干扰，致使测量准确度下降。例如导压管过细过长，容易使信号传递受阻，产生传输迟延，影响动态压力测量的准确度。再比如导线的阻抗失配，会导致电压和电流信号的畸变。

2.3 测量系统的静态特性

（1）量程

量程是指测量系统所能测量的最大与最小输入量之间的范围，数值上等于仪表上限值减去仪表下限值，用 L_m 表示。为提高测量结果的精确度，在测量前应对被测量大小进行初步估计，通常按照被测量量值落在 2/3～3/4 量程范围来选择测量系统的量程。

（2）精度

测量系统的精度是指测量值与真值（或约定值）之间的符合程度。精度通常用基本误差，即系统在量程范围内每单位输入可能存在的最大输出误差来表示，合格的测量系统要求其基本误差不能超过有关规定的上限值，因此基本误差也被称作允许误差。该误差的量值一般采用标准仪器进行静态校准来获得。测量系统的基本误差计算公式为

$$\delta_{j}=\frac{\delta_{max}}{L_{m}}\times 100\% \tag{2-2}$$

式中，δ_j 为基本误差；δ_{max} 为标准仪器与被校准的测量系统之间存在的最大输出绝对误差；L_m 为仪表量程。

将基本误差的“%”去掉后的数值即为仪表的精度等级，简称为精度。如果测量系统的基本误差为 1.5%，则其精度等级为 1.5 级。常见的精度等级有 0.1、0.2、0.5、1.0、1.5、2.5 和 5.0 等。仪表基本误差是指仪表在正常使用条件下的最大引用相对误差，若仪表不在规定的正常条件下使用，则会引起额外的附加误差。另外，对同一精度的仪表，如果量程不同，则在测量中产生的绝对误差也是不同的。同一精度窄量程仪表产生的绝对误差要小于同一精度宽量程仪表的绝对误差。因此选用仪表时，在满足被测量的数值范围的前提下，尽可能选择窄量程的仪表，这样既满足测量误差的要求，又可选择精度等级低的仪表，从而降低仪表的价格。

(3) 线性度

线性度，又称“非线性”，是度量测量系统输入输出关系接近线性程度的指标，定义式为

$$\delta_{L}=\frac{|\Delta L_{max}|}{Y_{FS}}\times 100\% \tag{2-3}$$

式中，δ_L 为测量系统的线性度；ΔL_{max} 为标定直线与其拟合直线的最大拟合偏差；Y_{FS} 为满量程下的理想输出值。在静态测量中，测量系统的线性度通常用试验的方法来确定。由于拟合直线确定的方法不同，因此利用最大偏差 ΔL_{max} 表示线性度的数值大小也不相同，常用的有理论线性度、零基线性度、端基线性度、最小二乘法线性度等，其中，以理论线性度和最小二乘法线性度应用最为普遍。如图 2-3 所示，直线 1 为理论线性度拟合曲线，它的起始点是坐标原点（$x=0$，$y=0$），终止点是满量程点（X_{FS}，Y_{FS}）；直线 2 为最小二乘法线性度拟合直线；曲线 3 为测量系统试验标定曲线；ΔL_1 为理论线性度最大拟合偏差；ΔL_2 为最小二乘法线性度最大拟合偏差。

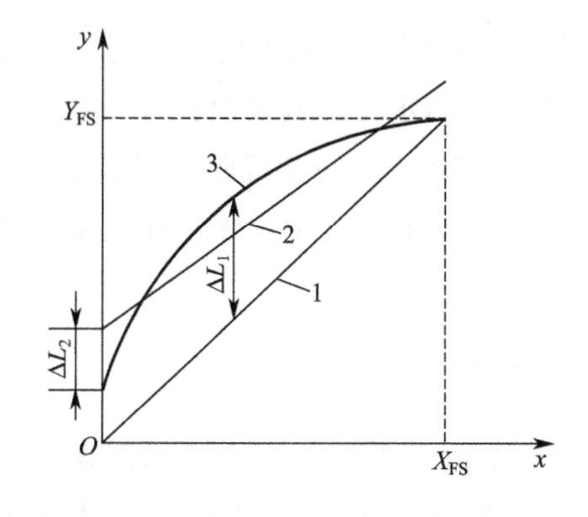

图 2-3 线性度

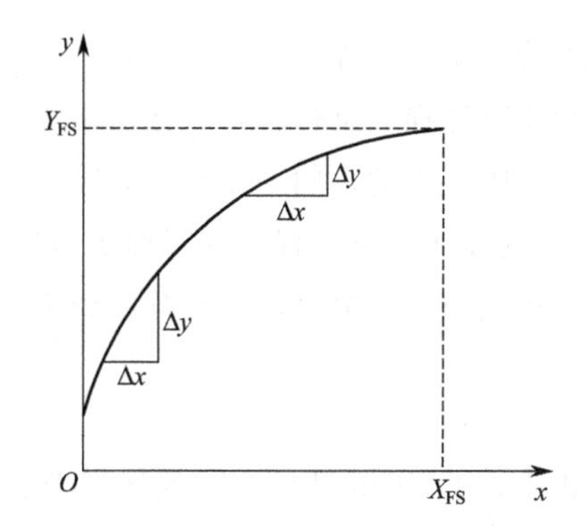

图 2-4 非线性测量系统灵敏度特性曲线

(4) 灵敏度

灵敏度是用来衡量仪表对被测参数变化的敏感程度的指标，是指测量系统在稳态下，当输入量变化很小时，测量系统输出量的变化与引起这种变化的对应输入量的变化的比值。灵敏度的定义式为

$$S=\lim_{\Delta x\to 0}\frac{\Delta y}{\Delta x}=\frac{dy}{dx} \tag{2-4}$$

式中，S 为灵敏度；Δy 为测量系统输出量的变化量；Δx 为与 Δy 对应的输入量的变化量。线性测量系统的灵敏度特性曲线是一条直线；而非线性测量系统的灵敏度特性曲线为一条曲线，其灵敏度由特性曲线上各点的斜率来确定，如图 2-4 所示。对于灵敏度而言，其量纲取决于输入和输出的量纲。若测量系统的输入和输出具有不同量纲时，灵敏度是有单位的。例如，某位移传感器在位移变化 1mm 时，输出电压变化 200mV，则该传感器的灵敏度 $S=200\text{mV/mm}$。

较高的灵敏度意味着测量仪表能够检测到被测量极微小的变比，即被测量稍有变化，测量系统就有较大的输出并显示出来。此外，灵敏度高，仪表的精度也相应比较高。但又必须指出，仪表的精度主要取决于仪表本身的基本误差，因而不能单纯地靠提高灵敏度来达到提高精度的目的。例如，把一个毫伏表的指针接得很长，虽然可把直线位移的灵敏度提高，但其读数会因为平衡状况变坏、稳定性变差而造成精度下降。常规定仪表读数标尺的分格值不能小于仪表允许误差的绝对值。

(5) 灵敏限

灵敏限，又称灵敏阀、分辨力，是指测量系统能够测量出输入量最小变化量的能力，通常用能够引起输出量产生可察觉到的变化的最小输入变化量表示。数学上灵敏限的值等于灵敏度的倒数。测量系统的灵敏限越高，表示它所能检测出的输入量的最小变化量值越小。通常模拟式测量系统的灵敏限是其输出指示标尺最小分度值的一半；数字式测量系统的灵敏限为输出显示的最后一位所对应的输入量。灵敏限高可以降低测量误差，减小因读数误差引起的对测量结果的影响。

(6) 迟滞误差

迟滞误差，又称回差、变差或滞后，表现为测量系统对同一输入量的递增过程（正行程）和递减过程（反行程）的输出不重合的程度，如图 2-5 所示。一般是由仪表或仪表元件吸收能量所产生的，例如摩擦、间隙、材料受力变形或磁滞等，也可能反映了仪表不工作区（死区）的存在。正行程与反行程输出量之间的差值为迟滞差值，全量程中迟滞差值最大值与满量程理想输出值之比的百分率即为迟滞误差

$$\delta_H=\frac{|\Delta H_{max}|}{Y_{FS}}\times 100\% \tag{2-5}$$

式中，δ_H 为测量系统的迟滞误差；ΔH_{max} 为迟滞差值最大值。仪表的迟滞误差需要小于或等于允许误差值，否则仪表将被视为不合格。迟滞误差一般是通过具体实测确定的。

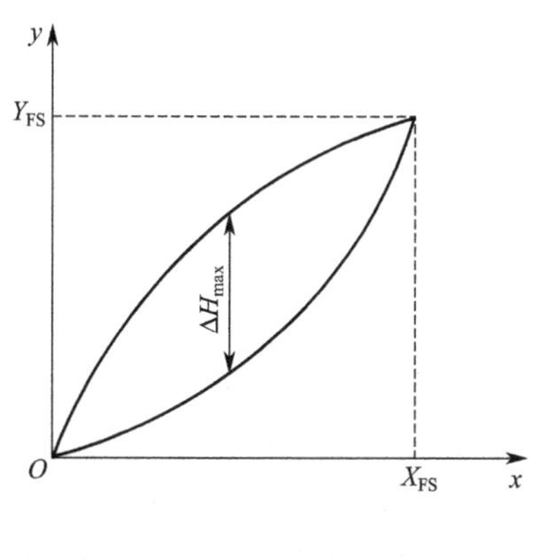

图 2-5　迟滞误差

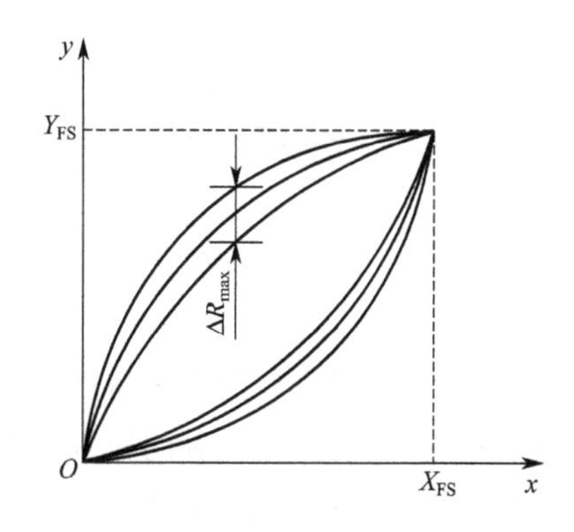

图 2-6　重复性误差

(7) 重复性误差

重复性误差是指在同一条件下，测量系统对同一输入进行多次重复测量时，其输出的重复程度，如图 2-6 所示。相同的测量条件也称为重复性条件，主要包括相同的测量程序、相同的测量仪表、相同的使用条件、相同的地点、相同的操作人员和在短时间内重复测量。重复性误差用正行程与反行程中的最大差值与满量程下理想输出值之比的百分率表示

$$\delta_R=\frac{|\Delta R_{max}|}{Y_{FS}}\times 100\% \tag{2-6}$$

式中，δ_R 为重复性误差；ΔR_{max} 为正反行程输出值最大偏差。

(8) 漂移与稳定性

在输入信号保持一定的情况下，输出随时间变化的现象称为漂移，输出在规定时间内保持不变的能力称为稳定性。产生漂移最常见的原因是环境温度的变化，这种漂移称为热漂移，也叫温度漂移，计算公式为

$$\xi_t=\frac{y_t-y_{20}}{\Delta t} \tag{2-7}$$

式中，ξ_t 为温度漂移；y_t 为环境温度为 t℃时系统输出值；y_{20} 为环境温度为 20℃时系统输出值；Δt 为环境温度 t℃与标准温度（20℃）的差值。温度漂移会对测量系统静态特性造成两种影响：一是会导致静态特性曲线发生平移，但斜率不变，这种影响被称为热零点漂移或温度零点漂移；二是会导致静态特性曲线斜率发生变化，这种影响被称为热灵敏性漂移或温度灵敏性漂移。为消除温度效应的影响，在测量系统中一般采取自动温度跟踪补偿技术，或者在应用过程中严格按照使用环境规定，或者采用标定的方法进行修正。

除温度外，还有其他情况会引起漂移，如测量系统的输入为零（没有输入）时产生的漂移称为零点漂移，简称零漂；压力、湿度和电磁辐射等环境因素，以及测量系统的器件状况，如元件的老化、磨损、污染及弹性元件失效等也会导致漂移的产生。

2.4 测量系统的动态特性

测量系统或测量仪器的动态特性是指系统对随时间变化的输入量的响应特性，是系统的输出值能够真实地再现变化着的输入量的能力的反映。但是系统总是存在着磁、电气或机械等各种惯性，使测量系统（仪器）不能实时无失真地反映被测量值，二者之间的偏差即为动态测量误差。掌握测量系统的动态特性，可以理解动态测量误差产生的机制，根据测量对象的性质和测量要求，选择合适的测量系统，将动态测量误差限制在允许范围内。

对于一个非线性测量系统，在特定的测量范围以及一定的误差允许条件下，可以认为测量系统是线性系统，其输入 $x(t)$、输出 $y(t)$ 的关系可以用式(2-8) 表示

$$
\begin{aligned}
& a_n \frac{\mathrm{d}^n y(t)}{\mathrm{d}t^n}+a_{n-1}\frac{\mathrm{d}^{n-1} y(t)}{\mathrm{d}t^{n-1}}+\cdots+a_1\frac{\mathrm{d}y(t)}{\mathrm{d}t}+a_0 y(t) \\
& =b_m \frac{\mathrm{d}^m x(t)}{\mathrm{d}t^m}+b_{m-1}\frac{\mathrm{d}^{m-1} x(t)}{\mathrm{d}t^{m-1}}+\cdots+b_1\frac{\mathrm{d}x(t)}{\mathrm{d}t}+b_0 x(t)
\end{aligned}
\tag{2-8}
$$

式中，t 是时间自变量；系数 a_n，a_{n-1}，…，a_1，a_0 和 b_m，b_{m-1}，…，b_1，b_0 是由测量系统本身固有属性决定的常数。

为了更加直观、简洁地描述上述信号之间的传输关系，通常引用传递函数的表达形式，也可以采用阶跃响应函数或频率响应函数来描述。其中，传递函数是测量系统动态特性复数域的数学表达形式，阶跃响应函数和频率响应函数则分别是测量系统动态特性的时域和频域表达。由于测量系统的动态特性是由系统本身的固有属性决定的，因此只要已知描述系统动态特性三种形式中的任一种，就可以推导出另外两种表达形式。

2.4.1 传递函数

2.4.1.1 传递函数的基本形式

对于初始状态为零的线性系统，认为在考察时刻以前，其输入量、输出量及其各阶导数均为零。对式(2-8) 进行拉普拉斯变换，可以得到

$$
(a_n s^n+a_{n-1}s^{n-1}+\cdots+a_1 s+a_0)Y(s)=(b_m s^m+b_{m-1}s^{m-1}+\cdots+b_1 s+b_0)X(s) \tag{2-9}
$$

式中，$X(s)$ 和 $Y(s)$ 分别为输入 $x(t)$ 和输出 $y(t)$ 的拉普拉斯变换。

定义输出和输入的拉普拉斯变换之比为传递函数，记作 $H(s)$，得

$$
H(s)=\frac{Y(s)}{X(s)}=\frac{b_m s^m+b_{m-1}s^{m-1}+\cdots+b_1 s+b_0}{a_n s^n+a_{n-1}s^{n-1}+\cdots+a_1 s+a_0} \tag{2-10}
$$

式中，s 为复变量，$s=a+\mathrm{j}\omega$。

传递函数是以代数式的形式表征了系统的传输和转换特性，因此也包含了瞬态和稳态的

时间响应特性和频率响应特性的全部信息，传递函数具有以下特点：

① 传递函数与输入及系统的初始状态无关，它只表达系统的传输特性。

② 传递函数是对物理系统的微分方程，但并不拘泥于系统的物理结构。同一形式的传递函数可以表征具有相同传输和转换特性的不同物理结构。例如液柱式温度计和 RC 低通滤波器同是一阶系统，具有形式相似的传递函数，但其中一个是热学系统，另一个却是电学系统，二者的物理性质完全不同。

③ 对于实际的物理系统，输入和输出都具有各自的量纲。用传递函数描述系统传输、转化特性时应真实地反映量纲的这种变换关系。这种关系是通过系数 a_n，a_{n-1}，…，a_1，a_0 和 b_m，b_{m-1}，…，b_1，b_0 来反映的，它们的量纲将因具体物理系统和输入、输出的量纲而异。

④ 传递函数中的分母取决于系统的结构，而分子则表示系统同外界之间的联系，如输入（激励）点的位置、激励方式、被测量以及测点布置情况等。分母中 s 的幂次 n 代表了系统微分方程的阶数，如当 $n=1$ 或 $n=2$ 时，分别称为一阶系统或二阶系统。

对于稳定系统，其分母中 s 的幂次总是高于分子中 s 的幂次，即 $n>m$。

2.4.1.2 环节的串联、并联和反馈连接

对于由若干个测量环节组成的测量系统，若已知各组成环节的传递函数，则很容易获得整个系统的传递函数，即系统的动态特性。

（1）串联系统

如图 2-7(a) 所示的测量系统是由 n 个环节串联而成的。各环节的传递函数分别为 $H_1(s)$、$H_2(s)$、…、$H_n(s)$，前一环节的输出为后一环节的输入，假设后一环节的输出信号对前面环节无反向作用，则该系统的传递函数为

$$H(s)=\frac{Y(s)}{X(s)}=\prod_{i=1}^{n}H_i(s)=H_1(s)H_2(s)\cdots H_n(s) \tag{2-11}$$

（2）并联系统

图 2-7(b) 所示的是由 n 个环节并联而成的测量系统，一个信号同时输入 n 个环节的输入端，各环节的传递函数分别为 $H_1(s)$、$H_2(s)$、…、$H_n(s)$，n 个环节的输出信号相对独立，且其和为总输出信号，则该系统的传递函数为

$$H(s)=\frac{Y(s)}{X(s)}=\frac{Y_1(s)+Y_2(s)+\cdots+Y_n(s)}{X(s)}=H_1(s)+H_2(s)+\cdots+H_n(s) \tag{2-12}$$

（3）反馈连接系统

图 2-7(c) 所示的是存在反馈的连接系统。正向环节和反向环节的传递函数分别为 $H_A(s)$ 和 $H_B(s)$，$X(s)$ 是输入信号，$X_B(s)$ 是反馈信号。若输入信号 $X(s)$ 与反馈信号 $X_B(s)$ 相加后输入正向环节，则称为正反馈；若输入信号 $X(s)$ 与反馈信号 $X_B(s)$ 相减后输入正向环节，则称为负反馈。可得

$$\begin{cases} Y(s)=X_A(s)H_A(s) \\ X_B(s)=Y(s)H_B(s) \\ X_A(s)=X(s)\mp X_B(s) \end{cases} \tag{2-13}$$

连接系统的总传递函数为

$$H(s)=\frac{Y(s)}{X(s)}=\frac{H_A(s)}{1\mp H_A(s)H_B(s)} \tag{2-14}$$

式中，正反馈时，分母中的“∓”符号取负号，负反馈时取正号。测量系统中常采用负反馈的连接方式，可以有效减小系统误差，提高测量精度。

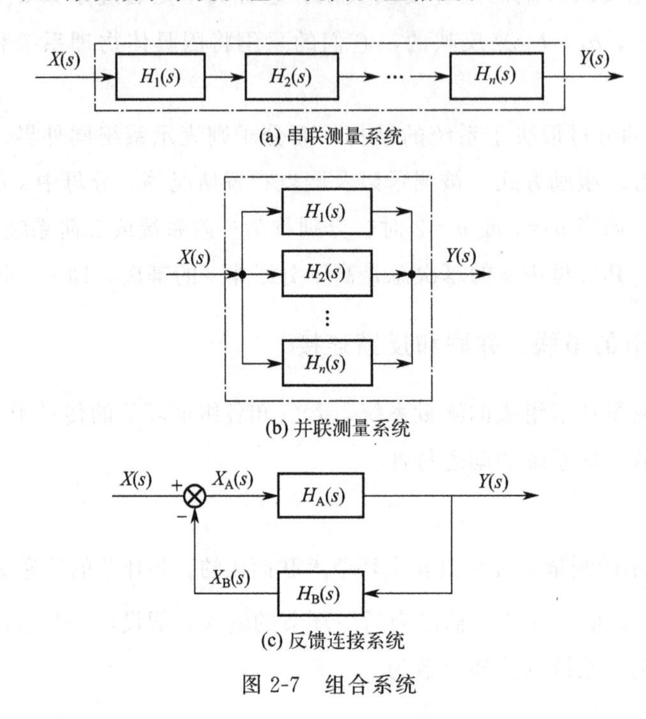

图 2-7 组合系统

2.4.1.3 基本测量系统的传递函数

(1) 零阶测量系统的传递函数

对零阶系统而言，式(2-9) 和式(2-10) 中的 $n=0$，即除 a_0 和 b_0 以外，其余系数均为零，可以得到

$$a_0Y(s)=b_0X(s) \tag{2-15}$$

零阶测量系统的传递函数为

$$H(s)=\frac{Y(s)}{X(s)}=\frac{b_0}{a_0} \tag{2-16}$$

零阶系统无论输入随时间如何变化，输出总与输入呈确定的比例关系，不产生任何失真和延误，所代表的是一种理想的测量系统。严格来讲，这种零阶系统是不存在的，只有在一定工作范围内，某些高阶系统才能近似地看成是零阶系统。

(2) 一阶测量系统的传递函数

对一阶系统而言，式(2-9)和式(2-10)中的 $n=1$，即除 a_1、a_0 和 b_0 以外，其余系数均为零，可以得到

$$(a_1s+a_0)Y(s)=b_0X(s) \tag{2-17}$$

一阶测量系统的传递函数为

$$H(s)=\frac{Y(s)}{X(s)}=\frac{k_s}{\tau s+1} \tag{2-18}$$

式中，$\tau=a_1/a_0$ 为系统时间常数；$k_s=b_0/a_0$ 为系统静态灵敏度，在线性系统中常令 $k_s=1$。

(3) 二阶测量系统的传递函数

对于二阶测量系统，式(2-9)和式(2-10)中的 $n=2$，即除 a_2、a_1、a_0 和 b_0 外，其余系数均为零，可以得到

$$(a_2s^2+a_1s+a_0)Y(s)=b_0X(s) \tag{2-19}$$

二阶测量系统的传递函数为

$$H(s)=\frac{Y(s)}{X(s)}=\frac{k_s}{\frac{s^2}{\omega_n^2}+\frac{2\xi s}{\omega_n}+1} \tag{2-20}$$

式中，ω_n 为系统固有频率，$\omega_n=\sqrt{a_0/a_2}$；ξ 为系统阻尼比，$\xi=\frac{a_1}{2\sqrt{a_0a_2}}$。

2.4.2 单位阶跃响应函数

2.4.2.1 单位阶跃响应函数定义

测量系统对单位阶跃信号 $X(t)$ 输入的响应称为系统的单位阶跃响应函数。阶跃响应函数是对线性测量系统动态特性的时域描述。

对于图2-8所示的单位阶跃信号

$$x(t)=\begin{cases}0 & t<0\\1 & t\geqslant 0\end{cases} \tag{2-21}$$

对单位阶跃函数进行拉普拉斯变换，可得

$$X(s)=\frac{1}{s} \tag{2-22}$$

则系统对单位阶跃信号输入的输出响应为

$$Y(s)=\frac{H(s)}{s} \tag{2-23}$$

式中，$H(s)$ 为系统的传递函数。

阶跃信号的输入使系统从一个稳定状态突然过渡到另一个稳定状态，是对系统动态

响应性能的一种检验。因此，阶跃信号常用作低阶测量系统时域动态响应性能考核的输入信号。

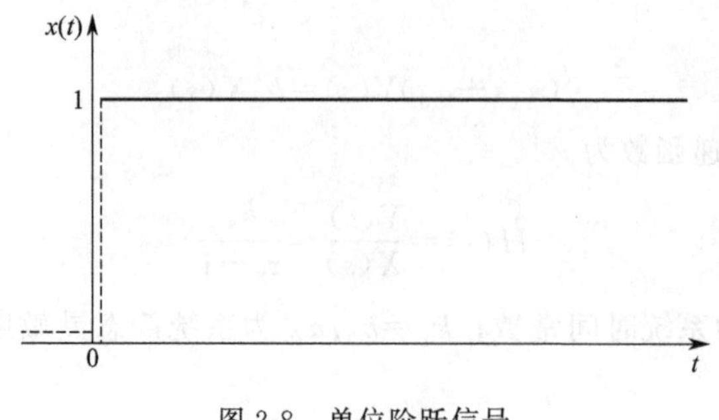

图 2-8 单位阶跃信号

2.4.2.2 基本测量系统的单位阶跃响应函数

（1）一阶测量系统的单位阶跃响应

根据式(2-18) 和式(2-23)，可得一阶系统对单位阶跃信号输入的响应为

$$Y(s)=\frac{k_{\mathrm{s}}}{s(\tau s+1)} \tag{2-24}$$

对式(2-24) 进行拉普拉斯反变换，得到一阶测量系统的单位阶跃响应函数

$$y(t)=k_{\mathrm{s}}(1-\mathrm{e}^{-\frac{t}{\tau}}) \tag{2-25}$$

由式(2-25) 可知，一阶测量系统的单位阶跃响应曲线是一条从零开始，以指数规律上升到终值为1的曲线，如图2-9所示。对单位阶跃输入信号的激励，一阶测量系统输出响应进入稳态的时间是 $t\to\infty$，其过程的变化率取决于时间常数 τ。时间常数描述了一阶测量系统的响应速度，一般定义为测量系统对阶跃输入的瞬态响应到达稳态值的63.2%时所需要的时间。当 $t=5\tau$ 时，系统输出达到稳定值的99.3%，误差小于1%。显然，时间常数 τ 越小，系统的响应速度越快。因此，在实际应用中，通常采用时间常数作为一阶系统时域动态特性的评价指标。

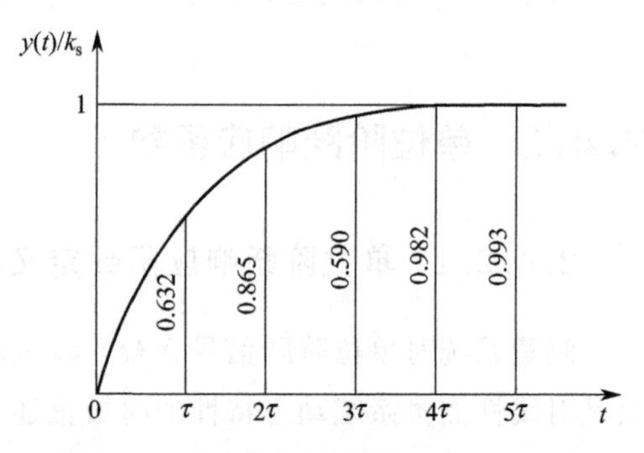

图 2-9 一阶测量系统单位阶跃响应曲线

（2）二阶测量系统的单位阶跃响应

根据式(2-20) 和式(2-23)，可得二阶系统对单位阶跃信号输入的响应为

$$Y(s)=\frac{k_{\mathrm{s}}}{s\left(\frac{s^{2}}{\omega_{\mathrm{n}}^{2}}+\frac{2\xi s}{\omega_{\mathrm{n}}}+1\right)} \tag{2-26}$$

对式(2-26) 进行拉普拉斯反变换，得到二阶测量系统的单位阶跃响应函数

$$y(t)=k_s\left[1-\frac{e^{-\xi\omega_n t}}{\sqrt{1-\xi^2}}\sin(\omega_d t+\phi)\right] \tag{2-27}$$

式中，$\omega_d=\omega_n\sqrt{1-\xi^2}$；$\phi=\arctan\frac{\sqrt{1-\xi^2}}{\xi}$。

当系统灵敏度 $k_s=1$ 时，式(2-27) 可以写成

$$y(t)=1-\frac{e^{-\xi\omega_n t}}{\sqrt{1-\xi^2}}\sin(\omega_d t+\phi) \tag{2-28}$$

式中，e 为自然对数的底数，e=2.71828。

二阶系统的单位阶跃响应曲线如图 2-10 所示。二阶测量系统的单位阶跃响应特性在很大程度上取决于系统固有频率 ω_n 和阻尼比 ξ。

当 $\xi>1$ 时，传递函数有两个不相等的负实数极点，系统的阶跃响应呈指数曲线逼近稳定值，在 ω_n 不变的情况下，ξ 越大，二阶系统的响应越慢，达到稳定值所需的时间越长。两个衰减的指数项中有一个衰减很快，尤其当 $\xi\gg1$ 时，通常可忽略其影响，此时整个系统的阶跃响应与一阶相近，可简化为一阶测量系统对待。此种状态称为过阻尼。

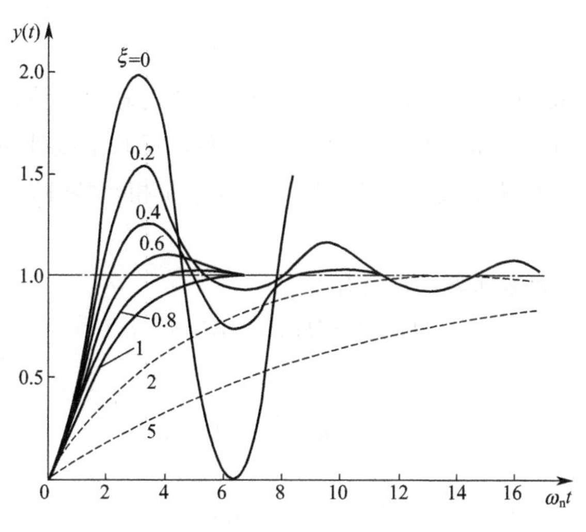

图 2-10　二阶系统的单位阶跃响应曲线

当 $\xi=1$ 时，测量系统传递函数有两个相等的负实数极点，此种状态称为临界阻尼。此时二阶测量系统对阶跃输入的响应也以指数规律随时间的增大而逼近稳态。系统响应无振荡，但已处于临界状态，阻尼比 ξ 稍有减小，系统就会产生振荡而进入欠阻尼状态 $(0<\xi<1)$。

当 $0<\xi<1$ 时，系统的响应呈衰减的正弦振荡，其振荡频率 ω_d 由 ω_n 和 ξ 决定。此种状态称为欠阻尼状态。当 $\xi=0$ 时，二阶测量系统的阶跃响应呈无衰减的等幅正弦振荡。

为了保证系统具有较高的响应速度而又不产生振荡，阻尼比的最佳范围为 $\xi=0.6\sim0.8$，并可以通过增大系统的固有频率 ω_n 来进一步提高系统的响应速度。

2.4.3 频率响应函数

2.4.3.1 频率响应函数的定义

阶跃响应函数是从时域角度描述和观察测量系统的动态特性，而频率响应函数表达的则是测量系统在频域中的动态特性，是测量系统稳态响应输出信号的傅里叶变换与简谐输入信号的傅里叶变换之比。

对于稳定的常系数线性测量系数，已知其传递函数为 $H(s)$，取 $s=\mathrm{j}\omega$，即认为 s 的实部为零，则系统频率响应函数 $H(\mathrm{j}\omega)$ 为

$$H(\mathrm{j}\omega)=\frac{Y(\mathrm{j}\omega)}{X(\mathrm{j}\omega)}=\frac{b_m(\mathrm{j}\omega)^m+b_{m-1}(\mathrm{j}\omega)^{m-1}+\cdots+b_1(\mathrm{j}\omega)+b_0}{a_n(\mathrm{j}\omega)^n+a_{n-1}(\mathrm{j}\omega)^{n-1}+\cdots+a_1(\mathrm{j}\omega)+a_0} \tag{2-29}$$

可见，频率响应函数是以 ω 为参量的复变函数，它将测量系统的动态响应从时域转换到频域，表示输出信号与输入信号之间的关系随着信号频率而变化的特性，故称为系统的频率响应特性，简称频率特性或频响特性。

对于给定的角频率 ω，$H(\mathrm{j}\omega)$ 是一个复函数，用指数形式表示为

$$H(\mathrm{j}\omega)=A(\omega)\mathrm{e}^{\mathrm{j}\phi(\omega)} \tag{2-30}$$

式中，$A(\omega)$ 为 $H(\mathrm{j}\omega)$ 的模，表示测量系统的输出与输入幅值比随角频率 ω 而变化的关系，因而称为幅频特性；$\phi(\omega)$ 为 $H(\mathrm{j}\omega)$ 的相位角，反映了线性系统对不同频率谐波信号的稳态输出信号产生相位超前或滞后的特性，称为系统相频特性。$\phi(\omega)$ 通常为负值，即输出滞后于输入。

如果 $H(\mathrm{j}\omega)$ 用实部和虚部表示，则有

$$H(\mathrm{j}\omega)=R(\omega)+\mathrm{j}V(\omega) \tag{2-31}$$

则

$$A(\omega)=\sqrt{R^2(\omega)+V^2(\omega)} \tag{2-32}$$

$$\phi(\omega)=\arctan\frac{V(\omega)}{R(\omega)} \tag{2-33}$$

实际应用中，常采用曲线形式表达测量系统的频域响应特性，即 $A(\omega)$-ω 幅频特性曲线和 $\phi(\omega)$-ω 相频特性曲线。

对于包含多个环节的测量系统，频率响应函数 $H(\mathrm{j}\omega)$ 与各个环节响应函数 $H_i(\mathrm{j}\omega)(i=1, 2, \cdots, n)$ 也有如下的表达形式。

串联环节测量系统频率响应函数为

$$H(\mathrm{j}\omega)=H_1(\mathrm{j}\omega)H_2(\mathrm{j}\omega)\cdots H_n(\mathrm{j}\omega) \tag{2-34}$$

并联环节测量系统频率响应函数为

$$H(\mathrm{j}\omega)=H_1(\mathrm{j}\omega)+H_2(\mathrm{j}\omega)+\cdots+H_n(\mathrm{j}\omega) \tag{2-35}$$

正反馈环节测量系统频率响应函数为

$$H(\mathrm{j}\omega)=\frac{H_{\mathrm{A}}(\mathrm{j}\omega)}{1-H_{\mathrm{A}}(\mathrm{j}\omega)H_{\mathrm{B}}(\mathrm{j}\omega)} \tag{2-36}$$

负反馈环节测量系统频率响应函数为

$$H(\mathrm{j}\omega)=\frac{H_{\mathrm{A}}(\mathrm{j}\omega)}{1+H_{\mathrm{A}}(\mathrm{j}\omega)H_{\mathrm{B}}(\mathrm{j}\omega)} \tag{2-37}$$

2.4.3.2 基本测量系统的频率响应

(1) 一阶测量系统的频率响应

对于一阶测量系统，式(2-29) 中除 a_1、a_0、b_0 以外，其余系数均为 0。当输入为正弦函数信号时，系统的频率响应函数为

$$H(\mathrm{j}\omega)=\frac{k_{\mathrm{s}}}{\mathrm{j}\omega\tau+1} \tag{2-38}$$

式中，$\tau=a_1/a_0$；$k_{\mathrm{s}}=b_0/a_0$。

当 $k_{\mathrm{s}}=1$ 时，系统的频率响应函数可简化为

$$H(\mathrm{j}\omega)=\frac{1}{\mathrm{j}\omega\tau+1} \tag{2-39}$$

系统的幅频特性和相频特性分别为

$$A(\omega)=\frac{1}{\sqrt{1+(\omega\tau)^2}};\phi(\omega)=-\arctan(\omega\tau) \tag{2-40}$$

式(2-40) 对应的曲线如图 2-11 所示，从图中可见如下特点：一阶测量系统的幅频特性和相频特性在时间常数 τ 确定后也随之确定，且 τ 越小，频率响应特性越好。在 $0<\omega\tau<0.3$ 范围内，$A(\omega)\approx1$，这表明输出信号幅值几乎无失真。此时，相位差 ϕ 也较小，且随 ω 的变化呈线性关系。随着 ω 的增大，振幅比 $A(\omega)$ 减小，相位差 $\phi(\omega)$ 增大，输出信号失真加大。

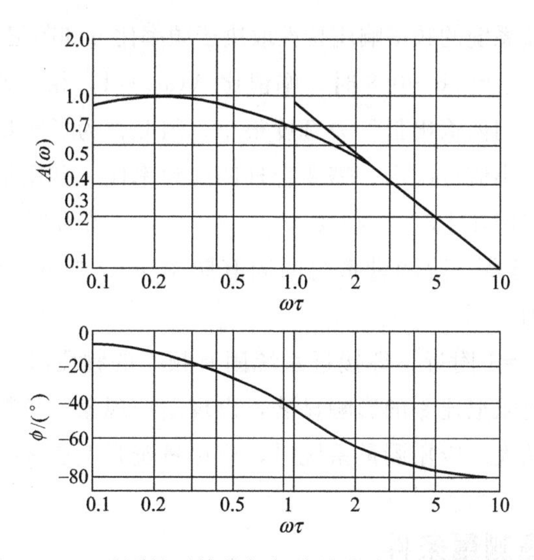

图 2-11　一阶测量系统的幅频特性曲线和相频特性曲线

(2) 二阶测量系统的频率响应

在二阶测量系统中，式(2-29) 中除 a_2、a_1、a_0、b_0 外，其余系数均为 0。对于正弦函数信号输入，系统的频率响应函数为

$$H(\mathrm{j}\omega)=\frac{k_{\mathrm{s}}\omega_{\mathrm{n}}^{2}}{\omega_{\mathrm{n}}^{2}+2\mathrm{j}\xi\omega_{\mathrm{n}}\omega+(\mathrm{j}\omega)^{2}}=\frac{k_{\mathrm{s}}}{\left[1-\left(\frac{\omega}{\omega_{\mathrm{n}}}\right)^{2}\right]+2\mathrm{j}\xi\frac{\omega}{\omega_{\mathrm{n}}}} \tag{2-41}$$

当 $k_{\mathrm{s}}=1$ 时，且定义频率比 $\eta=\omega/\omega_{\mathrm{n}}$，则系统的频率响应函数为

$$H(\mathrm{j}\omega)=\frac{1}{(1-\eta^{2})^{2}+2\mathrm{j}\xi\eta} \tag{2-42}$$

系统的幅频特性和相频特性分别为

$$A(\omega)=\frac{1}{\sqrt{(1-\eta^{2})^{2}+(2\xi\eta)^{2}}};\phi(\omega)=-\arctan\frac{2\xi\eta}{1-\eta^{2}} \tag{2-43}$$

二阶测量系统的幅频特性曲线和相频特性曲线如图 2-12 所示。

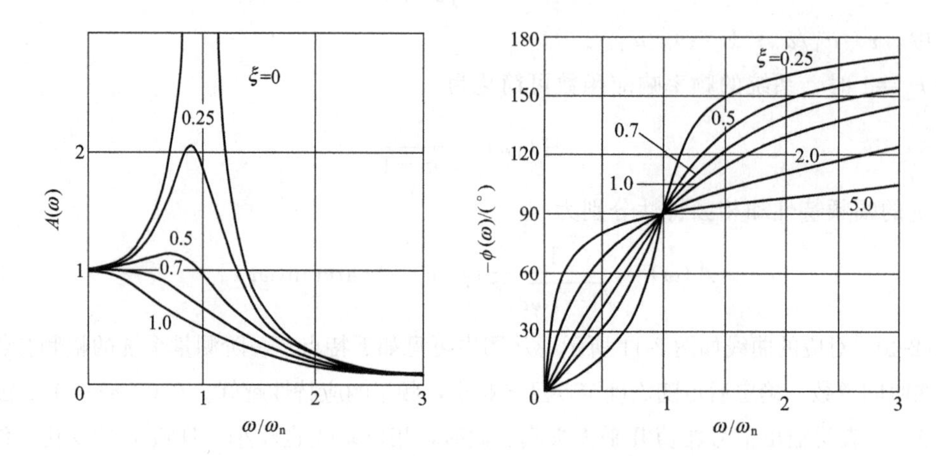

图 2-12　二阶测量系统的幅频特性曲线和相频特性曲线

由图 2-12 可知，二阶系统的频率响应特性取决于频率比 η 和阻尼比 ξ，其基本特征如下。

① 当 $\eta\ll1$ 或 $\eta<1$，$\xi=0.6\sim0.8$ 时，幅值比 $A(\omega)\approx1$，相位差 $\phi(\omega)$ 也很小，且随 ω 近乎线性变化，表明此范围内输出信号失真度很小。因此，为了实现不失真测量，或者将输出信号的失真度控制在较小值范围内，需要合理匹配频率比 η 和阻尼比 ξ。例如，当 $\xi=0.7$ 时，若希望将幅值误差控制在±5%，则要求 $\eta=0\sim0.59$；若希望幅值误差为±10%，则要求 $\eta=0\sim0.71$。显然，提高二阶测量系统的固有频率 ω_{n}，既可以保证较小的动态幅值误差，又可以扩大测量范围。

② 当 $\xi<1$ 时，在 $\eta=1$ 附近，即接近系统固有频率的频段时，系统频率响应特性变化较大。其中，幅频特性受阻尼比 ξ 的影响显著，出现谐振现象；相频特性随频率的变化也很剧烈，而且 ξ 越小变化越大。应用测量系统时，应尽量避开上述 $\eta=1$ 附近的谐振频段。

2.4.4　实现不失真测量条件

要判断测量系统是否能实现不失真测量，首先需要明确什么是测量系统实现不失真测量的时域条件，该条件的数学表达如下

$$y(t)=A_{0}x(t-t_{0}) \tag{2-44}$$

式中，A_0 和 t_0 均为常数。此式表明该系统的输出波形精确得与输入波形相似，只不过对应瞬间放大了 A_0 倍，在时间上滞后了 t_0，因此 A_0 和 t_0 分别又被称为信号增益和时间滞后。只有满足式(2-44)，才可能使输出波形不失真地复现输入波形，如图 2-13 所示。

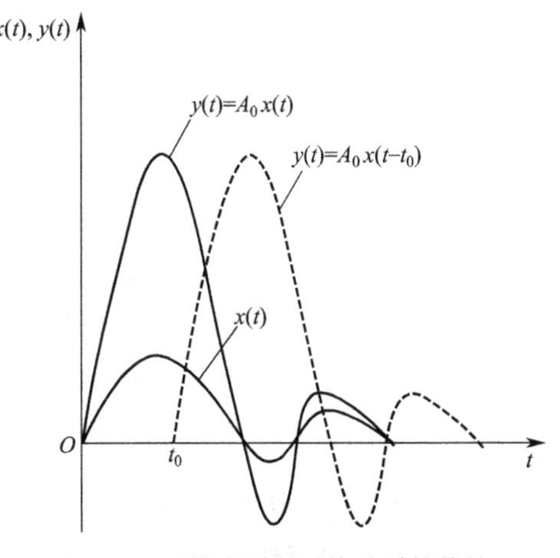

图 2-13　不失真测量系统的时域特性

根据傅里叶变换的时移性质，可以得到不失真测量条件的频域表达

$$Y(\omega)=A_0X(\omega)e^{-j\omega t_0} \tag{2-45}$$

频率响应函数为

$$H(j\omega)=\frac{Y(\omega)}{X(\omega)}=A_0e^{-j\omega t_0} \tag{2-46}$$

系统的幅频特性和相频特性分别为

$$A(\omega)=A_0;\phi(\omega)=-t_0\omega \tag{2-47}$$

这表明，对于一个不失真测量系统，输入信号中不同频率成分通过测量系统所获得的增益相同，即幅频特性曲线是一条与横坐标平行的直线，如图 2-14(a) 所示；输入信号中不同频率成分通过测量系统后产生的相位差与频率成正比，即相频特性曲线是一条通过坐标原点且斜率为 $-t_0$ 的直线，如图 2-14(b) 所示。

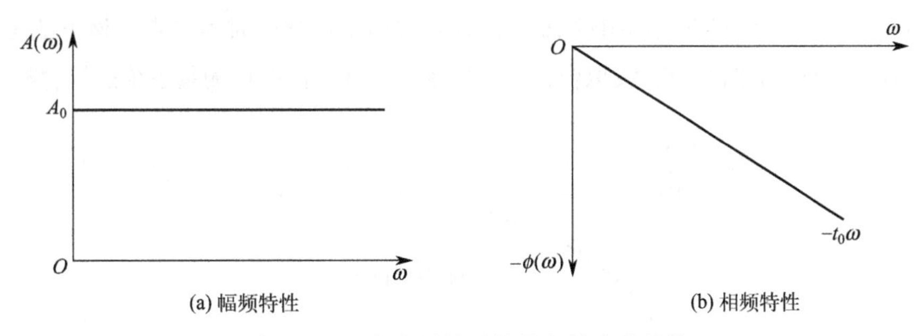

图 2-14　不失真测量系统的频域响应特性

实际测量系统通常是由多个环节组成的，只有每一环节都满足不失真测量条件，才能保证系统的输出是不失真的。但事实上，任何一个测量系统都不可能在非常宽的频带内满足不失真的测量条件，通常的测量结果往往包含幅值失真和相位失真。因此，一方面，为了获得令人满意的测量结果，必须合理利用测量系统和测量对象所具备的特性，确保工作频率范围满足测量任务的要求；另一方面，需要合理应用测量结果，尤其是将测量结果作为反馈控制信号时，由于输出信号和输入信号之间存在幅值和相位的误差，直接将测量结果用作反馈控制可能破坏系统稳定性，必须对信号幅值和相位进行适当处理才能应用。

2.4.5　测量系统动态参数的测定

测量系统的动态特性通常采用试验的方法来标定，即所谓的测量系统的动态标定，主要内容包括确定测量系统的时间常数、固有频率和阻尼比等参数，判断测量系统的阶数、适用范围等。

动态标定试验方法有频率响应法、随机信号法和阶跃响应法。频率响应法是通过输入正弦激励来测定系统的动态响应，这种方法需要对若干不同的频率进行测试，试验时间长。随机信号法需要输入随机信号来确定测量系统的动态响应，该方法的测试系统相对复杂，使用起来不方便。阶跃响应法通过输入阶跃信号获取测量系统动态响应，该方法相比其他两种方法更能简单、迅速地确定被测系统动态特性的全面信息，而且其结果与频率响应法并无多大区别，因此，工程实际中以阶跃响应法应用最为广泛。下面简要介绍阶跃响应法在一阶和二阶测量系统动态标定中的应用。

(1) 一阶系统时间常数 τ 的测定

对于一阶测量系统，时间常数 τ 是表征系统动态特性的重要参数，当采用阶跃响应法时，测量结果的可靠性仅仅取决于某些个别的瞬时值，所确定的时间常数并没有涉及响应的全过程。用下述方法来确定时间常数，可以获得比较可靠的结果，同时也可以确定被标定系统与一阶测量系统符合的程度。

由一阶测量系统的单位阶跃响应函数表达式(2-25) 和 $k_s=1$ 可以得到

$$z=\ln[1-y(t)]=-\frac{t}{\tau} \tag{2-48}$$

上式表明，z 与 t 呈线性关系，直线斜率为 $-1/\tau$。因此，可以根据测得的 $Y(t)$ 值，作出 z-t 曲线，如图 2-15 所示。所得直线的斜率 $\Delta t/\Delta z$ 就是被标定系统的时间常数。该方法考虑了瞬态响应的全过程。根据 z-t 曲线与直线拟合程度可判断系统和一阶线性测量系统的符合程度。

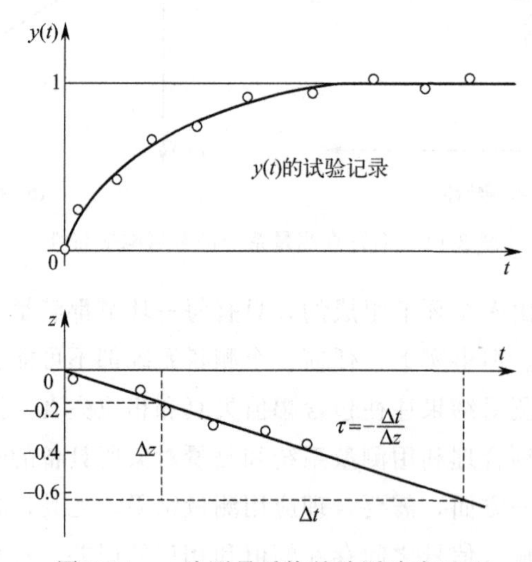

图 2-15 一阶测量系统的阶跃响应试验

(2) 二阶系统固有频率 ω_n 和阻尼比 ξ 的测定

对于二阶测量系统，需要标定的动态特性参数是固有频率 ω_n 和阻尼比 ξ。如图 2-16 所示是阻尼比 $\xi=0.6\sim0.8$ 的二阶测量系统对阶跃输入的响应曲线。系统的动态特性参数 ω_n 和 ξ 可分别按下式求得

$$\xi=\sqrt{\frac{1}{\left(\frac{\pi}{\ln A_{\mathrm{d}}}\right)^{2}+1}} \tag{2-49}$$

$$\omega_{\mathrm{n}}=\frac{2\pi}{T_{\mathrm{d}}\sqrt{1-\xi^{2}}} \tag{2-50}$$

式中，A_{d} 为小阻尼二阶系统对阶跃输入瞬态响应曲线的最大超调量；T_{d} 为响应曲线的衰减振荡周期。

上述两物理量均可从图 2-16 中测得。如果二阶系统的阻尼比 ξ 足够小，则可以测取较长的阶跃响应瞬变过程，阻尼比 ξ 可用下式近似求得

$$\xi=\frac{\ln\left(\frac{A_{i}}{A_{i+n}}\right)}{2\pi n} \tag{2-51}$$

式中，A_{i}、A_{i+n} 为响应曲线上任意两个相隔 n 个周期数的超调量。

式(2-51) 是在假设$\sqrt{1-\xi^{2}}\approx 1$ 的条件下得到的，当 $\xi<0.3$ 时，由上述假设引入的误差很小。同时，式(2-50) 中的 T_{d} 可采用 n 个周期的平均值，这比用一个周期的值来计算要精确得多。

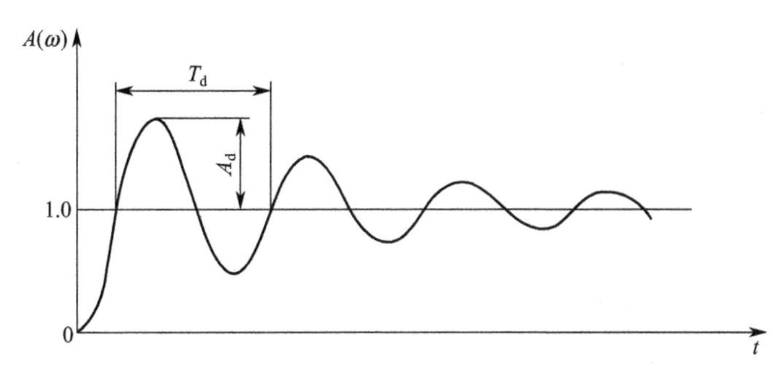

图 2-16　二阶测量系统的阶跃响应试验

上述标定过程也可检验系统是否为二阶系统。如果 n 取任意整数均能得到基本相同的 ξ 值，则可以认为被标定系统为二阶系统；如果 n 取不同整数值求得的 ξ 值出现较大的分散度，则说明被标定系统并非二阶测量系统。

思考题与习题

(1) 分别简述直接测量法、间接测量法和组合测量法，并举例说明。

(2) 试举例说明测量和测试的联系和区别。

(3) 构成一个测量系统的环节都有哪些？各环节的主要功能是什么？

(4) 传感器中的敏感元件应至少满足哪些要求？

(5) 描述测量系统的静态特性的参数有哪些？它们的含义是什么？

(6) 为什么要进行测量系统的动态特性分析？请举例说明。

(7) 对一个测量系统而言，试说明其串联环节、并联环节及反馈连接环节的传递函数的表示方法。

(8) 分别简述一阶测量系统和二阶测量系统的频率响应特性。

(9) 常见的动态标定试验方法都有哪些？它们的优缺点是什么？

(10) 简述测量系统的时间常数 τ、固有频率 ω_n 和阻尼比 ξ 的常用测定方法。

(11) 用一个一阶系统测量 100Hz 的正弦信号，如果要求振幅误差在 10%以内，时间常数应取多少？如果用该系统测试 50Hz 的正弦信号，其幅值误差和相位误差为多少？

(12) 某测试装置由两个一阶环节串联而成。一阶测量系统的传递函数模型如式(2-18)所示，取 $k_s=1$。两环节的时间常数分别为 $\tau=0.5$s 和 $\tau=1.5$s。请分别根据幅频特性误差为 1%的要求，求两个环节的动态频率范围和串联后的动态频率范围。

(13) 利用一台电阻应变式压力传感器测试正弦变化的压力，频率为 400Hz，已知压力传感器的阻尼比为 0.4，固有频率为 1600Hz，求测试时的幅值误差和相位误差。

第 3 章

误差分析与测量不确定度

测量的目的是获得被测量的真实值。然而，受到各种因素的影响和制约，任何测量值都只能尽可能近似地反映被测量真实值。测量误差的存在是不可避免的，即使在同一条件下，对同一被测量反复测量也无法得到完全相同的测量结果；同时，测量所使用的传感器总是要从被测介质中获取能量，这也意味着测量值不能完全准确地反映被测量真实值。这时候，为了保证测量误差在允许范围内，就需要合理选择测量仪器、设计测量系统、规划测试方案，以及采用切实可行的方法对获得的测量数据进行分析和处理，以提高测量结果的精度。超出可接受范围的测量误差，不仅会使测量工作和测量结果失去科学意义，也可能使研究工作误入歧途甚至带来不可挽回的后果。因此，在实际测量过程中，要对误差产生的原因、误差的性质以及消除或减小误差的方法进行深入细致的研究，对测量数据进行科学合理的分析和处理，从而提高测量结果的精度和可靠性。

3.1 测量误差的概念及分类

3.1.1 测量误差的概念

测量误差的概念可以追溯到 1862 年，法国物理学家傅科采用旋转平面镜的方法来测量光速，他给出测量结果为光速等于 29.8×10^7 m/s，并分析实验误差不可能超过 5×10^5 m/s。这表明，在当时人们已经知道了在给出测量结果的同时，还应给出测量误差。

一般来说，被测量的某个物理量在某一时刻的数值可以分为静态值和动态值。静态值是指其值在测量过程中不随时间变化，或者随时间变化非常小的值。而动态值则是指其值会随时间不断变化，呈现非稳态的特性的值。无论是对静态值还是动态值进行测量，由于测量仪器不准确、测量手段不完善、测量操作不熟练以及环境影响等因素，测量结果相对于其客观存在的真值而言，都是一种近似的、非“理想”的值。

将某一物理量的测量值与被测量真值的差异量定义为测量的绝对误差，用 Δx 表示

$$\Delta x = x - x_0 \tag{3-1}$$

式中，x 为测量值；x_0 为被测量真值。绝对误差可以是正值，也可以是负值。绝对误差是有单位的量，其单位与测量值和被测量真值相同。

绝对误差与约定值的比值称为相对误差，用 δ 表示

$$\delta = \frac{\Delta x}{m} \tag{3-2}$$

式中，m 为约定值。一般约定值 m 有以下几种取法：①m 取测量仪表的指示值（即测量值）x 时，δ 称为标称相对误差；②m 取测量的实际值（或约定真值）x_0 时，δ 称为实际相对误差；③m 取仪表的满刻度值（即最大量程 L_m）时，δ 称为引用相对误差。

在科学研究中，只有当测量结果的误差已经知道，或者测量误差的可能范围已经给出时，科学实验所提供的数据才是有意义的。

3.1.2 测量误差的分类

根据测量误差的性质和特点不同，测量误差可以分为系统误差、随机误差和粗大误差。

(1) 系统误差

系统误差是指在同一测量条件下，多次重复测量同一量时，测量误差的绝对值和符号都保持不变，或者在测量条件改变时按一定规律变化的误差，前者称为恒值系统误差，后者称为变值系统误差，变值系统误差又可分为累进性系统误差、周期性系统误差和按复杂规律变化的系统误差。

引起系统误差的主要因素有仪器本身及安装方法、测量方法、外界干扰因素或者测量人员的操作习惯等。仪器本身及安装方法的因素包括测量原理不完善，测试仪器机构设计原理的缺陷；仪器零件制造偏差和安装不正确，同时还包括测试仪器的老化和零位偏离等。测量方法的因素是指在测量过程中采用了近似的测量方法或近似的计算公式等引起的误差。外界干扰因素主要是指实际环境条件（如温度、湿度、大气压、电磁场等）相对于标准环境条件的偏差，以及测量过程中温度、湿度等按一定规律变化引起的误差。测量人员的操作习惯方面的误差是指诸如测量人员在读数时习惯偏于某一方向等原因引起的误差。此外，在动态测量时，测量仪器的动态性能与被测量变化特性之间的不匹配造成的测量误差也可以归类为仪器使用方法不当引起的误差。

由于系统误差产生的原因和规律是能够确定的，可以通过试验的方法对它们加以控制，或根据它们的影响程度对测量结果加以修正。因此，系统误差是可以被消除或修正的。

（2）随机误差

随机误差是指在等精度测量条件下，由于大量未知的或微小的因素对测量结果产生综合影响而产生的误差。这些因素出现与否以及它们的影响程度都是难以确定的，因此随机误差的大小、正负都没有一定的规律，所以在测量过程中无法对其加以控制和排除，而只能存在于测量结果之中。

但是，在等精度测量条件下，对同一测量参数进行多次测量，当测量次数足够多时，则可发现随机误差服从统计规律，误差的大小及正负可以由统计理论进行评估。因此，对同一被测量而言，其随机误差与测量的重复次数有关，随着测量次数的增加，随机误差的算术平均值逐渐趋近于零。

（3）粗大误差

粗大误差，也称疏失误差或过失误差，主要是由测量者粗心或操作失误引起的，明显偏离于测量结果的误差，如读错或记错仪器指示值、数据计算错误以及测试环境条件突变等。由于粗大误差使得测量结果是完全不可信赖的，因此一经发现，必须从测量数值中剔除。

（4）三类误差之间的关系

将误差确切分类，对不同性质的测量误差研究其处理方法以及误差计算与评定方法有助于针对不同误差采取相应措施，获得更精确的结果。但必须注意，各类误差之间随着考察条件的变化可以相互转化。例如，正态分布的随机误差是由许多微小的未加控制的因素综合作用的结果，若能对其中某项因素加以控制，则可使其消减或转化为系统误差。而系统误差也可在一定条件下使其随机化。例如，在固定地使用度盘的同一刻度进行测量时，度盘偏心误差带给测量结果的误差是恒定不变的系统误差，而若按顺时针或逆时针顺次考察各刻度时，则其示值误差是按正弦规律变化的系统误差；在逐次测量时，随机地选择任一刻度进行测量（每次测量都是随意的，不附带任何选择条件地取用任一刻度位置进行测量），则由此引入测量结果的误差可以认为是随机误差。

对于数值未知的系统误差，在固定的条件下，其取值在多次重复测量结果中恒定不变而无抵偿性，因此属于系统误差。但在条件适当改变时，这类误差又表现出随机误差的分布特征，因而也用表征随机误差的特征参数去表征它。而不同因素的这类误差综合作用时，相互间也表现出随机误差那样的抵偿性，因而在考虑不确定度的合成时，又应按随机误差的特征去处理。掌握误差转化的特点，可将系统误差转化为随机误差，用数据统计处理方法减小误差的影响；或将随机误差转化为系统误差，用修正方法减小其影响。同样，在概念上粗大误差与随机误差及系统误差有明确的差别，但实际上，这一界限并不十分清晰。在系列测量结果中，粗大误差与另两类误差的差别只表现为数值大小的差别。由于正态分布的随机误差分布的“无限性”，有时很难区分粗大误差与正常的服从正态分布的大误差，特别是在误差值处于测量的误差界限附近时更是如此。此时，应采用某一判定准则加以区别，而这些判定准则的选择也具有某种随意性。首先，这些判定准则是按一定的概率对粗大误差作出区分鉴别的，因此这一区分具有某种不确定的含义。其次，判定方法及显著性水平的选择也具有人为的主观因素，选择不同的判别方法、按照不同的显著性水平，判别的结果可能不同。某一误差因素，在某种条件下可造成粗大误差，从而歪曲测量结果，应舍弃不用，但在另外的条件下，同一误差因素引起的误差却在正常范围之内。例如，查点房间内的人数时，若漏点或多计了人数，获得的数字应认为是错误的，含有粗大误差。但在人口普查中，计数误差被认为是不可避免的，而且遵从某种随机分布规律。

可见，误差性质的转化在误差分析与处理过程中具有重要意义，在讨论误差的性质和对误差进行分类时绝不能脱离相应的转化前提条件。总之，系统误差和随机误差之间并不存在绝对的界限，随着对误差性质认识的深化和测试技术的发展，有可能把过去作为随机误差的某些误差分离出来作为系统误差处理，或把某些系统误差当作随机误差来处理。

正是考虑到误差的性质可能转变，因此现代误差理论不区分误差性质，而改用另外的评定方法。误差评定方法的不完备之处还在于：任何一个测量结果总是包含随机误差和系统误差的，个别的数据还包含粗大误差，不会只含随机误差或系统误差。但在一个具体的测量结果中，它们集中地反映在一个具体的数据中，而无法在数量上作出区分。只有在多次测量的系列数据中，不同性质的误差才会显露出不同的情况。

3.1.3 测量的准确度、精密度和精确度

测量精度指的是测量仪表读数或测量结果与被测量真值的一致程度，可以通过准确度、精密度和精确度体现，与误差的性质和大小相对应。

(1) 准确度

准确度反映了对同一被测量进行多次测量时，测量值偏离被测量真值的程度，是系统误差的体现。准确度高说明系统误差小，如某温度计的准确度为 0.2℃，说明用该温度计测量温度时的指示值与真值之差不大于 0.2℃。

(2) 精密度

精密度反映了对同一被测量进行多次测量时，测量值重复性的程度，或者测量值分布密集的程度，是随机误差的体现。精密度高说明随机误差小，如某压力表的精密度为 0.001MPa，说明用该压力表对同一压力测量时，得到的各次测量值的分散程度不大于 0.001MPa。

(3) 精确度

精确度反映了系统误差和随机误差综合影响的程度，又称精度。对于具体测量，精密度高的，准确度不一定高；准确度高的，精密度不一定高；但精确度高的，则精密度与准确度都高。

图 3-1 就说明了上述三种情况，以靶心表示被测量真值，以靶上的弹着点表示测量结果，其中图 3-1(a) 弹着点分散且偏斜，说明准确度和精密度均不高，即精确度很低；图 3-1(b) 弹着点虽然分散，但总体而言大致围绕着靶心，说明准确度高但精密度不高；图 3-1(c) 弹着点虽然密集但整体上偏向于某一方向，说明精密度高但准确度不高；图 3-1(d) 中所有的弹着点都围绕着靶心且相互接近，说明准确度和精密度均高，即精确度较高。

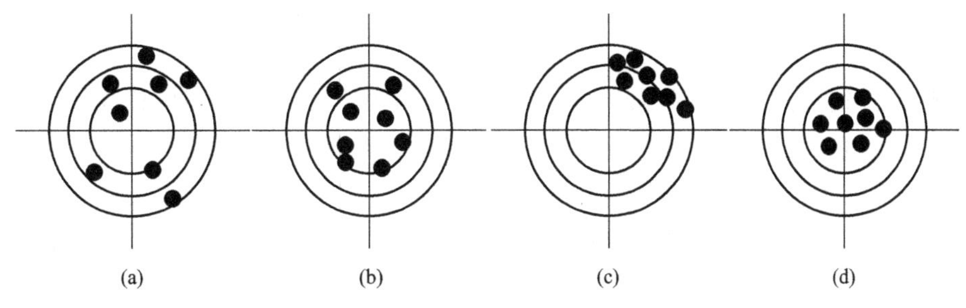

图 3-1　准确度、精密度和精确度

3.2 测量误差分析

3.2.1 随机误差分析与处理

在测量过程中，每个测量值都含有测量误差，就个体而言，测量误差的大小和方向都是难以预测的。但当测量次数足够多时，随机误差就会呈现出一定的统计规律。因此可以借助概率论和数理统计的方法，从理论上来分析和处理随机误差对测量结果的影响。研究随机误差不仅是为了能够对其做出正确的评估，同时也是为了在科学研究或工程应用中合理地设计测量方法，减小随机误差对测量结果的影响。在对随机误差进行概率统计分析和处理时，首先要对可能存在的系统误差和粗大误差进行修正或剔除，排除系统误差和粗大误差对测量结果的影响。

3.2.1.1 随机误差的正态分布

对同一量进行多次等精度重复测量，将得到一系列不同的测量值，称为测量列。若测量中不含系统误差和粗大误差，则该测量列的绝对误差就只包含随机误差，它服从正态分布规律，表示为

$$\Delta x_i = x_i - x_0 \tag{3-3}$$

式中，Δx_i 为测量列的随机误差，$i=1, 2, 3, \cdots, n$；x_i 为测量列的测量值；x_0 为被测量真值。对于正态分布的 Δx，其概率密度分布方程为

$$f(\Delta x) = \frac{1}{\sigma\sqrt{2\pi}} e^{-\frac{(x-x_0)^2}{2\sigma^2}} = \frac{1}{\sigma\sqrt{2\pi}} e^{-\frac{\Delta x^2}{2\sigma^2}} \tag{3-4}$$

式中，$f(\Delta x)$ 为误差等于 Δx 的概率密度；σ 为被测量的标准误差，或均方根误差。

图 3-2 为不同标准误差（以 $\sigma_1=0.5$ 和 $\sigma_2=1.5$ 为例）下的随机误差正态分布曲线族，从中可以看出随机误差存在以下几个性质。

① 有界性。在一定的测量条件下，测量的随机误差总是在一定的、相当窄的范围内变

动，绝对值很大的误差出现的概率接近于零。换句话说，随机误差的绝对值一般不会超过一定的界限。

② 单峰性。绝对值小的误差出现的概率大，绝对值大的误差出现的概率小，而误差为零出现的概率比任何其他数值的误差出现的概率都大。此外，标准误差 σ 越小，曲线越狭窄陡峭。

③ 对称性。绝对值相等、符号相反的随机误差出现的概率相等，呈现明显的分布对称性。

④ 抵偿性。在等精度测量条件下，当测量次数趋于无穷大（$n\to\infty$）时，正、负误差相互抵消，全部随机误差的算术平均值趋于零。

显然，误差 Δx 出现在某一区间（Δx_1，Δx_2）内的概率为

$$\int_{\Delta x_1}^{\Delta x_2} f(\Delta x)\,\mathrm{d}(\Delta x)=\int_{\Delta x_1}^{\Delta x_2}\frac{1}{\sigma\sqrt{2\pi}}\mathrm{e}^{-\frac{\Delta x^2}{2\sigma^2}}\mathrm{d}(\Delta x) \tag{3-5}$$

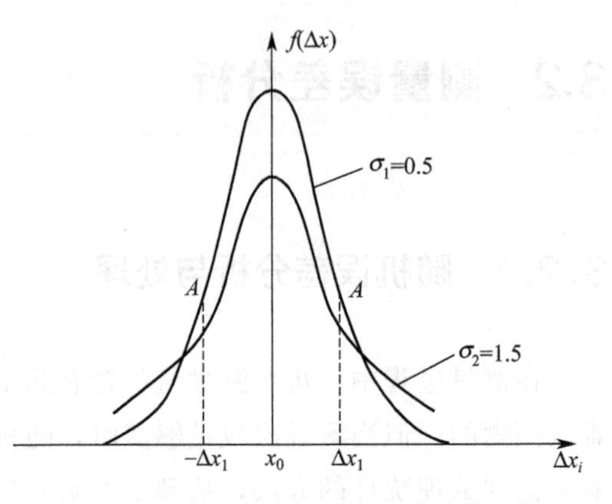

图 3-2 不同 σ 的随机误差概率分布曲线

3.2.1.2 测量值的算术平均值

对某一量进行多次等精度测量，由于随机误差的存在，其测量值皆不相同。在测量中只能对其真值作出最佳估计，即求出所谓的最优概值。在直接测量中，最优概值就是全部测量值的算术平均值。

（1）算术平均值的意义

定义 n 次测量所得值分别为 x_1，x_2，…，x_n，则算术平均值 $\bar{x}$ 为

$$\bar{x}=\frac{x_1+x_2+\cdots+x_n}{n}=\frac{1}{n}\sum_{i=1}^{n}x_i \tag{3-6}$$

算术平均值是与被测量真值最为接近的结果，由概率论的大数定律可知，当测量次数 $n\to\infty$ 时，算术平均值必然接近被测量真值 x_0，也就是测量值的数学期望（一般表示为 E_x）。

对式(3-3) 求和可得

$$\sum_{i=1}^{n}\Delta x_i=\sum_{i=1}^{n}x_i-nx_0$$
$$x_0=\frac{1}{n}\left(\sum_{i=1}^{n}x_i-\sum_{i=1}^{n}\Delta x_i\right) \tag{3-7}$$

根据随机误差的抵偿性，当 $n\to\infty$ 时，有 $\frac{1}{n}\sum_{i=1}^{n}\Delta x_i\to 0$，故

$$\bar{x}=\frac{1}{n}\sum_{i=1}^{n}x_i\to x_0 \tag{3-8}$$

这表明，当进行无限多次测量时，测量结果受随机误差的影响很小，甚至可以忽略。但是在实际的测量过程中，测量次数都是有限次的，此时，一般将算术平均值作为接近真值的最优概值。

（2）算术平均值的性质

既然不可能通过有限次的测量获得被测量真值，那么也不可能利用式(3-3）获得随机误差。此时，一般利用算术平均值替代被测量真值，将被测量与算术平均值的差值定义为剩余误差（或残差）ν_i

$$\nu_i = x_i - \bar{x} \tag{3-9}$$

根据剩余误差的定义，可以得到算术平均值的以下两个性质。

① 剩余误差的代数和等于零，即

$$\sum_{i=1}^{n} \nu_i = 0 \tag{3-10}$$

根据算术平均值的这一性质，可以用来检验在测量列中所计算的算术平均值和剩余误差是否正确。

② 剩余误差的平方和为最小，即

$$\sum_{i=1}^{n} \nu_i^2 = \min \tag{3-11}$$

剩余误差的这一性质，是建立最小二乘法的基本原理。

3.2.1.3 测量误差的评价指标

（1）测量列的标准误差 σ

测量列的标准误差 σ 定义为

$$\sigma = \sqrt{\frac{\Delta x_1^2 + \Delta x_2^2 + \cdots + \Delta x_i^2}{n}} = \sqrt{\frac{\sum_{i=1}^{n} \Delta x_i^2}{n}} \tag{3-12}$$

即均方根误差。标准误差的意义是，当进行多次等精度测量后，测量误差落在［$-\sigma$，$+\sigma$］区间的概率为

$$\int_{-\sigma}^{+\sigma} \frac{1}{\sigma\sqrt{2\pi}} e^{-\frac{\Delta x^2}{2\sigma^2}} d(\Delta x) = 0.683 = 68.3\% \tag{3-13}$$

而落在该区间之外的概率就很小。标准误差 σ 越小，就表明在该测量列中误差小的数值占优势，任一测量值相对于算术平均值的散布程度就小，测量的可靠性就大，即测量精度高；反之，测量精度就低。测量过程是由一系列不同的测量结果表示的，而测量列标准误差 σ 就具体地从数量上反映了测量过程的情况，这一过程不仅取决于测量仪器的质量、测量方法，也与测量的环境条件以及测量人员的技术水平有关。因此，σ 可以看作在给定的测试条件下，所有测量值随机误差的一个代表，定量地表示了测量列的精密度。因为测量误差 Δx 在某一区间内出现的概率 $f(\Delta x)$ 与标准误差 σ 有关，因此常用 σ 的倍数作为区间界限，即［$-k\sigma$，

$+k\sigma$]，称为置信区间，计算得到的概率 $f(\Delta x)$ 也称为置信水平（常用 p 表示），k 为置信因子，$k\sigma$ 为置信限。

由于被测量真值 x_0 是未知的，所以并不能直接计算出每个测量值的测量误差 $\Delta x_i = x_i - x_0$，因此需要利用剩余误差 $\nu_i = x_i - \bar{x}$ 来表示标准误差，此时标准误差为

$$\sigma = \sqrt{\frac{1}{n-1}\sum_{i=1}^{n}(x_i - \bar{x})^2} = \sqrt{\frac{1}{n-1}\sum_{i=1}^{n}\nu_i^2} \tag{3-14}$$

式中，$n>1$。这就是著名的且具有实用价值的贝塞尔（Bessel）公式。

剩余误差的概率密度函数为

$$f(\nu) = \frac{1}{\sigma\sqrt{2\pi}}e^{-\frac{\nu^2}{2\sigma^2}} \tag{3-15}$$

（2）算术平均值的标准误差 $\sigma_{\bar{x}}$

算术平均值（最优概值）$\bar{x}$ 是一个要比每个测量值都更接近于真值的数值，当采用有限次直接测量的算术平均值来代替测量值的真值时，就不能用测量列的标准误差 σ 来评价算术平均值的优劣。这时候，就有了这样一个疑问，如何评价算术平均值 $\bar{x}$ 的精度呢？根据式(3-6) 和式(3-7) 可以得到

$$\bar{x} - x_0 = \frac{\sum_{i=1}^{n}\Delta x_i}{n} \tag{3-16}$$

再根据式(3-12) 可得

$$\bar{x} - x_0 = \frac{\sigma}{\sqrt{n}} \tag{3-17}$$

令 $\sigma/\sqrt{n} = \sigma_{\bar{x}}$，则有

$$\bar{x} - x_0 = \sigma_{\bar{x}} \tag{3-18}$$

式中，$\sigma_{\bar{x}}$ 称为算术平均值的标准误差，在有限次测量中

$$\sigma_{\bar{x}} = \sqrt{\frac{1}{n(n-1)}\sum_{i=1}^{n}\nu_i^2} \tag{3-19}$$

$\sigma_{\bar{x}}$ 的物理意义是：在对某一被测量进行等精度测量时，被测量真值落在以算术平均值 $\bar{x}$ 为中心，以 $[-\sigma_{\bar{x}}, +\sigma_{\bar{x}}]$ 为区间的概率为68.3%，这也表明用 $\sigma_{\bar{x}}$ 来说明测量结果的精度是合理的。

（3）测量列的极限误差 Δ_{max}

测量列的极限误差是均方根误差 σ 的3倍，即 3σ，这也可以理解为置信系数 k 取3时的置信区间。由此可知，随机误差落在 $[-3\sigma, +3\sigma]$ 区间的概率为99.7%，而落在外面的概率仅为0.3%。当在测量中出现绝对值大于 3σ 的误差测量值时，就认为该测量值属粗大误差而予以剔除。

（4）最优概值的极限误差 $\Delta_{\bar{x}_{max}}$

最优概值的极限误差为算术平均值的标准误差 $\sigma_{\bar{x}}$ 的 3 倍，即

$$\Delta_{\bar{x}_{max}}=3\sigma_{\bar{x}}=\frac{3\sigma}{\sqrt{n}} \tag{3-20}$$

（5）平均误差 θ

平均误差指的是在等精度测量中，全部剩余误差绝对值的算术平均值，即

$$\theta=\frac{1}{n}\sum_{i=1}^{n}|\nu_i|=\frac{1}{n}\sum_{i=1}^{n}|x_i-\bar{x}| \tag{3-21}$$

它与标准误差的关系是

$$\theta=0.7979\sigma \tag{3-22}$$

即测量的平均误差落在区间［$-\theta$，$+\theta$］内的概率为 57.5%。

3.2.2 系统误差分析与处理

3.2.2.1 系统误差的判定

取 x_1，x_2，…，x_n 为等精度测量的测量列。根据测量误差的分类及性质可知，当测量数据排除了粗大误差后，测量误差等于随机误差和系统误差的代数和。若测量值 x_i 中含有系统误差 ε_i，消除了系统误差之后的值为 x_i'，则有

$$x_i=x_i'+\varepsilon_i \tag{3-23}$$

其算术平均值为

$$\bar{x}=\frac{1}{n}\sum_{i=1}^{n}x_i=\frac{1}{n}\sum_{i=1}^{n}(x_i'+\varepsilon_i)=\frac{1}{n}\sum_{i=1}^{n}x_i'+\frac{1}{n}\sum_{i=1}^{n}\varepsilon_i \tag{3-24}$$

即

$$\bar{x}=\bar{x}_i'+\frac{1}{n}\sum_{i=1}^{n}\varepsilon_i \tag{3-25}$$

式中，$\bar{x}_i'$ 为消除系统误差后的测量列的算术平均值。测量值 x_i 的剩余误差为

$$\nu_i=x_i-\bar{x}=(x_i'+\varepsilon_i)-\left(\bar{x}_i'+\frac{1}{n}\sum_{i=1}^{n}\varepsilon_i\right)=(x_i'-\bar{x}_i')+\left(\varepsilon_i-\frac{1}{n}\sum_{i=1}^{n}\varepsilon_i\right) \tag{3-26}$$

即

$$\nu_i=\nu_i'+\left(\varepsilon_i-\frac{1}{n}\sum_{i=1}^{n}\varepsilon_i\right) \tag{3-27}$$

式中，ν_i' 为消除系统误差后的测量值的剩余误差。

由式(3-27) 可以得到系统误差的以下两个性质。

① 恒值系统误差只会影响测量结果的准确度，不会影响测量结果的精密度。当测量次数足够多时，含有恒值系统误差的测量值仍服从正态分布。这是因为，恒值系统误差具有 $\varepsilon_i=\frac{1}{n}\sum_{i=1}^{n}\varepsilon_i$ 的特点，故

$$\nu_i = \nu_i' \tag{3-28}$$

因此，测量列的算术平均值的标准误差满足

$$\sigma_{\bar{x}} = \sqrt{\frac{1}{n(n-1)}\sum_{i=1}^{n}\nu_i^2} = \sqrt{\frac{1}{n(n-1)}\sum_{i=1}^{n}\nu'^2_i} = \sigma'_{\bar{x}} \tag{3-29}$$

② 变值系统误差会同时影响测量结果的准确度和精密度。这是因为，变值系统误差有

$$\varepsilon_i \neq \frac{1}{n}\sum_{i=1}^{n}\varepsilon_i \tag{3-30}$$

因此

$$\nu_i \neq \nu_i', \sigma_{\bar{x}} \neq \sigma'_{\bar{x}} \tag{3-31}$$

由此可见，当测量结果同时存在系统误差与随机误差时，若测量次数足够多，随机误差的抵偿性使其算术平均值趋于零，但对系统误差取平均值则不具有这种效果。由于系统误差产生的原因非常复杂，因此处理系统误差也更为复杂，只有通过了解系统误差的来源及其基本规律，并结合实际测量情况，以及测量者的学识和经验，才能够采取相应的措施来减小或消除系统误差的影响。

通过对测量方法进行定性定量分析可以发现甚至计算出系统误差的大小；也可以采用准确度更高的测量仪器进行重复测试来检验是否存在系统误差。一般来说，测量仪器在进行定期校准或检定后，会在检定证书中明确给出修正值，目的就是发现并减小使用被检仪器进行测量时的系统误差。此外，在条件允许的情况下，采用多台同型号仪器一起进行对比测量，通过测量结果可以发现可能存在的系统误差，但这种方法不能察觉和定量评价理论误差。因为系统误差还与测量条件有关，也可以通过改变测量条件，如更换测量人员、测量环境、测量方法等，根据对分组测量数据的比较，发现系统误差。如果在测量结果中含有变值系统误差时，常采用剩余误差观察法进行判定。如图 3-3 所示，其中图 3-3(a) 显示剩余误差 ν_i 基本上正负相同，无明显变化规律，可以认为不存在系统误差；图 3-3(b) 中 ν_i 呈现线性递增规律，可认为存在累进性系统误差；图 3-3(c) 中 ν_i 大小和符号大体呈现周期性，可认为存在周期性系统误差；图 3-3(d) 中 ν_i 变化规律复杂，大体上可认为同时存在线性递增的累进性系统误差和周期性系统误差，即按复杂规律变化的系统误差。

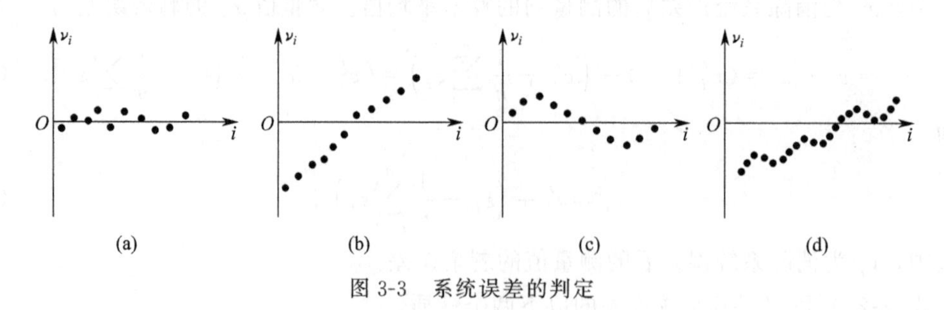

图 3-3　系统误差的判定

3.2.2.2　修正或消除系统误差的原则和方法

下面介绍几种常见的修正或消除系统误差的原则和方法。

（1）根源控制

如前所述，仪器本身及安装方法、测量方法、外界干扰因素或者测量人员的操作习惯等都是引起系统误差的主要原因，因此，在测量前应尽可能预见系统误差的来源，并设法消除。正确选择、安装、调整和操作测量仪器，严格遵守使用环境条件要求，提高测量人员的操作技能，去除不良的测量习惯都是从根源控制系统误差产生的根本方法。例如，测量前后均应对测量仪器进行零位检查；无论使用与否，均应对测量仪器进行定期维修保养和检定；测量环境急剧变化时应停止测量；精密测量时应确保必要的稳压、恒温、电磁屏蔽等操作条件；尽可能选用数字显示仪表代替指针式仪器，减小刻度不准、指针偏移或分辨率不高带来的影响等。

（2）预检法

预检法也称校准法，是根据测量仪器检定书给出的误差曲线（校准曲线）、校准数据或校准公式对测量得到的数据进行修正，是实际测量中常用的方法，适用于任何形式的系统误差。需要说明的是，由于修正值本身也存在误差，因此，这种方法不可能完全消除系统误差，测量结果中残留的系统误差可按随机误差处理。实际应用时，测量仪器的系统误差通常采用较高精度等级的基准仪器进行检定，即同时使用测量仪器和基准仪器，在量程范围内，对同一物理量变化范围内的各个量值进行多次重复测量。假设对某一测量点 i（$i=1$，2，3，…，n），测量仪器的测量值为 $\bar{x}_i$，基准仪器的测量值为 $\bar{x}_{0i}$，则测量仪器在该测量点的系统误差可用差值 $\varepsilon_i=\bar{x}_i-\bar{x}_{0i}$ 表示，用数据（$\bar{x}_i$，ε_i）绘制的曲线称为误差曲线，用数据（$\bar{x}_i$，$\bar{x}_{0i}$）绘制的曲线则称为校准曲线。

（3）交换法

交换法是指在测量过程中，通过变换某些条件（如被测对象的位置），使产生系统误差的因素相互抵消，达到减小或消除误差目的的方法。交换法适用于具有恒值误差的测量系统，主要消除由测量仪器制造、试件安装等因素造成的系统误差。例如，采用等臂天平称重时，考虑到左右臂长度的制造误差，可以采用位置交换法，即完成一次称重测量后，将被测物体与标准砝码互换位置进行第二次称重测量，用两次测量的平均值作为最终测量结果。又如，对工件进行动平衡测试时，考虑到工件安装对中误差，也可以采用位置变换方法，即通过改变安装角度（两两成 180°）进行多次测量，最后取平均值作为测量结果。

（4）随机化处理方法

随机化处理其实就是利用同一类型测量仪器的系统误差具有随机特性的特点，对同一被测量用多台同类型仪器进行测量，取各台仪器测量值的平均值作为测量结果。但这种方法同时需要多台同类型设备，且费时较多，因此并不多用。

除了上述的集中方法外，修正或消除系统误差的方法还有零示法、替代法等，随着智能化仪器的广泛使用，还可以使用微处理器的计算功能修正或消除系统误差，如直流零位调整和自动校准等方法。

3.2.2.3 系统误差的估算

在测量系统中，假设测量结果受 m 个系统误差源的影响，这些误差源的误差分量为 ε_1，

ε_2，…，ε_m，为了估算它们对测量结果的综合影响，即估算总系统误差 ε，一般可以采用以下方法。

（1）代数合成法

如果能够估计出各系统误差分量 ε_i 的大小和符号，则可采用各分量的代数和求得总系统误差 ε，即

$$\varepsilon=\varepsilon_1+\varepsilon_2+\varepsilon_3+\cdots+\varepsilon_m=\sum_{i=1}^{m}\varepsilon_i \tag{3-32}$$

（2）绝对值合成法

如果只能估算出各个系统误差分量 ε_i 的大小，而不能确定其符号，则可采用最保守的绝对值合成法，即将各分量的绝对值相加后得到总误差

$$\varepsilon=\pm(|\varepsilon_1|+|\varepsilon_2|+|\varepsilon_3|+\cdots+|\varepsilon_m|)=\pm\sum_{i=1}^{m}|\varepsilon_i| \tag{3-33}$$

（3）均方根合成法

当误差分量较多（即 m 较大，如 $m>10$）时，采用代数合成法获得的总误差估计过大。此时，可以采用均方根合成法（或称几何合成法），即

$$\varepsilon=\pm\sqrt{\varepsilon_1^2+\varepsilon_2^2+\varepsilon_3^2+\cdots+\varepsilon_m^2}=\sqrt{\sum_{i=1}^{m}\varepsilon_i^2} \tag{3-34}$$

【例 3-1】 某管道流体压力测量装置如图 3-4 所示。已知压力表的精度为 0.5 级，量程为 0～600kPa，表盘刻度 100 格代表 200kPa，即分度值为 2kPa，测量时指示压力读数为 300kPa，读数时指针来回摆动±1 格，$\Delta h\leqslant 0.05\text{m}$。压力表使用条件大多符合要求，仅环境温度值比标准值（20℃±3℃）高 10℃，该压力表温度修正值为每偏离 1℃所造成的系统误差为仪表基本误差的 4%。试估算测量结果的系统误差。

【解】 ① 仪表基本误差

$$\varepsilon_{p_1}=\pm(0.5\%\times600)\text{kPa}=\pm3.00\text{kPa}$$

② 环境温度造成的系统误差

$$\varepsilon_{p_2}=\pm(4\%\Delta p_1\Delta t)=\pm(4\%\times3.00\times10)\text{kPa}=\pm1.2\text{kPa}$$

③ 安装误差。压力表没有安装在管路同一水平面上，而是高出 $h+\Delta h$。为减少这一误差，在高度 h 处安装一放气阀，使高度 h 的水柱产生的压力是恒定的，故可对读数进行修正，管路中的实际压力值为

$$p=p_i+\rho gh$$

式中，p_i 为指示压力，kPa；ρ 为所测液体的密度，kg/m^3，若液体为水，则其密度 $\rho=1000\text{kg/m}^3$；g 为重力加速度，取 9.8m/s^2。

可求得安装误差为

$$\varepsilon_{p_3}=\pm(\rho g\Delta h)=\pm(1000\text{kg/m}^3\times9.8\text{m/s}^2\times0.05\text{m})=\pm490\text{N/m}^2=\pm0.49\text{kPa}$$

④ 读数误差

$$\varepsilon_{p_4}=\pm 2\text{kPa}$$

⑤ 总系统误差

a. 若按代数合成法，则 ε_p 为

$$\varepsilon_p=\pm\sum_{i=1}^{n}\varepsilon_{p_i}=\pm(3.00+1.2+0.49+2)\text{kPa}=\pm 6.69\text{kPa}\approx\pm 7\text{kPa}$$

压力相对误差 δ_p 为

$$\delta_p=\frac{\varepsilon_p}{p}\times 100\%=\pm\frac{7}{300}\times 100\%=\pm 2.33\%\approx\pm 2\%$$

b. 若按均方根合成法，则

$$\varepsilon_p=\pm\sqrt{\sum_{i=1}^{n}\varepsilon_{p_i}^2}=\pm\sqrt{3.00^2+1.2^2+0.49^2+2^2}\ \text{kPa}=\pm 3.83\text{kPa}\approx\pm 4\text{kPa}$$

$$\delta_p=\frac{\varepsilon_p}{p}\times 100\%=\pm\frac{4}{300}\times 100\%=\pm 1.3\%\approx\pm 1\%$$

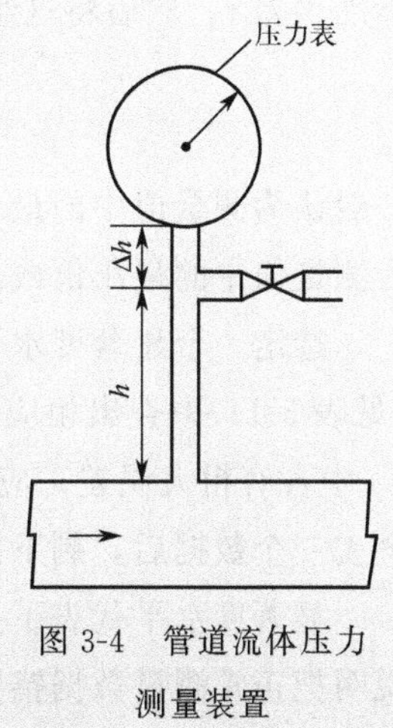

图 3-4 管道流体压力测量装置

此例中，因系统误差项数不多，为了安全起见可采用代数合成法的计算值，计算中有效数字留取见 3.4.1 节。

3.2.3 粗大误差的剔除

在一组测量获得的数据中，往往会有个别数据超出统计规律范畴，这些数据属于可疑数据，即出现了所谓的粗大误差。如果能够明确这些可疑数据是因为读错或记错仪器指示值、数据计算错误以及测试环境条件突变等引起的，则可以直接剔除；否则，就需要按照一定的原则进行判别，以决定是否剔除这些数据。常用的方法有拉依达准则、格拉布斯准则、肖维涅准则、t 检验准则及狄克松准则等。限于篇幅，以下仅介绍常用的几种方法。

(1) 拉依达准则

拉依达准则，即坏值 3σ 判断法。对一组等精度测量的测量列 x_1，x_2，…，x_n，如果只含有随机误差，且符合或近似符合正态分布规律，那么可以知道任一测量值的变差超过 3σ 的概率不超过 0.3%。因此可以计算出其算术平均值 $\bar{x}$ 和标准误差 σ，如果

$$|\nu_i|=|x_i-\bar{x}|>3\sigma \tag{3-35}$$

则认为 x_i 为坏值，应将其剔除。剔除坏值后，对剩余的数据进行筛选，重新计算算术平均值 $\bar{x}$ 和标准误差 σ，并再次检验有无坏值，直至所有数据的标准误差均小于 3σ 为止。

(2) 格拉布斯准则

格拉布斯准则首先假定一组等精度测量的测量结果 x_1，x_2，…，x_n 符合或近似符合正态分布规律，进而根据顺序统计量来确定异常数据的取舍。首先计算出其算术平均值 $\bar{x}$ 和

标准误差σ，然后将这组数据由小到大排序，根据顺序统计原则，计算出格拉布斯准则数G

$$G=\frac{|\nu_i|}{\sigma}=\frac{|x_i-\bar{x}|}{\sigma} \tag{3-36}$$

一般认为测量值中的最小值和最大值是最可能的异常数据，所以一般最先代入式(3-36)的为测量值中的最小值或最大值。

选定一个显著度水平（或称危险率）α，再根据测量次数，在格拉布斯准则数$G_{(n,\alpha)}$表（见表3-1）中查出相应的$G_{(n,\alpha)}$值。当求得的G值大于相应的$G_{(n,\alpha)}$值时，认为测量值x_i中含有粗大误差，应予以剔除。利用格拉布斯准则时，每次仅能舍去一个异常数据。当舍去一个数据后，剩下的数据组成新的样本，重新进行评判。

显著度水平代表了上述评判过程发生错误的概率，一般为0.05、0.025、0.01。α越小，说明把正常测量数据错判为含有粗大误差的异常数据的概率越小，但把确实含有粗大误差的数据判为正常数据的概率越大。所以，α不宜选得过小。

表3-1　格拉布斯准则数$G_{(n,\alpha)}$表

n	$\alpha=0.05$	$\alpha=0.025$	$\alpha=0.01$	n	$\alpha=0.05$	$\alpha=0.025$	$\alpha=0.01$
3	1.153	1.155	1.155	28	2.714	2.876	3.068
4	1.463	1.481	1.492	29	2.730	2.893	3.085
5	1.672	1.715	1.749	30	2.745	2.908	3.103
6	1.822	1.887	1.944	31	2.759	2.924	3.119
7	1.938	2.020	2.097	32	2.773	2.938	3.135
8	2.032	2.126	2.220	33	2.786	2.952	3.150
9	2.110	2.215	2.323	34	2.799	2.965	3.164
10	2.176	2.290	2.410	35	2.811	2.979	3.178
11	2.234	2.355	2.485	36	2.823	2.991	3.191
12	2.285	2.412	2.550	37	2.835	3.003	3.204
13	2.331	2.462	2.607	38	2.846	3.014	3.216
14	2.371	2.507	2.659	39	2.857	3.025	3.228
15	2.409	2.549	2.705	40	2.866	3.036	3.240
16	2.443	2.585	2.747	45	2.914	3.085	3.292
17	2.475	2.620	2.785	50	2.956	3.128	3.336
18	2.501	2.651	2.821	55	2.992	3.166	3.376
19	2.532	2.681	2.954	60	3.025	3.199	3.411
20	2.557	2.709	2.884	65	3.055	3.230	3.442
21	2.580	2.733	2.912	70	3.082	3.257	3.471
22	2.603	2.758	2.939	75	3.107	3.282	3.496
23	2.624	2.781	2.963	80	3.130	3.305	3.521
24	2.644	2.802	2.987	85	3.151	3.327	3.543
25	2.663	2.822	3.009	90	3.171	3.347	3.563
26	2.681	2.841	3.029	95	3.189	3.365	3.582
27	2.698	2.859	3.049	100	3.207	3.383	3.600

（3）t 检验准则

t 检验准则，又称罗马诺夫斯基准则，也是用来检验测量数据中的最大值和最小值是否含有粗大误差的。对一组等精度测量的测量结果 x_1，x_2，…，x_n，首先按照由小到大排序。假设测量值的最小值（或最大值）x_j 是异常数据，则将其剔除，对余下的（$n-1$）个数据计算算术平均值和标准误差

$$\bar{x}'=\frac{1}{n-1}\sum_{i=1}^{n-1}x_i \tag{3-37}$$

$$\sigma'=\sqrt{\frac{\sum_{i=1}^{n}\nu_i^2}{n-2}} \tag{3-38}$$

根据测量次数 n 和显著度水平 α，在 t 检验准则系数 $K_{(n,\alpha)}$ 表（见表 3-2）中查出相应的 $K_{(n,\alpha)}$ 值。若有 $|x_j-\bar{x}'|>K_{(n,\alpha)}\sigma'$，则认为 x_j 为异常数据并予以剔除，否则认为 x_j 不含有粗大误差并予以保留。重复上述过程进行判定，直至测量列中的异常数据均被剔除。

表 3-2　t 检验准则系数 $K_{(n,\alpha)}$ 表

n	$\alpha=0.05$	$\alpha=0.01$	n	$\alpha=0.05$	$\alpha=0.01$	n	$\alpha=0.05$	$\alpha=0.01$
4	4.97	11.46	13	2.29	3.23	22	2.14	2.91
5	3.56	6.53	14	2.26	3.17	23	2.13	2.90
6	3.04	5.04	15	2.24	3.12	24	2.11	2.88
7	2.78	4.36	16	2.22	3.08	25	2.11	2.86
8	2.62	3.96	17	2.20	3.04	26	2.10	2.85
9	2.51	3.71	18	2.18	3.01	27	2.10	2.84
10	2.43	3.54	19	2.17	3.00	28	2.09	2.83
11	2.37	3.41	20	2.16	2.95	29	2.09	2.82
12	2.33	3.31	21	2.15	2.93	30	2.08	2.81

（4）狄克松准则

狄克松准则相比于前面三个判定准则的最大优点是不需要计算测量列的标准误差 σ，而是通过极差比判定和剔除异常数据。将一组等精度测量的测量结果按照由小到大的顺序排列，得到 x_1，x_2，…，x_n。根据测量次数 n，选取合适的计算公式计算测量列中最小值 x_1 和最大值 x_n 的统计量。选取合适的显著度水平 α，在狄克松准则临界值 $r_{0(n,\alpha)}$ 表（表 3-3）中查出相应的 $r_{0(n,\alpha)}$ 值。若测量结果的统计量大于临界值，则认为相应的 x_1 或 x_n 含粗大误差，应予以剔除。剔除异常数据后，重复上述步骤，直到计算的统计量均小于临界值为止。

表 3-3　狄克松准则临界值 $r_{0(n,\alpha)}$ 表

统计量	n	$\alpha=0.05$	$\alpha=0.01$	统计量	n	$\alpha=0.05$	$\alpha=0.01$
		$r_0(n,\alpha)$				$r_0(n,\alpha)$	
$r_{10}(1)=\frac{x_2-x_1}{x_n-x_1}$ $r_{10}(n)=\frac{x_n-x_{n-1}}{x_n-x_1}$	3	0.341	0.988	$r_{22}(1)=\frac{x_3-x_1}{x_{n-2}-x_1}$ $r_{22}(n)=\frac{x_n-x_{n-2}}{x_n-x_3}$	14	0.546	0.641
	4	0.765	0.889		15	0.525	0.546
	5	0.642	0.780		16	0.507	0.596
	6	0.560	0.698		17	0.490	0.577
	7	0.507	0.637		18	0.475	0.561
$r_{11}(1)=\frac{x_2-x_1}{x_{n-1}-x_1}$ $r_{11}(n)=\frac{x_n-x_{n-1}}{x_n-x_2}$	8	0.554	0.683		19	0.462	0.547
	9	0.512	0.635		20	0.450	0.535
	10	0.477	0.597		21	0.440	0.524
$r_{21}(1)=\frac{x_3-x_1}{x_{n-1}-x_1}$ $r_{21}(n)=\frac{x_n-x_{n-2}}{x_n-x_2}$	11	0.576	0.679		22	0.430	0.514
	12	0.546	0.642		23	0.421	0.505
	13	0.521	0.615		24	0.413	0.497
					25	0.406	0.489

【例 3-2】 对某一量进行 15 次等精度测量，测得值见表 3-4，设这些测得值已经消除了系统误差，试判别该测量列中是否存在含有粗大误差的测得值。

表 3-4　例题 3-2 的测得值

序号	x_i	ν_i	ν_i^2	ν_i'	$(\nu_i')^2$
1	20.42	+0.016	0.000256	+0.009	0.000081
2	20.43	+0.026	0.000676	+0.019	0.000361
3	20.40	−0.004	0.000016	−0.011	0.000121
4	20.43	+0.026	0.000676	+0.019	0.000361
5	20.42	+0.016	0.000256	+0.009	0.000081
6	20.43	+0.026	0.000676	+0.019	0.000361
7	20.39	−0.014	0.000196	−0.021	0.000441
8	20.30	−0.104	0.010816	—	—
9	20.40	−0.004	0.000016	−0.011	0.000121
10	20.43	+0.026	0.000676	+0.019	0.000361
11	20.42	+0.016	0.000256	+0.009	0.000081
12	20.41	+0.006	0.000036	−0.001	0.000001
13	20.39	−0.014	0.000196	−0.021	0.000441
14	20.39	−0.014	0.000196	−0.021	0.000441
15	20.40	−0.004	0.000016	−0.011	0.000121
计算结果	$\bar{x}=20.404$	$\sum_{i=1}^{15}\nu_i=0$	$\sum_{i=1}^{15}\nu_i^2=0.0150$	—	$\sum_{i=1}^{14}\nu'^2_i=0.00337$

【解】① 拉依达准则。由表 3-4 可得

$$\bar{x}=20.404$$

$$\sigma=\sqrt{\frac{\sum_{i=1}^{n}\nu_i^2}{n-1}}=\sqrt{\frac{0.0150}{14}}=0.033$$

根据拉依达准则，第 8 个测量值的残差 $|\nu_8|=0.104>3\sigma$，故将此测得值剔除。再根据剩下的 14 个测得值重新计算，得

$$\bar{x}'=20.411$$
$$\sigma'=0.016$$

剩下 14 个测得值的残余误差均满足 $|\nu_i'|<3\sigma'$，故可认为不再含有粗大误差。

② 格拉布斯准则。按测量列大小顺序排列得到 $x_{(1)}=20.30$，$x_{(15)}=20.43$，有两个测量值可怀疑，由于

$$\bar{x}-x_{(1)}=0.104>x_{(15)}-\bar{x}=0.026$$

因此先怀疑 $x_{(1)}$ 含有粗大误差

$$G_{(1)}=\frac{20.404-20.30}{0.033}=3.151>G(15,0.05)=2.409$$

故第 8 个测得值含有粗大误差，应予剔除。剩下 14 个数据，再重复上述步骤。判别 $x_{(15)}$

$$G_{(15)}=\frac{20.43-20.411}{0.016}=1.188<G(14,0.05)=2.371$$

因此 $x_{(15)}$ 不包含粗大误差，而各 $G_{(i)}$ 都小于 1.188，故可认为其余测量值也不含粗大误差。

③ t 检验准则。首先怀疑第 8 个测得值含有粗大误差，将其剔除。然后根据剩下的 14 个测量值计算平均值和标准差，得 $\bar{x}'=20.411$，$\sigma'=0.016$，选取显著度 $\alpha=0.05$，根据测量次数和显著度水平，在 t 检验准则系数 $K_{(n,\alpha)}$ 表中查得 $K_{(15,0.05)}=2.24$，有

$$K\sigma=2.24\times0.016=0.036$$

$$|x_8-\bar{x}|=|20.30-20.411|=0.111>0.036$$

故第 8 个测量值含有粗大误差，应予剔除。然后对剩下的 14 个测得值进行判别，可知这些测得值不再含有粗大误差。

④ 狄克松准则。将 x_i 排成顺序量，首先判断最大值 $x_{(15)}$，因 $n=15$，故计算统计量 $r_{22}(15)$

$$r_{22}(15)=\frac{x_{(15)}-x_{(13)}}{x_{(15)}-x_{(3)}}=\frac{20.43-20.43}{20.43-20.39}=0<r_0(15,0.05)=0.525$$

故 $x_{(15)}$ 不含有粗大误差。

再判别最小值 $x_{(1)}$

$$r'_{22}(1)=\frac{x_{(1)}-x_{(3)}}{x_{(1)}-x_{(13)}}=\frac{20.30-20.39}{20.30-20.43}=0.692>r_0(15,0.05)=0.525$$

所以 $x_{(1)}$ 含有粗大误差，应予剔除。剩下 14 个数据，再重复上述步骤。因 $n=14$，计算 $r_{22}(14)$

$$r_{22}(14)=\frac{x'_{(14)}-x'_{(12)}}{x'_{(14)}-x'_{(3)}}=\frac{20.43-20.43}{20.43-20.39}=0<r_0(14,0.05)=0.546$$

可知，$x_{(14)}$ 不含有粗大误差。

根据这四种粗大误差判别准则的思想进一步分析各自的适用范围。首先，拉依达准则（坏值 3σ 判断法）是几种判别准则中最为简单实用的方法，它避免了查表的烦琐，一般在要求不高时应用。由于其直接根据置信概率 99.73%取系数为 3 以及标准误差是未剔除之前的，因此更适用于测量次数较多的测量列，对于平时测量次数较少的情况，特别是 $n<10$ 时，拉依达准则检测不到任何粗大误差。对测量次数较少而要求较高的测量列，应采用其他三种判别准则，其中以格拉布斯准则的可靠性最高，其概率意义明确，测量次数 $n=20\sim100$ 时，该准则的判别效果较好；当测量次数很少（一般 $n<30$）时，可采用 t 检验准则。若需要从测量列中人工迅速判别含有粗大误差的测得值，则可采用狄克松准则，因为其不需要计算标准差，狄克松准则还适于剔除一个以上异常值。在一些精密的实验场合，可以选用两三种准则同时判断，当一致认为某值应剔除或保留时，则可以放心地加以剔除或保留。当几种方法的判断结果有矛盾时，则应慎重考虑，一般以不剔除为妥。因为虽然留下某个怀疑的数据，但算出的 σ 只是偏大一点，这样做较为安全。另外，可以再增加测量次数，以消除或减少它对平均值的影响。若按上述准则判别出测量列中有两个以上测量值含有粗大误差，则应先剔除误差最大的测量值，然后再对余下的测量值重新计算算术平均值及其标准差，进行判别，依此程序逐步剔除，直到所有测量值都不含粗大误差为止。

最后必须指出，由于许多重大科学发现恰恰是从异常测量结果发现的，因此必须具体问题具体分析，必须分清该误差的产生是某种原因导致错误结果，还是一个人们尚未认清规律的正常结果。

3.3 测量误差计算

3.3.1 直接测量误差计算

直接测量主要包括单次测量误差的计算、有限次等精度测量误差的计算和非等精度测量误差的计算。其中，单次测量误差的计算是指受测试条件或其他因素的限制，只对被测量进行一次测量。在这种情况下，通常不需要对系统误差进行分析与修正，也不需要对粗大误差进行计算，只需要根据测量仪器的允许误差估算测量结果中可能包含的最大误差即可。对有限次等精度测量误差和非等精度测量误差的计算，则需要在获得一组原始测量数据后，进行必要的误差分析与计算。

（1）等精度测量误差的计算

对某一被测量 x 进行一系列等精度测量，此时测量结果中可能包含了系统误差、随机误差和粗大误差，为了给出正确合理的结果，一般可以按照下述步骤对测得的数据进行处理。

① 选用合适的方法对测量值进行修正，获得修正或消除了系统误差影响后的测量值 x_1，x_2，…，x_n。

② 计算算术平均值 $\bar{x}=\frac{1}{n}\sum_{i=1}^{n}x_i$ 。

③ 计算剩余误差 $\nu_i=x_i-\bar{x}$ 并验证 $\sum_{i=1}^{n}\nu_i=0$。

④ 计算 ν_i^2，计算测量列的标准误差（贝塞尔公式）和极限误差

$$\sigma=\sqrt{\frac{1}{n-1}\sum_{i=1}^{n}\nu_i^2} \tag{3-39}$$

$$\Delta_{\max}=3\sigma \tag{3-40}$$

⑤ 选取合适的方法检验测量列中是否存在异常数据（即含有粗大误差的测量值），如存在，则应剔除；剔除后按步骤①至④重新计算。

⑥ 计算算术平均值的标准误差和极限误差

$$\sigma_{\bar{x}}=\sqrt{\frac{1}{n(n-1)}\sum_{i=1}^{n}\nu_i^2} \tag{3-41}$$

$$\Delta_{\bar{x}_{\max}}=3\sigma_{\bar{x}}=\frac{3\sigma}{\sqrt{n}} \tag{3-42}$$

⑦ 测量结果的表达

$$x_0=\bar{x}\pm\sigma_{\bar{x}}\text{（置信度 68.3\%）} \tag{3-43}$$

$$x_0=\bar{x}\pm3\sigma_{\bar{x}}\text{（置信度 99.7\%）} \tag{3-44}$$

【例 3-3】 对某温度进行了 16 次等精度测量，测量数据 x_i 中已计入修正值，列入表 3-5 中。求测量结果。

表 3-5 测量结果及数据处理表

n	x_i/℃	ν_i/℃	ν_i^2	ν_i'/℃	$\nu_i'^2$
1	205.30	0.00	0.0000	0.09	0.0081
2	204.94	−0.36	0.1296	−0.27	0.0729
3	205.63	+0.33	0.1089	+0.42	0.1764
4	205.24	−0.06	0.0036	+0.03	0.0009
5	206.65	+1.35	1.8225	—	—

续表

n	x_i/℃	ν_i/℃	ν_i^2	ν_i'/℃	$\nu_i'^2$
6	204.97	−0.33	0.1089	−0.24	0.0576
7	205.36	+0.06	0.0036	+0.15	0.0025
8	205.16	−0.14	0.0196	−0.05	0.0025
9	205.71	+0.41	0.1681	+0.50	0.2500
10	204.70	−0.60	0.3600	−0.51	0.2601
11	204.86	−0.44	0.1936	−0.35	0.1225
12	205.35	+0.05	0.0025	+0.14	0.0196
13	205.21	−0.09	0.0081	0.00	0.0000
14	205.19	−0.11	0.0121	−0.02	0.0004
15	205.21	−0.09	0.0081	0.00	0.0000
16	205.32	+0.02	0.0004	+0.11	0.0121
测量结果	—	$\sum\nu_i=0$	—	$\sum\nu_i'=0$	—

【解】 为清晰表示测量数据，一般以表格形式列出。

① 计算算术平均值 $\bar{x}=205.30$℃；

② 计算 ν_i 和 ν_i^2 并列于表中；

③ 计算测量列的标准误差和极限误差

$$\sigma=\sqrt{\frac{1}{16-1}\sum_{i=1}^{n}\nu_i^2}=0.4434℃;\Delta_{\max}=1.3302\ ℃$$

④ 选用拉依达准则检验测量数据中是否含有异常数据，发现表中第 5 个数据 $x_5=206.65$℃的 $v_5=1.35℃>\Delta_{\max}$，故应将其剔除；

⑤ 对剔除异常数据后的 15 个数据重新计算算术平均值 $\bar{x}=205.21$℃；

⑥ 重新计算 ν_i' 和 $(\nu')^2$ 并列于表中；

⑦ 重新测量列的计算标准误差和极限误差

$$\sigma'=\sqrt{\frac{1}{15-1}\sum_{i=1}^{n}(\nu'_i)^2}=0.27\ ℃和\Delta'_{\max}=0.81℃$$

⑧ 可以再按照拉依达准则继续检验剩余的测量数据中是否含有异常数据，若所有数据均满足 $|\nu_i'|<\Delta'_{\max}$，则认为测量列中不含有异常数据；

⑨ 计算算术平均值的标准误差和极限误差

$$\sigma_{\bar{x}}=\frac{\sigma'}{\sqrt{15}}=\frac{0.27}{\sqrt{15}}=0.07℃和\Delta_{\bar{x}_{\max}}=3\sigma_{\bar{x}}=0.21℃$$

⑩ 测量数据的表达

$$x_0=\bar{x}'\pm\sigma_{\bar{x}}=(205.21\pm0.07)℃(置信度68.3\%)$$

$$x_0=\bar{x}'\pm3\sigma_{\bar{x}}=(205.21\pm0.21)℃(置信度99.7\%)$$

(2) 非等精度测量误差的计算

非等精度测量，就是在不同的测量条件下，或用不同精度的仪表、不同的测量方法、不同的测量次数、不同的测量者进行测量和对比的测量方法。此时，各个测量值（或各组测量结果）的精密度不同，可靠程度不同，在进行计算和测量结果的表达时，就不能简单取所有数据的算术平均值，而应权衡各个测量值（或各组测量结果）的“轻重”，即“权”的概念。

例如，当对两次或若干次测量结果进行对比时，一般认为“权”值越大的测量结果，其可靠性越高。“权”值的大小与测量的标准误差密切相关，标准误差越小，说明相应的测量结果越可靠，对应的“权”值也就越大。显然，“权”值与标准误差的平方成反比。

假设对某一被测量进行了一系列（n 组）测量，各组的测量精度不尽相同，每组测量结果算术平均值的标准误差分别为 $(\sigma_{\bar{x}})_1$，$(\sigma_{\bar{x}})_2$，…，$(\sigma_{\bar{x}})_n$，则相应的“权”分别为

$$P_1=\frac{\eta}{(\sigma_{\bar{x}})_1^2},P_2=\frac{\eta}{(\sigma_{\bar{x}})_2^2},\cdots,P_i=\frac{\eta}{(\sigma_{\bar{x}})_i^2},\cdots,P_n=\frac{\eta}{(\sigma_{\bar{x}})_n^2} \tag{3-45}$$

式中，P_i 为第 i 组测量结果的“权”值；η 为任意选取的常数。

非等精度测量中被测量真值的最佳估计值为测量值的加权算术平均值 $\bar{x}_{\mathrm{m}}$

$$\bar{x}_{\mathrm{m}}=\frac{\sum_{i=1}^{n}P_i\bar{x}_i}{\sum_{i=1}^{n}P_i} \tag{3-46}$$

式中，$\bar{x}_i$ 为各组测量值的算术平均值。与加权算术平均值对应的标准误差为

$$(\sigma_{\bar{x}})_{\mathrm{m}}=\sqrt{\frac{1}{\sum_{i=1}^{n}\left[\frac{1}{(\sigma_{\bar{x}})_n}\right]^2}} \tag{3-47}$$

【例 3-4】 两实验者对同一恒温水箱内的水温进行测量，各自独立地获得一列等精度测量值数据如下（认为测量数据已修正了系统误差、剔除了异常数据）：

实验者 A，x_{A}(℃)：91.4，90.7，92.1，91.6，91.3，91.8，90.2，91.5，91.2，90.9；

实验者 B，x_{B}(℃)：90.92，91.47，91.58，91.36，91.85，91.23，91.25，91.70，91.41，90.67，91.28，91.53。

求测量结果。

【解】 ① 分别计算两组测量结果的算术平均值

$$\bar{x}_{\mathrm{A}}=91.30℃,\bar{x}_{\mathrm{B}}=91.35℃$$

② 分别计算两组测量结果算术平均值的标准误差

$$(\sigma_{\bar{x}})_{\mathrm{A}}=\sqrt{\frac{1}{10\times 9}\sum_{i=1}^{10}\nu_{i\mathrm{A}}^2}=0.2℃,(\sigma_{\bar{x}})_{\mathrm{B}}=\sqrt{\frac{1}{12\times 11}\sum_{i=1}^{12}\nu_{i\mathrm{B}}^2}=0.09℃$$

即两实验者对恒温水箱水温的测量结果分别为

实验者 A 的测温结果

$$x_{0A}=\bar{x}_A\pm\sigma_{\bar{x}A}=(91.30\pm0.2)℃（置信度68.3\%）$$

$$x_{0A}=\bar{x}_A\pm3\sigma_{\bar{x}A}=(91.30\pm0.6)℃（置信度99.7\%）$$

实验者B的测温结果

$$x_{0B}=\bar{x}_B\pm\sigma_{\bar{x}B}=(91.35\pm0.09)℃（置信度68.3\%）$$

$$x_{0B}=\bar{x}_B\pm3\sigma_{\bar{x}B}=(91.35\pm0.27)℃（置信度99.7\%）$$

③ 计算两组测量结果的加权算术平均值

$$\bar{x}_m=\frac{P_A\bar{x}_A+P_B\bar{x}_B}{P_A+P_B}=\frac{\left[\frac{1}{(\sigma_{\bar{x}})_A}\right]^2\bar{x}_A+\left[\frac{1}{(\sigma_{\bar{x}})_B}\right]^2\bar{x}_B}{\left[\frac{1}{(\sigma_{\bar{x}})_A}\right]^2+\left[\frac{1}{(\sigma_{\bar{x}})_B}\right]^2}=\frac{\left(\frac{1}{0.2}\right)^2\times91.30+\left(\frac{1}{0.09}\right)^2\times91.35}{\left(\frac{1}{0.2}\right)^2+\left(\frac{1}{0.09}\right)^2}=91.34℃$$

④ 计算加权算术平均值的标准误差

$$(\sigma_{\bar{x}})_m=\sqrt{\frac{1}{\left[\frac{1}{(\sigma_{\bar{x}})_A}\right]^2+\left[\frac{1}{(\sigma_{\bar{x}})_B}\right]^2}}=\sqrt{\frac{1}{\left(\frac{1}{0.2}\right)^2+\left(\frac{1}{0.09}\right)^2}}=0.08℃$$

⑤ 计算两组等精度测量组成的测量结果

$$x_0=\bar{x}_m\pm(\sigma_{\bar{x}})_m=(91.34+0.08)℃（置信度68.3\%）$$

$$x_0=\bar{x}_m\pm3(\sigma_{\bar{x}})_m=(91.34+0.24)℃（置信度99.7\%）$$

3.3.2 间接测量误差计算

当受测量条件或其他因素限制时，某些被测量并不能够直接测量出来，这时候就需要进行间接测量。间接测量就是通过直接测量与被测量有一定函数关系的其他量，并根据函数关系计算出被测量，间接测量的量是直接测量的各个被测量的函数。例如，测量导线电阻率ρ，首先需要测量导线电阻R、导线长度l和导线直径d，然后根据公式$\rho=\pi d^2R/(4l)$计算出ρ。式中l、d和R为直接测量量，ρ为间接测量量。在间接测量中，测量误差是各个被测量误差的函数。因此，研究间接测量的误差也就是研究函数误差，函数误差计算就是研究函数中误差的传递问题，一般有三个主要内容：①已知函数关系和各个测量值的误差，利用函数关系求解间接测量值的误差；②已知函数关系和规定的函数总误差，按照一定原则分配各个测量值的误差；③确定最佳的测量条件，使函数误差达到最小值时的测量条件。

3.3.2.1 函数误差的基本公式

在间接测量中，间接测量量与直接测量量之间一般为多元函数形式，如

$$y=f(x_1,x_2,\cdots,x_n) \tag{3-48}$$

式中，y为间接测量值；x_i为各个直接测量值，$i=1$，2，…，n。

多元函数的增量可用函数的全微分来表示

$$\mathrm{d}y=\frac{\partial f}{\partial x_1}\mathrm{d}x_1+\frac{\partial f}{\partial x_2}\mathrm{d}x_2+\cdots+\frac{\partial f}{\partial x_n}\mathrm{d}x_n \tag{3-49}$$

$$\frac{\mathrm{d}y}{y}=\frac{\partial f}{\partial x_1}\times\frac{\mathrm{d}x_1}{y}+\frac{\partial f}{\partial x_2}\times\frac{\mathrm{d}x_2}{y}+\cdots+\frac{\partial f}{\partial x_n}\times\frac{\mathrm{d}x_n}{y} \tag{3-50}$$

式中，$\mathrm{d}y$ 为函数误差；$\mathrm{d}x_i$ 为各个直接测量值的误差；$\partial f/\partial x_i$ 为各个误差的传递系数。式(3-49) 和式(3-50) 称为函数误差的基本计算公式。

3.3.2.2 间接测量的绝对误差和相对误差

在间接测量中，将直接测量值的误差 Δx_1，Δx_2，…，Δx_n 代替式(3-49) 和式(3-50) 中的微分量 $\mathrm{d}x_1$，$\mathrm{d}x_2$，…，$\mathrm{d}x_n$，可以近似得到函数的绝对误差 Δy 和相对误差 $\Delta y/y$。

绝对误差

$$\Delta y=\frac{\partial f}{\partial x_1}\Delta x_1+\frac{\partial f}{\partial x_2}\Delta x_2+\cdots+\frac{\partial f}{\partial x_n}\Delta x_n=\sum_{i=1}^{n}\left(\frac{\partial f}{\partial x_i}\Delta x_i\right) \tag{3-51}$$

相对误差

$$\frac{\Delta y}{y}=\frac{\partial f}{\partial x_1}\times\frac{\Delta x_1}{y}+\frac{\partial f}{\partial x_2}\times\frac{\Delta x_2}{y}+\cdots+\frac{\partial f}{\partial x_n}\times\frac{\Delta x_n}{y}=\sum_{i=1}^{n}\left(\frac{\partial f}{\partial x_i}\times\frac{\Delta x_i}{y}\right) \tag{3-52}$$

式(3-51)、式(3-52) 为间接测量误差传递公式。

此外，可以利用泰勒（Taylor）级数展式获得间接测量的绝对误差，取 Δx_i 为 x_i 的误差，Δy 为 y 的误差，则

$$y+\Delta y=f(x_1+\Delta x_1,x_2+\Delta x_2,\cdots,x_n+\Delta x_n) \tag{3-53}$$

$$y+\Delta y=f(x_1,x_2,\cdots,x_n)+\frac{\partial f}{\partial x_1}\Delta x_1+\frac{\partial f}{\partial x_2}\Delta x_2+\cdots+\frac{\partial f}{\partial x_i}\Delta x_i+\rho(\Delta x_1,\Delta x_2,\cdots,\Delta x_n) \tag{3-54}$$

略去高阶项，就能够得到间接测量的绝对误差，同式(3-51)。

当函数关系简单时，可用下列公式直接计算函数系统误差。

若函数关系为

$$y=x_1\pm x_2\pm\cdots\pm x_n \tag{3-55}$$

则函数的系统误差为

$$\Delta y=\Delta x_1\pm\Delta x_2\pm\cdots\pm\Delta x_n \tag{3-56}$$

上式表明当函数为各测量值的和或差时，其函数系统误差为各测量值系统误差的和或差。常用函数的绝对误差和相对误差见表 3-6。

表 3-6 常用函数的绝对误差和相对误差

函数	绝对误差 y	相对误差 $\Delta y/y$
$y=x_1+x_2$	$\pm(\Delta x_1+\Delta x_2)$	$\pm(\Delta x_1+\Delta x_2)/(x_1+x_2)$
$y=x_1-x_2$	$\pm(\Delta x_1+\Delta x_2)$	$\pm(\Delta x_1+\Delta x_2)/(x_1-x_2)$

续表

函数	绝对误差 y	相对误差 $\Delta y/y$
$y=x_1x_2$	$\pm(x_2\Delta x_1+x_1\Delta x_2)$	$\pm\left(\frac{\Delta x_1}{x_1}+\frac{\Delta x_2}{x_2}\right)$
$y=x_1x_2x_3$	$\pm(x_1x_2\Delta x_3+x_2x_3\Delta x_1+x_1x_3\Delta x_2)$	$\pm\left(\frac{\Delta x_1}{x_1}+\frac{\Delta x_2}{x_2}+\frac{\Delta x_3}{x_3}\right)$
$y=Ax$	$A\Delta x_1$	$\pm\Delta x/x$
$y=x^n$	$\pm nx^{n-1}\Delta x$	$\pm n\frac{\Delta x}{x}$
$y=\sqrt[n]{x}$	$\pm\frac{1}{n}x^{\frac{1}{n}-1}\Delta x$	$\pm\frac{1}{n}\frac{\Delta x}{x}$
$y=x_1/x_2$	$\pm(x_2\Delta x_1+x_1\Delta x_2)/x_2^2$	$\pm\left(\frac{\Delta x_1}{x_1}+\frac{\Delta x_2}{x_2}\right)$
$y=\lg x$	$\pm 0.43429\frac{\Delta x}{x}$	$\pm 0.43429\frac{\Delta x}{x\lg x}$
$y=\sin x$	$\pm\Delta x\cos x$	$\pm\Delta x\cot x$
$y=\cos x$	$\pm\Delta x\sin x$	$\pm\Delta x\tan x$
$y=\tan x$	$\pm\Delta x/\cos^2 x$	$\pm 2\Delta x/\sin(2x)$
$y=\cot x$	$\pm\Delta x/\sin^2 x$	$\pm 2\Delta x/\sin(2x)$

【例 3-5】 如图 3-5 所示，测量电流 I 流过电阻 R 时，已知直接测量的相对误差均为 1%，求在电阻上消耗的功率 P。

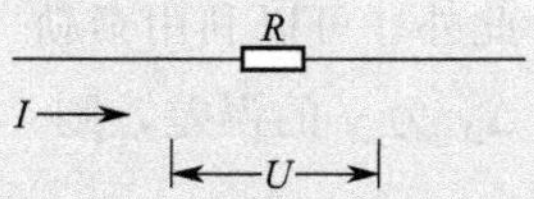

图 3-5 测量电阻 R 上的功率 P

【解】 间接测量功率的方法有三种：

① 测量电阻上的电压 U 和电流 I，通过 $P=UI$ 计算。

若测量结果分别为 $U=100.0\,(1\pm1\%)$ V、$I=10.0\,(1\pm1\%)$ A。因 $P=UI$，据式(3-52) 有

$$\frac{\Delta P}{P}=\frac{\partial P}{\partial U}\times\frac{\Delta U}{P}+\frac{\partial P}{\partial I}\times\frac{\Delta I}{P}=I\frac{\Delta U}{UI}+U\frac{\Delta I}{UI}=\frac{\Delta U}{U}+\frac{\Delta I}{I}$$

代入 U、I 的相对误差，得到 P 的相对误差为

$$\frac{\Delta P}{P}=1\%+1\%=2\%$$

功率 P 的绝对误差

$$\Delta P=P\times2\%=UI\times2\%=100.0\text{V}\times10.0\text{A}\times2\%=20\text{W}$$

② 测量电流 I 和电阻 R，通过 $P=I^2R$ 计算。

若测量结果为 $R=10.0\,(1\pm1\%)$ Ω，$I=10.0\,(1\pm1\%)$ A。因 $P=I^2R$，据式(3-52) 有

$$\frac{\Delta P}{P}=\frac{\partial P}{\partial I}\times\frac{\Delta I}{P}+\frac{\partial P}{\partial R}\times\frac{\Delta R}{P}=2IR\frac{\Delta I}{I^2R}+I^2\frac{\Delta R}{I^2R}=2\frac{\Delta I}{I}+\frac{\Delta R}{R}=2\times1\%+1\%=3\%$$

功率 P 的绝对误差

$$\Delta P = I^2 R \frac{\Delta P}{P} = (10.0\text{A})^2 \times 10.0\Omega \times 3\% = 30\text{W}$$

③ 测量电阻上的电压 U 和电阻 R，通过 $P = U^2/R$ 计算。

若测量结果为 $U = 100.0$（1±1%）V、$R = 10.0$（1±1%）Ω。因 $P = U^2/R$，同理代入式(3-52）并计算得功率 P 的相对误差和绝对误差

$$\frac{\Delta P}{P} = 3\%, \Delta P = 30\text{W}$$

通过上面的分析可知，由于使用的测量方法不同，尽管各直接测量量的相对误差相同，可是最终形成被测量的误差却不相同。因此，在选用测量方法时应注意选择最终误差小的测量方法。可以在满足允许误差的条件下，选择精度等级低的仪表，从而提高经济性，称为最佳测量方案的选择。

上例还表明，间接测量中的各个直接测量量对被测函数量最终误差的影响程度是不相同的。例如，上例中解法②的 I 影响大；而解法③的 U 影响大。因此，应把注意力主要集中在降低对测量的最终误差影响大的那个直接测量量的误差上。

3.3.2.3 间接测量随机误差的计算

对间接测量随机误差的计算，主要研究函数 y 的标准误差与各测量值 x_1，x_2，…，x_n 的标准误差之间的关系，若

$$y = f(x_1, x_2, \cdots, x_n) \tag{3-57}$$

只含有随机误差，对各直接测量量 x_i 进行 m 次等精度测量，得到测量列 y_1，y_2，…，y_m

$$\begin{aligned} y_1 &= f(x_{11}, x_{21}, \cdots, x_{n1}) \\ y_2 &= f(x_{12}, x_{22}, \cdots, x_{n2}) \\ &\vdots \\ y_m &= f(x_{1m}, x_{2m}, \cdots, x_{nm}) \end{aligned} \tag{3-58}$$

若同直接测量一样，定义间接测量的测量列 y_1，y_2，…，y_m 的标准误差

$$\sigma_y = \sqrt{\frac{\sum_{i=1}^{m} \eta_i^2}{m}} \tag{3-59}$$

式中，$\eta_i = y_i - y_0$，y_0 为间接测量的真值。由式(3-51）可得

$$\sigma_y = \sqrt{\sum_{i=1}^{n} \left[\left(\frac{\partial f}{\partial x_i} \right)^2 \sigma_{xi}^2 \right]} \tag{3-60}$$

式中，σ_y 为间接测量的函数标准误差；σ_{xi} 为直接测量值的标准误差，$i = 1, 2, \cdots, n$。上式为随机误差传递公式，$\frac{\partial f}{\partial x_i}$ 为函数传递误差，$\frac{\partial f}{\partial x_i}\sigma_{xi}$ 为自变量 x_i 的部分误差，记作 D_i，则式(3-60）可变为

$$\sigma_y=\sqrt{D_1^2+D_2^2+\cdots+D_n^2}=\sqrt{\sum_{i=1}^{n}D_i^2} \tag{3-61}$$

或用相对误差表示为

$$\frac{\sigma_y}{y}=\sqrt{\left(\frac{D_1}{y}\right)^2+\left(\frac{D_2}{y}\right)^2+\cdots+\left(\frac{D_n}{y}\right)^2}=\sqrt{\sum_{i=1}^{n}\left(\frac{D_i}{y}\right)^2} \tag{3-62}$$

【例 3-6】 如图 3-5 所示，计算电阻 R 上功率 P 的标准误差，已知测量出：$I=10.0\mathrm{A}$，$\sigma_I=0.2\mathrm{A}$，$R=10.0\Omega$，$\sigma_R=0.1\Omega$。

【解】 由 $P=I^2R$，得$\frac{\partial P}{\partial I}=2IR$ 和$\frac{\partial P}{\partial R}=I^2$，代入式(3-61) 得

$$\sigma_P=\sqrt{\left(\frac{\partial P}{\partial I}\right)^2\sigma_I^2+\left(\frac{\partial P}{\partial R}\right)^2\sigma_R^2}=\sqrt{4I^2R^2\sigma_I^2+I^4\sigma_R^2}$$

$$=\sqrt{4\times10.0^2\times10.0^2\times0.2^2+10.0^4\times0.1^2}=41.23\mathrm{W}$$

3.3.2.4 函数误差的分配

在间接测量中，当给定了函数 y 的标准误差σ_y，再反过来求各个自变量的部分误差的允许值，以保证达到对已知函数的误差要求，这就是函数误差分配。误差分配是在保证函数误差在要求的范围内，根据各个自变量的误差来选择合适的测量仪表。

一般可按下列方法分配误差。

(1) 按等作用原则分配误差

等作用原则认为各个部分误差对函数误差的影响相等，则按式(3-61) 得

$$D_1=D_2=\cdots=D_n=\frac{\sigma_y}{\sqrt{n}} \tag{3-63}$$

由此可得

$$\sigma_{xi}=\frac{\sigma_y}{\sqrt{n}}\times\frac{1}{\frac{\partial f}{\partial x_i}} \tag{3-64}$$

如果各个测量值误差满足式(3-64)，则所得的函数误差不会超过允许的给定值。

(2) 按可能性调整误差

按等作用原则分配误差虽然计算简单，但可能会出现不合理情况。这是因为计算出来的各个局部误差都相等，这对于其中有的测量值，要保证它的测量误差不超出允许范围较为容易实现，而对其中有的测量值则难以满足要求，要保证它的测量精度，势必要用昂贵的高精度仪表，或者要付出较大的劳动。

另一方面由式(3-64) 可看出，当各个部分误差一定时，则相应测量值的误差与其传递系数成反比。所以尽管各个部分误差相等，但相应的测量值并不相等，有时可能相差很大。

由于存在上述情况，对等作用原则分配的误差，必须根据具体情况进行调整，对难以实现的误差项适当扩大，对容易实现的误差项尽可能缩小，而对其余各项不予调整。

(3) 验算调整后的总误差

误差调整后，应按误差分配公式计算总误差，若超出给定的允许误差范围，应选择可能缩小的误差项进行补偿。若发现实际总误差较小，还可适当扩大难以实现的误差项。

按上述原则分配误差时，应注意当有的误差已经确定不能改变时，就先从给定的误差指标中扣除，再对其余误差进行误差分配，如有 j 项误差已确定，则对 $n-j$ 项进行误差分配。

3.4 测量数据的处理和表达

测量数据处理除了前述的误差分析和计算外，还包括了有效数字表达、图表表示和函数拟合等。

3.4.1 有效数字及其运算规则

有效数字是指在测量工作中实际能够测量到的数字，其中，通过直读获得的准确数字叫做可靠数字；通过估读得到的那部分数字叫做存疑数字，一般来说最后一位是估计的、不确定的数字。在测量及计算结果表达中，有效数字不仅表明数字的大小而且还表明测量的准确度，因此有效数字保留的位数应根据测量分析方法与测量仪器的精度来确定。如使用水银温度计测量室温，当使用分度值为1℃的水银温度计测量室温时，若测得室温为21.7℃，则前面的两位数字“21”是可靠数字，而末位数字“7”则是估读得到的。末位数字虽然欠准确，但对测量结果而言是有意义的。因为在一般情况下均可估读到最小刻度的十分位，对于分度值为1℃的温度计，可以认为估计的读数偏差不会超过±0.1℃，即观察值在21.6℃和21.8℃之间。在记录或计算保留测量数据时，只能保留一位估计数字，其余数字均为准确数字。

(1) 数字修约规则

国家标准GB/T 8170—2008《数值修约规则与极限数值的表示和判定》规定了数字修约的进舍规则，如下：

① 拟舍弃数字的最左一位数字小于5，则舍去，保留其余各位数字不变。例如，将12.1498修约到个数位，得12；将12.1498修约到一位小数，得12.1。

② 拟舍弃数字的最左一位数字大于5，则进1，即保留数字的末尾数字加1。例，将1268修约到“百”数位，得 13×10^2 (特定场合可写为1300)。

③ 拟舍弃数字的最左一位数字是5，且其后有非0数字时进一，即保留数字的末尾数字加1，例如，将10.5002修约到个位数，得11。

④ 拟舍弃数字的最左一位数字是5，且其后无数字或皆为0时，若所保留的末尾数字为奇数（1，3，5，7，9）则进1，即保留数字的末尾数字加1；若所保留的末尾数字为偶数（0，2，4，6，8），则舍去。例，当修约间隔为0.1（或10^{-1}）时，将1.050修约得10×10^{-1}，将0.35修约得4×10^{-1}；当修约间隔为1000（或10^{3}）时，将2500修约得2×10^{3}，将3500修约得4×10^{3}。

⑤ 负数修约时，先将它的绝对值按①～④的规定进行修约，然后在所得值前面加上负号。例，将－355修约到“十”数位，得-36×10；将－325修约到“十”数位，得-32×10；将－0.0365修约到三位小数（即修约间隔为10^{-3}），得-36×10^{-3}。

此外，需要注意的是，该标准还规定了不允许连续修约，即拟修约数字应在确定间隔或指定修约数位后一位进行修约获得，不得多次连续修约。例，当修约间隔为1时，修约97.46，得97，而不应97.46→97.5→98。

（2）有效数字中“0”的特别说明

“0”在有效数字中有两种意义，一是作为数字定位，二是有效数字。数字之间的“0”和末尾的“0”都是有效数字，而数字前面的所有“0”只起定位作用。例：

① 10.1430共包含6位有效数字，两个“0”都是有效数字；

② 0.2104共包含4位有效数字，小数点前面的“0”为定位作用，不是有效数字；而数字中间的“0”是有效数字；

③ 0.0120共包括3位有效数字，“1”前面的两个“0”都是定位作用，而末尾“0”是有效数字。

（3）有效数字的运算规则及注意事项

① 对多个测量数据进行加减法运算时，其和或差的小数点后面保留的位数应与各测量数据中小数点后位数最少者相同。这是因为参与加、减法运算的数据具有相同的量纲，其中小数点后位数最少的数据是使用分度值最大的测量仪器测得的，其最后一位数字已经是欠准数字，它决定了运算结果的精度。例，$13.65+0.0082+1.632=15.2902\approx15.29$，即所得结果应表达为15.29，这样的步骤叫作先计算后修约。有时为了简便计算，也可以先按照小数点后有效数字位数最少标准对原始数据进行修约，然后再计算，这种步骤叫作先修约后计算。例，$13.65+0.0082+1.632\approx13.65+0.01+1.63=15.29$。

② 在对多个测量数据进行乘除法运算时，其积或商的有效数字位数的保留必须以各个数据中有效数字位数最少为准。例，$1.21\times25.64\times1.0578=32.8176\approx32.8$，即所得结果应表达为32.8。

③ 在对测量数据进行乘方和开方运算时，所得结果的有效数字位数保留应与原始数据相同。例，$7.25^{2}=52.5625\approx52.6$。

④ 在对测量数据进行对数运算时，所得结果小数点后的位数（不包括整数部分）应与原始数据的有效数字位数相同。例，$\lg7.24=0.859739\approx0.860$。

⑤ 在混合运算中，按照四则混合运算的基本法则，先乘除后加减，每一步运算的结果都按照上述运算法则进行修约。

⑥ 在所有算式中的常数 π、e 等特定数值以及作为乘数的 2、1/3 等的有效数字的位数，可以认为是不受限制的，可根据需要取舍。

⑦ 对四个数或超过四个数据进行平均值计算时，所得结果的有效数字可增加一位。

⑧ 表示精密度和准确度时，有效数字通常只取一位，最多取两位。

3.4.2 测量数据的图示处理

测量数据的整理和表示方法通常有列表法、图示法和公式法（拟合函数法）三种。列表法的处理方法最为简单，如例 3-2 和例 3-3；图示法最为直观，可以简明地显示出被测参数变化的规律和范围，便于比较，判定最大、最小数值和它们的位置、奇异点（即参数突变处）等，因而在工程和科学试验中被广泛采用；拟合函数法则便于后续数学运算和计算机处理。本节主要介绍图示法的处理规则和步骤，拟合函数法将在下一节论述。

所谓图示法就是将因变量和自变量的测量数据点描绘于选定的坐标系之中，并用曲线连接。为了使绘制的曲线能够明确地反映客观规律，满足科学分析的需要，一般需要遵循以下规则和步骤。

① 选择合适的坐标，并确定好坐标的分度和标记。坐标系有直角坐标系、对数坐标系、三角坐标系和极坐标系，其中最常用的是直角坐标系，并通常以 x 轴（横坐标）代表自变量，y 轴（纵坐标）代表因变量。坐标尺度的确定涉及分度和比例尺的选择。分度应使每个测量点的数据都能够迅速方便地读出，同时还必须考虑测量数据的精度，并便于有效数字的表达。如果比例尺选择得不合理，会使图形失真，甚至得到错误的结论。因此，应以图形丰满，能占满全幅坐标作为确定坐标的基本原则。

② 根据测量获得的数据，用特定的符号在坐标图中描绘出坐标点。为便于比较，通常一张图上可能会绘制几条实验曲线，此时应采用不同的标记区分不同测试条件下的测量数据点，以免混淆。

③ 绘制出与标记的实验点基本相符的图线，图线尽可能多地通过实验点，由于存在测量误差，某些实验点可能不在图线上，应尽量使其均匀地分布在图线的两侧，特别是由于仪器及测量方法的关系，两端点的测量精度相对较低，因此上、下限端点的值很有可能并不能落在图线上。图线应是直线或光滑的曲线或折线，可用不同的线型，如实线、虚线、点画线等区分。在绘制曲线时，如果发现测量数据变化趋势出现明显改变，应该在附近增大测量点的密度，而不能随意处理极值数据。

④ 标注注解和说明，应在图上标出图的名称，有关符号的意义和特定的实验条件等。

作图法可利用已经作好的图线，定量地求出被测量或被测量和某些参数之间的关系式。如果作图法得到的是直线，则求其函数表达式的方法就很简单，因此对于存在非线性关系的图线，通常借助变量变换的方法将原来的非线性关系转化为新变量的线性关系。

3.4.3 测量数据的曲线拟合

曲线拟合是指对测量获得的图线，选择适当的曲线类型来拟合测量数据，并用拟合的曲线方程分析自变量和因变量间的关系。回归分析法就是要解决这一问题。回归分析的主要任务是采用数理统计方法，从测量数据中寻求变量之间的关系，建立相应的数学表达式(也称拟合函数)，并对表达式的可信度进行统计检验。回归分析有一元线性回归分析、一元多项式回归分析、多元线性回归分析和非线性回归分析等，本节仅对一元线性回归分析进行论述。

3.4.3.1 最小二乘法原理

取 x 和 y 分别是实验中的自变量和因变量，在一次测量过程中得到若干组对应数据 (x_i, y_i)，$i=1, 2, \cdots, n$，使偏差平方和

$$\sum_{i=1}^{n}[y_i - f(x_i)^2] = \min \tag{3-65}$$

找出一个已知类型的函数 $y=f(x)$（即确定关系式中的参数)。这种求解 $f(x)$ 的方法称为最小二乘法。

根据最小二乘法的基本原理，设某被测量的最佳估计值为 x_0，则

$$\frac{\mathrm{d}}{\mathrm{d}x_0}\sum_{i=1}^{n}(x_i - x_0)^2 = 0 \tag{3-66}$$

可求出

$$x_0 = \frac{1}{n}\sum_{i=1}^{n}x_i \tag{3-67}$$

即

$$x_0 = \bar{x} \tag{3-68}$$

而且可以证明

$$\frac{\mathrm{d}^2}{\mathrm{d}x_0^2}\sum_{i=1}^{n}(x_i - x_0)^2 = \sum_{i=1}^{n}(2) = 2n > 0 \tag{3-69}$$

说明 $\sum_{i=1}^{n}(x_i - x_0)^2$ 可以取得最小值。

可见，当 $x_0=\bar{x}$ 时，各次测量偏差的平方和为最小，即平均值就是在相同条件下多次测量结果的最佳值。

根据统计理论，要得到上述结论，测量的误差分布应遵从正态分布（高斯分布)，这也是最小二乘法的统计基础。

3.4.3.2 一元线性回归分析及其检验

以工程测量中常见的一元线性回归方程为例

$$y=Ax+B \tag{3-70}$$

式中，A 和 B 为待定常数或回归系数。对于实验获得的 n 组数据（x_i，y_i），$i=1$，2，…，n，由于测量误差的存在，当把测量数据代入所设函数关系式时，等号两边并不严格相等，而是存在一定的偏差。假定自变量 x 的误差远小于因变量 y 的误差，则这种偏差就可归结于因变量 y 的剩余误差，即

$$\nu_i=y_i-(Ax_i+B) \tag{3-71}$$

剩余误差的平方和为 $\sum_{i=1}^{n}\nu_i^2$，根据最小二乘法，获得最小值的条件是其对回归系数的一次导数为零，即

$$\frac{\partial}{\partial A}\sum_{i=1}^{n}\nu_i^2=0,\frac{\partial}{\partial B}\sum_{i=1}^{n}\nu_i^2=0 \tag{3-72}$$

可得

$$A\sum_{i=1}^{n}x_i+nB=\sum_{i=1}^{n}y_i \tag{3-73}$$

$$A\sum_{i=1}^{n}x_i^2+B\sum_{i=1}^{n}x_i=\sum_{i=1}^{n}x_iy_i \tag{3-74}$$

联立可解出

$$\begin{cases}A=\dfrac{n\sum\limits_{i=1}^{n}x_iy_i-\sum\limits_{i=1}^{n}x_i\sum\limits_{i=1}^{n}y_i}{n\sum\limits_{i=1}^{n}x_i^2-\left(\sum\limits_{i=1}^{n}x_i\right)^2}\\[2ex]B=\dfrac{1}{n}\left(\sum\limits_{i=1}^{n}y_i-A\sum\limits_{i=1}^{n}x_i\right)\end{cases} \tag{3-75}$$

令

$$\begin{cases}I_{xx}=\sum\limits_{i=1}^{n}x_i^2-\dfrac{1}{n}\left(\sum\limits_{i=1}^{n}x_i\right)^2=\sum\limits_{i=1}^{n}(x_i-\bar{x})^2\\[2ex]I_{yy}=\sum\limits_{i=1}^{n}y_i^2-\dfrac{1}{n}\left(\sum\limits_{i=1}^{n}y_i\right)^2=\sum\limits_{i=1}^{n}(y_i-\bar{y})^2\\[2ex]I_{xy}=\sum\limits_{i=1}^{n}x_iy_i-\dfrac{1}{n}\sum\limits_{i=1}^{n}x_i\sum\limits_{i=1}^{n}y_i=\sum\limits_{i=1}^{n}(x_i-\bar{x})(y_i-\bar{y})\end{cases} \tag{3-76}$$

式中，$\bar{x}$ 和 $\bar{y}$ 分别为 $\frac{1}{n}\sum_{i=1}^{n}x_i$ 和 $\frac{1}{n}\sum_{i=1}^{n}y_i$。则式(3-75）可改写为

$$\begin{cases}A=\dfrac{I_{xy}}{I_{xx}}\\[2ex]B=\bar{y}-A\bar{x}\end{cases} \tag{3-77}$$

上面假定了因变量 y 和自变量 x 之间呈线性相关并用线性回归方程式(3-71）表示。但是，对试验测量数据（x_i，y_i）是否具有良好的线性度应予以检验，这就是回归方程拟合程度的检验，是以相关系数 R 的大小来描述两个变量间线性相关的密切程度，其数学表达式为

$$R=\frac{\sum_{i=1}^{n}(x_i-\bar{x})(y_i-\bar{y})}{\sqrt{\sum_{i=1}^{n}(x_i-\bar{x})^2\sum_{i=1}^{n}(y_i-\bar{y})^2}} \tag{3-78}$$

即

$$R=\frac{I_{xy}}{\sqrt{I_{xx}I_{yy}}} \tag{3-79}$$

R 值在 -1 和 $+1$ 之间变化，R 的绝对值越接近于 1，则回归直线与试验数据点拟合得越好。当 $R=1$ 时，两变量为正相关，即 y 值随 x 值的增大而增大；当 $R=-1$ 时，两变量为负相关，即 y 值随 x 值的增大而减小；当 $R\approx 0$ 时，试验数据点沿回归直线两侧分散，也就是说回归直线毫无实用意义。有时称 R 为相关系数显著值，它与测量组数 n 有关。表 3-7 给出了对应不同 n 值在两种显著度 α（0.05 和 0.01）时相关系数 R 达到显著时的最小值。这里显著度的含义是回归直线的可靠程度，$\alpha=0.05$ 和 $\alpha=0.01$ 分别对应于 95%和 99%的可靠程度。因此，用回归分析的方法找到了直线方程后，还必须计算相关系数 R 的数值，然后根据测量组数 n 在表 3-7 中查出 R 的显著值，再做出拟合程度的判别。

表 3-7　相关系数 R 检验表

$n-2$	$\alpha=0.05$	$\alpha=0.01$	$n-2$	$\alpha=0.05$	$\alpha=0.01$
	R			R	
1	0.997	1.000	21	0.413	0.526
2	0.950	0.990	22	0.404	0.515
3	0.878	0.959	23	0.396	0.505
4	0.811	0.917	24	0.388	0.496
5	0.754	0.874	25	0.381	0.487
6	0.707	0.834	26	0.374	0.478
7	0.666	0.798	27	0.367	0.470
8	0.632	0.765	28	0.361	0.463
9	0.602	0.735	29	0.355	0.456
10	0.576	0.708	30	0.349	0.449
11	0.553	0.684	31	0.325	0.418
12	0.532	0.661	32	0.304	0.393
13	0.514	0.641	33	0.288	0.372
14	0.497	0.623	34	0.273	0.372
15	0.482	0.606	35	0.250	0.325
16	0.468	0.590	36	0.232	0.302
17	0.456	0.575	37	0.217	0.283
18	0.444	0.561	38	0.205	0.267
19	0.433	0.549	39	0.195	0.254
20	0.423	0.537	40	0.138	0.181

3.4.3.3 一元线性回归分析的线性变换

有时候，虽然变量之间的关系呈现复杂的非线性关系，但有的情况下，可以将其中的非线性问题通过线性变换转换成线性方程。线性化后即可用前述的一元线性拟合的方法进行曲线拟合。常见的非线性方程变换见表 3-8。

表 3-8 线性变换关系

非线性方程	线性方程	线性化变量	
		Y	X
$y=A+B\ln x$	$Y=A+BX$	y	$\ln x$
$y=Ax^B$	$\ln y=\ln A+B\ln x$	$\ln y$	$\ln x$
$y=1-e^{-Ax}$	$\ln\frac{1}{y-1}=Ax$	$\ln\frac{1}{y-1}$	x
$y=A+B\sqrt{x}$	$Y=A+BX$	y	$\sqrt{x}$
$y=A+\frac{B}{x}$	$Y=A+BX$	y	$\frac{1}{x}$
$y=e^{(A+Bx)}$	$\ln y=A+Bx$	$\ln y$	x
$e^y=Ax^B$	$y=\ln A+B\ln x$	y	$\ln x$

3.4.4 计算机绘图软件

随着计算机技术的发展，基于计算机技术的数据分析和图形绘制技术也得到了快速进步，并得到了广泛的应用。运用专业的数据分析和绘图软件对测试数据进行处理，不仅效率更高，同时也可以更为准确地获得测试数据变化过程中的细微变化规律，在复杂函数关系的数据处理、曲线极值评估、测量误差计算分析以及数据挖掘等方面均具有显著的优势。目前常用的数据分析和绘图软件有 Origin、Matlab、Gnuplot、Matplotlib、R-ggplot2 等，本节以工程测量和科学研究中最为常用的 Origin 软件和 Matlab 软件为例进行简要介绍。

（1）Origin 软件

Origin 软件是由 OriginLab 公司开发的一款集数据分析、处理、绘图为一体的测试数据后处理软件，Origin 的数据分析包括常用的数据统计、曲线拟合和峰值分析，同时也包括信号处理和图像处理的功能。Origin 中的曲线拟合是采用基于 Levenberg-Marquardt 算法（LMA）的非线性最小二乘法拟合的。

Origin 软件具有两大主要功能：数据分析和科学绘图。数据分析功能包括：给出选定数据的各项统计参数平均值、标准偏差、标准误差、总和，以及数据组数 N；数据的排序、调整、计算、统计、频谱变换；线性、多项式和多重拟合；快速傅里叶变换（fast Fourier transform，FFT）、相关性分析、FFT 过滤、峰找寻和拟合；可利用约 200 个内建的以及自定义的函数模型进行曲线拟合，并可对拟合过程进行控制；可进行统计、数学以及微积分计算。准备好数据后进行数据分析时，只要选择要分析的数据，然后选择相应的菜单命令即可。

Origin 的绘图是基于模板的，本身提供了几十种二维和三维绘图模板。绘图时只需选择所要绘图的数据，然后再单击相应的工具栏按钮即可。二维图形可独立设置页、轴、标记、符号和线的颜色，可选用多种线型，选择超过 100 个的内置符号。可以调整数据标记（颜色、字体等），选择多种坐标轴类型（线性、对数等）、坐标轴刻度和轴的显示，选择不同的记号，每页可显示多达 50 个 XY 坐标轴，可输出为各种图形文件或以对象形式拷贝到剪贴板。用户可自定义数学函数、图形样式和绘图模板，可以和各种数据库软件、办公软件、图像处理软件等方便连接；可以方便地进行矩阵运算，如转置、求逆等，并通过矩阵窗口直接输出三维图表；可以用 C 语言等高级语言编写数据分析程序，还可以用内置的 Lab Talk 语言编程。

Origin 是个多文档界面应用程序，它将用户的所有工作都保存在后缀为 .opj 的项目文件中。保存项目文件时，各子窗口也随之一起存盘；另外各子窗口也可以单独保存，以便别的项目文件调用。一个项目文件可以包括多个子窗口，可以是工作表窗口（Worksheet）、绘图窗口（Graph）、函数图窗口（Function Graph）、矩阵窗口（Matrix）和版面设计窗口（Layout Page）等。一个项目文件中的各窗口相互关联，可以实现数据实时更新，即如果工作表中的数据被改动之后，其变化能立即反映到其他各窗口，比如绘图窗口中所绘数据点可以立即得到更新。

（2）Matlab 软件

Matlab 是由 Mathworks 软件公司于 1982 年推出的数学软件。其名称是由矩阵实验室（matrix laboratory）合成的。它集数值分析、矩阵运算、信号处理和图形显示于一体，构成了一个方便的、界面友好的用户环境。Matlab 的推出得到了各个领域专家学者的广泛关注，其强大的扩展功能为各个领域的应用提供了基础。各个领域的专家学者相继推出了 Matlab 工具箱，而且工具箱还在不断地增加，这些工具箱给各个领域的研究和工程应用提供了有力的工具。Matlab 的主要特点：

① 可扩展性。Matlab 最重要的特点是易于扩展，它不仅具有丰富的库函数，而且还允许用户自行建立完成指定功能的扩展 Matlab 函数（称为 M 文件），从而构成适合于其他领域的工具箱，大大扩展了 Matlab 的应用范围。

② 易学易用性。Matlab 不需要用户有高深的数学知识和程序设计能力，不需要用户深刻了解算法及编程技巧。使用户从底层复杂的数学理论中解脱出来，迅速对测试数据进行复杂、精细的数据处理，得出正确全面的试验结论。

③ 高效性。Matlab 语句功能十分强大，一条语句可完成十分复杂的任务。例如，FFT 语句可完成对指定数据的快速傅里叶变换，这相当于上百条 C 语言语句的功能。它大大加快了工程技术人员的软件开发效率。

Matlab 具有出色的绘图和一定的图形用户界面（graphical user interface，GUI）设计功能。Matlab 的数据可视化功能可以将向量和矩阵用图形表现出来，并且可以对图形进行标注和打印。Matlab 提供的绘图功能不仅包括二维和三维的可视化图像处理动画和表达式作图，还包括图形的光照处理、色度处理以及四维数据表现等特殊需求。此外 Matlab 还着重在图形用户界面设计上作了很大的改善，对这方面有特殊要求的用户也可以得到满足。

Matlab 强大、专业化的数学运算能力使其在分析测量系统动态特性、处理测量数据和绘制数据图方面具有一定的优势。

例如，利用 Matlab 绘制频响函数的幅频曲线和相频曲线的代码如下：

```
% exA_5_7.m
% 绘制频响函数的幅频特性和相频特性
clc;clear;
r = 0:0.01:5;
ksi = 0.1:0.2:0.9;
n = size(ksi,2);
for i = 1:n
H(i,:) = 1./sqrt((1 - r.^2).^2 + (2 * ksi(i) * r).^2);
phi(i,:) = atan(2 * ksi(i) * r./(1 - r.^2));
end
subplot(1,2,1);
plot(r,H);
xlabel('$\mathit{\omega}/\mathit{\omega}_n$','Interpreter','latex'); %<命令 1>
ylabel('$\mathit{A}(\omega)/\mathrm{dB}$','Interpreter','latex'); %<命令 2>
% 定义相角范围[0 180]
for i = 1:n
for j = 1:size(phi,2)
if phi(i,j)<0
Phi(i,j) = rad2deg(phi(i,j)) + 180;
else
Phi(i,j) = rad2deg(phi(i,j));
end
end
end
subplot(1,2,2);
plot(r,Phi);
xlabel('$\mathit{\omega}/\mathit{\omega}_n$','Interpreter','latex'); %<命令 3>
ylabel('$\mathit{-\varphi}(\omega) (^{\circ})$','Interpreter','latex'); %<命令 4>
```

在 Matlab 程序界面中，双击曲线打开属性检查器，通过“LineStyle”和“LineWidth”设置曲线类型和宽度。双击图像坐标轴打开属性显示器，通过“刻度”和“网格标签”设置坐标轴刻度格式和网格密度，从而增强图形的可识别性和可读性，坐标轴字体均设置为 Times New Roman 格式。命令 1～4 为设置 x、y 轴标签，鼠标右击图形中 x、y 轴标签打开属性显示器，字体设置为 Times New Roman 格式和 14 磅字。

程序运行结果如图 3-6 所示。

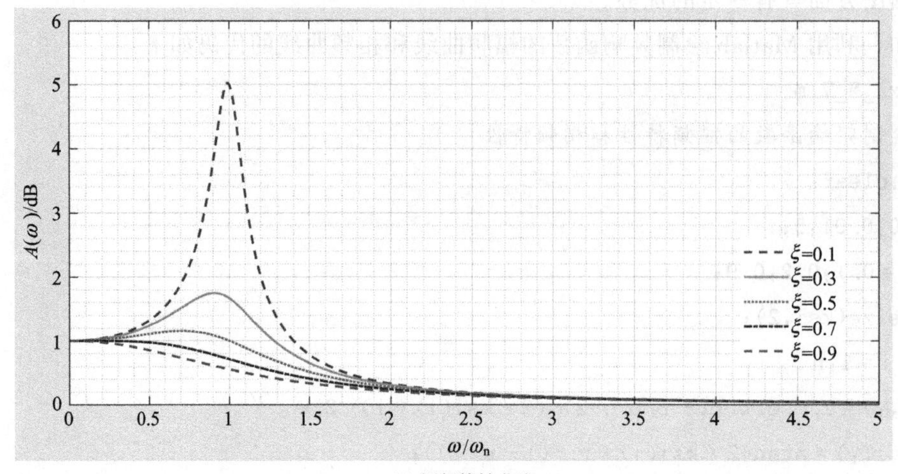

(a) 幅频特性曲线

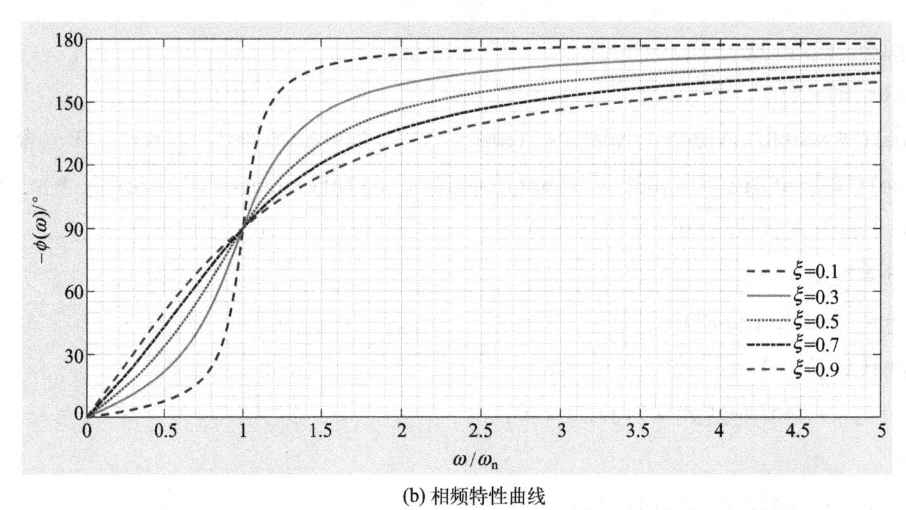

(b) 相频特性曲线

图 3-6　二阶系统的频率响应特性曲线

3.5 测量不确定度的评定

只要有测量就会有误差。因此，要想绝对避免测量误差是不可能的，也是没有必要的，只要能够给出与被测量准确度要求相适应的测量结果即可，但是也需要对测量结果给出被测量的量值及相应信息，以确定测量结果量值的可信程度。测量不确定度就是对测量结果量值分散性的定量表征，测量结果是否准确，关键取决于其测量不确定度的大小。

测量不确定度评定涉及的内容很多，具有很强的系统性，本节仅对其基本概念、分类、使用方法等做简要介绍。

3.5.1 测量不确定度定义

测量不确定度，简称不确定度，其定义为“利用可获得的信息，表征赋予被测量量值分散性的非负参数”。此参数可以是诸如称为标准测量不确定度的标准偏差（或其特定倍数），也可以是说明了包含概率的区间半宽度。显然，一个完整的测量结果应包含被测量值的估计与分散性参数两部分。为了表征这种分散性，测量不确定度可以用标准偏差，或标准偏差的特定倍数，或说明了包含概率的区间半宽度三种方式来表示。

① 当测量不确定度用标准偏差 σ 表示时，称为标准不确定度，用小写字母“u”表示。

② 当用标准偏差的特定倍数 $k\sigma$ 表示时，称为扩展不确定度，用大写字母“U”表示，k 称为包含因子，且 $k>1$。扩展不确定度 U 表示具有较大包含概率的区间的半宽度，它与标准不确定度之间的关系为

$$U=k\sigma=ku \tag{3-80}$$

③ 当用说明了包含概率的区间半宽度表示时，也是一种扩展不确定度的表示形式，当规定了包含概率 p 时，用符号“U_p”表示。此时，包含因子也可写成 k_p，它与合成标准不确定度 $u_c(y)$ 相乘后，得到对应于包含概率为 p 的扩展不确定度 $U_p=k_p u_c(y)$。

由于测量结果受许多不同的因素影响，通常不确定度由多个分量组成。对每一个分量都要评定其标准不确定度。评定方法分为 A、B 两类。测量不确定度的 A 类评定是指用对观测列利用统计分析的方法进行的评定，其标准不确定度用标准偏差（实际上用的是其估计值即实验标准差）表征；而测量不确定度的 B 类评定则是指利用不同于对观测列利用统计分析的方法进行的评定。因此可以说所有与 A 类评定不同的其他评定方法均可称为 B 类评定，它可以由根据经验或其他信息所获得的概率密度函数估算其不确定度，也可以以估计的标准偏差表征。

根据国际标准 ISO/IEC Guide 98-3：2008《测量不确定度表示指南》（guide to the expression of uncertainty in measurement），评定测量不确定度的一般流程如图 3-7 所示。评价过程首先要分析不确定度来源，并建立测量模型，对各不确定度进行标准不确定度评定，进而计算合成标准不确定度，随后计算扩展不确定度，最后给出不确定度的测量报告。

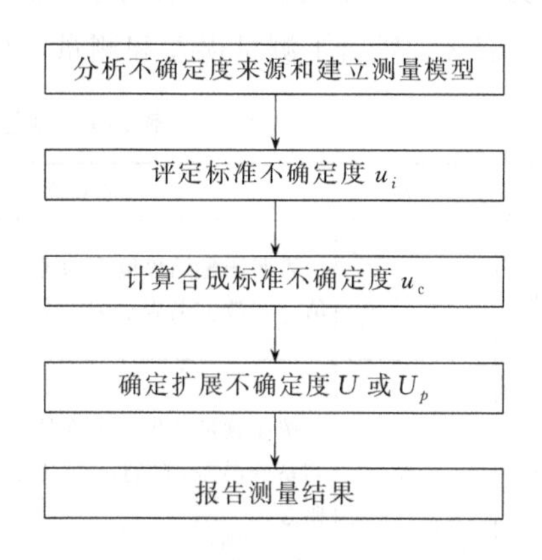

图 3-7 评定测量不确定度的一般流程

可能导致测量不确定度的因素大体上来源于以下几个方面。

① 被测量的定义不完整；

② 被测量定义的复现不理想，包括复现被测量的测量方法不理想；

③ 取样的代表性不够，即被测量的样本可能不完全代表所定义的被测量；

④ 对测量过程受环境条件的影响认识不足或对环境条件的测量与控制不完善；

⑤ 对模拟式仪表的读数存在的人为的偏移；

⑥ 测量仪器的计量性能（如测量仪器示值的最大误差、分辨力、灵敏度、灵敏限及稳定性等）的局限性；

⑦ 测量标准或标准物质提供的标准值的不准确；

⑧ 引用的常数或其他参数值的不准确；

⑨ 测量方法、测量程序和测量系统中的近似假设不完善；

⑩ 在相同条件下被测量在重复观测中的变化；

⑪ 修正不完善，即如果已经对测得值进行了修正，则还要考虑修正值的不确定度。

上面只是列出了测量不确定度可能来源的几个方面，在进行实际测量不确定度来源分析时，应对具体问题进行具体分析。

3.5.2 测量误差与测量不确定度的区别

需要注意的是，“测量误差”和“测量不确定度”这两个术语，不能因为“真值”不可知而单纯从“测量误差”的理论定义上认识“测量误差”。为了使测量误差及其分类具备可操作性，一般是用“约定量值”替代“真值”，用“算术平均值”替代“数学期望”。测量误差（剔除粗大误差后）由随机误差和系统误差组成，由随机误差的估计值即剩余误差可计算实验标准偏差，由系统误差的常量作为修正值可修正测量结果，但这种误差评定方式也存在着评定方法不统一的问题，如随机误差的评定得到的是基于标准偏差或其倍数的一个“范围值”，而修正系统误差的“常量”则是一个“数据点”，因此如何解决两个不同性质的量之间的合成问题，仍是一个难以统一的问题。但是，在测量不确定度的评定中，是用实验标准偏差来表征标准不确定度的，确保了测量结果的质量评价的统一性。因此，没有测量误差的概念就无法计算实验标准偏差，没有实验标准偏差的概念就无法评定测量结果的不确定度。可以说，测量误差与实验标准偏差是测量不确定度评定的理论基础。

表 3-9 列出了测量误差和测量不确定度的主要区别。

表 3-9 测量误差和测量不确定度的主要区别

序号	内容	测量误差	测量不确定度
1	定义	表明测量结果偏离参考量值，是一个确定的值。在数轴上表示为一个点	表明赋予被测量量值的分散性，是一个区间。用标准偏差、标准偏差的特定倍数，或说明了包含概率的区间的半宽度来表示。在数轴上表示为一个区间
2	分类	按在测量结果中出现的规律，分为随机误差和系统误差，它们都是无限多次测量的理想概念	按是否用统计方法求得，分为A类评定和B类评定。它们都以标准不确定度表示。 在评定测量不确定度时，一般不必区分其性质。若需要区分时，应表述为“由随机效应引入的测量不确定度分量”和“由系统效应引入的测量不确定度分量”
3	可操作性	当用真值作为参考量值时，误差是未知的。并且随机误差和系统误差均与无限多次测量结果的平均值有关	测量不确定度可以由人们根据实验、资料、经验等信息进行评定，从而可以定量确定测量不确定度的值
4	数值符号	非正即负（或零），不能用正负（±）号表示	是一个无符号的参数，恒取正值。当由方差求得时，取其正平方根

续表

序号	内容	测量误差	测量不确定度
5	合成方法	各误差分量的代数和	当各分量彼此不相关时用方和根法合成，否则应考虑加入相关项
6	结果修正	已知系统误差的估计值时，可以对测量结果进行修正，得到已修正的测量结果。修正值等于负的系统误差	由于测量不确定度表示一个区间，因此无法用测量不确定度对测量结果进行修正。对已修正测量结果进行不确定度评定时，应考虑修正不完善引入的不确定度分量
7	结果说明	误差是客观存在的，不以人的认识程度而转移。误差属于给定的测量结果，相同的测量结果具有相同的误差，而与得到该测量结果的测量仪器和测量方法无关	测量不确定度与人们对被测量、影响量以及测量过程的认识有关。在相同的条件下进行测量时，合理赋予被测量的任何值，均具有相同的测量不确定度。即测量不确定度仅与测量方法有关
8	实验标准差	来源于给定的测量结果，它不表示被测量估计值的随机误差	来源于合理赋予的被测量之值，表示同一观测列中，任一个估计值的标准不确定度
9	自由度	不存在	可作为不确定度评定可靠程度的指标。它是与评定得到的不确定度的相对标准不确定度有关的参数
10	包含概率	不存在	当了解分布时，可按包含概率给出包含区间

3.5.3 标准不确定度的评定

3.5.3.1 标准不确定度的A类评定

A类评定是采用统计分析的方法得到的，对被测量进行独立重复观测 n 次得到测量结果 x_i（$i=1, 2, \cdots, n$），当测量结果服从正态分布时，采用A类评定。A类评定的指标有两个，标准不确定度 u 和自由度 ν，其中自由度 ν 反映了相应实验标准偏差的可靠程度。标准不确定度 u 等同于由系列观测值获得的标准差 σ（对于有限次测量，用算术平均值的标准差 $\sigma_{\bar{x}}$ 代替），如采用贝塞尔公式计算，则

$$u_A=u(\bar{x})=\frac{\sigma}{\sqrt{n}}=\sigma_{\bar{x}}=\sqrt{\frac{1}{n(n-1)}\sum_{i=1}^{n}(x_i-\bar{x})^2} \tag{3-81}$$

自由度 ν 按照下述方式获得：在 n 个变量 $\nu_i=x_i-\bar{x}$ 的平方和 $\sum_{i=1}^{n}\nu_i^2$ 中，如果 n 个 ν_i 之间存在着 k 个独立的线性约束条件，即 n 个变量中独立变量的个数仅为 $n-k$，则称平方和 $\sum_{i=1}^{n}\nu_i^2$ 的自由度为 $n-k$。若用贝塞尔公式计算单次测量标准差的估计值 σ 时，n 个变量 ν_i 之间存在唯一的线性约束条件 $\sum_{i=1}^{n}\nu_i^2=0$，因此，用贝塞尔公式计算单次测量标准差 σ 的自由度 $\nu=n-1$。

当测量次数较少时，也可以用极差法计算

$$\sigma=\frac{R}{C} \tag{3-82}$$

式中，R 为极差；C 为极差系数。极差系数 C 和自由度 ν 可由表 3-10 得到。

表 3-10　极差系数和自由度表

n	2	3	4	5	6	7	8	9	10	15	20
C	1.13	1.69	2.06	2.33	2.53	2.70	2.85	2.97	3.08	3.47	3.73
ν	0.9	1.8	2.7	3.6	4.5	5.3	6.0	6.8	7.5	10.5	13.1

3.5.3.2　标准不确定度的 B 类评定

B 类评定适合针对含有非正态分布随机误差或不确定系统误差的测量结果的不确定度评定。根据有关的信息或经验，判断被测量的可能区间为 $[x-a, x+a]$，假设被测量值的概率分布，根据概率分布和要求的概率 p 确定 k 的值，则标准不确定度的 B 类评定为

$$u(x)=u_{\mathrm{B}}(x)=\frac{a}{k} \tag{3-83}$$

式中，a 为被测量可能值区间的半宽度；k 为置信因子或包含因子，根据概率论获得的 k 称为置信因子，当 k 为扩展不确定度的倍乘因子时称为包含因子。用于确定区间半宽度 a 的可利用的信息有：生产厂提供的技术说明书；校准证书、检定证书、测试报告或其他文件提供的数据；手册或某些资料给出的数据；以前测量的数据或实验确定的数据；对有关仪器性能或材料特性的了解和经验；校准规范、检定规程或测试标准中给出的数据；其他有用的信息等。

由于测量过程存在大量的含有非正态分布的随机误差或不确定系统误差，使得 B 类评定在不确定度评定中占有重要地位。只有透彻理解了测量原理，同时具有丰富的测试经验，才能够正确进行标准不确定度的 B 类评定。

对于 B 类评定法中 k 值的确定主要有以下几种情况。

(1) 倍数关系

采用某种精度较高的计量器具得到被测量的测量值 x，其不确定度取自计量器具的说明书、检定证书、使用手册等资料。如果与计量器具有关的资料给出的不确定度为 U（即扩展不确定度），可计算得到测量值 x 的标准不确定度的 B 类评定为

$$u_{\mathrm{B}}=\frac{U}{k} \tag{3-84}$$

有时候还会给出规定了包含概率 p 时的扩展不确定度 U_p，假设服从正态分布，也可按表 3-11 选取 k_p。

表 3-11　正态分布情况下包含概率 p 与包含因子 k_p 之间的关系

p/%	50	68.27	90	95	95.45	99	99.73
k_p	0.675	1	1.645	1.960	2	2.576	3

(2) 正态分布

当测量量 x 受多个独立因素影响，且影响值大小比较接近时，可假设为正态分布，按

对正态分布的处理方法进行处理，此时已知的信息是被测量分布的极限范围，即测量量 x 的可能值分布区间的半宽 a 可以看作是对应于包含概率 $p=100\%$ 的包含区间的半宽度，按照表 3-11，$k_p=3$，由式(3-84) 计算获得。

(3) 其他分布

当测量量 x 的分布为非正态分布时，则根据不同分布特征的概率密度函数计算得到对应的包含因子 k，并代入式(3-84) 即可。表 3-12 给出了常见分布的包含因子 k 值。

表 3-12 常见分布的包含因子 k 值

分布类型	k
两点分布	1
反正弦分布	$\sqrt{2}$
矩形分布(均匀分布)	$\sqrt{3}$
梯形分布 $\beta=0.71$	2
梯形分布	$\sqrt{6/(1+\beta^2)}$
三角分布	$\sqrt{6}$
正态分布	3

对 B 类评定的标准不确定度 u_B，设它的标准差为 σ_u，它的相对标准差为 σ_u/u_B，标准不确定度 u_B 的自由度定义为

$$\nu=\frac{1}{2\left(\frac{\sigma_u}{u_B}\right)^2} \tag{3-85}$$

表 3-13 给出了标准不确定度 B 类评定时不同的相对标准差所对应的自由度。一般情况下，u_B 的自由度可按如下情况选取。

① 按检定证书评估的标准不确定度 u_B，可估计其 $\sigma_u/u_B\geqslant35\%$，则 $\nu\geqslant4$；

② 按鉴定证书评估的标准不确定度 u_B，可估计其 $\sigma_u/u_B\geqslant20\%$，则 $\nu\geqslant13$；

③ 按非直接、仅为同类质量评估的标准不确定度 u_B，或按主观经验评估的标准不确定度 u_B，其可靠性并不高，仅可估计其 $\sigma_u/u_B=50\%$，则 $\nu=2$；

④ 有些可靠性很高的标准不确定度 u_B 评估（国际、国家计量部门给出的评估），可设 $\nu=\infty$（即 $\sigma_u/u_B=0$）。

表 3-13 标准不确定度 B 类评定时不同的相对标准差所对应的自由度

σ_u/u_B	0.71	0.50	0.41	0.35	0.32	0.29	0.27	0.25	0.24	0.22	0.18	0.16	0.10	0.07
ν	1	2	3	4	5	6	7	8	9	10	15	20	50	100

需要注意的是，测量不确定度的 A 类评定和 B 类评定与随机误差和系统误差不存在简单的对应关系。随机误差和系统误差表示两种不同性质的误差，A 类评定和 B 类评定则表示两种不同的评定方法。A 类评定首先要求由实验测量得到被测量的观测列，并根据需要由观测列计算被测量估计值的标准不确定度，可能是单次测量结果的标准偏差，也可能是若干次重复测量结果平均值的标准偏差。在评定时，一般先根据观测列计算出方差，然后开方

后得到实验标准差。而B类评定则是通过其他已有的信息进行评估的，如根据极限值和被测量分布的信息直接估计出标准偏差，或由检定证书或校准证书提供的扩展不确定度导出标准不确定度。所以A类和B类并不是对不确定度本身进行分类，而仅是出于讨论方便的角度对不确定度评定方法进行分类，因此在测量不确定度评定中不必过分强调某一分量是属于不确定度的A类评定还是属于B类评定；而有些不确定度分量，根据评定方法的不同，既可以用A类评定来处理，也可以用B类评定来处理。A类评定不确定度和B类评定不确定度在一定条件下也是可以相互转化的。例如当引用他人的某一测量结果时，可能该测量结果当初是由统计方法得到的，应属于A类评定不确定度，但一经引用后就可能成为B类评定不确定度。

3.5.4 标准不确定度的合成

(1) 合成标准不确定度的计算

假如被测量Y是由n个分量X_1，X_2，…，X_n确定的，设Y的估计值为y，y的标准不确定度为$u(y)$，n个分量X_1，X_2，…，X_n的测量值为x_1，x_2，…，x_n，测量值的标准不确定度为$u(x_1)$，$u(x_2)$，…，$u(x_n)$。y的标准不确定度用各标准不确定度分量合成后所得的合成标准不确定度$u_c(y)$表示。为了求得合成标准不确定度，需要先分析各影响分量与y的关系，然后对各影响分量的不确定度进行评定，最后计算合成标准不确定度。例如，在间接测量中，被测量Y的估计值y与n个测量值x_1，x_2，…，x_n有如下函数关系

$$y=f(x_1,x_2,\cdots,x_n) \tag{3-86}$$

当各测量量之间存在不可忽略的相关性时，合成标准不确定度为

$$\begin{aligned} u_c^2(y) &= \sum_{i=1}^{n}\sum_{j=1}^{n}\frac{\partial f}{\partial x_i}\times\frac{\partial f}{\partial y_i}u(x_i,x_j) \\ &= \sum_{i=1}^{n}\left(\frac{\partial f}{\partial x_i}\right)^2 u^2(x_i)+2\sum_{i=1}^{n-1}\sum_{j=i+1}^{n}\frac{\partial f}{\partial x_i}\times\frac{\partial f}{\partial y_i}u(x_i,x_j) \end{aligned} \tag{3-87}$$

式中，$\partial f/\partial x_i$为灵敏系数；$u(x_i,x_j)$为测量值x_i和x_j之间的协方差。

$$u(x_i,x_j)=r(x_i,x_j)u(x_i)u(x_j) \tag{3-88}$$

式中，$r(x_i,x_j)$为测量量x_i和x_j的相关系数。

故式(3-87)可写作

$$u_c^2(y)=\sum_{i=1}^{n}\left(\frac{\partial f}{\partial x_i}\right)^2 u^2(x_i)+2\sum_{i=1}^{n-1}\sum_{j=i+1}^{n}\frac{\partial f}{\partial x_i}\times\frac{\partial f}{\partial y_i}r(x_i,x_j)u(x_i)u(x_j) \tag{3-89}$$

式(3-89)是计算合成标准不确定度的通用公式，称为不确定度传播律。若各输入量间均不相关，相关系数$r(x_i,x_j)=0$时，式(3-89)变为

$$u_c^2(y)=\sum_{i=1}^{n}\left(\frac{\partial f}{\partial x_i}\right)^2 u^2(x_i) \tag{3-90}$$

对于每一个输入量的标准不确定度$u(x_i)$，设$u_i(y)=\frac{\partial f}{\partial x_i}u(x_i)$，$u_i(y)$为相应于

$u(x_i)$ 的输出量 y 的不确定度分量，式(3-90) 变为

$$u_c(y)=\sqrt{\sum_{i=1}^{n}u_i^2(y)} \tag{3-91}$$

若各输入量正强相关，相关系数为 1 时，合成标准不确定度计算如下

$$u_c(y)=\left|\sum_{i=1}^{n}\frac{\partial f}{\partial x_i}u(x_i)\right| \tag{3-92}$$

当灵敏系数 $\partial f/\partial x_i=1$ 时，式(3-92) 变为

$$u_c(y)=\left|\sum_{i=1}^{n}u(x_i)\right| \tag{3-93}$$

(2) 合成标准不确定度的有效自由度

合成标准不确定度 $u_c(y)$ 的自由度称为有效自由度，用 ν_{eff} 表示，表明了评定的 $u_c(y)$ 的可靠程度，ν_{eff} 越大，$u_c(y)$ 越可靠。

当各分量间相互独立且输出量接近正态分布或 t 分布时，ν_{eff} 可以通过标准不确定度的合成关系推导获得

$$\nu_{eff}=\frac{u_c^4(y)}{\sum_{i=1}^{n}\frac{u^4(x_i)}{\nu_i}}\text{ 且 }\nu_{eff}\leqslant\sum_{i=1}^{n}\nu_i \tag{3-94}$$

式(3-94) 称为韦尔奇-萨特思韦特（Welch-Satterthwaite）公式，ν_i 为各不确定度分类 $u(x_i)$ 的自由度。

如果自由度是以标准不确定度 $u(x_i)$ 的形式给出，则合成标准不确定度的有效自由度可根据 $u_i(y)=\frac{\partial f}{\partial x_i}u(x_i)$ 推导得到

$$\nu_{eff}=\frac{u_c^4(y)}{\sum_{i=1}^{n}\frac{1}{\nu_i}\left[\frac{\partial f}{\partial x_i}u(x_i)\right]^2} \tag{3-95}$$

3.5.5 扩展不确定度的确定

在利用合成标准不确定度 $u_c(y)$ 表示测量结果的不确定度的时候，因为被测量 Y 落入由其表示的测量结果 $y\pm uy$ 的概率仅为 68.3%，所以仅用标准不确定度来表达测量结果的精度难以满足科学研究及工程应用的要求。因此，通常用被测量的估计值 y 和它的扩展不确定度来表示最终的测量结果。它既给出了被测量的估值，也给出了满足一定概率要求的估值区间。

扩展不确定度由合成标准不确定度 $u_c(y)$ 乘以包含因子 k 得到，记为 U，即

$$U=ku_c(y) \tag{3-96}$$

用扩展不确定度 U 作为测量不确定度，测量结果可以表示为

$$Y=y\pm U \tag{3-97}$$

被测量 Y 的可能值以较高的包含概率落在 $[y-U, y+U]$ 区间内，扩展不确定度 U 是该包含区间的半宽度。包含因子 k 的值是根据 $U=ku_c$ 所确定的区间 $y \pm U$ 需具有的包含概率来选取的，一般取 2 或 3。当要求扩展不确定度确定的区间具有接近于规定的包含概率 p 时，扩展不确定度用 U_p 表示，如当包含概率 p 为 95%或 99%时，记作 U_{95} 和 U_{99}。

3.5.6 不确定度评定实例

获得测量结果后，可按照下述步骤评定与表示测量不确定度：

① 建立测量模型，即研究测量原理，给出输入量与输出量之间的数学关系表达式，分析测量不确定度的来源，列出对测量结果影响显著的不确定度分量。

② 评定标准不确定度分量，并给出其数值 $u_i(y)$ 和自由度 ν_i。

③ 分析所有不确定度分量的相关性，确定各相关系数 $r(x_i, x_j)$。

④ 求测量结果的合成标准不确定度 $u_c(y)$ 和自由度 ν_{eff}。

⑤ 若需要给出扩展不确定度，则将合成标准不确定度 $u_c(y)$ 乘以包含因子 k，得到扩展不确定度 $U=ku_c(y)$。

⑥ 给出不确定度的最后报告，以规定的方式报告被测量的估计值 y 及合成标准不确定度 $u_c(y)$ 或扩展不确定度 U。

下面给出一个实例，测量容器内温度，希望读者能够对测量不确定度的评定有一个初步的完整理解。

【实例 3-1】 容器内温度的测量。

(1) 测量方法

用带 K 型热电偶的数字温度计测量一个标称温度为 400℃的温控恒温容器内某处的温度。使用的数字温度计的分辨率为 0.1℃，其最大允许误差为±0.6℃；K 型热电偶每年校准一次，今年的校准证书表明在 400℃的修正值为 0.5℃，其不确定度为 2.0℃（包含概率为 99%）；当恒温容器的指示器表明控温到 400℃时，稳定半小时后从数字温度计上重复测量 10 次得到数据见表 3-14。

表 3-14 温度测量数据表

测量列 i	测得值 d_i/℃	残差 $\nu_i=d_i-\bar{d}$/℃	残差平方 ν_i^2/℃^{2}
1	401.0	0.78	60.84×10^{-2}
2	400.1	−0.12	1.44×10^{-2}
3	400.9	0.68	46.24×10^{-2}
4	399.4	−0.82	67.24×10^{-2}
5	398.8	−1.42	201.64×10^{-2}
6	400.0	−0.22	4.84×10^{-2}
7	401.0	0.78	60.84×10^{-2}
8	402.1	1.88	354.44×10^{-2}
9	399.9	−0.32	10.24×10^{-2}

续表

测量列 i	测得值 d_i/℃	残差 $\nu_i=d_i-\bar{d}$/℃	残差平方 ν_i^2/℃^{2}
10	399.0	−1.22	148.84×10^{-2}
—	$\bar{d}=400.22$	—	$\sum\nu_i^2=955.60\times10^{-2}$

$$\sigma=\sqrt{\frac{\sum_{i=1}^{10}\nu_i^2}{10-1}}=1.03℃,\sigma_{\bar{x}}=\frac{\sigma}{\sqrt{10}}=\frac{1.03}{\sqrt{10}}=0.33℃$$

(2) 测量模型

$$t=d+b$$

式中，t 为容器某处的温度（即被测量，也称输出量）；d 为数字温度计的显示值（即输入量 X_1）；b 为热电偶的修正值（即输入量 X_2）。

(3) 被测量估计值

测量模型中的 d 为 10 次测得值的算术平均值 $\bar{d}$，由热电偶的校准证书得知其修正值 b 为 0.5℃，所以容器温度 $t=\bar{d}+b=400.2℃+0.5℃=400.7℃$。

(4) 测量不确定度分析

容器内温度测量的主要不确定度来源包括：

① 数字温度计引入的不确定度；

② 热电偶修正引入的不确定度；

③ 测量重复性引入的不确定度。

(5) 标准不确定度的评定

① 数字温度计引入的标准不确定度 u_1。

用 B 类评定。由制造厂说明书给出数字温度计的最大允许误差为 0.6℃，即温度计显示的可能值区间的半宽度为 $a=0.6℃$，假设为均匀分布，取 $k=\sqrt{3}$，则

$$u_1=\frac{a}{k}=\frac{0.6℃}{\sqrt{3}}=0.35℃$$

u_1 的自由度取决于信息来源的可靠程度或可信度。假设估计 B 类评定得到的标准不确定度具有 80%的可信度，也就是不可信度为 20%，则自由度为

$$\nu_1=\frac{1}{2}\left(\frac{\Delta u_1}{u_1}\right)^{-2}=\frac{1}{2}(20\%)^{-2}=12.5$$

取 $\nu_1=12$（说明：当自由度不是整数时，可舍去小数点后面的数，取整数）。

② 热电偶修正引入的标准不确定度 u_2。

从热电偶的校准证书得知，修正值的扩展不确定度 U_{99} 为 2.0℃，可假设为正态分布。包含因子 $k_p=k_{99}=2.58$，标准不确定度为 $u_2=2.0℃/2.58=0.78℃$。根据经验判断，具有 90%的可信度，则其不可信度为 10%，得自由度为

$$\nu_2=\frac{1}{2}\left(\frac{\Delta u_2}{u_2}\right)^{-2}=\frac{1}{2}(10\%)^{-2}=50$$

③ 测量重复性引入的标准不确定度分量 u_3。

被测量估计值是 $n=10$ 次测量所得值的算术平均值，因此按 A 类方法评定

$$u_3=\frac{\sigma}{\sqrt{n}}=\frac{1.03℃}{\sqrt{10}}=0.33℃$$

自由度

$$\nu_3=n-1=10-1=9$$

由于分辨率为 0.1℃，由分辨率引入的标准不确定度与上述分量相比可以忽略不计。

(6) 计算合成标准不确定度

由于各输入量间不相关，合成标准不确定度为

$$u_c(t)=\sqrt{u_1^2+u_2^2+u_3^2}=\sqrt{(0.35)^2+(0.78)^2+(0.33)^2}=0.92℃$$

$u_c(t)$ 的有效自由度 ν_{eff}

$$\nu_{eff}=\frac{u_c^4(t)}{\frac{u_1^4}{\nu_1}+\frac{u_2^4}{\nu_2}+\frac{u_3^4}{\nu_3}}=\frac{0.92^4}{\frac{0.35^4}{12}+\frac{0.78^4}{50}+\frac{0.33^4}{9}}=71.8$$

取 $\nu_{eff}=71$。

(7) 确定扩展不确定度

假设包含概率为 0.95，查 t 分布值表得 $p=0.95$，$\nu_{eff}=71$ 时的 $t_p(\nu)\approx 2.00$，所以 $U_{95}=2\times 0.92℃=1.8℃$。

测量不确定度评定汇总见表 3-15。

表 3-15 测量不确定度评定一览表

符号	不确定度来源	评定类型	a/℃	概率分布	k_i	u_i 的值	自由度
u_1	数字温度计不准	B	0.6	均匀	1.73	0.35	12
u_2	热电偶修正	B	2.0	正态	2.58	0.78	50
u_3	重复性	A	—	正态	—	0.33	9
$u_c(t)=0.92℃,\nu_{eff}=71$							
$U_{95}=1.8℃,\nu_{eff}=71$							

(8) 报告测量结果

容器内温度测量结果：$t=400.7℃$，$U_{95}=1.8℃$，$\nu_{eff}=71$。

从这个例子中可以了解如何计算自由度，B 类评定的标准不确定度的自由度的判断是建立在凭经验估计的基础上的。

思考题与习题

(1) 测量准确度、精确度和精密度之间有何联系和区别？

(2) 在选用仪表时，准确度等级是“越高越好”吗?

(3) 什么是粗大误差、随机误差和系统误差? 其误差来源各有哪些? 简述三类误差之间的关系。

(4) 简述修正或消除系统误差的原则和方法。

(5) 粗大误差剔除的常用方法有哪些? 它们各自适用什么情况?

(6) 简述测量不确定度与测量误差的联系和区别，并说明用测量不确定度评定代替误差评定的必要性。

(7) 测仪表时得到某仪表的最大引用误差为1.45%，问此仪表的准确度等级应为多少? 由工艺允许的最大误差计算出某仪表的测量误差至少为1.45%才能满足工艺的要求，应选几级表?

(8) 现有2.5级、2.0级、1.5级三块测温仪表，对应的测量范围分别为−100～500℃、−50～550℃、0～1000℃，现要测量500℃的温度，其测量值的相对误差不超过2.5%，问：选用哪块表最合适?

(9) 从测量不确定评定的角度，测量结果的完整表述包括哪些要素。

(10) 测量不确定度A类评定和B类评定的主要区别是什么? 并举例说明。

(11) 简述合成标准不确定度和扩展不确定度的关系。

第4章 温度测量

4.1 概述

温度是表示物体冷热程度的物理量。宏观上，温度的概念是以热平衡为基础建立的。微观上，温度是对分子平均动能大小的一种度量，代表了组成物体的大量分子无规则运动的剧烈程度。在压力、流量等热工参数的测量中，温度也是一个十分重要的影响参数。

4.1.1 温标

温标是为了保证温度量值的统一和准确而建立的一个用来衡量温度的标准尺度，是温度数值化的标尺，它确定了温度的单位。各种温度计的数值都是由温标决定的。建立温标需要三个要素，分别是选择测温物质，确定它随温度变化的属性，即测温属性；选定温度固定点；规定测温属性随温度变化的规律。

(1) 经验温标

摄氏温标是目前工程应用最多的温标。它规定在标准大气压下水的冰点为 0 摄氏度，沸点为 100 摄氏度，在 0 摄氏度和 100 摄氏度之间按水银体积随温度作线性变化来刻度，平均分成 100 份，每一份为 1 摄氏度，记作 1℃。华氏温标也是以水银温度计作为标准仪器的，选择氯化铵和冰水混合物的温度为 0 华氏度，人体正常温度为 100 华氏度。水银体积膨胀被均匀分成 100 份，每一份为 1 华氏度，记作 1℉。按照华氏温标，标准大气压下水的冰点为

32℉，沸点为 212℉。华氏温度与摄氏温度的关系为

$$t=\frac{5}{9}(F-32)\text{或}F=\frac{9}{5}t+32 \tag{4-1}$$

式中，t 为摄氏温度值,℃；F 为华氏温度值,℉。

摄氏温标和华氏温标都是借助于某一种物质的物理量（即液体受热膨胀的性质）与温度变化的关系，用实验方法或者经验公式所确定的经验温标。经验温标定义的随意性，使其很难保证世界各国所采用的基本测温单位完全一致。

（2）热力学温标

为了得到可以作为统一标准的温标，人们利用理想气体的性质，建立了理想气体温标。但是由于理想气体温标仍然需要用气体温度计来实现，而实际气体并不是理想气体，所以人们更希望建立一种与测温物质及其测温属性无关的温标，作为温度测量的基准。

建立在热力学第二定律基础上的热力学温标，就是这样的一种温标。热力学温标规定分子运动停止时的温度为绝对零度，是与测温物质的任何物理性质都无关的一种温标，并作为国际统一的基本温标。由该温标所确定的温度为热力学温度，用 T 表示，单位为开尔文（简称开，符号为 K)。热力学温标规定水的三相点温度为 273.16K，热力学温度单位为水三相点温度的$\frac{1}{273.16}$，它是热力学温标的一个基本固定单位。

（3）国际实用温标

国际实用温标，简称国际温标，是用来复现热力学温标的。1990 年的国际温标（ITS-90）同时定义国际开尔文温度（符号为 T_{90}）和国际摄氏温度（符号为 t_{90}），其关系为

$$t_{90}=T_{90}-273.15 \tag{4-2}$$

国际温标规定，ITS-90 所包含的温度范围自 0.65K 至单色辐射高温计实际可测量的最高温度，定义的固定点和温度点共有 17 个，它包括 14 个高纯物质的三相点、熔点和凝固点以及 3 个用蒸气温度计或气体温度计测定的温度点，如表 4-1 所示。

表 4-1　ITS-90 规定的高纯物质的温标固定点

序号	温度		物质[①]	状态[②]	$W_r(T_{90})$[③]
	T_{90}/K	t_{90}/℃			
1	3～5	−270.15～−268.15	He	V	—
2	13.8033	−259.3467	e-H_2	T	0.00119007
3	约 17	约−256.15	e-H_2(或 He)	V(或 G)	—
4	约 20.3	约−252.85	e-H_2(或 He)	V(或 G)	—
5	24.5561	−248.5939	Ne	T	0.00844974
6	54.3584	−218.7916	O_2	T	0.09171804
7	83.8058	−189.3442	Ar	T	0.21585975
8	234.3156	−38.8344	Hg	T	0.84414211
9	273.16	0.01	H_2O	T	1.00000000
10	302.9146	29.7646	Ga	M	1.11813889

续表

序号	温度		物质①	状态②	$W_r(T_{90})$③
	T_{90}/K	t_{90}/℃			
11	429.7485	156.5985	In	F	1.60980185
12	505.078	231.928	Sn	F	1.89279768
13	692.677	419.527	Zn	F	2.56891730
14	933.473	660.323	Al	F	3.37600860
15	1234.93	961.78	Ag	F	4.28640053
16	1337.33	1064.18	Au	F	—
17	1357.77	1084.62	Cu	F	—

① 除 He 外，其他物质均为自然同位素成分。e-H_2 为正、仲分子态在平衡浓度时的氢。

② V 代表蒸气压点；T 代表三相点；G 代表气体温度计点；M、F 分别代表熔点和凝固点；是在 101325Pa 压力下固、液相的平衡温度。

③ $W_r(T_{90})=R(T_{90})/R(273.16\text{K})$，表示参考铂电阻温度计的电阻比。

在不同的温度范围内，应选择稳定性较高的温度计来作为复现热力学温标的标准仪器。国际实用温标规定，从 0.65K 到 5.0K 之间的内插仪器为^{3}He 或^{4}He 蒸气温度计；从 3.0K 到 24.5561K 之间的内插仪器为 He 或 He 定容气体温度计；从 13.8033K 到 961.78℃之间的内插仪器为铂电阻温度计；961.78℃以上的温区，采用的内插仪器为光电（光学）高温计。除了以上几个温区和采用的内插仪器外，还有相应的内插公式和偏差函数，详情可查阅相关的 ITS-90 国际实用温标文献。

4.1.2 温度测量方法

温度测量方法有很多，一般按测温仪表的使用方式(是否与被测物体接触）分为接触式测温和非接触式测温。

（1）接触式测温

接触式测温法是指测温元件与被测物体直接接触，二者进行热交换并最终达到热平衡，这时测温仪表的温度值就反映了被测物体的温度值。这类测温方法的优点是：测温系统简单，测温仪表便宜；测温可靠、测量精度高；可测量任意部位的温度。其缺点是：测温元件需要与被测物体接触并充分换热，因此测温时有较大的滞后，响应时间较长，动态测温时需要进行动态补偿；测温元件接触被测物体的过程易改变被测物体的温度场分布，进而导致测量不准确；由于受到耐高温材料的限制，在大多数情况下，接触式测温仪表较难应用于很高温度的测量。

（2）非接触式测温

非接触式测温方法主要包括基于经典热辐射理论的热辐射测温方法，基于激光技术的散射光谱法、激光干涉法，以及基于声波传播规律的声学测温法等。比较常用的非接触式测温是利用物体的热辐射能随温度变化的原理来测定物体温度的。这类测温方法由于测温元件与被测物体不接触，因而不会改变被测物体的温度分布，热惯性小，有更高的测温上限。它的缺点是：不能直接测得被测物体的真实温度，需要进行发射率修正以获得真实温度，增大了处理测量结果的难度；由于温度传感器与被测物体非接触，测温结果容易受到中间介质的影响；测温原理复杂，测温仪器结构复杂、价格较高、维护难度大。

4.2 膨胀式温度计

膨胀式温度计是一种最简单的测温仪器，它主要有液体膨胀式温度计、固体膨胀式温度计和压力式温度计 3 种。

4.2.1 液体膨胀式温度计

液体膨胀式温度计是根据液体的热胀冷缩的性质制造而成的。通常将物体温度变化 1℃所引起的体积变化与它在 0℃时体积的比值称为平均体膨胀系数，用 β 来表示，单位为$℃^{-1}$。当温度由 t_1 变化到 t_2 时，有

$$\beta=\frac{V_{t_2}-V_{t_1}}{V_0(t_2-t_1)} \tag{4-3}$$

式中，V_{t_1}、V_{t_2} 分别为液体在温度 t_1 和 t_2 时的体积，m^3；V_0 为液体在 0℃时的体积，m^3。

对于玻璃液体温度计，若液体工质和玻璃的平均体膨胀系数分别为 β_l 和 β_g，则温度由 t_1 变化到 t_2 时，可以察觉的液体的平均体膨胀系数 β_e 为两者之差，即

$$\beta_e=\beta_l-\beta_g \tag{4-4}$$

式中，β_e 为视膨胀系数，$℃^{-1}$。相应地，此时液体的膨胀称为视膨胀。液体膨胀式温度计就是通过液体的视膨胀与温度之间的函数关系来进行温度测量的。

按准确度等级分类，玻璃液体温度计分为标准水银温度计、高精密温度计和工作用普通温度计。玻璃管液体温度计的优点是精度较高、读数直观、结构简单、价格便宜、使用方便，但是其信号不能远程传输，不能用于自动测量系统。

在使用玻璃液体温度计时应注意以下两个问题。

① 零点漂移。玻璃的热胀冷缩会引起零点位置的移动，因此使用玻璃管液体温度计时，应定期校验零点位置。

② 露出液柱的校正。玻璃管液体温度计使用时有全浸式和局浸式两种形式。局浸式测量时，液柱只插入一定深度，外露部分处于环境温度，若此时环境温度与标定分度时的温度不相同，可按下式进行修正

$$\Delta t=\beta_e n(t_B-t_A) \tag{4-5}$$

式中，n 为露出部分液柱所占的度数，℃；β_e 为工作液体在玻璃中的视膨胀系数（水银

$\beta_e \approx 0.00016$)；t_B 为标定分度条件下外露部分的环境平均温度，℃；t_A 为使用条件下外露部分的环境平均温度，℃。

全浸式温度计在使用时若未能全部浸没，则对外露部分带来的系统误差修正公式同式(4-5)，只是式中 t_B 为温度计测量时的示值。

4.2.2 固体膨胀式温度计

固体膨胀式温度计的典型代表是双金属温度计，它是用线膨胀系数不同的两种纯金属片或合金片制成的感温元件，其中一端固定，另一端为自由端，如图 4-1 所示。温度升高时，膨胀系数较大的金属片伸长较多，并向膨胀系数较小的金属片一面弯曲变形。温度越高，产生的弯曲越大。因此，也将膨胀系数较大的金属片（或合金片）称为主动层，而膨胀系数较小的金属片（或合金片）称为被动层。

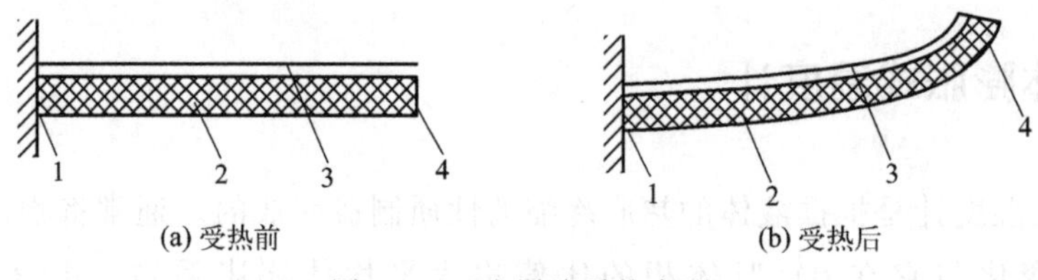

图 4-1　双金属片受热变形

1—固定端；2—主动层；3—被动层；4—自由端

双金属温度计有杆式和螺旋式两种。杆式双金属温度计，如图 4-2(a) 所示，由于芯杆和外套的膨胀系数不同，温度变化时，芯杆与外套产生相对运动。杠杆系统由拉簧、杠杆和弹簧组成，用于将自由端产生的微小位移进行放大，再带动指针指示温度。

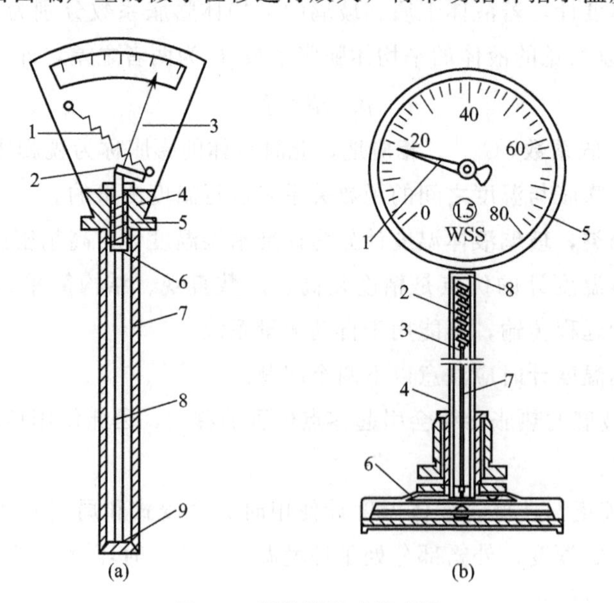

图 4-2　固体膨胀式温度计

(a) 杆式(1—拉簧；2—杠杆；3—指针；4—基座；5—弹簧；6—自由端；7—外套；8—芯杆；9—固定端)

(b) 螺旋式(1—指针；2—双金属片；3—自由端；4—金属保护管；5—刻度盘；6—表壳；7—传动机构；8—固定端)

螺旋式双金属温度计，其感温元件为两种膨胀系数不同的双金属片，如图 4-2(b) 所示。双金属片可制成螺旋形或螺线形，一端固定在金属保护管上，另一端为自由端，并和指针相连接。在温度改变时，双金属片会产生形变，使自由端产生角位移，带动指针偏转，在刻度盘上显示出温度值。

这类温度计具有结构简单可靠、维护方便、价格低廉、抗震性好等优点，测温范围为 −80～500℃，主要用于工业上精度要求不高的温度测量，也可用于自动控制装置中的温度测量元件。

4.2.3 压力式温度计

压力式温度计是利用密闭容积内工作介质随温度升高而压力升高的性质，通过对工作介质的压力测量来判断温度值的一种机械式仪表。

根据感温介质的种类，压力式温度计分为蒸汽压力式温度计、气体压力式温度计和液体压力式温度计，其测温系统是由充有感温介质的温包、毛细管和弹性元件组成的封闭系统，如图 4-3 所示。弹性元件（如弹簧管）一端焊在基座上，内腔与毛细管相通，另一端封死为自由端。自由端通过拉杆、齿轮传动机构与指针相连接。指针的转角在刻度盘上指示出被测温度。

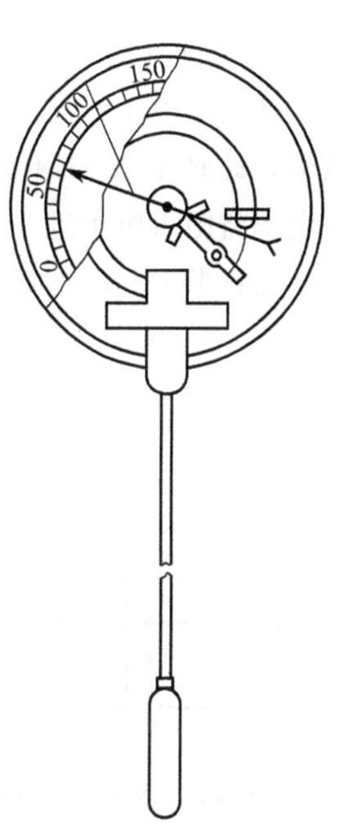

图 4-3 压力式温度计

压力式温度计克服了液体膨胀式温度计功能单一、可靠性差、温包体积大的缺点，主要适用于对感温包无腐蚀作用的液体、蒸气和气体温度的测量。压力式温度计一般要求被测温度为 −80～600℃，准确度等级可达 1.0 级。小型压力式温度计还可用作汽车、拖拉机、内燃机冷却水、润滑油系统的温度测量仪表。

4.3 热电偶测温技术

4.3.1 热电偶测温原理

（1）热电效应

热电偶是由两种不同的导体（或半导体）A 和 B 组成的闭合回路，如图 4-4 所示，当两接触点的温度不同（假定 $T>T_0$）时，在回路中就会产生热电动势。这种现象称为热电效应，又称塞贝克（Seebeck）效应。导体（或半导体）A、B 称为热电极。在测温时与被测物体接触感受温度 T 的一端，称为测量端、工作端或热端；处于恒定温度 T_0（如 0℃）的环境中，称为参比端、自由端或冷端。热电偶就是通过测量热电势来实现测温的，热电势的大小由接触电势与温差电势所决定。

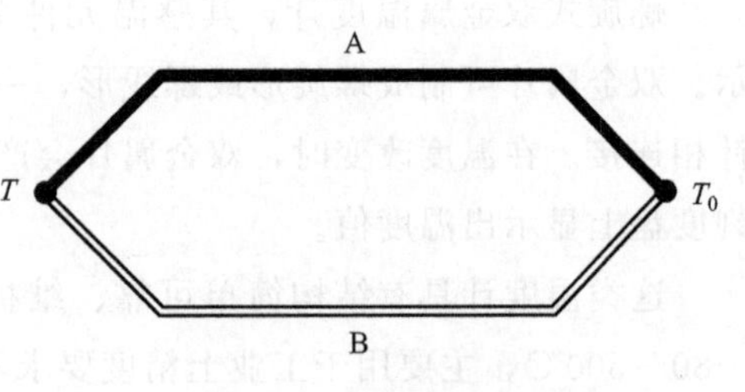

图 4-4　热电偶原理

(2) 接触电势

接触电势是由于两种不同导体 A 和 B 的自由电子密度不同而在接触处产生的一种热电势，又称佩尔捷（Peltier）电势。具有不同电子密度 N_A、N_B 的导体 A 和 B 相互接触时，若 $N_A>N_B$，则自由电子整体上表现为从电子密度高的导体流向电子密度低的导体。因而导体 A 因失去电子而带正电，导体 B 因得到电子而带负电，此时在 A、B 导体的接触面上便形成了一个从 A 到 B 的静电场，如图 4-5 所示，这个静电场将阻碍电子进一步由 A 向 B 扩散，同时加速电子向相反方向转移。在某一温度 T 下，当扩散力与静电场力达到平衡时，在接触点形成固定的电动势称为接触电势，其数量级约为 0.001～0.01V，可用下式表示

$$E_{AB}(T)=\frac{kT}{e}\ln\frac{N_A(T)}{N_B(T)} \tag{4-6}$$

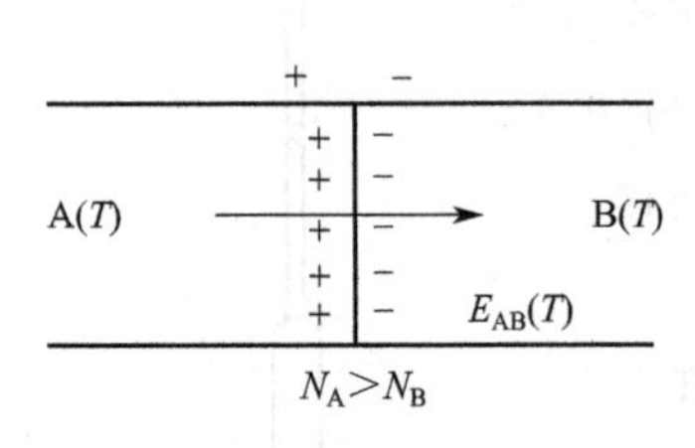

图 4-5　接触电势原理

式中，$E_{AB}(T)$ 为接触电势，V；k 为玻尔兹曼常数，$k=1.38\times10^{-23}$J/K；T 为接触点的热力学温度，K；e 为单位电荷，$e=1.602\times10^{-19}$C；$N_A(T)$、$N_B(T)$ 分别为导体 A、B 在温度 T 时的自由电子密度。

由式(4-6) 可知，接触电势的大小与温度高低及导体中的电子密度成正比。温度越高，接触电势越大；两种导体自由电子密度的比值越大，接触电势越大。

(3) 温差电势

温差电势是由于同一根导体的两端因温度不同而产生的一种电动势，又称汤姆孙（Thomson）电动势。设导体两端的温度分别为 T 和 T_0，且 $T>T_0$，并形成温度梯度，如图 4-6 所示。由于温度梯度的存在，电子的能量分布不同，高温端因失去电子而带正电，低温端因得到电子而带负电，此时导体的两端便形成了一个由高温端指向低温端的静电场，这个静电场将阻止电子从高温端向低温端继续扩散，当电子迁移力与静电场力达到平衡时所形成的电位差就是温差电势，其数量级约为 10^{-5}V。闭合回路中的导体 A、B 的温差电势 $E_A(T,T_0)$ 和 $E_B(T,T_0)$ 分别为

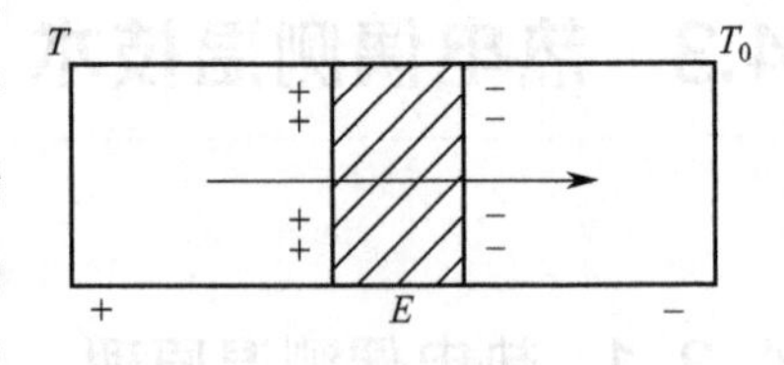

图 4-6　温差电势原理

$$E_A(T,T_0)=\frac{k}{e}\int_{T_0}^{T}\frac{1}{N_A(T)}\mathrm{d}[N_A(T)T] \tag{4-7}$$

$$E_B(T,T_0)=\frac{k}{e}\int_{T_0}^{T}\frac{1}{N_B(T)}\mathrm{d}[N_B(T)T] \tag{4-8}$$

(4) 热电偶闭合回路的总电动势

如图 4-7 所示的由均质导体 A、B 组成的闭合回路，当两接点的温度 $T>T_0$，且 $N_A>N_B$ 时，则回路中将产生两个温差电势 $E_A(T, T_0)$、$E_B(T, T_0)$ 及两个接触电势 $E_{AB}(T)$、$E_{AB}(T_0)$。由于温差电势要比接触电势小得多，所以在总电势中导体 AB 在温度 T 一端的接触电势 $E_{AB}(T)$ 最大，决定了总电势的方向。

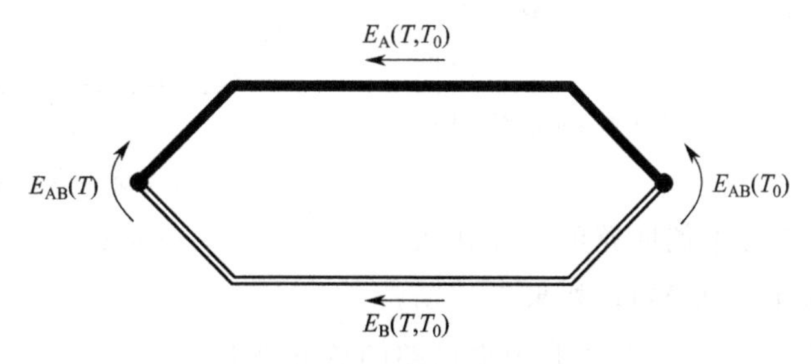

图 4-7 闭合回路的热电势

总电势可以写成

$$E_{AB}(T,T_0)=E_{AB}(T)-E_{AB}(T_0)+E_B(T,T_0)-E_A(T,T_0) \tag{4-9}$$

经整理得

$$E_{AB}(T,T_0)=\frac{k}{e}\int_{T_0}^{T}\ln\frac{N_A(T)}{N_B(T)}\mathrm{d}T \tag{4-10}$$

N_A、N_B 只是温度的单值函数，式(4-10) 可表示为

$$E_{AB}(T,T_0)=f(T)-f(T_0) \tag{4-11}$$

根据式(4-10) 和式(4-11)，可得到如下结论。

① 热电偶回路热电势的大小只与热电偶的材料及两端温度有关，与热电偶的长度、粗细（截面积）无关。

② 只有用两种不同性质的材料（导体或半导体）才能组合成热电偶，相同材料组成的闭合回路不会产生热电动势。

③ 热电偶的两个热电极材料确定后，且如果冷端温度 T_0 已知且恒定，则 $f(T_0)$ 为常数。回路总热电势 $E_{AB}(T, T_0)$ 只与温度 T 有关，而且是 T 的单值函数。通常是将热电偶的冷端温度保持为 0℃，通过实验将所得的实验数据做成 $E_{AB}(T, T_0)$ 与 T 的关系表格，即各种标准热电偶的分度表。

4.3.2 热电偶回路的基本定律

(1) 均质导体定律

均质导体定律指出，由一种均质导体（电子密度处处相同）组成的闭合回路，无论导体的长度和截面积如何，以及各处的温度分布如何，都不能产生热电势。

这条定律说明：热电偶必须由两种材料不同的均质材料组成；热电势与热电极的几何尺

寸无关；如果由一种材料组成的闭合回路中有热电势产生，则此材料一定是非均质的。实际生产中，可以利用该定律检验热电偶材料是否均质。

(2) 中间导体定律

由不同材料组成的闭合回路中，若各种材料接触点的温度都相同，则回路中热电势的总和为零。在热电偶回路中接入第三、第四种导体，或者更多种均质导体，只要接入的导体两端温度相同，则它们对热电偶回路的总热电势没有影响。

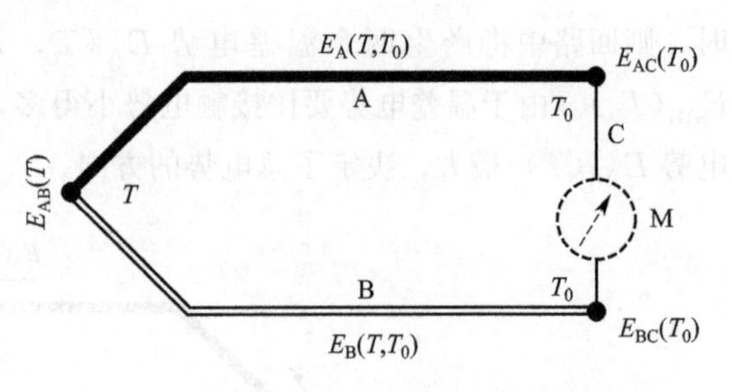

图 4-8 热电偶回路冷端接入第三种导体 C（或显示仪表 M）

如图 4-8 所示，在热电偶回路的冷端接入第三种导体 C（或显示仪表 M），如果保持新接点的温度相同且都等于 T_0，那么热电偶回路的总电势为

$$E_{ABC}(T,T_0)=E_{AB}(T)+E_B(T,T_0)+E_{BC}(T_0)+E_C(T_0,T_0)+E_{CA}(T_0)-E_A(T,T_0) \tag{4-12}$$

式中，$E_C(T_0,T_0)=0$，$N_A>N_B>N_C$，$T>T_0$。此外导体 B 与 C、A 与 C 在接点温度为 T_0 处的接触电势之和为

$$E_{BC}(T_0)+E_{CA}(T_0)=\frac{kT_0}{e}\ln\frac{N_B(T_0)}{N_C(T_0)}+\frac{kT_0}{e}\ln\frac{N_B(T_0)}{N_A(T_0)}=-E_{AB}(T_0) \tag{4-13}$$

将式(4-13) 代入式(4-12)，得到热电偶回路的总电势为

$$E_{ABC}(T,T_0)=E_{AB}(T)-E_{AB}(T_0)+E_B(T,T_0)-E_A(T,T_0)=E_{AB}(T,T_0) \tag{4-14}$$

中间导体定律表明，只要仪表处于稳定的环境温度中，就可以在热电偶回路中接入显示仪表、冷端温度补偿装置或连接导线等，组成热电偶温度测量系统，也表明两个电极间可以用焊接方式构成测量端而不必担心它们会影响回路的热电势。如果两种导体 A、B 对另一种参考导体 C 的热电势为已知，则这两种导体组成的热电偶的热电势是它们对参考导体热电势的代数和，即

$$E_{AB}(T,T_0)=E_{AC}(T,T_0)+E_{CB}(T,T_0) \tag{4-15}$$

若将热电极 C 作为参考电极（一般为纯铂丝），并已知各种热电极与参考电极配成热电偶的热电特性，便可按此结论计算出任意两个热电极 A、B 配成热电偶后的热电特性，从而简化了热电偶的选配工作。

(3) 中间温度定律

热电偶 AB 在接点温度 T、T_0 时的热电势 $E_{AB}(T, T_0)$ 等于热电偶 AB 在接点温度 T、T_N 和 T_N、T_0 时的热电势 $E_{AB}(T, T_N)$ 和 $E_{AB}(T_N, T_0)$ 的代数和，用数学式可表示为

$$E_{AB}(T,T_0)=E_{AB}(T,T_N)+E_{AB}(T_N,T_0) \tag{4-16}$$

如果 $T_0=0℃$，则式(4-16) 变为

$$E_{AB}(T,0)=E_{AB}(T,T_N)+E_{AB}(T_N,0) \tag{4-17}$$

中间温度定律为制定热电偶分度表奠定了基础。各种热电偶的分度表都是在冷端温度为0℃时制定的，如果在实际应用中热电偶的冷端不为0℃而是某一中间温度 T_N 时，这时显示仪表指示的热电势值为 $E_{AB}(T, T_N)$。而 $E_{AB}(T_N, 0)$ 值可从分度表上查得，将二者相加，即得出 $E_{AB}(T, 0)$ 值，再查相应的分度表，即可得到测量端温度 T。

此外，根据中间导体定律和中间温度定律，当与热电偶具有相同特性的补偿导线引入热电偶的回路中时，不仅可使热电偶的冷端远离热源而不影响热电偶的测量精确度，而且可以节省贵重金属的用量。

4.3.3 热电偶结构及分类

4.3.3.1 热电偶的结构形式

根据热电偶的用途不同，常制成以下几种形式。

(1) 普通型热电偶

工业用热电偶的种类很多，结构和外形也不尽相同。普通型热电偶通常主要由热电极、绝缘套管、保护套管和接线盒等4部分组成，如图4-9所示。热电极4的直径由材料的价格、机械强度、电导率及热电偶的用途和测量范围决定。热电极的长度由安装条件、在介质中的插入深度决定。绝缘套管3的作用是防止两个热电极短路。材料的选用由使用温度范围确定，结构形式有单孔的和双孔的两种。保护套管2的作用是防止热电偶不受化学腐蚀和机械损伤。保护套管的材料一般根据测温范围、加热区长度、环境气氛及测温的时间常数等条件来决定。对其材料的要求是：耐高温，耐腐蚀，有良好的气密性和足够的机械强度，以及在高温下不能分解出对热电偶有害的气体等。接线盒1一般由铝合金制成，供热电偶与补偿导线连接之用。

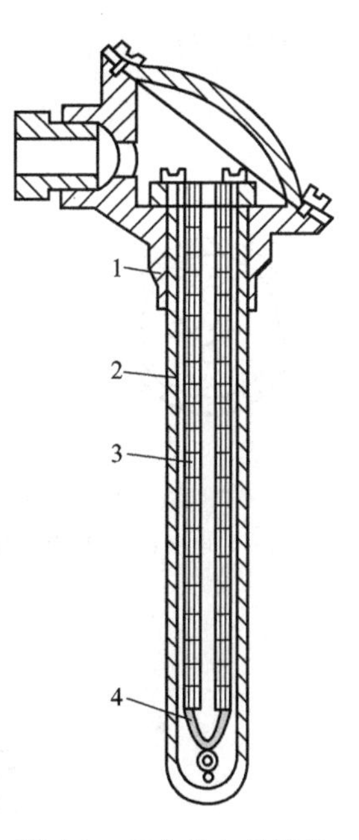

图4-9 工业热电偶结构
1—接线盒；2—保护套管；
3—绝缘套管；4—热电极

(2) 铠装热电偶

在一些特殊的测量条件下，要求热电偶的惯性小、结构紧凑、牢固、抗振及可挠，这时可以采用铠装热电偶，其结构形式如图4-10所示。它是由热电极1、绝缘材料2和金属保护套管3组合而成的一种特殊结构形式的热电偶。铠装热电偶分为单芯和双芯两种。绝缘材料的作用是防止两个热电极之间或热电极与保护套管之间短路，其结构有单孔、双孔、四孔等多种。铠装热电偶可用于测量高压装置及狭窄管道处的温度。与普通型热电偶相比，铠装热电偶的外径很细（0.25～12mm），热容量小，因此响应速度快；管内是填充实芯的，故能适应强烈的冲击和振动；由于套管薄，并进行过退火处理，故具有很好的可挠性，可任意弯曲，曲率半径能小到套管外径的1/2～1/5，便于安装使用在结构复杂的装置上，如狭小、弯曲的测量场合；热电偶的长度可根据需要任意截取，寿命长；性能稳定、规格齐全、价格便宜。

(3) 薄膜热电偶

采用真空蒸镀、真空溅射、化学涂层或者电镀的方法将两种金属薄膜（热电极材料）直接镀制在绝缘基板上制成的热电偶称为薄膜热电偶，其结构如图 4-11 所示。早期的薄膜热电偶热电极材料主要以镍铬-镍硅、铜-康铜等为主，使用温度一般在 300℃以下。近年来，研发了不同系列的用于航空发动机热端部件表面温度测量的中温、高温和超高温薄膜热电偶。这种薄膜热电偶主要由中间合金膜、介质膜和测量膜 3 层薄膜构成。中间合金膜可以将被测合金部件表面和介质膜分隔开来，用于释放由于热膨胀系数不匹配而在高温环境下产生的热应力，并起到电气绝缘的作用。测量膜，即热电极材料层，主要以耐高温、稳定性好的铂铑合金、陶瓷材料等为主。为了提高薄膜热电偶层的抗氧化能力，在薄膜热电偶层上覆有一层保护层。

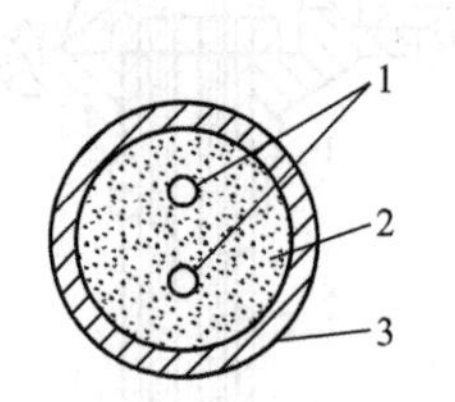

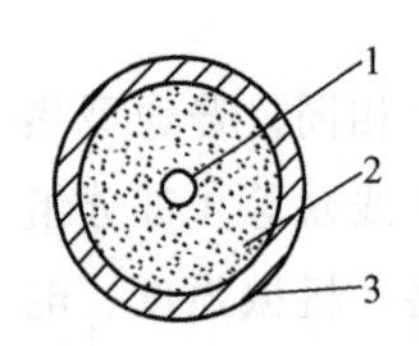

图 4-10 铠装热电偶结构

1—热电极；2—绝缘材料；3—金属保护套管

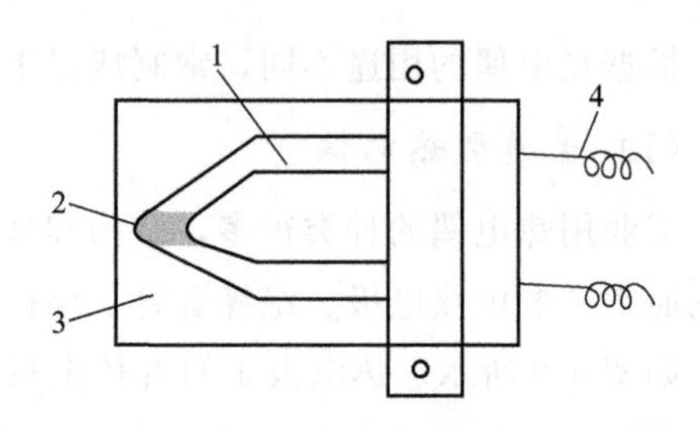

图 4-11 薄膜热电偶

1—薄膜热电极；2—热接点；3—绝缘基板；4—引出线

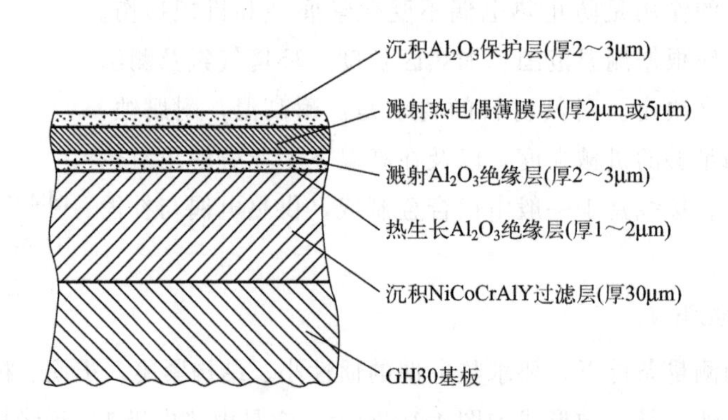

图 4-12 用于航空发动机涡轮叶片表面温度测量的薄膜热电偶结构

图 4-12 所示的是典型的用于航空发动机涡轮叶片表面温度测量的薄膜热电偶结构。中间合金膜是 1 层过渡膜，它把测量膜与叶片基体连在一起，既保证整个传感器牢固地附着在叶片表面上，又要确保传感器的测量膜与基体间的可靠电绝缘。其合金选择与叶片成分相近的 NiCoCrAlY，与叶片材料有很好的相容性，合金中的铝是其中的重要成分，经过高温氧化处理，会在膜的表面上形成 $\alpha\text{-}Al_2O_3$ 膜，厚度仅为数百或数千埃。中间合金膜具有良好的飞韧性、黏接性和高的介电常数，可以承受高温燃气的冲击和腐蚀，在屈服极限内不会把

热应力和机械应力传输到坚硬的氧化铝层上，使氧化铝膜保持在强度和弯曲极限之内。合金中加入钇后，经热处理，镀层表面的钇下沉，与金属中的其他成分结合形成深入到晶粒边界中的爪，增强了膜与基体上的附着力。在中间合金膜表面的 α-Al_2O_3 膜上再沉积 1 层厚度为 2 ～3μm 的 Al_2O_3 层作为介质层。这两层薄膜成分相同、性质相近，因此可以牢固结合。薄膜热电偶的测量膜和引线材料根据测量温度上限而选择贵金属铂和铂铑10。为了获得附着力，采用真空溅射镀膜的方法，使金属以较大的能量机械地嵌入到较为粗糙的表面，使二者形成物理性质的结合。铂和铂铑 10 成分简单，从而减少了镀膜时由于镀膜材料成分偏析而引起热电偶电动势偏离标准分度值的可能性。与传统的热电偶相比，薄膜热电偶可以随意安装在被测表面，特别适用于壁面温度的快速测量，具有测量端部小（测量膜厚度可小至几个μm)、热容量小的特点，可用于微小面积上的温度测量；响应速度快，时间常数可达微秒级，可实现动态温度测量；对被测表面换热和流场干扰影响小，避免了常规热电偶测量位置不准确、蠕变滞后等弊端。

(4) 消耗型快速热电偶

消耗型快速热电偶是一种专为测量钢水及熔融金属温度而设计的特殊热电偶。这种热电偶的热电极是由直径 0.05～0.1mm 的铂铑 10-铂、铂铑 13-铂、铂铑 30-铂铑 6、钨铼 5-钨铼 26 或钨铼 3-钨铼 25 等材料制成的，并装在外径为 1mm 的 U 形石英管内，构成测温的敏感元件。其外部有绝缘良好的耐火材料、耐火泥头和套管加以保护和固定。它的特点是：当其插入钢水后石英保护管瞬间熔化，热电偶工作端即刻暴露于钢水中，由于石英保护管和热电偶热容量都很小，因此能很快测得钢水的温度，反应时间一般为 4～6s。在测出温度后，热电偶和石英保护管都被烧坏，因此它一般只能一次性使用。

4.3.3.2 标准化热电偶

常用热电偶可分为标准化热电偶和非标准化热电偶。国际标准化热电偶是指生产工艺成熟、能成批生产、性能稳定、应用广泛、具有统一的分度表、已列入国际专业标准中的热电偶。目前国际标准化热电偶共有 8 种，如表 4-2 所示。它们有与其配套的显示仪表可供选用。

表 4-2 国际标准化热电偶特性

名称	分度号	测温范围/℃	100℃时热电动势/μV	1000℃时热电动势/μV	特点
铂铑 30-铂 30	B	50～1820	33	4834	熔点高，测温上限高，性能稳定，精度高，100℃以下热电动势极小，所以可不必考虑参考端温度补偿；价格昂贵，线性差；只适用于高温域的测量
铂铑 13-铂	R	−50～1768	647	10506	使用上限较高，精度高，性能稳定，复现性好；但热电动势较小，不能在金属蒸气和还原性气氛中使用，在高温下连续使用时特性会逐渐变坏，价格昂贵；多用于精密测量

续表

名称	分度号	测温范围/℃	100℃时热电动势/μV	1000℃时热电动势/μV	特点
铂铑10-铂	S	−50～1768	646	9587	优点同上；但性能不如R型热电偶；长期以来曾经作为国际温标的法定标准热电偶
镍铬-镍硅	K	−270～1370	4096	41276	热电动势大，线性好，稳定性好，价廉；但材质较硬，在1000℃以上长期使用会引起热电动势漂移；多用于工业测量
镍铬硅-镍硅	N	−270～1300	2744	36256	是一种新型热电偶，各项性能均比K型热电偶好，适宜于工业测量
镍铬-铜镍	E	−270～800	6319	66787（900℃）	热电动势比K型热电偶大50%左右，线性好，耐高湿度，价廉；但不能用于还原性气氛；多用于工业测量
铁-铜镍	J	−210～760	5269	42919（760℃）	价格低廉，在还原性气体中较稳定；但纯铁易被腐蚀和氧化；多用于工业测量
铜-铜镍	T	−270～400	4279	17819（350℃）	价廉，加工性能好，离散性小，性能稳定，线性好，精度高；铜在高温时易被氧化，测温上限低；多用于低温域测量。可作−200～0℃温域的计量标准

4.3.3.3 非标准化热电偶

非标准化热电偶适用于一些特定的温度测量场合，如用于测量超高温、超低温、高真空或有核辐射等的测温情况。随着非标准化热电偶应用场景的增多，我国也对部分非标准化热电偶建立了专门的国家标准，对其技术要求、试验方法、检验规则等进行了详细规定。目前已使用的非标准化热电偶有以下几种。

(1) 钨铼系列热电偶

主要有钨-钨铼和钨铼-钨铼两类热电偶，这类热电偶可测量高达2700℃的高温，短时间测量可达3000℃，在冶金、建材、航天、航空及核能等行业都得到广泛应用。目前，我国列入国家标准的钨铼热电偶有钨铼3-钨铼25（D型）、钨铼5-钨铼26（C型）及钨铼5-钨铼20（A型）三种形式，同时也建立了其统一的热电偶分度表。钨铼系列热电偶适宜在干燥的氢气、中性气氛和真空中使用，不宜在潮湿、还原性和氧化性气氛中工作，除非加装合适的保护套管。

(2) 铱铑-铱系列热电偶

铱铑-铱系列热电偶是一种高温热电偶，主要用于2000℃以下温度的测量，适用于真空和中性气氛中测量，不能在还原性气氛中使用，一般用铱铑40、铱铑50和铱铑60三种合金与铱配用。

(3) 钨-钼热电偶

钨-钼热电偶的两个热电极都具有较高的熔点，故可用来测量高温，最早作为超高温用消耗型热电偶，但钨钼的化学稳定性较差，因此很难在氧化性介质或还原性介质中工作。钨-钼热电偶在低温时电势为负值，到1300℃才开始为正值，一般用来测量1300～2200℃之间的温度。

（4）镍铬-金铁、铜-金铁热电偶

镍铬-金铁（NiCr-AuFe 型）、铜-金铁（Cu-AuFe 型）热电偶是理想的低温热电偶，在低温下仍能得到很大的热电势，它可以在 2～273K 的低温范围内使用。该热电偶热电势稳定，复现性好，易于加工成丝，我国已经建立了这两类低温热电偶的统一分度表。

（5）非金属热电偶

目前已定型生产的非金属热电偶有以下几种：热解石墨热电偶，二硅化钨-二硅化钼热电偶，石墨-二硼化锆热电偶，石墨-碳化钛热电偶和石墨-碳化铌热电偶等。测量准确度为±(1～1.5)%，在氧化性气氛中可用于 1700℃左右的高温。二硅化钨-二硅化钼热电偶可以在含碳气氛、中性气氛或还原性气氛中使用，测温可达 2500℃左右，但它们复制性差，机械强度不高，因此目前尚未获得广泛的应用。

4.3.4 热电偶参比端温度补偿

在实际应用时，由于热电偶的冷端与热端离得比较近或者暴露于空气中，受高温设备和环境温度波动的影响较大，冷端温度难以保持恒定。为消除冷端温度变化对测量的影响，一般都采用冷端温度补偿的方法。常用的热电偶冷端温度补偿方法有：补偿导线法、计算修正法、冷端恒温法、补偿电桥法、数字补偿法等。

（1）补偿导线法

为了使热电偶的冷端温度保持恒定，可把热电偶加长，使冷端远离热端，并连同测量仪表一起置于恒温或温度波动较小的地方（如集中控制室）。这种方法要多耗费许多贵重金属。因此，一般是用某种廉价金属导线将热电偶两端延伸，如图 4-13 所示，此导线称为补偿导线，一般由纤芯、绝缘层、护套或加屏蔽层组成。在一定范围内（0～100℃），补偿导线具有和所连接的热电偶相同的热电性能。国家标准已经对热电偶用补偿导线的产品规格、等级、使用温度范围、材料等做出了明确规定，也给出了绝缘层和护套的着色要求，选用和使用时要注意区别，不能选错、接错。

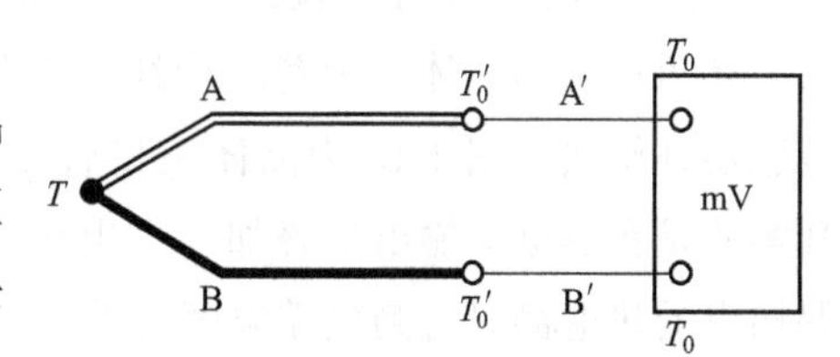

图 4-13　带有补偿导线的热电偶测温原理

（2）计算修正法

如果测温热电偶的热端温度为 T，冷端温度为 T_N（如室温）而不是 0℃，则测得的输出电势为 $E(T, T_N)$，根据中间温度定律可计算出热端温度 T、冷端温度为 0℃时的热电势，然后从分度表中查得热端温度 T。

（3）冷端恒温法

保持冷端温度恒定的方法主要有冰浴法和恒温箱法。冰浴法是指在实验室条件下，将热电偶冷端置于冰点恒温槽中，使冷端温度恒定为 0℃时进行测温。冰浴法是一个准确度很高的冷端处理方法，然而使用起来比较麻烦，需要保持冰、水两相共存，因此这种方法只适用于实验室，工业生产中一般不用。恒温箱法是把冷端补偿导线引至电加热的恒温器内，维持冷端为某一恒定的温度。通常一个恒温器可供许多支热电偶同时使用，此法适于工业应用。

(4) 补偿电桥法

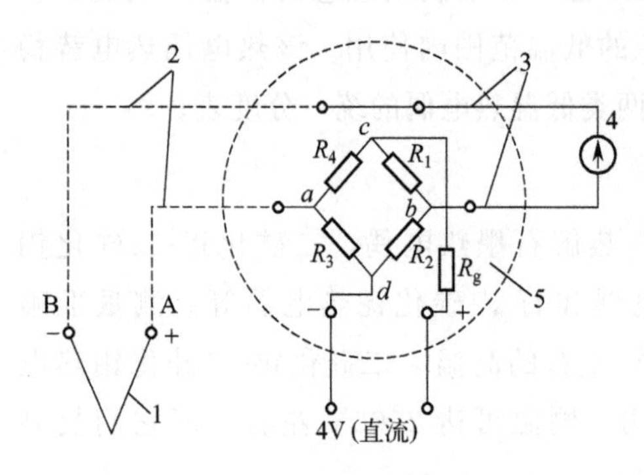

图 4-14　冷端补偿器接入热电偶回路

1—热电偶；2—补偿导线；3—铜导线；4—指示仪表；5—冷端补偿器

补偿电桥法是采用不平衡电桥产生的电势来补偿热电偶因冷端温度变化而引起的热电势的变化值。这个补偿电桥也叫冷端补偿器，如图 4-14 所示，补偿电桥由四个桥臂电阻 R_1、R_2、R_3、R_4 和桥路稳压电源组成。桥臂电阻 $R_1=R_2=R_3=1\Omega$，采用锰铜丝无感绕制，其电阻温度系数趋于零，即阻值基本不随温度变化。桥臂电阻 R_4 用铜丝无感绕制，其电阻温度系数约为 4.3×10^{-3}℃$^{-1}$，当在平衡点温度（规定 0℃ 或 20℃）时 $R_4=1\Omega$。R_g 为限流电阻，为配用不同分度热电偶时作为调整补偿器供电电流之用。桥路电源 4V，由稳压电源供电。

测量时冷端温度补偿器的输出端 ab 与热电偶连接，当冷端温度处于平衡点温度时，电桥平衡，ab 端无输出，当冷端温度偏离平衡点温度，例如冷端温度升高，R_4 随之增大，U_{ab} 也随之增大，而热电偶的热电势却随着冷端温度的升高而降低。如果 U_{ab} 与热电势减少的量相等，U_{ab} 与热电势叠加后输出的电势则保持不变，从而起到了冷端温度变化的自动补偿作用。

还可以采用晶体三极管冷端补偿电路或集成温度传感器补偿法。图 4-15 为晶体三极管冷端补偿电路。其实质是在热电偶输出端叠加一个电压，此时，热电偶输出的热电势只与测量端温度有关，可推导得到

$$U_{out}=\frac{R_3}{R_1}U_{tc}-\frac{R_3}{R_2}\gamma T_0 \qquad (4\text{-}18)$$

式中，U_{out} 为热电偶输出的热电势，mV；U_{tc} 为热电偶的热电势，mV；γ 为晶体三极管的温度系数，℃$^{-1}$；T_0 为冷端温度，K。

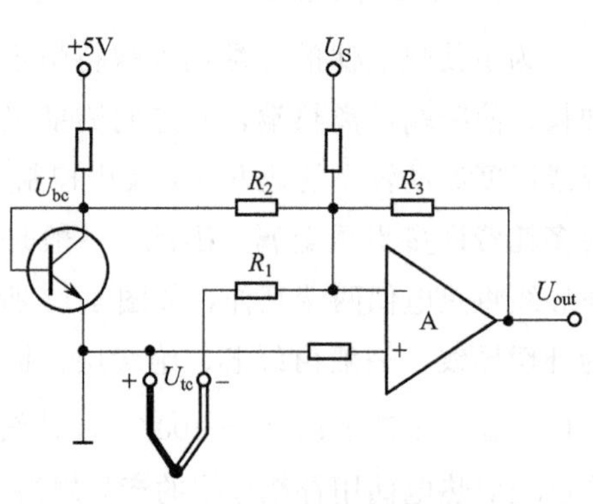

图 4-15　晶体三极管冷端补偿电路

(5) 数字补偿法

常用的数字补偿法是采用最小二乘法，根据分度表拟合出关系矩阵。这样只要测得热电势和冷端温度，就可以由计算机自动进行冷端补偿和非线性校正，并直接求出被测温度。该方法简单、速度快、准确度高，为实现实时控制创造了条件。

4.3.5 热电偶测温的应用

4.3.5.1 工业用热电偶测温的基本线路

单支热电偶测温基本线路由热电偶、补偿导线、恒温器或补偿电桥、铜导线和显示部分

（或微机）组成，如图 4-16 所示。

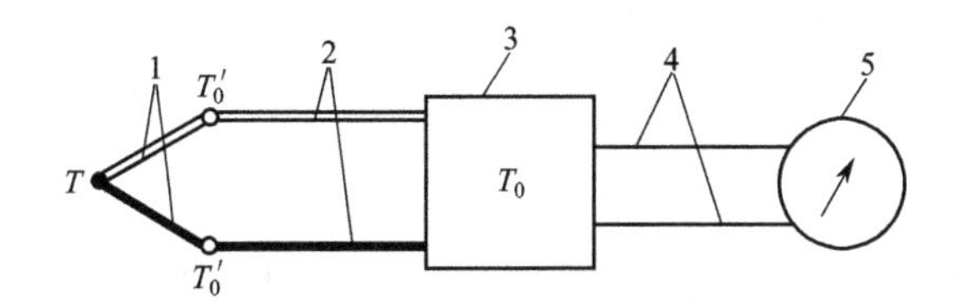

图 4-16　工业用热电偶测温的基本线路

1—热电偶；2—补偿导线；3—恒温器或补偿电桥；4—铜导线；5—显示仪表

【例 4-1】 按图 4-16 组成热电偶测温系统。已知热电偶的分度号为 K，工作时的冷端温度为 30℃，但错用与 E 型热电偶配套的显示仪表，当仪表指示为 610℃时，问工作端的实际温度 t 是多少？

【解】 由题可知，仪表指示为 610℃是将所测热电势按 E 型热电偶分度表计算的结果。查 E 型热电偶分度表，可得对应 610℃时的热电势为

$$E_E(t,30)=E_E(t,0)-E_E(30,0)=(45.891-1.801)\text{mV}=44.090\text{mV}$$

这个热电势实际上是 K 型热电偶产生的，即有

$$E_K(t,30)=E_K(t,30)+E_K(30,0)=(44.090+1.203)\text{mV}=45.293\text{mV}$$

反查 K 型热电偶分度表可得，工作端的实际温度 $t=1104.9$℃。

4.3.5.2　热电偶的串并联

(1) 热电偶正向串联

正向串联就是 n 支同型号热电偶异名极串联的接法，如图 4-17(a) 所示。图中 n 支同型号的热电偶 A、B 的正负极依次相连接，C、D 为与热电偶相匹配的补偿导线，其余的连接线均为铜导线。

热电偶正向串联电路的总热电势为

$$E_x(T,T_0)=E_1(T,T_0)+E_2(T,T_0)+\cdots+E_n(T,T_0)=\sum_{i=1}^{n}E_i(T,T_0) \tag{4-19}$$

式中，$E_i(T,\ T_0)$ 为各单支热电偶的热电势，mV；$E_x(T,\ T_0)$ 为正向串联回路的总热电势，mV。

该电路的优点是：①测量同一温度，可使输出热电势增大，进而提高仪表的灵敏度；②在相同条件下，热电偶的正向串联回路可与灵敏度较低的电测仪表配合。其缺点是：当一支热电偶烧断时，整个仪表回路开路，不能正常工作。作为辐射测温探测器的热电堆就是依据热电偶正向串联原理设计而成的，用来感受微弱的辐射信号。

(2) 热电偶反向串联

热电偶反向串联是将两只同型号热电偶的同名极相串联，这样组成的热电偶称为微差热电偶。如图 4-17(b) 所示，其输出热电势 ΔE 反映了两个测量点（T_1 和 T_2）的温度之差，即

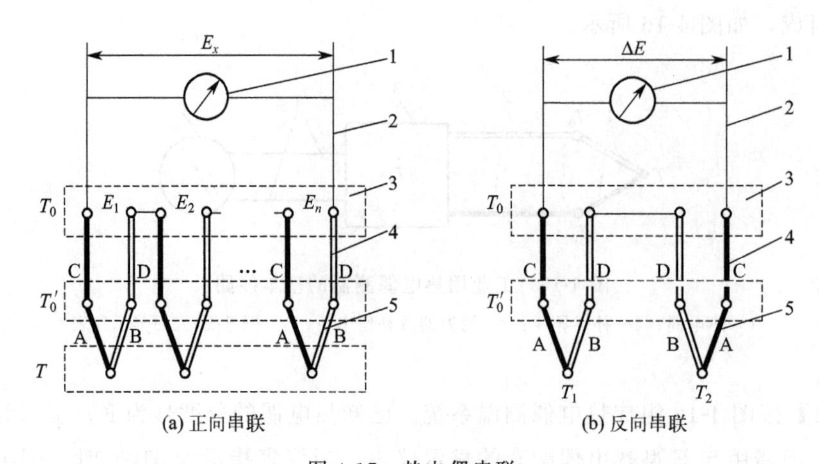

图 4-17　热电偶串联

1—显示仪表；2—铜导线；3—恒温器或补偿电桥；4—补偿导线；5—热电偶

$$\Delta E = E(T_1, T_0) - E(T_2, T_0) = E(T_1, T_2) \tag{4-20}$$

（3）热电偶的并联

将 n 支同型号的热电偶的正极和负极分别连接在一起的线路称为并联线路，如图 4-18 所示。如果 n 支热电偶的电阻值均相等，则并联测量线路的总热电势 E 等于 n 支热电偶热电势的平均值，即

$$E = \frac{E_1(T_1, T_0) + E_2(T_2, T_0) + \cdots + E_n(T_n, T_0)}{n} \tag{4-21}$$

并联线路常用来测量温度场的平均温度。同串联线路相比，并联线路的热电势虽小，但其相对误差仅为单支热电偶的 $1/\sqrt{n}$，且当某支热电偶断路时，测温系统仍可照常工作。

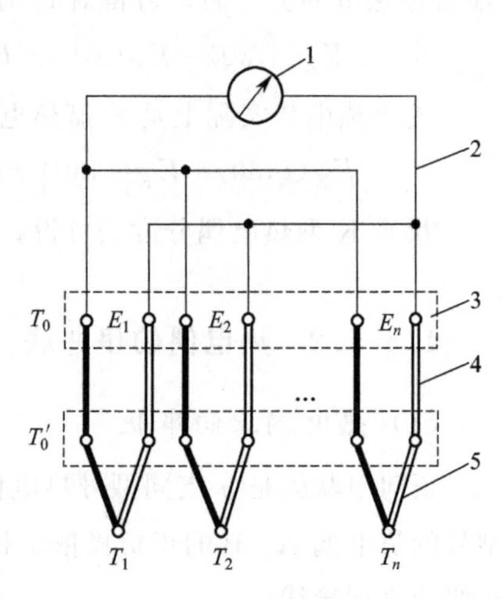

图 4-18　热电偶并联

1—显示仪表；2—铜导线；3—恒温器或补偿电桥；4—补偿导线；5—热电偶

4.4　热电阻测温技术

4.4.1　热电阻测温原理

热电阻测温法是指利用导体或半导体的电阻值随温度变化而变化的函数关系来测量温度的一种方法。用于测温的导体或半导体称作热电阻，主要有金属热电阻和半导体电阻两大类。

对于金属导体，在一定的温度范围内，其电阻和温度的关系为

$$R_t = R_{t0}[1+\alpha(t-t_0)] \tag{4-22}$$

式中，R_t 为温度 t 时的电阻值，Ω；R_{t0} 为温度 t_0 时的电阻值，Ω；α 为电阻温度系数，其定义为温度变化 1℃时电阻值的相对变化量，单位为℃$^{-1}$，即

$$\alpha = \frac{1}{R_{t0}} \times \frac{R_t - R_{t0}}{t - t_0} = \frac{1}{R_{t0}} \times \frac{dR}{dt} \tag{4-23}$$

当热电阻在温度 t_0 下的电阻值 R_{t0} 和电阻温度系数 α 均为已知时，便可通过测量热电阻的阻值 R_t 来获得测点的温度 t。大多数金属的电阻温度系数并不是常数，但在一定的温度范围内可取其平均值作为常数值。

热电阻的温度系数越大，表明热电阻的灵敏度越高。金属材料的纯度对电阻温度系数的影响很大，材料的纯度越高，热电阻的温度系数越高；杂质越多，温度系数越小且不稳定，所以多采用纯金属来制造热电阻。热电阻的温度系数还与制造工艺有关。在使用热电阻材料拉制金属丝的过程中，会产生内应力，并由此引起电阻温度系数的变化。因此，在制作热电阻时需要进行退火处理，以消除内应力的影响。热电阻温度计的测量准确度比热电偶的高。但在使用中应注意线路电阻的影响，因为线路电阻的变化使温度产生误差，所以必须准确测量导线电阻，再绕制线路调整电阻，使线路总电阻等于仪表的线路总电阻。为克服环境温度变化对导线电阻的影响，尽可能采用三线制或四线制接线方式。

4.4.2 金属热电阻温度计

(1) 铂电阻

工业上，铂电阻通常用于测量−200～500℃范围内的温度。其优点是准确度高，稳定性好，性能可靠。在氧化性气氛中，甚至在高温下，其物理、化学性质都非常稳定。因此，在一定温度范围内，铂电阻被定为基准温度计。但铂电阻在还原性气氛中，特别是在高温下，容易被还原性气体污染，导致铂丝变脆，并使电阻温度关系改变。在这种情况下，必须用保护套管把铂电阻与有害气体隔开。

铂电阻的温度特性：

在 0～850℃范围内，铂电阻与温度的关系可近似表示为

$$R_t = R_0(1 + At + Bt^2) \tag{4-24}$$

在−200～0℃的范围内，铂的电阻值与温度的关系可用下式表示

$$R_t = R_0[1 + At + Bt^2 + C(t-100)t^3] \tag{4-25}$$

式中，R_t、R_0 分别为温度 t 和 0℃时的电阻值，Ω；当电阻比 $R_{100}/R_0 = 1.3850$ 时，A、B、C 分别为：$A = 3.90802 \times 10^{-3}$℃$^{-1}$，$B = -5.802 \times 10^{-7}$℃$^{-2}$，$C = -4.27350 \times 10^{-12}$℃$^{-3}$。

(2) 铜电阻

铜电阻通常用于测量−50～150℃范围的温度，它的优点是其电阻值与温度的关系几乎是线性的，电阻温度系数大，易于提纯和加工成丝，价格比较便宜。缺点是电阻率比较低，铜丝的长度比较长，体积比较大；在温度超过 150℃时易被氧化，所以在高温时不宜使用。

铜电阻和温度的关系在－50～150℃范围内可用下式表示

$$R_t = R_0(1 + At + Bt^2 + Ct^3) \tag{4-26}$$

式中，R_t、R_0 分别为温度为 t 和 0℃时的电阻值，Ω；当电阻比 $R_{100}/R_0 = 1.428$ 时，A、B、C 分别为：$A = 4.28899 \times 10^{-3}$ ℃$^{-1}$，$B = -2.133 \times 10^{-7}$ ℃$^{-2}$，$C = 1.233 \times 10^{-9}$ ℃$^{-4}$。

（3）镍电阻

镍电阻温度系数 α 较铂电阻的大，约为铂电阻的 1.5 倍，使用温度范围为－50～300℃，但温度在 200℃左右时，镍电阻温度系数具有特异点，故多用于 150℃以下，它的电阻与温度的关系为

$$R_t = 100 + 0.5485t + 0.665 \times 10^{-3} t^2 + 2.805 \times 10^{-9} t^4 \tag{4-27}$$

4.4.3 金属热电阻的结构

工业用热电阻分为普通型热电阻、铠装热电阻、特殊热电阻等，它们的基本结构都由电阻体、绝缘套管、保护管和接线盒组成。

工业上常用的铂热电阻的结构，如图 4-19 所示。它是用直径为 0.03～0.07mm 的纯铂丝绕在云母制成的平板形骨架上。云母骨架边缘呈锯齿形，铂丝绕在齿隙间以防短路，绕好后的云母骨架两面覆盖云母片。云母片两侧用薄金属片铆合在一起，不仅能够增加机械强度，还能改善热传导性能，这样就构成了铂电阻元件。作为绕制和固定电阻丝的骨架，除用云母制成外，还常用陶瓷、玻璃等制成，形状多为片状或棒状，如图 4-20 所示。

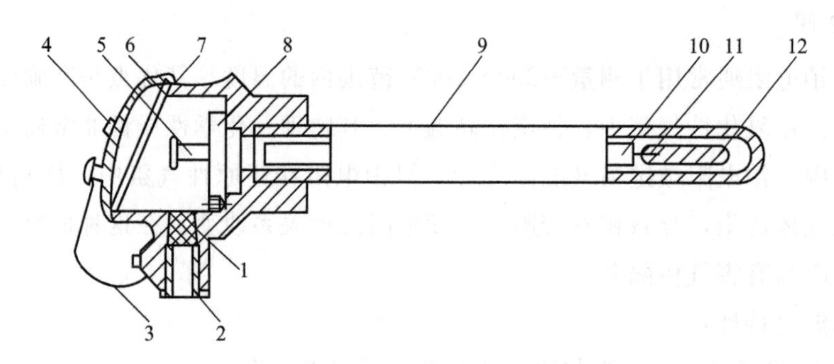

图 4-19　工业用铂热电阻的结构

1—出线密封圈；2—出线螺母；3—小链；4—盖；5—接线柱；6—密封圈；7—接线盒；8—接线座；9—保护管；10—绝缘管；11—引出线；12—感温元件

铂丝绕组的两个线端各由直径为 0.5mm 或 1mm 的银丝引出，并固定在接线盒内的接线端子上；引出线上套有绝热瓷管。保护套管套在热电阻元件和引出线外面，其形状和作用与热电偶相同。

4.4.4 半导体电阻温度计

半导体热敏电阻的阻值随温度升高而减小，具有负的温度系数。用半导体材料做成的温

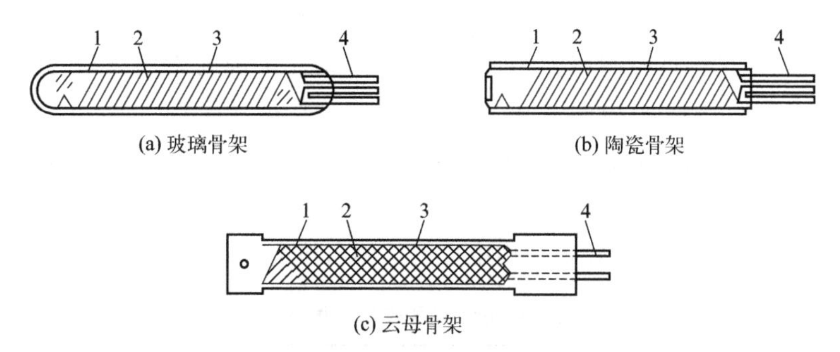

(a) 玻璃骨架　(b) 陶瓷骨架　(c) 云母骨架

图 4-20　热电阻感温元件结构

1—引出线；2—骨架；3—铂丝；4—外壳或绝缘片

度计，可以弥补金属电阻温度计在低温下电阻值和灵敏度降低的缺陷，半导体电阻有时称为半导体热敏电阻。它通常是用铁、镍、锰、铝、镁、铜等一些金属材料的氧化物做原料制成的。

热敏电阻与温度的关系不是线性的，可用下列经验公式来表示

$$R_T = A\mathrm{e}^{B/T} \tag{4-28}$$

式中，R_T 为温度 T 时的电阻值，Ω；T 为温度，K；A、B 分别为决定热敏电阻材料和结构的常数，A 的量纲同电阻，B 的量纲同温度。

用半导体热敏电阻作热电阻测温日趋广泛，其优点是：电阻温度系数 α 大，较金属热电阻大 10～100 倍，灵敏度高，可以不用放大器直接输出信号；在 −40～350℃ 范围内有良好的稳定性；电阻率大，因而体积小电阻值大，可以忽略连接导线的电阻变化影响。它的不足主要是同一型号的热敏电阻温度特性分散性很大，互换性差，非线性严重，此外电阻温度特性不够稳定，测量不确定度较大。

4.5　接触式温度测量仪表校验与误差分析

4.5.1　温度测量仪表校验

(1) 热电偶的校验

热电偶在使用过程中，由于热端受到氧化、腐蚀作用及高温下热电偶材料发生再结晶，引起热电特性发生变化，使测温误差越来越大。为了确保测量的准确度，热电偶必须定期地进行校验，以确定其误差大小。当其误差超出规定范围时，就需要更换热电偶或把原来热电偶的热端剪去一段，重新焊接并经校验后再使用。对新焊制的热电偶，也要通过实验确定它的热电特性（分度）。

热电偶的校验通常采用比较法。根据国家规定，各种热电偶必须在表 4-3 所列的温度点进行校验，各校验点的温度控制在±10℃范围以内。对于准确度要求很高的铂铑 10-铂热电偶可以用辅助平衡点（例如锌的凝固点 419.58℃、锑的凝固点 630.74℃、铜的凝固点 1084.5℃）进行校验。当热电偶在 300℃以下使用时，要增加 100℃校验点，校验时可在水槽或油槽中与标准水银温度计相比较，计算所得误差。300℃以上各点的校验是在管式电炉中与标准铂铑 10-铂热电偶相比较，使用电位差计测出热电偶的热电势，计算所得误差。

表 4-3　常用热电偶参考校准温度及允许偏差

热电偶材料	分度号	参考校准温度/℃	允许误差			
			温度/℃	偏差/℃	温度/℃	偏差/℃
铂铑 10-铂	S	600,800,1000,1200	0～500	±2.4	>600	占所占热电势的±0.4%
镍铬-镍硅	K	400,600,800,1000	0～100	±4	>400	占所占热电势的±0.75%
镍铬-康铜	E	300,400,500,600	0～300	±4	>300	占所占热电势的±1%

热电偶校验装置如图 4-21 所示（校验高于 300℃），校验装置主要由管式电炉、冰点槽、切换开关、直流电位差计以及标准热电偶等组成。管式炉是用电阻丝加热的，一般有长 100mm 左右的恒温区。读数时要求恒温区的温度稳定（温度变化小于 0.2℃/min），否则不能读数。电位差计的准确度级不得低于 0.03 级。

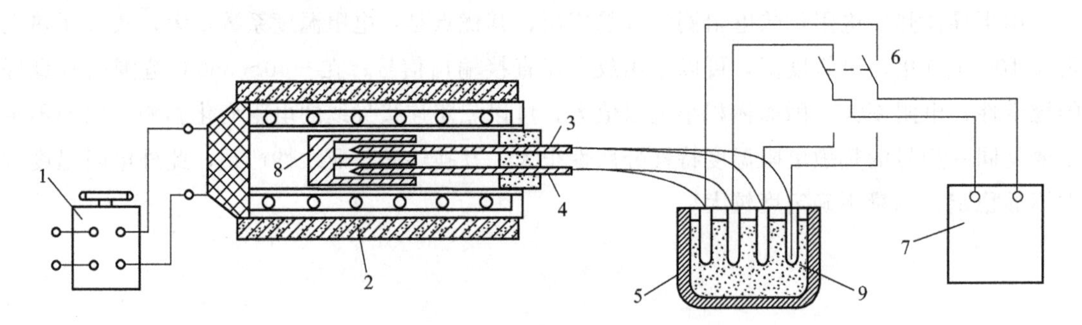

图 4-21　热电偶校验装置

1—调压变压器；2—管式电炉；3—标准热电偶；4—被校热电偶；
5—冰点槽；6—切换开关；7—直流电位差计；8—镍块；9—试管

校验时，把被校验热电偶与标准热电偶（标准热电偶的准确度级根据被校验热电偶的准确级要求确定）的热端放到恒温区中测量温度，比较二者的测量结果，以确定被校热电偶的误差。校验铂铑 10-铂热电偶时，用铂丝将被校验的热电偶与标准热电偶的热端（都除去保护管）绑扎在一起后，插到管式炉内的恒温区中。校验镍铬-镍硅（铝）、镍铬-康铜热电偶时，为了避免被校热电偶对标准铂铑 10-铂热电偶产生有害影响，要将标准热电偶套上石英套管，然后用镍铬丝将被校热电偶的热端和套有石英套管的标准热电偶的热端绑扎在一起，插到管式炉内的恒温区中。为保证被校与标准热电偶的热端处于同一温度，可以把两热电偶的热端放在金属镍块中，再将镍块放于炉子的恒温区内。

热电偶放入炉中后，炉口应用石棉绳堵严。热电偶插入炉中的深度为 150～300mm。热电偶的冷端置于冰点槽中以保持 0℃。调节炉温达到校验温度点±10℃，且每分钟变化不超过 0.2℃时，就可用电位差计测量热电偶的热电势。在每一个校验温度点上对标准和被校热电偶热电势的读数都不得少于 4 次。然后求取电势读数平均值并查分度表，通过比较得出被校热电偶在各校验温度点上的温度误差。计算时标准热电偶热电势的误差也需计入。

（2）热电阻的校验

热电阻在投入使用之前需要进行校验，在使用之中也要定期进行校验，以检查和确定热电阻的准确度。

热电阻的校验一般在实验室中进行。除标准铂电阻温度计需要做三定点（水三相点、水沸点和锌凝固点）校验外，实验室和工业用的铂或铜电阻温度计的校验方法有 2 种。

① 比较法　将标准水银温度计或标准铂电阻温度计和被校电阻温度计一起插入恒温槽中，在需要的或规定的几个稳定温度下读取标准温度计和被校温度计的示值并进行比较，其偏差不能超过被校温度计的最大允许误差。

② 两点法　比较法虽然可用调整恒温器温度的办法对温度计刻度值逐个进行比较校验，但所用的恒温器规格多，一般实验室多不具备。因此，工业电阻温度计可用两点法进行校验，即只校验 R_0 与 R_{100}/R_0。首先，将被校热电阻放入冰点槽中测得 0℃时的阻值 R_0，再在水沸点槽中测得 100℃时的阻值 R_{100}。然后检查 R_0 值和 R_{100}/R_0 比值是否满足技术数据指标，以确定温度计是否合格。

4.5.2 接触式温度测量的误差分析

接触式温度计的感温元件正确反映被测物体的温度，必须满足两个条件：

① 热力学平衡条件：感温元件与被测对象必须充分接触，并经历足够长的时间，使二者完全达到热平衡。

② 当被测对象温度变化时，感温元件的温度能实时地跟着变化，即要使传感器的热容和热阻为零。

实际上，上述两个条件很难满足。因为传感器感温元件除了与被测对象进行热量交换外，还要与周围环境进行热量交换，从而产生测量误差。另外，因为制造、安装等原因，传感器的热容与热阻也不可能为零。

（1）感温元件传热的基本情况

感温元件接收的热量主要来自两个方面：一是被测介质传给感温元件的热量，包括介质对感温元件的导热、辐射和对流换热；二是由于感温元件阻挡流动介质而在其附近发生气流绝热压缩，从而使流体的动能转变为热能，这种现象在测量高速气流的温度时尤为明显。

感温元件的散热途径主要有两种：一是沿着感温元件向外部介质的传导散热（包括感温元件裸露在外部介质中的部分辐射散热）；二是由感温元件向周围冷壁的辐射散热和传热。前者在静态或中低速流动介质中测量时会引起较大误差。

（2）固体内部温度测量误差

以热电偶温度计测量固体内部温度为例，当热电偶插入物体内部时，将有热量沿热电偶向外界传递，因此热电偶测出的温度将低于测点处被测物体的温度，如图 4-22 所示。当热电偶牢固地插在测孔内时，测量误差 Δt 可表示为

$$\Delta t=t_g-t_\tau=\frac{q}{\lambda Ab}\operatorname{csch}(bL)+\frac{G}{b}\coth(bL) \quad (4\text{-}29)$$

$$q=\sqrt{\pi d_2 h\lambda f}\,(t_g-t_0),\quad b=\sqrt{\frac{\pi d_2 h}{\lambda f}}$$

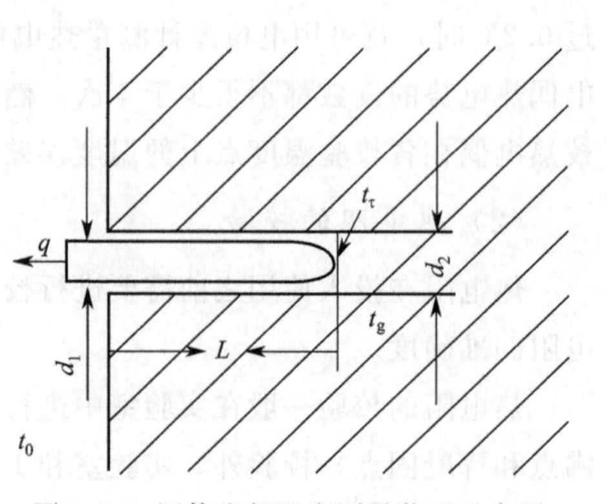

图 4-22　固体内部温度测量装置示意图

式中，t_g 为被测点物体的真实温度，℃；t_τ 为热电偶热接点温度（即传感器测量的温度），℃；q 为沿热电偶导出的热流量，W；λ 为热电偶导线的平均导热系数，W/(m·℃)；A 为单位长度的换热面积，m^2/m；d_2 为热电偶插入孔直径，m；f 为热电偶导线的截面积，m^2；G 为沿热电偶方向的温度梯度，℃/m；t_0 为物体外部介质温度，℃；h 为热电偶孔内表面的换热系数，W/(m^2·℃)；L 为热电偶埋入深度，m。

$$h=\left(\frac{1}{h_w}+\frac{1}{h_b+h_r}\right)^{-1} \quad (4\text{-}30)$$

式中，h_w 为孔内填充物的换热系数，W/(m^2·℃)，$h_w=2\lambda_1/[d_2\ln(d_2/d_1)]$；$h_b$ 为被测物体与孔内填充物之间的换热系数，W/(m^2·℃)，$h_b=3\lambda_2/[d_2\operatorname{arsh}(2L/d_1)]$；$h_r$ 为被测物体和孔内填充物间的辐射换热系数，W/(m^2·℃)，对不透明物体，$h_r=0$；λ_1 为孔内填充物的导热系数，W/(m·℃)；λ_2 为被测物体的导热系数，W/(m·℃)；d_2 为热电偶丝外径的$\sqrt{2}$倍（设孔内有两根相同直径的热电偶丝），m。

若热电偶孔内无填充物，则式(4-31) 可以简化为

$$\Delta t=t_g-t_\tau=q\left(\frac{1}{2\pi\lambda_1 d}+\frac{1}{f_1 h}\right) \quad (4\text{-}31)$$

式中，d 为热电偶热接点的直径，m；h 为热电偶热接点和被测物体接触处的换热系数，W/(m^2·℃)；f_1 为热电偶热接点和被测物体的接触面积，m^2；λ_1 为被测物体的导热系数，W/(m·℃)。

若热电偶热接点直接焊在物体上面，式(4-31) 进一步简化为

$$\Delta t=t_g-t_\tau=q\,\frac{1}{2\pi\lambda_1 d} \quad (4\text{-}32)$$

若热电偶热接点是紧压在被测物体上，则式(4-31) 中的 h 需通过实验确定。

由式(4-29) 和式(4-30) 可知，热电偶埋入深度 L 越大，测量误差越小。但当埋入深度达到一定值后，测量误差趋于定值，再增加埋入深度已无法改善测量精度。

(3) *壁面温度测量误差*

利用热电偶测量壁面温度时，热电偶读出的温度与壁面未安装热电偶时的原有真实温度之间存在偏差，即壁面温度的测量误差。测量误差不仅取决于热电偶热接点与测量壁面的接触情况，也与壁面与周围介质的换热条件有关。

常用的热电偶与被测表面接触方式有四种，如图 4-23 所示。以图 4-23(a) 为例，由于

热电偶的测量端与壁面直接接触，通过热电偶引线的导热增强或削弱了接触点处原有的换热状况，引起了壁面温度场的畸变。热电偶读出温度就不等于未敷设热电偶时的壁面温度。此外，由于热电偶的热接点具有一定的形状大小，因此不可能恰好与壁面完全接触。此时，热电偶读出的温度是热接点的平均温度，也不等于真实的壁面温度。不论哪种接触方式，引起测量误差的主要原因是沿热电偶丝的导热损失。

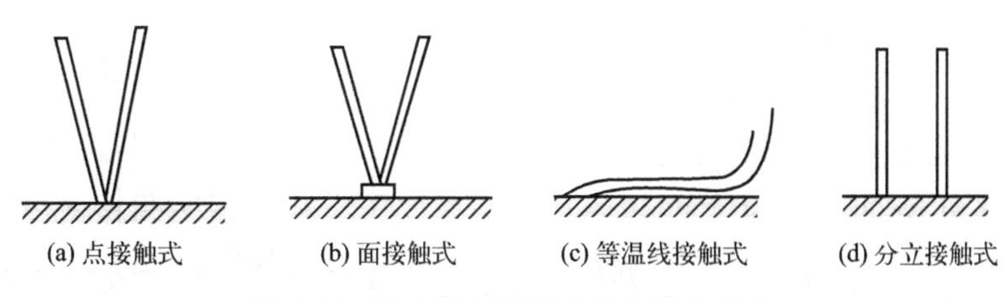

图 4-23 热电偶与被测表面的接触方式

对于被测温壁面的换热情况，当壁面是绝热的，热电偶可以认为是一根导热性能良好的细金属杆与表面接触，此时，热量会从壁面沿着热电偶丝导出，接触点处的壁面温度将低于未敷设热电偶时的真实温度。如果壁面与其周围的介质存在换热时，若流体的温度低于固体壁面温度，热电偶将热量从固体壁面向外传递。在大多数情况下，通过热电偶引线传出去的热量总是大于没有热电偶时壁面向介质的散热量。结果从与热电偶相邻的固体中便有热量流向热电偶接触点。与此相应，热电偶接触点附近的温度梯度增大，热接点处温度降低，热电偶读数出现负偏差。反之，若流体介质温度大于固体壁面温度，或者在某些情况下通过热电偶引线的导热量小于没有热电偶时壁面向介质的散热量，则热电偶读数有正偏差。

在近似计算时，壁面温度测量误差可用下式估算

$$\frac{t_{w}-t_{\tau}}{t_{\tau}-t_{f}}=\frac{\pi\sqrt{h_{c}r_{i}}\left(\sqrt{\lambda_{c1}}+\sqrt{\lambda_{c2}}\right)}{4\lambda_{w}} \tag{4-33}$$

式中，t_{w} 为被测壁面的真实温度，℃；t_{f} 为周围介质的温度，℃；h_{c} 为热接点处的壁面与周围介质的换热系数，W/(m^{2} · ℃)；r_{i} 为热电偶热接点的半径，m；λ_{c1} 和 λ_{c2} 分别为两根热电偶丝的导热系数，W/(m · ℃)；λ_{w} 为热接点处的热电偶表面绝热层的导热系数，W/(m · ℃)。

可见，为了减小壁面温度的测量误差，可以采取以下措施：

① 采用导热系数较小的热电偶材料。

② 尽量选用细丝热电偶，减小热电偶热接点。

③ 应当使热电偶接点接近被测表面，而不是在表面之上或表面之下。

④ 尽量减小热电偶接点和壁面之间的接触热阻。若壁面材料导热系数很低可以采用加装集热片的方式，即先将热电偶的测量端与导热性能良好的金属片焊在一起，然后再与被测表面接触，其形式如图 4-23(b) 所示。

⑤ 热电偶引线至少要沿测温点等温线敷设约 20 倍线径的长度，其形式如图 4-23(c) 所示。

⑥ 热电偶的敷设和引出，应当尽量减小对介质流动和壁面状况的改变。

⑦ 增加热电偶丝与介质之间的换热热阻。例如可将热电偶丝包上绝热材料。

(4) 温度传感器的导热误差

管道和容器的保温很好时，管壁和容器壁的温度与流体温度接近，流体以对流换热方式传热给温度传感器，温度传感器再通过导热方式，向外部环境散热，从而产生测量误差，如图 4-24 所示。取温度传感器直径为 d，长度为 L，保护管的厚度为 δ。

温度传感器可以看作是从管壁上伸出的既有导热又有沿程对流换热的扩展换热面，故可以按直肋换热过程进行计算。由传热学可知，温度传感器底部测量的温度和被测介质实际温度之差，即所求的测温误差 Δt 可表示为

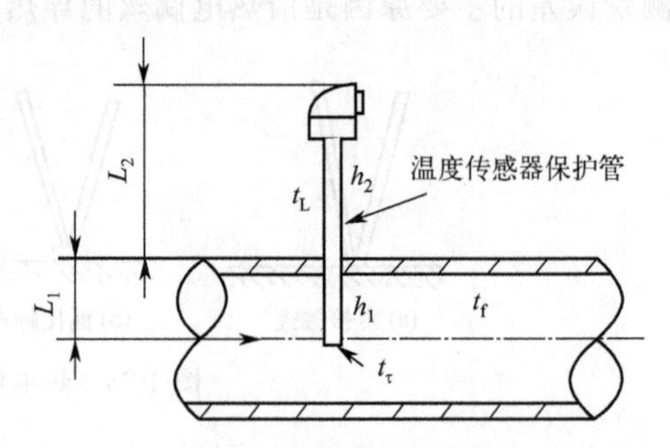

图 4-24 接触式温度测量的管道内外温度

$$\Delta t = t_f - t_\tau = \frac{t_f - t_0}{\operatorname{ch}(mL)}, \quad m = \sqrt{\frac{hU}{\lambda A}} \tag{4-34}$$

式中，t_τ 为传感器底部测量的温度，℃；t_f 为被测介质实际温度，℃；t_0 为温度传感器与器壁接触处的温度，℃；h 为温度传感器与介质的换热系数，W/(m^2·℃)；U 为温度传感器保护管管道的外周周长，m，$U=\pi d$；λ 为温度传感器保护管的导热系数，W/(m·℃)；A 为温度传感器保护管的横截面积，m^2；L 为温度传感器的长度，m。

如果温度传感器尚有部分长度露出在器壁外面，此时的测温误差 Δt 为

$$\Delta t = t_f - t_\tau = \frac{t_f - t_L}{\operatorname{ch}(m_1 L_1)\left[1 + \sqrt{\frac{h_1}{h_2}}\operatorname{th}(m_1 L_1)\operatorname{cth}(m_2 L_2)\right]} \tag{4-35}$$

式中，$m_1 = \sqrt{\frac{h_1 U}{\lambda A}}$；$m_2 = \sqrt{\frac{h_2 U}{\lambda A}}$；$h_1$、$h_2$ 分别为温度传感器与管道内介质和管道外介质（环境）的对流换热系数，W/(m^2·℃)；t_L 为温度传感器外露部分的环境温度，℃。

需要说明的是，在实际测量中，温度传感器在管道内的传热情况十分复杂，式(4-34)和式(4-35) 的推导作了较多假设，因此只能用于定性分析，不能作为误差修订计算。根据式(4-34) 和式(4-35)，为了减小温度传感器测温时的导热误差，可以采取如下措施和图 4-25、图 4-26 所示的安装方式。

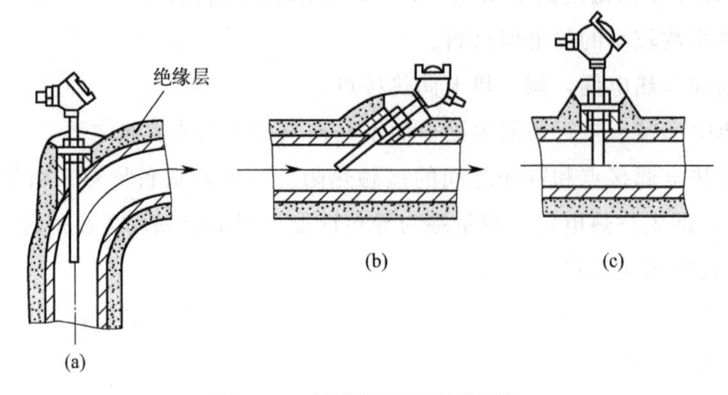

图 4-25 温度传感器管道安装

① 将传感器保护管外露部分做好保温，以减小通过外露部分向外界的散热损失。同时，应选择直径细、导热性能差的保护管。

② 传感器的工作端应处于管道中流速最大的地方，以获得最大的对流换热系数，传感器保护管的末端应超过管道中心线约 5～10mm。

③ 传感器要有足够的插入深度。在最大的允许插入深度符合国家有关试验规范或出厂使用说明的要求时，随着插入深度的增加，测温误差减小，应将测温元件斜插或沿管道轴线方向插入安装。例如，不用保护管时，热电偶插入深度不应小于热电偶丝直径的 50 倍；测定液体温度时，插入深度应是保护管直径的 9～12 倍。

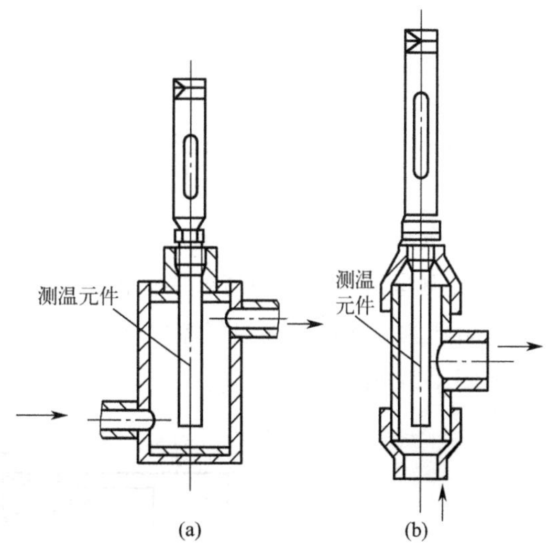

图 4-26　温度传感器管道安装的扩大管

④ 传感器可以迎着流体的流动方向沿管道中心线插入安装，可以得到最大的流体介质与传感器的对流换热系数。

⑤ 对于过小的管道直径（小于 80mm），可以在管道的适当位置安装扩大管，可以减小或消除插入深度不够而引起测量误差。

⑥ 强化传感器与被测介质之间的换热，如加装肋片、采用抽气热电偶等，以增大换热系数。

⑦ 若测量的是高温气体的温度，由于此时温度传感器附近有温度较低的受热面需要采取减小辐射换热的措施，以减小由辐射引起的测温误差。

（5）辐射引起的测量误差

在测量较高温度的壁面和介质温度时，由于感温元件向周围物体的热辐射，感温元件读出温度降低，从而引起新的测温误差。由于辐射换热与温度的四次方成正比，所以随着被测温度的升高，辐射误差增加得很快。通常在被测温度很高时，辐射损失引起的误差将大大超过导热误差。

在分析辐射误差时，可以假设被测的环境是一个密封空腔，空腔壁面是等温的，温度传感器是插入该空腔的一个小物体，空腔中的气体不参与辐射过程。这类空腔，不论壁面是何种材料，都具有黑体的特性。因感温元件在温度测量时存在辐射传热而使测量值低于被测介质的实际温度，其测量误差 Δt_f 可表示为

$$\Delta t_f = t - t_\tau = \frac{\varepsilon\sigma_0}{h}\left[(t_\tau + 273.15)^4 - (t_s + 273.15)^4\right] \tag{4-36}$$

式中，t 为被测介质的真实温度，℃；t_τ 为感温元件测得的温度，℃；t_s 为空腔内壁的温度，℃；ε 为空腔内表面辐射率；σ_0 为斯蒂芬-玻尔兹曼常数，$\sigma_0 = 5.67\times10^{-8}$ W/（$m^2 \cdot K^4$）；h 为空腔中气体向感温元件表面的对流传热系数，W/($m^2 \cdot$℃)。

根据式(4-36)，为减小辐射引起的测量误差，可采取如下措施：

① 温度传感器不宜安装在被测介质与周围物体壁面温差较大的位置，应选择气流速度和紊流度较高的位置安装，以获得较大的对流换热系数。

② 在温度传感器的测量端加装同心圆筒状遮热罩，将测温元件与冷壁面隔离开来，此时温度传感器不直接对冷壁面进行辐射散热，而是与温度接近被测介质温度的遮热罩进行辐射散热。

③ 尽量减小遮热罩内表面的辐射率，减小温度传感器测温元件与遮热罩之间的辐射误差。

④ 在测量流速较低的高温气体温度时，可采用抽气热电偶提高传感器测温局部的气体流速，增加测温元件与高温气流之间的对流换热系数，减小辐射误差。抽气式热电偶的工作原理如图 4-27 所示。

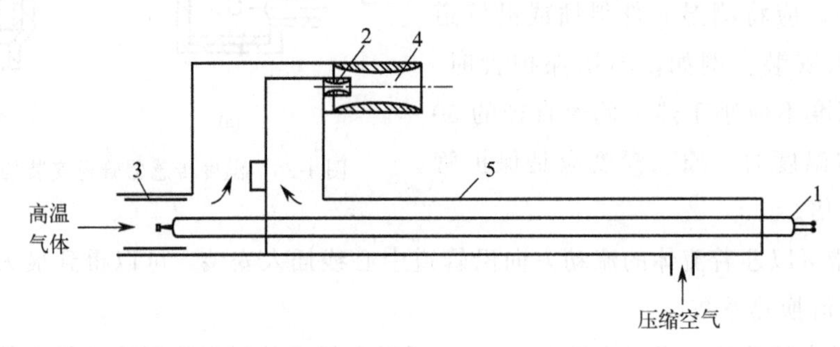

图 4-27　抽气式热电偶工作原理

1—铠装热电偶；2—喷嘴；3—遮热罩；4—混合室扩张管；5—外金属套管

(6) 高速气流的温度测量误差

在气流中，气体分子同时进行无规则的热运动和有规则的定向运动。当马赫数 $Ma>(0.2\sim0.3)$ 时，气流速度对于气体温度测量的影响就必须加以考虑。这是因为在大马赫数下，当高速气流受到扰动时，分子的有向运动很容易转变为无序运动，而使气体温度升高。插入气流中的温度计便是一种扰动的来源，因此，温度计感受到的是升高了的温度。这是用接触式方法测量高速气流温度所遇到的特殊问题。

分子运动的平均动能用静温 T_0 度量，定向有规则的运动用动温 T_v 度量，T_0 与 T_v 之和称为总温，记作 T^*

$$T^*=T_0+T_v=T_0+\frac{v^2}{2c_p} \tag{4-37}$$

式中，v 为气流速度，m/s；c_p 为气体的比定压热容，J/(kg・K)。

测量时一般需要测量静温，因为气体的物理性质取决于静温。但直接测量静温需要使感温元件随同气流以相同速度运动，这显然是难以实现的。

实际上，在高温气流中固定安装的感温元件，对高速气流有一定的滞止作用，但并不能使其完全滞止。因此，传感器的实际指示值是介于静温和总温之间的，称为有效温度，记作 T_r。T^*-T_r 即为速度误差。定义

$$r=\frac{T_r-T_0}{T^*-T_0}=\frac{T_r-T_0}{\dfrac{v^2}{2c_p}} \tag{4-38}$$

式中，r 称为恢复系数，或复温系数。

由式(4-38) 可得气流运动引起的温度测量误差 Δt_r 为

$$\Delta t_r = T^* - T_r = (1-r)\frac{v^2}{2c_p} = (1-r)\left[\frac{\frac{\kappa-1}{2}(Ma)^2}{1+\frac{\kappa-1}{2}(Ma)^2}\right]T^* \tag{4-39}$$

式中，κ 为液体的等熵指数。

由此可见，马赫数越高，传感器的恢复系数越低，测温误差越大。为了测量高速气流中的总温，要求测温元件的测量端具有稳定而又较高的恢复系数。应该指出，恢复系数等于 1 的情况是不可能达到的。为此，可以采用热电偶总温探针，即用带滞止罩的热电偶来测量高速气流的温度，以降低测量误差。图 4-28 列举了两种带滞止罩的热电偶结构及其 r 值与气流速度的关系。

图 4-28(a) 用于亚声速气流温度测量。图 4-28(b) 用于超声速气流温度测量。由图 4-28 可见装上滞止罩后，r 值提高到 0.95～0.99。需指出的是，恢复系数 r 还与传感器的结构和安装方式有关，而且还随气流方向的变化而变化，所以在精度要求高的测量中，必须对每个感受头进行恢复系数的试验测定，以使接近理想滞止条件。同时，在滞止罩入口处加工一个倒角，可增大对气流方向的不灵敏角。

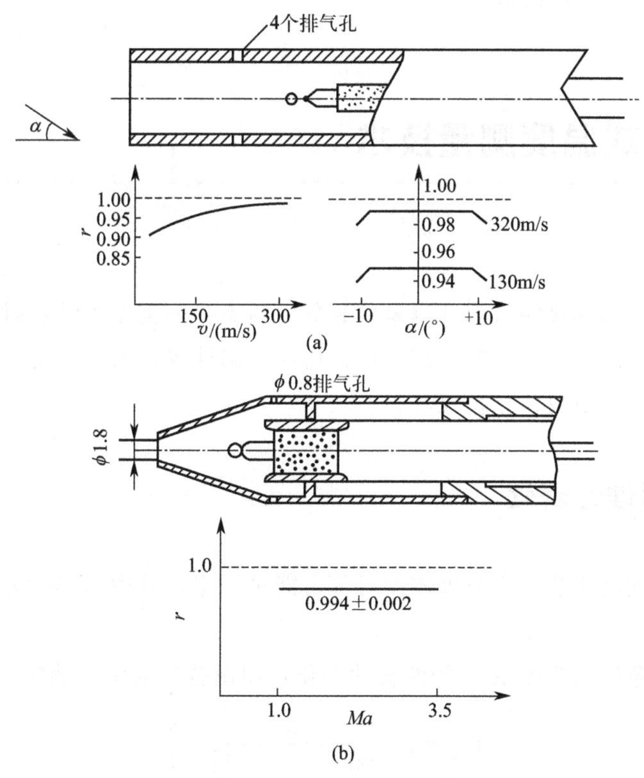

图 4-28　带滞止罩的热电偶传感器

(7) 感温元件的动态响应误差

接触式温度计是靠热交换来测温的，热惯性的存在必然会使传感器感受的温度滞后于被测温度的变化，即存在时滞现象。这就导致在温度变化较快的场合，测量温度的动态变化过程非常困难。

温度计的时滞是由测温元件的热惯性（测温元件温度变化需要时间）和指示仪表的机械惯性（热信号传送需要时间）两种因素造成的。如果忽略感温元件工作端热辐射和导热的影响，动态响应误差可近似地表示为

$$T-T_k=\tau\frac{dT_k}{dt} \tag{4-40}$$

式中，T 为被测物体的实际温度；T_k 为温度计的指示温度；τ 为时间常数，是表征感温元件响应快慢的参数。

当 $t=0$ 时，$T_k=T_0$，T_0 为感温元件的起始温度。解上述微分方程得

$$T_k=T_0+(T-T_0)(1-e^{-t/\tau}) \tag{4-41}$$

当 $t=\tau$ 时，感温元件感受的温度 T_τ 为

$$T_\tau=T_0+(T-T_0)\times 63.2\% \tag{4-42}$$

影响时间常数大小的因素包括测温元件的质量、比热容、插入的表面积和表面传热系数等。感温元件的质量和比热容越小，响应越快；反之，时间常数越大，响应越慢，这时测温元件的温度越接近平均温度。在测量瞬时温度时应采用时间常数小的感温元件；而在测量平均温度时可用时间常数大的感温元件。

4.6 非接触式温度测量技术

基于热辐射原理的非接触式温度测量仪表分为两类：一类是光学辐射式高温计，包括单色光学高温计、光电高温计、全辐射高温计、比色高温计等；另一类是红外辐射仪，包括全红外辐射仪、单红外辐射仪、比色仪等。

4.6.1 热辐射理论基础

任何物体的温度高于热力学温度零度时都有能量释出，其中以热能方式向外发射的那一部分称为热辐射。

绝对黑体的单色辐射强度 $E_{0\lambda}$ 随波长的变化规律由普朗克定律确定

$$E_{0\lambda}=c_1\frac{\lambda^{-5}}{\exp[c_2/(\lambda T)]-1} \tag{4-43}$$

式中，$E_{0\lambda}$ 为单色辐射强度，$W/(cm^2 \cdot \mu m)$；c_1 为普朗克第一辐射常数，$c_1=37417.749W \cdot \mu m^4/cm^2$；$c_2$ 为普朗克第二辐射常数，$c_2=14387.69\mu m \cdot K$；$\lambda$ 为辐射波长，μm；T 为绝对黑体温度，K。

在温度低于 3000K 时，式(4-43) 可用式(4-44) 所示的维恩公式代替，误差不超过 1%

$$E_{0\lambda}=c_1\frac{\lambda^{-5}}{\exp[c_2/(\lambda T)]} \tag{4-44}$$

普朗克公式的函数曲线如图 4-29 所示。从曲线可知，当温度增高时，单色辐射强度随之增大，曲线的峰值随温度升高向波长较短方向移动。单色辐射强度峰值处的 λ_m 和温度 T 之间的关系由维恩位移定律给出：$\lambda_m T=2897\mu m\cdot K$。

把 $E_{0\lambda}$ 对 λ 从 0～∞进行积分，可以得到波长 λ 从 0～∞的全部辐射能量的总和 E_0，即

$$E_0=\int_0^{\infty}E_{0\lambda}d\lambda=\int_0^{\infty}c_1\lambda^{-5}(e^{\frac{c_2}{\lambda T}}-1)^{-1}d\lambda=\sigma_0 T^4 \tag{4-45}$$

式中，σ_0 为斯蒂芬-玻尔兹曼常数，$\sigma_0=5.67\times10^{-8}W/(m^2\cdot K^4)$。

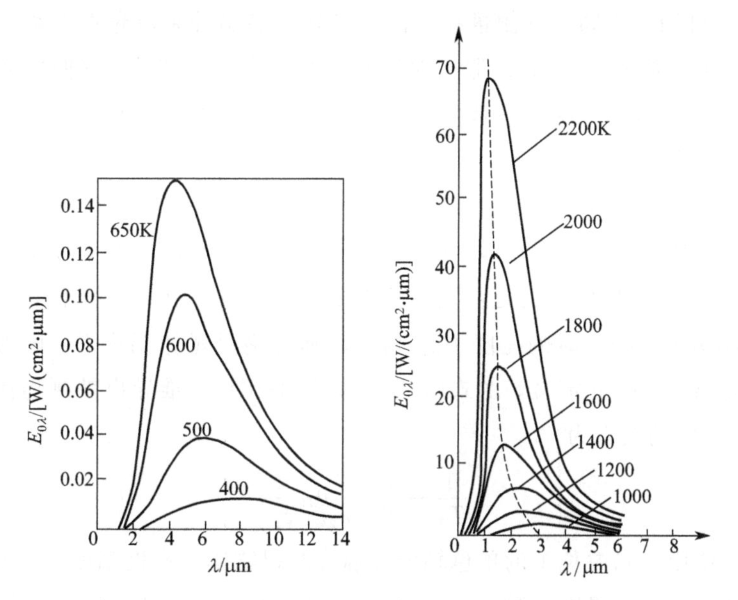

图 4-29　辐射强度与波长和温度的关系曲线

式(4-45) 称为绝对黑体的全辐射定律，也称斯蒂芬-玻尔兹曼定律。它表明，绝对黑体的全辐射能量和其热力学温度的四次方成正比。

如果物体的辐射光谱是连续的，而且它的单色辐射强度 $E_\lambda=f(\lambda)$ 和同温度下的绝对黑体的相应曲线相似，即在所有波长下都有 $E_\lambda/E_{0\lambda}=\varepsilon$（$\varepsilon$ 为小于 1 的常数），则叫该物体为“灰体”。该灰体的全部辐射能为 $E=\int_0^{\infty}E_\lambda d\lambda$，同样有 $E/E_0=\varepsilon$。ε 为物体的特征参数，叫做“辐射率”或“黑度系数”。

4.6.2　单色辐射式光学温度计

由普朗克定律可知，物体在某一波长下的单色辐射强度与温度有单值函数关系，而且单色辐射强度的增长速度比温度增长速度快得多。根据这一原理制作的高温计叫单色辐射式光学温度计。

当物体温度高于700℃时，会明显地发出可见光，具有一定的亮度，其亮度 B_λ 和它的辐射强度 E_λ 成正比，即

$$B_\lambda = cE_\lambda \tag{4-46}$$

式中，c 为比例常数。

根据维恩公式，绝对黑体在波长 λ 的亮度 $B_{0\lambda}$ 与温度 T_S 的关系为

$$B_{0\lambda} = cc_1 \frac{\lambda^{-5}}{\exp[c_2/(\lambda T_S)]} \tag{4-47}$$

实际物体在波长 λ 的亮度 B_λ 与温度 T 的关系为

$$B_\lambda = c\varepsilon_\lambda c_1 \frac{\lambda^{-5}}{\exp[c_2/(\lambda T)]} \tag{4-48}$$

由式(4-48) 可知，用同一种测量亮度的单色辐射高温计来测量两个物体温度时，若这两个物体的单色黑度系数 ε_λ 不同，那么即使它们的亮度 B_λ 相同，它们的实际温度也会因为 ε_λ 不同而不同。因此，按某一物体的波长温度关系制造的单色辐射高温计，不能用来测量其他黑度系数不同的物体的温度。为了解决此问题，使光学高温计具有通用性，对这类高温计作这样的规定：按绝对黑体（$\varepsilon_\lambda=1$）的波长温度关系对单色辐射光学高温计进行刻度。用这种刻度的高温计去测量实际物体（$\varepsilon_\lambda \neq 1$）的温度时，所得到的温度示值叫作被测物体的“亮度温度”。亮度温度的定义是：在波长为 λ 的单色辐射中，若物体在温度 T 时的亮度 B_λ 和绝对黑体在温度为 T_S 时的亮度 $B_{0\lambda}$ 相等，则将绝对黑体温度 T_S 称为被测物体在波长为 λ 时的亮度温度。按此定义，由式(4-47) 和式(4-48) 可推导出被测物体的实际温度 T 和亮度温度 T_S 之间的关系为

$$\frac{1}{T_S} - \frac{1}{T} = \frac{\lambda}{c_2} \ln \frac{1}{\varepsilon_\lambda} \tag{4-49}$$

由此可见，使用已知波长 λ 的单色辐射高温计测得物体的亮度温度后，必须同时知道物体在该波长下的辐射率（黑度系数）ε_λ，才能通过式(4-49) 得到物体的实际温度。因为 ε_λ 总是小于1的，所以测得的亮度温度总是低于物体实际温度的，且 ε_λ 越小，亮度温度与实际温度之间的差别就越大。

单色辐射式光学高温计主要有光学高温计和光电高温计两种。

(1) 光学高温计

光学高温计是根据被测物体光谱辐射亮度随温度升高而增加的原理，采用亮度比较法来实现对物体测温的。灯丝隐灭式光学高温计是一种典型的单色辐射光学高温计，由于在测量时灯丝要隐灭，故得名，又称隐丝式高温计。在所有的辐射式温度计中，其准确度最高。

灯丝隐灭式高温计工作原理如图4-30所示。它的核心器件是一只标准灯（高温计温度灯）3，其灯丝为弧形，直流电源 E 对灯丝进行加热，用滑线变阻器7调整灯丝电流以改变灯丝亮度。物镜1和目镜4均可沿轴向移动，调整目镜位置，使观察者能清晰地看到标准灯的弧形灯丝；调整物镜的位置，使被测物体成像在灯丝平面上，在物像形成的发光背景上可以看到灯丝。观察比较背景和灯丝的亮度，如果灯丝亮度比被测物体的亮度低，则灯丝在背景上呈现暗的弧线，如图4-31(a) 所示；若灯丝亮度比被测物体亮度高，则灯丝在相对较暗的背

景上显现出亮的弧线，如图 4-31(b) 所示：只有当灯丝亮度和被测物体亮度相等时，灯丝才隐灭在物像的背景里，如图 4-31(c) 所示，此时灯丝的亮度温度就由测量电表（毫伏表）6 测出。再根据式(4-49) 进行温度修正就能得到被测物体的真实温度。

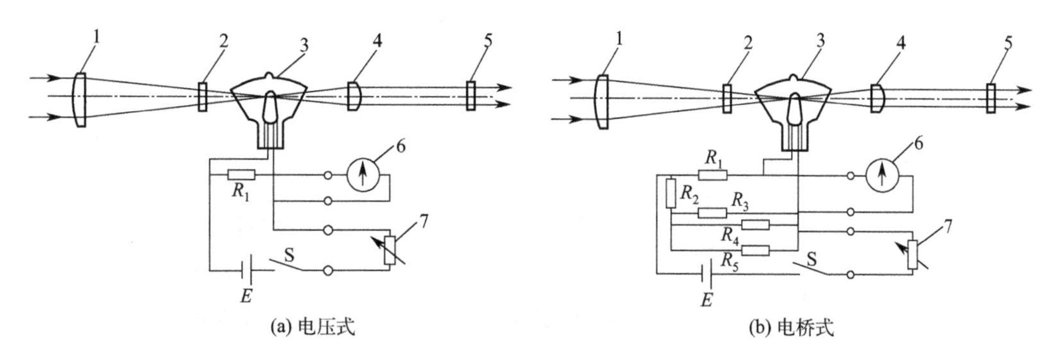

(a) 电压式　　(b) 电桥式

图 4-30　灯丝隐灭式光学高温计工作原理

1—物镜；2—吸收玻璃；3—高温计温度灯；4—目镜；5—红色滤光片；6—测量电表；7—滑线变阻器

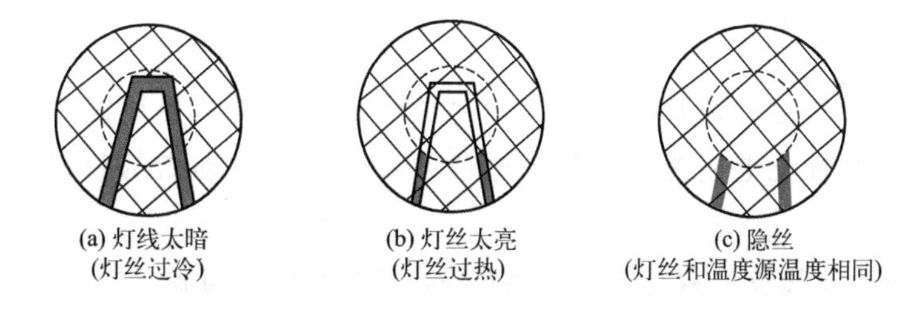

(a) 灯线太暗（灯丝过冷）　　(b) 灯丝太亮（灯丝过热）　　(c) 隐丝（灯丝和温度源温度相同）

图 4-31　灯丝隐灭式光学高温计亮度调整

（2）光电高温计

光电高温计是在光学高温计的基础上发展起来的一种可以自动平衡亮度、自动连续记录被测温度示值的测量仪表。

光电高温计用光电器件作为仪表的敏感元件，替代人的眼睛来感受亮度变化，并转换成与亮度成比例的电信号，经电子放大器放大后，自动记录下被测物体温度相应的示值。为减小光电器件、电子元件参数变化和电源电压波动对测量的影响，光电高温计采用负反馈原理进行工作。图 4-32 为光电高温计工作原理。

被测物体 2 发射的辐射能量由物镜 3 聚焦，通过光阑 4 和遮光板 8 上的孔 9，透过安装在遮光板内的红色滤光片（图中未示出）射至光电器件（硅光电池）12 上。被测物体发出的光束必须盖满孔 9，这可由瞄准透镜 6、反射镜 5 和观察孔 7 组成的瞄准观察系统进行观察。

从反馈灯 11 发出的辐射能量，通过遮光板 8 上的孔 10 并透过同一块红色滤光片，也投射到光电器件 12 上。在遮光板 8 前面放置光调制器，光调制器的励磁绕组 17 通以 50Hz 的交流电，所产生的交变磁场与永久磁钢 16 相互作用，使调制片 15 产生频率为 50Hz 的机械振动，交替地打开和遮住孔 9 和 10，使被测物体和反馈灯的辐射能量交替地投射到光电器件 12 上。当两辐射能量不相等时，光电器件就产生一个脉冲光电流 I，它

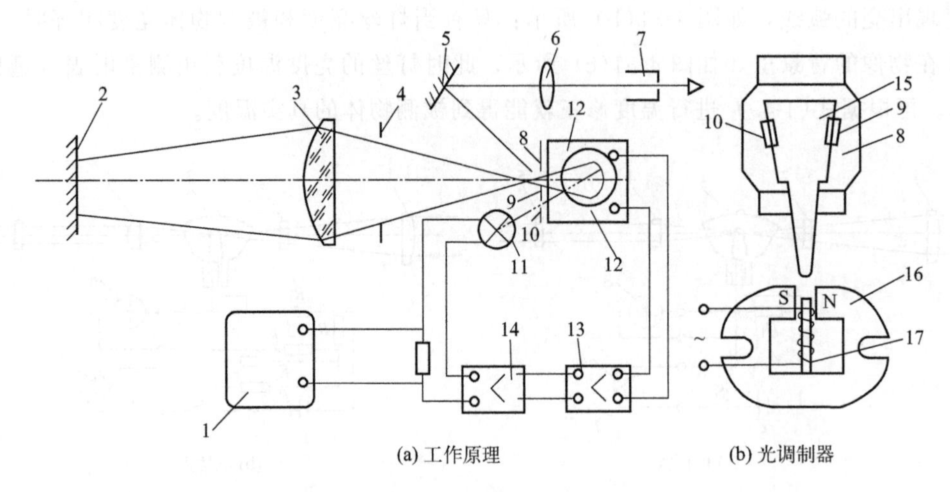

图 4-32　光电高温计工作原理

1—电子电位差计；2—被测物体；3—物镜；4—光阑；5—反射镜；6—透镜；7—观察孔；8—遮光板；9，10—孔；11—反馈灯；12—光电器件；13—前置放大器；14—主放大器；15—调制片；16—永久磁钢；17—励磁绕组

与这两个单色辐射能量之差成比例。当 I 经过放大器负反馈，使反馈灯的亮度与被测物体的亮度相等时，脉冲光电流为零。电子电位差计 1 用来自动指示和记录光电流 I 的数值，其刻度为温度值。

光电高温计除由于黑度系数造成测量误差外，被测物体与高温计之间的介质对辐射的吸收也会给测量结果带来误差，所以要求观测点与被测物体之间的距离不要太大，一般不超过 3m，以 1～2m 为宜。

4.6.3　全辐射高温计

全辐射高温计是根据全辐射定律制作的温度计。由式(4-45) 可知，当黑体的全辐射能量 E_0 已知后，就可以知道被测温度 T 了。

如图 4-33 所示，物体的全辐射能由物镜聚焦后，经光阑焦点落在装有热电堆的铂箔上。热电堆是由 4～8 支微型热电偶串联而成的，以得到较大的热电动势。热电偶的测量端被夹在十字形的铂箔内，铂箔涂成黑色以增加其吸收系数。当辐射能被聚焦到铂箔上时，热电偶测量端感受热量，热电堆输出的热电动势送到显示仪表，由此表显示或记录被测物体的温度。热电偶的参比端夹在云母片中，这里的温度比测量端低很多。在瞄准被测物体的过

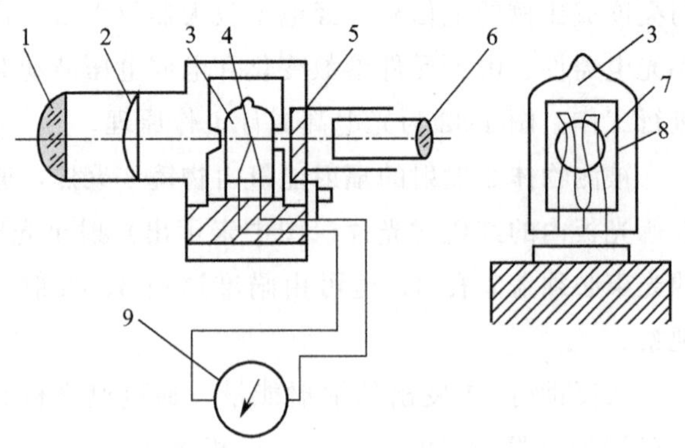

图 4-33　全辐射高温计工作原理

1—物镜；2—光阑；3—玻璃泡；4—热电堆；5—灰色滤光片；6—目镜；7—铂箔；8—云母片；9—二次仪表

程中，观测者可以通过目镜进行观察，目镜前加有灰色滤光片，用来削弱光的强度，保护观测者的眼睛。整个外壳内壁面涂成黑色，以减少杂光的干扰和造成黑体条件。

全辐射高温计按绝对黑体对象进行分度。用它测量黑度系数为 ε 的实际物体温度时，其示值并非真实温度，而是被测物体的“辐射温度”。辐射温度的定义为：温度为 T 的物体，其全辐射能量 E 等于温度为 T_P 的绝对黑体全辐射能量 E_0 时，则将温度 T_P 称作被测物体的辐射温度。两者关系为：

$$T=\frac{T_P}{\sqrt[4]{\varepsilon}} \tag{4-50}$$

由于 ε 总是小于 1 的数，因此 T_P 总是低于 T。因为全辐射高温计是按黑体刻度的，在测量非黑体温度时，其读数是被测物体的辐射温度 T_P，所以要用式(4-50) 计算出被测物体的真实温度 T。

在使用全辐射高温计时，应尽可能准确地确定被测物体的辐射率 ε，提高测量的准确度。被测物体与高温计之间的距离 L 和被测物体的直径 D 之比（L/D）有一定的限制，使用时应按技术规范操作，否则会引起较大的测量误差。此外，使用时环境温度不宜太高，否则会引起热电堆参比端温度升高而增加测量误差。

4.6.4 比色高温温度计

光学高温计和全辐射高温计是目前常用的辐射式高温计，它们共同的缺点是受实际物体辐射率的影响和辐射途径上各种介质的选择性吸收辐射能的影响。而根据维恩位移定律制作的比色高温计可以较好地解决上述问题。

比色高温温度计的测温原理是：根据维恩位移定律，当温度升高时，绝对黑体的最大单色辐射强度向波长减小的方向移动，使在波长 λ_1 和 λ_2 下的亮度比随温度而变化，测量亮度比的变化即可知道相应的温度。

对于温度为 T_S 的绝对黑体，相应于 λ_1 和 λ_2 的亮度分别为

$$B_{0\lambda_1}=cc_1\frac{\lambda_1^{-5}}{\exp[c_2/(\lambda_1 T_S)]} \tag{4-51}$$

$$B_{0\lambda_2}=cc_1\frac{\lambda_2^{-5}}{\exp[-c_2/(\lambda_2 T_S)]} \tag{4-52}$$

两式相除后取对数，可求出

$$T_S=\frac{c_2[(1/\lambda_2)-(1/\lambda_1)]}{\ln(B_{0\lambda_1}/B_{0\lambda_2})-5\ln(\lambda_2/\lambda_1)} \tag{4-53}$$

在上式中 λ_1 和 λ_2 是确定的，只要知道在这两个波长下的亮度比，就可求出被测黑体的温度 T_S。

若温度为 T 的实际物体的两个波长下的亮度比值与温度为 T_S 的黑体在同样波长下的亮

度比值相等，则把 T_S 叫做实际物体的比色温度。根据比色温度的定义，可导出下面的公式

$$\frac{1}{T}-\frac{1}{T_S}=\frac{\ln(\varepsilon_{\lambda_1}/\varepsilon_{\lambda_2})}{c_2(1/\lambda_1-1/\lambda_2)} \tag{4-54}$$

式中，λ_1、λ_2 分别为实际物体在 λ_1 和 λ_2 时的光谱辐射率。如已知 λ_1、λ_2、$\varepsilon_{\lambda_1}/\varepsilon_{\lambda_2}$ 和 T_S 就可以依据式(4-54) 求出温度 T 值。

比色高温温计按光和信号检测方法可分为单通道式和双通道式。单通道式是采用一个光电检测元件（如硅光电池），光电变换输出的比值较稳定，但动态品质较差；双通道式结构简单，动态特性好，但测量准确度和稳定性较差。

4.6.5 红外测温仪及红外热像仪

任何物体只要其温度高于绝对零度都会因为分子的热运动而辐射红外线，物体发出的红外辐射能量与物体绝对温度的四次方成正比。通过红外探测器将物体辐射的功率信号转换成电信号后，该信号经过放大器和信号处理电路，按照仪器内部的算法和目标辐射率校正后转变为被测目标的温度值。

红外线波长范围是 0.77～1000μm。红外辐射在大气中传播，由于大气中各种气体对辐射的吸收造成很大衰减，只有三个红外波段（1～2.5μm，3～5μm，8～13μm）的红外辐射能够透过大气向远处传输。这三个波段被称作“大气窗口”，红外测温系统主要在 3～5μm、8～13μm 两个波段内工作。

4.6.5.1 红外测温仪

红外测温仪主要由光学系统、红外探测器和电子测量线路组成，其工作原理如图 4-34 所示。被测对象的辐射由物镜聚焦，经调制盘调频后投在红外探测器上。红外探测器接收被测物体红外辐射能并转换成电信号，经放大器放大和相敏整流器整流后送至控制放大器，控制参考源的辐射强度。当参考源和被测物体的辐射强度一致时，参考源的电流即代表被测温度，由指示器显示出来。

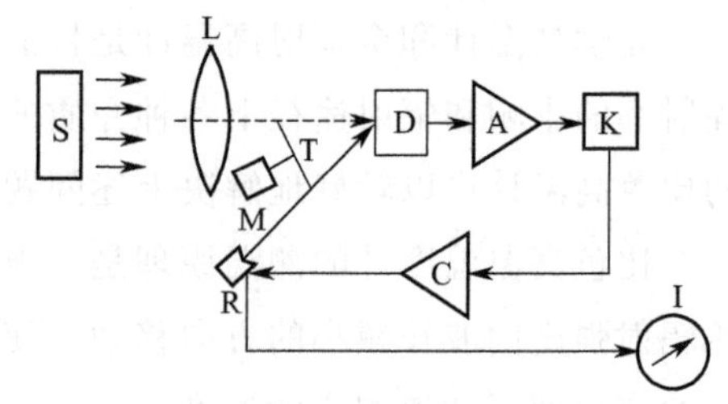

图 4-34　红外测温仪工作原理

S—被测物体；L—光学系统；D—红外探测器；A—放大器；K—相敏整流器；C—控制放大器；R—参考源；M—电动机；I—指示器；T—调制盘

红外测温仪的光学系统有透射式和反射式两种。透射式光学系统的透镜采用能透过被测温度下热辐射波段的材料。例如，当被测温度在 700℃以上，辐射波段主要在 0.76～3μm 的近红外区时，可采用一般光学玻璃或石英透镜；当被测温度为 100～700℃，辐射的波段主要在 3～5μm 的中红外区时，多采用氟化镁、氧化镁等热压光学透镜；测量低于 100℃的温度，当辐射的波段主要为 5～14μm 的中远红外波段时，则多采用锗、硅、热压硫化锌等材料制成的透镜。反射式光学系统多采用凹面玻璃反射镜，反射镜表面镀金、铝、镍、铬等对红外辐射反射率很高的金属材料。红外测温仪体积小，使用方便，测温精度为±0.5℃（－10～＋50℃）、±2.0℃（－30～＋100℃）。

4.6.5.2 红外热像仪

红外热像仪是利用红外扫描原理测量物体的表面温度分布，它摄取来自被测物体各部分射向仪器的红外辐射通量的分布，利用红外探测器的水平扫描和垂直扫描，按顺序直接测量被测物体各部分发射出的红外辐射，综合起来就得到物体发射的红外辐射通量的分布图像，这种图像称为热像图或温度场图。

图 4-35 为红外热像仪的工作原理。热像仪由光学会聚系统、扫描系统、探测器、视频信号处理器和显示器几个主要部分组成。目标的辐射图形经光学系统会聚和滤光，聚焦在焦平面上。焦平面内安置一个探测元件。在光学会聚系统和探测器之间有一套扫描装置，它由两个扫描反射镜组成，分别用于垂直扫描和水平扫描。从目标入射到探测器上的红外辐射随着扫描镜的转动而移动，按次序扫过整个视场。在扫描过程中，入射红外辐射使探测器产生响应。探测器的响应是与红外辐射的能量成正比的电压信号，扫描过程使二维的物体辐射图形转换成一维的电压信号序列。该电压信号经放大、处理后，由视频监视系统实现热像显示和温度场测量。

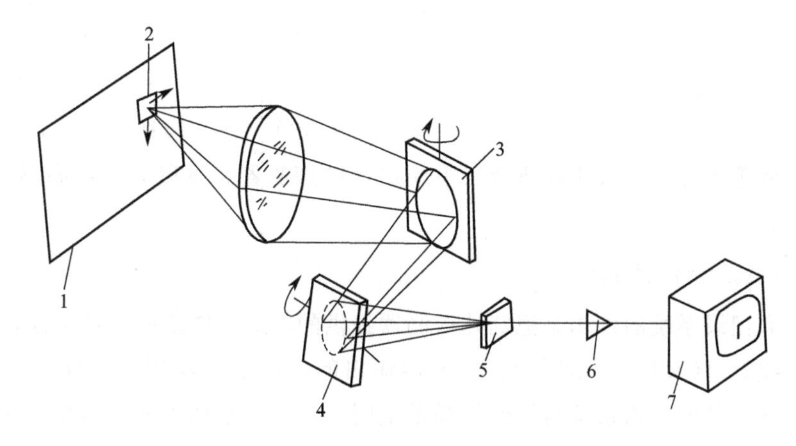

图 4-35 红外热像仪的工作原理

1—物空间的视场；2—探测器在物空间的投影；3—水平扫描器；
4—垂直扫描器；5—探测器；6—信号处理器；7—视频显示器

图 4-36 是红外热像仪系统的组成框图。

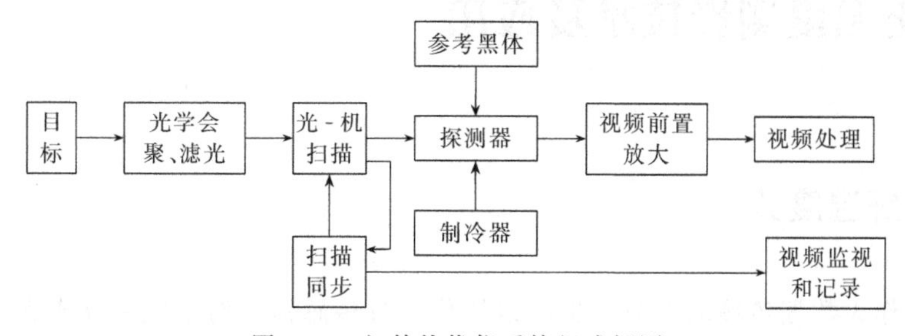

图 4-36 红外热像仪系统组成框图

(1) 扫描系统

扫描系统是热像仪的主要组成部分，它使红外探测器按顺序接收被测物体各微元面积上的红外辐射。测量温度场时往往需要测得二维的温度分布，所以必须进行二维扫描。红外探测器在某一瞬间只能探测到目标上很小的区域，通常将这一很小的区域称为“瞬时视场”。扫描系统能够在垂直与水平两个方向上转动。水平转动时，瞬时视场在水平方向上扫过目标区域上的一带状部分。扫描系统垂直转动与水平转动相配合，在瞬时视场水平扫过一带状区域之后，垂直转动恰好使它回到这一带状之下的区域，接着扫描与前者相衔接的带状区域。如此进行，可以实现对被测对象的面扫描。如果红外探测器的响应足够快则在整个扫描过程中，探测器的输出将是一个强弱随时间变化且与各瞬时视场发射的红外辐射通量变化相对应的序列电压信号。

（2）红外探测器

红外探测器是感受红外辐射能量并把它转换成电量的器件。它的光谱响应特性、时间常数及探测率都直接影响到热像仪的性能。一般总希望探测器具有高的探测率和小的时间常数，以使热像仪有较高的灵敏度和较快的响应。目前，常用的红外探测器有热探测器和光电探测器两种，其中光电探测器在热像仪中应用最广。最常用的光电探测器有光伏锑化铟、光伏锑锡铅和光导锑镉汞等探测器。它们都具有灵敏度高、响应快的优点。光电探测器的缺点是光谱范围有限，且为了得到最佳灵敏度，使用时往往需要对其进行冷却。近年来出现了一种新型的多元阵列探测器，它在焦平面或焦平面附近采用电荷转移器件进行多路调制与信息处理，使实际的焦平面上具有上千个红外探测器。多元阵列电荷转移器件具有自扫描、动态范围大、噪声低等优点。如果能在热像仪中应用这种探测器，可以大大提高系统的分辨率，缩短响应时间。

（3）视频显示和记录系统

视频显示和记录系统的作用是把红外探测器提供的电信号转换成可见图像，最常用的方法是用阴极射线管（CRT）显示图像。探测器输出的电压信号经放大处理后，作为显示器的视频信号。显示器的扫描系统与目标扫描系统同步，产生全部水平扫描线，这些水平扫描线的起点都在同一垂线上，且在垂直方向上依次下移，在荧光屏上显示出目标的图像。根据显示的热像图，可以清楚地了解被测目标的温度分布情况。

4.7 先进温度测量技术及应用

4.7.1 光纤温度计

光纤可以作为数据传输的介质，也可以用作各种传感器，对于电磁噪声大、不宜采用电信号的场合，光纤传感器具有独特的优势。光纤温度传感器的主要特征是有一个带光纤的测温探头，光纤长度从几米到几百米不等。根据光纤在传感器中的作用，可分为功能型、非功能型和拾光型三类。

① 功能型（全光纤型）或传感型光纤传感器。光纤不仅作为导光物质，而且还是敏感元件，光在光纤内受被测量的调制。这类传感器的特点是：光纤既作为感温元件，又通过光纤自身将温度信号（以光的形式）传输到仪表，再转化为电信号，实现温度测量。

② 非功能型（传光型）传感器。在这类传感器中，感温功能由非光纤型敏感元件完成，光纤仅起到导光的作用，将光信号传输到仪表。目前实用化的光纤传感器大都属于这一类型，采用的光纤多为多模石英光纤。

③ 拾光型传感器。用光纤作探头，接收由被测对象辐射的光或被其反射、散射的光。

根据光受被测对象调制的方法，又分为强度调制、偏振调制、波长调制、相位调制等类型。

(1) 荧光光纤温度传感器

短波长的光激发荧光物质而产生荧光属于光致荧光，是荧光光纤温度传感器的基本工作机理。荧光物质分子的外层电子大都处于基态的最低能级，吸收光辐射能量后处于激发态的荧光物质分子会通过电子的辐射跃迁放出剩余的能量返回基态，并伴随荧光的产生。

荧光材料受激辐射荧光的寿命与温度在一定范围内存在一一对应关系。这种温度相关性奠定了荧光测温法的理论基础。荧光材料在激励光照射下辐射出波长更长的可见光，激励光消失后，荧光余辉呈指数衰减，衰减时间称为荧光寿命。峰值荧光强度和荧光寿命都是温度 T 的函数，检测荧光寿命可得被测温度。

荧光余辉强度与时间的关系式为

$$I(t)=AI_p(T)\mathrm{e}^{-\frac{t}{\tau(T)}} \tag{4-55}$$

式中，A 为常系数；t 为余辉衰减时间；$I_p(T)$ 为荧光峰值强度，是温度 T 的函数；$\tau(T)$ 为荧光寿命，是温度 T 的函数。典型的荧光特性曲线如图 4-37 所示。

荧光物质发光遵循斯托克斯定律，荧光强度与温度有唯一对应关系。当 $t=1/\sum A_{ji}$，$I/I_0=\mathrm{e}^{-1}$，即自发跃迁过程完成，通常认为荧光强度衰减到激励光停止时荧光强度的 l/e 所用时间为荧光寿命，其中，I_0 为 $t=0$ 时的荧光强度，A_{ji} 为自发跃迁概率，t 表示粒子在 j 能级存在的平均时间，也被称为是粒子处于激发态的荧光寿命 τ。

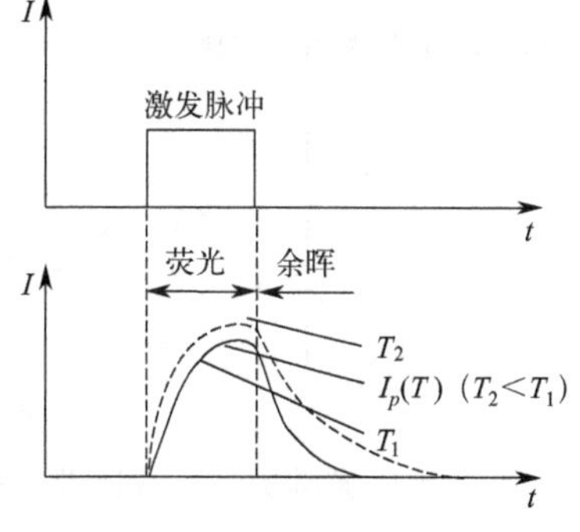

图 4-37　荧光特性曲线

荧光光纤温度传感器不仅限于表面温度的定向测量，其探头可以插入固体物质中、浸入液体中或导入设备中，到达特定区域。荧光测温与其他测温方法相比具有诸多优点，如实现温度的绝对测量，测温精度不受被测物体表面发射率的影响，在中低温范围内有很高的灵敏度和测温精度等。

(2) 半导体光纤温度传感器

若以装在光纤中部的半导体（CdTe、GaAs）为温度敏感元件，以发光二极管为向光纤传送光能的光源，则由于半导体能量带随温度升高而减少，导致半导体透视光强度降低，使在光纤另一端的光接收器所接收的光能量减弱，即可反映温度的变化。图 4-38 所示的为光纤半导体结构型温度传感器原理图。半导体薄片装在不锈钢管内，被夹在两根光纤之间。光源向光纤输入恒定强度的光，经半导体薄片，被另一端光纤上的光敏探测器（如雪崩二极管）所接收。

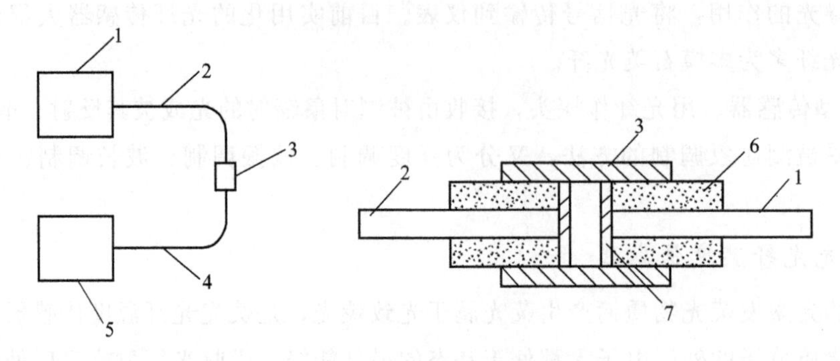

图 4-38　光纤半导体结构型温度传感器原理

1—光发射器；2—输入光纤；3—光传感器；4—输出光纤；5—光接收器；6—不锈钢管；7—半导体片

这种形式的光纤温度传感器的测温范围随半导体材料和光源而变，一般在－100～300℃，响应时间约为 2s，其体积小、结构简单、时间响应快、工作稳定、成本低，便于推广应用。

（3）辐射光纤温度计

辐射光纤温度计主要用于高温场合，其工作原理如图 4-39 所示。探头探测被测物体辐射出的能量，由光纤传输给仪表，经转换处理后显示出被测温度。它与一般辐射温度计的区别是用探头与光纤代替一般的透镜光路，用直径小并可以弯曲的光纤靠近被测工件，解决特殊场合的温度测量问题。

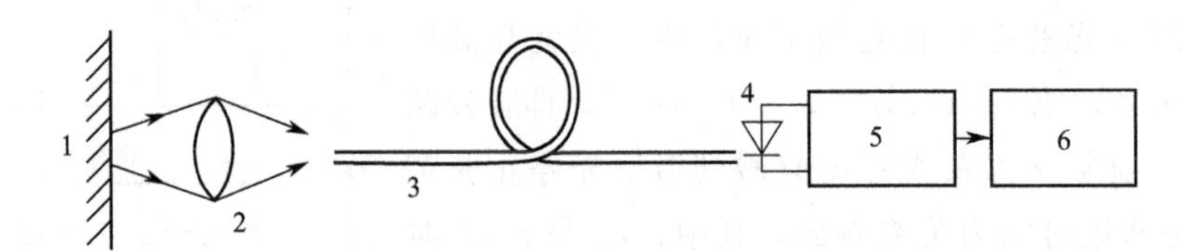

图 4-39　辐射光纤温度计工作原理

1—被测物体；2—探头及光学系统；3—光纤；4—感温元件；5—处理电路；6—显示仪表

一种典型的用于航空发动机高温燃气温度测量的黑体式蓝宝石光纤传感器系统如图 4-40 所示，它由镀制在蓝宝石光纤端头的陶瓷膜黑体腔、石英光纤与蓝宝石组成的光传输系统、光耦合与探测系统以及信号处理系统等组成。当探头置于待测高温气流中时，由于其具有较小的比热容，因此待测温度场能快速地与探头达到热平衡，并发射出黑体辐射光信号，随后通过石英光纤将腔体辐射的能量传给光耦合与探测系统中的光探测器，转换成相应电信号，再经放大整形、A/D 转换输入计算机对信号进行补偿修正、运算处理，最后显示出被测温度值。蓝宝石光纤高温传感器具有耐腐蚀、响应快、敏感度高、衰减小、质量轻、体积小、易挠曲、高温耐久性好、抗电磁干扰等特点，测温范围达 600～1900℃。此外，新的腔体材料被应用到蓝宝石光纤高温传感器上，大大改善了热性能和探头结构。其缺点是工作寿命及可靠性仍然有待加强，需要继续攻关。

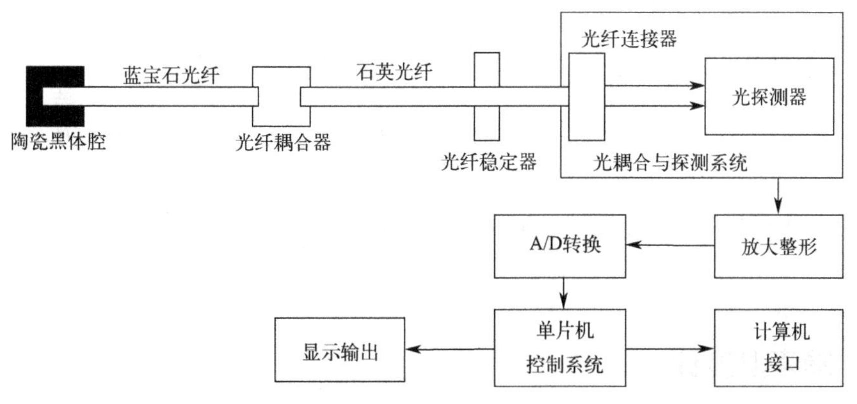

图 4-40　黑体式蓝宝石光纤传感器系统

(4) 分布式光纤测温网络

分布式光纤测温网络是近年发展起来的一种用于实时、连续地测量空间温度场的新技术。

单波长发射光入射到光纤后，从光纤返回的散射光包括 3 种频率分类，分别为瑞利散射 (Rayleigh scatter)、拉曼散射 (Raman scatter) 和布里渊散射 (Brillouin scatter)，其散射光强的分布如图 4-41 所示。瑞利散射对温度不敏感，而拉曼散射和布里渊散射具有温度调制特性，可以作为分布式光纤测温的技术方案。

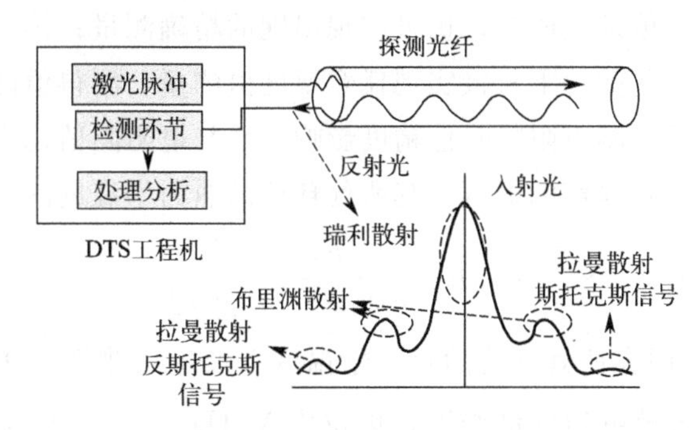

图 4-41　分布式光纤温度传感器基本原理

分布式光纤测温技术的基本原理包括对反射光的时域或者频域分析。光时域分析反射 (optical time-domain reflectometer，OTDR) 的主要原理是将一束高功率的激光入射到光纤中，散射回来的光强随时间变化，得到相关物理量沿光纤传播方向的分布。光频域分析反射 (optical frequency-domain reflectometer，OFDR) 的原理是在光纤终端解析光的频域信息，区分出携带信息的信号光，对其进行分析得到温度的特征。

基于时域的拉曼测温方法是通过分析两路光，一路是不随温度变化的参照光，一路是携带温度信号的光，比较它们的光强来得到光纤沿线的温度场分布。目前已研制出测温距离 30km，空间分辨率 3m，温度分辨率 0.1℃，测温范围覆盖 0～200℃的拉曼测温系统。基于频域的拉曼测温方法是利用网络分析仪解析频域信号，通过光纤的复基带传输函数进行温度的分布式测量，相较于时域分析的方法有更好的位置分辨率，理论上可以达到毫米级别。基于时域的布里渊测温方式是在脉冲光和连续光信号的共同作用下，布里渊散射光会在另一路光的作用下被放大，通过检测布里渊散射光的强度变化，可以测算温度的变化。基于布里渊时域分析技术的光纤温度传感器的测量长度大于 50km，温度分辨率 1℃。基于频域分析的布里渊测温系统是通过网络分析仪解析光纤的复基带传输函数，以及函数幅值和相位解调处温度信息。

分布式光纤测温网络已在火电机组智能化升级、电力系统的设备安全和温度监测等方面得到了应用。

4.7.2 噪声温度计

温度是物体内分子热运动剧烈程度的外在反映，是描述物体热力学性能的参数，噪声法测温中测得的电压信号能反映温度信息。噪声法测温中的噪声指探测电阻中的热噪声。当温度高于绝对零度时，任意导体内载流子均处于无规则运动状态，而热噪声正是载流子热运动的外在表现。随着温度升高，载流子的随机热运动加剧，热噪声的强度增加。由于与粒子的碰撞，载流子的运动曲线随机曲折使得导体内部产生微弱的电流信号。由于电流方向随机，导体内部的等效电流为零。但是导体内电荷的随机涨落会在两点间形成一个交流电势差，这个可以检测到的交流电势差即为约翰孙噪声电压信号。噪声法测温主要有以下优点：第一，噪声功率只与探测电阻阻值有关；第二，探测电阻不受外界恶劣条件影响，即电阻在高温、高压、强辐射等环境下阻值发生改变，仍可实现温度的精确测量；第三，该温度计无须进行分度，可在适用探测电阻的前提下直接实现任意温度值测量，测得值即为热力学温度值；第四，温度计测量精度不受探测电阻的阻值精度影响，只与电阻阻值稳定性有关。

根据奈奎斯特理论，热噪声的电压与其所处环境的热力学温度的关系如下

$$S_f = 4k_B RT \frac{hf/(k_B T)}{\exp[hf/(k_B T)]-1} \tag{4-56}$$

式中，S_f 为探测电阻在所处环境的热力学温度下产生的热噪声频谱密度，V^2/Hz，一般用 S_f 方根值表述为热噪声功率谱密度，单位为 $V/Hz^{1/2}$；k_B 为玻尔兹曼常数值，$k_B = 1.38\times10^{-23}$J/K；h 为普朗克常数，$h=6.62606896\times10^{-34}$J·s；$f$ 为频率值，Hz；T 为探测电阻的热力学温度，K；R 是探测电阻的精确阻值，Ω。

如果电子运动频率与温度的比值足够小以至达到 $hf/(k_B T)\ll 1$，那么式(4-56) 可以转化为

$$S_f = 4k_B RT \tag{4-57}$$

式(4-57) 理论上适用的频率在 1GHz 以下且温度值高于 300K 的情况。在该条件下，认为噪声对频率没有依赖，用噪声功率即电压平方值来描述约翰孙噪声，可表示为

$$\overline{U}^2 = 4k_B RT\Delta f \tag{4-58}$$

式中，Δf 为噪声的频率带宽，Hz。

从式(4-58) 可看出，测温时影响噪声功率的就是探测电阻 R 值，但 R 值可在测量噪声

功率值时较容易测得。需要指出的是，探测电阻的约翰孙噪声电压约为几十到几百纳伏，在数值上与测量系统自身热噪声信号处于同一量级；此外，它也易被外界的电磁辐射干扰污染。因此，需要采用严格的屏蔽措施消除干扰，或采用相关法提取热噪声信号。相关法的噪声温度计工作原理如图 4-42 所示。

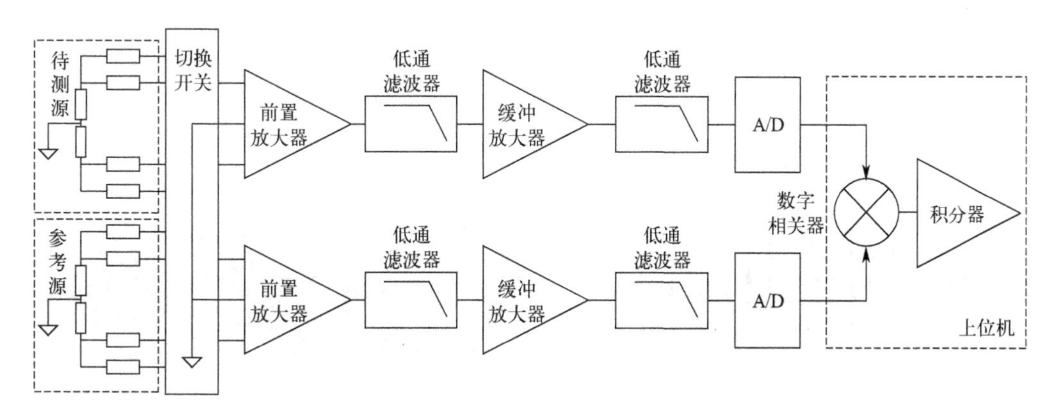

图 4-42　噪声温度计测量原理

待测电阻及参考源电阻均为五线结构，通过切换开关进行切换将被测电阻的噪声电压信号分成两路输入两个相同的放大器，经过信号放大后，电压信号再经过滤波和模数信号转换处理，继而在计算机内进行相应时刻信号数据的相乘处理，之后将一段时间内采集的数据做平均。转换过程中为防止高频数字信号干扰，模拟电路和高频数字电路中通过光纤连接。经过处理后电阻的自相关信号会保留下来，而来自干扰源和放大器的噪声信号会被大幅压缩从而达到提取被测电阻噪声电压信号的目的。

4.7.3　锅炉炉膛温度场测量技术

炉膛温度场是锅炉燃烧过程中需要监测的重要参数，直接关系到锅炉的燃烧安全与效率，同时也影响污染物的生成和排放量。若控制系统无法准确获得实时燃烧状态，就不能有效控制燃料、送风量等参数，将可能导致锅炉内温度场不均匀、火焰中心偏斜、火焰刷墙等，不仅会使锅炉热效率极大降低、产生大量污染物和噪声，甚至可能出现爆炉等严重后果。因此，准确测量温度场对判断、预测和诊断锅炉燃烧状态具有重要意义，有利于控制燃料在炉膛内部合理燃烧，确保锅炉安全、高效运行。然而，锅炉的燃烧是很复杂的热交换过程，燃烧工况很不稳定，并且炉膛燃烧空间大、温度高、腐蚀性强，为准确测量三维空间温度分布带来极大困难。近年来，以非接触式的三维、可视化、多参数同时测量为手段的测试技术实现了对锅炉炉膛温度场的在线、实时测量。

基于非接触式的锅炉炉膛温度场测量方法主要包括声学测温法与光学测温法。

(1) *声学测温法*

声学测温法主要是利用声波在介质中传播时，由于温度作用引起声速或声频率变化，通过热力学气体状态方程，可以求解得到温度。对于特定组分的烟气，且声波传播距离已知的情况下，测量声波传播时间即可求得声波穿越路径上的平均温度，通过建立多组的发射接收器，再利用重建算法就可以得到整个温度场。

图 4-43 是单路径声学测温原理图。在某一个炉膛的两侧分别安装一个声波发射器和接收器。发射器发出一个声波脉冲，该声波脉冲在高温烟气介质中传播，并被另一侧的声波接收器检测。理想情况下，声波的传播路径是一条直线。

两个声波收发器之间的距离为已知，通过测量声波在两个收发器之间的传播时间，来确定声波传播路径上气体介质的平均温度。

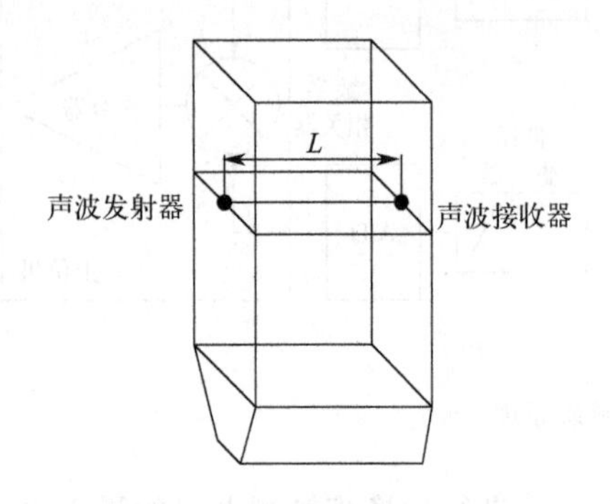

图 4-43　单路径声学测温原理

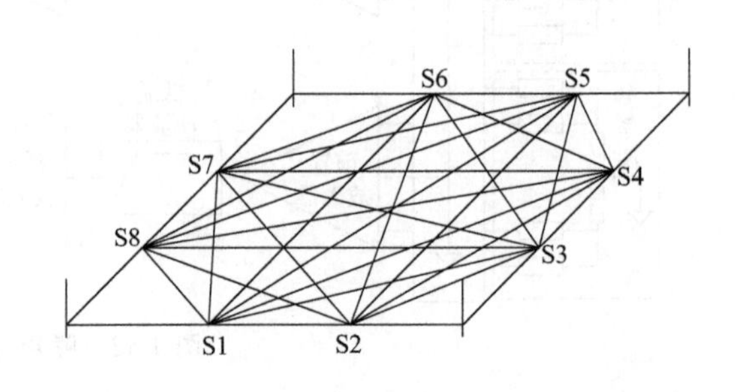

图 4-44　8 个声波收发传感器形成 24 条声波路径

如果要提高声学测温系统的温度分辨率，需要在锅炉的横截面上布置一定数量的声波收发传感器，以获得多条声波传播路径。图 4-44 是一个典型的温度场测量系统的声波收发传感器的布阵示意图，它由对称分布的 8 个声波收发传感器（S1，S2，…，S8）组成。声波在不同侧的 2 个收发器之间进行传播，可形成 24 条声波传播路径。在进行温度场的测量时，在一个检测周期内，顺序启闭各个声波收发器，测量声波在每一条路径上的传播时间，并按照一定的重建算法建立这个平面上的二维温度场分布。

声学测温法在锅炉炉膛温度场的测量中已经得到应用，并且已经有相关的产品，但还存在一些问题需要解决、完善，如声波传播路径由于温度梯度、烟气流动导致的弯曲效应以及燃烧的背景噪声等，影响了测量的准确性。同时为提高重建精度，获得三维温度场，还需要安装较多声波发射与接收器，给施工带来较大困难，这也限制了该项技术的进一步发展。

（2）*光学测温法*

光学测温法主要包括激光光谱法与光学辐射法。激光光谱法可进一步分为散射光谱法与干涉法，其中以激光拉曼散射测温法、可调谐二极管激光吸收光谱技术运用最为广泛，是根据粒子数分布与温度有关的玻尔兹曼方程原理来设计的，但该方法每次只能测量 1 个点的数据，并且需要大功率的激光光源，导致测量装置十分复杂，限制了其在工业现场的应用。光学辐射法是另一种光学测温法，主要包括红外测温法、火焰辐射图像法等。红外测温法的基本原理是基于某个红外光谱的，通常是高温 CO_2 光谱分析法，首先获得燃烧过程中产生的 CO_2 的温度，再利用公式求出烟气的温度。由于在锅炉燃烧过程中产生气体的成分十分复杂，且存在着大量噪声和干扰，为了准确测量烟气的温度，通常要求 CO_2 的体积分数不小于 10%，否则测量误差较大。由于红外测温法也是单点测量，难以进行温度场重建，故一般仅用于炉膛出口烟气温度的测量。

火焰辐射图像法可分为单色法、双色法和三色法。单色法基本原理是在 CCD（charge-coupled devices to imaging）摄像机前加一滤波片，得到单波长下的火焰辐射图像，并利用热电偶实测炉内某点的燃烧温度作为参考温度，进而计算火焰的二维温度场。双色法则获得两个波长的火焰辐射图像，采用比色法求得温度场，无须参考温度，但装置较复杂。三色法则根据彩色 CCD 分光特性，得到红（R）、绿（G）、蓝（B）三个基色的亮度信号，选取其中 2 个即可根据双色法原理求温度场，不需额外增加分光系统，实现简单，但是计算过程有一定的测量误差，需进行适量的修正。

火焰辐射图像测温法除了可直观看到实时图像，还可对燃烧状况进行实时监测，但还存在一些问题，如三维温度场重建困难、假设条件较多引入误差、摄像头动态范围较小等。

4.7.4 航空发动机高温测试技术

航空发动机高温测试涉及燃烧室、涡轮、加力燃烧室和尾喷口等部分，主要难点是高温和高速气流共同作用。高温测试既包括燃气的温度测试，也包括零部件表面温度的测试。例如传统的燃烧室出口温度测试手段是利用铂铑系列热电偶，随着新型燃烧室燃气的高温、高速、高压条件超过了常规铂铑系列热电偶的应用范围，一些新型测试技术和手段已经应用于气流温度测量，主要有先进的探针技术、燃气分析技术、光纤温度传感器、光谱技术以及采用数字信号处理技术的动态温度测量系统等。对于高温热端部件表面温度的测量，其主要目的是准确评价高温热端部件的壁温是否能满足部件强度设计、冷却设计及可靠性设计的要求，保证发动机在最佳的温度范围内工作，确保发动机的安全运行。常用于航空发动机高温零部件表面温度测量的技术有热电偶测温、示温漆测温、辐射测温和燃气分析等。

（1）燃气分析技术

燃气温度测量的燃气分析技术（temperature by gas analysis，TBGA）是通过分析燃气中各种组分的含量来推算燃气温度的方法，具有工程实用性强、测温范围宽、测温精度高、在 1800K 以上优于热电偶等优点，尤其适合在燃烧室部件试验中测取出口温度场分布。此方法在国外已得到广泛的研究与应用。

燃气分析测温的一般方法是对抽取的样气进行分析，计算其成分，从而可计算出温度。检测过程如下：

① 抽取燃气/燃料混合物（有代表性的样品）。

② 立即淬熄样气，避免在采样探头中进一步发生反应。

③ 把样气传输到分析仪（CO、CO、NO_x、O_2 等气体成分分析仪）。

④ 对样气进行精密分析。

⑤ 用计算机按全成分分析法或补燃法等快捷可靠的算法技术计算，测量得出燃烧效率和余气系数，并以此推算出燃气温度。

用 TBGA 技术测温，可以突破用热电偶法测温的限制，准确快捷地换算出燃气的温度。这种方法虽不能完全代替热电偶法（单点取样分析时的取样时间较长），但在某些状态、某些区域实施测量时比热电偶法可靠，例如，燃烧室出口温度在 1400～1600K 范围内，用热电偶法测得的燃烧效率最高可达110%的不可信程度。另外，在航空发动机燃烧室、加力燃烧室部件研究及整机性能研究和鉴定评价过程中，用燃气分析法求算喷气推力、发动机效率、发动机空气流量及测量高温排气发散，分析其正常和有害的气体成分是一件必不可少的重要工作。

（2）激光技术

常见的用于燃烧环境下速度、温度和组分浓度测量的非接触式的激光诊断技术有：激光多普勒测速仪（laser doppler velocimeter，LDV）、激光诱导荧光（laser induced fluorescence，LIF）、自发拉曼散射（spontaneous Raman scattering，SRS）、非线性拉曼散射技术和相干反斯托克斯拉曼光谱法（coherent anti-Stokes Raman scattering，CARS）。这几项技术都十分复杂，并且其制造、操作和维修费用高，还需配备先进的计算机。在这些技术中，CARS是唯一可用于多烟实际燃烧系统中的湍流火焰燃气温度和成分瞬态及空间分布检测的非接触式激光诊断技术，特别适用于检测具有光亮背景燃烧过程的温度分布。

在CARS技术中，有两束不同频率的大功率激光脉冲（伯浦和斯托克斯激光束）在被测介质中聚焦在一起，通过分子中的非线性过程互相作用产生第3束类似于CARS光束的偏振光。最后，通过对测验光谱与已知其温度的理论光谱的比较，就可求得温度。通过与已配置的标准浓度的光谱的比较，可得到气体组分的浓度。不过，要执行这些反复迭代的最小二乘法计算程序，还需要具备相当的计算能力。

CARS技术已在内燃机和燃烧风洞中获得应用。在喷气发动机试验中应用CARS进行测量的仪器主要包括在试验台上装在发动机附近的测量用仪表、变送器、接收器以及光谱仪检测器和计算机设备，这些设备用以采集和处理CARS数据。美国加利福尼亚大学燃烧实验室采用CARS技术对贴壁射流筒形燃烧室（WJCC）进行了试验。单脉冲多路CARS技术在皮秒量级的单一脉冲中能获取整幅CARS谱图，可应用于燃烧的动力学过程研究。

（3）光谱线自蚀技术

光谱线自蚀（spectrum line reversal）这种非干涉光学技术方法快捷、精确、实用，现已广泛地用于实验室燃气温度的准确测量。

使用最广泛的谱线是Na的黄色谱线，实际上它是两波谱线（波长分别为589nm和589.6nm）。如果在将要测量其温度的热燃气中加入少量钠盐，那么就会发射出Na的D谱线。其方法就是根据通过热燃气区的明亮背景光源来检测光的强弱。如果将由气体激发的Na谱线呈现在监视器上，那么不是以连续为背景地吸收黑线，就是以连续为背景地突出发射亮线，这取决于背景光源的温度与燃气温度比较结果是高还是低。当燃气温度与背景光源的温度相等时，就看不见谱线，这是通过改变背景源亮度而找到的零辐射。当这个条件找到之后，背景源的温度就可用光学高温计来确定。

如果被测量燃气的温度都处处相等，那么上述方法基本上是一种简单而又精确的测温方法。如果各处燃气的温度都不相等，那么测量将受表面层温度的严重影响。因此，从实验室温度测量到燃气涡轮高温燃气温度测量，还需要突破许多关键技术。

（4）示温漆

示温漆（temperature sensitive paint，TSP）是一种非接触式测量表面温度的重要手段，可用于测定燃烧室和涡轮部件的表面温度分布，颜色变化不仅与温度，更与实验时间、压力和气体（特别是燃气）成分有关。

示温漆测温的优点是：能用在其他测温传感器或测温方法不便实施的场合，方便地显示被测表面的温度分布，而不破坏部件表面形状和不改变气流状态。对测量高温高速旋转构件和复杂构件的壁面温度以及显示大面积温度分布有独到之处。主要缺点是：测量精度低，一次性使用，一般要通过构件拆卸才能做到上漆和判读其温度，不能定量测试，耐久性差，不能提供高温计所具有的多种功能，因此应用受到限制。

示温漆性能主要应该从使用范围、质量、涂层强度和判读精度等方面进行改善。为了提高测量精度，示温漆必须校准，发展自动判读技术。英国罗·罗公司的校准方法：采用涂敷有示温漆的试块，按10℃的间隔分别进行3min、5min、10min、30min、60min校准试验；研制示温漆分析系统来进行照相和数字化处理，并将颜色直接转换成温度输出，实现基于二维的自动判读。

思考题与习题

(1) 什么是温标？

(2) 常用的接触式测温和非接触式测温的方法有哪些？各有何特点。

(3) 热电偶的测温原理是什么？使用时应注意什么问题？

(4) 简述热电偶测温的三个基本定律。

(5) 为什么要进行热电偶的冷端温度补偿？常用的冷端温度补偿的方法有哪些？

(6) 已知热电偶的分度号为K，工作时的冷端温度为20℃，测得热电势以后，错用E型热电偶分度表查得工作端的温度为514.8℃，试求工作端的实际温度。

(7) 用K型热电偶测某设备的温度，测得的热电势为30.241mV，冷端温度为15℃，求设备的温度。如果改用E型热电偶来测温时，在相同的条件下，E型热电偶测得的热电势为多少？

(8) 热电阻和热敏电阻的电阻-温度特性有何不同？

(9) 接触式测温误差的主要来源有哪些？如何减少它们的影响？

(10) 简述亮度温度、比色温度和辐射温度，它们和真实温度的关系如何？

(11) 光学高温计和全辐射高温计在原理和使用上有何不同？

(12) 简述灯丝隐灭式光学高温计的工作原理。

(13) 以光电高温计为例说明自动调节系统的工作原理、特点、基本组成部分和作用。

(14) 简述红外热像仪系统构成，以及各部分的作用。

(15) 光纤测温的基本原理是什么，有何特点？

(16) 简述噪声温度计的工作原理。

(17) 分别论述声学法与光学法在锅炉炉膛温度场测量中的应用原理。

(18) 自行查阅资料，简述航空发动机高温测试技术的发展趋势。

第5章 压力测量

5.1 概述

压力是能源动力、石油化工、航空航天等领域重要的热工参数之一。在工业生产中，许多生产工艺过程经常要求在一定压力下或一定压力范围内运行，例如火力发电厂锅炉的汽包压力、给水和产汽压力、炉膛压力、烟道压力是保证工质状态符合生产设计要求和机组安全经济运行的重要操作参数。又如，在航空航天领域，快速、准确获得航空发动机内部流场的动态压力参数是发动机及其系统可靠性的重要保障，也是研制高机动性、大推力发动机的基础数据。压力测量或控制不仅可以防止生产设备、动力装置因过压而引起破坏或爆炸，还可以间接测量其他物理量，如温度、流量、液位以及成分等。

5.1.1 压力的概念与表示方法

（1）压力的概念

压力是垂直作用在物体单位面积上的力。工程上常将压强称为压力，压强差称为差压。在国际单位制中，压力的单位为帕斯卡，简称帕（Pa）。其他在工程上使用的压力单位有：工程大气压（单位：kgf/cm^2）、标准大气压（单位：atm）、巴（单位：bar）、毫米汞柱（单位：mmHg）和毫米水柱（单位：mmH_2O）等。

（2）压力的表示方法

由于参考点（零点压力）不同，压力的表示方式可分为绝对压力和表压力两种，如

图 5-1 所示。

① 绝对压力 p_a 是指被测介质作用于物体表面上的全部压力，以绝对压力零位作基准。用来测量绝对压力的仪表称为绝对压力表。

② 表压力 p_g 是指用一般压力表所测得的压力，它以大气压为基准，等于绝对压力 p_a 与当地大气压 p_0 之差，即

$$p_g = p_a - p_0 \tag{5-1}$$

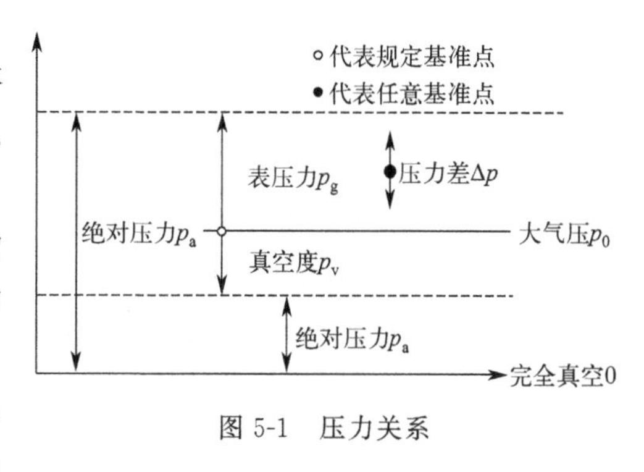

图 5-1　压力关系

当绝对压力小于大气压力时，表压力为负值，其绝对值称为真空度或负压力，用 p_v 表示，即

$$p_v = p_0 - p_a \tag{5-2}$$

由于各种工艺设备和检测仪表通常是处于大气之中，本身就承受着大气压力，所以工程上经常采用表压力或真空度来表示压力的大小。一般的压力检测仪表所指示的压力也是表压力或真空度。若无特殊说明，压力均指表压。

任意两个压力的差值称为差压，它也是相对压力的概念，不过它不是以大气压作为参考点，而是以其中一个压力作参考点。差压在各种热工量、机械量的测量中应用广泛。差压测量使用的是差压计。在差压计中一般将压力高的一侧称为正压，压力低的一侧称为负压，但这个负压是相对正压而言，并不一定低于当地大气压力，与表示真空度的负压是不同的。

在实际工程中，压力随时间的变化关系还可分为静态压力和动态压力。不随时间变化的压力或者随时间变化缓慢的压力（每 1min 变化不超过压力表分度值 5%的压力）称为静态压力。随时间的变化而变动且每 1min 的变动量大于压力表分度值 5%的压力称为（变）动态压力。动态压力又可分为狭义的（变）动态压力和脉动压力，随时间的变化而作周期性变动的压力称为脉动压力。需要注意的是，这里所指的静态压力和动态压力与气流速度测量中的静压和动压是完全不同的概念。

5.1.2　压力测量方法

根据压力的转换原理的不同，常用的压力测量方法如下。

（1）平衡法压力测量

平衡法压力测量的原理是通过仪表使液柱高度的重力或砝码的重量与被测压力相平衡，从而测量压力，例如液柱式压力计和活塞式压力计等。后者常被用作标准测量方法用来检验或刻度压力表。

（2）弹性法压力测量

弹性法压力测压是利用各种形式的弹性元件在被测介质的表压力或负压力（真空）作用下产生的弹性变形（一般表现为位移）来反映被测压力的大小，常见的有弹簧管压力表、膜式压力表和波纹管压力表。

(3) 电气式压力测量

电气式压力测量方法一般是用压力传感器直接将压力变化转换成电阻、电荷量等电量的变化，常见的有电阻式压力传感器、电感式压力传感器、电容式压力传感器、压电式压力传感器、霍尔压力传感器等。

(4) 塑性变形压力测量

这种方法主要是基于铜柱或铜球的永久塑性变形进行压力的测量。

5.2 液柱式压力计

液柱式压力计是利用液柱对液柱底面产生的静压力与被测压力相平衡的原理，通过液柱高度来反映被测压力大小的仪表。一般采用水银、水、酒精作为工作液，用U形管、单管等进行测量，且要求工作液不能与被测介质产生化学作用，并应保证分界面具有清晰的分界线。该方法常用于实验室或科学研究的低压、负压或压力差的测量，具有结构简单、使用方便、准确度较高等优点。其缺点是量程受液柱高度的限制，体积大，玻璃管容易损坏及读数不方便，只能就地指示，不能远传等。

5.2.1 U形管压力计

U形管压力计如图5-2所示，由U形玻璃管、标尺和管内的工作液体（即封液）三部分组成。U形管的两个平行的直管又称为肘管。精密的U形管压力计配有游标对线装置、水准器和铅锤等。

如图5-2(a) 所示，U形管的两个管口分别接压力 p_1 和 p_2。当 $p_1=p_2$ 时，左右两管液体的高度相等；当 $p_1>p_2$ 时，U形管两液面会产生如图5-2(a)所示的高度差，根据流体静力学原理有

$$\Delta p=p_1-p_2=\rho g(h_1+h_2)=\rho gh \qquad (5\text{-}3)$$

式中，ρ 为U形管压力计工作液体的密度，kg/m^3；g 为U形管压力计所在地的重力加速度，m/s^2；$h=h_1+h_2$ 为U形管左右两肘管的液面高度差，m。如果将右侧肘管通大气压 p_0，即 $p_2=p_0$，则所测为表压。

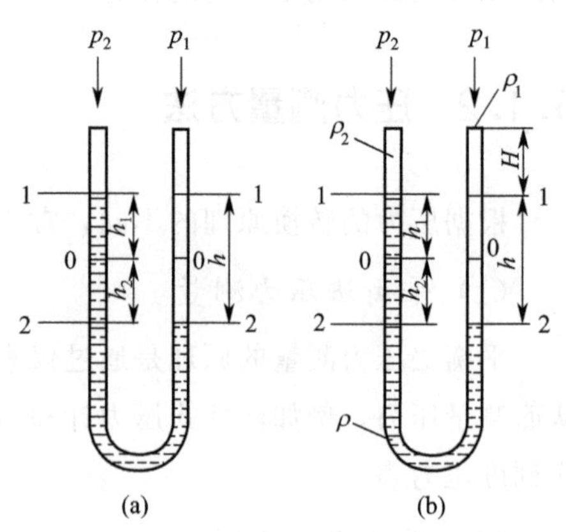

图5-2 U形管压力计及测压原理

当测量液体压力时，则要考虑工作液体上面液柱产生的压力。设两侧测压管工作液体上面的液体密度分别为 ρ_1 与 ρ_2，见图5-2(b)，则在等压面2—2处

$$\Delta p=(\rho_2-\rho_1)gH+(\rho-\rho_1)gh \tag{5-4}$$

式中，H 为测压点距 p_2 侧工作液柱面的垂直距离，m。

5.2.2 单管式压力计

为了克服U形管压力计测压时需两次读数的缺点，出现了方便读数以减小读数误差的单管式压力计，它是U形管压力计的变形仪表，如图5-3所示，可测量小压力、真空及压差等。

单管式压力计以一个截面积较大的容器取代了U形管中的一根肘管，右边杯形容器的内径 D 远大于左边肘管的内径 d，所以右边液面的下降量远小于左边液面的上升量，即 $h_2 \ll h_1$。测得的压差为

$$\Delta p=\rho gh=\rho g(h_1+h_2)=\rho g\left(1+\frac{d^2}{D^2}\right)h_1 \tag{5-5}$$

式中，h_1、h_2 分别为工作液体在肘管内上升和在杯形容器内下降的高度，m；d、D 为肘管和杯形容器的内径，m。

由于 $D \gg d$，故式(5-5)可近似写成

$$\Delta p \approx \rho gh_1 \tag{5-6}$$

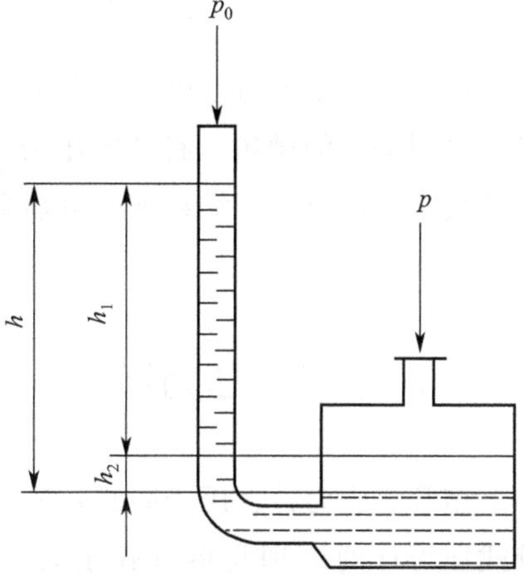

图5-3 单管式压力计

5.2.3 斜管式压力计

在测量微小压力或压差时，为了提高灵敏度，可将单管液柱压力计垂直设置的肘管改为倾斜角度可调的斜管，这种倾斜管式压力计又称倾斜管微压计，如图5-4所示。

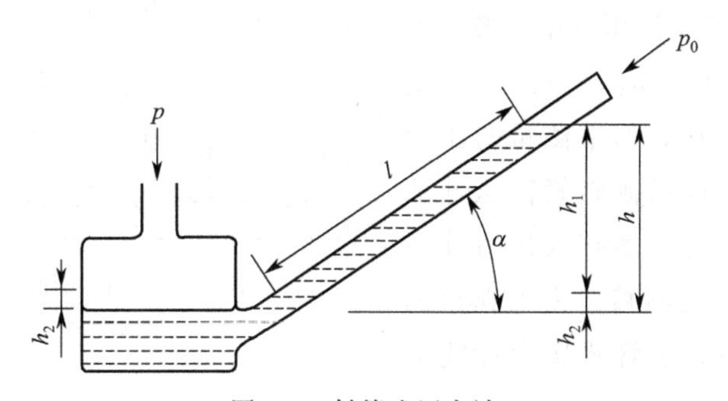

图5-4 斜管式压力计

测得的压差为

$$\Delta p=\rho g(h_1+h_2)=\rho gl\left(\sin\alpha+\frac{d^2}{D^2}\right) \tag{5-7}$$

式中，h_1、h_2 分别为工作液体在肘管内上升和在杯形容器内下降的高度，m；d、D 为斜管和杯形容器的内径，m；l 为斜管中液体向上移动的长度，m；α 为斜管与水平面的夹角，°。

由式(5-7) 可知，当工作液体密度不变时，其在斜管中的长度即可表示被测压力的大小。斜管式压力计的读数比单管式压力计的读数放大了 $1/\sin\alpha$ 倍，因此可测量微小压力的变化。通常斜管可固定在五个不同的倾斜角度位置上，可以得到五种不同的测量范围。

引入仪器常数 K

$$K=\rho g\left(\sin\alpha+\frac{d^2}{D^2}\right) \tag{5-8}$$

K 值一般定为 0.2、0.3、0.4、0.6、0.8。此时，式(5-7) 可写为

$$\Delta p=Kl \tag{5-9}$$

斜管式压力计除了用于检定和校检其他类型的压力表外，也被广泛应用于现场锅炉的烟、风道各段压力与通风空调系统各段压力的测量。其测量范围为 $0\sim\pm2.0\times10^3$Pa，最小可测量到 1Pa 的微压。斜管式压力计工作液体一般选用表面张力较小的酒精。根据被测压力的大小，选择仪器常数 K，并将斜管固定在支架相应的位置上，按测量的要求将被测压力接到压力计上。

5.2.4 多管式压力计

多管式压力计适用于同时要测定很多点压力的场合，例如测量流体沿程的压力分布。多管式压力计的原理与单管式压力计或倾斜管微压计的原理基本相同，其工作原理如图 5-5 所示。

多管式压力计是由一个装有工作液体的大容器和由许多玻璃测压管 1 连通组成的指示读数盘 2 构成的。大气压力 p_0 与大容器相通，被测压力 p_1、p_2、…、p_7 分别通入图 5-5 所示的 7 个测压管中，各管中液柱下降的垂直高度 h_1、h_2、…、h_7 分别代表所测各压力的表压。如果测量的压力较低，指示读数盘可以像倾斜管微压计那样处于不同的倾角状态。多管式压力计通常用的工作液体为水或酒精。为了观察和摄影，可将液体染色。多管式压力计能把压力分布形象地显示出来，是流体力学实验中常用的仪器。

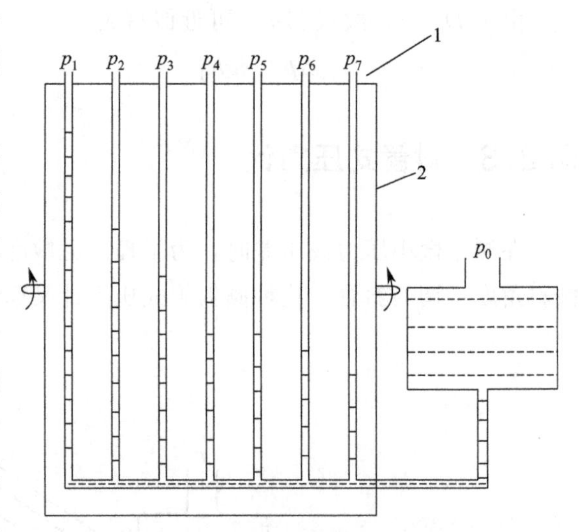

图 5-5　多管式压力计工作原理

1—玻璃测压管；2—指示读数盘

5.2.5 液柱式压力计误差分析

影响液柱式压力计测量准确度的因素较多，如环境温度、重力加速度、传压介质的性质、安装因素以及读数引起的误差。

① 温度误差　指由于环境温度的变化而引起刻度标尺长度和工作液密度的变化，一般前者可忽略，后者应进行适当修正。例如，当水从 10℃变化到 20℃时，其密度从 999.8kg/m^3 减小到 998.3kg/m^3，相对变化量为 0.15%。

② 重力加速度误差　当对压力测量要求较高时，应准确测出当地的重力加速度，使用地点改变时，也应及时进行修正。

③ 传压介质误差　当传压介质为气体时，如果与 U 形管两管连接的两个引压管的高度差相差较大而气体的密度又较大时，必须考虑引压管内传压介质对工作液的压力作用。若温度变化较大，还需同时考虑传压介质的密度随温度变化的影响。当传压介质为液体时，除了要考虑上述各因素外，还要注意传压介质和工作液体不能产生溶解和化学反应等。

④ 安装误差　安装时应保证 U 形管处于严格的垂直位置，在无压力作用下两管液柱应处于标尺零位，否则将产生安装误差。例如，U 形管倾斜 5°时，液面高度差相对于实际值要偏大约 0.38%。对于斜管式压力计，斜管的倾斜角度 α 不宜太小，一般不小于 15°，否则液柱内封液容易被冲散，读数较困难，反而增加测量的误差。

⑤ 读数误差　读数误差主要包括两点。一是由于 U 形管内工作液的毛细作用而引起的，读数时要注意液体表面的弯月面情况，要求读到弯月面顶部位置处。由于毛细现象，管内的液柱可产生附加升高或降低，其大小与工作液的种类、温度和 U 形管内径等因素有关。当管内径大于等于 10mm 时，U 形管单管读数的最大绝对误差一般为 1mm。此误差不随液柱高度而改变，是可以修正的系统误差。二是在测量时，U 形管中的工作液面高度差，必须分别读取两管内液面高度，然后再相加。若只读一管内液面的高度如 h_1，并用 $2h_1$ 代 h_1+h_2，则当两边管子截面 F_1 和 F_2 不等时，会带来误差 $\Delta h=2h_1-(h_1+h_2)=h_1-h_2$。又因为 $h_2=h_1(F_1/F_2)$，产生的误差为 $\Delta h=h_1(1-F_1/F_2)$。

5.3 弹性式压力计

弹性式压力计是工业生产过程中使用最为广泛的一类压力计，具有结构简单、操作方便、性能可靠、价格低廉的特点，可以直接测量气体、液体（油、水等）、蒸汽等介质的压力。其测量范围很宽，可以从几十帕到几十吉帕，可测量正压、负压和压差。

5.3.1 弹性元件

弹性式压力计的核心器件是弹性元件。在弹性限度内，弹性式压力计在压力作用下使各种不同形状的弹性元件变形，当结构、材料一定时，弹性元件变形大小与被测量的压力值有确定的对应关系。弹性元件受力后产生的形变或位移，可以通过传动机构带动指针指示压力，也可以通过某种电气元件组成传感器，实现压力信号的远传。

常用的弹性元件主要有弹簧管（又称波登管或C形弹簧管）、膜片、膜盒和波纹管等，如图5-6所示。

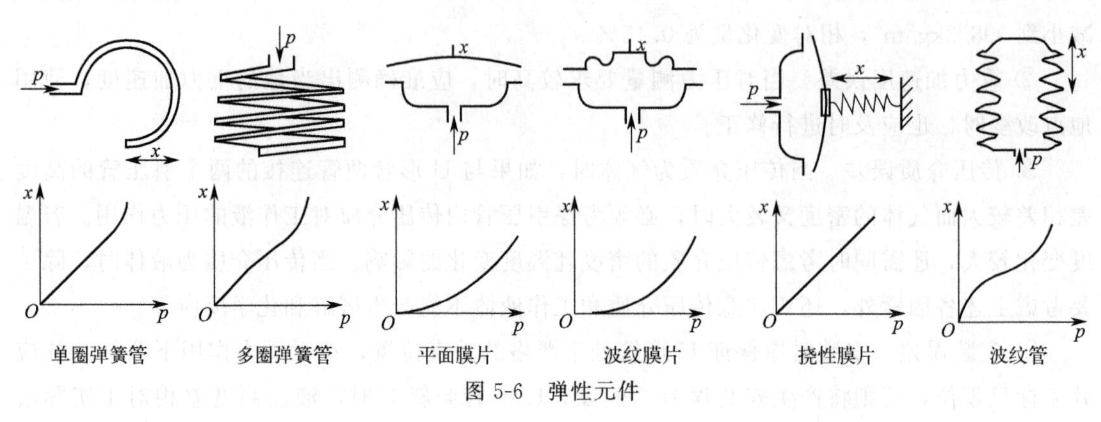

图5-6 弹性元件

5.3.2 弹簧管压力表

弹簧管分为单圈弹簧管和多圈弹簧管两种，测量范围最高可达 10^9 Pa。单圈弹簧管是一根弯成270°圆弧的、具有椭圆形（或扁圆形）截面的空心金属管子，如图5-7所示。多圈弹簧管自由端的位移量较大，测量灵敏度也较单圈弹簧管高。

（1）弹簧管测压原理

如图5-7所示，弹簧管的自由端 B 封闭，另一端 A 开口且固定在接头上，空心管的扁形截面长轴 $2a$ 与和图面垂直的弹簧管几何中心轴平行。当被测介质从开口端进入并充满弹簧管的整个内腔时，椭圆截面在被测压力 p 的作用下将趋向圆形，即长半轴 a 将减小，短半轴 b 将增大。由于弹簧管长度一定，弹簧管随之产生向外挺直的扩张变形，结果改变了弹簧管的中心角，使其自由端产生位移，由 B 移到 B'，如图5-7中的虚线所示。若输入压力为负压时，B 点的位移方向与此位移方向完全相反。

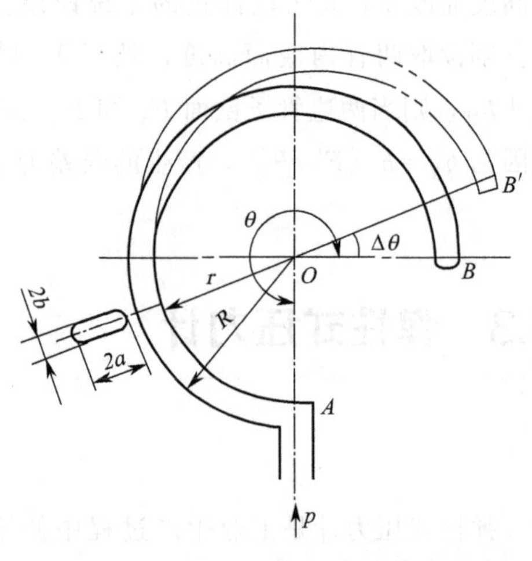

图5-7 单圈弹簧管受压后的变形情况

根据弹性形变原理可知，中心角的相对变化值 $\Delta\theta/\theta_0$ 与被测压力在弹性限度内呈如下比例关系

$$\frac{\Delta\theta}{\theta_0}=\frac{\theta_0-\theta}{\theta_0}=Kp \tag{5-10}$$

式中，θ_0 为原始中心角，°；θ 为任意压力作用下的中心角，°；p 为被测压力，Pa；K 为与弹簧管材料、壁厚和几何尺寸等有关的系数，对于薄壁弹簧管（$h/b<0.7\sim0.8$），K 满足

$$K=\frac{1-\mu^2}{E}\frac{R^2}{bh}\left(1-\frac{b^2}{a^2}\right)\frac{\alpha}{\beta+\chi^2} \tag{5-11}$$

式中，μ 为弹性元件的泊松比；E 为弹性模量，表示材料在弹性变形范围内，即在比例极限内，作用于材料上的纵向应力与纵向应变的比例常数，Pa；R 为弹簧管弯曲圆弧的外半径，m；a、b 分别为弹簧管椭圆形截面的长半轴和短半轴，m；h 为弹簧管椭圆形截面的管壁厚度，m；χ 为几何参数，$\chi=Rh/a^2$；α、β 分别为与 a/b 和 h/b 有关的参数。

需要注意的是，圆形截面的弹簧管不能用作压力检测敏感元件，这是因为根据式(5-11)，当 $a=b$ 时，$K=0$，$\Delta\theta=0$。

(2) 普通单圈弹簧管压力表

普通单圈弹簧管压力表的结构如图 5-8 所示，被测压力由接头 9 通入，迫使弹簧管 1 的自由端 B 向右上方扩张。自由端 B 的弹性变形位移由拉杆 2 使扇形齿轮 3 作逆时针偏转，于是指针 5 通过同轴的中心齿轮 4 的带动而作顺时针偏转，从而在面板 6 的刻度标尺上显示出被测压力值。

游丝 7 的一端与中心齿轮轴固定，另一端在支架上，借助于游丝的弹力使中心齿轮与扇形齿轮始终只有一侧啮合面啮合，这样可以消除扇形齿轮与中心齿轮之间因固有啮合间隙而产生的测量误差。

扇形齿轮与拉杆相连的一端有开口槽，改变扇形齿轮和拉杆的连接位置，可以改变传动机构的传动比。若用 R 表示扇形齿轮半径（扇形齿轮转动轴芯与齿轮边缘的距离），r 表示扇形齿轮轴与拉杆连接点之间的距离，则在弹簧管自由端位移量相同的情况下，R/r 比值越大，指针的转角越大，仪表的量程越小。所以改变 R/r 的值可以改变仪表的传动放大系数，可以实现量程满度值的调整。

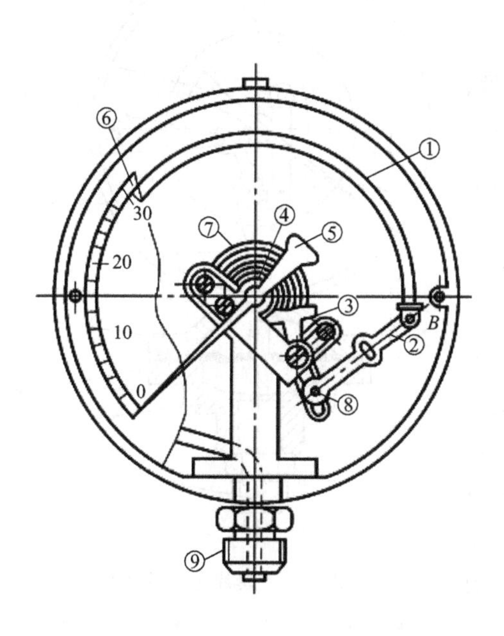

图 5-8 普通单圈弹簧管压力表结构

①弹簧管；②拉杆；③扇形齿轮；④中心齿轮；⑤指针；⑥面板；⑦游丝；⑧调整螺柱；⑨接头

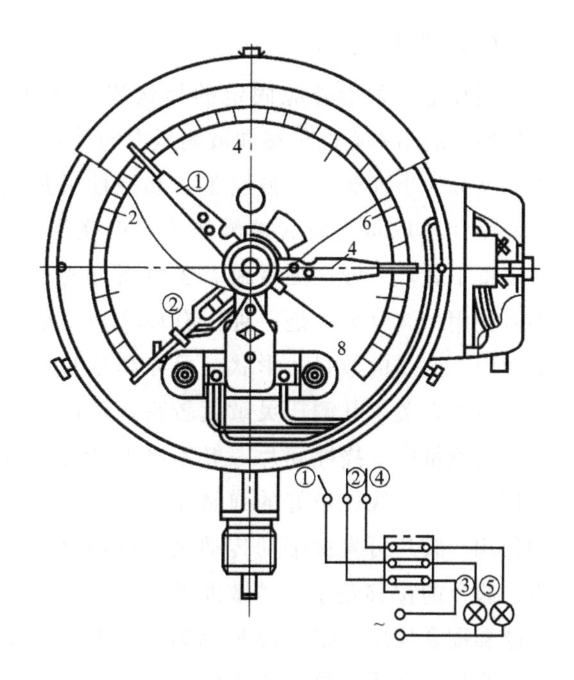

图 5-9 电接点信号压力表

①上静触点；②动触点；③，⑤指示灯；④下静触点

(3) 电接点信号压力表

电接点信号压力表是一种带有报警或控制触点的压力表，在压力偏离给定范围时，可以发出报警信号或通过中间继电器实现压力的自动控制。如图 5-9 所示，在压力表指针上有动触点 2，表盘上另有两根可调节指针，上面分别有静触点 1 和 4。当压力超过上限给定数值时，动触点 2 和静触点 4 接触，红灯 5 的电路被接通，红灯发亮。若压力低到下限给定数值时，动触点 2 与静触点 1 接触，接通了绿灯 3 的电路。静触点 1、4 的位置可根据需要灵活调节。

目前，我国出厂的弹簧管压力表量程有 20 余个规格，从 0.1MPa 到 600MPa 不等，一般压力表精度等级可达 1.0 级，精密压力表的精度等级可达 0.1 级。弹簧管的材料因被测介质的性质和被测压力的高低而不同，通常为铜、磷青铜、不锈钢等，当 $p<20\text{MPa}$ 时，采用磷铜；当 $p>20\text{MPa}$ 时，采用不锈钢或合金钢。此外，在选用压力表时，必须注意被测介质的化学性质。例如，测量氨气压力必须采用不锈钢弹簧管，而不能采用易被腐蚀的铜质材料；测量氧气压力时，严禁沾有油脂，以免着火甚至爆炸。

5.3.3 膜片（盒）压力计

膜片（盒）压力计的敏感元件分别是膜片和膜盒，前者主要用于测量腐蚀性介质或非凝固、非结晶的黏性介质的压力，后者常用于测量气体的微压和负压。膜片压力计结构如图 5-10 所示。

(1) 膜片压力计

膜片是一种沿外缘固定的片状测压弹性元件，其特性一般用中心的位移和被测压力的关系来表征。膜片又分为平面膜片、波纹膜片和挠性膜片。其中平面膜片可以承受较大被测压力，但变形量较小，灵敏度不高，一般在测量较大压力而且要求变形较小时使用。波纹膜片是一种压有环状同心波纹的圆形薄膜，波纹的数目、形状、尺寸和分布均与压力测量范围有关，其测压灵敏度较高，常用在小量程的压力测量中。挠性膜片一般不单独作为弹性元件使用，而是与线性较好的弹簧相连，起到压力隔离的作用。膜片可直接带动传动机构就地显示，但是由于膜片的位移较小、灵敏度低，更多的是与压力传感器配合使用。图 5-10 所示为膜片压力计结构。

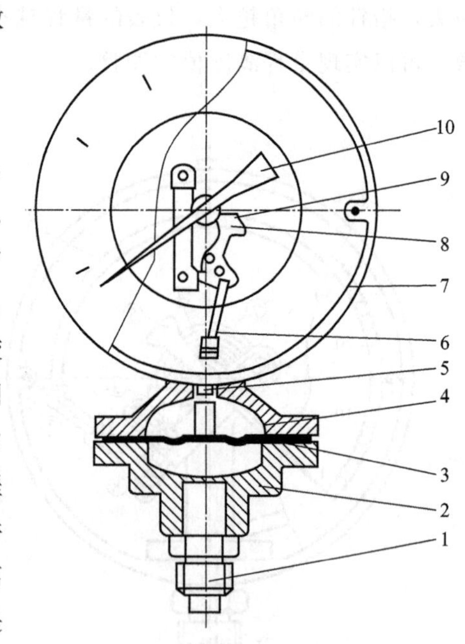

图 5-10　膜片压力计结构

1—接头；2—膜片下盖；3—膜片；4—膜片上盖；5—球铰链；6—顶杆；7—表壳；8—扇形齿轮；9—中心齿轮；10—指针

当被测介质从接头传入膜室后，膜片下部承受被测压力，上部为大气压，因此膜片产生向上的位移。此位移借固定于膜片中心的球铰链 5 及顶杆 6 传至扇形齿轮 8，从而使中心齿轮 9 及固定在其轴上的指针 10 转动。在刻度盘上就可以读出相应的压力值。

膜片压力计的最大优点是可用来测量黏度较大的介质压力。当膜片和下盖采用不锈钢材料制作或膜片和下盖内侧涂以适当的保护层（如 F-3 氟塑料），还可以用来测量某些腐蚀性介质的压力。膜片压力计的量程范围在 400Pa～4MPa，精度等级可达 0.1 级。

（2）膜盒压力计

为了提高灵敏度，得到较大位移量，可以把两块金属膜片沿周边对焊起来，形成一个空心的薄膜盒子，称为膜盒，也可以把多个膜盒串接在一起，形成膜盒组。若将膜盒内部抽成真空，并且密封起来，则当膜盒外压力变化时，膜盒中心将产生位移。这种真空膜盒常用来测量大气的绝对压力。

如图 5-11 所示，当被测介质从管接头 16 引入波纹膜盒时，波纹膜盒受压扩张产生位移。此位移通过弧形连杆 8，带动杠杆架 11 使固定在调零板 6 上的转轴 10 转动，通过连杆 12 和杠杆 14 驱使指针轴 13 转动，固定在转轴上的指针 5 在刻度板 3 上指示出压力值。指针轴上装有游丝 15 用以消除传动机构之间的间隙。在调零板 6 的背面固有限位螺钉 7，以避免膜盒过度膨胀而损坏。为了补偿金属膜盒受温度的影响，在杠杆架上连接着双金属片 9。在机座下面装有调零螺杆，旋转调零螺杆 1 可将指针调至初始零位。

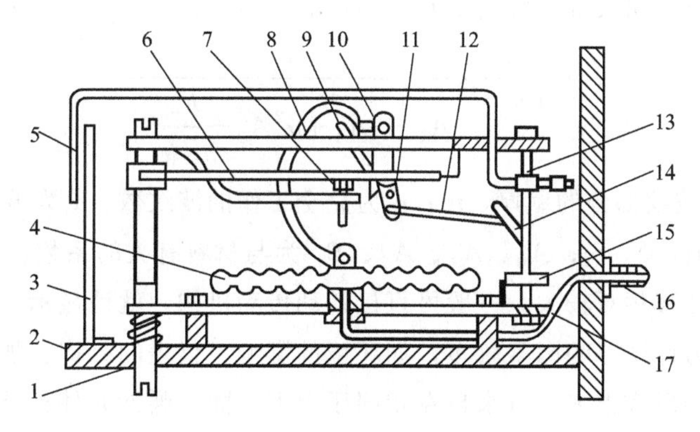

图 5-11　膜盒压力计

1—调零螺杆；2—机座；3—刻度板；4—膜盒；5—指针；6—调零板；7—限位螺钉；8—弧形连杆；9—双金属片；10—转轴；11—杠杆架；12—连杆；13—指针轴；14—杠杆；15—游丝；16—管接头；17—导压管

现行国家标准规定的膜盒压力计的量程范围分别为 1～40kPa（精度 1.5 级）和 160Pa～40kPa（精度 2.5 级、4 级）。

膜片的厚度以及波纹薄片的高度都会对膜片特性产生影响。膜片厚度增加，膜片的刚度增强，同时也增加了膜片特性的非线性。膜片厚度通常在 0.05～0.30mm 范围内。波纹的高度增加，也会增大初始变形的刚度，同时可使特性接近线性。通常波纹的高度在 0.7～1.0mm 范围内。

5.3.4　波纹管压力计

波纹管是一种具有等间距同轴环状波纹，外周沿轴向有深槽形波纹状褶皱，而可沿轴向伸缩的薄壁圆管，如图 5-12 所示。波纹管由于其特殊的材质和结构更容易发生形变，对微小压力变化更加敏感，相比于弹簧管和膜片，在测量低压时具有更高的灵敏度。根据结构，波纹管可以分为单层和多层两种，多层波纹管具有内部应力小、可承受压力较高、耐受压力大、耐久度高等优点。但是由于各层间存在的摩擦力，迟滞性较强（可达 5%～6%）。为了克服该缺陷，改善仪表性能，提高测量精度，同时也为了便于改变仪表量程，可配合刚度比其大 5～6 倍的弹簧一起使用，将弹簧置于管内，从而将迟滞性降低至 1%。当波纹管的制作材料选择铍青铜时，压力计的迟滞性可以降低到 0.4%～1%，因而工作特性更加稳定，其工作压力和温度可分别高达 15MPa 和 150℃。另外，当压力计需要在高压或有腐蚀性的介质中工作时，波纹管材料应选用不锈钢。

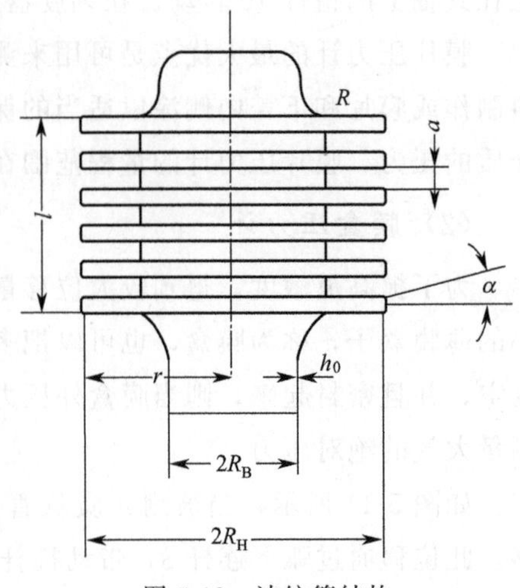

图 5-12　波纹管结构

波纹管在受到外力作用时，其膜面产生的机械位移量主要不是靠模面的弯曲形变，而是靠波纹柱面的舒展或压屈来带动膜面中心作用点的移动。其位移 x 与作用力 F 的关系为

$$x=\frac{1-\mu^2}{Eh_0}\times\frac{n}{A_0-\alpha A_1+\alpha^2 A_2+\frac{h_0^2}{R_B^2}B_0}F \tag{5-12}$$

式中，h_0 为非波纹部分的壁厚，m；n 为完全工作的波纹数；α 为波纹平面部分的倾斜角；R_B 为波纹管的内径，m；A_0、A_1、A_2、B_0 为与材料有关的系数。

由于波纹管的位移相对较大，一般可直接带动传动机构，就地显示。

引起弹性式压力计误差的因素较多，如环境的影响、仪表的结构、加工和弹性材料性能的不完善等。误差的形式很多，有来自在相同压力下，同一弹性元件正反行程的变形量不一样而产生的迟滞误差；有由于弹性元件变形落后于被测压力变化，而引起的弹性后效误差；有由于仪表的各种活动部件之间有间隙，示值与弹性元件的变形不完全对应，而产生的间隙误差；有仪表的活动部件运动时，相互间的摩擦力产生的误差；还有环境温度改变会引起金属材料弹性模量的变化，从而产生误差。

5.4　动态压力测量

传统的压力测量是通过弹性元件的形变和位移随压力变化而改变的情况来间接测量压力的。但是，在测量快速变化的压力及高真空、超高压等场合，其动态性能均不能满足要求，而大多采用电气式压力计。

电气式压力计通常是将压力的变化转换为电阻、电感、电容、电势等电量的变化，因此，按工作原理可分为电阻式、电感式、电容式、压电式、霍尔效应式、压磁式、光纤式等多种方式。电气式压力计具有较好的静态和动态性能，同时量程范围大，灵敏度高，便于进行压力的自动控制和数据远程传输，广泛应用于集中测量、自动控制等自动化场合。

5.4.1 电阻式压力传感器

(1) 基本原理

金属导体或半导体材料制成的电阻体，其阻值可表示为

$$R=\rho\frac{l}{A} \tag{5-13}$$

式中，ρ 为电阻的电阻率，$\Omega\cdot m$；l 为电阻的轴向长度，m；A 为电阻的横向截面积，m^2。

当电阻丝受到拉力 F 作用时，长度 l 增加，截面 A 减小，电阻率 ρ 也相应变化，这都将引起电阻阻值的变化，其相对变化量为

$$\frac{dR}{R}=\frac{dl}{l}-\frac{dA}{A}+\frac{d\rho}{\rho} \tag{5-14}$$

由材料力学可知，在弹性范围内，$dl/l=\varepsilon$，$dA/A=2\delta r/r=-2\mu\varepsilon$，代入式(5-14)可得

$$\frac{dR}{R}=(1+2\mu)\varepsilon+\frac{d\rho}{\rho} \tag{5-15}$$

式中，ε 为电阻轴向长度的相对变化量，称为应变，其数值很小，常以微应变度量；μ 为电阻丝的泊松比，一般金属 μ 为 0.3～0.5。

通常把单位应变引起的电阻值变化称为电阻丝的灵敏系数，用 K 表示，其物理意义是单位应变所引起的电阻相对变化量，表达式为

$$K=\frac{\frac{dR}{R}}{\varepsilon}=(1+2\mu)+\frac{\frac{d\rho}{\rho}}{\varepsilon} \tag{5-16}$$

显然，灵敏系数 K 受两个因素影响：一个是应变片受力后材料几何尺寸的变化，即 $1+2\mu$；另一个是应变片受力后材料的电阻率发生的变化，即 $(d\rho/\rho)/\varepsilon$。对金属材料来说，式(5-16) 中 $1+2\mu$ 的值要比 $(d\rho/\rho)/\varepsilon$ 大得多，所以金属电阻丝 $d\rho/\rho$ 的影响可忽略不计，即起主要作用的是应变效应。大量实验证明，在电阻丝拉伸极限内，电阻的相对变化与应变成正比，即 K 为常数。用金属电阻丝制成的应变片称为金属电阻应变片，并可制成应变式压力传感器。

对于半导体材料，当外部应力作用于半导体材料时，其晶格间距发生变化，电阻值随之发生变化的现象称为压阻效应。压阻效应引起的电阻变化大小不仅取决于半导体的类型和载流子浓度，还取决于外部应力作用于半导体晶体的方向。如果沿所需的晶轴方向（压阻效应最大的方向）将半导体切成小条制成半导体应变片，让其只沿纵向受力，则作用应力与半导

体电阻率的相对变化关系为

$$\frac{\mathrm{d}\rho}{\rho}=\pi_{\mathrm{e}}\sigma \tag{5-17}$$

式中，π_{e} 为半导体应变片的压阻系数，Pa^{-1}；σ 为纵向所受应力，Pa。

由胡克定律可知，材料受到的应力和应变之间的关系为 $\sigma=E\varepsilon$，E 为材料的弹性模量，式(5-17) 可以改写为

$$\frac{\mathrm{d}\rho}{\rho}=\pi_{\mathrm{e}}E\varepsilon \tag{5-18}$$

式(5-18) 说明半导体应变片的电阻变化率 $\mathrm{d}\rho/\rho$ 正比于其所受的纵向应变 ε。

将式(5-18) 代入式(5-15) 得

$$\frac{\mathrm{d}R}{R}=(1+2\mu+\pi_{\mathrm{e}}E)\varepsilon \tag{5-19}$$

由于 $\pi_{\mathrm{e}}E$ 比 $1+2\mu$ 大几百倍，故 $1+2\mu$ 可以省略，式(5-19) 近似可以写成

$$\frac{\mathrm{d}R}{R}=\frac{\mathrm{d}\rho}{\rho}=\pi_{\mathrm{e}}E\varepsilon \tag{5-20}$$

这表明，以压阻效应为主的半导体应变片，其电阻的相对变化率等于电阻率的相对变化。压阻式压力传感器就是根据压阻效应原理制造的。

下面分别介绍电阻应变片式压力传感器和压阻式压力传感器。

(2) 应变片式压力传感器

电阻应变片是基于应变效应工作的一种压力敏感元件，为了使应变片能在受压时产生形变，一般和弹性元件以粘贴或非粘贴的形式连接在一起使用。应变片式压力传感器是由弹性元件、应变片以及相应的桥路组成的。弹性元件可以是金属膜片、膜盒、弹簧管或其他弹性体；应变片主要有金属丝式、箔式或薄膜等。

应变片式压力传感器大多采用膜片式或筒式弹性元件，如图 5-13(a) 所示的是筒式压力传感器。其特点是被测压力不直接作用在贴有应变片的弹性元件上，而是传到一个测力应变筒上。被测压力经膜片转换成相应大小的集中力，这个力再传给测力应变筒。应变筒的应变由贴在它上边的应变片测量。应变筒的上端与外壳固定在一起，它的下端与不锈钢密封膜片紧密接触，两片康铜丝应变片 R_1 和 R_4 用特殊胶合剂贴紧在应变筒的外壁。R_1 沿应变筒的轴向贴放，作为测量片；R_4 沿径向贴放，作为温度补偿片。当被测压力 p 作用于不锈钢膜片而使应变筒作轴向受压变形时，沿轴向贴放的 R_1 随之产生轴向压缩应变，使 R_1 阻值减小；与此同时，沿径向贴放的 R_4 则产生拉伸变形，使 R_4 阻值增大，且 R_1 的减小量将大于 R_4 的增大量。应变片的测量电桥如图 5-13(b) 所示。其中 $R_2=R_3$ 为固定电阻，电阻 R_5 和滑动电阻 R_6 起调零作用。

应变式压力传感器主要用于液体、气体的动态和静态压力的测量，如内燃机管道、动力设备管道的进气口、出气口的压力，以及发动机喷口的压力，枪、炮管内部压力等。由于金属材料具有电阻温度系数，特别是弹性元件和应变片两者的膨胀系数不等，会造成应变片的电阻值随环境温度而变，所以必须考虑补偿措施。最简单的也是目前最常用的方法是采用 4 片应变片组成电桥，每片在同一电桥的不同桥臂上，温度升降将使这些应变片电阻同时增

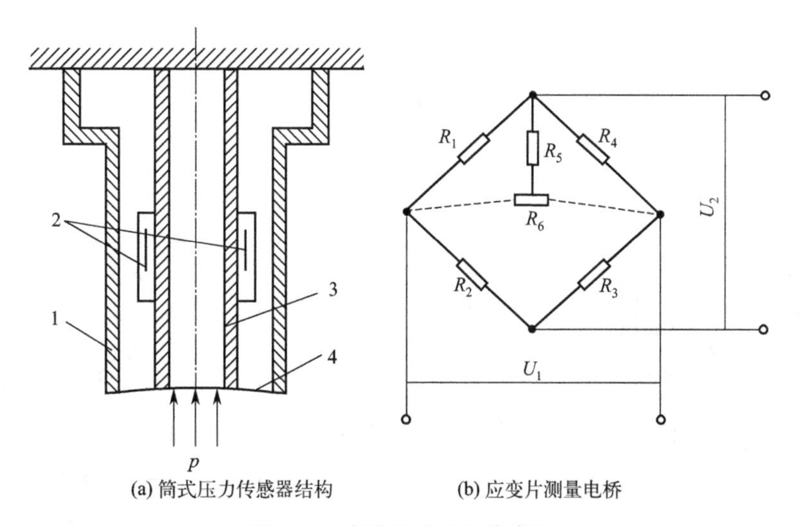

(a) 筒式压力传感器结构　　(b) 应变片测量电桥

图 5-13　应变片式压力传感器

1—外壳；2—应变片；3—应变筒；4—密封膜片

减，从而不影响电桥平衡。当有压力时，相邻两臂的阻值一增一减，使电桥有较大的输出。还可以采用具有温度自补偿功能的应变片实现温度的自补偿，常见的有选择式自补偿应变片、双金属敏感栅自补偿应变片等。

（3）压阻式压力传感器

将在半导体材料的基片上用集成电路工艺制成的扩散电阻称为压阻元件，和应变片一样，扩散电阻正常工作需依附于弹性元件。压阻元件是基于压阻效应工作的一种压力敏感元件。最常用的制作半导体应变片的材料是硅和锗，硅中掺入硼、铝、镓、铟等杂质可以形成P型半导体；掺入磷、锑、砷等材料可以形成N型半导体。但是在压阻式压力传感器中，由于半导体应变片是采用粘贴的方法安装在弹性元件上的，因此存在着零点漂移和蠕变，长期稳定性较差。

为了克服这一缺点，通常将敏感元件和应变材料合二为一制成扩散型压阻式传感器。由于这类传感器的应变电阻和基底都是用半导体材料硅制成的，所以又称为扩散硅压阻式传感器。它既有测量功能，又有弹性元件的作用，形成了高自振频率的压力传感器。在半导体基片上还可以很方便地将一些温度补偿、信号处理和放大电路等集成制造在一起，构成集成传感器。

如图 5-14 所示的是扩散硅压阻式压力传感器的结构示意图，它的核心部分是一块圆形的单晶硅膜片，既是压敏元件，又是弹性元件。在硅膜片上，利用扩散掺杂法设置四个阻值相等的电阻，构成平衡电桥，相对桥臂电阻对称布置，再用压焊法与外引线相连。膜片用一个圆形硅固定，用两个气腔隔开。一个是与被测系统相连接的高压腔，另一个是低压腔，当测量表压时，低压腔和大气相连通；当测量压差时，低压腔与被测对象的低压端相连。当硅膜片两边存在压力差时，硅膜片产生变形，硅膜片上各点产生应力。4 个电阻在应力作用下，阻值发生变化，电桥失去平衡，输出相应的电压。如果忽略材料几何尺寸变化对阻值的影响，则该不平衡电压大小与膜片两边的压差成正比。为了补偿温度效应的影响，一般还在膜片上沿对压力不敏感的径向增加一个电阻，这个电阻只感受温度变化，不承受压力，可接入桥路作为温度补偿电阻，以提高测量精度。

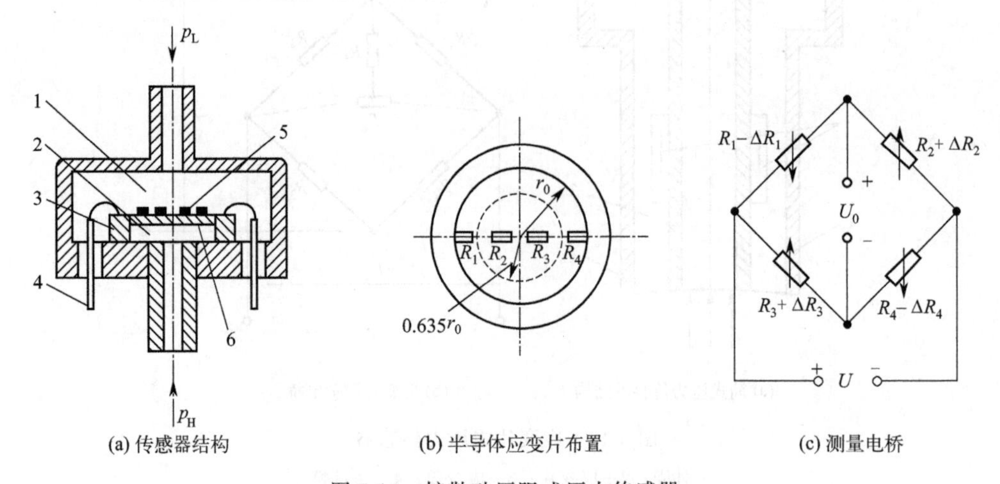

(a) 传感器结构　(b) 半导体应变片布置　(c) 测量电桥

图 5-14　扩散硅压阻式压力传感器

1—低压腔；2—高压腔；3—硅杯；4—引线；5—扩散电阻；6—硅膜片

4 个电阻的配置位置按硅膜片上径向应力 σ_r 和切向应力 σ_t 的分布情况确定。当 $r=0$ 时，应力 σ_r 和 σ_t 达到最大值，随着 r 的增加，σ_r 和 σ_t 逐渐减小。当 $r=0.635r_0$ 或 $r=0.812r_0$ 时，σ_r 和 σ_t 分别为零。此后随着 r 的进一步增加，σ_r 和 σ_t 进入负值区，直至 $r=r_0$ 时，σ_r 和 σ_t 均分别达到负最大值。

径向应力 σ_r 和切向应力 σ_t 可分别用下式计算

$$\sigma_r=\frac{3p}{8h^2}\left[r_0^2(1+\mu)^2-r^2(3+\mu)\right] \tag{5-21}$$

$$\sigma_t=\frac{3p}{8h^2}\left[r_0^2(1+\mu)^2-r^2(1+3\mu)\right] \tag{5-22}$$

式中，h 为硅膜片厚度，m；r_0 为硅膜片有效半径，m；r 为应力作用半径，即电阻距硅膜片中心的距离，m；μ 为泊松比，硅的泊松比 $\mu=0.35$。设计时，适当安排电阻的位置，可以组成差动电桥。如图 5-14(b) 所示，使 R_1 和 R_4 布置在负应力区，R_2 和 R_3 布置在正应力区，让这些电阻在受力时其阻值有增有减，并且在接入电桥的四阻臂中，使阻值增加的两个电阻与阻值减小的两个电阻分别相对，如图 5-14(c) 所示。这样不但提高了输出信号的灵敏度，又在一定程度上消除了阻值随温度变化带来的不良影响。

压阻式压力传感器的主要优点有：体积小、结构简单，易于微小型化。半导体应变片的灵敏度高，测量范围宽，不仅可测低至十几帕的微压，还可测 9.8×10^8 Pa 以上的超高压；响应时间可达 10^{-1} s 数量级，动态特性较好。工作可靠，准确度高，可达±0.02%～0.2%。重复性好，频带较宽，固有频率在 1.5MHz 以上。目前已广泛用于工业过程检测、汽车、微机械加工、医疗等领域。但是，压阻式压力传感器的半导体电阻值有较大的温度系数，静态非线性误差较大，易产生温度漂移。现在出现的智能压阻式压力传感器，利用微处理器对非线性和温度进行补偿，利用大规模集成电路技术，将传感器与计算机集成在同一个硅片上，兼有信号检测、处理、记忆等功能，从而大大提高了传感器的稳定性和测量准确度。

5.4.2 电感式压力传感器

电感式压力传感器是基于电磁感应原理制成的，通过线圈内磁通介质的磁导率变化，把弹性元件的位移量转换为电路中电感量的变化或互感量的变化，再通过测量线路转变为相应的电流或电压信号。

(1) 自感式压力传感器

图 5-15(a) 为单一式变气隙型自感压力传感器原理示意图。线圈 2 由恒定的交流电源供电后产生磁场，铁芯 1、衔铁 3 和气隙组成闭合磁路，由于气隙的磁阻比铁芯和衔铁的磁阻大得多，线圈的电感量 L 可表示为

$$L=\frac{N^2\mu_0 A}{2\delta} \tag{5-23}$$

式中，N 为线圈的匝数；μ_0 为空气的磁导率，$\mu_0=4\pi\times10^{-7}$ H/m；A 为气隙的截面积，m^2；δ 为气隙的宽度，m。

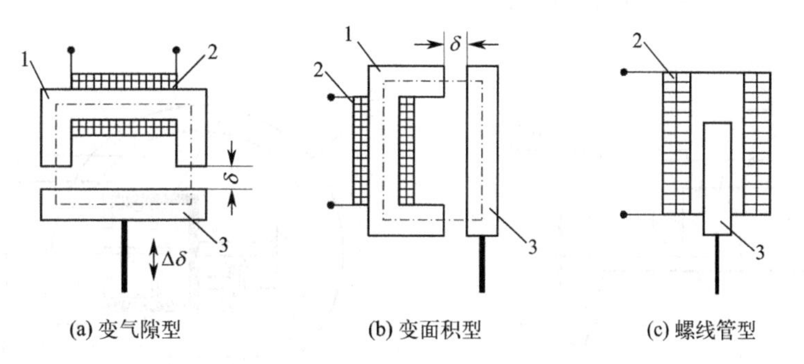

图 5-15 自感式压力传感器原理

1—铁芯；2—线圈；3—衔铁

弹性元件与衔铁相连，弹性元件感受到压力产生位移，使气隙宽度 δ 发生变化，从而使电感量 L 发生变化。

当铁芯的结构和材料确定后，N、μ_0、A 都是常数，电感 L 只与气隙宽度 δ 有关，且与 δ 成反比关系。为了得到较好的线性特性，必须把衔铁的工作位移限制在较小的范围内。若 δ_0 为传感器的初始气隙，$\Delta\delta$ 为衔铁的工作位移，则一般取 $\Delta\delta=(0.1\sim0.2)\delta_0$。也可以保持 δ 不变，使得 L 为 A 的单值函数，这样就构成了变面积型电感压力传感器，如图 5-15(b) 所示。

当弹性元件的位移较大时，可采用图 5-15(c) 所示的螺线管型电感压力传感器，它由在构架上多层绕制的线圈 2、与弹性元件连接的衔铁 3 组成的，衔铁沿着线圈轴向移动。这种传感器结构简单，但驱动衔铁的压力比较大，线圈电阻的温度误差不易补偿，所以实际应用较少，而往往采用图 5-16 所示的差动式变气隙型电感传感器，它是由共用一个衔铁或铁芯的两个简单传感器组合而成的，不但克服了上述简单传感器的缺点，而且增大了线性工作

范围。

图 5-17 所示为变气隙型自感压力传感器结构图。衔铁 3 与膜盒 4 的上端连在一起，当压力进入膜盒时，膜盒的顶端在压力 p 的作用下产生与压力 p 大小成正比的位移，于是衔铁也发生移动，从而使气隙发生变化，流过线圈 2 的电流也发生相应的变化，电流表的指示值反映了被测压力的大小。

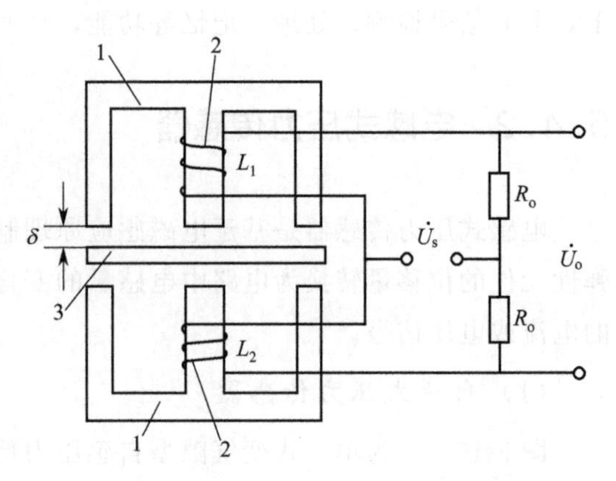

图 5-16　差动式变气隙型电感传感器

1—铁芯；2—线圈；3—衔铁

图 5-18 所示为差动式变气隙型电感压力传感器结构图。当被测压力进入弹簧管 5 时，弹簧管产生变形，其自由端发生位移，带动与自由端连接成一体的衔铁 4 运动，使线圈 2 和线圈 3 中的电感产生大小相等、符号相反的变化，即一个电感量增大，另一个电感量减小，形成差动形式。电感的这种变化通过电桥电路转换成电压输出，再通过相敏检波电路等电路处理，使输出信号与被测压力之间成正比例关系，即输出信号的大小决定于衔铁位移的大小，输出信号的相位决定于衔铁移动的方向。

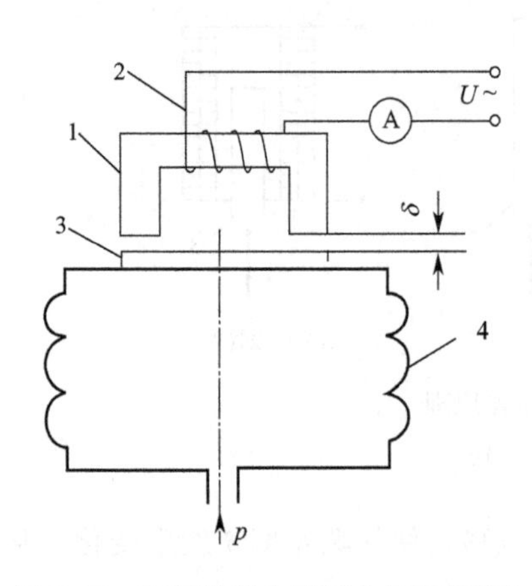

图 5-17　变气隙型自感压力传感器结构

1—铁芯；2—线圈；

3—衔铁；4—膜盒

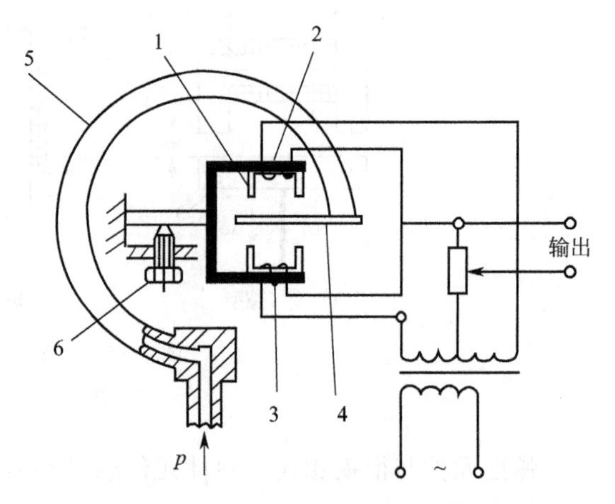

图 5-18　差动式变气隙型电感压力传感器结构

1—铁芯；2，3—线圈；4—衔铁；

5—弹簧管；6—调机械零点螺钉

（2）互感式压力传感器

把被测量的变化转换为线圈互感变化的传感器称为互感传感器。差动变压器本身是个变压器，初级线圈输入交流电压，在次级线圈中产生感应电压，两个次级线圈接成差动的形式，就成为差动变压器。如将变压器的结构加以改造，铁芯做成可以活动的，将被测量的变化转换为铁芯的位移，就构成了差动变压器式传感器。所以差动变压器是把被测量转换为初级绕组和次级绕组间的互感量变化的装置。差动变压器的结构形式也可分为变气隙型、变面积型和螺线管型几种，在非电量测量中，应用最多的是螺线管型差动变压器。

图 5-19 所示的是螺线管型差动变压器的结构示意图，它由一个初级绕组 4、两个次级绕组 5、6 和插入线圈中央的圆柱形铁芯 1 等组成。两个次级绕组对称地分布在初级绕组的两边，它们的电气参数相同、几何尺寸一致，并按电势反向串联在一起。圆柱形铁芯一端与感应压力的弹性元件（如膜片、膜盒和弹簧管等）相连，使之在线圈架中心沿轴向移动。当初级绕组接上频率、幅度一定的交流电源后，次级绕组即产生感应电压信号。由于差动变压器输出的是两个次级绕组的感应电压之差，因此输出电压的大小和正负反映了被测压力的大小和正负。图 5-20 所示的是由螺线管型差动变压器与膜盒组成的微压力传感器结构图。被测压力为零时，铁芯处于中间位置，输出为零；当被测压力经接头输入膜盒后，使铁芯的位置发生改变，进而使互感发生变化时，两个次级绕组的感应电压也随之发生相应的变化，从而使差动变压器输出正比于被测压力的电压。这种微压力传感器可测 $(-4\sim6)\times10^4$ Pa 的压力。

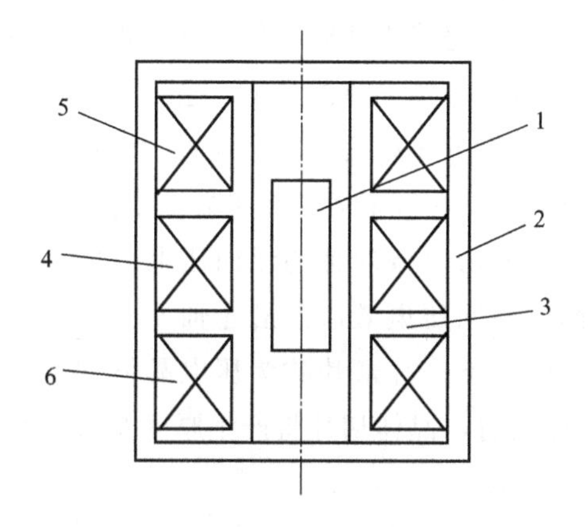

图 5-19 螺线管型差动变压器的结构

1—活动铁芯；2—导磁外壳；3—骨架；4—匝数为 W_1 的初级绕组；5—匝数为 W_{2a} 的次级绕组；6—匝数为 W_{2b} 的次级绕组

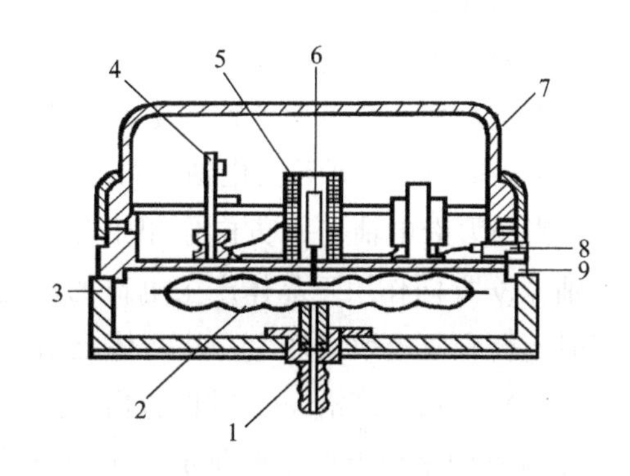

图 5-20 微压力传感器结构

1—接头；2—膜盒；3—底座；4—线路板；5—差动变压器线圈；6—铁芯；7—罩壳；8—插头；9—通孔

变气隙型电感压力传感器的灵敏度要比螺线管型电感压力传感器的灵敏度高，但变气隙型的非线性严重，示值范围较小，自由行程受到铁芯限制。螺线管型具有较好的线性，示值范围大，自由行程可调整，在批量生产中的互换性好，且灵敏度低的问题可以在放大电路方面加以解决，因此螺线管型电感压力传感器的应用更为广泛。在电感式压力传感器的使用过程中，当外界环境温度发生变化时，应考虑温度补偿的问题，此外，电感式压力传感器对电源电压和频率的波动反应较慢，不适合测量高频脉动压力，且应注意线圈的电气参数、几何参数不对称与导磁材料的不对称、不均质等产生的测量误差。

5.4.3 压电式压力传感器

压电式压力传感器利用某些电介质的压电效应把压力信号转换为电信号，以达到测量压力的目的。主要用于测量内燃机气缸、进排气管的压力；航空领域的高超声速风洞中的冲击波压力；枪、炮膛中击发瞬间的膛压变化和炮口冲击波压力，以及瞬间压力峰值等。

(1) 压电效应

一些晶体在受压时发生机械变形，则在其两个相对表面上就会产生电荷分离，使一个表面带正电荷，另一个表面带负电荷，并相应地有电压输出，当作用在其上的外力消失时，形变也随之消失，其表面的电荷也随之消失，晶体又重新回到不带电时的状态，这种现象称为压电效应。

具有压电效应的物体称为压电材料或压电元件，它是压电式压力传感器的核心部件。目前，在压电式压力计中常用的压电材料有石英晶体、铌酸锂等单压电晶体，经极化处理后的多晶体，如钛酸钡、锆钛酸铅等压电陶瓷，以及压电半导体和以聚偏二氟乙烯（polyvinylidene fluofide，PVDF）为代表的压电聚合物等。

以石英晶体为例。石英晶体的性能稳定，其介电常数和压电系数的温度稳定性很好，在常温范围内几乎不随温度变化。另外，它的机械强度高，绝缘性能好，但价格昂贵，一般只用于精度要求很高的传感器中。图 5-21(a) 为天然结构的石英晶体的外形，它是一个正六面锥体。石英晶体各个方向的特性是不同的，其中，纵向轴 z-z 称为光轴，经过六面锥体棱线并垂直于光轴的 x-x 轴称为电轴，同时与光轴和电轴垂直的 y-y 轴称为机械轴，如图 5-21(b) 所示。当外力沿电轴 x-x 方向作用于晶体时产生电荷的压电效应称为纵向压电效应，而沿机械轴 y-y 方向作用于晶体产生电荷的压电效应称为横向压电效应。沿光轴 z-z 方向有力作用时不会有压电效应产生。从晶体上沿 y-y 轴方向切下一片薄片称为压电晶体切片，如图 5-21(c) 所示。当沿 x-x 轴的方向施加压力 F_x 作用时，晶体切片将产生厚度变形，并在与 x 轴垂直的平面上产生电荷 q_x，它和压力 p 的关系为

$$q_x = k_x F_x = k_x A p \tag{5-24}$$

式中，q_x 为压电效应所产生的电荷量，C；k_x 为晶体在电轴 x-x 方向受力的压电系数，C/N；F_x 为沿晶体电轴 x-x 方向所受的力，N；A 为垂直于电轴的加压有效面积，m^2。

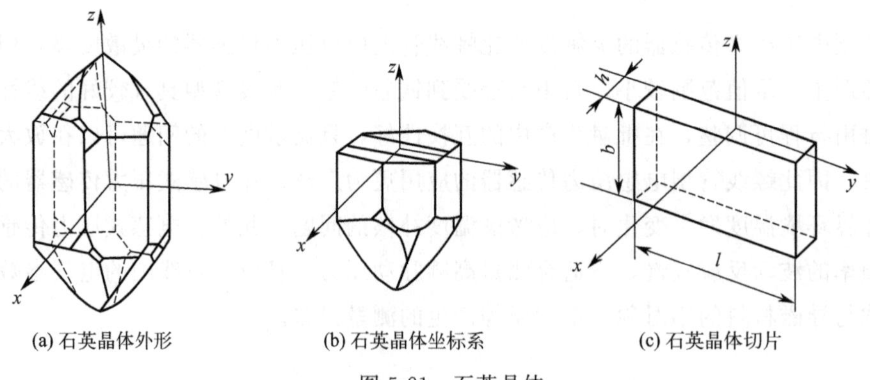

图 5-21　石英晶体

从式(5-24) 可以看出，当晶体切片受到 x 方向的压力作用时，q_x 与作用力 F_x 成正比，而与晶体切片的几何尺寸无关。受力方向和变形不同时，压电系数 k_x 也不同。

电荷 q_x 的符号由 F_x 是压力还是拉力决定，其极性如图 5-22(a) 和 (b) 所示。如果在同一晶体切片上作用力是沿着机械轴 y-y 方向，仍在与 x-x 轴垂直的平面上产生电荷，其

极性如图 5-22(c) 和 (d) 所示，此时电荷的大小为

$$q_y = k_y \frac{l}{h} F_y \tag{5-25}$$

式中，l、h 为晶体切片的长度和厚度，m；k_y 为晶体在机械轴 y-y 方向受力的压电系数，C/N，根据石英晶体的轴对称条件，$k_x = -k_y$。

由式(5-25) 可见，沿机械轴 y-y 方向上的力作用在晶体上时产生的电荷与晶体切片的尺寸有关。

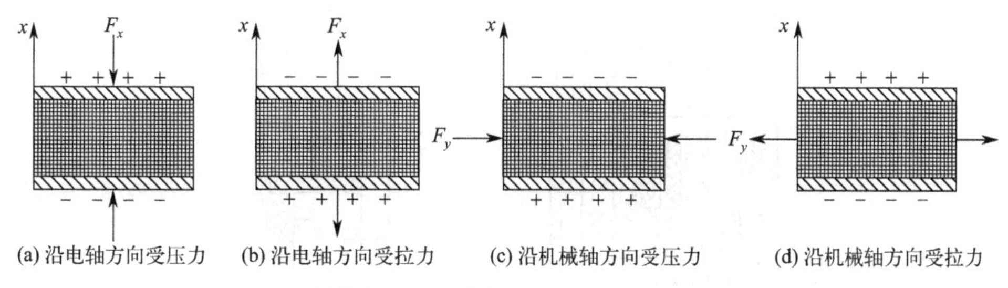

图 5-22 晶体切片上电荷符号与受力种类和方向的关系

在片状压电材料的两个电极面上，如果加以交流电压，那么压电元件就能产生机械振动，使压电材料在电极方向上有伸缩现象。压电元件的这种现象称为电致伸缩效应。因为这种效应与压电效应相反，也叫做逆压电效应。

为增强输出信号，压电式传感器往往是将多片压电晶体组合在一起组成一个传感器。由于压电晶片是有极性的，所以有两种组合方式：一种是将晶片同极性的晶面紧贴在一起作为一个输出端，两边的电极用导线连接后作为另一个输出端，形成“并联组合”，这种组合形式电容大、时间常数大，适用于电荷作为输出的场合，多用于测量缓变信号；另一种是将正负电荷集中在上、下极板，而中间晶面上的电荷则互相抵消，形成“串联组合”，这种组合形式电容小、时间常数小，适用于电压作为输出的场合，多用于测量瞬变信号。

(2) 压电式压力传感器

图 5-23 为一种测量气体压力的水冷式石英晶体压电式传感器结构图。被测压力通过弹性膜片 1，以及传力件 2 和底座 3 作用于石英片 4 上。石英片通常为三片，其中，下面的石英片与传力件接触，起到保护的作用，以防止另外两个工作片被挤破。两片工作片之间的金属箔 9 把负电位导出至导电环 8，其正极通过壳体接地。导电环 8 上的负电荷由导线穿过玻璃导管 5 和胶玻璃导管 6 与引出导线接头 7 连接。两个工作石英片既是感压的弹性元件，也是机电变换元件。测量时，在脉动压力的作用下产生交变的电荷。二者并联连接可以提高传感器的电荷灵敏度；若串联连接，则可提高电压灵敏度。若被测介质温度高于室温，例如，测量内燃机缸内气体压力时，为防止传感器高温下灵敏度下降，甚至损坏失灵，必须采用冷却水进行冷却。图 5-23(b) 所示为与火花塞做成一体的石英晶体压电传感器，常用来测量汽油机的气缸内压力。

压电式压力传感器有如下优点：体积小、质量轻、结构简单、工作可靠，工作温度可在 250℃以上；灵敏度高、线性度好，测量准确度多为 0.5 级和 1.0 级；测量范围宽，可测

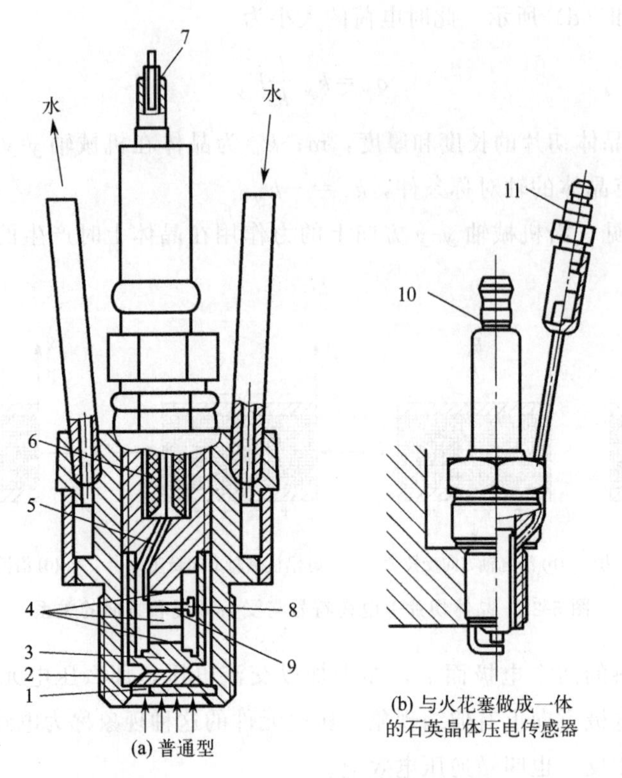

图 5-23　石英晶体压电式传感器结构

1—弹性膜片；2—传力件；3—底座；4—石英片；5—玻璃导管；6—胶玻璃导管；
7—引出导线接头；8—导电环；9—金属箔；10—火花塞；11—传感器

100MPa 以下的压力；动态响应频带宽，可达 30kHz，动态误差小，是动态压力检测中常用的仪表。由于压电式传感器是一种有源传感器，无须外加电源，因此可避免电源带来的噪声影响。

但是压电传感器产生的信号非常微弱，输出阻抗很高，必须经过前置放大，把微弱的信号放大，并把高输出阻抗变换成低输出阻抗，才能为一般的测量仪器所接受。因此要求二次仪表的输入阻抗也要很高，且连接时需用低电容、低噪声的电缆。由于在晶体边界上存在漏电现象，故这类压力计不适宜测量缓慢变化的压力和静态压力。压电晶体产生的电荷量很微小，一般为皮库仑级，即使在绝缘非常好的情况下，电荷也会在极短的时间内消失，所以由压电晶体制成的压力计只能用于测量脉冲压力。压电式传感器用于动态压力测量时，被测压力变化的频率太低，环境温度和湿度的改变，都会改变传感器的灵敏度，造成测量误差。

5.4.4 电容式压力传感器

5.4.4.1 基本原理

电容式压力传感器由电容器组成，电容器的电容量由两个极板的大小、形状、相对位置和电介质的介电常数决定。两平行板组成的电容器，如不考虑边缘效应，其电容量为

$$C=\frac{\varepsilon A}{d} \tag{5-26}$$

式中，C 为平行极板的电容量，F；d 为平行极板间的距离，m；ε 为平行极板间的介电常数，F/m；$\varepsilon=\varepsilon_0\varepsilon_r$，其中，$\varepsilon_0$ 为真空介电常数，$\varepsilon_0=8.85\times10^{-12}$ F/m，ε_r 为极板间介质的相对介电常数；A 为极板面积，m^2。

当被测量的变化使式(5-26) 中的 d、A 或 ε 任一参数发生变化时，电容量 C 也就随之变化。因此，电容传感器有变极距（d）型、变面积（A）型和变介电常数（ε）型三种基本类型。它们的电极形状有平板形、圆柱形和球面形三种。

变极距型和变面积型电容传感器一般采用空气作为电介质。空气的介电常数在极宽的频率范围内几乎不变，温度稳定性好，介质的电导率极小，损耗极小。下面主要介绍这两种电容压力传感器。

5.4.4.2 变极距型电容压力传感器

(1) 单极板电容压力传感器

变极距平板形结构的电容压力传感器如图 5-24 所示。板 2 为固定极板，板 3 为可动极板，用于连接弹性元件 1。

当可动极板因被测量压力变化而向上移动 δd 时，平行极板间的距离 d 减小 δd，则电容器的电容量增加 δC，它代表了被测压力值，即有

$$\delta C=\frac{\varepsilon A}{d-\delta d}-\frac{\varepsilon A}{d}=C_0\frac{\delta d}{d}\times\frac{1}{1-\frac{\delta d}{d}} \tag{5-27}$$

式中，C_0 为初始电容量，F。

当 $\delta d/d$ 远小于 1 时，式(5-27) 变为

$$\delta C=C_0\frac{\delta d}{d}\left(1+\frac{\delta d}{d}+\cdots\right) \tag{5-28}$$

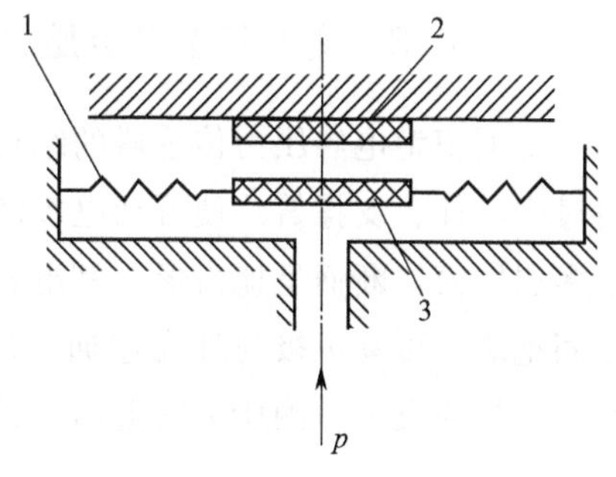

图 5-24　单极板电容压力传感器

1—弹簧膜片；2—固定极板；3—可动极板

由式(5-28) 可见，当 ε 和 A 一定时，可通过测定电容量的变化量 δC 求得极板间距离的变化量 δd。δC 与 δd 之间是非线性的，且极板间的距离越小，灵敏度越高。

(2) 差动式电容压力传感器

为了提高灵敏度、改善非线性和减小电源电压、环境温度等外界因素的影响，一般均采用差动形式。差动式变极距型电容压力传感器结构如图 5-25 所示，左右对称的不锈钢基座上下两边外侧焊上了波纹密封隔离膜片，不锈钢基座内有玻璃绝缘层，不锈钢基座和玻璃绝缘层中心开有小孔。玻璃层内侧的凹形球面上除边缘部分外镀有金属膜作为固定电极，中间被夹紧的弹性膜片作为可动测量电极，上、下面固定电极和测量电极组成了两个电容器，其信号经引线引出。测量电极将空间分隔成上、下两个腔室，其中充满硅油。

当隔离膜片感受两侧压力的作用时，具有不可压缩性和流动性的硅油将压差信号传递到弹性测量膜片的两侧，从而使膜片产生位移 δd，如图 5-25 中的虚线所示，此时，$p_2>p_1$。

则一个电容的极距变小，电容量增大；而另一个电容的极距变大，电容量减小，每个电容的电容变化量分为

$$\delta C_1=\frac{\varepsilon A}{d-\delta d}-\frac{\varepsilon A}{d}=C_0\frac{\delta d}{d-\delta d} \tag{5-29}$$

$$\delta C_2=\frac{\varepsilon A}{d}-\frac{\varepsilon A}{d+\delta d}=C_0\frac{\delta d}{d+\delta d} \tag{5-30}$$

所以，差动电容的变化量为

$$\delta C=\delta C_1-\delta C_2=2C_0\frac{\delta d}{d}\left[1+\left(\frac{\delta d}{d}\right)^2+\cdots\right] \tag{5-31}$$

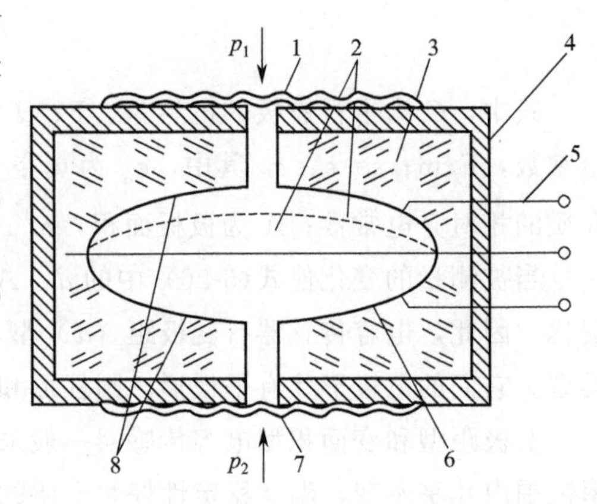

图 5-25　差动式变极距型电容压力传感器结构

1，7—隔离膜片；2—可动极板；3—玻璃绝缘层；4—基座；5—引线；6—硅油；8—固定极板

由式(5-31) 可看出，差动式电容压力传感器与单极板电容压力传感器相比，非线性得到很大改善，灵敏度也提高近 1 倍，并减小了由于介电常数受温度影响引起的不稳定性。该方法不仅可测量压差，而且若将一侧抽成真空，还可用于测量真空度和微小绝对压力。

5.4.4.3　变面积型电容压力传感器

变面积型电容压力传感器的结构原理如图 5-26(a) 所示。被测压力作用在金属膜片上，通过中心柱、支撑簧片使可动电极随膜片中心位移而动作。可动电极与固定电极均是金属同心多层圆筒，断面呈梳齿形，其电容量由两电极交错重叠部分的面积所定。固定电极与外壳之间绝缘，可动电极与外壳连通。压力引起的极间电容变化由中心柱引至适当的变换器电路，转换成反映被测压力的电信号输出。变换器与可变电容安装在同一外壳中。

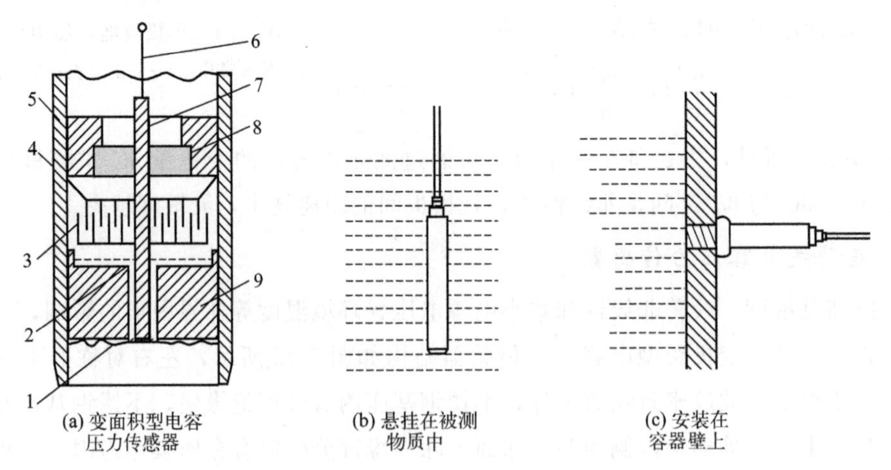

图 5-26　变面积型电容压力传感器及其应用

1—膜片；2—支撑簧片；3—可动电极；4—固定电极；5—外壳；6—引线；7—中心柱；8—绝缘支架；9—挡块

金属膜片为不锈钢材质或加镀金层，使其具有一定的防腐蚀能力，外壳为塑料或不锈钢。为使膜片在过大压力下不致损坏，在其背面有带波纹表面的挡块，压力过高时膜片与挡

块贴紧可避免变形过大。

传感器可直接利用软导线悬挂在被测介质中，也可用螺纹或法兰安装在容器壁上，分布如图5-26(b)和(c)所示。变面积式电容压力传感器的测量范围是固定的，不能随意迁移，而且因其膜片背面为无防腐能力的封闭空间，不可与被测介质接触，故只限于测量压力，不能测差压；膜片中心位移不超过0.3mm，其背面无硅油，可视为恒定的大气压力；允许在−10～150℃环境中工作。该传感器除用于一般压力测量之外，还常用于开口容器的液位测量，特别是有腐蚀性或黏稠不易流动的介质。

5.4.4.4 电容式压力传感器的特点

电容式压力传感器的测量范围为（−1～5）×10^7Pa，可在−46～100℃的环境温度下工作，其优点是：需要输入的能量极低；灵敏度高，电容的相对变化量可以很大；结构可做得刚度大而质量小，因而固有频率高，又由于无机械活动部件，损耗小，所以可在很高的频率下工作；稳定性好，测量准确度高，其准确度可达0.25级；结构简单、抗振、耐用，能在恶劣环境下工作。其缺点是：分布电容影响大，必须采取措施设法减小其影响。

5.4.5 霍尔式压力传感器

霍尔式压力传感器是基于霍尔效应制成的，把在压力作用下产生的弹性元件的位移信号转变成电势信号，通过测量电势进而获得压力的大小。

(1) 霍尔效应

置于磁场中的静止载流导体，当它的电流方向与磁场方向不一致时，载流导体上垂直于电流和磁场的方向上将产生电势差，这种现象称为霍尔效应，其形成的电势称为霍尔电势，用U_H表示，单位为mV。这个载流导体称为霍尔元件或霍尔片。如图5-27所示，在垂直于外磁场B（z轴方向）的方向上放置一导电板，导电板通以电流I（称为控制电流，y轴方向），导体中的载流子在磁场中受到洛伦兹力的作用，其运动轨迹有所偏离，如图5-27中曲

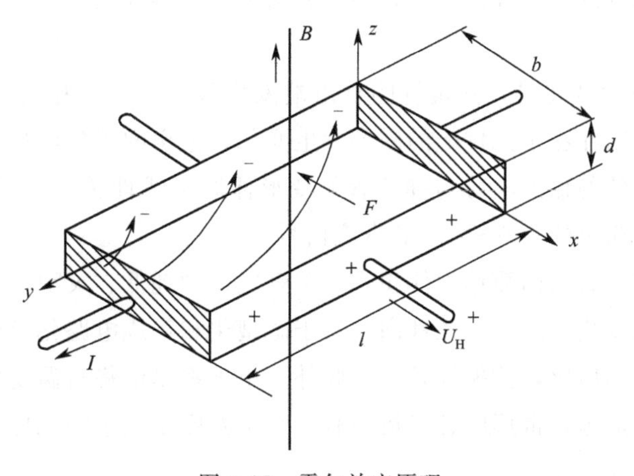

图5-27 霍尔效应原理

线所示。这样，导体的左侧因电子的累积而带负电荷，相对的右侧带正电荷，于是在导体的 x 轴方向的两侧表面之间就产生了电位差。

当电子积累所形成的电场对载流子的作用力 F_E 与洛伦兹力 F_L 相等时，电子积累达到动态平衡，其霍尔电势 U_H 为

$$U_H = R_H \frac{IB}{d} \tag{5-32}$$

式中，R_H 为霍尔常数，与霍尔元件的材料、物理特性和几何尺寸有关；I 为通过霍尔元件的电流，mA；B 为垂直作用于霍尔元件的磁感应强度，T；d 为霍尔元件的厚度，m。

当霍尔元件材料、结构确定时，霍尔电动势的大小正比于控制电流 I 和磁感应强度 B 的乘积。由于半导体的霍尔常数 R_H 要比金属的大得多，因此霍尔元件主要采用 N 型锗、砷化铟、砷化镓、锑化铟、砷化铟等半导体材料制成。此外，霍尔元件的厚度 d 对灵敏度的影响也很大，霍尔元件越薄，灵敏度就越高，所以霍尔元件一般都比较薄。

由式(5-32) 还可看出，当控制电流的方向或磁场的方向改变时，输出电动势的方向也将改变。但当磁场与电流同时改变方向时，霍尔电动势并不改变原来的方向。

(2) 霍尔压力传感器

霍尔压力传感器基本包括两部分，一部分是弹性元件，如弹簧管或膜盒等；另一部分是霍尔元件和磁路系统。图 5-28 为霍尔压力传感器结构示意图，其弹性元件为弹簧管。弹簧管一端固定在接头上，另一端（即自由端）上装有霍尔元件。在霍尔元件的上、下方垂直安放两对磁极，一对磁极所产生的磁场方向向上，另一对磁极所产生的磁场方向向下，这样使霍尔元件处于两对磁极所形成的一个线性不均匀差动磁场中。为得到较好的线性分布，磁极端面做成特殊形状的磁靴。

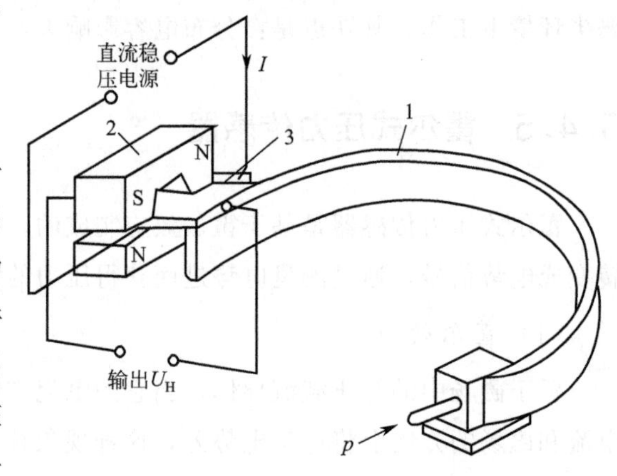

图 5-28　霍尔压力传感器结构

1—弹簧管；2—磁钢；3—霍尔片

当被测压力 p 发生变化时，弹簧管的自由端发生位移，带动相连接的霍尔元件在均匀梯度磁场中移动，作用在霍尔元件上的磁场发生变化，输出的霍尔电势随之改变，由此反映压力的变化。霍尔元件的输出电势与弹簧管的变形伸展呈线性关系，即与被测压力 p 呈线性关系。霍尔传感器输出的为 0～20mV 直流信号。

霍尔压力传感器具有结构简单、体积小、重量轻、功耗低、灵敏度高、频率响应宽、动态范围（输出电势的变化）大、可靠性高、易于微型化和集成电路化等优点。但其信号转换效率较低，对外部磁场敏感，抗振性较差。此外，由于霍尔电势对温度变化比较敏感，使用时需要增加温度补偿措施，常用的补偿措施有：选用温度系数小的元件，保持恒温条件以及采用恒流源供电的形式。

5.5 压力传感器及压力系统的标定

压力传感器及压力系统的标定分为静态标定和动态标定两种。当被测压力恒定时，测压系统的输出量与输入量之间的关系式 $s=f(p)$ 称为测压系统的静态响应或静态特性。用试验的方法确定静态特性的工作称为静态标定。静态标定的主要目的是确定压力系统的线性度、灵敏度、滞后和重复性等静态特性指标。静态标定通常采用比较法，即在恒定温度下，把相对测量仪表（如弹性式压力计和各种压力传感器）的响应与标准压力计或参考压力计的绝对测量仪表（如液柱式压力计、测压天平等）的响应进行比较，从而确定测压系统或仪表的静态特性。测压系统或压力传感器对试验信号（如阶跃信号、脉冲信号、正弦信号）的响应称为动态特性，动态标定就是确定压力测量系统或压力仪表的动态特性指标，如频率响应函数、时间常数、固有频率及阻尼比等。动态标定可采用两种方法：①建立系统的数学模型，然后用试验函数来求动态特性；②用试验方法来确定动态特性。

5.5.1 静态压力标定系统

常用的静压发生装置有液柱式压力计、活塞式压力计、杠杆式压力计及弹簧测压计等。以下仅对前两种静压发生及标定系统进行介绍。

（1）液柱式压力计压力标定系统

常用的采用液柱式压力计的静态压力标定系统如图 5-29 所示。压力源由氮气瓶经减压阀减压后提供。由于流量为零时，减压阀不太稳定，因此，在管路上安装了一个泄漏阀。标定压力范围为几帕到几百千帕。测量中应注意 U 形管压力计应垂直安装；确保整个系统的密封性能，因为任何泄漏都会造成压力下降；连接管内不应含有寄生流体（在液体情况下为气泡，在气体情况下为凝结物），可使用直径大于 8mm 的透明连接管，让气泡沿管道上升，在连接管上部装一个排放阀。

（2）活塞式压力计压力标定系统

当标定压力很高时，一般采用活塞式压力计的静态压力标定系统，如图 5-30 所示。被标定的压力传感器或压力仪表安装在压力表接头 10。当转动手轮 1 时，丝杠 2 连同加压泵活塞 3 的活塞向前移动，使活塞缸 5 增压。当压力达到一定值时，活塞缸内的压力将活塞 8、托盘 6 连同上面的标准砝码 7 顶起。此时，油压与砝码（连同活塞和托盘）的重力相平衡。传感器或压力仪表显示的压力等于砝码（连同活塞和托盘）的重力与活塞有效面积之比。活塞 8 与活塞缸 5 是研磨配置的，这样既可保证良好的密封性而不致造成工作液体的泄漏，又具有很低的摩擦阻力，保证了标定精度。增加或减少标准砝码的数量，以达到给传感

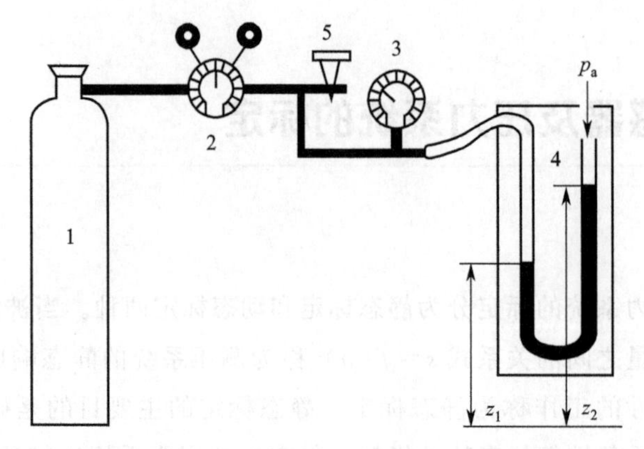

图 5-29　液柱式压力计静态压力标定系统

1—气瓶；2—减压阀；3—被标定压力表；4—U 形管压力计；5—放气阀

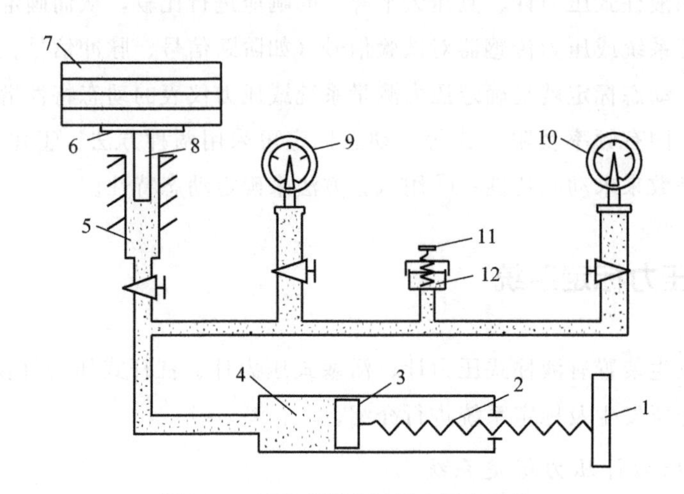

图 5-30　活塞式压力计压力标定系统

1—手轮；2—丝杠；3—加压泵活塞；4—工作液体；5—活塞缸；6—托盘；7—砝码；8—活塞；9—标准压力表；10—被校压力表接头；11—进油阀；12—油杯

器或压力仪表逐级加压或降压的目的。活塞式压力计目前广泛应用于压力基准及压力传感器的校验与标定中，其标定范围可达 $10 \sim 10^6$ kPa。为了操作方便，也可以在不降低标定精度的前提下，直接用标准压力表（一般精度为 0.4%）直接读取所加的压力。

应变式、压阻式压力传感器在标定过程中要做到均匀加载和卸载，加砝码时要避免因冲击引起压力值的过冲而影响对传感器的静态滞后特性指标的测定。对于压电式压力传感器，由于标定过程中电荷泄漏引起的电压读数误差总是存在的，为了尽可能地降低这种误差，要保证测量系统具有足够高的绝缘电阻，以防止电荷的泄漏。另外标定过程中要缩短加载时间，可采用快速卸载法来标定压电式压力传感器。

5.5.2 动态压力标定系统

在进行压力系统动态标定时，首先要获得一个满意的周期或阶跃的压力源，进而确定上述压力源所产生的真实的压力-时间关系。动态标定的压力源主要有两种形式，分别为周期性压力源，如活塞与缸筒、凸轮控制喷嘴、声谐振器、验音盘等，以及非周期性压力源，如快速卸荷阀、脉冲膜片、闭式爆炸器、激波管及落锤液压动标装置等。

(1) 周期性信号的压力标定系统

周期性的压力变化可以通过密闭的体积变化来获得。最简单的密闭的体积变化是依靠活塞和气缸间的往复运动来实现的。实现活塞和缸之间作往复运动，方法通常有两种，一种是采用电磁方法。图 5-31(a) 所示为电磁式正弦压力发生器的结构示意图。当流过电磁式压力发生器中的电流呈正弦规律变化时便产生正弦力，使输给传感器的介质压力按正弦规律变化。另一种方法是采用由偏心轮、变速电机等机械装置组成的正弦压力发生器，如图 5-31(b) 所示，其优点是能提供一个幅值与频率无关的信号，常用来标定谐振频率低的压力测量设备。

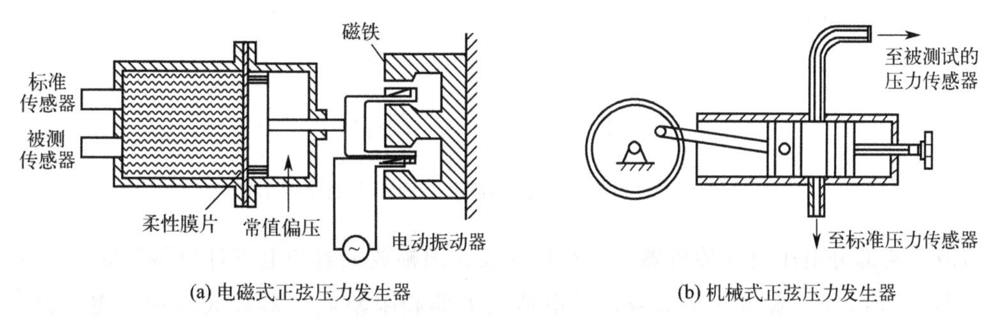

(a) 电磁式正弦压力发生器　　(b) 机械式正弦压力发生器

图 5-31　周期性信号的压力标定系统

这类方法的主要优点是结构简单，易于实现。但由于难以提供高频高振幅的压力信号，仅适用于低压和低频的压力校准中，不能用于压力检测仪表的高频动态特性校准。

(2) 阶跃信号的压力标定系统

阶跃信号的压力标定系统通常是依靠激波管产生阶跃的压力信号。激波管在高速气体动力学、气体辐射和吸收、电磁流体力学以及热物理等方面有着广泛的应用。

采用激波管进行动态标定的基本原理是：由激波管产生一个阶跃压力来激励被标定的传感器，并将它的输出记录下来，经计算便可求得被标定压力传感器的传递函数。用激波管标定压力传感器时，一般可以标定具有较高固有频率的传感器，其精度可达到 5%。

激波管型压力传感器动态标定系统原理如图 5-32 所示，它由激波管、激波测速部分、记录部分和高压气源这四部分组成，图中，A_1、A_2、A_3 为压电式压力传感器，装在激波管的侧面，其中 A_1 和 A_2 特性相同，用于测量激波速度；A_x 和 A_y 为被校压力传感器。

激波管是产生激波的核心部分，由高压室和低压室组成，内壁非常光滑。高、低压室之间由铝或塑料膜片隔开，激波压力的大小由膜片的厚度来决定。标定时根据要求对高、低压室充以压力不同的压缩气体。当高、低压室的压力差达到一定程度时膜片破裂，高压气体迅速膨胀进入低压室，形成激波。激波阵面厚度极薄，激波阵面之后是一个能持续一定时间的压力平台，压力上升时间极短，约为 10^{-9}s，且压力幅度可以方便地改变和控制。此外，激波阵面到达低压腔端面后将反射回来，且其后压力将再次升高，因而激波管是一个理想的压力阶跃发生器。传感器在激波的激励下按固有频率产生一个衰减振荡。其波形由显示系统记录下来，用以确定传感器的动态特性。

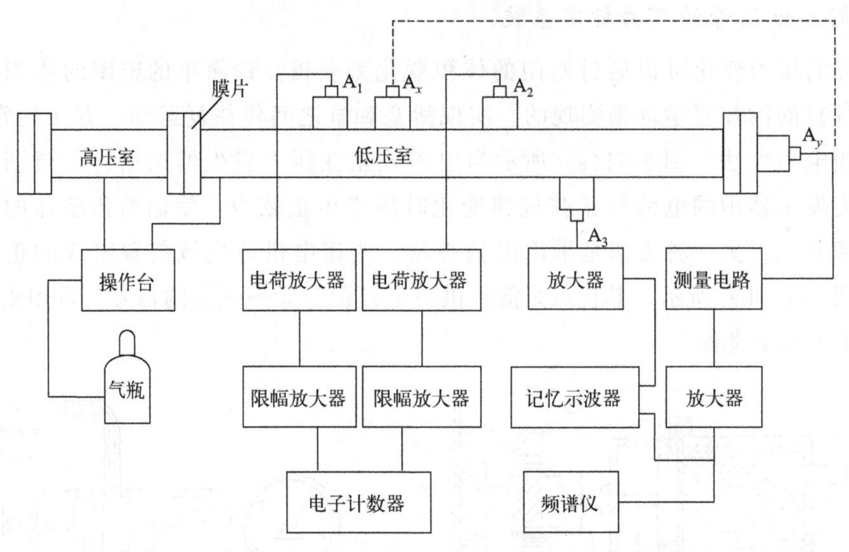

图 5-32　激波管型压力传感器动态标定系统原理示意

激波测速部分由压电式传感器、电荷放大器、限幅放大器和电子计数器组成。当激波掠过传感器 A_1 时，A_1 输出一个信号，经电荷放大器和限幅放大器放大后加至电子计数器，电子计数器开始计数。当激波掠过传感器 A_2 时，A_2 输出一信号，经电荷放大器和限幅放大器放大后加至电子计数器，使其停止计数，从而可测得激波的速度。为减小测速误差，所选用的压电式压力传感器要有较好的一致性，尽量小型化。测速部分的开门系统和关门系统的固有误差应在试验前校正。

记录部分由测量电路、放大器、记忆示波器和频谱仪组成。被标定的传感器可装在低压室侧壁上，也可装在低压室端面上。传感器装在侧壁上感受膨胀波压力时，膨胀波掠过传感器敏感元件表面，较符合实际应用中的情况。但由于膨胀波在侧壁上的压力值较低，故在实际标定中较少采用，而作用在端面上的压缩波压力较大，且激波的波前又平行于传感器表面，所以在标定中常将传感器装在激波管低压室末端。

气源部分用以给激波管高压腔提供高压，气瓶内的高压氮气是经过操作台上的减压阀、控制阀调节后进入激波管的。控制阀用来控制进气量，当膜片破裂后，立即关闭控制阀。操作台上还装有放气阀和压力表，放气阀用于每次做完试验后将激波管内的气体放掉，压力表用于读取膜片破裂时高压室和低压室的压力值。

标定时，记忆示波器处于等待扫描状态，当触发传感器 A_3 感受到激波管的压力后，即输出一个信号，经放大后加至记忆示波器触发输入端，产生扫描信号。接着被标传感器又被激励，输出信号经放大后送至记忆示波器输入端，于是被标传感器的过渡过程由记忆示波器记录下来。被标传感器的输出信号同时还加到频谱仪上，在频谱仪的示值最大时通道的中心频率即为被标传感器的固有频率。

思考题与习题

(1) 已知汽轮机凝汽器内的绝对压力为 0.0035MPa，气压表测定的环境压力为 0.1MPa，求凝汽器内的真空度。

(2) 如果某反应器最大压力为 0.8MPa，允许最大绝对误差为 0.01MPa。现用一只测量范围为 0～1.6MPa，准确度等级为 1 级的压力表来进行测量，是否符合工艺要求？若其他条件不变，测量范围改为 0～1.0MPa，结果又如何？试说明理由。

(3) 简述影响液柱式压力计测量结果的误差有哪些。

(4) 简述弹性式压力计的测压原理。常用的弹性元件有哪些？

(5) 简述弹簧管式压力计的动作原理，并说明为何不能选用圆形截面的弹簧管。

(6) 什么是压电效应？什么是压阻效应？

(7) 简述应变式压力传感器和压阻式压力传感器的异同。

(8) 简述电感式压力传感器的工作原理，并分别说明变气隙型差动和螺线管型差动压力传感器的工作过程。

(9) 什么是霍尔效应？简述霍尔压力传感器的工作过程。

(10) 简述压力传感器的静态标定和动态标定，常用的静态标定和动态标定方法有哪些。

(11) 简述激波管型压力传感器动态标定系统的构成，以及各部分的主要作用。

第6章

流速测量

流速是描述流体流动状态的主要参数之一。在很多的科学试验和工业生产中，常常需要测量工作介质在某些特定区域的流速，以研究其流动状态对工作过程和性能的影响。被测流体包括各种气体、蒸汽、液体甚至是燃烧火焰，测量区域包括各种流体的输运管道、燃烧室，流体性质涉及一维、二维、三维、湍流、涡流、微风、超声速以及高压、低压等，因而对测量方法和装置有不同的要求。目前常用的流速测量方法有动压测速法、散热效率测速法，以及以激光多普勒测速和粒子图像测速为主的非接触式测量方法。

6.1 皮托管测速技术

皮托管，又称动压测量管，是传统的流速测量传感器，也是至今仍广泛应用的流速测量仪表之一。皮托管与差压仪表配合使用，不仅可以测量流体的压力和差压，也可以实现对流体的流速分布以及平均流速的测量。另外，如果被测流体及其截面是确定的，还可以利用皮托管测量流体的体积流量或质量流量。

6.1.1 皮托管测速原理

在一个流体以流速 v 均匀流动的管道里，安置一个弯成90°的细管，如图6-1所示。流体流过细管端头处时，紧靠管端前缘的流体因受到阻挡向各方向分散，以绕过此障碍物，位于管端中心的流体则呈完全静止状态。

由伯努利（Bernoulli）方程可知

$$p_0=p+\frac{\rho v^2}{2} \tag{6-1}$$

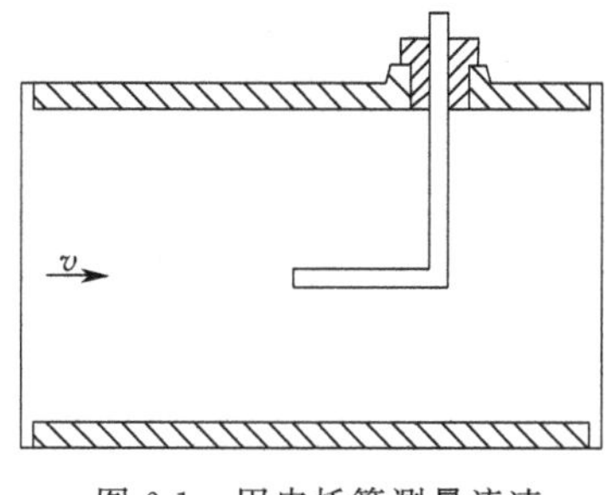

图 6-1　用皮托管测量流速

式中，p_0 为管端中心压力，一般称总压，或全压，Pa；p 为与细管同一深处流体未受扰动的某处压力，一般称静压，Pa；v 为流体流速，m/s；ρ 为流体密度，kg/m^3；$\rho v^2/2$ 为动压，即总压与静压之差。

由式(6-1) 可得

$$v=\sqrt{\frac{2}{\rho}(p_0-p)} \tag{6-2}$$

由于实际测量总压和静压的开孔是位于不同的位置，并且位于静压孔附近的流体会受到扰动，因此需要根据皮托管的形状、结构、几何尺寸等因素，对式(6-2) 进行修正，同时对可压缩流体还应考虑流体的压缩效应，即

$$v=K_pK\sqrt{\frac{2}{\rho}(p_0-p)} \tag{6-3}$$

$$K=\left[1+\frac{(Ma)^2}{4}+\frac{2-\kappa}{24}(Ma)^4+\cdots\right]^{-\frac{1}{2}} \tag{6-4}$$

式中，K_p 为皮托管速度修正系数，标准皮托管的速度修正系数一般为 0.99～1.01，S 形皮托管的速度修正系数一般为 0.81～0.86；K 为流体可压缩性修正系数；κ 为流体的等熵指数，对于空气，$\kappa=1.40$；Ma 为马赫数。

对于流速不大，即马赫数 $Ma<0.2$ 的可压缩流体，可以不考虑流体可压缩性修正系数，K 取 1，求得流速；流速很大，即 $Ma>0.2$ 的可压缩流体，流体可压缩性修正系数不可忽略。温度对可压缩性流体的影响也不可忽略，例如，标准状态下的空气，$Ma=0.2$ 时，相应的流速约为 70m/s，不考虑流体可压缩性修正系数的偏差大约为 0.5%。如果被测流体是高温烟气，$Ma=0.2$ 时所对应的烟气流速则更高，此时就需要考虑流体可压缩性的影响。

6.1.2 皮托管的形式

皮托管有多种形式，其结构各不相同。

(1) 标准皮托管

图 6-2 所示是三种标准或基本型皮托管的结构图。它是一个弯成 90°的同心管，主要由感测头、管身及总压和动压引出管组成。感测头端部呈锥形、球形或椭圆形，测量总压的总压孔位于感测头端部，与内管连通。在外管表面靠近感测头端部的适当位置上的一圈小孔是用来测量静压的静压孔。标准皮托管测量精度较高，使用时一般不需要再校正，但是由于这种结构形式的静压孔很小，因此，标准皮托管主要用于测量清洁空气的流速，或对其他结构形式的皮托管及其他流速仪表进行标定。

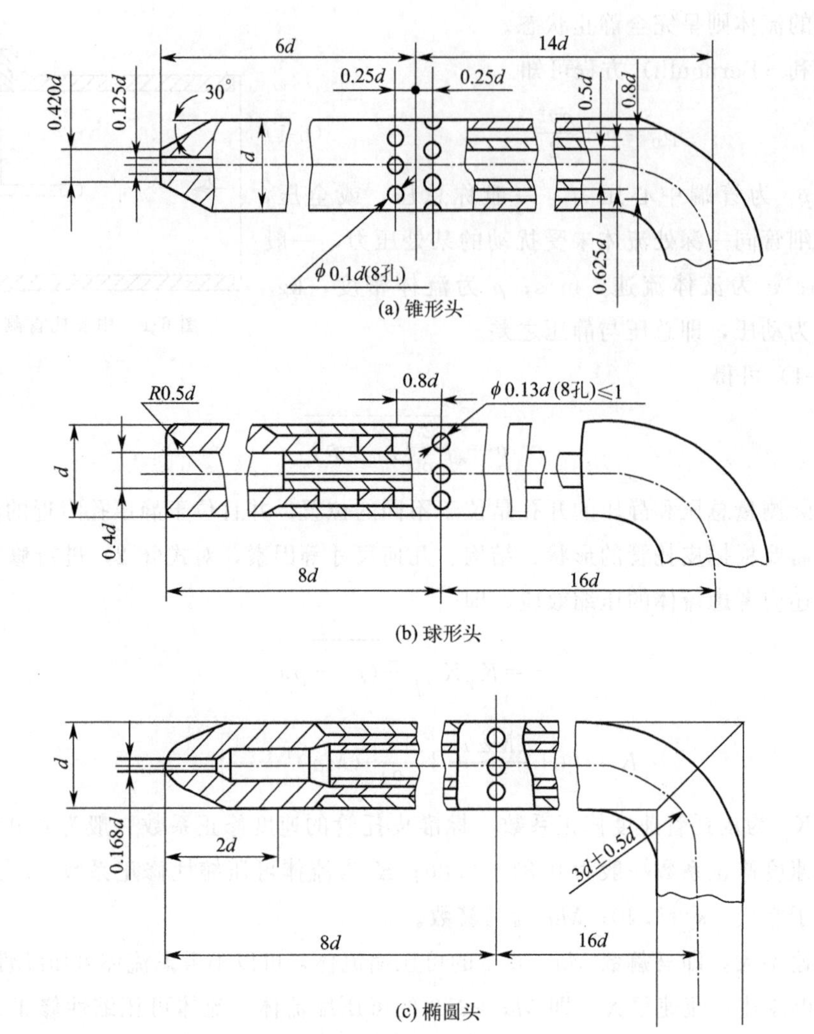

图 6-2　基本型皮托管的结构

标准皮托管的直径一般为 $d=4\sim15$mm，测头长度为 $(12\sim15)d$，弯折处的曲率半径为 $(2.5\sim3.5)d$，总压孔的直径 d_1 为 $(0.1\sim0.5)d$，并不得小于 1.0mm，静压孔的位置与总压孔相距不小于 $4d$，与支杆相距不小于 $8d$，静压孔的数目应不少于 4 个，且在此横截面的圆周上均匀分布，静压孔的直径为 0.5～1.0mm。

除了使用最广泛的标准皮托管外，在一些特殊的场合还经常用到其他形式的皮托管。

(2) 笛形皮托管

为了测量尺寸较大的管道内的平均流速，常常采用笛形皮托管，如图 6-3 所示，将一根或数根钢管或铜管垂直插入被测的管道内，笛形管上按等面积原则布置了若干个小孔，小孔正对来流方向，并在笛形管的两端通过连通管连接起来。这些测量小孔内感受的总压自动取平均值获得被测管道内的总压，而静压取压孔开在笛形管上游 1D（D 为管道内径）处管壁上的压力，与笛形管一起构成了笛形皮托管，由于各测量小孔内的总压自动取平均值，所以又称它为积分管。

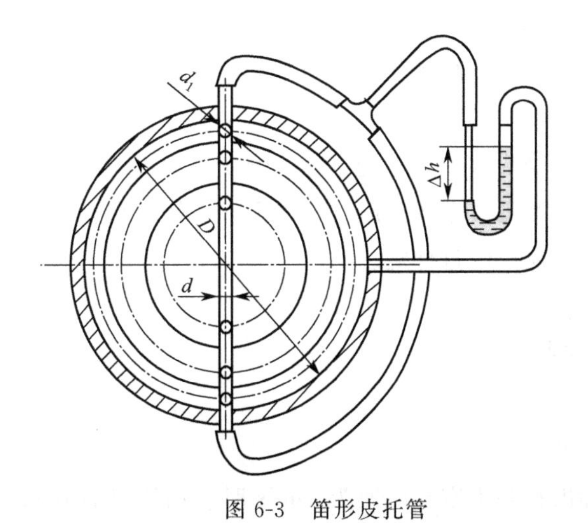

图 6-3 笛形皮托管

为了尽量减小堵塞作用，在保证刚度的前提下，笛形管的直径 d 应取得小些，一般 d 与管道直径 D 的比值取为 $d/D=0.04\sim0.09$，总压孔的总面积一般不应超过笛形管内截面的 30%。

(3) 测量高含尘量气流的皮托管

在一些设备的管道中经常有含尘浓度比较高的气流，利用吸气式、遮板式或靠背式皮托管测量流速有其独到的优越性，如图 6-4 所示。

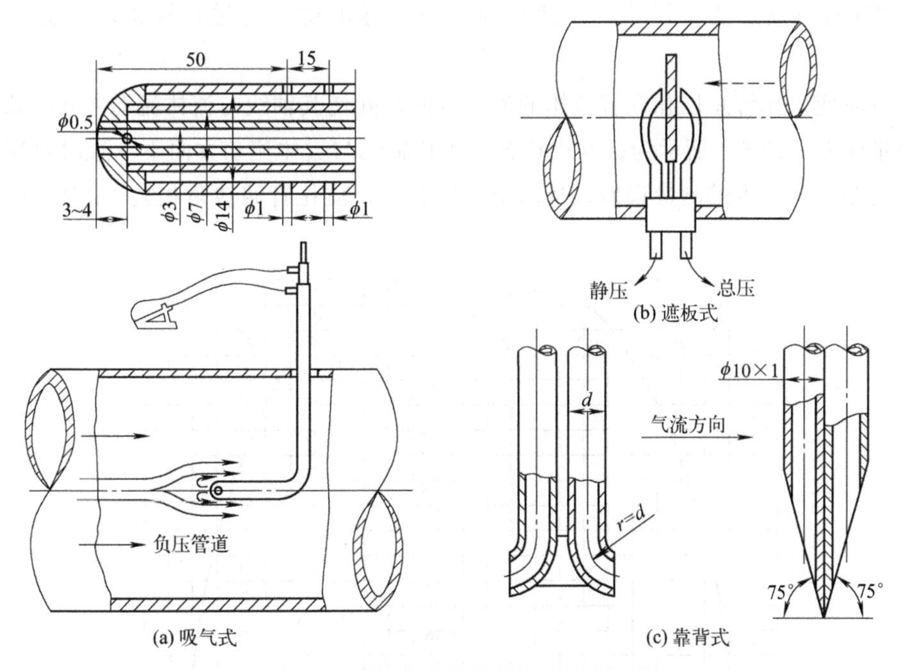

图 6-4 测量高含尘浓度气流的皮托管

吸气式皮托管主要用于高含尘量的负压管道气流压力的测量；遮板式皮托管是依靠遮板来阻止灰尘直接进入测量管；靠背式皮托管，有 S 形皮托管和直形皮托管两种形式，这种皮托管的测压管孔径较大而不易堵塞。直形皮托管也常用于厚壁风道的空气流速测定。

在测量过程中，总压孔误差比较小，而静压孔处误差较大。原则上，只要位置选择恰当，皮托管头部绕流和立杆绕流给静压孔带来的影响可以相互抵消，但是，流体绕流固体的状况，除了几何因素以外，还与流动因素有关，例如来流的横向流速梯度、雷诺数、湍流度等。这样，要保证静压孔不受头部和立杆绕流的影响就很困难。静压孔的形状、大小、孔数以及加工的质量也会影响它测得真正的静压。这些因素不能完全避免。因此，对于精确测量来说，皮托管在使用之前，需要经过标定。

6.1.3 皮托管的使用

（1）皮托管使用条件

流速较低，比如在标准状态下空气流速为 1m/s 时，动压只有 0.6Pa，二次仪表很难准确地指示此动压值，因此要求皮托管总压力孔直径上的流体雷诺数需超过 200。S 形皮托管由于测端开口较大，在测量低流速时易受涡流和气流不均匀性的影响，造成灵敏度下降，因此一般不宜测量小于 3m/s 的流速。

在测量时，如果管道截面较小，由于管道内壁绝对粗糙度 Ra 与管道直径（内径）D 之比，即相对粗糙度 Ra/D 增大和插入皮托管的扰动相对增大，使测量误差增大，所以一般规定皮托管直径与被测管道直径（内径）之比不超过 0.02，最大不得超过 0.04，相对粗糙度 Ra/D 不大于 0.01。管道内径一般应大于 100mm。

S 形皮托管（或其他皮托管）在使用前必须用标准皮托管进行校正，求出它的校正系数。

使用时应使皮托管总压孔迎着流体的流动方向，并使其轴线与流体流动方向一致，否则会引起测量误差。图 6-5 所示为标准皮托管总压孔轴线与流体流动方向不一致时对压差（总压与静压之差）所产生的测量误差。从图中可以看出，皮托管偏转角相差 10°时，压差的误差约为 3%。

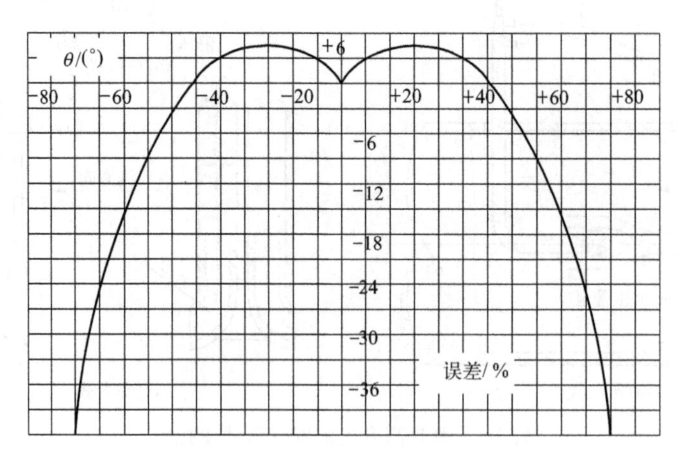

图 6-5　皮托管压差与方向差的关系

标准皮托管静压孔很小，在测量时应防止气流中颗粒物质堵塞静压孔，否则会引起很大的测量误差。

(2) 测点选择

流体在管道中流动时，同一截面上的各点流速并不相同，但常常需要知道流体平均速度。如果在测量位置上流体流动已经达到典型的湍流速度分布，则测出管道中心流速，按照有关公式或图表便可求得流体平均速度，或者测出距离管道内壁 $(0.242\pm0.08)R$（R 为管道内截面半径）处的流速，作为流体平均速度。但是，当管道内流体流动没有达到充分发展的湍流时，则应该在截面上多测几点的流速，以便求得平均速度。

中间矩形法是应用最广的一种测点选择方法，其测点的布置位置如图 6-6 所示。它是按照等面积原则将管道截面分成若干个面积相等的小截面，测点选择在小截面的某一点上，以该点的流速作为小截面的平均流速，再以各小截面的平均流速的平均值作为管道内流体的平均速度。具体方法如下所示。

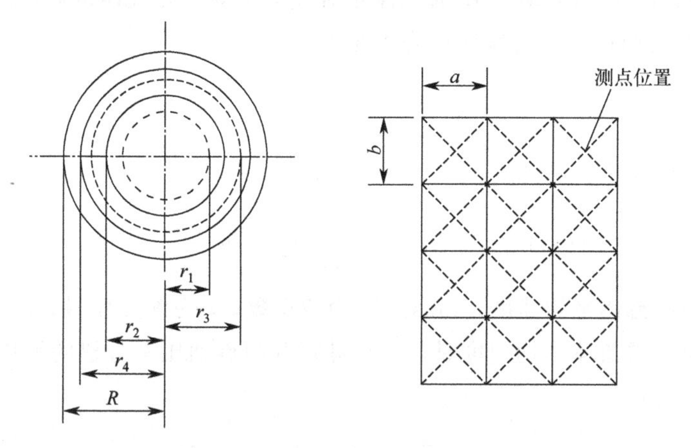

图 6-6 中间矩形法布置测点位置

对于圆形管道，将管道截面分成若干个面积相等的圆环（中间为圆），再将每个圆环（或圆）分成两个等面积圆环（或中间为圆），测点选在面积等分线上，测点的位置由下式确定

$$r_i=R\sqrt{\frac{2i-1}{2n}} \tag{6-5}$$

式中，r_i 为第 i 个等分截面上测点半径（圆心在管道轴线上）；n 为圆形管道截面等分数；R 为圆形管道半径（内径）；i 为等分截面的序号（从中心的圆开始），$i=1,2,3,\cdots$。

考虑到流体在圆形管道中的实际流速分布并不完全轴对称，因此在以 r_i 为半径的圆环上要选四个等分点作为测点，这样，对一个 n 等分的圆形管道来说，测点数 $N=4n$。圆形管道内流体的平均速度就是各测点流速的平均值，可见测点越多，测量精度越高。

对于矩形管道，可把截面分成其数量与测点数相同的等面积矩形测区，使每个面积的长宽比为 1～2，并将测点布置在各等面积测区的矩心上。

流体测定断面分区数（即测点数）的多少，取决于所需要的准确度和流速分布的均匀性，与管道断面尺寸无关。对于速度分布相同或相近的两个管道（尽管它们的断面不同），需要以相同的测点数（当然测定方法要相同）测量，才能够得到准确度相同的平均速度值。

所需要的准确度与使用场合有关，不同的场合，需要的准确度可能不相同。流速分布的均匀性在满足测定条件的情况下，主要与被测定流体断面的位置有关，不同位置的流体断面，其流速分布的均匀性不相同。要想达到相同的准确度，当流速分布均匀性不同时，在不同位置的被测流体断面上，所布置的测点数也不相同。

(3) 平均流速的计算

在实际测量和计算时，为方便起见，需要将流速的基本计算公式(6-3) 进行变换。根据波义耳-查理定律可知

$$\rho=\frac{p}{RT} \tag{6-6}$$

式中，ρ 为被测气体的密度，kg/m^3；p 为被测气体的绝对静压力，Pa；T 为被测气体的热力学温度，K；$R=8314/M$（M 为气体相对分子质量）为气体常数，J/(kg·K)。

将式(6-6) 代入式(6-3)，流速计算公式变为

$$v=K_{\mathrm{p}}K\sqrt{2\frac{RT}{p}}\times\sqrt{p_0-p} \tag{6-7}$$

管道内流体平均速度为各测点流速的平均值，即

$$\bar{v}=K_{\mathrm{p}}K\sqrt{2\frac{RT}{p}}\times\frac{1}{N}\sum_{i=1}^{N}\sqrt{(p_0-p)_i} \tag{6-8}$$

式中，$\bar{v}$ 为被测流体平均速度，m/s；N 为测点数；i 为测点序号，$i=1,2,3,\cdots$。

需要强调的是，求流体平均速度时，需要计算各测点动压平方根的平均值，而不是各测点动压平均值的平方根。

【例 6-1】 用标准皮托管测量空调送风风道内空气流速，皮托管系数 $K_{\mathrm{p}}=0.997$，风道空气静压 $p_0=980\mathrm{Pa}$（真空度），大气压 $B=101325\mathrm{Pa}$，空气温度 $t=20℃$，空气气体常数 $R=287\mathrm{J/(kg\cdot K)}$，风道断面上 6 个测点的动压读数（微压计系数为 0.2）分别为 61.5mmH_2O、72.8mmH_2O、80.6mmH_2O、80.5mmH_2O、88.5mmH_2O、100.7mmH_2O，求风道内空气平均流速。

【解】 把题中的单位转换成式(6-8) 中所使用的单位

$$T=273.15+t=(273.15+20)\mathrm{K}=293.15\mathrm{K}$$

$$p=B-p_0=101325\mathrm{Pa}-980\mathrm{Pa}=100345\mathrm{Pa}$$

6 个测点上空气动压值分别为：120.63Pa，142.79Pa，157.70Pa，158.09Pa，173.58Pa，197.51Pa。

$$\frac{1}{6}\sum_{i=1}^{6}\sqrt{(p_0-p)_i}$$

$$=\frac{\sqrt{120.63}+\sqrt{142.79}+\sqrt{157.70}+\sqrt{158.09}+\sqrt{173.58}+\sqrt{197.51}}{6}=12.55$$

$$\bar{v}=K_{\mathrm{p}}\sqrt{2\frac{RT}{p}}\frac{1}{N}\sum_{i=1}^{6}\sqrt{(p_0-p)_i}=0.997\times\sqrt{2\times\frac{287\times293.15}{100345}}\times12.55=16.20\mathrm{m/s}$$

6.2 热线（热膜）测速技术

6.2.1 热线风速仪的结构

采用皮托管测量气流速度有较大的滞后性，因此不适用于测量不稳定流动中的气流速度。即使在脉动频率只有几赫兹的不稳定气流中测量流速，也不能获得令人满意的测量结果。热线风速仪（hot-wire anemometry，HWA）具有探头尺寸小、响应快等特点，其截止频率可达 80kHz 或更高，所以它更适用于动态测量。热线风速仪由热线探头和伺服控制系统组成。如果与数据处理系统联用，可以简化烦琐的数据整理工作。

热线探头的结构形式有热线和热膜两种，常见的热线和热膜探头如图 6-7 所示。热线是直径很细的铂丝或钨丝，最细的只有 3μm，典型尺寸是直径为 3.8～5μm，长度 1～2mm。为了减少气流绕流支杆带来的干扰，热线两端常镀有合金，起敏感元件作用的只有中间部分。热膜是由铂或铬制成的金属薄膜，用熔焊的方法将它固定在楔形或圆柱形石英骨架上。热线的几何尺寸比热膜小，因而响应频率更高，但热线的机械强度低，不适于在液体或带有颗粒的气流中工作，而热膜的情况正好相反。热线探头还可根据它的用途分为测量一元流动速度的一元探头、测量平面流动速度的二元探头和测量空间流动速度的三元探头。

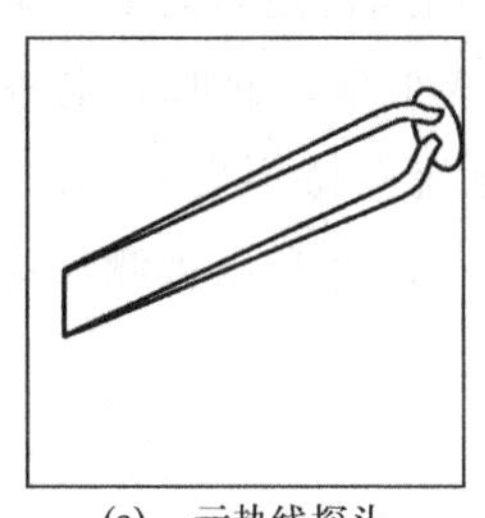
(a) 一元热线探头

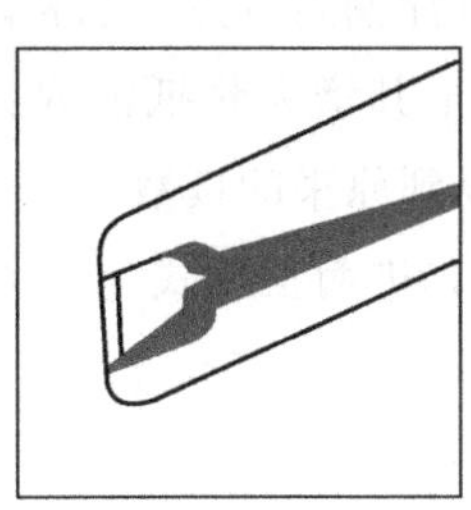
(b) 热膜探头

(c) 三元热线探头

图 6-7　典型的热线和热膜探头

热膜和热线在原理上是一样的，本节以热线为例说明。

6.2.2 热线风速仪测速原理

6.2.2.1 基本原理

热线风速仪是根据通电的探头在气流中的热量散失强度与气流速度之间的关系来测量流速的。若通过热线的电流为 I(A)，热线的电阻为 R_w(Ω) 是关于热线温度 t_w(℃) 的函数，当热线探头置于流场中时，流体对热线有冷却作用。忽略热线的导热损失和辐射损失，可以认为热线是在强迫对流换热状态下工作的。在热平衡的条件下，热线产生的热量与热线散失

的热量相等，即

$$I^2R_w = hF(t_w - t_f) \tag{6-9}$$

式中，h 为热线的表面换热系数，W/(m^2·K)；F 为热线的传热表面积，m^2；t_w 为热线温度，℃；t_f 为流体温度，℃。

对于一定的热线探头和流体条件，h 主要与流体的运动速度有关；在 t_f 一定的条件下，流体的速度 v 只是电流 I 和热线温度 t_w 的函数，即

$$v = f(I, t_w) \tag{6-10}$$

因此，只要固定 I 和 t_w 两个参数中的任何一个，都可以获得流速 v 与另一参数的单值函数关系。若电流 I 固定，则可根据热线温度 t_w 来测量流速 v，此为热线风速仪的恒流工作方式（constant current anemometer，CCA）；若保持热线温度 t_w 为定值，则可根据流经热线的电流 I 测量流速 v，此为热线风速仪的恒温工作方式（contant temperature anemometer，CTA）或恒电阻工作方式，它们的工作原理如图 6-8 所示。

（1）恒流式

保持加热电流不变，热线的表面温度随流体流速而变化，电阻值也随之改变。通过测定热线的电阻值就可以确定流体速度的变化，式(6-10) 改写为

$$v = f(R_w) \tag{6-11}$$

在图 6-8(a) 所示的恒流式测量电路中，假定热线尚未置入流场（即热线感受的流速为零）时，测量电桥处于平衡状态，检流计 G 指向零点，此时，电流表 A 的读数为 I_0。当热线被放置到流场中后，由于热线与流体之间的热交换，热线的温度下降，相应的阻值 R_w 也随之减小，致使电桥失去平衡，检流计偏离零点，当检流计达到稳定状态后，调节与热线串联于同一桥臂上的可变电阻 R_a，直至其增大量抵消 R_w 的减小量。此时，电桥重新恢复平衡，检流计回到零点，电流表也恢复到原来的读数 I_0（即电流保持不变）。通过测量可变电阻 R_a 的改变量可以得到 R_w 的数值，进而根据式(6-11) 就可以计算出被测流速 v。

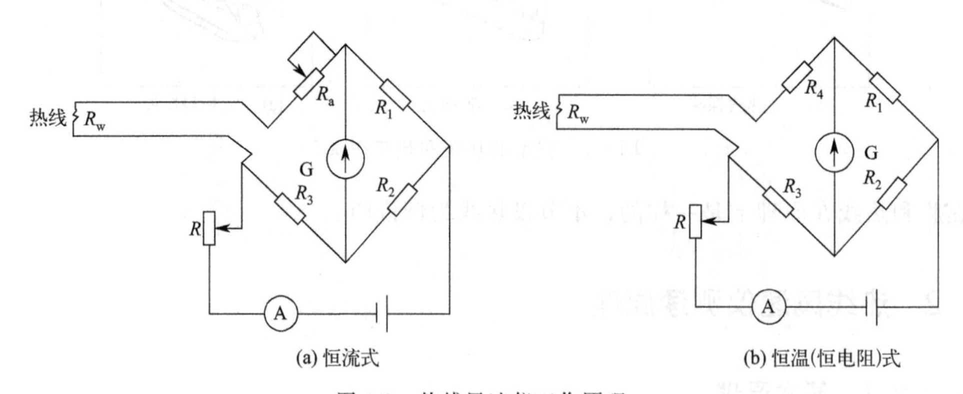

(a) 恒流式　　(b) 恒温(恒电阻)式

图 6-8　热线风速仪工作原理

（2）恒温（恒电阻）式

通过调节热线两端的电压以保持热线的电阻不变，就可以根据电压值的变化，测出热线电流的变化，进而计算流速 v。式(6-10) 改写为

$$v=f(I) \tag{6-12}$$

如图 6-8(b) 所示的恒温式测量电路，其工作方式与恒流式的不同之处在于：当热线因对流换热出现温度下降，电阻减小，导致电桥失去平衡时，调节可变电阻 R，使 R 减小以增加电桥的供电电压，桥臂上的电流随之增大，热线的加热功率提高，温度回升，阻值增大，直至电桥重新恢复平衡。

在上述两种工作方式中，恒流式因热线热惯性的影响，存在灵敏度随流动变化频率减小而降低，以及相位滞后等缺点。因此，大多采用频率特性较好的恒温式风速仪。此外，还可以始终保持式(6-9) 中的 (t_w-t_f) 为常数，同样可以根据热线电流 I 来测量流速，也称作恒加热度工作方式。在实际应用中，由于测速公式的函数关系不易确定，通常都采用试验标定曲线的方法，或把标定数据通过回归分析整理成经验公式。应用时，如果被测流体的温度偏离热线标定时的流体温度，则需要进行温度修正，为此可以采用自动温度补偿电路。

热线风速仪的基本原理是基于热线对气流的对流换热的，所以它的输出也与气流的运动方向有关。当热线轴线与气流速度的方向垂直时，气流对热线的冷却能力最大，即热线的热耗最大，若二者的交角逐渐减小，则热线的热耗也逐渐减小。根据这一现象，原则上可以确定气流速度的方向。

6.2.2.2 热线方程

假定热线为无限长、表面光滑的圆柱体，流体流动方向垂直于热线。由传热学知道

$$h=\frac{Nu\lambda}{d} \tag{6-13}$$

式中，Nu 为努塞特数，且有 $Nu=a+bRe_d^n$；Re_d 为以 d 为特征尺寸的雷诺数；a、b 为与流体物性有关的常数；n 为与流速有关的常数；λ 为流体热导率，W/(m·℃)；d 为热线直径，m。

式(6-13) 可以改写为

$$h=a\frac{\lambda}{d}+b\frac{\lambda d^{n-1}}{\nu^n}v^n \tag{6-14}$$

当热线已经确定，流体的 λ、ν 已知时，取 $a'=aF\frac{\lambda}{d}$，$b'=bF\frac{\lambda d^{n-1}}{\nu^n}$（$\nu$ 为流体的运动黏度，单位为 m^2/s），均为与流体参数和探头结构有关的常数，将式(6-14) 代入式(6-9)，有

$$I^2R_w=(a'+b'v^n)(t_w-t_f) \tag{6-15}$$

式(6-15) 为热线的基本方程。

另外，热线电阻 R_w 随温度变化的规律为 $R_w=R_0[1+\beta(t_w-t_0)]$，式中，$t_0$ 为校验热线风速仪时流体的温度，℃；R_0 为热线在 t_0 时的电阻，Ω；β 为热线材料的电阻温度系数，$℃^{-1}$。则式(6-15) 还可进一步写为

$$I^2=\frac{(a'+b'v^n)(t_w-t_f)}{R_0[1+\beta(t_w-t_0)]} \tag{6-16}$$

在恒温工作方式下，由于热线温度 t_w 维持恒定，并且对流体温度 t_f 偏离 t_0 进行修正，式(6-16) 改写为

$$I^2 = a'' + b''v^n \tag{6-17}$$

式中，a''、b''为流体温度有别于 t_0 时的附加修正系数。

在测量线路中，热线探头是惠斯顿电桥的一臂。实际测量时，测量的不是流过热线的电流 I，而是电桥的桥顶电压 U，这时式(6-17) 可以改写为

$$U^2 = A + Bv^n \tag{6-18}$$

式中，A、B 为与a''、b''性质相似的常数。此式称为金氏（King）定理，指数 n 的推荐值为 0.5。金氏定理是对热线风速仪在恒温工作方式下测量流速的工作原理的一种近似描述，是讨论热线应用的一个基础。

6.2.3 热线风速仪测速的应用

（1）平均流速的测量

对一定长度的热线而言，在制造过程中，其几何尺寸会存在误差；同时还存在着通过支杆的导热损失和支杆对气流的影响。因此，实际使用时金氏定理的误差比较大。为了减小误差，可采用下面的公式

$$U^2 = A + Bv_R^n + Cv_R \tag{6-19}$$

式中，$A = U_0^2$，U_0 为流体速度为零时热线电桥的桥顶电压，V；B、C、n 为根据试验数据确定的常数，$n = 0.5 \sim 0.9$；v_R 为当量冷却速度，简称冷速度。如果速度为 v 的气流对热线的冷却作用与在支杆平面内且垂直于热线的气流速度 v_R 对热线的冷却作用相同，那么 v_R 称作 v 的"冷速度"。应该注意，v_R 并不是流速 v 在支杆平面内垂直于热线方向上的投影。如果气流速度 v 在空间直角坐标系的三个轴 x、y、z 上的分量分别为 v_x、v_y、v_z，支杆平面与 Oxy 平面重合，它对平行于 Ox 轴的热线的冷却作用与 v_R 相同，则它们之间的关系为

$$v_R^n = K_1^2 v_x^2 + v_y^2 + K_2^2 v_z^2 \tag{6-20}$$

式中，K_1、K_2 为通过风洞校准得到的常数，与支杆的结构形式及尺寸有关，一般情况下，$K_1 \approx 0.15$，$K_2 \approx 1.02$。K_1 很小是由于 v_x 和热线平行且受支杆影响的缘故。当气流方向落在支杆平面上且垂直于热线时，有 $v_x = v_z = 0$，$v_R = v_y = v$。

由风洞校准试验获得的热线探头的实际特性曲线如图 6-9 所示。其中，图 6-9(a) 所示的是热线探头的速度特性曲线，它给出了流速 v 在支杆平面内且与热线垂直时，桥顶电压 U 与 v_R（在这种特定情况下，$v = v_R$）之间的关系。图 6-9(b) 所示的是热线探头的方向特性曲线，它给出了桥顶电压 U 与气流对热线的冲角 θ 之间的关系。

由热线探头的速度特性和方向特性曲线可以发现，在一定流速范围内，当冲角为 θ 时，取桥顶电压为 $U(\theta)$，当用 $U(\theta)$ 值查找 $v_R(\theta)$ 时，有

$$\frac{v_R(\theta)}{v_R(\theta=0)} = a_0 + b_0 \cos\theta \tag{6-21}$$

式中，a_0、b_0 为常数，由热线探头的形式和尺寸决定，通常，$a_0=0.15\sim0.20$，$b_0=0.80\sim0.85$。

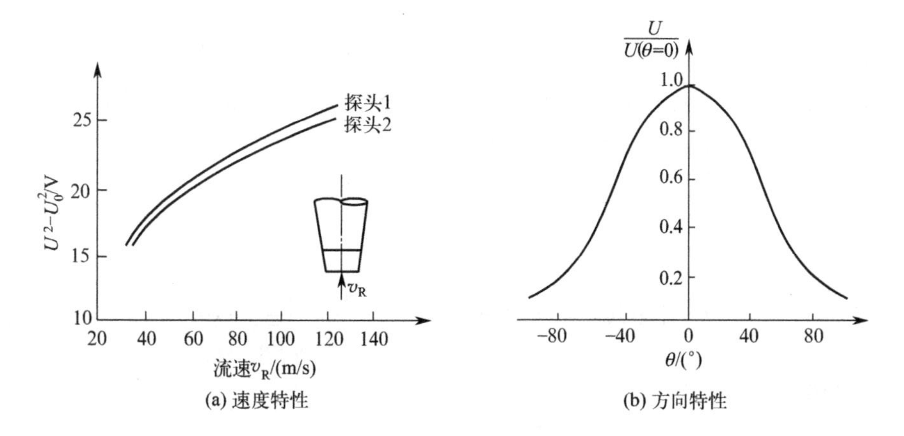

图 6-9　典型的热线探头实际特性曲线

用热线风速仪测量平面气流平均流速的大小和方向，分直接测量和间接测量两种方法，测量过程中都要始终保持流速 v 和支杆平面重合。

直接测量平面气流：转动热线探头以改变来流对热线的冲角，直到桥顶电压 U 达到最大值。此时，来流的方向与热线垂直，速度 v 的大小可根据测得的桥顶电压 U 和热线探头速度特性曲线求得。从其方向特性可看出，θ 角较小时，曲线较平坦，方向灵敏度小。因此，用直接测量法确定来流方向误差较大。

间接测量平面气流：放入热线探头后可测得桥顶电压 U_1，将探头转过一个已知角度 $\Delta\theta$ 后，得到桥顶电压 U_2，查速度特性曲线可得 v_{R1} 和 v_{R2}，由式(6-21) 可得联立方程

$$\begin{cases}v_{R1}=v(a_0+b_0\cos\theta)\\ v_{R2}=v[a_0+b_0\cos(\theta+\Delta\theta)]\end{cases}\tag{6-22}$$

从而求得 v 和 θ，v 为平均流速。

测量空间气流常用三元热线探头，它由三根互相垂直的热线组成。每根热线有各自的校准曲线。测量时将探头置于测点上，并使三根热线都面对来流，以减少支杆对热线的影响。记录下各热线的桥顶电压 U_1、U_2、U_3，根据各自的校准曲线，可以方便地查得相应的冷速度 v_{R1}、v_{R2}、v_{R3}，解方程组

$$\begin{cases}v_{R1}^2=K_1^2v_x^2+v_y^2+K_2^2v_z^2\\ v_{R2}^2=K_2^2u_x^2+K_1^2v_y^2+v_z^2\\ v_{R3}^2=v_x^2+K_2^2v_y^2+K_1^2v_z^2\end{cases}\tag{6-23}$$

得到 v_x、v_y、v_z，从而求得空间气流平均流速的大小和方向。

三元探头中各热线的 K_1、K_2 值必须经过风洞校准确定。利用上述方法求得的气流方向可能相差 180°，所以在使用前应对气流方向有所估计。

(2) 脉动气流的测量

尽管热线风速仪对测量气流平均流速有重要的实际意义，但它的主要应用是测量气流的脉动流速。当气流在平均流速 $\bar{v}$ 上叠加一个脉动速度 $\tilde{v}$ 时，热线风速仪的桥顶电压 U 就含有两个分量：直流电压 $\overline{U}$ 和交流电压 u。由于热线风速仪的校准曲线是在稳定气流中得到的，不能直接用于测定气流的脉动速度。为了简化对脉动速度测量的讨论，式(6-18) 中指数 n 取 0.5，此时桥顶电压与流速的关系可写为

$$(\overline{U}+u)^2=A+B\sqrt{\bar{v}_R+\tilde{v}_R} \tag{6-24}$$

展开得

$$\overline{U}^2+2\overline{U}u+u^2=A+B\sqrt{\bar{v}_R}+\frac{1}{2}B\frac{\tilde{v}_R}{\sqrt{\bar{v}_R}}+\cdots \tag{6-25}$$

对平均流速，有

$$\overline{U}^2=A+B\sqrt{\bar{v}_R} \tag{6-26}$$

用式(6-26) 减式(6-25)，并忽略高阶无穷小量 u^2，可得

$$\tilde{v}_R=\frac{4\overline{U}\sqrt{\bar{v}_R}}{B}u \tag{6-27}$$

当 B、$\overline{U}$、$\bar{v}_R$ 已知时，式(6-27) 可写成

$$\tilde{v}_R=Lu \tag{6-28}$$

式中，$L=\dfrac{4\overline{U}\sqrt{\bar{v}_R}}{B}$。

测到 u 后就可方便地得到 $\tilde{v}_R$。由于在热线风速仪上读出的是交流电压 u 的时间均方根值 $\bar{u}$，令脉动速度 $\tilde{v}$ 的时间均方根值为 ω，则式(6-28) 还可表示为

$$\omega^2=L^2\bar{u}^2 \tag{6-29}$$

测量脉动流速一般采用三元热线探头，对于三根热线，应有

$$\begin{cases}\omega_1^2=L_1^2\bar{u}_1^2\\ \omega_2^2=L_2^2\bar{u}_2^2\\ \omega_3^2=L_3^2\bar{u}_3^2\end{cases} \tag{6-30}$$

在分别求得 ω_1^2、ω_2^2、ω_3^2 之后，按照求空间气流平均流速的同样方法，写出下列联立方程

$$\begin{cases}\omega_1^2=K_1^2\omega_x^2+\omega_y^2+K_2^2\omega_z^2\\ \omega_2^2=K_2^2\omega_x^2+K_1^2\omega_y^2+\omega_z^2\\ \omega_3^2=\omega_x^2+K_2^2\omega_y^2+K_1^2\omega_z^2\end{cases} \tag{6-31}$$

解方程组，可得脉动速度各分量的均方值 ω_x^2、ω_y^2、ω_z^2，从而求出脉动速度的时间均方根值

$$\omega=\sqrt{\omega_x^2,\omega_y^2,\omega_z^2} \tag{6-32}$$

6.3 流速测量仪表的校准

流速测量仪表在出厂以前，或使用一段时间之后都需要进行校验，以保证其准确度在一定范围之内，用于校验流速测量仪表的实验装置称为校准风洞。校准风洞是具有一定形状的管道。在管道中造成具有一定参数的气流，被校流速测量仪表与标准流速测量仪表在其中进行对比实验。根据比较结果得出被标定的仪表的修正系数或特性曲线。由于风速读数与被测气流的温度、湿度及大气压力有关，因此，在风速仪表标定时也需要测量温度、湿度及大气压力等参数。

6.3.1 皮托管的校准

校准风洞是由若干个功能段组成的能对气流加速的管道，有吸入式、射流式、吸入-射流复合式以及正压式等多种类型。常用的是射流式校准风洞。

如图 6-10 所示，射流式校准风洞的结构特点是工作段是开放式的，由稳流段和收敛器构成，稳流段内装有整流网和整流栅格，易于安装测压管。压缩空气先通过稳流段，再通过收敛器后形成自由射流。标定时，被标定的皮托管探头置于风洞出口处，其动压读数为 Δh_1。标准动压 Δh 在射流段 B 处测量。这里需要说明，测量 Δh 时，之所以将总压管安装在稳流段的 A 处，是因为该处容易布置总压管，而且由于风洞的收敛器采用维托辛斯基型面，流线光顺，加上 AB 两截面距离很短，故可以认为 AB 段内的流动损失接近零，即可以认为 A 处和 B 处的总压相等。另外，之所以要在 B 处测量标准动压，是因为 A 处截面大、风速低，总压和静压很接近，动压很小；而 B 处截面缩小，流速增大，动压也大，其量值通常是 A 处的 16^2 倍左右。因此，采用 B 处的动压可以提高标定精度。

皮托管标定的基本步骤可以概括为：

① 将被标定的皮托管按图 6-10 所示的位置进行安装，安装时要保证皮托管的总压孔轴线对准校准风洞的轴线，然后连接好测量管路。

② 合理选择标定流速范围，记录各稳定气流流速下校准风洞的标准动压值 Δh 和被标定皮托管的动压值 Δh_1。

③ 整理记录数据，或拟合成标定方程，或绘制成标定曲线，以备查用。当 Δh 与 Δh_1 之间呈线性关系时，可以直接求出皮托管的校准系数 K_p，即

$$K_p=\sqrt{\frac{\Delta h}{\Delta h_1}} \tag{6-33}$$

在没有校准风洞的情况下，对用于一般场合测速的皮托管，可以采用自制的平直风管进行标定。这种风管的长径比要求大于 20，为使风压更稳定，可以在风机出口处加一稳压箱。

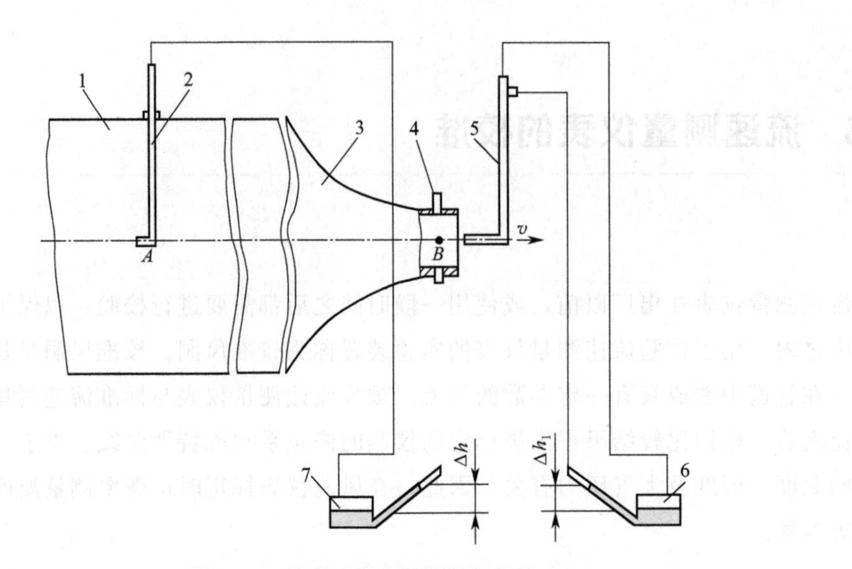

图 6-10 射流式校准风洞测量系统

1—稳流段；2—总压管；3—收敛器；4—静压测孔；5—被校测速管；6，7—微压计

标定时，将标准皮托管和被标定皮托管分别置于风管的出口处，以标准皮托管感受的动压作为标准动压，标定步骤同上所述。

6.3.2 热线风速仪的校准

热线风速仪校准的是热线风速仪传感器（测头）的输出电压与流体速度的真实响应关系。校准也是在校正风洞中或其他已知流体流动速度的流场中完成的，对应地在热线风速仪上读出电压 U 值，作出 U-v 校准曲线。

式(6-18) 所示的金氏定理表明了仪器的输出与被测流体的关系。但在被测流体速度很低和很高时，n 要随速度而变。指数 n 可由式(6-34) 确定

$$n=\frac{\ln\dfrac{U_1^2-U_0^2}{U_2^2-U_0^2}}{\ln\dfrac{v_1}{v_2}} \tag{6-34}$$

式中，v_1、v_2 为被测点附近两个速度值，m/s；U_1、U_2 为相应于 v_1、v_2 的风速仪输出电压，V；U_0 为零速度时风速仪输出电压，V。

在校准装置上进行校准时，当得到的气流速度与输出电压之间的关系曲线和金氏定理之间存在较大偏差时，建议使用扩展的金氏定理，即 $U^2=A+Bv^n+Cv$，n 由式(6-34) 确定。实践表明，该表达式与实验所获得的校准曲线很接近。后来又有人提出分段接合的表达式，即

$$U^2=\sum_{i=1}^{n}(A_i+B_iv+C_iv^2+D_iv^3) \tag{6-35}$$

式中，A_i、B_i、C_i、D_i 为由实验确定的常数。该表达式与实验所获得的校准曲线吻

合得很好，特别是在低速范围内，与实际情况相当接近。

6.4 激光多普勒测速技术

激光多普勒测速技术（laser Doppler velociemeter，LDV）是典型的非接触测量技术。激光多普勒测速对被测流场无干扰，对小尺寸流道的流速流量测量、困难环境条件下（如低温、低速、高温、高速等）的流速测量均具有良好的适应性。此外，激光多普勒测速仪动态响应快，测量精度高，仅对速度敏感而与流体种类及其他性质（如温度、压力、密度、黏度等）无关。因此，该技术被广泛地应用于科学试验和生产的各个领域，如在能源与动力过程领域的燃烧或传热传质过程的研究中，常利用激光多普勒技术对火焰、燃烧混合物、多相流动以及化学反应流动中的流速进行测量。

6.4.1 激光多普勒测速原理

6.4.1.1 多普勒频移

当激光照射到随流体一起运动的微粒上时，激光被运动中的微粒散射。散射光的频率和入射光的频率相比较，会出现正比于流体速度的频率偏移。测量这个频率偏移，就可以反映出流体的速度。

(1) 基本多普勒频移方程

任何形式的波传播，由于波源、接收器、传播介质的相对运动，会使波的频率发生变化，这种频率变化称作多普勒频移。如果有一个波源（例如声波）是静止的，如图 6-11 中的 S 点。S 发射的波长为λ，频率为 f，波的速度为 c，且 $c=f\lambda$。观察者（P 点）以速度 v 移动，如果 P 离开 S 足够远（和 λ 相比时），可把靠近 P 点的波看作平面波。

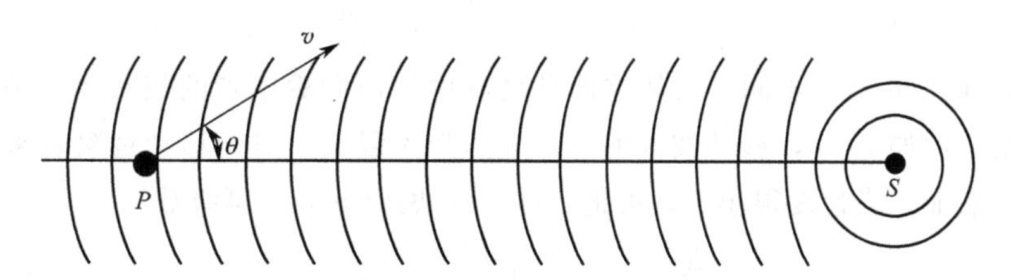

图 6-11 移动观察者感受到的多普勒频移

单位时间内 P 朝着 S 方向运动的距离为 $v\cos\theta$，θ 是速度向量和波运动方向之间的夹角，因此单位时间内比起 P 点为静止时多拦截了 $v\cos\theta/\lambda$ 个波。对于移动观察者感受的频率增加为

$$\Delta f=\frac{v\cos\theta}{\lambda} \quad (6\text{-}36)$$

频率的相对变化为

$$\frac{\Delta f}{f}=\frac{v\cos\theta}{c} \quad (6\text{-}37)$$

这就是基本的多普勒频移方程。

(2) 移动源的多普勒频移

如果波源是移动的，观察者是静止的，如图6-12所示。

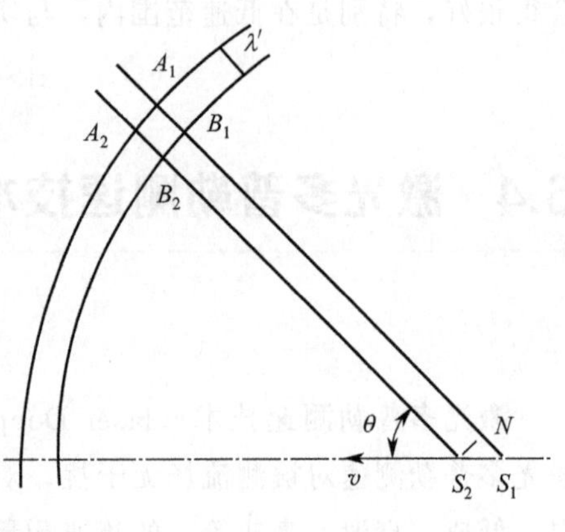

图6-12 波源移动的多普勒频移现象

$L_{A_1-A_2}$ 和 $L_{B_1-B_2}$ 分别为 t 时刻相继的两个波前上的一小部分，它们分别是由波源 S_1 和 S_2，在时刻 t_1 和 t_2 发射出来的。若波运动的速度为 c，波源处的频率为 f，波源的运动速度为 v，由此

$$L_{S_1-A_1}=c(t-t_1)\text{及}L_{S_2-B_2}=c(t-t_2) \quad (6\text{-}38)$$

相继两个波前之间在波源处的时间间隔为发送波运动时的周期

$$t_2-t_1=\tau=\frac{1}{f} \quad (6\text{-}39)$$

在此时间间隔内波源从 S_1 移动到 S_2 的 $L_{S_1-S_2}$ 为

$$L_{S_1-S_2}=v\tau \quad (6\text{-}40)$$

则观察到的波长，A_1A_2 和 B_1B_2 的间隔为

$$\lambda'=L_{A_1-B_1}=L_{S_1-A_1}-L_{S_2-B_2}-L_{S_1-S_2}\cos\theta \quad (6\text{-}41)$$

式中，θ 为 $L_{S_1-A_1}$ 和速度 v 之间的角度。如前所述，离波源足够远处可把波前作为平面波来处理。利用式(6-38)、式(6-39)、式(6-40) 和式(6-41)，可得出

$$\lambda'=c\tau-v\tau\cos\theta \quad (6\text{-}42)$$

因为 $c=f'\lambda'$，f'为接收到的频率，因此相对多普勒频移为

$$\frac{\Delta f}{f}=\frac{f'-f}{f}=\frac{\frac{v}{c}\cos\theta}{1-\frac{v}{c}\cos\theta} \quad (6\text{-}43)$$

这个公式和式(6-37) 不同，虽然这两种情况中波源和观察者的相对运动是一样的。特别要注意的是，假如 $v>c$，移动波源的 Δf 可变为无限大。对于移动观察者来说，这是不可能发生的。然而，当速度很小时，可把式(6-43) 展成 v/c 的幂级数

$$\frac{\Delta f}{f}=\frac{v}{c}\cos\theta+\frac{v^2}{c^2}\cos^2\theta+\cdots \quad (6\text{-}44)$$

该公式中的 v/c 的一次项与式(6-37) 一样。这表明，在这种近似中，频移只依赖于波源和观察者的相对速度，而与介质无关。

(3) 散射物的多普勒频移

如光源和观察者是相对静止的，而散射物是移动的，可以把这种情况当作一个双重多普

勒频移来考虑，先从光源到移动的物体，然后由物体到观察者。这样将问题简化为光程长度变化的计算或光源和观察者之间经散射物后的波数的计算。

假如 n 是沿从光源到观察者的光路上的波数或周期数，由图 6-13(a) 可以看出到达观察者 P 处的外加周期数等于从路程 $SQ-QP$ 波数的变化。因此，在无限小的时间间隔 δt 中，假定 Q 移动到 Q' 的距离为 $v\delta t$，在光程中周期数的减少为

$$\Delta v=-\frac{\mathrm{d}n}{\mathrm{d}t} \tag{6-45}$$

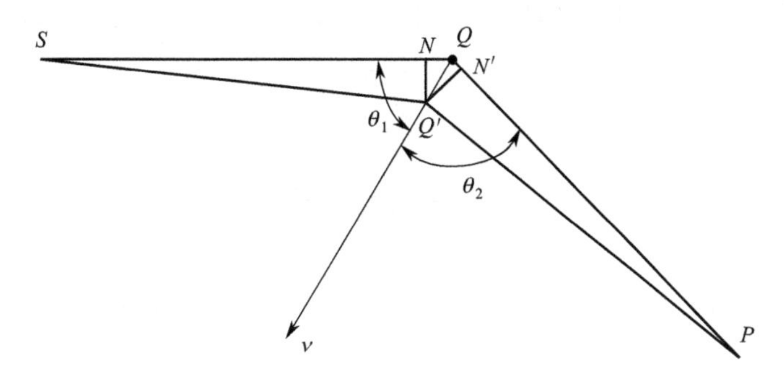

(a) 散射物的多普勒频移

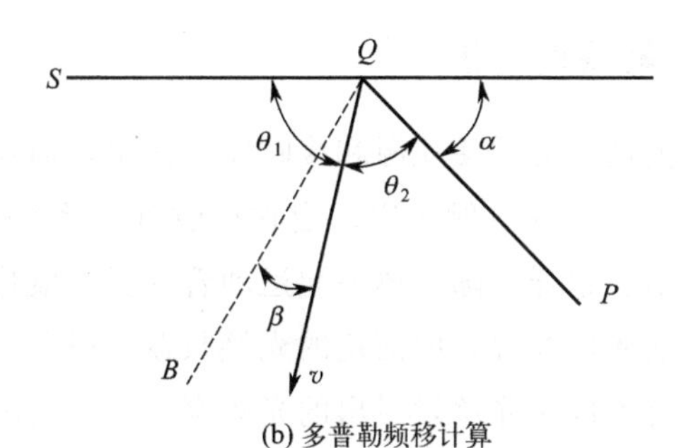

(b) 多普勒频移计算

图 6-13 散射物移动的多普勒频移现象

N 和 N' 分别是 Q' 向 SQ 和 QP 作垂线和 SQ、QP 的交点，设 QQ' 为无限小，λ 和 λ'' 分别是散射前后的波长。用 θ_1 和 θ_2 表示速度向量和指向光源方向及指向观察者方向的夹角，可以得到

$$-\delta n=\frac{v\delta t\cos\theta_1}{\lambda}+\frac{v\delta t\cos\theta_2}{\lambda''} \tag{6-46}$$

又 $c=f\lambda=f''\lambda''$，利用式(6-45) 和式(6-46) 可得到

$$\Delta f=f''-f=\frac{fv\cos\theta_1}{c}+\frac{f''v\cos\theta_2}{c} \tag{6-47}$$

采用三角变化后可得

$$\Delta f=\frac{2fv}{c}\cos\frac{\theta_1-\theta_2}{2}\cos\frac{\theta_1+\theta_2}{2} \tag{6-48}$$

由图 6-13(b) 可知

$$\alpha=\pi-(\theta_1+\theta_2) \tag{6-49}$$

其中 α 是散射角，而且

$$\sin\frac{\alpha}{2}=\cos\frac{\theta_1+\theta_2}{2} \tag{6-50}$$

另有

$$\beta=\frac{\theta_1-\theta_2}{2} \tag{6-51}$$

式中，β 为速度向量和 QB 之间的夹角；QB 为 QS 和 QP 夹角的平分线。QB 方向是散射向量的方向，代表散射辐射的动量变化。将式(6-50) 和式(6-51) 代入式(6-48) 可得

$$\frac{\Delta f}{f}=\frac{2v\cos\beta}{c}\sin\frac{\alpha}{2} \tag{6-52}$$

或

$$\Delta f=\frac{2v\cos\beta}{\lambda}\sin\frac{\alpha}{2} \tag{6-53}$$

这是多普勒频移方程的一般形式。由此可见，多普勒频移依赖于 v 在散射方向的分量 $v\cos\beta$ 和散射半角的正弦值 $\sin\frac{\alpha}{2}$。

6.4.1.2 激光多普勒测速原理

利用多普勒效应测量流速，必须使光源和接收器都固定，而在流体中加入随流体一起运动的微粒。由于微粒对于入射光的散射作用，当它接收到频率为 f 的入射光照射后，会以同样的频率将其向四周散射。这样，随流体一起运动着的微粒既作为入射光的接收器，接收入射光的照射，又作为散射光的光源，向固定的光接收器发射散射光波。固定的接收器所接收到的微粒散射光频率，将不同于光源发射出的光频率，二者之间会产生多普勒频移。测速方法有两种：直接检测和外差检测。直接检测法使用法布里-珀罗干涉仪直接检测散射光的多普勒频移，但这种方法的典型分辨力为5MHz，只适合马赫数在0.5以上的高速测量，对于大多数的低速测试是不适用的，所以应用有限。

外差检测是用两束频率均为 f 的不同光源 S_1 和 S_2 同时通过散射物产生两股散射频移光，然后再测出这两股散射频移光的频差。接收散射光的方向可以是任意的，它与光源方向无关。如图6-14所示，α 为两束光的夹角，θ_1 和 θ_1' 为散射体里粒子运动速度 v 与入射光之间的夹角，θ_2 为 v 与观测方向的夹角。

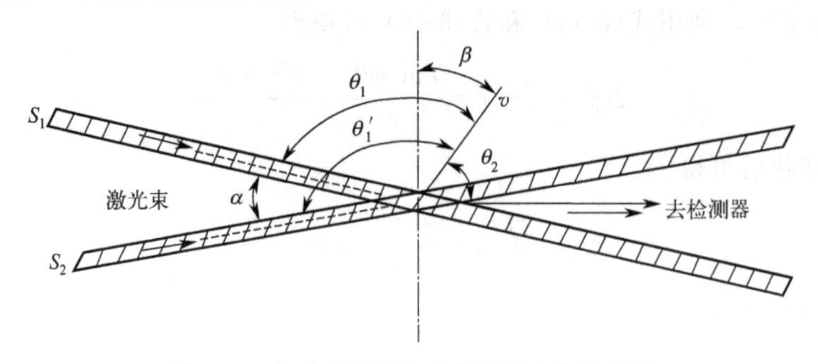

图 6-14 差动多普勒技术中照射光束的布置

光源 S_1 在散射物上产生的多普勒频移为

$$\Delta f=\frac{fv}{c}(\cos\theta_1+\cos\theta_2) \tag{6-54}$$

光源 S_2 在散射物上产生的多普勒频移为

$$\Delta f'=\frac{fv}{c}(\cos\theta_1{}'+\cos\theta_2) \tag{6-55}$$

由此，检测器观测的频差为

$$f_D=\Delta f-\Delta f'=\frac{fv}{c}(\cos\theta_1-\cos\theta_1') \tag{6-56}$$

或

$$f_D=\frac{2v\cos\beta}{\lambda}\sin\frac{\alpha}{2} \tag{6-57}$$

式中，$\alpha=\theta_1'-\theta_1$ 为两束照射光之间的夹角；$\beta=(\theta_1+\theta_1'-\pi)/2$ 为运动方向与光束夹角平分线的法线之间的夹角。

需要注意的是，频差 f_D 与接收方向无关。并且如果两束散射光是由同一个粒子产生的，即它们有同一个光源，则对接收器没有相干限制，可以使用大孔径的检测器，增强检测信号的信噪比。因此，当气流中的粒子浓度较低时，常采用外差检测技术。

6.4.2 激光多普勒测速仪的光学部件

6.4.2.1 光路系统

外差检测法的基本光路系统大致有三种，即参考光束系统、双光束系统和单光束系统。

(1) 参考光束系统

图 6-15 是参考光束系统光路图。来自同一光源的激光被分光镜 S 分为两束，一束为参考光 K_r，另一束为信号光 K_i，两束光强度不同。参考光通过试验段直接射到光电检测器上，信号光则聚焦于流体中微粒 P 上，微粒 P 接收激光照射而产生散射光。散射光经小孔光阑 N 及接收透镜 L_2 会聚到光电检测器上，光电检测器接收到的参考光与散射光的差拍信号（两束光的频率差）恰好是多普勒频移 f_D，参考光与信号光入射方向之间的夹角 θ 等于信号光入射方向与微粒到光电检测器散射光方向之间的夹角，据式(6-58) 即可求测点处流体的速度分量，即

$$f_D=\frac{2v_n}{\lambda}\sin\frac{\theta}{2} \tag{6-58}$$

光束经微粒散射后，其强度将大大削弱。因此，参考光束系统采用 1∶9 的比例将光源发射的光束分割成参考光与信号光，以使光电检测器接收到的参考光强度与被散射的信号发光强度具有相同的量级，从而得到高信噪比和高效率的多普勒信号。

(2) 双光束系统

图 6-16 是一个典型的双光束系统光路。来自同一光源的激光，由分光镜 S 及反射镜 M

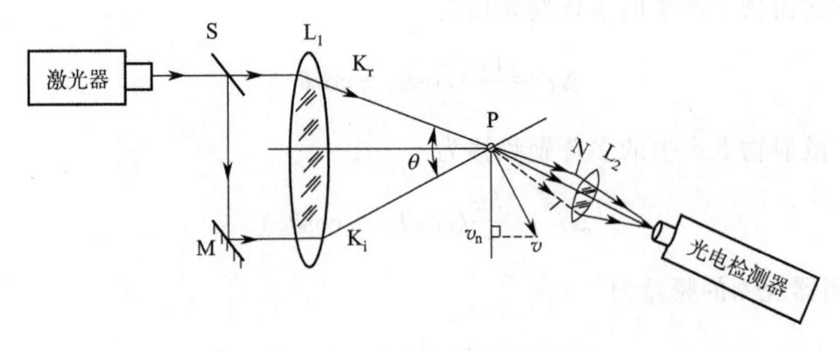

图 6-15　参考光束系统光路

S—分光镜；M—反射镜；L_1—透镜；P—运动微粒；N—光阑；L_2—透镜

分为两条相同的光束，通过透镜 L_1 聚焦于流体中的某一测点。流经测点的微粒 P 接收来自两个方向、频率和强度都相同的入射光的照射后，发出两束具有不同频率的散射光，在微粒到光接收器的方向上，两束不同频率的散射光经光阑 N、透镜 L_2 聚焦到光电检测器上，光电检测器接收到差拍信号。设两束入射光的夹角为 θ，微粒运动速度 v 在两束光的光轴法线上的分量为 v_n，则

$$f_D = \frac{2v_n}{\lambda}\sin\frac{\theta}{2} \tag{6-59}$$

显然，在双光束系统中，v_n 和 f_D 之间关系的表达式与参考光束系统中的表达式在形式上是相同的。

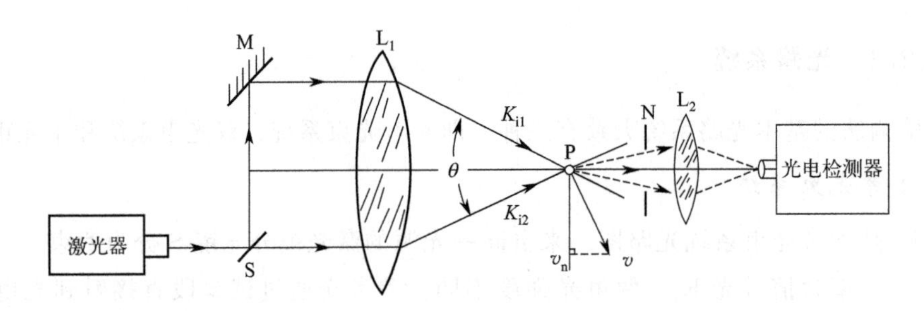

图 6-16　双光束系统光路

S—分光镜；M—反射镜；L_1—透镜；P—运动微粒；N—光阑

双光束系统的显著特点是多普勒频移与接收方向无关。因此就有可能用透镜在相当大的立体角上收集光线，然后聚焦于光电检测器。而且，光电检测器的位置只要避开入射光的直接照射，可任意选择。在散射粒子浓度较低的情况下，和其他系统相比，它有较好的信噪比。此外，双光束系统调准较容易。

(3) 单光束系统

把光源发出的激光光束 K_i 聚集于测点上，流经测点的微粒 P 接收入射光的照射，并将入射光向四周散射，在与系统轴线对称的两个地方安置接收孔，再通过反射镜 M 和分光镜 S 将频率分别为 f_{D1} 和 f_{D2} 的两束散射光送入光电检测器，如图 6-17 所示。令 $f_D = f_{D1} - f_{D2}$，经几何运算和推导，亦可得到如式(6-58) 和式(6-59) 的形式。但从推导过程可以看到：双光

束系统具有多普勒频移与光电检测器的接收方向无关这一显著的特点，而单光束系统要求两个接收孔的直径选择适当，过大过小都会使信号质量变坏，降低测量精度。而且，这种光路对光能利用率低，且需要遮蔽周围环境的光线，目前已较少应用。

三种光路系统，又都可分为前向散射和后向散射两种方式。入射光路部分和接收光路部分在试验段的两侧，称为前向散射方式；入射光路部分和接收光路部分在试验段的同一侧，称为后向散射方式。一般应采用的是前向散射方式，因为在这种方式中，微粒散射强度较大，可以提高检测信号的信噪比。但在某些热工设备的流场测量中，由于试验台架较大及在试验段开测量窗口困难等原因，只能采用后向散射方式。

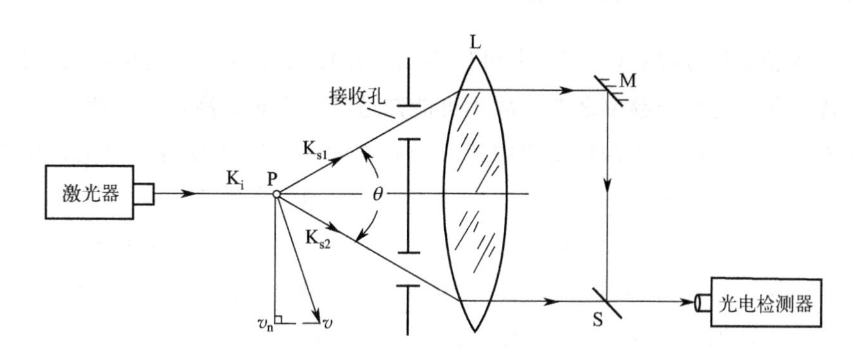

图 6-17　单光束系统光路

P—运动微粒；L—透镜；S—分光镜；M—反射镜

6.4.2.2　干涉条纹

双光束系统中，差拍信号 f_D 的测量利用了光的干涉现象。根据光的干涉原理，来自同一光源的两束相干光，当它们以角 θ 相交时，在交叉部位会产生明暗相间的干涉条纹，如图 6-18 所示。只要两条相干光的波长保持不变，且交角 θ 已知，那么干涉条纹的间距 D_F 就是定值，且

$$D_F = \frac{\lambda}{2\sin\dfrac{\theta}{2}} \tag{6-60}$$

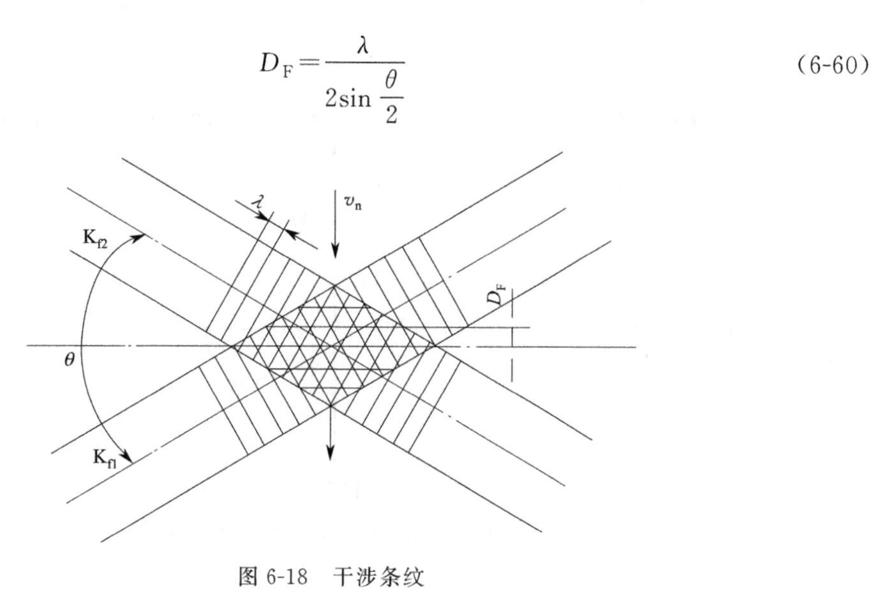

图 6-18　干涉条纹

当微粒以速度 v_n 通过干涉条纹区时，明纹处的散射光强度增大，而暗纹处的散射光强度减弱。散射光强度的变化频率为 v_n/D_F，它恰好就是光电检测器所接收到的差拍信号，即

$$\frac{v_n}{D_F}=\frac{2v_n\sin\frac{\theta}{2}}{\lambda}=f_D \tag{6-61}$$

可见，在双光束系统中，可以通过测出散射光强度的变化频率来确定流速分量 v_n。

6.4.2.3 方向模糊性及解决办法

从基本多普勒频移方程式(6-37) 中可以看出，速度信号与多普勒频移成正比关系，但是，因为多普勒频移是两个频率之差，故不可能知道哪一个频率高，因此速度符号变化对产生的频率无差别。所以激光多普勒测速中的一个基本问题是速度方向的鉴别，如图 6-19(a) 所示。为了解决方向的模糊性问题，最通用的技术是采用光束频移技术。即使入射到散射体的两束光中的一束光的频率增加，这样散射体中的干涉条纹就不再是静止不动的了，而是一组运动的条纹系统，如图 6-19(b) 所示。这样，在检测器检测到的一个静止的粒子产生的信号频率等于光束增加的频率 Δf。如果粒子运动的方向与干涉条纹运动的方向相反，则得到大于光束增加频率 Δf 的多普勒频率，这时粒子运动的速度方向为正；如果粒子运动的方向与干涉条纹运动的方向相同，则得到小于光束增加频率 Δf 的多普勒频率，这时粒子运动

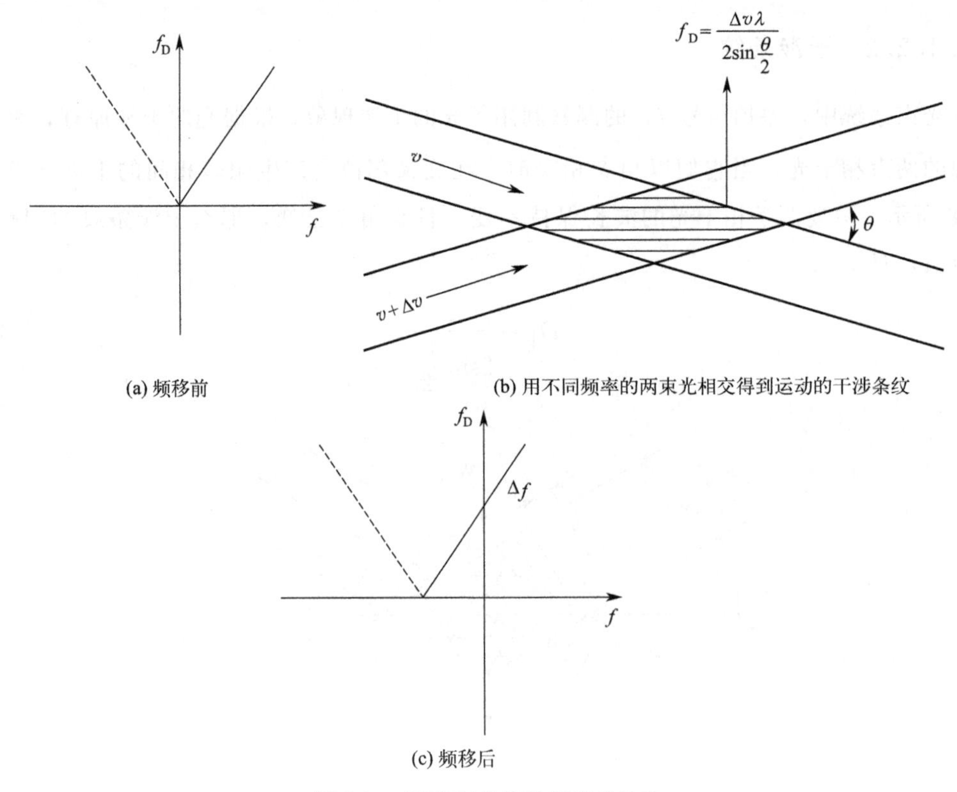

(a) 频移前

(b) 用不同频率的两束光相交得到运动的干涉条纹

(c) 频移后

图 6-19 速度与多普勒频移的关系

的速度方向为负。这样就解决了方向模糊的问题。频移后的速度与多普勒频移的关系见图 6-19(c)。实现光束频移的方法有旋转光栅、声光器件（又称声光调制器或布拉格盒，Bragg cell）和电光器件（克尔盒，Kerr cell）。

6.4.2.4 主要光学部件

在激光多普勒测速仪中，主要的光学部件有激光光源、分光器、发射透镜与接收透镜、光信号收集与检测系统（光阑和光电检测器）、频率信号处理系统以及散射微粒等。它们对任何一种光路系统都是必需的，而且其性能对流速测量都有显著的影响。

(1) 激光光源

根据多普勒效应测量流速，要求入射光的波长是稳定已知的。采用激光器作为光源是很理想的，这是因为激光具有很好的单色性，波长精确已知且稳定。同时，激光具有很好的方向性，可以集中在很窄的范围内向特定方向传播，容易在微小的区域上聚焦以生成较强的光，便于检测。

激光光源可采用氦-氖气体激光器，波长为 632.8nm，也可采用氩离子气体激光器，波长为 488nm 或 514.5nm。由微粒发出的散射光，其强度随入射光波长减小而增强，所以，使用波长较短的激光器有利于得到较强的散射光。

(2) 分光器

双光束系统和参考光束系统都要求把同一束激光分成两束，双光束系统要求等强度分光，参考光束系统则要求不等强度分光，这些要求是由分光器完成的。分光器是一种高精度的光学部件。要保证被分开的两束光平行，使得这两束光经透镜聚焦后在焦点处准确相交，提高输出信号的信噪比，主要靠分光器本身的精度来实现。

(3) 发射透镜

两束入射光需要聚焦，以便更好地相交。发射透镜的主要任务是提高焦点处光束功率密度、减小焦点处测点体积、提高测点的空间分辨率。两束入射光相交区称为控制体，直接影响测点的空间分辨率。测点的几何形状近似椭球体，如图 6-20 所示。如果以 ω_m、h_m、l_m 分别表示椭球的三个轴的长度，则

$$\omega_m=\frac{D_m}{\cos\frac{\theta}{2}},\ h_m=D_m,\ l_m=\frac{D_m}{\sin\frac{\theta}{2}} \tag{6-62}$$

控制体 V_m 为

$$V_m=\frac{\pi D_m^3}{3\sin\theta} \tag{6-63}$$

式中，D_m 为测点上光束的最小直径。设透镜焦距为 l，每条激光光束的会聚角为 $\Delta\theta$，未聚焦时光束直径为 D_0，如图 6-20 所示，则 D_m 可近似地表示为

$$D_{\mathrm{m}}=\frac{4\lambda}{\pi\Delta\theta}=\frac{4l\lambda}{\pi D_0} \tag{6-64}$$

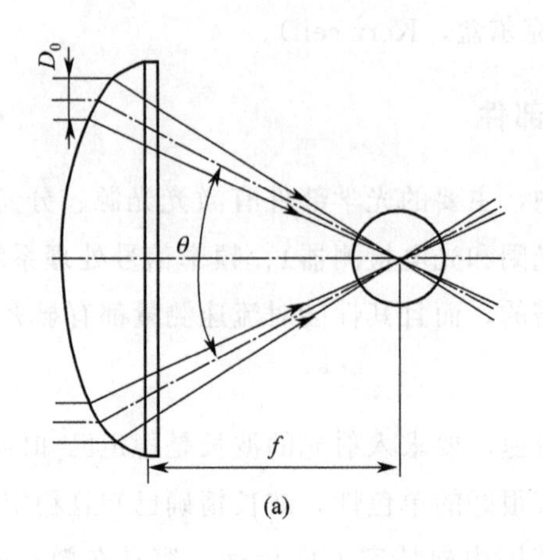

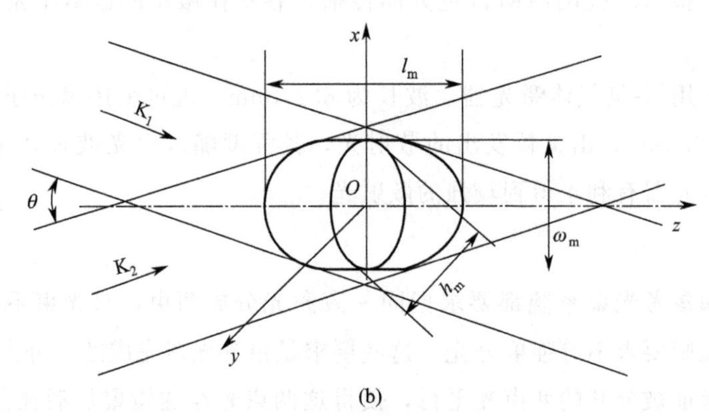

图 6-20　由透镜聚焦的交叉部位（a）和测点形状（b）

在测点内产生的干涉条纹数

$$N_{\mathrm{F}}=\frac{\omega_{\mathrm{m}}}{D_{\mathrm{F}}}=2\,\frac{D_{\mathrm{m}}}{\lambda}\tan\frac{\theta}{2}=8\,\frac{l}{\pi D_0}\tan\frac{\theta}{2} \tag{6-65}$$

由式(6-65) 可见，入射光夹角越小，控制体内条纹数越少；入射光束直径越大，测点体积内条纹数越少。发射透镜的焦距 l 对条纹数也有影响，但它不是一个独立的因素，因为 θ 角与 l 和两束平行光束之间的距离有关，相同的光束距离，l 越长 θ 越小。

(4) 接收透镜

接收透镜的主要作用是收集包含多普勒频移的散射光。通过成像，只让这部分散射光到达光电检测器，而限制其他杂散光。前向散射方式工作的光路系统，需要加装单独的接收透镜，后向散射方式工作的系统，发射透镜可兼作接收透镜，使整个光路结构紧凑。接收透镜之前还可加装光阑。调节光阑孔径，以控制测点的有效体积，提高系统的空间分辨率。

(5) 光电检测器

光电检测器的作用是将接收到的差拍信号转换成同频率的电信号。光电检测器的种类很多，在激光多普勒测速仪中，使用较多的是光电倍增管。光电检测器受光面积上收集到的光由两部分组成。在双光束系统中接收到的是第一和第二散射光，而在参考光束系统中接收到的则是散射光和参考光。

(6) 散射微粒

激光多普勒流速是以流体中的微粒为媒介来测量流体流速的。因此，选择合适的散射微粒从而满足测量要求是十分必要的。为了实现准确的多普勒测速，流体中的散射微粒要能够与流体有较好的跟随性，同时又具有较强的散射效率。这两方面与微粒的尺寸、形状、浓度等因素有关。微粒一般选择球形粒子，为了能更好地随流体运动，散射微粒直径不宜过小，以防止较小的微粒在没有外力的作用下作随机布朗运动，引起信号失真；微粒的粒径也不宜过大，一般为干涉条纹宽度的1/2或条纹间距的1/4左右，这样可以获得最佳质量的多普勒信号。在实际的流动测量中，对于气体，合适的散射微粒尺寸是0.1～1.0μm；对于液体，是1.0～10μm。

散射微粒应具有良好、稳定的物理化学性质，特别是人为投放的散射微粒应该是无毒、无刺激性，对流动管道无腐蚀或磨蚀，化学性质稳定的。对于在液体中投放散射微粒，还应注意粒子密度与液体密度匹配的问题，最好采用与流体密度相等或尽可能接近的散射微粒。例如，当被测流体为水时，通常用牛奶作为散射粒子。当牛奶与水均匀混合时，牛奶中的脂肪粒子不溶于水，形成悬浊液，对光的散射性良好。牛奶悬浊液中脂肪粒子的平均尺寸约为0.3μm。实践证明最好用脱脂牛奶或奶粉调制悬浊液，以免大颗粒脂肪引起输出信号紊乱。也可用高分子化合物制成直径为1μm左右的小球，按一定比例投入水中作为散射粒子，常用的高分子材料有聚乙烯、聚苯乙烯等。与牛奶悬浊液比较，高分子化合物小球尺寸均匀，浓度容易控制，但价格较贵。

测量体中散射微粒浓度应视测量的具体情况而定，散射微粒数量过多，测量体内各个微粒之间的速度差和相位差会引起频带变宽，测量精度下降。微粒数量太少，会使频率跟踪器脱落保护时间延长，系统工作的稳定性降低。最理想的粒子数量是使测量体内始终保持一个粒子。当然这是很难做到的。实验表明，浓度为0.05%的牛奶悬浊液具有良好的信噪比；有的资料推荐合适的粒子浓度为10^5～10^7个/cm^2。

另一个需要注意的问题，就是散射微粒的投放。液体中散射粒子投放比较方便，而对气体，粒子的投放比较复杂。常用的方法有蒸气凝结、压力雾化、化学反应和粉末液态化等。蒸气凝结技术是利用某些材料产生的蒸气，有控制地凝结成细小的液滴，与气体混合作为散射粒子，常用的材料是二辛酯，它在非燃烧系统的流动研究中用得较多。压力雾化技术是用高压使液体从喷嘴中呈细雾状喷出，与气体混合作为散射粒子，常用的液体是硅油和水。为了防止雾化水滴蒸发，可在水中加入适量十二烷醇。也可用混有少量聚苯乙烯小球的水由压力雾化器喷入气流中。在高温燃烧流场的研究中，常使用化学方法产生散射粒子，例如，利用加热后的四氯化钛与水蒸气反应生成的二氧化钛粒子作为散射微粒。二氧化钛是一种尺寸均匀的固态散射微粒，其尺寸为0.2～1.0μm，颜色纯白，光散射特性好。但是在反应中还会产生腐蚀性的氯化氢气体，需要通入氨气中和。在超声速流动测量中，可以利用气流中含有的水蒸气凝结成冰微粒作为散射微粒。

6.4.3 激光多普勒测速仪的信号处理系统

多普勒信号是一种不连续的、变幅调频信号。由于微粒通过测点体积时的随机性，通过时间有限、噪声多等原因，多普勒信号的处理比较困难。目前，主要使用的信号处理仪器有三类，即频谱分析仪、频率计数器和频率跟踪器。

(1) 频谱分析仪

用频谱分析仪对输入的多普勒信号进行频谱分析，可以在所需要的扫描时间内给出多普勒频率的概率密度分布曲线。将频域中振幅最大的频率作为多普勒频移，从而求得测点处的平均流速，而根据频谱的分散范围，可以粗略求得流速脉动分量的变化范围。由于频谱仪工作需要一定的扫描时间，它不适于实时地测量变化频率较快的瞬时流速，只能用来测量定常流动下流场中某点的平均流速。

(2) 频率计数器

频率计数器是一种可以进行实时测量的计数式频率测量装置。当微粒通过干涉区时，散射光强度按正弦规律变化。在这段时间内，光电检测器输出的是一个已调幅的正弦波脉冲。如果测量体积内干涉条纹数 N_F 已知 [可按式(6-65) 计算确定]，那么，通过对一个粒子通过 N_F 个干涉条纹的时间进行计数，可计算出频率，进而求出流速分量 v_n。图 6-21 所示的是频率计数器原理方框图。

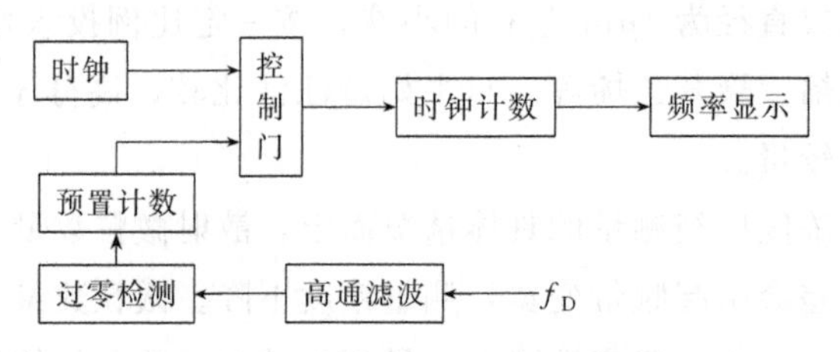

图 6-21 频率计数器原理方框图

来自光电检测器的信号经高通滤波器滤去直流和低频分量，剩下对称于零伏线的多普勒频移信号，频率为 f_D。过零检测器将按正弦规律变化的信号转变成为同频率的矩形脉冲，脉冲进入预置计数器。计数器输出的是单个宽脉冲，其持续时间等于输入脉冲的 N_F 个连续周期，即

$$t_\tau = N_F \frac{1}{f_D} \tag{6-66}$$

这也就是微粒通过干涉区中 N_F 个干涉条纹所需要的时间。预置计数器输出的单脉冲打开控制时钟脉冲的门电路，允许时钟脉冲通过控制门进入时钟脉冲计数器，使时钟脉冲计数器计数。当预置计数器输出的单脉冲消失时，控制门电路被封锁，时钟脉冲计数器停止计数。设时钟脉冲频率为 f_1，单脉冲持续时间内时钟脉冲计数器计数为 n，显然，单脉冲的持续时间应为

$$t_\tau = \frac{1}{f_1} n \tag{6-67}$$

所以

$$f_D = N_F \frac{f_1}{n} \tag{6-68}$$

对于一定的 N_F 和 f_1，时钟脉冲计数器的输出代表了多普勒频移量的大小，从而可求得流速分量 v_n。

频率计数器主要用于气流中微粒较少时的流速测量。从原理上讲，不像下面将提到的频率跟踪器那样对测量范围有限制。但噪声大时测量也比较困难，需要与适当的低通滤波器组合起来使用，实际测量范围也受到限制。

（3）频率跟踪器

频率跟踪器的功能是将多普勒频移信号转换成电压模拟量，输出与瞬时流速成正比的瞬时电压，它可以实时地测量变化频率较快的瞬时流速。

图 6-22 所示是频率跟踪器系统方框图。前置放大器把微弱的、混有高低频噪声的多普勒频移信号滤波放大后，送入混频器，与电压控制振荡器输出的信号 f_{vco} 进行外差混频，输出信号包含差频为 $f_o = f_{vco} - f_D$ 的混频信号。混频信号经中频放大器选频、放大，把含有差频 f_o 的信号选出并放大，滤掉和频信号和噪声，再经限幅器消除掉多普勒信号中无用的幅度脉动后送到一个灵敏的鉴频器中。

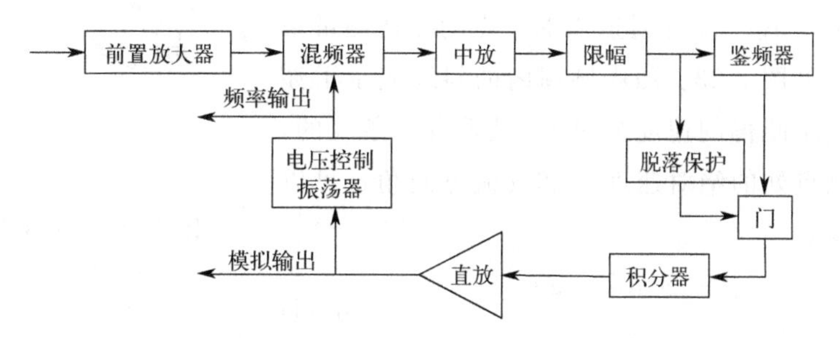

图 6-22　频率跟踪器系统方框图

鉴频器由中频放大器、限幅器和相位比较器组成。它的作用是将中频频率转换成直流电压信号，实现频率电压转换。直流电压的数值正比于中频频偏，也就是说，如果混频器输出的信号频率恰好是 f_o，则鉴别器输出电压为零。当多普勒频移信号被测流速的变化而有 Δf 的变化时，混频器输出信号的频率将偏离中频 f_o，这个差额能被鉴频器检出并被转换为直流电压信号。该信号经积分器积分并经直流放大器放大后变成电压 U，它使电压控制振荡器的输出频率相应地变化一个增量 Δf_{vco}，以补偿多普勒频移增量，使混频器输出信号频率重新靠近中频 f_o，再次使系统稳定下来。因此，电压 U 反映了多普勒频率瞬时变化值，并作为系统的模拟量输出，系统的输出可以自动地跟踪多普勒频率信号的变化。

脱落保护电路的作用是防止由于微粒浓度不够引起信号中断而产生系统失锁。具体地说，当限幅器输出的中频方波消失，或方波频率超过两倍中频，或频率低于 2/3 倍中频时，脱落保护电路就会起保护作用，并输出一个指令，把积分器锁住，使直流放大器输出电压保持在信号脱落前的电压值上，电压控制振荡器的输出频率也保持在信号脱落前的频率值上。当多普勒频移信号重新落于一定的频带范围内时，脱落保护电路的保护作用解除，仪器又重新投入自动跟踪。

6.4.4 激光多普勒测速技术的应用

（1）实例

试验压气机为轴向进气二级轴流式，转速 590r/min，一级动叶数目 55 个，叶型为 NACA65 系列，弯度 18.2°，安装角为 52°（从轴开始），压气机顶部直径 1530mm，轮毂比为 0.5，压气机垂直地面安放。

激光多普勒测速仪光学系统，采用后向散射双光束系统。激光器、光学组件、光电检测器都装在一个平台上，平台可沿压气机径向移动 380mm，轴向移动 153mm，而且还能绕光束平分线（系统轴线）转动±90°。采用氩离子脉冲激光器，峰值功率 6W，持续时间 25μs，激光波长为 514.5nm。

激光多普勒测速仪信号处理系统，采用计数式频率测量装置。

测量中用喷雾器将含有少量直径为 1μm 的聚苯乙烯颗粒的水喷入压气机入口气流中作为散射微粒。

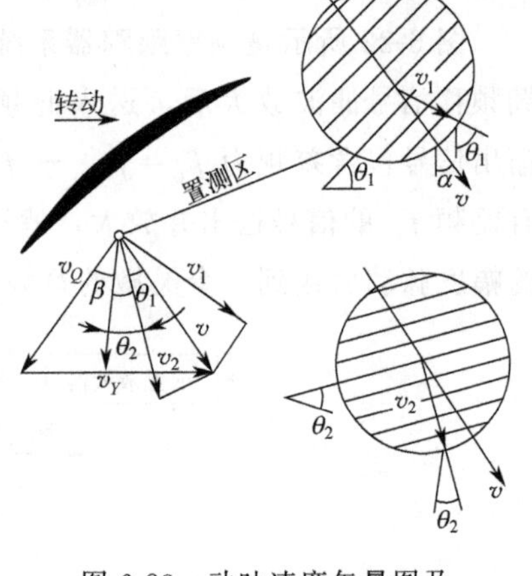

图 6-23 动叶速度矢量图及激光干涉条纹的方位

（2）实验结果及处理

① 测点上的速度　动叶通道内部一点的流速测量采用间接测量法，见图 6-23。图中圆圈内的斜线表示干涉条纹的方向。鉴于测得的速度分量 v_n 是垂直于条纹的，所以，气流在测点处的绝对速度 v 和气流方向角 α 可以用解联立方程得到

$$\begin{cases} v_{n1}=v\cos(\theta_1-\alpha) \\ v_{n2}=v\cos(\alpha-\theta_2) \end{cases} \tag{6-69}$$

待解出 v 和 α 后，即可求出气流的相对速度 v_Q 和相对气流角 β，图 6-23 中 v_Y 是叶片线速度。

② 速度分布　图 6-24 为在动叶进口截面处，叶片到叶片的一个栅距间轴向速度分量测量结果。图中的黑三角标识是激光测速的结果。用热线风速仪和旋转测压管测得的结果用实线和虚线在同一图中标出，以利比较。

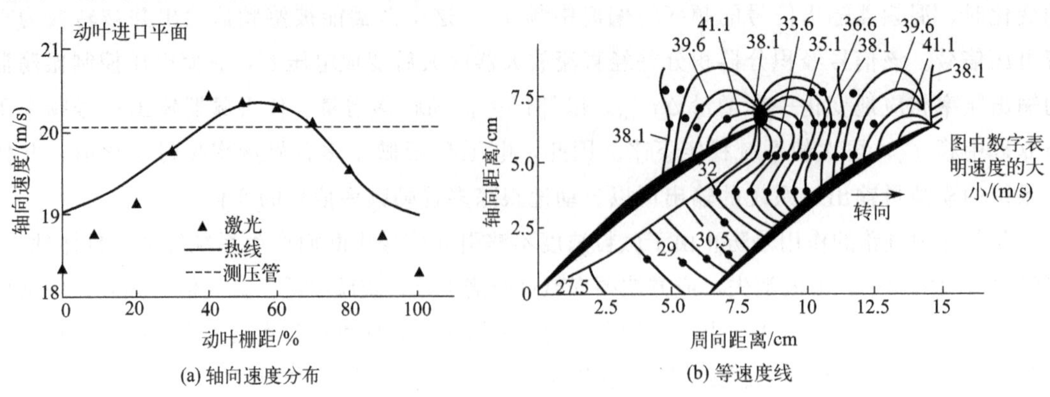

图 6-24 动叶通道内的轴向速度分布

6.5 粒子图像测速技术

粒子图像测速技术（particle image velocimetry，PIV）通过拍摄不同时刻流场中的粒子分布图像，获取粒子在很短时间间隔内的位移来间接地测得流场的瞬态速度分布。相对于皮托管、热线风速仪和激光多普勒测速仪等单点测速仪器，粒子图像测速能够在同一时刻记录整个测试平面的所有信息，并且具有不干扰被测流场、动态响应快、测试精确和空间分辨率高等特点，是目前最为常用的平面速度场测试技术。

6.5.1 粒子图像测速原理

（1）粒子图像测速的基本原理

粒子图像测速的基本原理是通过测量流场中示踪粒子在某一时间微元 Δt 内的位移来计算流体速度，其中作为粒子位移信息载体的是 t 和 $t+\Delta t$ 时刻的粒子图像。如图 6-25 所示，双脉冲激光器以时间间隔 Δt 发出脉冲光束，激光光束通过圆柱形光学透镜形成平面光，照亮待测量的流场区域。待测区域中预先散布的示踪粒子受激光照射后会产生散射，光学成像器件（如 CCD 相机）将拍摄到两次激光脉冲所对应的待测区域粒子散射图像。处理器根据这两幅图像信息和一定的算法算得每个粒子在 Δt 时间内的实际位移 Δx 和 Δy，进而计算出每个粒子的移动速度。假设示踪粒子能够很好地跟随流体的运动速度和方向，且 Δt 足够小，则被测流体的速度 v_x 和 v_y 可表示为

$$v_x=\frac{\mathrm{d}x(t)}{\mathrm{d}t}\approx\frac{x(t+\Delta t)-x(t)}{\Delta t}=\frac{\Delta x}{\Delta t} \tag{6-70}$$

$$v_y=\frac{\mathrm{d}y(t)}{\mathrm{d}t}\approx\frac{y(t+\Delta t)-y(t)}{\Delta t}=\frac{\Delta y}{\Delta t} \tag{6-71}$$

（2）示踪粒子浓度对测量的影响

PIV 是利用示踪粒子在像平面上记录的图像进行测速的，像平面上粒子的像与粒子散射光的模式有关，因而与粒子浓度有关，它决定了测速模式。根据源密度 N_s 和像密度 N_1 可将图像测速技术分成两大类，即散斑模式和图像模式。图像模式又可分为高成像密度模式和低成像密度模式。

源密度 N_s 用来区分散斑模式和图像模式，定义为

$$N_s=C\Delta_{Z0}\frac{\pi d_{es}^2}{4M^2} \tag{6-72}$$

式中，C 为粒子浓度；Δ_{Z0} 为片光源厚度；d_{es} 为底片上粒子图像的直径；M 为照相机的放大率。

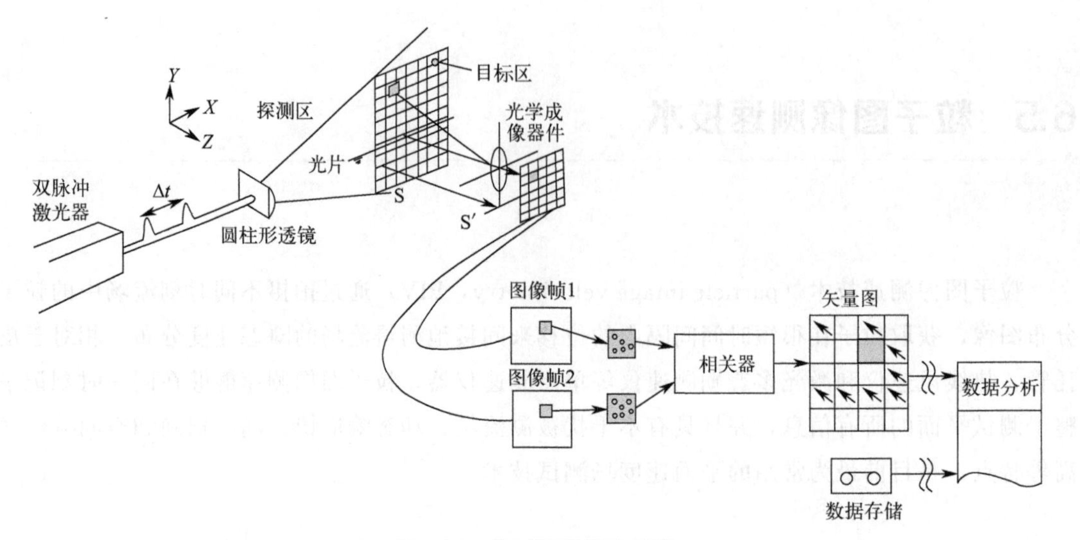

图 6-25　粒子图像测速原理

源密度 N_s 表示像平面上的粒子图像斑返回到物理平面和片光源相交的一个圆柱体体积内所包含的粒子数。$N_s=1$ 表示这个图像是由一个粒子产生的，若 $N_s \gg 1$，表示粒子图像重叠，像平面形成散斑形式；若 $N_s \ll 1$，就是图像模式。

像密度 N_I 用于区分粒子迹线法和粒子图像测速法，定义为

$$N_I = C\Delta_{Z0}\frac{\pi d_e^2}{4M^2} \tag{6-73}$$

式中，d_e 为诊断点的直径。

像密度 N_I 表示在一个诊断面内有多少个粒子像。当 $N_I \gg 1$ 时，粒子图像较多，因为不可能跟随每个粒子来求它的位移，只能采用统计方法处理。当 $N_I \ll 1$ 时，由于成像密度极低就采用跟随每个粒子求它的位移，对整个流场而言，速度测量是随机的。

PIV 技术在被测的流体中散播的粒子浓度具有高成像密度，但它又是独立于激光散斑的测速技术。对粒子散射性质的研究发现，在一定粒子直径范围内的各单个粒子能够产生可以探测但不是激光散斑的图像，可以通过精心选择散播粒子的大小和浓度来达到这一要求。

(3) 激光脉冲时间间隔 Δt 的设定

PIV 技术是将 Δt 中的平均速度作为时刻 t 的瞬时速度，所以 Δt 应尽可能小。而测量位移量又要求像平面上粒子图像不能重叠，有足够的位移和分辨率，因此 Δt 又不能太小，它和测量的流速有关。一般要求粒子图像间距离要大于 2 倍的粒子图像直径。另外，位移最大不能超过查问区尺寸的 1/4，偏离像平面不得超出片光源厚度的 1/4，所以脉冲激光时间间隔必须根据测量对象的具体流速情况合理地选定。

6.5.2 粒子图像测速系统的组成和信号处理

(1) 粒子图像测速系统的组成

图 6-26 是粒子图像测速系统的基本组成，主要有作为光源的激光器、形成平面光的柱

面镜、用来拍摄粒子图像的照相机或 CCD、进行数据保存和处理的计算机，以及用于控制激光脉冲与相机快门同步的电子控制器等。

常用的激光器有红宝石激光器和钕钇铝石榴石（Nd-Yag）激光器。红宝石激光器的优点在于脉冲光能量大，但脉冲间隔调整范围有限，难以适应低速流动测量，而且再次充电时间长，不能连续产生光脉冲。与之相比，钕钇铝石榴石激光器的脉冲光能量较小，但能够连续发射光脉冲。一般粒子图像测速的成像系统采用两台钕钇铝石榴石激光器，用外同步装置分别触发产生光脉冲，然后再用光学系统将两路光脉冲合成，脉冲间隔可调范围很大，从 1μs 到 0.1s，因而可以实现从低速到高速流动的测量。

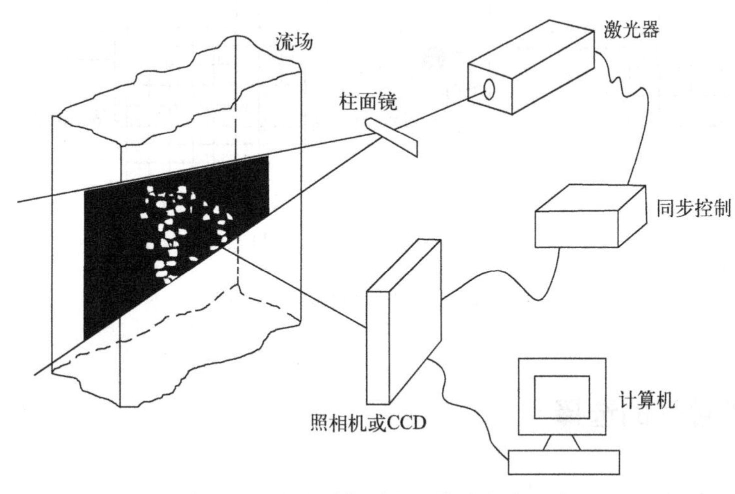

图 6-26　粒子图像测速系统的基本组成

在二维流动测量中，一般采用胶片照相机和 CCD 拍摄粒子图像。对于三维测量，可以采用两个以上的照相机（或 CCD）和全息摄影技术等。

为了获得好的测量结果，粒子图像测速系统对示踪粒子的种类、粒径、播散量，激光脉冲间隔，片光源的厚度和高度，查询区域的大小等都有具体要求，使用时应该严格遵照。

（2）分析显示系统

分析显示系统用于图像信息的处理和速度场的显示。PIV 属于高成像密度图像处理，当查问区内图像密度 $N_1>10$ 时，采用光学方法和数字图像技术来分析。光学方法是杨氏干涉条纹法，数字图像法包括快速傅里叶变换法、直接空间相关法、粒子像间距概率统计法等。

PIV 通过 CCD 和采集卡后，可获得 256 个灰度级的粒子图像，对其中的一小块（查问区）进行相关分析，可得到速度信息。从原理上看，图像分析算法有自相关分析法和互相关分析法两种。

自相关分析采用单帧多脉冲法拍摄图像，通常将两次曝光的粒子图像记录在一张底片上，承载粒子对相关信息的区域具有三个明显的峰值：一个中央自相关峰值和位于其两侧的两个位移峰值，两个位移峰值对应的位置决定了粒子的位移，如图 6-27(a) 所示。由于自相关的对称性，位移方向具有二义性，即存在类似于激光多普勒测速中所述的速度方向模糊性问题。

而互相关分析采用多帧单脉冲法拍摄图像，即进行相关处理的两幅图像是独立存在的，如图 6-27(b) 所示。尽管互相关分析需要相当大的计算量，但其优势更为显著，互相关分析不需要附加偏移装置用以判断粒子运动方向，可以自动识别粒子移动方向，测量范围也比自相关分析方法大得多，且容易实现高精度和高空间分辨率测量，信噪比高，重要的是快速充放电 CCD 和快速传递接口的出现突破了对最大流速的测量限制，目前，基于互相关分析的粒子图像测速系统已经成为市场上的主流产品。

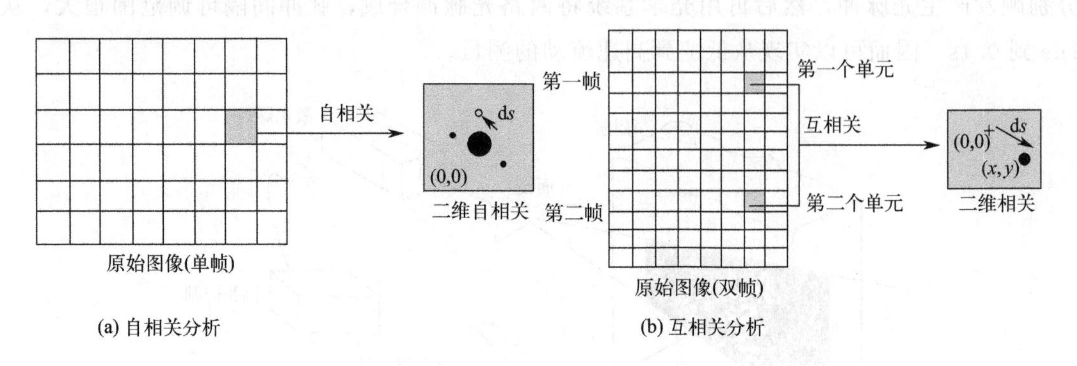

图 6-27　粒子图像测速信号处理

6.5.3　示踪粒子的选择

(1) 粒子的跟随性

从粒子的跟随性要求来看，粒子必须有足够小的粒径，以便能够跟随流体运动；从得到良好图像信号的要求来看，粒子还必须有足够大的粒径，以便产生足够的散射信号。很明显，这是两个互相矛盾的要求，只能根据实际情况进行折中处理。粒子的跟随性指的就是粒子跟随流体运动的能力。这种能力通常是用它的空气动力直径来度量的。粒子的空气动力直径是指具有同样沉降速度的单位密度球体的直径。它主要取决于粒子的尺寸、密度和形状。

在流体速度微量改变以后，任何时刻 t 的粒子速度 v_p，可以用下式表示

$$e^{-\frac{t}{\tau}}=\frac{v_g-v_p}{v_{gi}-v_{pi}} \tag{6-74}$$

式中，v_g 为速度微量改变以后的流体速度；v_{gi}、v_{pi} 为速度微量改变以前的流体速度和粒子速度。

粒子的张弛时间为

$$\tau=\frac{\rho_p d_p^2}{18\mu} \tag{6-75}$$

式中，ρ_p 为粒子密度；d_p 为粒子直径；μ 为流体的动力黏度。

表 6-1 给出了单位密度球的沉降速度和张弛时间，相同空气动力直径的粒子，其沉降速度和张弛时间基本相同。随着粒子动力直径减小，沉降速度降低，张弛时间缩短。

表 6-1　单位密度球的沉降速度和张弛时间

粒子直径/μm	沉降速度/(cm/s)	张弛时间/s	粒子直径/μm	沉降速度/(cm/s)	张弛时间/s
0.5	0.00075	0.00000077	1.0	0.003	0.0000031
0.6	0.0011	0.0000011	2.0	0.012	0.000012
0.7	0.0015	0.0000015	3.0	0.027	0.000028
0.8	0.0019	0.000002	4.0	0.048	0.000049
0.9	0.0024	0.0000025	5.0	0.075	0.000077

(2) 光散射和信噪比

粒子尺寸、折射指数和粒子形状等因素会影响光散射的能力。一般来说，激光功率越高，散射信号越强，在其他条件相同的情况下，信噪比值也越大。研究表明信噪比值和颗粒直径近似地呈正比关系，所以颗粒直径越大信噪比值也越大。但当信噪比值增加到一定值以后，这种关系就发生改变。粒子的形状也会影响信噪比值。正常的信噪比计算都是假定粒子是球形的。非球形粒子可以由定义一个等效直径来考虑。

粒子材料的折射指数对信号质量的影响是很大的。相对折射指数被定义为

相对折射指数=粒子的折射指数/介质的折射指数

相对折射指数等于1，表示粒子相对于介质是透明的，这种粒子不能用作散射体。在实际中，通常选用具有较高相对折射指数的材料作示踪粒子。这在物理上可以被解释为表面磨光的情形，粒子表面越光亮，获得较好散射信号的可能性越大。表 6-2 列出了常用材料的相对折射指数。

表 6-2　相对折射指数

名称	折射指数	名称	折射指数
水	1.33	碳化硅(SiC)	2.65
二甲酸(DOP)	1.49	氟化锆(ZrF_4)	1.59
乳胶(PSL)	1.5	二氧化锆(ZrO_2)	2.2
氧化铝(Al_2O_3)	1.76	云母(滑石)	1.5
氧化镁(MgO)	1.74	氯化钠(NaCl)	1.54
氧化钛(TiO_2)	2.65	高岭土(陶瓷土)	1.56

(3) 颗粒浓度

实践表明，每个查问区内多于 10 个粒子对是确保测量正确位移值的必要保证。但粒子对也不能太多，否则图像就会重叠，从而形成散斑。

6.5.4 粒子图像测速技术的应用

图 6-28 是应用粒子图像测速技术测量内燃机缸内流场的试验系统示意图。它主要由激光光源、光路调节装置、电子控制系统、粒子浮选及加入装置、光学发动机、图像拍摄装

置，以及数据分析处理系统等构成。

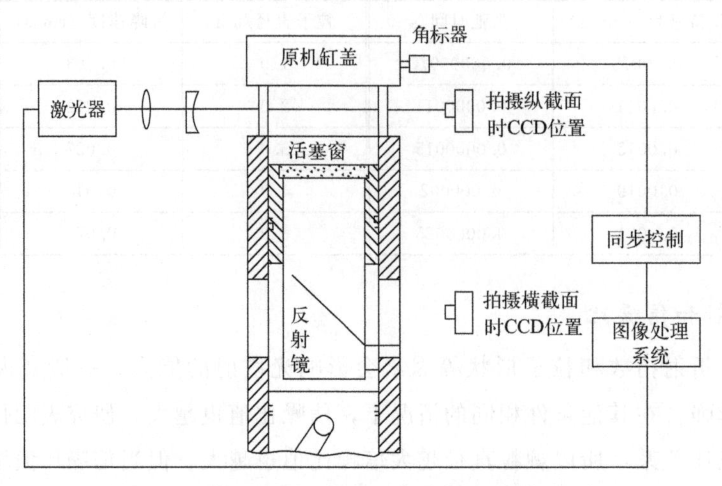

图 6-28　内燃机缸内流场粒子图像测速测量试验装置

激光光源采用双脉冲钕钇铝石榴石（Nd-Yag）激光器，可产生间隔可调的两个脉冲激光片，激光脉冲能量为 120mJ，工作频率为 15Hz，波长为 0.532μm，脉冲宽度为 3～5ns，光片厚度在 1mm 左右。

图像拍摄装置采用 CCD 相机，分辨率为 1280×1024 像素，像素尺寸为 6.7μm×6.7μm，CCD 有效区域为 8.6mm×6.9mm，两帧最小时间间隔为 300ns，采集速度为 8 帧/s，以 256 级灰度方式识别示踪粒子。

电子控制系统主要用来控制粒子图像测速系统在任意曲轴转角下进行连续拍摄。在程序界面输入所要求的曲轴转角，根据装在凸轮轴上的传感器采集的信号控制粒子图像测速系统激光器和 CCD 同步工作。

考虑到散射性、跟随性以及实验室的条件等因素，选择液态示踪粒子硅油粒子作为示踪粒子。采用高压泵将粒子发生器中的粒子以喷雾方式喷入气缸内。

测量中，双曝光时间间隔 Δt 的选取也非常重要，通常需要考虑待测流场速度的大小和流场的变化等特性。上述试验中采用的时间间隔是 150μs。

图 6-29 为发动机缸内横截面、纵截面流场的部分测量结果，反映了单气门和双气门两种进气条件下缸内流场的差异，对应发动机转速 600r/min，上止点后 150°曲轴转角时刻。

目前，单帧双曝光模式粒子图像测速的测速范围为 0.00025～30m/s，双帧双曝光模式粒子图像测速的测速范围可达 1250m/s，测速精度为 0.1%。粒子图像测速空间分辨率也较高，可在图像幅面内测得 3500～14400 个点的速度向量，受限于数据传输速度，普通粒子图像测速的拍摄速度一般不超过 48 帧/s，但目前已出现了 2500 帧/s 的高速粒子图像测速。

由于粒子图像测速的测速范围宽，粒子图像测速在流场测试中应用较为广泛。粒子图像测速在复杂、高温、高速和瞬态等有特殊需求的场合中具有明显优势，目前，粒子图像测速已在风洞试验中的流场测试、超声速喷流瞬时速度场测试以及火箭发动机内部流动研究中得到了应用。

随着数字采样系统和图像处理技术的发展，D 粒子图像测速（用 CCD 相机做记录）会

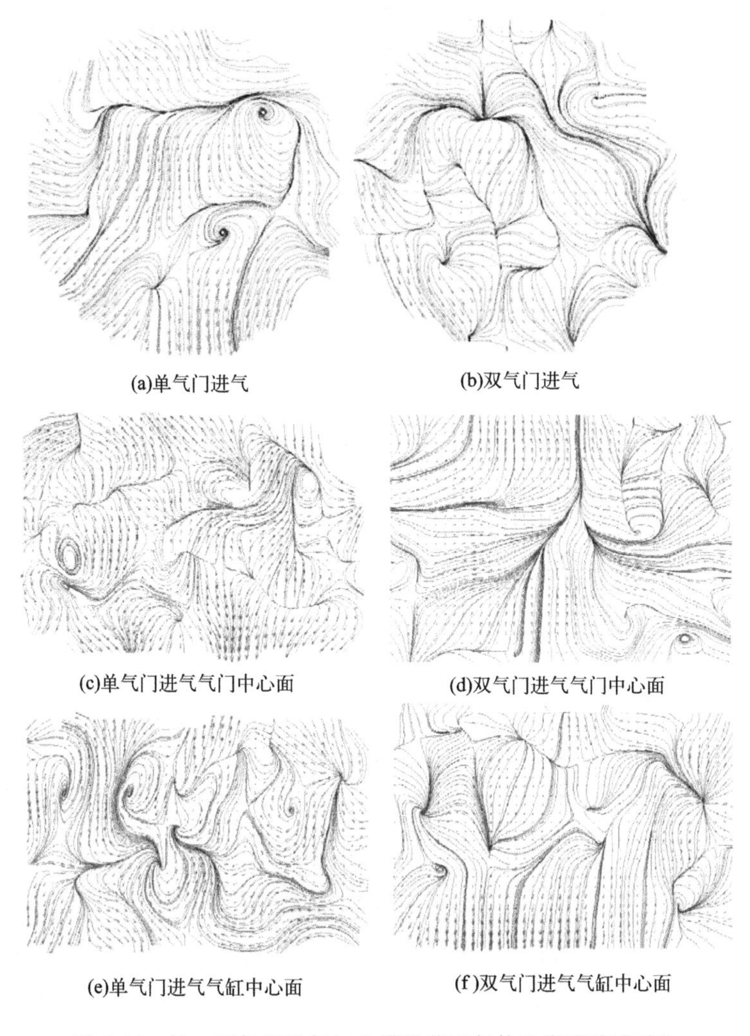

图 6-29 单、双气门进气缸内横纵截面气体速度流线图对比

逐渐取代F粒子图像测速（用胶片做记录），粒子图像测速技术的应用范围也会越来越广。另外，全息粒子图像测速技术正在发展之中，它利用全息照相和再现技术，可以实现三维流场测量。

思考题与习题

（1）简述皮托管测试的基本原理。

（2）简述常用的皮托管都有哪些形式，各自适用的情况是什么。

（3）在进行高速气流的流速测量时，为什么要考虑其可压缩性的影响？

（4）简述热线风速仪的两种工作方式及其特点。

(5) 简述皮托管标定的基本步骤及注意事项。

(6) 从信号处理、实际应用等角度，对比分析激光多普勒测速仪的三种基本光路系统的特点。

(7) 在应用激光多普勒测速时，方向模糊性的问题是如何解决的？

(8) 论述粒子图像测试技术的特点，并根据测量原理，简述粒子图像测试时对示踪粒子的要求。

第7章

流量测量

7.1 概述

流量是一个动态量，其测量过程与流体的流动状态、物理性质、工作条件及流量计前后直管段的长度等因素有关，通常是指单位时间内通过某有效流通截面的流体数量，称为瞬时流量。它可用质量单位或体积单位表示，分别称为质量流量 q_m、体积流量 q_V，单位分别为 kg/s 和 m^3/s。

质量流量与体积流量之间的换算关系为

$$q_m = \rho q_V \tag{7-1}$$

式中，ρ 为流体密度，kg/m^3。

在表示和比较流量大小时，必须注意单位和量纲的统一，同时，必须考虑压力和温度等状态参数对流体体积的影响。对于体积流量，应该标明相应的流体压力和温度。为便于比较流量大小，通常将体积流量换算成某统一约定状态下的值，如标准状态（0℃、1.01325×10^5Pa）下的标准体积流量。

流量测量的方法按工作原理不同，一般可归结为速度法、容积法和质量流量法三种。

① 速度法　根据流体的连续性方程，体积流量等于截面上的平均流速与截面面积的乘积，如果再有流体密度的信号，便可得到质量流量。在速度法流量计中，节流式流量计历史悠久，技术最为成熟，是目前科学实验和工业生产中应用最为广泛的一种流量计。此外还有涡轮流量计、涡街流量计、电磁流量计等。

② 容积法　利用容积法制成的流量计相当于一个具有标准容积的容器，它连续不断地对流体进行度量，在单位时间内，度量的次数越多，即表示流量越大，这种测量方法受流动状态的影响较小，因而适用于测量高黏度、低雷诺数的流体，但不宜于测量高温、高压以及脏污介质的流量，其流量测量上限比较小。椭圆齿轮流量计、腰轮流量计、刮板流量计等都属于容积式流量计。

③ 质量流量法　无论是容积法，还是速度法，都必须给出流体的密度才能得到质量流量，而流体的密度受流体的状态参数影响，这就不可避免地给质量流量的测量带来误差。解决这个问题的一种方法是同时测量流体的体积流量和密度或根据测量得到流体的压力、温度等状态参数，对流体密度的变化进行补偿。理想的方法是直接测量得到流体的质量流量，这种方法的物理基础是测量与流体质量流量有关的物理量（如动量、动量矩等），从而直接得到质量流量。这种方法与流体的成分和参数无关，具有明显的优越性，但目前生产的这类流量计都比较复杂，价格昂贵，因而限制了它们的应用。

7.2 差压式流量计

差压式流量计是根据安装在管道中的流量检测元件所产生的压差 Δp 来测量流量的仪表，应用非常广泛，使用量一直居流量测量仪表的首位，可以用来测量液体、气体或蒸汽流量。

节流式差压流量计是使用最为广泛的差压式流量计，节流装置按其标准化程度，可分为标准型和非标准型两大类。所谓标准型是指按照标准文件（如节流装置国际标准或我国标准 GB/T 2624.1～2624.4）进行节流装置设计、制造、安装和使用，无须实际流体校准和单独标定即可确定输出信号（压差）与流量的关系，并已估算了其测量误差。标准节流装置结构简单、使用寿命长、适应范围广，在流量测量仪表中占据重要地位。

差压式流量计一般由差压装置、差压计或差压变送器和流量显示仪表三部分组成。节流装置主要包括节流元件、测量管和取压装置。流体通过节流元件所产生的差压信号经测量管传入差压计，差压计根据具体的测量要求把差压信号以不同的形式传递给流量显示仪表，从而实现对被测流体差压或流量的显示、记录和自动控制。

7.2.1 差压式流量计测量原理

7.2.1.1 节流原理

流体通过节流元件（以标准孔板为例）时的流动状况如图 7-1 所示。分析流体流经节流元件时的压力、速度变化情况可知在充满流体的管道中放置一个固定的、有孔的局部阻力件，可以形成流束的局部收缩，其前后的静压差与流量成一定的函数关系。

① 稳流状态。截面 1 位于节流件上游，该截面处流体未受节流元件影响，静压力为 p_1'，平均流速为 v_1，流束截面的直径（即管内径）为 D，流体的密度为 ρ_1。

② 节流作用。截面 2 为流束的最小截面处，它位于标准孔板出口以后的地方，对于标准喷嘴和文丘里管位于其喉管内。此处流体的静压力最低，为 p_2'，平均流速最大为 v_2，流体的密度为 ρ_2，流束直径为 d'。对于孔径为 d 的标准孔板，$d'<d$；对于标准喷嘴和文丘里管，$d'=d$。在节流件前，流体向中心加速，至截面 2 处流束截面收缩到最小，流动速度最大，静压力最低，然后流束扩张，流动速度下降，静压有所升高。

③ 流体恢复。流体在截面 3 处流束重新充满管道。由于产生了涡流区，引起流体能量损失，故在截面 3 处静压力 p_3'不等于原先的数值 p_1'，产生了压力损失 $\delta_p=p_1'-p_3'$。

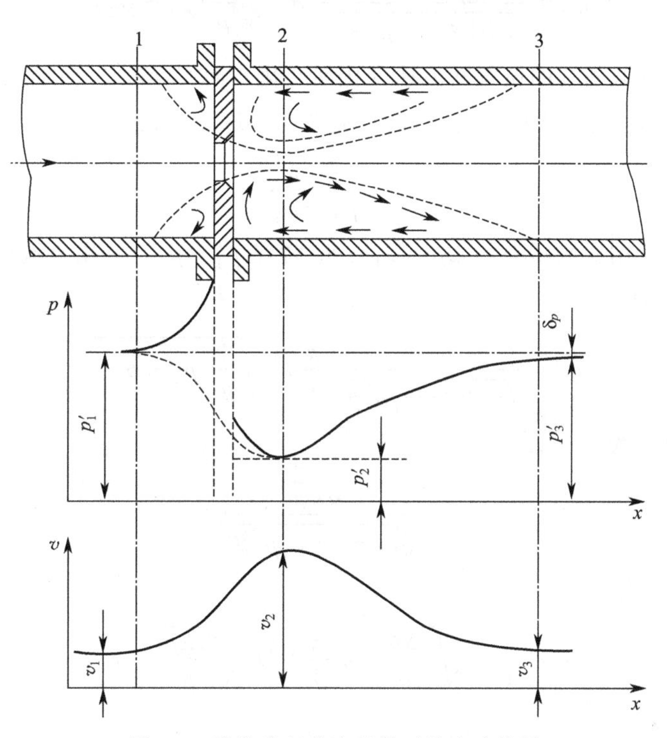

图 7-1　流体流经节流元件时的流动状况

7.2.1.2　流量基本方程

根据流动的连续性方程和伯努利方程，可推导出反映流量与节流压降关系的流量方程。如图 7-1 所示，若管道中的流体为不可压缩流体，取管道上两个截面，截面 1 和截面 2。首先，由流体的连续性方程可得

$$\rho v_1 \frac{\pi D^2}{4}=\rho v_2 \frac{\pi d'^2}{4} \tag{7-2}$$

式中，ρ 为不可压缩流体的平均密度，kg/m^3；v_1 和 v_2 分别为管道截面 1、2 处流体的平均速度，m/s；D 和 d'分别为管道截面 1、2 处的直径，m。

由伯努利方程可得

$$p_1'+c_1\frac{\rho v_1^2}{2}=p_2'+c_2\frac{\rho v_2^2}{2}+\xi\frac{\rho v_2^2}{2} \tag{7-3}$$

式中，p_1'和p_2'分别为管道截面1、2处流体的静压力，Pa；c_1和c_2分别为管道截面1、2处的动能修正系数；ξ为阻力系数。

设节流元件的开孔直径为d，引入直径比β和流束收缩系数μ这两个节流装置的重要参数，其中，$\beta=d/D$，$\mu=d'^2/d^2$，将其代入式(7-2)和式(7-3)，并联立求解，可得

$$v_2=\frac{1}{\sqrt{c_2+\xi-c_1\mu^2\beta^4}}\sqrt{\frac{2}{\rho}(p_1'-p_2')} \tag{7-4}$$

则体积流量为

$$q_V=\frac{1}{\sqrt{c_2+\xi-c_1\mu^2\beta^4}}\frac{\pi}{4}d'^2\sqrt{\frac{2}{\rho}(p_1'-p_2')} \tag{7-5}$$

由于流束最小的截面2的位置随流速变化而变化，而实际取压点的位置是固定的，用固定取压点处的静压p_1、p_2代替p_1'、p_2'时，需要引入取压系数ψ

$$\psi=\frac{p_1'-p_2'}{p_1-p_2} \tag{7-6}$$

在实际应用中，用实测压力差$\Delta p=p_1-p_2$替代$p_1'-p_2'$，并用节流件的开孔直径d代替d'，则流量公式为

$$q_V=\frac{\mu\sqrt{\psi}}{\sqrt{c_2+\xi-c_1\mu^2\beta^4}}\frac{\pi}{4}d^2\sqrt{\frac{2}{\rho}(p_1-p_2)} \tag{7-7}$$

定义流量系数α为

$$\alpha=\frac{\mu\sqrt{\psi}}{\sqrt{c_2+\xi-c_1\mu^2\beta^4}} \tag{7-8}$$

则体积流量q_V为

$$q_V=\alpha\frac{\pi}{4}d^2\sqrt{\frac{2\Delta p}{\rho}}=\alpha\frac{\pi}{4}\beta^2D^2\sqrt{\frac{2\Delta p}{\rho}}\quad \mathrm{m^3/s} \tag{7-9}$$

质量流量q_m为

$$q_m=\alpha\frac{\pi}{4}d^2\sqrt{2\rho\Delta p}=\alpha\frac{\pi}{4}\beta^2D^2\sqrt{2\rho\Delta p}\quad \mathrm{kg/s} \tag{7-10}$$

对于可压缩流体，流经节流件时，由于压力的变化，密度随之而变化，从而导致计算出来的流量偏大。利用流束膨胀修正系数ε来修正流体可压缩性的影响，用节流前的流体密度ρ_1代替ρ，则式(7-9)和式(7-10)变为

$$q_V=\alpha\varepsilon\frac{\pi}{4}d^2\sqrt{\frac{2\Delta p}{\rho_1}}=\alpha\varepsilon\frac{\pi}{4}\beta^2D^2\sqrt{\frac{2\Delta p}{\rho_1}}\quad \mathrm{m^3/s} \tag{7-11}$$

$$q_m=\alpha\varepsilon\frac{\pi}{4}d^2\sqrt{2\rho_1\Delta p}=\alpha\varepsilon\frac{\pi}{4}\beta^2D^2\sqrt{2\rho_1\Delta p}\quad \mathrm{kg/s} \tag{7-12}$$

显然，不可压缩流体的$\varepsilon=1$，而可压缩流体的$\varepsilon<1$。

流量系数α也可用流出系数C来代替，流出系数C为实际流量值与理论流量值的比值。

理论流量值是指在理想工作条件下的流量值。理想工作条件包括：①无能量损失，即 $\xi=0$；②用平均流速代替瞬时流速无偏差，即 $c_1=c_2=1$；③假定在孔板处流束收缩到最小，则有 $d'=d$，$\mu=1$；④假定截面 1 和截面 2 所在位置恰好为差压计两个固定取压点的位置，即$\psi=1$。

故若采用流出系数 C 表示，流体的体积流量方程和质量流量方程为

$$q_V=\frac{C\varepsilon}{\sqrt{1-\beta^4}}\frac{\pi}{4}d^2\sqrt{\frac{2\Delta p}{\rho_1}}\quad \mathrm{m^3/s} \tag{7-13}$$

$$q_m=\frac{C\varepsilon}{\sqrt{1-\beta^4}}\frac{\pi}{4}d^2\sqrt{2\rho_1\Delta p}\quad \mathrm{kg/s} \tag{7-14}$$

在设计节流元件时，还应考虑流体通过节流元件的压力损失 δ_p（即能量损失）不超过允许范围，δ_p 可以查表获得，也可以按照经验公式近似计算

$$\delta_p\approx\frac{\sqrt{1-\beta^2(1-C^2)}-C\beta^2}{\sqrt{1-\beta^2(1-C^2)}+C\beta^2}\Delta p \tag{7-15}$$

7.2.2 节流装置

7.2.2.1 标准节流装置的适用条件

① 流体充满圆管并连续地流动。

② 管道内流体流动是恒定的，或只随时间发生微小和缓慢的变化。

③ 流体在物理上和热力学上是单相的、均匀的，或者可以认为是单相的，且流体经节流时不发生相变。

④ 流体流动在受到节流件影响前，其流动状态应近似于无旋流或充分发展的紊流。

标准节流装置不适用于脉动流和临界流的流量测量。

7.2.2.2 标准节流元件

(1) 标准孔板

标准孔板是一块具有与管道同心的圆形开孔（开孔直径 d）的圆板，迎流一侧有锐利直角入口边缘的圆筒形孔，顺流的出口呈扩散的锥形，如图 7-2 所示。对制成的孔板，应至少取四个大致相等的角度测得直径的平均值。

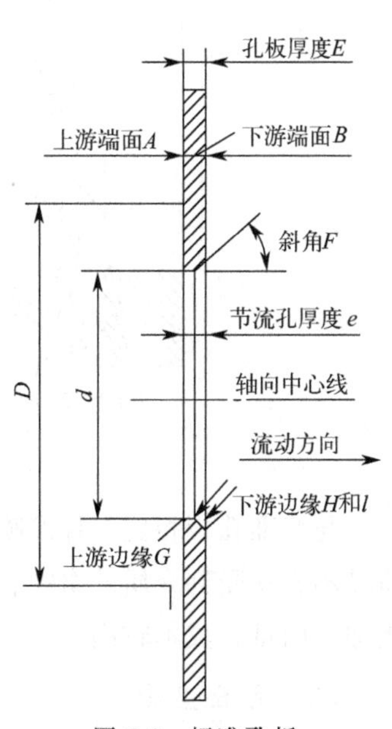

图 7-2 标准孔板

标准孔板应垂直于管道轴线，偏差在 1°以内。孔板应与管道同心安装。安装时应测量孔板轴与上、下游侧管道轴线之间的距离 e_c。对于各个取压口，应分别测定节流孔轴线与管道轴线之间的平行于和垂直于取压口轴线方向的距离分量。其中，在方向上平行于取压口的距离分量 e_{cl} 为

$$e_{cl} \leqslant \frac{0.025D}{0.1+2.3\beta^4} \tag{7-16}$$

在方向上垂直于取压口的距离分量 e_{cn} 为

$$e_{cn} \leqslant \frac{0.005D}{0.1+2.3\beta^4} \tag{7-17}$$

标准孔板结构简单，加工方便，价格便宜，但压力损失较大，测量精度较低，只适用于洁净流体介质，测量大管径高温高压介质时孔板易变形。

(2) 标准喷嘴

标准喷嘴是一种以管道轴线为中心线的旋转对称体，有 ISA 1932 喷嘴和长径喷嘴两种类型。ISA 1932 喷嘴的结构如图 7-3 所示，包括 4 个部分：垂直于轴线的平面入口部分 A、由 B 和 C 两段弧曲面所构成的入口收缩段 BC、圆筒形喉部 E 和用于防止边缘损伤的保护槽 F。长径喷嘴分为高比值喷嘴（$0.25 \leqslant \beta \leqslant 0.8$）和低比值喷嘴（$0.25 \leqslant \beta \leqslant 0.5$）两种类型，如图 7-4 所示。当 $0.25 < \beta < 0.5$ 时，可采用任意一种结构形式的喷嘴。长径喷嘴由入口收缩段 A、圆筒形喉部 B 和下游平面端部 C 共 3 部分组成。与 ISA 1932 喷嘴不同的是，长径喷嘴进口收缩段的形状为 1/4 个椭圆的弧段，如图 7-4 中的虚线所示。

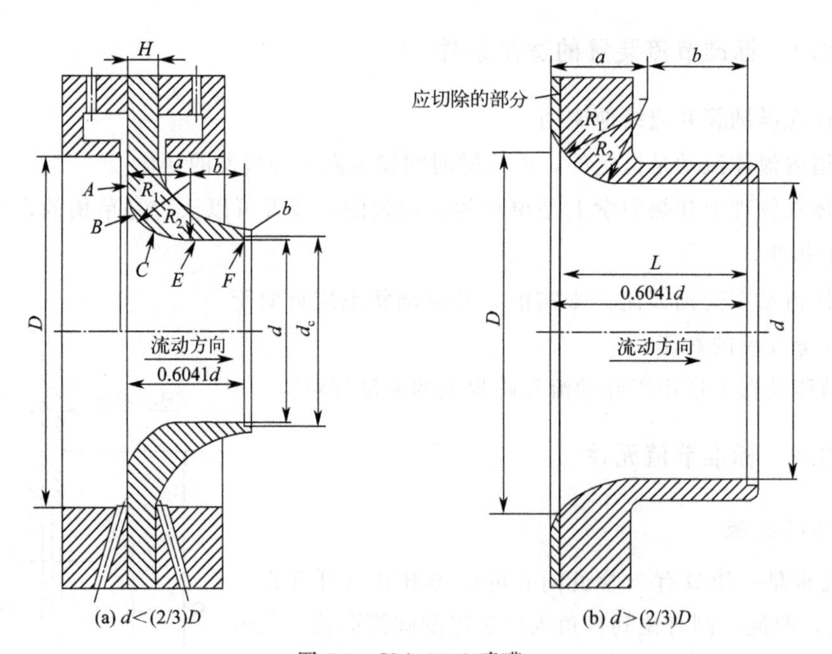

图 7-3　ISA 1932 喷嘴

与标准孔板相比，标准喷嘴的测量准确度高，压力损失小，所需的直管段也较短。标准喷嘴不容易受到介质的腐蚀、磨损和沾污，使用寿命较长。但结构较复杂、体积较大，比孔板加工困难，成本较高。

(3) 文丘里管

文丘里管按收缩段的形状不同，分为经典文丘里管和文丘里喷嘴。经典文丘里管是由入

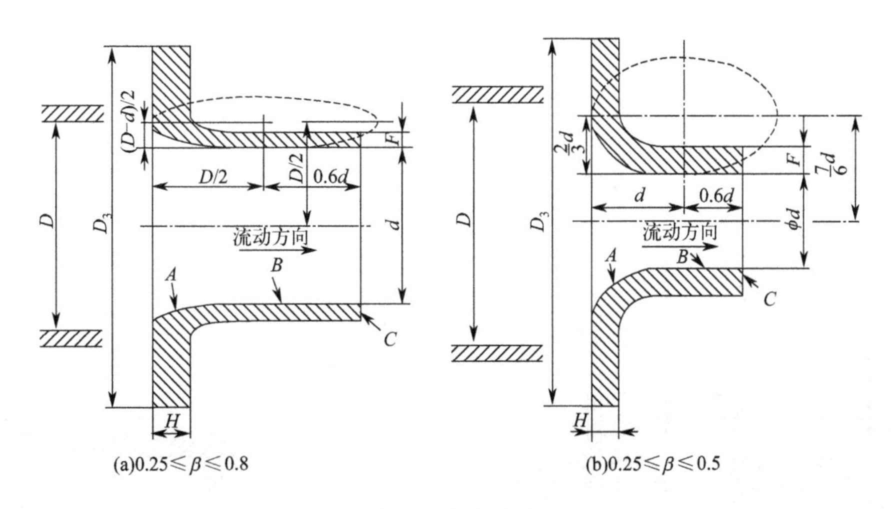

图 7-4　长径喷嘴

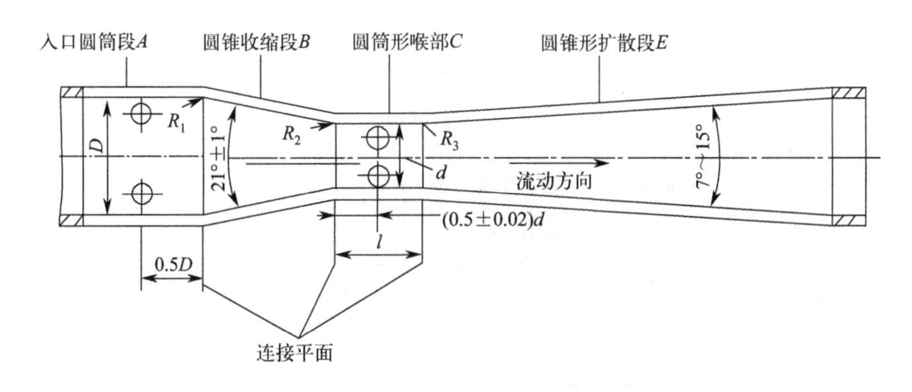

图 7-5　经典文丘里管

口圆筒段 A、圆锥收缩段 B、圆筒形喉部 C 和圆锥形扩散段 E 组成的，如图 7-5 所示。按入口圆筒、入口圆锥内表面的制造方法和入口圆锥与喉部相交处的廓形的不同，经典文丘里管又可分为铸造型、机械加工型和粗焊铁板型。文丘里喷嘴的结构如图 7-6 所示，它是由圆弧形收缩段、圆筒喉部和扩散段组成的。

文丘里管压力损失最低，有较高的测量准确度，对流体中的悬浮物不敏感，可用于脏污流体介质的流量测量，在大管径流量测量方面应用得较多，但其尺寸大，笨重，加工困难，成本高，一般用在有特殊要求的场合。

7.2.2.3　节流装置的取压方式

根据节流装置取压口位置可将取压方式分为理论取压、角接取压、法兰取压、径距取压（又称 D 和 $D/2$ 取压）和损失取压（又称管接取压），如图 7-7 所示。表 7-1 列出了不同取压方式的取压位置。表中，L_1 和 L_2 分别表示上、下游取压口轴线与节流件前、后端面间距离的名义值。

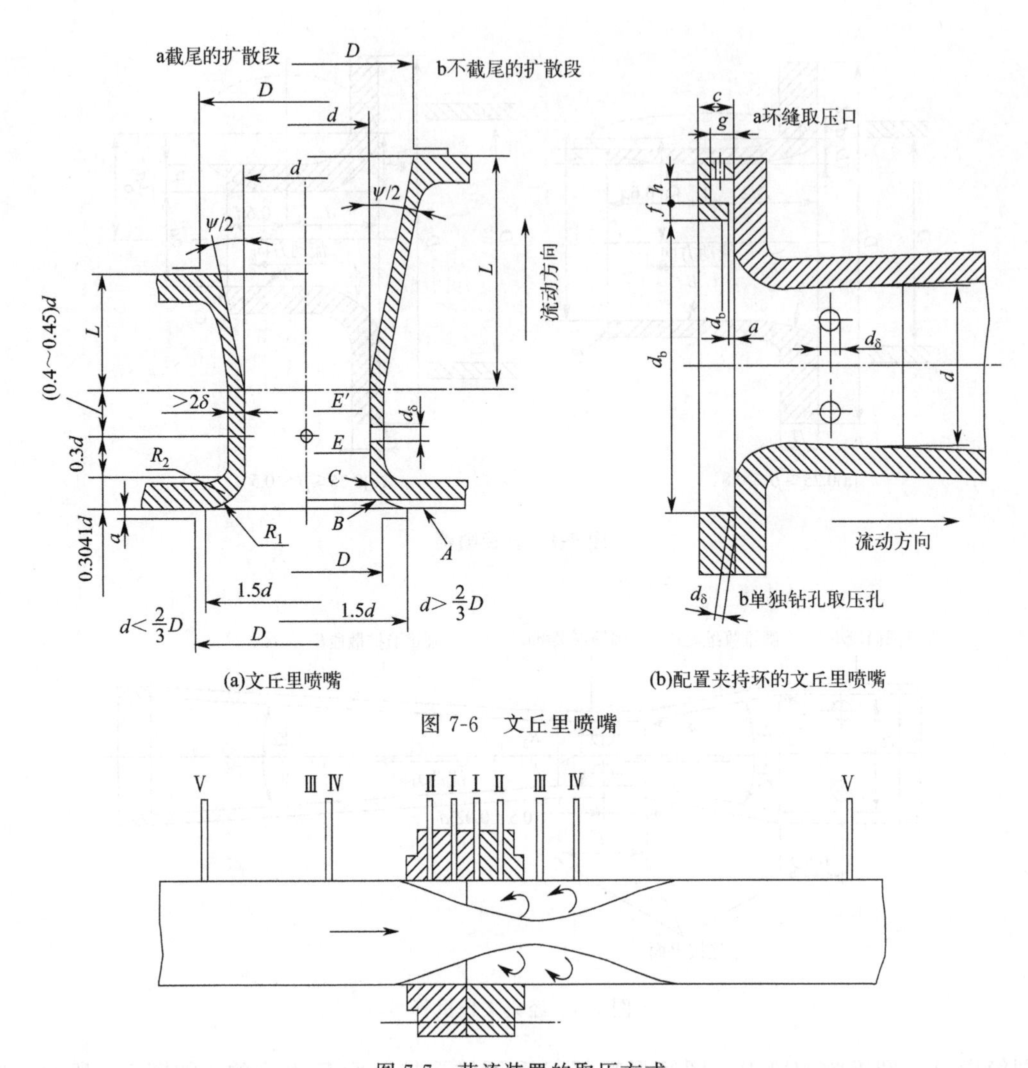

(a)文丘里喷嘴　　(b)配置夹持环的文丘里喷嘴

图 7-6　文丘里喷嘴

图 7-7　节流装置的取压方式

Ⅰ—Ⅰ—角接取压；Ⅱ—Ⅱ—法兰取压；Ⅲ—Ⅲ—径距取压；Ⅳ—Ⅳ—理论取压；Ⅴ—Ⅴ—损失取压

表 7-1　节流装置不同取压方式的取压位置

距离	角接取压	法兰取压	径距取压	理论取压	损失取压
L_1	均等于取压口孔径（或取压宽度）的二分之一	25.4mm	D	D	$2.5D$
L_2		25.4mm	$0.5D$①	$(0.34\sim0.84)D$	$8D$

① 表示下游取压口中心与节流件上游端面的距离 l_2。

径距取压与理论取压的下游取压点均在流束的最小截面区域内，而流束的最小截面是随流量而变的，在流量测量范围内流量系数不是常数，且无均压作用，因此很少采用。但径距取压特别适合大管道的过热蒸汽测量。对于损失取压，管道的开孔比较简单，但它实际测定的是流体流经节流件后的压力损失，由于压差较小，不便于检测，一般也不采用。目前广泛采用的是角接取压，其次是法兰取压。角接取压的优点是具有均压作用，准确度和灵敏度高。法兰取压结构比较简单，容易装配，计算也方便，但准确度较角接取压低一些。

各标准节流件的取压方式如下。

(1) 标准孔板

可以采用角接取压、法兰取压、径距取压。一块孔板可以采用不同的取压方式，如果在同一个取压装置上设置不同取压方式的取压口时，为了避免相互干扰，在孔板同一侧的几套取压口应至少偏移30°。图7-8为标准孔板角接取压装置的两种形式：环室取压和单独钻孔取压。环室取压的优点是取出压力口面积比较广阔，压力信号稳定，有利于提高测量精度但费材料，加工安装要求严格。单独钻孔取压结构简单，加工安装方便，特别适合大口径管道的流量测量。为了取得均匀的压力，有时采用带均压管的单独钻孔取压。图7-9为法兰取压装置。法兰取压装置即为设有取压孔的法兰，上、下游的取压孔必须垂直于管道轴线。上、下游取压孔的直径相同，且应小于0.13D同时应小于13mm。可以在孔板上、下游规定的位置上同时设有几个法兰取压孔，但在同一侧的取压孔应按等角距配置。

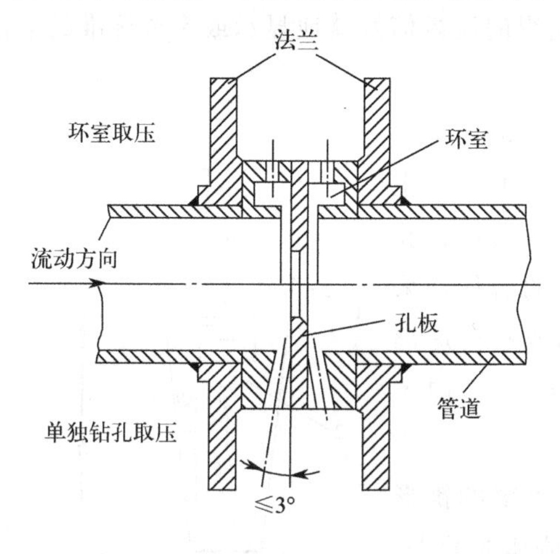

图7-8 角接取压装置

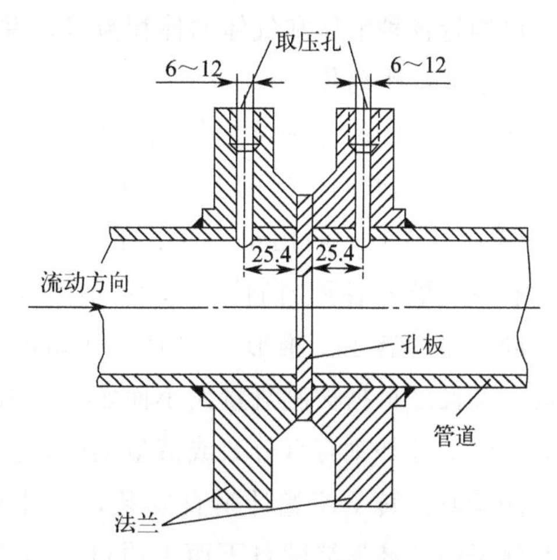

图7-9 法兰取压装置（单位：mm）

(2) 标准喷嘴

ISA 1932喷嘴上游应采用角接取压口，取压口可以是单个取压口或者是环室取压，而长径喷嘴采用径距取压，即上游取压口的轴线应相距喷嘴入口端面$1D^{+0.2D}_{-0.1D}$，下游取压口的轴线应相距喷嘴入口端面$0.5D\pm0.01D$。

(3) 标准文丘里管

经典文丘里管上游取压口位于距入口圆筒与收缩段相交平面的0.5D处，文丘里喷嘴上游取压口与标准喷嘴相同。它们的下游取压口分别在距圆筒形喉部起始端的0.5D处和0.3d处。

测量管道截面应为圆形，节流元件及取压装置安装在两圆形直管之间。节流元件附近管道的圆度应符合标准中的具体规定。

当现场难以满足直管段的最小长度要求或有扰动源存在时，可考虑在节流元件前安装流动调整器或流动整直器，以消除流动的不对称分布和旋转流等情况。安装位置和使用的流动调整器或流动整直器形式在标准中有具体规定。

7.2.2.4 标准节流装置的计算

① 流量计算　这类计算命题是在管道、节流装置、取压方式、被测流体参数已知的情

况下根据测得的差压值计算被测介质流量，属于校核计算。常用于使用现场，所依据的公式是流量基本方程。

② 设计节流装置　这类计算命题是要根据用户提出的已知条件（如被测介质、流量、温度、压力、管道直径及材料等），以及限制要求（如管道位置、管道布置情况、局部阻力件形式及常用流量下的允许压力损失等）来设计标准节流装置，属设计计算。

7.2.3 转子流量计

（1）概述

转子流量计具有结构简单、使用方便、价格便宜、量程比大、刻度均匀、直观性好等特点，可测量各种液体和气体的体积流量，并将所测得的流量信号就地显示或变成标准的电信号或气信号远距离传送。

转子流量计的原理结构如图 7-10 所示，主要由锥管，转子（浮子），与管路连接的上、下基座，密封垫圈和上、下止挡等组成。转子一般用铝、铅、不锈钢、硬橡胶、玻璃、胶木、有机玻璃等各种材料组成，对不同介质密度的流体，采用不同材料的转子。锥形管一般用高硼硬质玻璃或有机玻璃制成，其锥度根据被测流量大小而定，一般为(1∶20)～(1∶200)，锥形管外刻有百分数或流量刻度线。

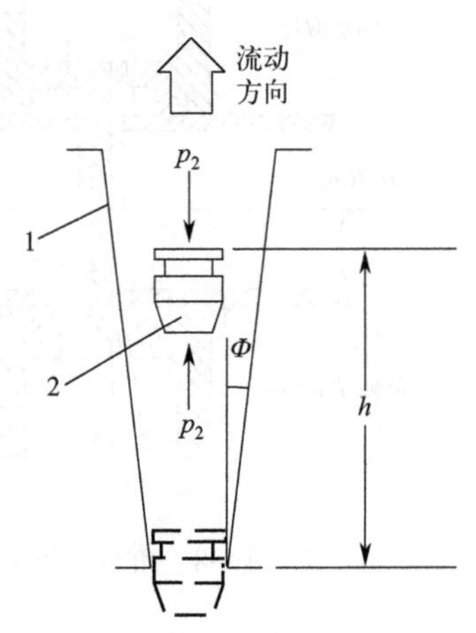

图 7-10　转子流量计原理结构图
1—锥管；2—转子

测量时，转子流量计垂直安装，流体从上宽下窄的锥形管与转子间的环形缝隙自下而上通过。由于受到流体的冲击，转子向上运动。随着转子的上升，转子与锥形管间的流通面积增大，流速减小，转子受到流体向上的推力减小，直到转子的重力与流体作用在转子上的各种力的合力相平衡时，转子停留在某一高度。流量再变化时，转子所停留的高度也随之变化，即转子流量计把流量信号转换成位移信号，将锥形管的高度以流量值刻度，从转子最高边缘所处的位置便可知道被测流量的大小。

（2）工作原理

当转子稳定在某一高度 h 时，即处于平衡状态时，转子上所受的向上作用力与转子上所受的向下作用力相等。向上的作用力有转子的浮力和由于转子的节流作用产生的压差 Δp 作用在转子最大横截面上产生的压差力；转子向下的力是转子的重力。忽略流体对转子的摩擦力，则转子平衡时，有下列平衡关系

$$重力=浮力+压差力$$

即

$$\rho_f V_f g=\rho V_f g+\Delta p A_f \tag{7-18}$$

式中，ρ_f 为转子材料密度，kg/m^3；V_f 为转子体积，m^3；g 为重力加速度；ρ 为被测

流体密度，kg/m^3；Δp 为转子上的压差，$\Delta p=p_1-p_2$，Pa；A_f 为转子最大横截面积，m^2。

式(7-18) 可变换成

$$\Delta p=\frac{1}{A_f}V_f g(\rho_f-\rho) \tag{7-19}$$

根据伯努利方程推导出流体流过节流元件（即转子）前后所产生的压差与体积流量之间的关系为

$$q_V=\alpha A_0\sqrt{\frac{2\Delta p}{\rho}} \tag{7-20}$$

式中，α 为流量系数，与转子形状、尺寸有关；A_0 为转子与锥形管壁之间的环形通道面积，m^2。

将式(7-19) 和式(7-20) 合并，得到体积流量

$$q_V=\alpha A_0\sqrt{\frac{2gV_f}{A_f}}\times\sqrt{\frac{\rho_f-\rho}{\rho}} \tag{7-21}$$

由于锥形管的锥角 Φ 较小，所以 A_0 和 h 近似比例关系，即 $A_0=C_0h$，式中 C_0 为与锥形管锥度有关的比例系数；h 为转子在锥形管中的高度，m。

由此而得到了体积流量与转子高度的关系

$$q_V=\alpha C_0 h\sqrt{\frac{2gV_f}{A_f}}\times\sqrt{\frac{\rho_f-\rho}{\rho}} \tag{7-22}$$

这个关系式可以作为按转子高度来刻度流体流量的基本公式。由于流量系数 α 与转子形状和管道的雷诺数有关，因此，对于一定的转子形状来说，只要雷诺数大于某一个低限雷诺数时，流量系数就趋于常数。这时，体积流量 q_V 就与转子高度 h 呈线性关系了。

从上述分析中可以看出，它与节流装置的差异在于：①任意稳定情况下，作用在转子上的压差是恒定不变的，是恒压差式流量计，而节流装置是变压差式流量计；②转子与锥形管之间的环形缝隙的面积 A_0 是随平衡位置的高低而变化，故是变截面。

转子流量计在出厂刻度时所用介质是水或空气，当实际使用环境发生改变时，如被测介质发生改变，或者被测介质相同，但是使用温度和压力发生改变，被测介质的密度和黏度就会发生变化，此时需要对流量计进行刻度校正。

7.3 涡轮流量计

7.3.1 涡轮流量计测量原理

涡轮流量计是一种具备温度和压力补偿功能的速度式流量计，其结构如图 7-11 所示。

涡轮是检测流量的传感器，叶片由导磁的不锈钢材料制成。为减小流体作用在涡轮上的轴向推力，采用反推力方法对轴向推力自动补偿。当被测流体流经涡轮时，推动涡轮转动，高导磁性的涡轮叶片随之周期性地通过磁电转换器的永久磁铁，检测线圈中的磁通随之发生周期性变化，从而感应出与被测流体的体积流量成正比的交流电脉冲信号。交流电脉冲信号经放大后，输出至显示仪表，进行流量指示和计算。导流器是由导向环（片）及导向座组成的，使流体在进入涡轮前先导直，以避免流体的自旋而改变流体与涡轮叶片的作用角度，从而保证仪表的精度。在导流器上装有轴承，用以支承涡轮。

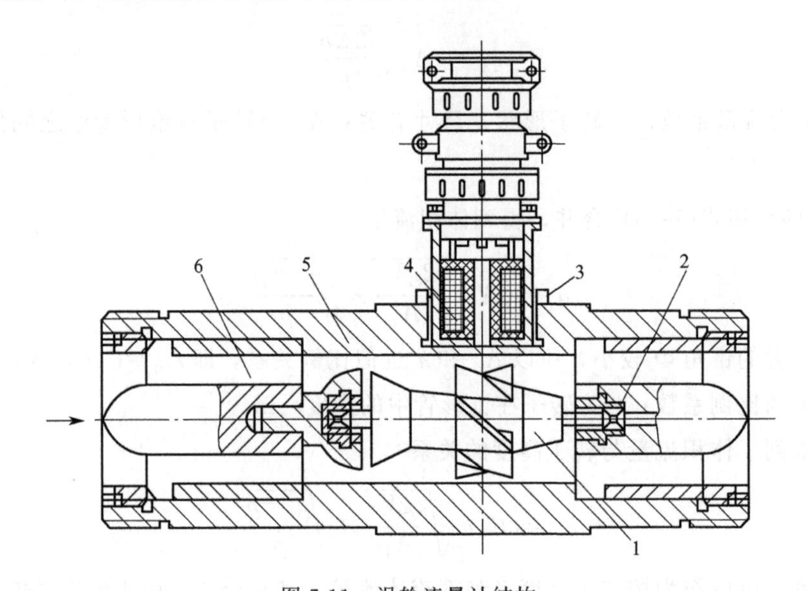

图 7-11　涡轮流量计结构

1—涡轮叶片；2—轴承；3—永久磁铁；4—感应线圈；5—壳体；6—导流器

根据涡轮的旋转运动方程可以得到，涡轮的转速 n 与被测流体的平均流速 $\bar{v}$ 成正比，也就是与被测流量的大小成正比。因此，转换器输出的电脉冲频率 f 与被测流量 q_V(L/s) 之间的关系可表达为

$$q_V=\frac{f}{K} \tag{7-23}$$

式中，f 为脉冲频率，s^{-1}；K 为流量计的仪表常数，也称流量系数，L^{-1}，它与涡轮流量传感器的结构、尺寸以及被测流体的性质，如温度、压力等有关，一般通过试验标定的方法确定。

7.3.2 涡轮流量计的基本特性

（1）线性特性

由式(7-23) 可知，当涡轮流量计的仪表常数 K 是一恒定不变的常数时，被测流量 q_V 与相应的脉冲信号频率 f 之间具有理想的线性关系，这种线性关系也反映了仪表常数 K 在流量测量范围内的变化特性，可用 K-q_V 曲线表示，如图 7-12 所示。

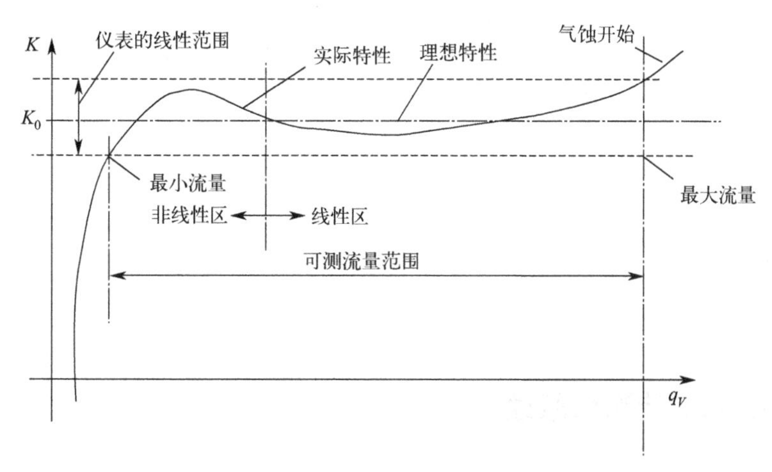

图 7-12 涡轮流量计的线性特性

理想的 K-q_V 特性曲线是一条平行于 q_V 轴的直线，表明 K 值为不随流量大小变化的常数。但是，由于流体水力特性的影响，再加上涡轮承受阻力矩的作用，使得实际的 K-q_V 特性曲线具有高峰特征，其峰值一般出现在流量计上限流量的 20%～30%范围内。这种曲线高峰的存在限制了流量计可测流量范围的下限。为了拓展流量计的测量下限，设计流量计时，应尽量减轻叶轮质量，减少涡轮转动部分的摩擦阻力矩，使 K-q_V 曲线高峰的位置前移、峰谷压平，以延长线性工作段，使小流量范围的 K 值也为常数。另外，选用流量计时，应尽量使测量范围位于流量计 K-q_V 特性曲线的线性段。

（2）压力损失特性

当流体流经涡轮流量计推动涡轮转动时，需要克服各种阻力矩，从而产生了压力损失。流量越大，涡轮的转速越高，相应的惯性力矩和摩擦阻力矩也就越大，引起的压力损失相应增加；此外，涡轮流量计的仪表常数 K 对液体的黏度变化非常敏感，流体的黏度越大，产生的黏滞阻力矩越大，压力损失也就越大。压力损失还与流量计的结构尺寸和工艺水平有关。

7.3.3 涡轮流量计的特点和安装要求

涡轮流量计的优点是测量精度高，可达到 0.5 级以上，在小范围内可高达 0.1 级；复现性和稳定性均较好，短期重复性可达 0.05%～0.2%，可作为流量的准确计量仪表；线性好、测量范围宽，量程比可达（10～20）：1，有的大口径涡轮流量计甚至可达 40：1；耐高压，承受的工作压力可达 16MPa；压力损失小，在最大流量时压力损失小于 25kPa；对流量变化反应迅速，可测脉动流量，抗干扰能力强，信号便于远传，便于与计算机相连。

涡轮流量计应保证水平安装，应尽可能避开湿度大、机械振动大、磁场干扰强、腐蚀性强的环境，传感器壳体上的流向标志的方向应与流体流动方向一致。涡轮流量计受来流流速分布畸变和旋转流的影响较大，因此一般要求液体型传感器上游侧直管段不小于 $20D$（D 为管道内径），下游侧直管段不小于 $3D$，气体型传感器上游直管段的最短距离应不小于 $10D$，下游直管段的最短距离应为 $5D$，当直管段不满足安装要求时，应在上游安装流动调制器。传感器上游直管段前应装过滤器，确保流体中无杂物；当被测介质与常温水性质不同时，仪表常数应加以修正，或重新用实际要测的介质标定。

7.4 涡街流量计

7.4.1 涡街流量计测量原理

涡街流量计是一种典型的振动式流量计，它是利用流体在管道中特定的流动条件下，产生的流体振动和流量之间的关系来测量流量的。这类仪表一般以频率信号输出，便于数字测量。

根据流体力学中的“卡门涡”原理，在流体前进的路径上放置一非流线型的物体，如图 7-13 所示。在物体的下游产生一个规则的振荡运动，即在物体后面两侧交替地形成旋涡，并随着流体流动。物体后面所形成的两列非对称旋涡列，称为卡门旋涡列。若两列旋涡的间距为 h，同列中相邻旋涡的间距为 l，当满足 $h/l=0.281$ 条件时，旋涡列才是稳定的。这一结论由冯·卡门首先从理论上得到了证明，而后卡门与鲁巴赫又用实验进行了验证。此时，物体后面放出旋涡的频率与物体形状和流速有关，它们之间的关系为

$$f=Sr\,\frac{\overline{v}}{d} \tag{7-24}$$

式中，Sr 为斯特劳哈尔数；d 为旋涡发生体的迎面宽度，m；$\overline{v}$ 为旋涡发生体处的平均流速，m/s；f 为旋涡产生的频率，s^{-1}。

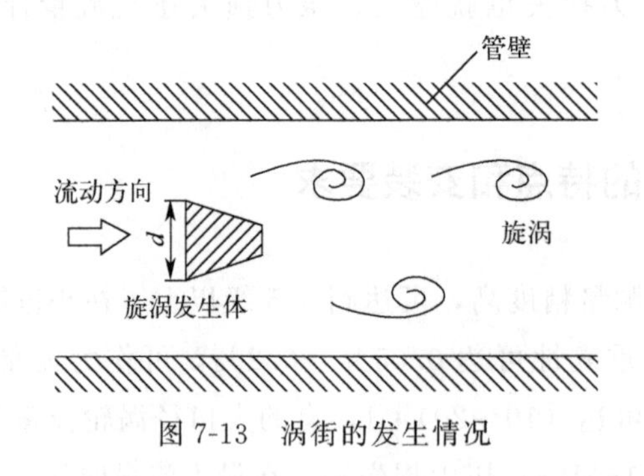

图 7-13 涡街的发生情况

斯特劳哈尔数 Sr 是以柱体特征尺寸 d 计算流体雷诺数 Re_d 的函数。当 Re_d 在 500～150000 的范围内时 Sr 基本不变。因此当柱体的形状、尺寸确定后，就可通过测定单侧涡释放频率来测量流速和流量。在实际测量中，流体雷诺数 Re_d 一般不会超过这个范围，所以可以认为旋涡产生的频率只与流速和旋涡发生体的特征长度有关，而不受流体的温度、压力、密度、黏度及组成成分的影响。

在管道中插入旋涡发生体时，旋涡发生体处流通截面积为

$$A_1=\frac{\pi D^2}{4}\left\{1-\frac{2}{\pi}\left[\frac{d}{D}\sqrt{1-\left(\frac{d}{D}\right)^2}+\sin^{-1}\frac{d}{D}\right]\right\} \tag{7-25}$$

式中，A_1 为旋涡发生体处流通截面积，m^2；D 为管道内径，m。

当 $d/D<0.3$ 时，式(7-25) 可近似为

$$A=\frac{\pi D^2}{4}\left(1-1.273\frac{d}{D}\right) \tag{7-26}$$

根据式(7-24) 和式(7-26) 可以得到通过涡街流量计的体积流量为

$$q_V=\frac{\pi D^2}{4}\left(1-1.273\frac{d}{D}\right)\frac{fd}{Sr} \tag{7-27}$$

由于在一定雷诺数区域内，Sr 为一常数，所以在所使用的流量计确定之后，通过流量计的体积流量 q_V 与旋涡产生的频率 f 呈线性关系。因此，只要知道产生的频率，就可得到通过流量计的体积流量。

7.4.2 旋涡发生体结构类型

旋涡发生体是涡街流量计的核心部件。由相似定理证明可得：在几何相似的涡街体系中，只要保持流体动力学相似（即雷诺数 Re_d 相等），则斯特劳哈尔数 Sr 必然相等。旋涡发生体的形状和尺寸对涡街流量计的性能有决定性的作用。它的设计一方面与旋涡频率的检测手段有关，另一方面要使旋涡尽量沿柱体长度方向产生，且同时与柱体分离，这样才便于得到稳定的涡列，而且信噪比高，容易检测。一般情况下，柱体长度有限，靠近管道轴线处流速高，靠近管壁处流速低，沿柱长方向各处的旋涡不容易同步产生，合理的几何形状有利于同步分离。常见的旋涡发生体有圆柱体、矩形柱体、三角柱体以及 T 形柱体等。表 7-2 列出了典型旋涡发生体的形状和特点，三角柱和梯形柱旋涡发生体的优点很多，应用较为广泛。

表 7-2　典型旋涡发生体的形状和特点

旋涡发生体名称	横截面形状	Sr	特点
圆柱体	d	0.21	形状简单，旋涡强度较弱，压损较大，Sr 最大，旋涡强度较弱，需要采用边界控制措施才能形成稳定的旋涡
矩形柱体	d	0.17	旋涡强烈且稳定，压力损失大，Sr 较大，可在内或尾部检测旋涡
三角柱体	d	0.14～0.16	旋涡强度适中且稳定，压力损失小，Sr 最小，Sr 在较宽的 Re 下为常数，可在内或尾部检测旋涡
梯形柱或 T 形柱体	d	0.166	是三角柱体的变形，旋涡强度适中且稳定，刚度好，压力损失适中，可用于压差检测，应用范围广

7.4.3 旋涡频率检测器

旋涡频率的检测是通过旋涡检测器来实现的，伴随旋涡的形成和分离，旋涡发生体周围的流体会同步发生流速、压力变化和下游尾流周期振荡，根据这些现象可以进行旋涡分离频率的检测。流体旋涡频率检测的原则是检测器安装方便、耐高温高压。由于发生体结构的多样化，旋涡频率检测的方法也多种多样，主要有以下两大类。

（1）受力检测法

检测由旋涡引起的作用在旋涡发生体上的局部压力变化，或受力频率变化，一般可用应力、应变、电容、电磁等检测技术。

（2）流速检测法

检测由旋涡引起的旋涡发生体附近的局部流速变化，一般可用热敏、超声光电、光纤等检测技术。

限于篇幅，本节只介绍应用较多的热敏式检测。

若采用三角柱作为涡街流量计中的旋涡发生体，在三角柱体的迎流面中间对称地嵌入两个热敏电阻，在三角柱表面涂覆陶瓷涂层，以保证热敏电阻与柱体是绝缘的。在热敏电阻中通以恒定电流使其温度在流体静止的情况下比被测流体高 10℃左右。在三角柱两侧未发生旋涡时，两只热敏电阻温度一致，阻值相等。当三角柱两侧交替发生旋涡时，在发生旋涡的一侧由于流体的旋涡发生能量损失，流速要低于另一侧，因而换热条件变差，使这一侧热敏电阻温度升高，阻值变小。以这两个热敏电阻为电桥的相邻臂，则电桥对角线上就输出一列与旋涡发生频率相对应的交变电压信号。经放大、整形后得到与流量相应的脉冲数字输出，或用“脉冲-电压”转换电路转换为模拟量输出供指示和累计用。三角柱涡街流量计的原理框图如图 7-14 所示。

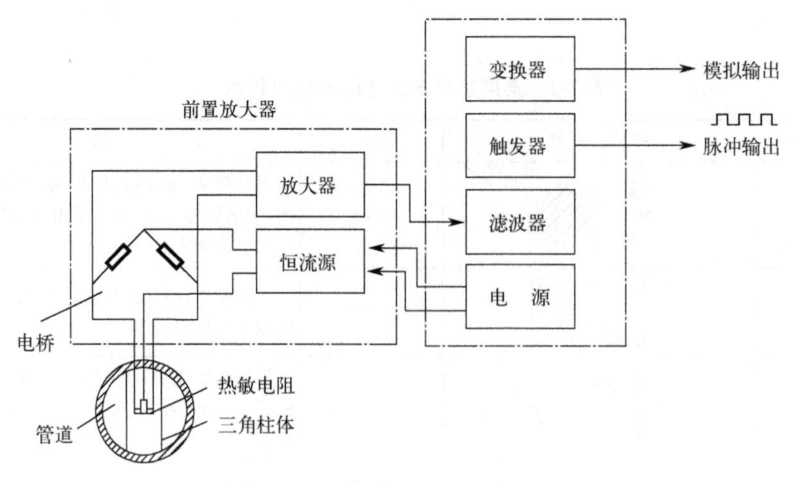

图 7-14　三角柱涡街流量计原理框图

7.4.4 涡街流量计的特点及安装要求

涡街流量计的优点有：测量精度高，误差为1%，重复性为0.5%，不存在零点漂移的问题；压力损失小，测量范围可达100∶1，宽于其他流量计，特别适合大口径管道的流量测量（如烟道排气和天然气流量测量）；旋涡的频率只与流速有关，在一定雷诺数范围内，几乎不受流体性质（压力、温度、黏度和密度等）变化的影响，故不需单独标定。

由于旋涡的规律性易受上游侧的湍流、流速剖面畸变等因素的影响。因此，对现场管道安装条件要求十分严格，应遵照使用说明书的要求执行。

① 涡街流量计在管道上可以水平或竖直（液体的流向为自下向上，以保证管路中总是充满液体）安装，但应保证仪表的流向标志与管内流体的流动方向一致。应保证流量计测量管线与管道轴线方向一致。

② 涡街流量计的直管段长度要求为：上游直管段应不小于15D（D为管道内径）；下游直管段应不小于5D，可以通过安装流动调整器减小所需的直管段长度。直管段内部要求光滑。在流量计上、下游直管段范围内不应有阀门或旁通管。

③ 安装旋涡发生体时，应使其轴线与管道轴线垂直。对于三角柱、梯形柱或矩形柱发生体应使其底面与管道轴线平行，其夹角最大不应超过5°。

④ 涡街流量计对振动很敏感，传感器的安装地点应注意避免机械振动，尤其要避免管道振动。否则应采取减振措施，在传感器上、下游2D处分别设置防振座并加装防振垫。

⑤ 当液体中残留气泡，或流体中含有杂质时，应在直管段或流动调整器上游安装气体分离器和（或）过滤器等防止气泡和液滴干扰的措施。

7.5 电磁流量计

7.5.1 电磁流量计测量原理

电磁流量计是基于电磁感应定律的一种流量计，主要用于测量导电性流体的流量。如图7-15所示，在磁感应强度为B的磁场内布置有非导磁的测量管，与磁场方向垂直；导电性流体以平均流速$\overline{v}$通过测量管时，切割磁感应线，在与流动方向垂直的方向上产生与流体流量成正比的感应电动势，其表达式为

$$E=BD\overline{v} \tag{7-28}$$

式中，E为感应电动势，V；B为磁感应强度，T；D为测量管内径，m；$\overline{v}$为测量管

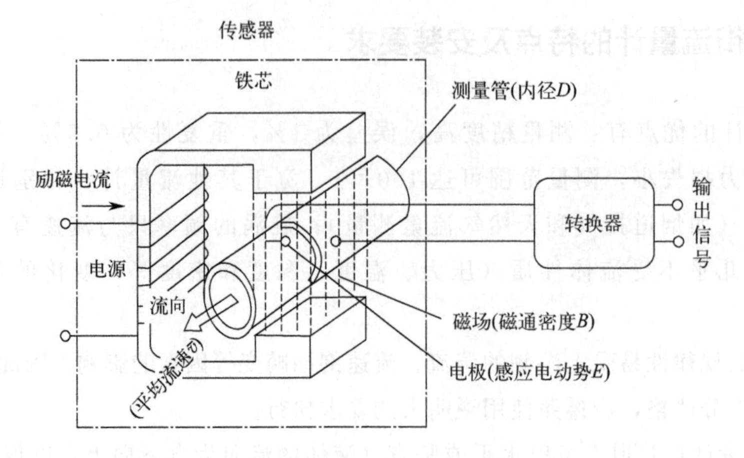

图 7-15　电磁流量计工作原理

内电极截面轴向上的平均流速，m/s。

通过测量上述感应电动势，就可以间接测得管中流体的体积流量 q_V

$$q_V=\frac{\pi D^2}{4}\overline{v}=\frac{\pi D}{4B}E \tag{7-29}$$

或

$$E=\frac{4B}{\pi D}q_V=Kq_V \tag{7-30}$$

式中，K 为电磁流量计的仪表常数，$K=4B/(\pi D)$。

7.5.2　电磁流量计结构组成

电磁流量计主要由励磁系统、测量管路、电极、外壳、衬里和转换器等部分组成。

(1) *励磁系统*

主要包括励磁绕组和铁芯，其作用是产生均匀的直流或交流磁场。它不仅决定了电磁流量传感器工作磁场的特征，也决定了电磁流量计流量信号的处理方法。常见的励磁系统有变压器铁芯型、集中绕组型以及分段绕制型，如图 7-16 所示。

一般有三种励磁方式，即直流励磁、交流励磁和低频方波励磁。

① 直流励磁。直流励磁方式用直流电产生磁场或采用永久磁铁，它能产生一个恒定的均匀磁场。这种直流励磁方式的最大优点是受交流电磁场干扰影响很小，因而可以忽略液体中自感现象的影响。但是，使用直流磁场易使通过测量管道的电解质液体被极化，影响仪表的正常工作。所以，直流励磁一般只用于测量非电解质液体，如液态金属等。

② 交流励磁。对电解性液体，一般采用工频交流励磁传感器励磁绕组供电，即利用正弦波工频（50Hz）电源给电磁流量计传感器励磁绕组供电，其磁感应强度 $B=B_m\sin\omega t$，式中，B_m 为交流励磁磁感应强度的幅值，T；ω 为励磁电流角频率，s^{-1}。对应的流量公式为

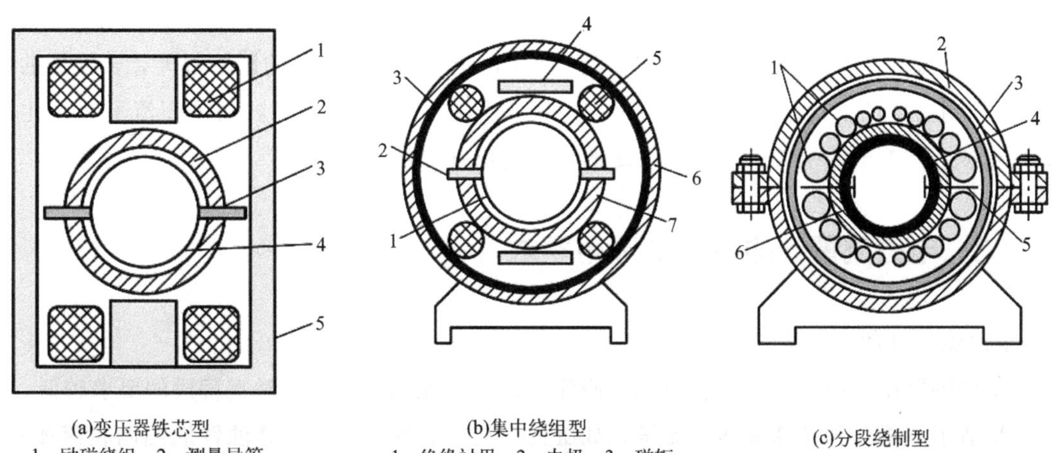

(a)变压器铁芯型
1—励磁绕组；2—测量导管；
3—电极；4—绝缘衬里；
5—铁芯

(b)集中绕组型
1—绝缘衬里；2—电极；3—磁轭；
4—极靴；5—励磁绕组；
6—外壳；7—测量导管

(c)分段绕制型
1—励磁绕组；2—外壳；3—磁轭；
4—绝缘衬里；5—电极；6—测量导管

图 7-16　励磁系统

$$q_V=\frac{\pi D}{4B_{\mathrm{m}}\sin\omega t}E \tag{7-31}$$

交流励磁的优点是：能够基本消除电极表面的极化现象，降低电极电化学电势的影响和传感器内阻，便于信号放大。但会带来一系列的电磁干扰问题。

③ 低频方波励磁。低频方波励磁兼具直流和交流励磁的优点。即，从整个时间过程看，方波信号是交变的信号，能够克服直流励磁易产生的极化现象；但在半个周期内，磁场是恒稳的直流磁场，它具有直流励磁的特点，受电磁干扰影响很小。这种励磁方式已经在电磁流量计上广泛应用。

(2) 测量管路

其作用是让被测导电性液体通过。为了使磁力线通过测量导管时磁通量被分流或短路，测量导管必须采用不导磁、低电导率、低热导率和具有一定机械强度的材料制成，如不导磁的不锈钢、玻璃钢、高强度塑料或铝等。

(3) 电极

其作用是引出和被测量成正比的感应电势信号。电极一般用非导磁的不锈钢制成，且要求与衬里齐平，以便流体通过时不受阻碍。它的安装位置宜在管道的垂直方向，以防止沉淀物堆积在其上面而影响测量精度。

(4) 外壳

应用铁磁材料制成，是励磁线圈的外罩，并隔离外磁场的干扰。

(5) 衬里

在测量导管的内侧及法兰密封面上，有一层完整的电绝缘衬里。它直接接触被测液体，作用是增加测量导管的耐腐蚀性，防止感应电势被金属测量导管管壁短路。衬里材料多为耐腐蚀、耐高温、耐磨的聚四氟乙烯塑料、陶瓷等。

(6) 转换器

由液体流动产生的感应电动势信号十分微弱，受各种干扰因素的影响很大，转换器的作用就是抑制主要的干扰信号，同时将感应电势信号放大并转换成与被测体积流量成正比的0～10mA、4～20mA 直流或 0～10kHz 的信号输出并显示。

7.5.3 电磁流量计的特点及选用要求

电磁流量计的主要优点如下。

① 传感器结构简单，测量管内无阻碍流动部件，无压力损失，对直管段的要求较低。

② 适于测量各种特殊液体的流量，如脏污介质、腐蚀性介质及悬浊性液固两相流体等，具有良好的耐腐蚀和耐磨损性。根据被测流体的性质来选择合理的电机和衬里即可。例如，用聚三氟乙烯或聚四氟乙烯做衬里可测量各种酸、碱、盐等腐蚀性介质；采用耐磨橡胶做衬里适合于测量带有固体颗粒的、磨损较大的矿浆、水泥浆等液固两相流体，以及各种带纤维液体和纸浆等悬浊液体的流量。

③ 测量精度不受流体密度、黏度、温度、压力和电导率变化的影响，传感器感应电压信号与流速呈线性关系，测量精度高，可达到 0.5～1.0 级，输出与流量呈线性关系。

④ 电磁流量计的输出只与被测介质的平均流速成正比，而与对称分布下的流动状态无关。量程范围宽，量程比可达 100∶1，有的甚至高达 1000∶1。

⑤ 转换器可与传感器组成一体型或分体型，可实现双向测量系统，既可测正向流量、反向流量，也可测量脉动流量。

⑥ 对表前直管段长度的要求比较低，一般对于 90°弯头、T 形三通、异径管、全开阀门等流动阻力件，离传感器电极轴中心线应有 (3～5)D(D 为管道内径) 的直管段长度，对于不同开度的阀门，则要求有 10D 的直管段长度；传感器后一般应有 2D 的直管段长度。

电磁流量目前仍然存在着一些不足，例如，只能测量具有一定电导率的液体流量，不能测量气体、蒸汽、含有大量气体的液体、石油制品或有机溶剂等介质，不能测量铁磁介质，含铁的矿浆流量等。受衬套材料的限制，测量介质的温度不能过高，一般工作温度不超过200℃；也不能过低，以防止测量导管外结露而破坏绝缘。由于电极安装在管道上，工作压力受到限制，一般不超过 4MPa。

电磁流量计的选用应着重对测量导管口径的选择，导管口径不一定要与工艺管道的内径相等，而应根据流速、流量进行合理选择。对于一般的工业管道，如果输送水等黏度不高的流体，若流速在 1.5～3m/s，流量计导管口径与工艺管道内径可以相同。由于电磁流量计一般要求被测介质的流速不低于 0.5m/s，因此如果某些工程运行初期流速偏低，从测量精确度出发，仪表口径应改用小管径，用异径管连接到管道上。用于易黏附沉积、结垢等流体的流量测量时，其流速应在 3～4m/s 以上，起到自清扫管道，防止黏附沉积的作用。用于测量磨蚀性大的流体时，常用流速应低于 2m/s，以降低流体对绝缘衬里和电极的磨损。

7.6 容积式流量计

7.6.1 容积式流量计测量原理

容积式流量计又称排量流量计，是一种历史悠久的流量仪表，也是流量计中精度最高的一类。容积式流量计的结构形式多种多样，就其测量原理而言，都是通过机械测量元件把被测流体连续不断地分割成具有固定已知体积的单元流体，然后根据测量元件的动作次数给出流体的总量，即采取所谓容积分界法测量出流体的流量。根据容积式流量计中已知体积的机械运动部件，可分为腰轮（又称罗茨）型、椭圆齿轮型、刮板型、旋转活塞型、往复活塞型、圆盘型、螺杆型、双转子型等流量计。容积式流量计的最大特点是对被测流体的黏度不敏感，常用于测量重油等黏稠流体。

把流体分割成单元流体的固定体积空间，称为计量室。它是由流量计壳体的内壁和作为测量元件的活动壁组成的。当被测流体进入流量计并充满计量室后，在流体压力的作用下推动测量元件运动，将一份一份的流体排送到流量计的出口。同时，测量元件还把它的动作次数通过齿轮等机构传递到流量计的显示部分，指示出流量值。如果已知计量室的体积和测量元件的动作次数，便可以由计数装置给出流量，常用来计量累积流量。从容积式流量计的工作原理可知，流过流量计的累积流量 q_V 可由下式计算

$$q_V = KnV_0 \tag{7-32}$$

式中，n 为测量元件的转速，r/s；K 为测量元件旋转一周所排出单元体积流体的个数；V_0 为计量室容积，m^3。

7.6.2 容积式流量计工作过程

（1）椭圆齿轮流量计

椭圆齿轮流量计的结构如图 7-17 所示，它的测量部分是由壳体和两个相互啮合的椭圆齿轮组成的，计量室则是由齿轮与壳体之间所形成的半月形空间。由于流体在流量计进、出口处的压力 $p_1 \neq p_2$，当 A、B 两轮处于图 7-17(a) 所示位置时，A 轮与壳体间构成容积固定的半月形计量室（图中阴影部分），此时进出口差压作用于 B 轮上的合力矩为 0，而在 A 轮上的合力矩不为 0，产生一个旋转力矩，使得 A 轮（主动轮）逆时针方向转动，并带动 B 轮（从动轮）顺时针旋转，计量室内的流体排向出口；当两轮旋转处于图 7-17(b) 位置时，两轮均为主动轮；当两轮旋转 90°处于图 7-17(c) 位置时，转子 B 与壳体之间构成计量室，此时，流体作用于 A 轮的合力矩为 0，而作用于 B 轮的合力矩不为 0，B 轮（主动轮）带动 A 轮（从动轮）转动，将计量室内的流体排向出口。

当两轮旋转至180°时，A、B两轮重新回到图7-17(a)位置。如此周期性地主从更换，两椭圆齿轮连续旋转。椭圆齿轮每旋转一周，流量计将排出4个半月形（计量室）体积的流体。设计量室的容积为V，则椭圆齿轮每旋转一周排出的流体体积为$4V$。只要测量椭圆齿轮的转数N和转速n，就可知道累积流量和单位时间内的流量，即瞬时流量和累积流量分别为

$$Q=4NV \tag{7-33}$$

$$q_V=4nV \tag{7-34}$$

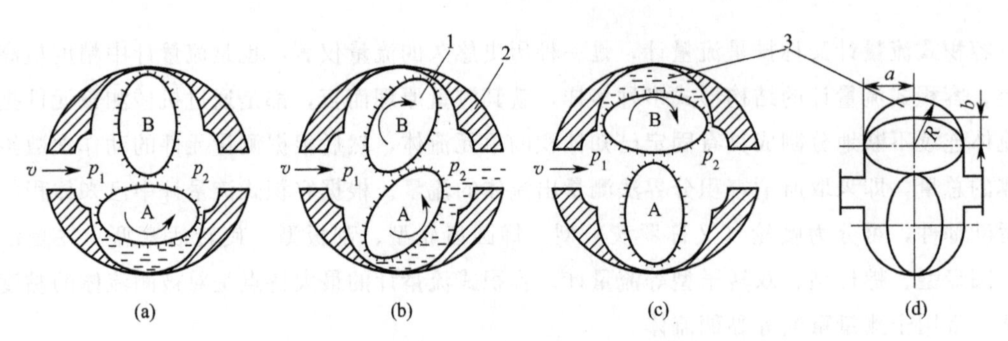

图7-17　椭圆齿轮流量计的结构及工作原理

1—圆齿轮；2—壳体；3—半月形计量室

椭圆齿轮流量计适用于石油、各种燃料油和气体的流量计量。因为测量元件工作时有齿轮的啮合转动，所以要求被测介质必须清洁。椭圆齿轮流量计的测量准确度较高，一般为0.2～1.0级。

(2) 腰轮流量计

腰轮流量计又称罗茨流量计，其工作原理与椭圆齿轮流量计相同，结构也很相似，只是转子的形状略有不同，如图7-18所示。腰轮流量计的转子是一对不带齿的腰形轮，在转动过程中两腰轮不直接接触而保持微小的间隙，靠套在壳体外的与腰轮同轴的啮合齿轮驱动。

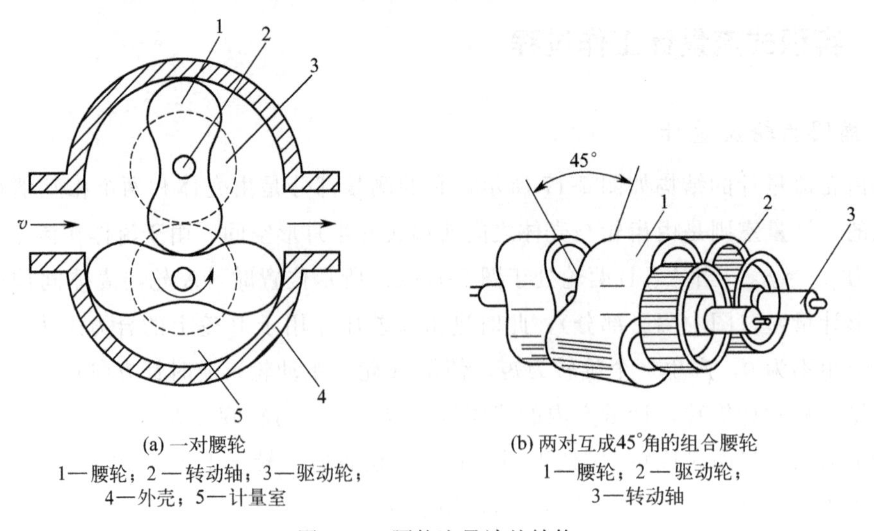

(a) 一对腰轮

1—腰轮；2—转动轴；3—驱动轮；4—外壳；5—计量室

(b) 两对互成45°角的组合腰轮

1—腰轮；2—驱动轮；3—转动轴

图7-18　腰轮流量计的结构

腰轮流量计可用于各种清洁液体的流量测量，也可测量气体，由于腰轮上没有齿，对流体中的杂质没有椭圆齿轮流量计敏感，计量准确度高，可达 0.2 级。主要缺点是体积大、笨重、进行周期检定比较困难，压损较大，运行中有振动等。

（3）凸轮式刮板流量计

凸轮式刮板流量计主要由外壳、计量室、内转子圆筒、刮板和凸轮等组成，如图 7-19 所示。计量室是指外壳与内转子圆筒组成的圆环。转子是一个可以转动、有一定宽度的空心薄壁圆筒，筒壁上有四个互成 90°的槽。槽中安装 A、B、C、D 四块刮板，分别由两根连杆连接，相互垂直；径向连接的两个刮板 A、C 和 B、D 顶端之间的距离为一定值；刮板可随内转子圆筒转动，可在槽内径向自由滑动。每一刮板的一端装有一小滚轮。两对刮板的径向滑动由凸轮控制，即刮板与转子在运动过程中，要按凸轮外廓曲线形状从内转子圆筒中伸出或缩进。因为有连杆相连，若某一端刮板从内转子圆筒边槽口伸出，则另一端的刮板就缩进筒内。

当有流体通过流量计时，流量计在压差作用下推动刮板旋转，如图 7-19(a) 所示，此时刮板 A 和 D 由凸轮控制伸出内转子圆筒，与计量室内壁接触，形成密封的计量室，将进口的连续流体分隔出一个单元体积；刮板 C 和 B 则全部收缩到转子圆筒内。在流体压差的作用下，刮板和转子旋转到图 7-19 (b) 所示的状态，此时刮板 A 仍为全部伸出状态，而刮板 D 则在凸轮的控制下开始收缩，将计量室中的流体排出。在刮板 D 开始收缩的同时，刮板 B 开始伸出。当继续旋转到图 7-19(c) 所示状态时，刮板 D 全部收缩到转子圆筒内，而刮板 B 由凸轮控制全部伸出，内转子圆筒与计量室壁接触，B、A 之间形成密封空间，将进入的连续流体又分隔出一个单元体积。接着旋转到图 7-19(d) 所示状态，随着刮板 A 开始收缩，计量室内的流体又开始排向出口。接着依次是刮板 C、B 和刮板 C、D 形成计量室，然后恢复到图 7-19(b) 所示状态。可见，在上述工作过程中，刮板和转子每旋转一周，共有 4 个单元体积的流体通过流量计。只要记录它们的转动次数，就可求得被测流体的流量。

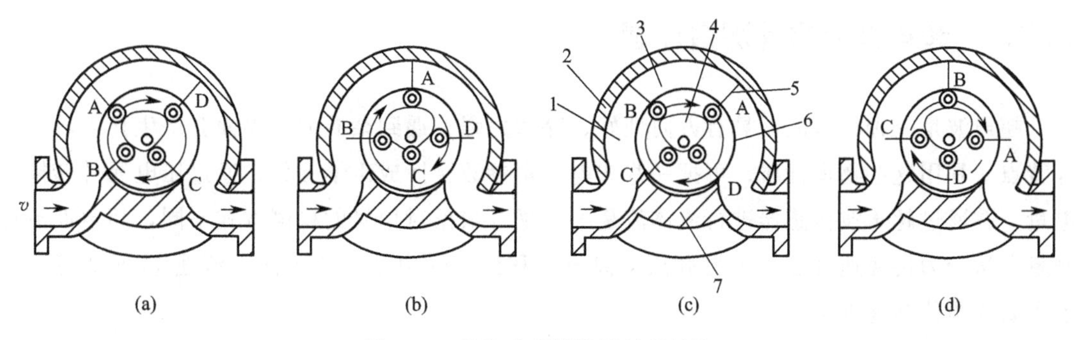

图 7-19　凸轮式刮板流量计的结构

1，3—计量室；2—外壳；4—凸轮；5—刮板；6—内转子圆筒；7—挡块

7.6.3　容积式流量计的特点及安装要求

容积式流量计广泛应用于石油类流体（如原油、汽油、柴油、液化石油气等）、饮料类

流体（如酒类、食用油等）、气体（如空气、低压天然气及煤气等）以及水的流量测量，其主要特点如下。

① 在所有的流量计中，容积式流量计测量精确度较高。

② 测量范围宽，典型的流量范围为 5∶1 到 10∶1，特殊的可达 30∶1。

③ 容积式流量计的特性一般不受流动状态、管道阻流件流速场畸变的影响，也不受雷诺数大小的限制，但易受物性参数的影响。

④ 安装方便，容积式流量计前不需要直管段，这一点在现场使用中有着重要意义。

⑤ 可测量高黏度、洁净单相流体的流量。测量含有颗粒、脏污物的流体时需安装过滤器，防止仪表被卡住，甚至被损坏。

⑥ 机械结构较复杂，体积庞大、笨重，一般只适用于中小口径管道。

⑦ 部分形式的容积式流量计（如椭圆齿轮型、腰轮型、旋转活塞型、往复活塞型等）在测量过程中会产生较大噪声，甚至使管道产生振动。

大多数容积式流量计要求在水平管道上安装，有部分口径较小的流量计（如椭圆齿轮流量计）允许在垂直管道上安装，这是因为大口径容积式流量计大都体积大而笨重，不宜安装在垂直管道上。

为了便于检修维护和不影响流通使用，流量计安装一般都要设置旁路管道。在水平管道上安装时，流量计一般应安装在主管道中；在垂直管道上安装时，流量计一般应安装在旁路管道中，以防止杂物沉积于流量计内。

7.7 超声波流量计

7.7.1 超声波流量计测量原理

超声波是一种机械波，具有方向性好、穿透力强、遇到杂质或分界面会产生显著的反射等特点。利用这些物理性质，可把一些非电学量参数转换成声学参数，通过压电元件转换成电量，并通过超声波传感器进行流体流量的测量。根据对信号的检测方式不同，超声波流速测量方法分为传播速度法、多普勒法、波束偏移法、噪声法、相关法、流速-液面法等。本节主要介绍传播速度法。

传播速度法超声波流量计的测量原理是基于超声波在介质中的传播速度与该介质的流动速度有关这一现象的。图 7-20 所示为超声波在流动介质的顺流和逆流中的传播情况。图中，F 为超声波发射换能器，J 为超声波接收换能器，v 为流动介质的流速，c 为静止介质中的声速。可知，超声波在顺流中的传播速度为 $c+v$，在逆流中的传播速度为 $c-v$。因此，超声波在顺流和逆流中的传播速度差与介质的流动速度 v 有关，可以利用这一传播速度差求得流速，进而换算为流量。常用的测量超声波传播速度差的方法有时间差法、相位差法和频率差法。

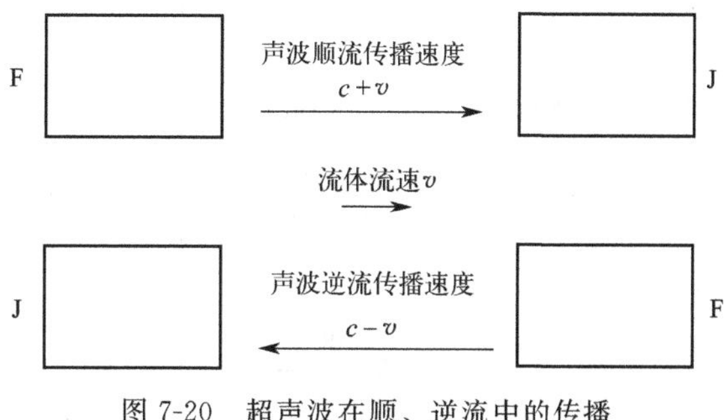

图 7-20　超声波在顺、逆流中的传播

7.7.2　传播速度法超声波流量计

图 7-21 所示为夹装式时间差法超声波流量计的原理图。当管道内的介质呈静止状态时，超声波在管壁间的传播轨迹为实线，其传播方向与管道轴线之间的夹角为 θ（由流动方向逆时针指向传播方向）。当管道内的介质以流速 v 流动时，超声波的传播轨迹如虚线所示（其传播方向偏向顺流方向，也简称顺流传播）。这时，超声波传播方向与管道轴线之间的夹角为 θ'，传播速度为 c_v，为 v 和 c 的矢量和。通常 $c \gg v$，故可认为 $\theta \approx \theta'$，即传播速度为

$$c_v = c + v\cos\theta \tag{7-35}$$

同样可以推导，超声波在管壁间逆流传播的速度大小为

$$c_v = c - v\cos\theta \tag{7-36}$$

式(7-35) 和式(7-36) 是超声波流量计中普遍采用的传播速度简化算式。时间差法超声波流量计的工作原理如下。

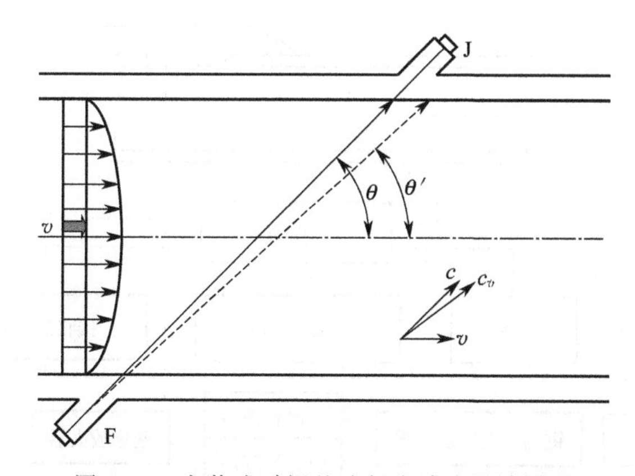

图 7-21　夹装式时间差法超声波流量计原理

安装在管道两侧的换能器交替发射和接收超声波，设超声波顺流方向的传播时间为 t_1，逆流方向的传播时间为 t_2，则有

$$t_1 = \frac{D/\sin\theta}{c + v\cos\theta} \tag{7-37}$$

$$t_2=\frac{D/\sin\theta}{c-v\cos\theta} \tag{7-38}$$

式中，D 为管道直径，m。

认为 $c^2 \gg v^2\cos^2\theta$，则超声波顺流和逆流传播的时间差为

$$\Delta t=|t_1-t_2|=\frac{2Dv}{c^2}\times\frac{1}{\tan\theta} \tag{7-39}$$

流体的流速可表示为

$$v=\frac{c^2\tan\theta}{2D}\Delta t \tag{7-40}$$

管道内被测流体的体积流量为

$$q_V=Av=\frac{\pi Dc^2\tan\theta}{8}\Delta t \tag{7-41}$$

式中，A 为管道的流动截面积，m^2，$A=\pi D^2/4$。

对于已安装好的换能器和确定的被测流体，式(7-41) 中的 D、θ 和 c 都是已知的常数，所以测得时间差 Δt 就可以换算得到流量 q_V。

图 7-22 为传播速度法超声波流量计测量系统框图。主控振荡器以一定的频率控制切换器，使安装在管道两侧的两个换能器以相应的频率交替发射和接收超声波。输出门得到超声波发射和接收的信号后，以方波的形式输出超声波发射与接收的时间间隔，即传播时间（方波的宽度与相应的传播时间成正比）。在输出门信号的控制下，锯齿波电压发生器产生相应的锯齿波电压，其电压峰值与输出门的方波宽度成正比。由于超声波顺流和逆流的传播时间不等，故输出门输出的方波宽度不同，相应产生的锯齿波电压峰值也不相等，顺流时的电压峰值低于逆流时的电压峰值。峰值检波器分别将两种电压峰值检出后送到差分放大器中进行比较放大，最后输出与超声波顺、逆流传播时间差成正比的信号，并显示相应的流量值。

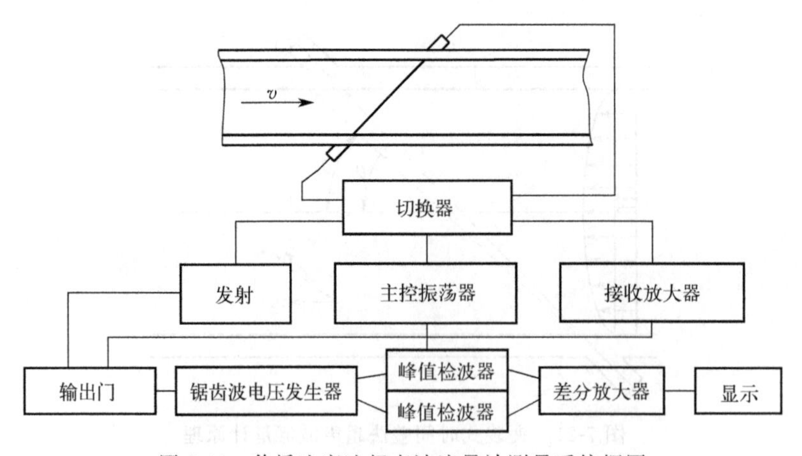

图 7-22　传播速度法超声波流量计测量系统框图

由于流速带给声波的变化量为 10^{-3} 数量级，而要得到 1%的流量测量精度，对声速的测量要求为 $10^{-6}\sim10^{-5}$ 数量级，检测很困难。为了提高检测灵敏度，可以采用相位差法，即测相位差 $\Delta\phi$ 而非 Δt，取换能器交替发射和接收的超声波角频率为 $\omega(\mathrm{s}^{-1})$，则

$$\Delta\phi=\omega\frac{2Dv}{c^2}\times\frac{1}{\tan\theta} \tag{7-42}$$

则管道内的介质的平均流速为

$$v=\Delta\phi\frac{c^2\tan\theta}{2D}\times\frac{1}{\omega} \tag{7-43}$$

管道内被测流体的体积流量为

$$q_V=Av=\frac{Dc^2\tan\theta}{16f}\Delta\phi \tag{7-44}$$

式中，f 为超声波的频率，$f=\omega/2\pi$，Hz。

无论是时间差法还是相位差法，都需要知道声速 c，而声速是随温度而变化的。因此只有进行声速修正，才能提高测量精度。若采用频率差法，可不需要进行声速修正。

频率差法是通过测量流体顺流和逆流时超声波脉冲的循环频率差来测量流量的。超声波发射器向被测流体发射超声波脉冲，接收器接收到超声波脉冲并将其转换成电信号，经放大后再用此电信号去触发发射电路发射下一个超声波脉冲。这样，任一个超声波脉冲都是由前一个接收信号所触发的，不断重复，即形成"声循环"。其循环周期主要是由流体中传播超声波脉冲的时间决定的，其倒数称为声循环频率（即重复频率）。因此可得，顺流时超声波脉冲循环频率 f_1 和逆流时超声波脉冲循环频率 f_2 分别为

$$\begin{cases} f_1=\dfrac{c+v\cos\theta}{D/\sin\theta}=\dfrac{1}{D}(c+v\cos\theta)\sin\theta \\ f_2=\dfrac{c-v\cos\theta}{D/\sin\theta}=\dfrac{1}{D}(c-v\cos\theta)\sin\theta \end{cases} \tag{7-45}$$

超声波脉冲频率差为

$$\Delta f=|f_1-f_2|=\frac{\sin2\theta}{D}v \tag{7-46}$$

管道内被测流体的体积流量为

$$q_V=Av=\frac{\pi D^3\Delta f}{4\sin2\theta} \tag{7-47}$$

显然，式(7-47) 中不含声速 c，因此不再需要进行声速修正，而流体的流速仅与频差成正比，这是频差法超声波流量计的显著优点。循环频差 Δf 很小，直接进行测量的误差大，为了提高测量准确度，一般需采用倍频技术。

7.7.3 超声波流量计的特点和安装要求

与常规流量计相比，超声波流量计具有以下特点。

① 超声波流量计可以做成非接触式的，即从管道外部进行测量。在管道内部无须插入任何测量部件，因此不改变原流体的流动状态，也没有压力损失，使用方便。

② 测量结果不受被测流体的黏度、电导率的影响，可以测量各种液体或气体的流量。例如可测量腐蚀性液体、高黏度液体和非导电液体的流量，尤其适于测量大口径管道的水流

量或各种水渠、河流、海水的流速和流量，在医学上还用于测量血液流量等。

③ 超声波流量计的输出信号与被测流体的流量呈线性关系。

④ 量程范围广，一般可达(40∶1)～(200∶1)。

⑤ 测量准确度优于 1.0 级。

⑥ 温度对声速影响较大，一般不适于温度波动大、介质物理性质变化大的流量测量，也不适于小流量、小管径的流量测量，这时相对误差将增大。

超声波流量计的换能器大致有夹装型、插入型和管道型三种结构形式。在现场应用时，常因工作疏忽、换能器安装距离及流通面积等测量误差而使实际的测量准确度有所下降。有时不正确地安装甚至会使得仪表完全不能工作。因此，换能器的安装是超声波流量计实现准确、可靠测量的重要环节。换能器在管道上的布置方式如图 7-23 所示。

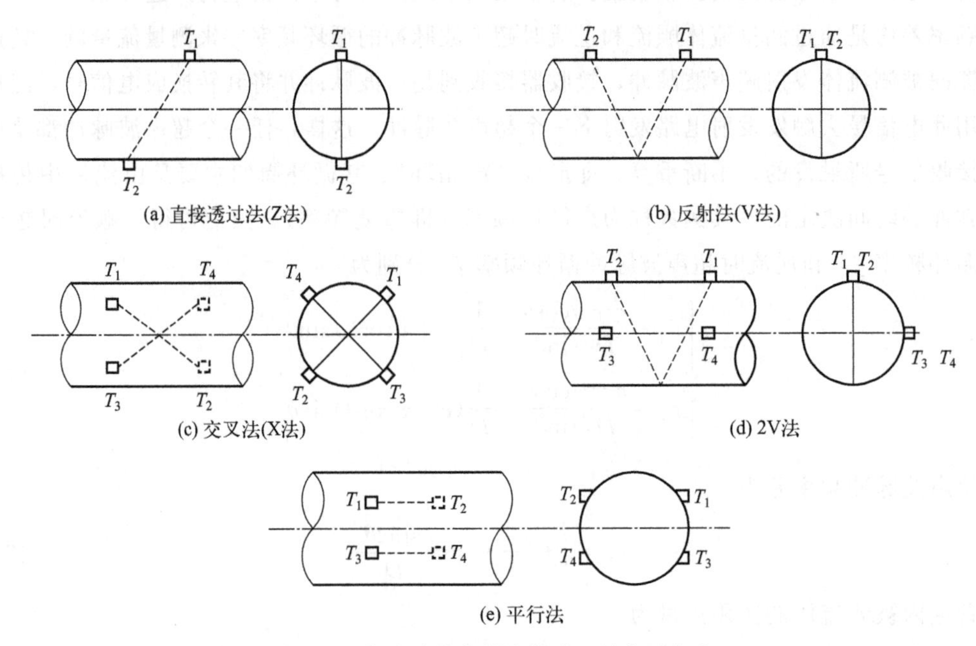

图 7-23 超声波换能器在管道上的布置方式

① 流体以管道轴线为中心对称分布，且沿管道轴线平行地流动，此时应采用布置方式如图 7-23(a) 所示的直接透过法（又称 Z 法）布置换能器。该布置方法结构简单适用于有够长的直管段，且流速沿管道轴对称分布的场合。

② 当流速不对称分布、流动的方向与管道轴线不平行或存在着沿半径方向流动的速度分量时，可以采用如图 7-23(b) 所示的反射法（又称 V 法）。若存在径向速度 v，在超声波传播方向会产生 $v\sin\theta$ 的速度分量，产生测量误差。采用 V 法，可以抵消速度分量 $v\sin\theta$ 的影响。

③ 在某些场合，当安装距离受到限制时，可采用如图 7-23 (c) 所示的交叉法（又称 X 法）。换能器一般均交替转换，分时作为发射器和接收器使用。

④ 图 7-23(d) 为 2V 法，是在垂直相交的两个平面上测量线平均速度。随着测量线数的增加，测量准确度会有所提高。一般认为四条测量线路就可满足工程需求。

⑤ 图 7-23(e) 为平行法，是一种配置多线路测量的方式，可在一定程度上消除流速分布不对称、不均匀和旋涡等对测量的影响。由于声波穿透管壁很困难，使得安装换能器时较复杂，在测量小口径流量时也很难获得足够的时间差。

上游管件、阀门、弯头以及直管段的不同组合会在流量计入口处引起流速剖面畸变，可能导致流量测量误差。增加上游直管段长度可以减小这种误差，一般要求上游侧直管段在 $10D$（D 为管道内径）以上，下游侧直管段在 $5D$ 左右。

近年来国外开发出经实流核准的高准确度带测量管段的中小口径超声波流量计，或采用多声道化和声束多反射化方法，如将超声波的线传播发展为面传播的双声道法和多声道法、U 形平面测量法、S 形平面测量法和声束螺旋多折射法等，其性能和应用范围正在不断提高和扩大。这些方法不仅可改善单声道测量平均流速的不确定性，还能降低对迎流流速分布和旋涡的敏感度，减小前后直管段长度和现场安装换能器位置等对测量的影响，使测量准确度大大提高。

7.8 质量型流量计

在工业生产过程的参数检测和控制中，例如产品质量控制、物料配比、成本核算、生产过程自动调节，以及产品交易、储存等方面都需要直接知道被测流体的质量流量。前面所述的各种流量计均为测量体积流量的仪表，一般来说可以用体积流量乘以密度换算成质量流量。但是由于同样体积的流体，在不同温度、压力和成分的条件下，其密度是不同的，特别是气体更是这样，所以在温度、压力变化比较频繁的情况下，以及测量准确度要求较高时，不能采用上述办法，而须直接测出质量流量或进行温度、压力修正。

质量流量计总体上可以分为直接式质量流量计和间接式质量流量计。直接式质量流量计按照测量原理可大致分为：与力和加速度有关的质量流量计，如科里奥利质量流量计；与能量的传递、转换有关的质量流量计，如热式质量流量计和差压式质量流量计。间接式质量流量计可分为组合式质量流量计和补偿式质量流量计两类。

7.8.1 直接式质量流量计

直接式质量流量计是指流量计的输出信号能直接反映被测流体质量流量的仪表，在原理上与介质所处的状态参数（温度、压力）和物性参数（黏度、密度）等无关。

(1) 科里奥利质量流量计

科里奥利质量流量计是利用流体在振动管中流动时能产生与流体质量流量成正比的科里奥利力的原理制成的。其核心部件是测量管（振动管），其形状主要有弯曲形（如 U 形、Ω 形、S 形、B 形、双 Q 形、双 J 形、圆环形、长圆环形等）、直管形（单直、双直）等，按测量管的数目可分为单管型、多管型以及四管型等。

以弯管形式的科里奥利质量流量计为例，其工作原理如图 7-24 所示，它的测量元件是一根（或两根）U 形测量管。其任一端均可作为流体的进口或出口，设流体从下面管口进入，从上面管口流出。电磁激发器使 U 形管以 T 形簧片宽端为固定端，产生垂直于图面方向的振动。U 形管振动相当于绕固定端的瞬时转动，管内流动的流体将受到科里奥利力的作用，同时流体对 U 形管产生一个大小相等、方向相反的作用力。由于流速和角速度矢量方向相互垂直，在 U 形管两直段中流速 v_1 和 v_2 方向相反，因此两直管段受到的科里奥利力 F_1 和 F_2 方向也相反，其大小为

$$F=2m\omega v \tag{7-48}$$

式中，m 为单侧管长度为 L 的 U 形管单侧直管段包含的流体质量，kg；v 为管内流体的速度，m/s；ω 为 U 形管振动时绕固定端的瞬时转动角速度，s^{-1}。

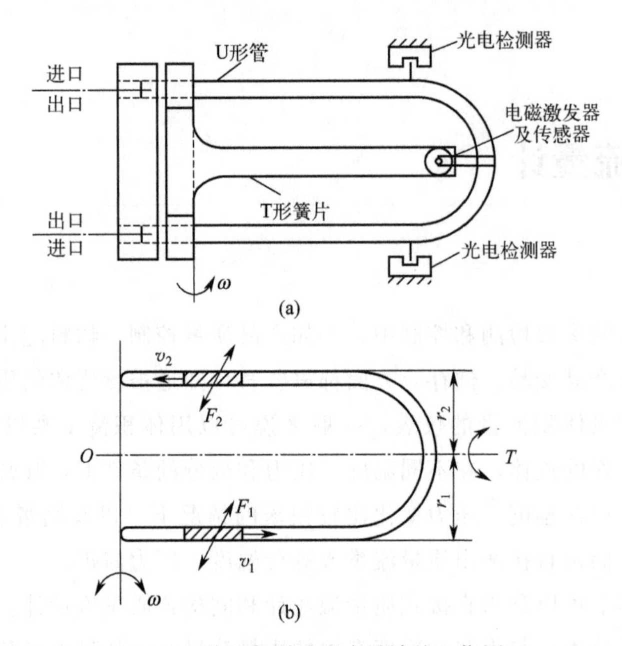

图 7-24　科里奥利质量流量计的工作原理

在 U 形管振动到其最大振幅点时，此时垂直方向的角速度为零，科里奥利力也为零，因此扭转角为零。只有在振动行程的中间位置，振动管的振动角速度最大，相应科里奥利力和扭转角也最大。所以，通过检测扭力矩（或者扭转角）就可以获得流体的质量流量。

F_1 和 F_2 使 U 形管产生一个绕 O-O 轴的交变力矩 M 为

$$M=F_1r_1+F_2r_2=2Fr=4m\omega vr \tag{7-49}$$

式中，r 为 U 形管两直管段到 O-O 轴线的垂直距离，m。

若流体流过单侧直管段的时间为 t，则有 $v=L/t$，$q_m=m/t$，q_m 为质量流量，单位为 kg/s，则式(7-49) 可以改写为

$$M=4\omega rLq_m \tag{7-50}$$

设 U 形管的扭转弹性系数为 K_s，扭角为 θ，则 U 形管的反力矩为 M_1，即

$$M_1 = K_s\theta \tag{7-51}$$

平衡时，$M=M_1$，则可以得到

$$q_m = \frac{K_s\theta}{4\omega rL} \tag{7-52}$$

因此，当U形管的结构确定后，r 和 L 为常数，如果振动频率一定，则 ω 为恒定值，质量流量 q_m 即与扭转角 θ 成正比，用光电检测器测出扭转角 θ 即可确定质量流量 q_m 值。

科里奥利质量流量计准确度高，一般为0.25级，最高可达0.1级；可实现直接的质量流量测量，与被测流体的温度、压力、黏度和组分等参数无关；不受管内流动状态的影响，无论是层流还是湍流都不影响测量准确度，对上游侧的流速分布不敏感，无前后直管段要求；无阻碍流体流动的部件，无直接接触和活动的部件，免维护；量程比宽，最高可达100∶1；可进行测量的流体包括含气泡的液体、深冷液体、高黏度流体及非牛顿流体等，如各类原油、重油、成品油、果浆、纸浆、化妆品、涂料、乳浊液等；动态特性好。

由于测量密度较低的流体介质，灵敏度较低，所以不能用于测量低压、低密度的气体；当液体含气量超过一定限值时会影响测量值。对外界振动干扰较敏感，对流量计的安装固定有较高要求。测量管内壁磨损腐蚀或沉积结垢也会影响测量精度。适合 DN150～200mm以下中小管径的流量测量，大管径的使用受到一定的限制。压力损失较大。被测介质的温度不能太高，一般不超过205℃。大部分型号的科里奥利质量流量计有较大的体积和质量。

(2) 热式质量流量计

气体的流量测量一直是一道难题，这是因为气体的体积流量受温度、压力影响较大，所以其体积流量只有相对意义。因而，一种不受温度、压力、密度变化影响的气体质量流量计越来越受到重视，热式质量流量计就是这类专用仪表。

热式质量流量计可分为对称结构式的热式质量流量计和非对称结构式的边界层式质量流量计两类。由于后者是用于测量较小管径内液体的质量流量，本节只介绍前者。

内热式质量流量计的原理如图7-25所示。管道中间放置加热电阻丝。其上下游相等距离处有两个相同的测温热电阻（其温度系数、阻值、结构等参数相同）。若被测气体不流动则两个热电阻处的温度相等；若被测气体在管道内由左至右流动则右方的温度高于左方，下游热电阻的阻值将大于上游的阻值，而流速越高则温差越大，将它们接在相邻桥臂中，便可得到与质量流量成比例的电信号。这种形式的流量计又称为内热式质量流量计。

单位时间内被测气体吸收的热量与温差 Δt 的关系为

$$\Delta Q = q_m c_p \Delta t \tag{7-53}$$

式中，ΔQ 为被测气体吸收的热量，W；q_m 为被测气体的质量流量，kg/s；c_p 为被测气体的比定压热容，J/(kg・℃)；Δt 为被测气体的温升，℃。

上、下游热电阻的温差 Δt 随被测流体的流速（流量）升高而变大。如果加热电阻丝只加热被测气体，管道本身与外界很好地绝热，气体被加热时也不对外做功，则电阻丝放出的热量全部用来使被测气体温度升高，故加热器功率 $P=\Delta Q$。此时待求质量流量为

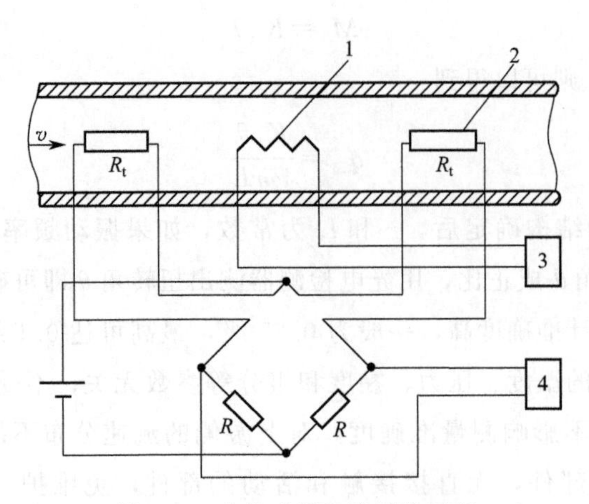

图 7-25　内热式质量流量计原理

1—加热电阻丝；2—热电阻；3—加热电源；4—处理电路

$$q_m=\frac{P}{c_p\Delta t}\tag{7-54}$$

显然，求质量流量 q_m 可使用两种方法：一是恒功率法（P 恒定），测得 Δt 就能求出 q_m 值；二是恒定温差法（Δt 恒定），则测得 P 就能求出 q_m 值。无论从特性关系还是实现手段看，后者应用较普遍，只需从功率表上读出 P 值，则可得到 q_m 值。

虽然该仪表动态特性好，但是由于电加热丝和感温元件都直接与被测气体接触，易被气体脏污和腐蚀，影响仪表的灵敏度和使用寿命。由此，研制了非接触式的仪表。

非接触外热式质量流量计的原理与结构如图 7-26 所示。加热器线圈和两只铂热电阻丝缠绕在测量导管的外部，并用保温外壳封闭，以减少与外界的热交换。为提高响应速度，测量导管均制成薄壁管，并选择导热性能良好的金属材料，如镍、不锈钢等。两只铂热电阻和另两只电阻组成测温电桥。当气体流经测量导管时，前后产生温差，引起铂电阻阻值的变化，破坏了电桥平衡，因而测出电阻值的变化就能求得质量流量。这种形式的流量计又称为外热式质量流量计。

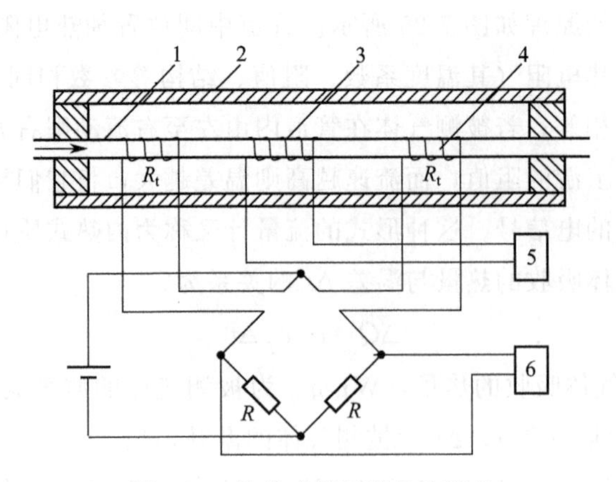

图 7-26　外热式质量流量计原理

1—测量导管；2—保温外壳；3—加热电阻丝；4—热电阻；5—加热电源；6—处理电路

外热式质量流量计在小流量测量方面具有一定的优势，但只适用于小管径的流量测量，其最大的缺点就是热惯性大、响应速度慢。

7.8.2 间接式质量流量计

间接式质量流量计可分成两类：一类是组合式质量流量计，也可以称推导式质量流量计；另一类是补偿式质量流量计。

7.8.2.1 组合式质量流量计

组合式质量流量计是在分别测量两个参数的基础上，通过运算器计算得到质量流量值。

(1) 检测 ρq_V^2 的流量计和密度计的组合

检测 ρq_V^2 的流量计通常采用差压式流量计，将它与连续测量密度的密度计组合起来就成为能间接求出质量流量的检测系统。其测量原理如图 7-27 所示。孔板两侧测得的差压信号 Δp 与 ρq_V^2 成正比。设差压计的输出信号为 x，密度计测得的信号为 y，则有 $x \propto \rho q_V^2$，$y \propto \rho$，将信号 x 和 y 同时输入流量计算器进行开方运算、流量显示和累积计算。其质量流量的表达式为

$$\sqrt{xy}=K\rho q_V=Kq_m \tag{7-55}$$

式中，K 为比例常数。

(2) 检测 q_V 的流量计和密度计的组合

检测管内体积流量 q_V 的流量计有容积式流量计、电磁流量计、涡轮流量计、超声波流量计等。将这些流量计与检测流体密度 ρ 的密度计组合，可以测出流体的质量流量。其测量原理如图 7-28 所示，设流量计的输出信号为 x，密度计测得的信号为 y，则有 $x \propto q_V$，$y \propto \rho$，将信号 x 和 y 同时输入流量计算器进行乘法运算可得

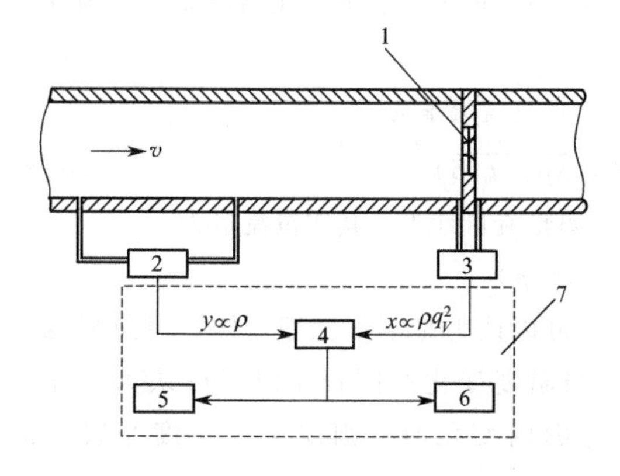

图 7-27 检测 ρq_V^2 的流量计和密度计的组合

1—孔板；2—密度计；3—差压计；4—运算器；5—流量累积器；6—显示器；7—流量计算器

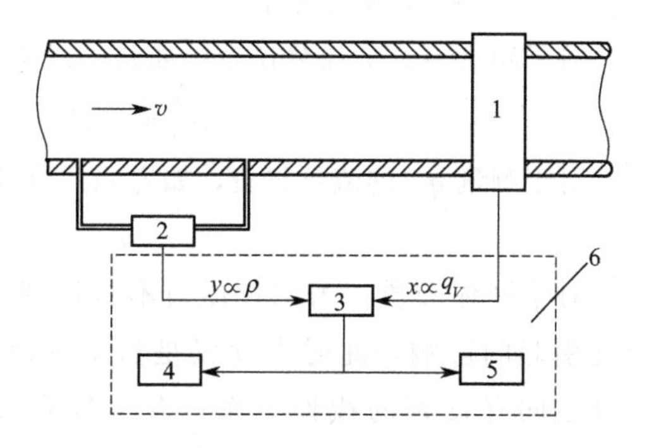

图 7-28 检测 q_V 的流量计和密度计的组合

1—检测 q_V 的流量计；2—密度计；3—运算器；4—流量累积器；5—显示器；6—流量计算器

$$xy = K\rho q_V = Kq_m \tag{7-56}$$

式中，K 为比例常数。

（3）检测 q_V 的流量计和检测 ρq_V^2 的流量计的组合

这种质量流量计是由两个不同类型的体积流量计组成的，如图 7-29 所示。通常一个是差压式流量计，设其输出信号为 x，有 $x \propto \rho q_V^2$，另一个是体积流量计，如容积式流量计或涡轮流量计，设其输出信号为 y，有 $y \propto q_V$，将信号 x 和 y 同时输入流量计算器进行除法运算可得

$$\frac{x}{y} = K\rho q_V = Kq_m \tag{7-57}$$

式中，K 为比例常数。

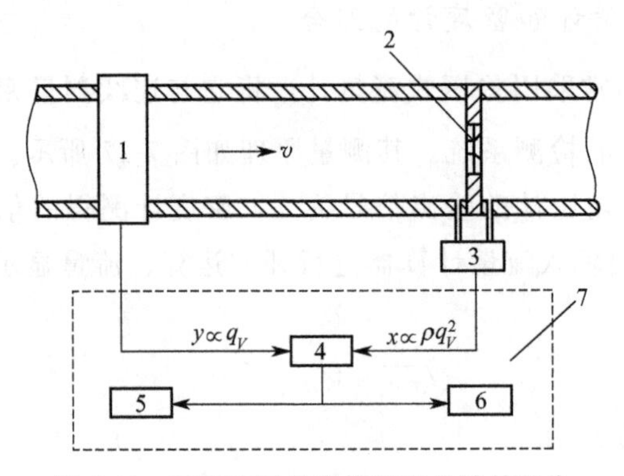

图 7-29　两种不同类型体积流量计的组合

1—检测 q_V 的流量计；2—孔板；3—差压计；4—运算器；5—流量累积器；6—显示器；7—流量计算器

7.8.2.2　补偿式质量流量计

补偿式质量流量计在用体积流量计测量流体流量的同时，测量流体的温度和压力，然后利用流体密度 ρ 与温度 t 和压力 p 的关系 $\rho = f(t, p)$，求出该温度、压力状态下的流体密度 ρ，进而求得质量流量值。

对于测量 ρq_V^2 的流量仪表，如差压式流量计，其质量流量为

$$q_m = K\sqrt{\rho \Delta p} = K\sqrt{\Delta p f(t,p)} \tag{7-58}$$

对于测量 q_V 的流量仪表，如容积式流量计、涡轮流量计等，其质量流量为

$$q_m = \rho q_V = q_V f(t,p) \tag{7-59}$$

对于液体介质，若工作压力不是特别大，则可以认为是不可压缩流体，可忽略压力变化引起的影响，此时密度仅是温度的函数。当温度变化范围较小时，可认为密度与温度之间有良好的线性关系；若温度在较大范围内变化时，则应考虑密度非线性的影响。

对于气体介质，在低压范围内，可利用理想气体状态方程来进行温度、压力补偿计算；但在高压时，必须考虑气体压缩性的影响；对于过热蒸汽，需要按实际气体处理。

7.9 气液两相流的流量测量

7.9.1 气液两相流概述

两相流流动现象广泛存在于热能动力工程、核能工程、低温工程、化工过程以及航空航天等领域，两相流动通常可分为气（汽）体-液体两相流动、气体-固体颗粒两相流动、液体-固体颗粒两相流动，以及一些特殊的两相流。由于气（汽）液两相流问题在自然界、日常生活和工业设备中普遍存在，因此本节仅讨论气液两相流的流量测量问题。

气液的混合物可以是一种物质，即汽-液（如水和水蒸气），也可以是两种不同的物质，即气-液（如水和空气的混合物）。单相流在经过一段距离之后，会建立一个稳定的速度场。但对于两相流，例如蒸汽和水，则很难建立一个稳定的流动。这是因为在管道流动中有压差，从而会产生液体的蒸发。同时，由于两相流测量对象处于运动状态，还常常存在两相间的传热和传质现象。因此，气液两相流流量检测一直是一个难以解决的问题，不可能依靠分析的方法来解决两相流的全部问题。例如，在火力发电厂中，从锅炉汽包供给汽轮机组的蒸汽中往往夹带有小小的雾状水珠，这种气液两相的精确计量一直是电力部门急需解决的难题。在高压锅炉中，热交换效率则与管道内气液两相流体的流动状态密切有关。至于核反应堆中水冷却系统中气液两相流的在线检测和监测，更是关系到核反应堆安全运行的一个重要问题。一般而言，气液两相流测量系统的运行环境都比较恶劣，如高温、高压、腐蚀性强、安装条件困难等，这也对测量系统的可靠性和适应性提出了较高的要求。至今，两相流学科还处于半经验半理论阶段。所以，在对两相流流量测量以及流动和传热的规律进行研究时，除了依靠各种数学物理模型外，还主要依靠实验。气液两相流的实验测试包括很多内容，如压降、温度、流量、含气率（质量含气率则称为干度）、空泡率、滑动比和液膜厚度等。

7.9.2 气液两相流测量基本参数

气液两相流中的两相介质都有各自的流动参数，由于两相一起流动时，相间还会有相互作用和质量、动量、能量的交换，因此首先需要给出表征两相混合物特性的流动参数。用下标“G”表示气相的流动参数，下标“L”表示液相的流动参数，两相混合物的流动参数则不加下标。

7.9.2.1 速度

设气液两相流在一管道中流动，任取一横截面，面积为 A，气相和液相所占的面积分别为 A_G 和 A_L。A_G 称为气相通流面积，A_L 称为液相通流面积，显然有

$$A=A_G+A_L \tag{7-60}$$

在该横截面任一点 r 上，气相和液相的轴向速度分别为 $v_{r,G}$ 和 $v_{r,L}$，它们是位置 r 和时间 t 的函数。则两相在横截面上的平均轴向速度 v_G 和 v_L 为

$$v_G=\frac{1}{A_G}\int_{A_G} v_{r,G}\mathrm{d}A \tag{7-61}$$

$$v_L=\frac{1}{A_L}\int_{A_L} v_{r,L}\mathrm{d}A \tag{7-62}$$

由于两相流中的气液两相之间存在相对运动，因此，气相速度 v_G 和液相速度 v_L 之间存在速度差，称为相速度差 Δv_{GL}，即

$$\Delta v_{GL}=v_G-v_L \tag{7-63}$$

气相速度 v_G 和液相速度 v_L 的比值称为滑动比（或相速度比）s，即

$$s=\frac{v_G}{v_L} \tag{7-64}$$

显然，当均速运动时，两相速度相等，即 $v_G=v_L$，$\Delta v_{GL}=0$，$s=1$。

7.9.2.2 体积流量和质量流量

根据速度和流量的关系，可以分别得到两相的体积流量

$$q_{V,G}=\int_{A_G} v_{r,G}\mathrm{d}A=v_G A_G \tag{7-65}$$

$$q_{V,L}=\int_{A_L} v_{r,L}\mathrm{d}A=v_L A_L \tag{7-66}$$

两相的总体积流量 $q_{V,\mathrm{sum}}$ 为

$$q_{V,\mathrm{sum}}=q_{V,G}+q_{V,L}=v_G A_G+v_L A_L \tag{7-67}$$

两相的质量流量分别为

$$q_{m,G}=\int_{A_G} \rho_G v_{r,G}\mathrm{d}A \tag{7-68}$$

$$q_{m,L}=\int_{A_L} \rho_L v_{r,L}\mathrm{d}A \tag{7-69}$$

式中，ρ_G 为气相在 A_G 上的密度，即气相的物质密度；ρ_L 为液相在 A_L 上的密度，即液相的物质密度。取 ρ_G 和 ρ_L 为常数，此时

$$q_{m,G}=\rho_G\int_{A_G} v_{r,G}\mathrm{d}A=\rho_G v_G A_G=\rho_G q_{V,G} \tag{7-70}$$

$$q_{m,L}=\rho_L\int_{A_L} v_{r,L}\mathrm{d}A=\rho_L v_L A_L=\rho_L q_{V,L} \tag{7-71}$$

则两相的总质量流量 $q_{m,\mathrm{sum}}$ 为

$$q_{m,\mathrm{sum}}=q_{m,G}+q_{m,L} \tag{7-72}$$

7.9.2.3 分相含率

分相含率是指在一段管道中按质量、容积或截面划分的两相流体的各相占流体总量的份额。对于气液两相流而言，一般分为含气率和含液率，是分析气液两相流时的重要参数，根

据需要，可以定义不同意义的含气率和含液率。

(1) 质量含气率和质量含液率

质量含气率 x 是指在管道某一截面上，气相介质的质量与气液两相介质的总质量的比值，在热力学上称为湿饱和蒸汽的干度。在气液两相流流动中，可以用质量流量来表示质量含气率

$$x=\frac{q_{m,\mathrm{G}}}{q_{m,\mathrm{sum}}}=\frac{q_{m,\mathrm{G}}}{q_{m,\mathrm{G}}+q_{m,\mathrm{L}}}=\frac{\rho_{\mathrm{G}}v_{\mathrm{G}}A_{\mathrm{G}}}{\rho_{\mathrm{G}}v_{\mathrm{G}}A_{\mathrm{G}}+\rho_{\mathrm{L}}v_{\mathrm{L}}A_{\mathrm{L}}} \tag{7-73}$$

干度 x 的值在 0～1 之间变化，表征了两相混合物中气体的真实流动份额。$1-x$ 为质量含液率或湿饱和蒸汽的湿度。

(2) 体积含气率和体积含液率

体积含气率 α_{q_V} 是指在管道某一截面上，气相介质的体积与气液两相介质的总体积的比值，在热力学上称为湿饱和蒸汽的体积干度。在气液两相流流动中，可以用体积流量来表示体积含气率

$$\alpha_{q_V}=\frac{q_{V,\mathrm{G}}}{q_{V,\mathrm{sum}}}=\frac{q_{V,\mathrm{G}}}{q_{V,\mathrm{G}}+q_{V,\mathrm{L}}}=\frac{v_{\mathrm{G}}A_{\mathrm{G}}}{v_{\mathrm{G}}A_{\mathrm{G}}+v_{\mathrm{L}}A_{\mathrm{L}}} \tag{7-74}$$

体积含气率 α_{q_V} 的值在 0～1 之间变化。$1-\alpha_{q_V}$ 为体积含液率或湿蒸汽的体积湿度。

质量含气率 x 与体积含气率 α_{q_V} 之间的关系为

$$\alpha_{q_V}=\frac{\rho_{\mathrm{L}}x}{\rho_{\mathrm{L}}x+\rho_{\mathrm{G}}(1-x)}=\left[1+\frac{\rho_{\mathrm{G}}}{\rho_{\mathrm{L}}}\left(\frac{1}{x}-1\right)\right]^{-1} \tag{7-75}$$

$$x=\frac{\rho_{\mathrm{G}}\alpha_{q_V}}{\rho_{\mathrm{G}}\alpha_{q_V}+\rho_{\mathrm{L}}(1-\alpha_{q_V})}=\left[1+\frac{\rho_{\mathrm{L}}}{\rho_{\mathrm{G}}}\left(\frac{1}{\alpha_{q_V}}-1\right)\right]^{-1} \tag{7-76}$$

(3) 截面含气率和截面含液率

截面含气率 α_A 是指在管道某一截面上，气相介质所占的截面积与整个管道截面积的比值，又称为空隙率或空泡率，有时也称真实体积含气率

$$\alpha_A=\frac{A_{\mathrm{G}}}{A}=\frac{A_{\mathrm{G}}}{A_{\mathrm{G}}+A_{\mathrm{L}}} \tag{7-77}$$

截面含气率 α_A 的值在 0～1 之间变化。$1-\alpha_A$ 为湿蒸汽的截面含液率。当 α_{q_V} 是常数时，气相的流速越大，截面含气率 α_A 越小；反之亦然。

体积含气率 α_{q_V} 与截面含气率 α_A 之间的关系为

$$\alpha_A=\frac{\alpha_{q_V}}{\alpha_{q_V}+s(1-\alpha_{q_V})}=\left[1+s\left(\frac{1}{\alpha_{q_V}}-1\right)\right]^{-1} \tag{7-78}$$

或

$$\alpha_{q_V}=\frac{s\alpha_A}{s\alpha_A+(1-\alpha_A)}=\left[1+\frac{1}{s}\left(\frac{1}{\alpha_A}-1\right)\right]^{-1} \tag{7-79}$$

截面含气率 α_A 与质量含气率 x 之间的关系为

$$\alpha_A=\frac{\rho_L x}{\rho_L x+s\rho_G(1-x)}=\left[1+s\frac{\rho_G}{\rho_L}\left(\frac{1}{x}-1\right)\right]^{-1} \tag{7-80}$$

或

$$x=\frac{s\rho_G\alpha_A}{s\rho_G\alpha_A+\rho_L(1-\alpha_A)}=\left[1+\frac{\rho_L}{\rho_G}\times\frac{1}{s}\left(\frac{1}{\alpha_A}-1\right)\right]^{-1} \tag{7-81}$$

7.9.2.4 密度

在横截面积为 A，长度为 δl 的管段微元中，各相的平均特性有

$$V=V_G+V_L \text{ 或 } A\delta l=A_G\delta l+A_L\delta l \tag{7-82}$$

$$m=m_G+m_L \tag{7-83}$$

式中，V 为两相混合物的体积；V_G 为气相所占的体积；V_L 为液相所占的体积；m 为两相混合物的质量；m_G 为气相的质量；m_L 为液相的质量。

由此可以定义密度

$$\rho_G=\frac{m_G}{V_G},\rho_L=\frac{m_L}{V_L} \tag{7-84}$$

$$\rho_{m,G}=\frac{m_G}{V},\rho_{m,L}=\frac{m_L}{V} \tag{7-85}$$

$$\rho=\frac{m}{V}=\frac{m_G+m_L}{V}=\rho_{m,G}+\rho_{m,L} \tag{7-86}$$

式中，ρ_G 为气相的物质密度；ρ_L 为液相的物质密度；$\rho_{m,G}$ 为气相的分密度；$\rho_{m,L}$ 为液相的分密度；ρ 为两相混合物的真实密度，ρ 与截面含气率 α_A 的关系为

$$\begin{aligned}\rho&=\frac{m_G+m_L}{V}=\frac{\rho_G(A_G\delta l)+\rho_L(A_L\delta l)}{A\delta l}\\&=\frac{\rho_G\alpha_A(A\delta l)+\rho_L(1-\alpha_A)A\delta l}{A\delta l}=\rho_G\alpha_A+\rho_L(1-\alpha_A)\end{aligned} \tag{7-87}$$

定义流过通道某一横截面的两相流体的质量流量与体积流量之比为混合物的流动密度，用 ρ_F 表示

$$\rho_F=\frac{q_{m,G}+q_{m,L}}{q_V} \tag{7-88}$$

由式(7-70)、式(7-71)、式(7-77) 和式(7-88) 可得 ρ_F 与 α_{q_V} 的关系

$$\rho_F=\frac{\rho_G q_{m,G}+\rho_L q_{m,L}}{q_{m,\text{sum}}}=\alpha_{q_V}\rho_G+(1-\alpha_{q_V})\rho_L \tag{7-89}$$

7.9.3 气液两相流测量基本原理

气液两相流管道内气液流量比和气体、液体所占管道截面的比是不同的，因此要想从气液两相流的流动状况中知道分相的流量，需要知道含气率（空隙率）以及各相的流速。为了得到分相体积流量 $q_{V,G}$ 和 $q_{V,L}$ 或分相质量流量 $q_{m,G}$ 和 $q_{m,L}$，有以下三种方法。

(1) 测得截面含气率 α_A 和两相速度 v_G、v_L

若测得截面含气率 α_A 和两相速度 v_G、v_L，由于管道横截面面积 A 已知，可由式(7-77) 得到气相通流面积 A_G 为

$$A_G = A\alpha_A \tag{7-90}$$

再由式(7-60) 得到液相通流面积 A_L 为

$$A_L = A - A_G \tag{7-91}$$

然后按式(7-65) 和式(7-66) 计算出分相的体积流量 $q_{V,G}$ 和 $q_{V,L}$ 分别为

$$q_{V,G} = v_G A_G, q_{V,L} = v_L A_L \tag{7-92}$$

如果两相密度 ρ_G 和 ρ_L 可知，则可由式(7-70) 和式(7-71) 计算出两相的质量流量 $q_{m,G}$ 和 $q_{m,L}$ 分别为

$$q_{m,G} = \rho_G v_G A_G, q_{m,L} = \rho_L v_L A_L \tag{7-93}$$

(2) 测得质量含气率 x 和总质量流量 $q_{m,sum}$

若测得质量含气率 x 和总质量流量 $q_{m,sum}$，由式(7-73) 可计算得到气相质量流量 $q_{m,G}$

$$q_{m,G} = x q_{m,sum} \tag{7-94}$$

再由式(7-72) 计算得到液相质量流量 $q_{m,L}$

$$q_{m,L} = q_{m,sum} - q_{m,G} \tag{7-95}$$

(3) 测得体积含气率 α_{q_V} 和总体积流量 $q_{V,sum}$

若测得体积含气率 α_{q_V} 和总体积流量 $q_{V,sum}$，由式(7-74) 可计算得到气相体积流量 $q_{V,G}$

$$q_{V,G} = \alpha_{q_V} q_{V,sum} \tag{7-96}$$

再由式(7-67) 计算得到液相体积流量 $q_{V,L}$

$$q_{V,L} = q_{V,sum} - q_{V,G} \tag{7-97}$$

在某些特殊情况下，总流量是已知的，即它可以用单相流的测量技术精确测得，这时仅需测量体积含气率 α_{q_V} 或质量含气率 x 即可。例如，亚临界复合循环锅炉中从分离器出来的湿蒸汽（汽液两相流）经过过热器以后变成单相的过热蒸汽，过热蒸汽的质量流量可用常规的单相流方法精确测得，显然它等于湿蒸汽的总质量流量；而分离器出口的湿蒸汽干度就需要用两相流的方法测量。

在一般情况下，总流量不能用常规单相流的方法测出，这时就需要采用两相流的方法同时测量总流量和含气率两个参数才能得到分相流量，称为两相流的双参数测量。例如，测量管道中不发生蒸发和凝结的两相流体，当含气率不高时就无法用常规方法测出两相流的总流量和干度。

为了得到总流量和含气率，可采用如下方法：以质量流量为例，用两个或两种不同的流量仪表分别对两相流进行测量，仪表示值分别为 S_1 和 S_2，它们都是总质量流量 $q_{m,sum}$ 和质量含气率 x 的函数

$$S_1 = f_1(q_{m,sum}, x) \tag{7-98}$$

$$S_2=f_2(q_{m,\mathrm{sum}},x) \tag{7-99}$$

式(7-98) 和式(7-99) 联立，就可解出 $q_{m,\mathrm{sum}}$ 和 x。

要通过实验标定或严格理论分析确定式(7-98) 和式(7-99) 的函数关系往往是非常困难的，最常用的方法是对两相流动进行某些假设，在此基础上通过理论分析得到可用的函数关系式。但当实际流动状况与假设相差较大时，便会带来很大的误差。

常用的流量仪表组合可以是两种相同的流量测量仪表，例如双孔板的形式，也可以是两种不同的流量仪表，例如节流元件与多孔动压探针（笛形管）、孔板与文丘里管、节流元件与容积式流量计、孔板与速度式流量计等。该方法装置简单，但测量范围小，受到具体流型的制约。为克服流型变化对流量测量的影响，近些年对利用 γ 射线衰减法、微波射频衰减法、电容电导法等联合文丘里管、涡轮流量计等进行两相流流量测量开展了深入研究，并得到了应用。

7.9.4 气液两相流流量测量的典型技术

本节主要简要介绍两种典型的用于气液两相流流量测量的技术，分别为节流法和分离法，对于其他测量气液两相流流量的方法，读者可以参考有关资料。

7.9.4.1 节流法

单相流中很多流量测量的仪器均可以应用到气液两相流的流量测量中，例如涡轮流量计、电磁流量计、超声波流量计、多普勒效应流量计等。其中，利用节流件，如孔板、文丘里管等，来测量两相流量是一种常用的方法。节流法根据不同的模型，推导出流体压差、含气率和两相流流量之间不同的关系式。以孔板流量计为例介绍三种常见的应用节流法测量流量的经典模型。

(1) 均相模型

均相模型将两相流体视为两相充分混合后具有单一密度的流体，进而将其当作单相流体来处理。假定流体流经孔板时不发生相变，则通过孔板的两相流的流量计算公式为

$$q_{m,\mathrm{sum}}=\frac{C\varepsilon}{\sqrt{1-\beta^4}}A_0\sqrt{2\rho_\mathrm{F}\Delta p} \tag{7-100}$$

式中，$q_{m,\mathrm{sum}}$ 为流体的质量流量，kg/s；Δp 为节流件差压，Pa；A_0 为节流件有效截面积，$A_0=\pi d^2/4$，d 为工况下节流件的等效开孔直径，m^2，对于孔板是孔径，对于文丘里管是喉径；β 为直径比；C 为节流件的流出系数；ε 为被测介质的可压缩性系数（对于液体 $\varepsilon=1$；对于气体、蒸汽等可压缩流体 $\varepsilon<1$）。

式(7-100) 中，ρ_F 为混合物的流动密度，$\mathrm{kg/m^3}$，对于均相模型，滑动比 $s=1$，将式(7-75) 代入式(7-89) 可得

$$\frac{1}{\rho_\mathrm{F}}=\frac{x}{\rho_\mathrm{G}}+\frac{1-x}{\rho_\mathrm{L}} \tag{7-101}$$

(2) 分相模型

分相模型是把两相流体看成截然分开的流动介质，各自独立处理。假定各相流体流经孔板时不发生相变，则通过孔板的两相流的流量计算公式为

$$q_{m,\mathrm{sum}}=\frac{C\varepsilon}{\sqrt{1-\beta^4}}A_0\frac{\sqrt{2\rho_G\Delta p_{TP}}}{\left[x+(1-x)\sqrt{\frac{\rho_G}{\rho_L}}\right]} \tag{7-102}$$

式中，Δp_{TP} 为节流件总差压，Pa，计算公式为：$\sqrt{\frac{\Delta p_{TP}}{\Delta p_G}}=\sqrt{\frac{\Delta p_L}{\Delta p_G}}+1$。

尽管分相模型仅是一个理想化模型，不具有实际的应用价值，其结果只能定性分析，作为进一步计算的参考。但是，该模型提供了理论计算两相流流量解析解的一个方向，后续很多模型都是基于这个思想演变甚至直接基于分相模型理论修正的，这些后续的模型具有较高的精度和应用价值。

在此基础上，假设两相流流体以分层形式流过孔板节流装置，则上述分相模型可以改写为 Murdock 关系式。其两相流的流量公式为

$$q_{m,\mathrm{sum}}=\frac{C\varepsilon}{\sqrt{1-\beta^4}}A_0\frac{\sqrt{2\rho_G\Delta p_{TP}}}{\left[x+1.26(1-x)\sqrt{\frac{\rho_G}{\rho_L}}\right]} \tag{7-103}$$

大量实验表明，对于文丘里管流量计，系数 1.26 应对应修改为 1.5。

(3) 林宗虎模型

林宗虎院士在流经节流件的总压差计算公式中增加修正系数 θ，即

$$\sqrt{\frac{\Delta p_{TP}}{\Delta p_G}}=\theta\sqrt{\frac{\Delta p_L}{\Delta p_G}}+1 \tag{7-104}$$

对应的流量公式为

$$q_{m,\mathrm{sum}}=\frac{C\varepsilon}{\sqrt{1-\beta^4}}A_0\frac{\sqrt{2\rho_G\Delta p_{TP}}}{\left[x+\theta(1-x)\sqrt{\frac{\rho_G}{\rho_L}}\right]} \tag{7-105}$$

在利用孔板流量计测量不同气液密度比的两相流实验后，总结出修正系数 θ 的经验公式为

$$\theta=1.48625-9.26541\left(\frac{\rho_G}{\rho_L}\right)+44.6954\left(\frac{\rho_G}{\rho_L}\right)^2-60.6150\left(\frac{\rho_G}{\rho_L}\right)^3-5.12966\left(\frac{\rho_G}{\rho_L}\right)^4-26.5743\left(\frac{\rho_G}{\rho_L}\right)^5 \tag{7-106}$$

7.9.4.2 分流分相法

分流分相法，又称分离法，其原理是将被测两相流体流过分配器分成两个支路：绝大部分两相流体（约 80%～95%）维持原运动状态，原通道继续向下游流动，这部分流体也被

称为主流体，对应的通道称为主流体回路；少部分乃至极少部分的两相流体（约 5%～20%）则进入分离器，该部分流体为分流体，对应通道称为分流体回路。分流体经过分离器分离后，气相和液相流体分别通过各自对应的气体和液体流量计进行测量，随后通过支路并入主通道与主流体合流。分流分相法的原理图如图 7-30 所示。

被测两相流体的气相流量 $q_{m,G}$ 和液相流量 $q_{m,L}$ 分别由以下公式计算

$$q_{m,G}=\frac{q_{m,G3}}{K_G} \tag{7-107}$$

$$q_{m,L}=\frac{q_{m,L3}}{K_L} \tag{7-108}$$

式中，K_G、K_L 分别为气相分流系数和液相分流系数；$q_{m,G3}$、$q_{m,L3}$ 分别表示分流体的气相流量和液相流量，由各自对应的流量计测量得到。

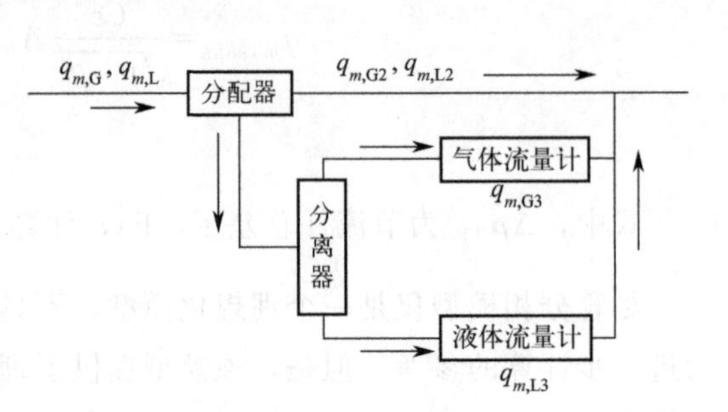

图 7-30　分流分相法原理

在理想情况下，气相分流系数和液相分流系数应相等并且为一常数，但实际情况下，现有的分配器很难实现。因此，只要二者满足一定范围内的稳定即可认为测量相对准确。由此可知，分配器是准确测量的关键。目前，常见的分配器包含以下四种类型。

（1）三通管分配器

三通管分配器原理图如图 7-31 所示。4 个平行的侧支管有三根在主管和集气管间相连接。主管和侧支管构成三通结构，故该分配器称为三通管分配器。当气液两相流体进入主管时，由主管和侧支管构成的三通管分出少部分气体进入集气管；绝大部分两相流体则保持原有状态进入直通支管并通经节流孔板成为下游主流。所分出的少部分气体依次流经集气管、气体流量计，进入侧支管与下游的主流体交汇。这种分配器构造简单且稳定性好，但被测参数只能是流量和干度两者之一，另一被测参数需要计算获得。

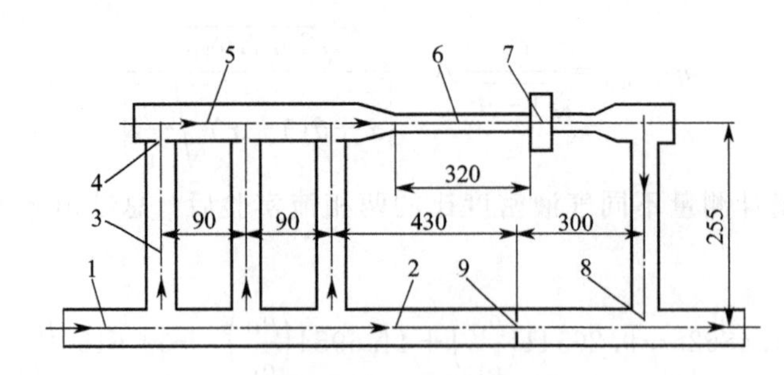

图 7-31　三通管分配器结构（单位：mm）

1—主管；2—直通支管；3—侧支管；4—小孔；5—集气管；
6—气体流量管；7—气体流量计；8—汇合三通；9—节流孔板

（2）取样管型分配器

取样管型分配器的原理如图 7-32 所示。两相流体经过混合器加速和混合后分成两部分。一部分流体直接进入取样管，经过分离器实现气液两相分离，气相和液相流体分别进入对应

相的流量计后流入主流：另一部分则沿管道继续流动，需要注意的是，分流系数 K_G、K_L 需由实验进行标定。

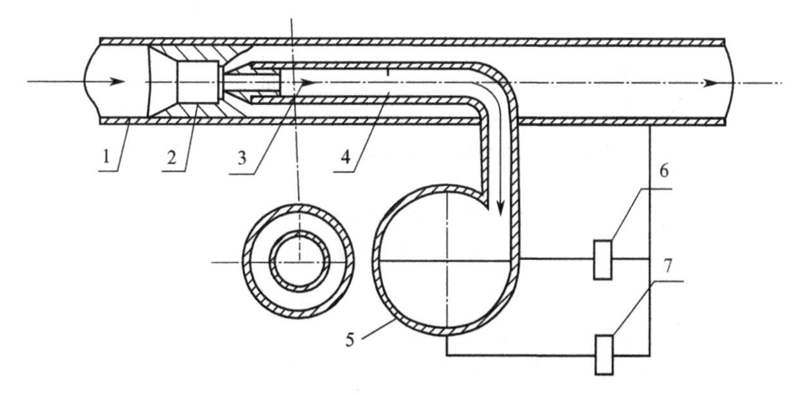

图 7-32　取样管型分配器结构

1—管道；2—混合器；3—取样管；4—节流孔板；5—旋风分离器；6—气体流量计；7—液体流量计

（3）转鼓分配器

转鼓分配器的原理如图 7-33 所示。转鼓分配器的设计理念与前两种分配器有本质区别。流体流经该分配器后，不会由一根特定的管道或支路分离流体，而是通过转鼓随机截取。转鼓由若干结构相同且互不相通的通道构成，绝大部分通道与后续管道相连，只有少量通道直连分离器。由于转鼓在工作中处于高速旋转状态，故每一股流体进入后续管道或者分离器的机会是均等的。通过改变流入分流器的通道个数占总通道数的比例可以调节流入分离器的流量，而与其他因素基本无关，因而转鼓分配器内的分流系数可以维持稳定且为常数。

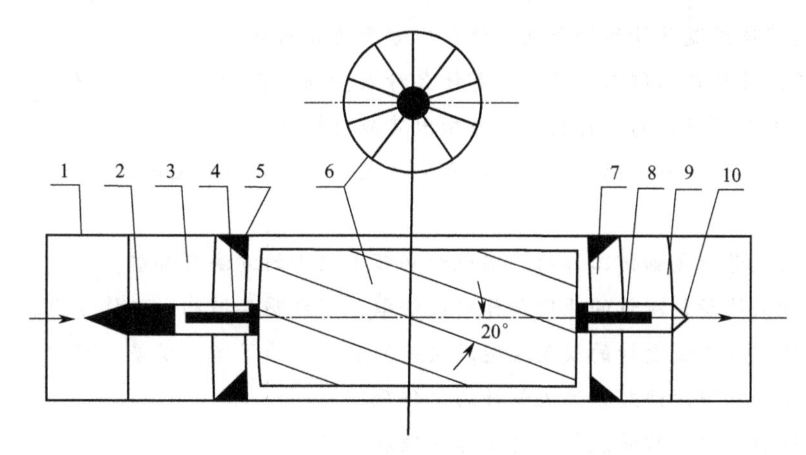

图 7-33　转鼓分配器结构

1—外壳；2，10—轴承座；3，9—支架；4，8—转轴；5—前导锥；6—转鼓；7—后导锥

（4）旋流分配器

旋流分配器的原理图如图 7-34 所示。与转鼓分配器类似，同样具有若干结构相同且互不相通的通道，只不过在运行中，旋流分配器内各部件稳定，流体流经旋流器和整流器后发生旋转以实现各个通道的均匀分配，其分流系数与其他因素基本无关且维持稳定。

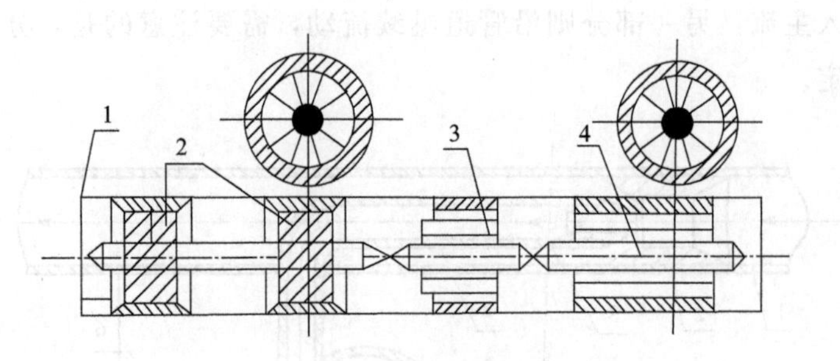

图 7-34　旋流分配器结构

1—管道；2—旋流器；3—整流器；4—分流器

思考题与习题

(1) 何谓标准节流装置，它对流体种类、流动条件、管道条件和安装等有何要求？

(2) 简述节流式差压流量计的测量原理。

(3) 何谓标准节流装置的流出系数，其物理意义是什么？何谓流量系数，它受何种因素影响？

(4) 简述转子流量计的基本原理及工作特性。

(5) 转子流量计在什么情况下对测量值要做修正？

(6) 简述节流式流量计和转子流量计在各方面的异同点。

(7) 涡轮流量计是如何工作的，它有什么特点？涡轮流量计如何消除轴向压力的影响？

(8) 简述电磁流量计的工作原理，并指出其应用特点。

(9) 电磁流量计有哪些励磁方式，各有何特点？采用正弦波励磁时，会产生什么干扰信号？如何克服？

(10) 涡街流量计是如何工作的？实现旋涡频率检测的方法有哪些？

(11) 容积式流量计测量的原理是什么？任举一例说明其结构和工作过程。

(12) 试述容积式流量计的误差及造成误差的原因。为了减小误差，测量时应注意什么？

(13) 简述传播速度法超声波流量计的工作原理。

(14) 简述科里奥利质量流量计的工作原理和特点。

(15) 简述组合式质量流量计测量流量的几种组合形式。

(16) 简述分流分相法测量两相流流量的基本原理。

第 8 章

液位测量

8.1 概述

液位是工业生产过程中非常重要的热工控制参数之一。以火力发电厂的锅炉汽包水位调节为例，使锅炉汽包水位维持在正常范围内是锅炉运行的一项重要的安全性指标，锅炉汽包的水位直接影响送出蒸汽的质量和汽水系统循环的效果。水位过高，会显著影响汽水分离装置的汽水分离效果，进而使饱和蒸汽的湿度增大，含盐量增多，造成过热器和汽轮机通流部分积垢，引起过热器管壁超温甚至爆管，以及汽轮机效率降低、轴向推力增大等问题。当水位升高到一定值时还会造成蒸汽带水使蒸汽轮机产生水冲击，甚至使汽轮机发生事故。水位过低，会影响自然循环锅炉的水循环安全，引起水冷壁管某些部分循环停滞，进而造成局部过热甚至爆管。

常用的液位测量方法有以下几种。

① 浮力式　其工作原理源自阿基米德定律。常用的有浮子式、沉筒式两种，它们分别随液面的变化输出位移或力的变化。

② 静压式　静止液体内某一点所受的压力与其液面高度成正比。通过该点的压力来显示液位高度。这类液位计分为连通器、压差式和压力式三种。

③ 电气式　此类传感器的输出量为电量信号，如电阻、电容、电感量等，电信号随传感器浸入介质的深度而变化从而达到测量液位的目的。

④ 声波式　利用不同液体对声波传播所起的作用来探测液面的位置，其中以反射式应用较多。

⑤ 比重式　形状一定的容器，其介质的高度与重量成比例，所以可以用称出整体的重量来反映介质的高度。

⑥ 核辐射式　放射性同位素所放出的射线（如 γ 射线）有很强的穿透能力，但通过介质时强度会减弱。利用射线强度的衰减与通过介质的厚度之间的关系来确定液位的高低。

本章主要介绍浮力式液位计、差压式液位计、电容式液位计、电阻式液位计以及一些其他类型的液位计。

8.2 浮力式液位计

浮力式液位计是一种结构简单、使用方便、价格低廉的液位计，至今仍在工业生产中广泛使用。浮力式液位计分两种，一种是浮子位于液面上部，液体对浮子的浮力基本上不变，浮子的位置随液位高度而变化，根据浮子的位移量得到液位的高度，这种液位计称为恒浮力式液位计，又可细分为浮子式、浮球式等；另一种是浮筒浸在液体里，浮筒被浸入程度的不同，浮筒所受的浮力也不同，根据浮筒所受的浮力的变化得到液位的高度，这种液位计称为变浮力式液位计，或浮筒式液位计。

8.2.1 浮子式液位计

如图 8-1 所示为浮子式液位计，钢丝绳 3 悬挂于滑轮 2 之上，一端连接浮子 1，使其漂浮于水面上并随液面变化升降，另一端挂有平衡锤 4，浮子所受的重力和浮力之差与平衡锤的拉力相平衡时，指针 5 在标尺 6 上指示出相应的液位。

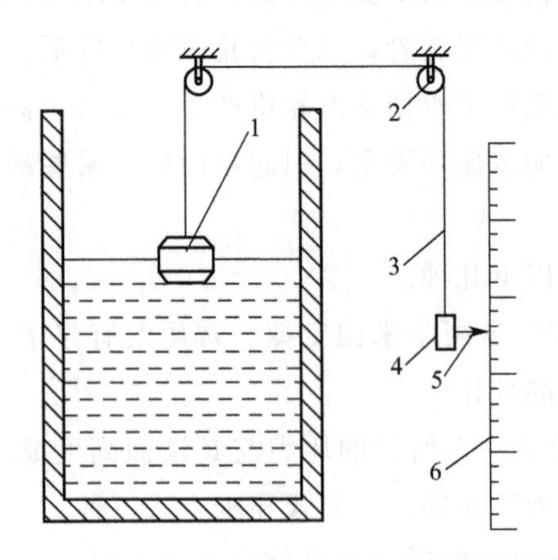

图 8-1　用于常压或敞口容器的浮子式液位计

1—浮子；2—滑轮；3—钢丝绳；4—平衡锤；5—指针；6—标尺

浮子是一个能漂浮于水面的空心密封零件。常见的浮子形状有扁平形、扁圆柱形和高圆柱形，如图 8-2 所示。为提高仪表的灵敏度和测量准确度，一般采用大直径的浮子。

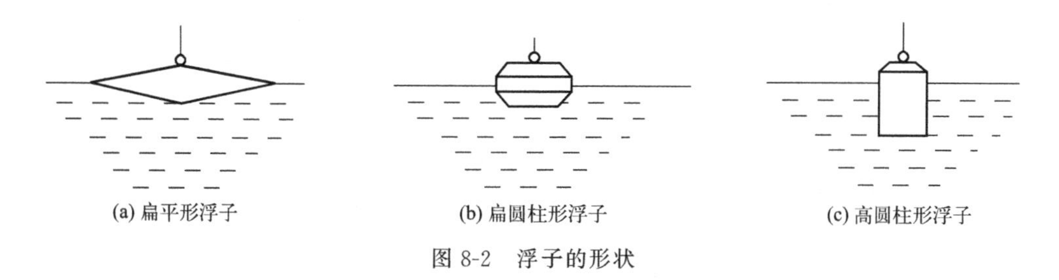

图 8-2　浮子的形状

平衡锤的作用是调节浮子的出水体积，同时具有一定的重力，可以防止悬索在水位轮中跳槽。平衡锤过轻，传动时可能会因为压力小而使悬索产生跳槽现象。平衡锤越重，传动的可靠性也越高，但为保持平衡，浮子重量也需要相应地增加。

当测量密封容器中的液位高度时，特别是被测液体的黏度较大时，浮子会因为黏附一定的液体而重量增加，或因被液体侵蚀而重量减轻，或液体的密度因温度的变化而发生变化，这时候浮子在液体中的吃水位置会发生改变，从而引起测量误差。为此可以在密闭容器中设置一个独立的液位测量通道，如图 8-3 所示。在通道的外侧装设浮子 4 和磁铁 3，通道内侧装有铁芯 2。当浮子随液位上下移动时，磁铁随之移动，铁芯被磁铁吸引而同步移动，通过绳索 7 带动指针 9 指示液位的变化。这样避免了浮子的重量变化或吃水位置改变而引起的测量误差。

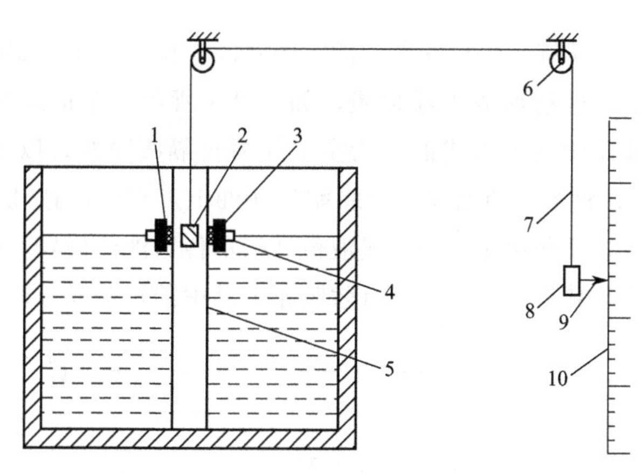

图 8-3　用于密封容器的浮子式液位计

1—导轮；2—铁芯；3—磁铁；4—浮子；5—非导磁管；6—滑轮；7—钢丝绳；8—平衡锤；9—指针；10—标尺

为了使结构紧凑便于读数，可以用恒力弹簧代替平衡锤，浮子上的钢丝绳用中间打孔的薄钢带代替，即浮子钢带式液位计，目前大型石油产品储罐、环保监测等多采用这种形式的液位计。如图 8-4 所示，浮子 1 受浮力的作用浮在液体表面上，此时液位通过钢带 2、滑轮 3 传至钉轮 4，测量钢带上的有间距均匀的孔和钉轮啮合，带动钉轮转动，进而由指针 5 和滚轮计数器 6 指示出液位，若在钉轮轴上再安装转角传感器或变送器，就可以实现液位的远传。测量钢带起始于钢带轮 7 并受到转轴 8 的作用保持一定的张力，由于测量钢带的另一端受到浮子的重力作用，加上浮力和恒力弹簧拉力，使测量钢带保持着一个恒定的受力状态。

当液位下降时，浮子由于重力作用随之下降，原有的力平衡受到破坏，测量钢带上张力增加，钢带轮释放并收紧，达到新的平衡。液位的变化量等于钢带轮的恒力弹簧张紧和收放钢带的长度。

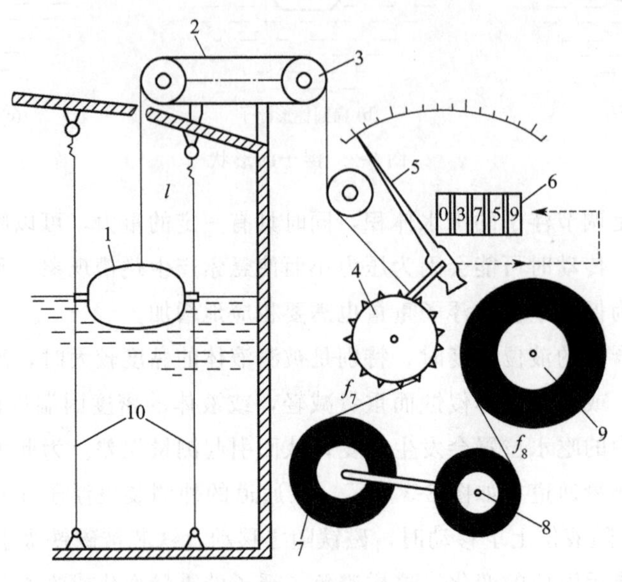

图 8-4　浮子钢带式液位计

1—浮子；2—测量钢带；3—滑轮；4—钉轮；5—指针；6—滚轮计数器；7—刚带轮；8，9—转轴；10—钢丝绳

为了提高测量精度，还有一种特殊形式的浮子式液位计常用于油罐的液位测量，即整个油罐上全被浮子所覆盖，这就形成了浮顶罐，如图 8-5 所示。浮顶罐的罐壁 3 做成敞开形式，浮顶 2 是由多个独立舱室 1 组成的，舱室之间通过隔板隔开，以免个别舱室泄漏而沉没，周围有柔性密封 4，整个浮顶如同圆形船舶浮在油上，直径可达几十米。利用钢丝绳 6 将浮顶与平衡锤 7 相连，或利用浮子钢带式液位计指示传送液位信号。由于浮顶罐是漂浮在油面上的，因此可以将油品与空气隔绝，有效阻止油品中的轻质成分挥发，减小损失。

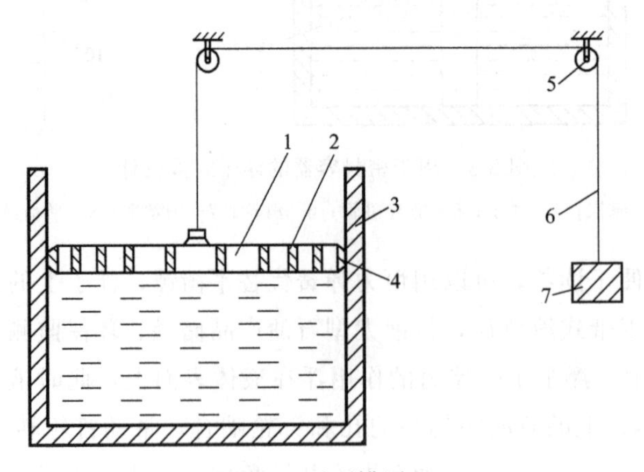

图 8-5　浮顶罐原理

1—舱室；2—浮顶；3—罐壁；4—柔性密封；5—滑轮；6—钢丝绳；7—平衡锤

8.2.2 浮筒式液位计

常用的电动浮筒式液位计是由液位传感器、霍尔变送器和毫伏-毫安转换器组成的。

液位传感器主要由浮筒1、杠杆2、扭力管3、芯轴4及外壳5组成，如图8-6所示。浮筒一般是由不锈钢制成的空心长圆柱体，垂直地浸没在被测介质中，质量大于同体积的液体重量，浮筒重心低于几何中心，使其可以保持直立而不受液体高度的影响。浮筒在测量过程中位移极小，也不会漂浮在液面上。浮筒悬挂在杠杆的一端，杠杆的另一端与扭力管芯轴的一端垂直地连接在一起，扭力管的另一端固定在仪表外壳上。扭力管是一种密封式的输出轴，它一方面能将被测介质与外部空间隔开；另一方面又能利用扭力管的弹性扭转变形把作用于扭力管一端的力矩变成芯轴的角位移（转动）。浮筒式液位计不用轴套、填料等进行密封，故它能测量高压容器中的液位。

当液位在零位时，扭力管受到浮筒质量所产生的扭力矩作用，此时扭力矩最大，扭力管产生的扭角也最大（约为7°）；当液位上升时，浮筒受到液体的浮力增大，通过杠杆对扭力管产生的力矩减小，扭力管变形减小；在液位最高时，浮筒受到的浮力继续增大，浮筒在液体中的位置略有上升，浮力减小，最终达到扭矩平衡，此时扭角最小（约为2°）。扭力管扭角的变化量（也就是芯轴角位移的变化量）与液位成正比关系，即液位越高，扭角越小。

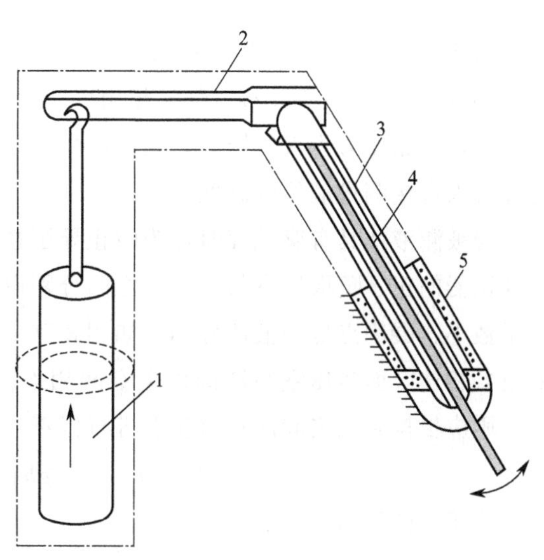

图8-6 浮筒扭力管部结构

1—浮筒；2—杠杆；3—扭力管；4—芯轴；5—外壳

霍尔变送器将芯轴输出的角位移信号转换成毫伏信号。毫伏-毫安转换器将霍尔变送器输出的毫伏信号与反馈电压比较，其差值调制成交流信号，经交流放大、检波和功率放大后，输出0～10mA或4～20mA直流电信号。

8.3 差压式液位计

8.3.1 差压式液位计测量原理

差压式液位计是利用静压差原理测量液位的仪表，能够把液面高度变化转换成压差变化。差压式液位计在液位测量中的应用非常广泛。图 8-7 所示的是差压变送器测量液位的原理图。

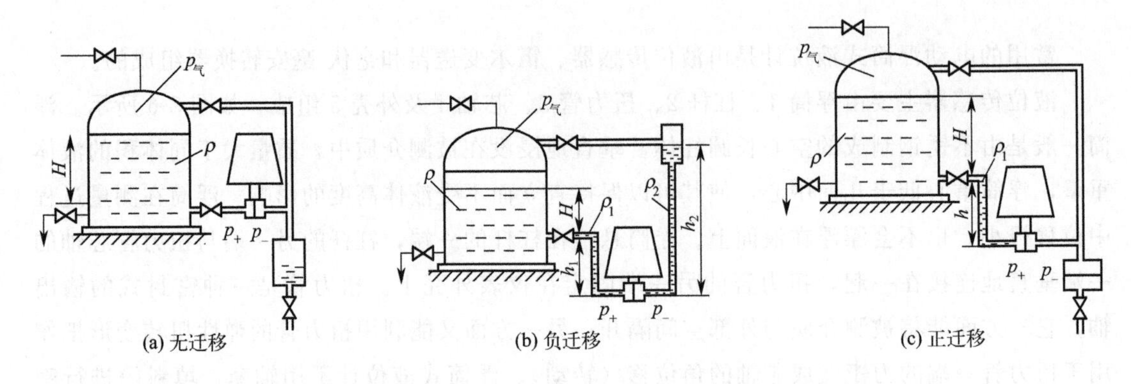

图 8-7　差压变送器测量液位原理

如图 8-7(a) 所示，差压变送器分为正压室和负压室，正压室与被测液体相接，$p_{+}=p_{气}+\rho gH$；负压室与容器上部气相相接，$p_{-}=p_{气}$；$\Delta p=p_{+}-p_{-}=\rho gH$。若被测容器是敞口的，气相压力为大气压力，则差压变送器的负压室直接通大气即可，此压力变送器或压力计可以直接测量液位的高低。

当被测液体具有腐蚀性时，为防止导压管腐蚀，以及保持负压室的液柱高度恒定，在差压变送器的正、负取压室与取压点之间分别设有隔离罐，并充以隔离液，一般为沸点高、膨胀系数小、凝固点低的液体硅油，如图 8-7(b) 和 (c) 所示。正压室与容器底部取压点（零液位）相连，而负压室与液面以上空间相连。若差压变送器与容器底部位于不同的水平线上，则应根据它们之间的相对位置进行修正。差压变送器正压室的压力为

$$p_{+}=\rho_1 gh_1+\rho gH+p_{气} \tag{8-1}$$

负压室的压力为

$$p_{-}=\rho_2 gh_2+p_{气} \tag{8-2}$$

两室的压差为

$$\Delta p=p_{+}-p_{-}=\rho gH-(\rho_2 h_2-\rho_1 h_1)g \tag{8-3}$$

当 $H=0$ 时，若 $\Delta p=-(\rho_2 h_2-\rho_1 h_1)g<0$，则此时差压变送器输出为负值，需要调整变送器迁移量，减小变送器输入的上、下限值，使变送器的输出与液位成比例变化，这个过程称为负迁移，负迁移量为

$$A=(\rho_2 h_2-\rho_1 h_1)g \tag{8-4}$$

当 $H=0$ 时，若 $\Delta p=-(\rho_2 h_2-\rho_1 h_1)g>0$，则此时差压变送器输出正值，需要调整变送器迁移量，增加变送器输入的上、下限值，使变送器的输出与液位成比例变化，这个过程称为正迁移，正迁移量为

$$B=-(\rho_2 h_2-\rho_1 h_1)g \tag{8-5}$$

当测量液体黏度大，或有沉淀，易结晶，易凝固时，可采用法兰式差压变送器。压力变送器可把液位信号变成标准的电气信号，与二次仪表配套指示、记录、调节液位。

当测量低温液体液位时，需要采用带有汽化器的差压式低温液位计，其原理如图8-8所示。低温液体容器的上部空间（气相部分）与液位计的负压室1相连通，低温容器的底部（液相部分）经汽化器4与液位计的正压室2相连通。汽化器的作用是使低温液体汽化，容器底部低温液体的静压是通过汽化后升至常温的气体加到液位计正压室的。液位计内装有带色液体。正压室内的压力等于低温容器内气相压力与低温液体的静压之和。正压室与负压室的压力之差为低温液体的静压，即为低温液体液面高度的函数。在正压室与负压室的压差的作用下，液位计标尺3中的液体会上升一定的高度，显然标尺中液柱的高度与容器中低温液体液面的高度成正比。经过标定后，即可由液位计标尺中液柱的高度直接读出容器中低温液体液面的高度。

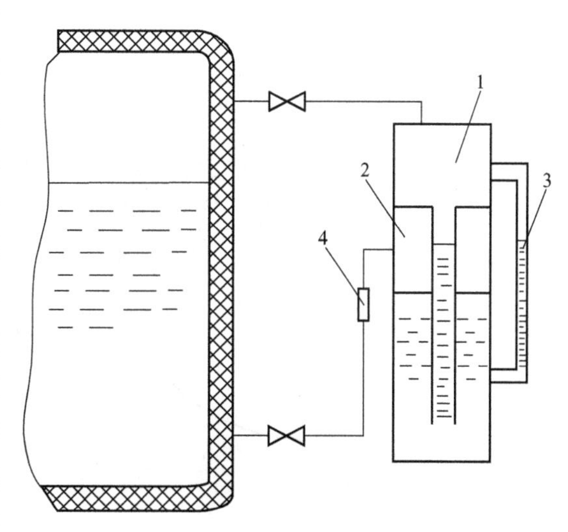

图8-8 差压式低温液位计原理

1—负压室；2—正压室；3—标尺；4—汽化器

为了减小向低温容器的漏热，引压管道一般是由低导热材料制成的薄壁管（如薄壁不锈钢管或德银管），且管子的长径比要足够大。但无论采取什么措施，引压管的漏热仍是较大的，因此，差压式低温液位计不宜用于液氦、液氢等汽化潜热很小的低温液体，也不宜用于小型的低温容器上，通常应用于大中型液氧、液氮贮罐或槽车上。

8.3.2 锅炉汽包的水位测量

差压式液位计是目前火力发电厂锅炉汽包水位测量的常用仪表，但汽包压力随负荷变化，汽包中饱和水和蒸汽密度随压力的变化而变化，这些因素都会在液位测量时产生较大的误差，因此，必须采取一些特别的补偿措施。

8.3.2.1 “水位-差压”转换原理

采用差压式液位计测量汽包水位时，实现水位和差压信号转换的装置叫作平衡容器，一种典型的双室平衡容器工作原理图如图8-9所示。

在平衡容器中，宽容器（正压室）2的水面高度是恒定的，当其水位升高时，水可以通过蒸汽侧的连通管溢出进入汽包1；当水位降低时，则通过蒸汽冷凝得以补充。差压计4的正压管从宽容器引出，因此，当宽容器中水的密度一定时，差压计的正压头为定值（因为宽容器的水位为定值）。平衡容器的负压管（负压室）3与汽包连通，输出的压头为差压计的负压头，其大小反映汽包水位的变化。

根据流体静力学原理，汽包水位处于正常水位 H_0 时，平衡容器的输出差压 Δp_0 为

$$\Delta p_0=\rho_1 gL-[\rho_2 gH_0+\rho_s g(L-H_0)] \tag{8-6}$$

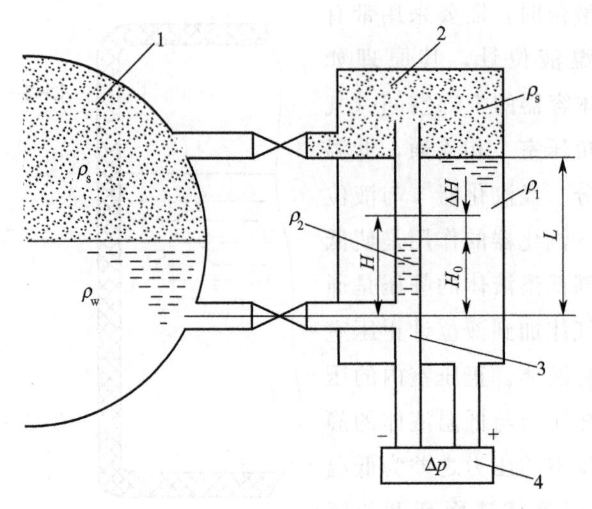

图 8-9 双室平衡容器工作原理

1—汽包；2—宽容器（正压室）；3—负压管（负压室）；4—差压计

式中，ρ_1 为宽容器（正压室）内的水的密度，kg/m^3；ρ_2 为负压管（负压室）内的水的密度，kg/m^3；ρ_s 为汽包压力下饱和蒸汽的密度，kg/m^3；L 为汽侧和水侧连通管之间的距离，m。

汽包水位发生改变时，取汽包水位的变化量为 ΔH，变化后的汽包水位可表示为 $H=H_0\pm\Delta H$，其中"+"表示汽包水位升高；"−"表示汽包水位降低。则平衡容器的输出差压Δp 为

$$\begin{aligned}\Delta p&=\rho_1 gL-[\rho_2 gH+\rho_s g(L-H)]\\&=\rho_1 gL-\{\rho_2 g(H_0\pm\Delta H)+\rho_s g[L-(H_0\pm\Delta H)]\}\\&=\rho_1 gL-[\rho_2 gH_0+\rho_s g(L-H_0)]-(\rho_2-\rho_s)g(\pm\Delta H)\end{aligned}\tag{8-7}$$

将式(8-6) 代入式(8-7)，得

$$\begin{aligned}\Delta p&=\Delta p_0-(\rho_2-\rho_s)g(\pm\Delta H)\\&=\begin{cases}\Delta p_0-(\rho_2-\rho_s)g\Delta H, H=H_0+\Delta H\\\Delta p_0+(\rho_2-\rho_s)g\Delta H, H=H_0-\Delta H\end{cases}\end{aligned}\tag{8-8}$$

可见，当汽包水位偏离正常水位时，平衡容器输出的差压随之变化。由于 $\rho_2>\rho_s$，因此，汽包水位增高时，平衡容器的输出差压减小；反之，汽包水位降低时，平衡容器的输出差压增大。

式(8-6) 和式(8-8) 是图 8-9 所示的平衡容器的基本工作原理，也是相应的液位计的分度依据，式 (8-8) 中的Δp_0 通常与液位计的零水位刻度相对应。

8.3.2.2 平衡容器的结构与测量误差

根据上述工作原理可见，图 8-9 所示的平衡容器的水位-差压转换关系受密度这一状态参数的影响，在实际使用时会引起汽包水位的测量误差。与此直接相关的问题如下。

① 由于向外散热的影响，平衡容器正、负压室中的水温从上至下逐渐降低，且不易测定，导致密度 ρ_1 和 ρ_2 的数值难以准确确定。因此，利用式(8-6) 和式(8-8) 进行分度的差压式液位计用于现场测量时，ρ_1 和 ρ_2 的数值会随着水温的变化而发生改变，致使液位计的读数出现误差。

为了减小密度变化对液位计分度基准的影响，一般都采用蒸汽套对平衡容器进行保温，使 ρ_1 和 ρ_2 都等于汽包压力下饱和水的密度 ρ_w，即 $\rho_1=\rho_2=\rho_w$。这时，平衡容器输出差压 Δp 与汽包水位 H 之间的关系为

$$\Delta p=\rho_1 gL-[\rho_2 gH+\rho_s g(L-H)]=(\rho_w-\rho_s)g(L-H) \tag{8-9}$$

式(8-9) 反映了蒸汽套保温型双室平衡容器的水位-差压转换关系。可见，当汽包压力稳定时，这种转换关系是确定不变的。

② 一般来说，用于汽包水位测量的差压式液位计是在汽包额定工作压力（固定的 $\rho_w-\rho_s$）下分度的，因此，只有在相应工况下运行时仪表读数才是正确的。但当汽包压力偏离额定压力时，由于密度 ρ_w 和 ρ_s 随之变化，偏离液位计的分度条件，致使指示读数产生很大误差。

图 8-10 所示为 ρ_w 和 ρ_s 随压力的变化情况，总的趋势是随着压力降低，密度差 $\rho_w-\rho_s$ 增大。因此，根据式(8-9) 可知，即使汽包的水位 H 恒定不变，只要压力发生变化，密度差 $\rho_w-\rho_s$ 就会随之改变，从而引起平衡容器输出信号的变化，产生液位读数误差。

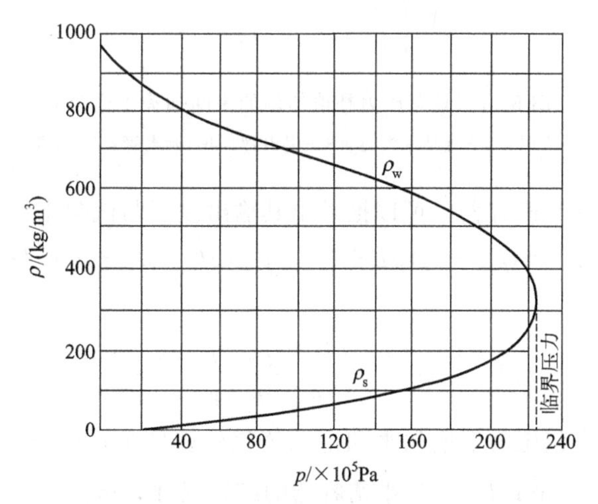

图 8-10　汽包压力与饱和水、饱和蒸汽密度之间的关系

p—汽包压力；ρ_w—饱和水密度；ρ_s—饱和蒸汽密度

由式(8-9) 还可以看到，上述由密度差 $\rho_w-\rho_s$ 和汽包压力变化引起的液位测量误差还与水位 H 和平衡容器结构尺寸 L 有关，即 L 与 H 越大，$\rho_w-\rho_s$ 改变引起的差压输出量变化越大，液位计的指示误差也就越大。

这也说明，当平衡容器的结构尺寸 L 确定后，汽包压力变化引起的液位计指示误差在低水位情况下更大。根据以上分析可知，在锅炉的启停过程中，由于汽包压力低于额定工作压力，差压式液位计的指示水位要比实际水位低。这种测量读数的负值误差，在中压锅炉中可达－50～－40mm，在高压锅炉中可达－150～－100mm。

为了消除或减小因汽包压力变动而造成的水位测量误差，可以采用具有压力补偿作用的中间抽头平衡容器，其工作原理如图 8-11 所示。另外，还可以通过测量汽包压力，并根据它与密度之间的关系，对差压信号进行修正运算，以获得更准确的水位测量数据。

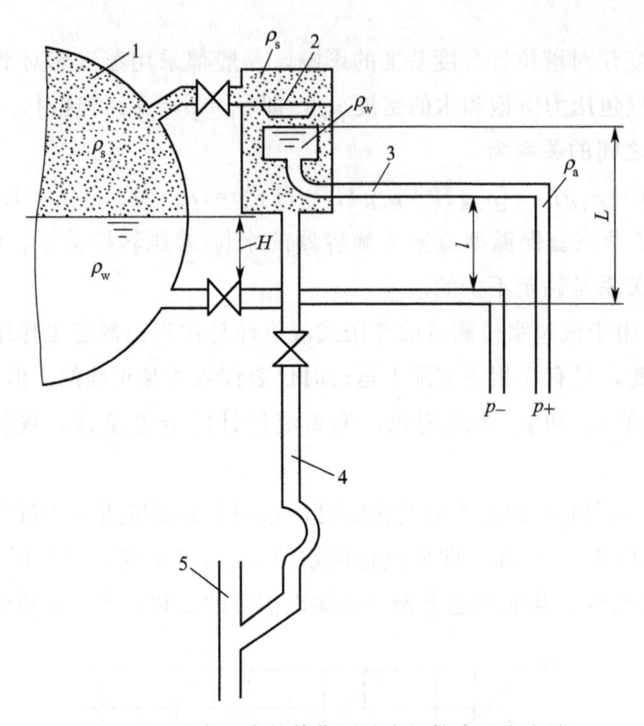

图 8-11　具有压力补偿作用的中间抽头平衡容器

1—汽包；2—凝结水漏盘；3—引出管；4—泄水管；5—下降管

对于图 8-11 所示的平衡容器，可以推导出其输出差压与汽包水位之间的关系为

$$\Delta p=(\rho_w-\rho_s)gL+(\rho_a-\rho_w)gl-(\rho_w-\rho_s)gH \tag{8-10}$$

或

$$H=\frac{(\rho_w-\rho_s)gL+(\rho_a-\rho_w)gl-\Delta p}{(\rho_w-\rho_s)g} \tag{8-11}$$

式中，$\rho_w-\rho_s$ 为汽包压力下饱和水和饱和蒸汽的密度差，kg/m^3；$\rho_a-\rho_w$ 为室温下水和饱和水的密度差，kg/m^3；L、l 为平衡容器的结构尺寸，m。

若将两密度差近似地描述为汽包压力的线性函数，即

$$\begin{aligned}(\rho_w-\rho_s)g&=K_1-K_2p\\(\rho_a-\rho_w)g&=K_3-K_4p\end{aligned} \tag{8-12}$$

则式(8-11) 可改写为

$$H=\frac{(K_1-K_2p)L+(K_3-K_4p)l-\Delta p}{K_1-K_2p}=\frac{K_5-K_6p-\Delta p}{K_1-K_2p} \tag{8-13}$$

式中，K_1、K_2、K_3、K_4、K_5、K_6 均为常数，其中 $K_5=K_1L+K_3l$，$K_6=K_2L+K_4l$。

压力补偿范围较大时，上述常数可取不同的数值，即可以用多段折线来逼近密度差与汽

包压力的关系。根据式(8-13) 设计的差压式汽包水位测量系统框图如图 8-12 所示。

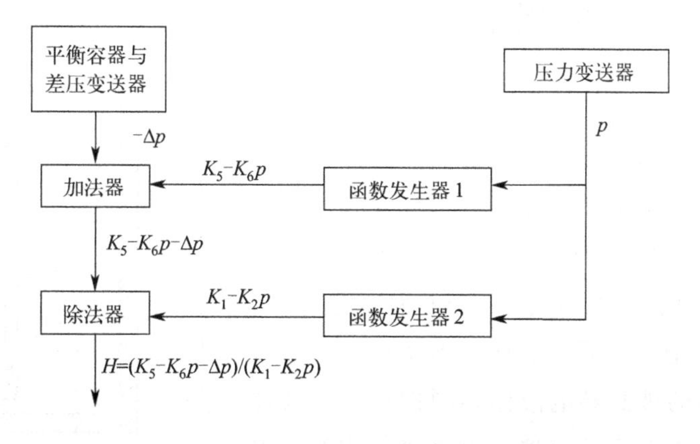

图 8-12　差压式汽包水位测量系统框图

8.4　电容式液位计

电容式液位计是利用液位升降变化导致电容器电容值变化的原理设计而成的，它可以将各种液位介质高度的变化转换成标准的电流信号，远传至操作控制室供二次仪表或计算机装置进行集中显示、报警或自动控制，不仅可作液位控制器，还能用于连续测量。常用的电容式液位传感器的结构有平板式、同轴圆筒式等。

8.4.1　电容式液位计测量原理

平板电容器的电容量与其结构的关系为

$$C=\varepsilon \frac{A}{d} \tag{8-14}$$

式中，C 为平行极板的电容量，F；ε 为平行极板间的介电常数，F/m；A 为极板面积，m^2；d 为平行极板间的距离，m。

当平板电容器的介电常数 ε 和极板面积 A、极板间距 d 三个参数中任何一个发生变化时，都会引起电容量 C 的改变。因此，当被测量发生变化并使得电容器中任一参数产生相应的改变时，都会引起电容量的变化，通过一定的测量电路将其转变为电压或电流信号输出，根据该电信号的大小，就可判断被测量值的大小。这样就可以根据被测液体的不同性质，采用不同结构的电极，使液面升降时能改变其中一个参数，通过测量电容量的变化不仅可以测量液位，还可以测量料位或两种不同液体的相界面。

8.4.2 测量导电介质的电容式液位计

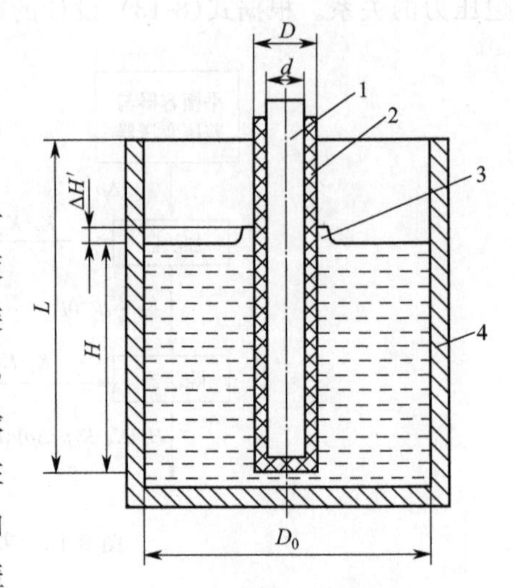

图 8-13 测量导电介质液位的电容式液位计原理

1—内电极；2—绝缘层；3—虚假液位；4—容器

图 8-13 是一种测量导电介质液位的电容式液位计原理图。液位计用一根电极作为电容器的内电极，一般为不锈钢或纯铜圆柱体，直径为 d。被测的导电液体是电容器的另一个电极（外电极）。在内电极外安装聚四氟乙烯套管制成的绝缘层或涂以搪瓷作为绝缘层，作为内外电极间的绝缘介质。这样，不锈钢棒、绝缘层套管以及容器内的被测导电液体共同构成了一圆柱形电容器。装有导电介质的容器是由金属制成的，内径为 D_0。其工作原理是利用液位传感器两电极的覆盖面积随被测液体液位的变化而变化，从而引起电容量变化这种关系进行液位测量。当液位升高时，两电极极板的覆盖面积增大，可变电容传感器的电容量成比例地增加；反之，电容量就减小。通过测量传感器的电容量大小就可获知被测液体液位的高低。

当可测量液体的液位高度 $H=0$，即容器内的实际液位处于非测量区时，相当于容器内没有液体，容器为外电极，内电极与容器壁组成电容器，空气与聚四氟乙烯塑料或搪瓷作为介电层，电极覆盖长度为整个容器的长度 L，则此时的电容量 C_0 为

$$C_0=\frac{2\pi\varepsilon_0' L}{\ln\frac{D_0}{d}} \tag{8-15}$$

式中，ε_0' 为绝缘层（绝缘塑料套管或搪瓷）套管和容器内气体的等效介电常数，F/m；D_0 为容器的内径，m；L 为液位测量范围（可变电容器两电极的最大覆盖长度），m；d 为不锈钢（或纯铜）棒的直径，m。

当容器内有高度为 H 的导电液体时，总电容由以下两个电容并联组成，在电容器内液体的高度为 H 时，导电液体作为电容器外电极，其内径为绝缘层的直径，介电层为绝缘塑料套管或搪瓷，该部分的电容量 C_1 为

$$C_1=\frac{2\pi\varepsilon H}{\ln\frac{D}{d}} \tag{8-16}$$

式中，ε 为绝缘层（绝缘塑料套管或搪瓷）套管的介电常数，F/m；D 为绝缘层的直径，m。

无液体部分的电容与空容器的类似，只是电极覆盖长度仅为容器上部的气体部分长度 $L-H$，该部分的电容量 C_2 为

$$C_2=\frac{2\pi\varepsilon_0'(L-H)}{\ln\frac{D_0}{d}} \tag{8-17}$$

此时整个电容相当于由液体部分 C_1 和无液体部分 C_2 两个电容的并联，因此整个系统的电容量 C 为

$$C=C_1+C_2=\frac{2\pi\varepsilon H}{\ln\dfrac{D}{d}}+\frac{2\pi\varepsilon_0'(L-H)}{\ln\dfrac{D_0}{d}} \tag{8-18}$$

液位为 H 时电容的变化量 C_H 为

$$C_H=C-C_0=\left(\frac{2\pi\varepsilon}{\ln\dfrac{D}{d}}-\frac{2\pi\varepsilon_0'}{\ln\dfrac{D_0}{d}}\right)H \tag{8-19}$$

若 $D_0\gg D$，且 $\varepsilon\gg\varepsilon_0'$，式(8-19) 中第二项可忽略，式(8-19) 变为

$$C_H=C-C_0=\frac{2\pi\varepsilon}{\ln\dfrac{D}{d}}H \tag{8-20}$$

可见，只要参数 ε、D 和 d 的数值稳定，电容量不受压力、温度等因素的影响，那么传感器的电容变化量与液位的变化量之间就有着良好的线性关系。式(8-20) 可改写为

$$C_H=SH \tag{8-21}$$

式中，S 为仪表的灵敏度。

$$S=\frac{2\pi\varepsilon}{\ln\dfrac{D}{d}} \tag{8-22}$$

当绝缘材料的介电常数较大和绝缘层厚度较小（D/d 接近于1）时，传感器的灵敏度较高。以上介绍的液位传感器适用于电导率不大于 10^{-2}S/m，且黏度不太大的液体，否则，当液位下降时，被测液体会在电极的套管上产生黏附层，该黏附层将一样会起着外电极的作用，从而产生虚假电容信号，以致形成虚假液位（图 8-13 中的 $\Delta H'$），使仪表指示液位高于实际液位。为了减少虚假液位的形成，应尽量使绝缘层表面光滑和选用不沾染被测介质的绝缘层材料。

上述方法同样也可用于测量导电物料的料位，如块状、颗粒状、粉状等。但也需要注意的是，由于固体摩擦力大，容易形成“滞留”，产生虚假料位。

由式(8-20) 可知，当被测液体的介电常数发生变化时，利用图 8-13 所示的电容式液位计进行测量会造成测量错误。如在油田原油生产过程中，需要对油水界面进行测量，而原油和水的介电常数会受外界因素影响发生变化，如矿化水中矿化物质含量的变化会引起矿化水的介电常数变化。为了减小因介电常数变化导致的测量偏差，可使用分段式电容传感器进行液位测量，通过分段式电容传感器可以在线检测出介电常数，从而提高液位测量的准确性。

分段式电容传感器检测油水界面的基本原理是：将原来一根全量程长度的圆筒形传感电容结构，改变为从上至下相同长度的若干段相互独立的圆筒形电容器。以 10 段电容传感器为例，其结构示意图如图 8-14 所示。

由于空气的介电常数约为 1，原油的介电常数为 2.3～3，水的介电常数约为 80，因此比较容易判断出各段电容值的关系为 $C_1\approx C_2<C_3<C_4\approx C_5\approx C_6<C_7<C_8\approx C_9\approx C_{10}$，电

容值可以通过电容测量电路获得。

由于第4～6段电容全部浸在原油中，因此可以根据C_4、C_5、C_6计算出各段电容处原油的介电常数，将得到的3个原油介电常数取平均值，视为在线测得的当前原油的介电常数。同样的方法，利用C_8、C_9、C_{10}可计算出电容处矿化水的介电常数，将得到的3个矿化水的介电常数取平均值，视为在线测得的矿化水的介电常数，然后将获得的介电常数实时地用于测量C_3段油气界面的位置HX和C_7段油水界面的位置HX。这样就解决了因为介质的介电常数随外界条件变化而变化对测量结果的影响，实现了在线实时自标定和自校正，提高了测量精度。

8.4.3 测量非导电介质的电容式液位计

当被测对象为非导电介质时，是以被测介质作为介电层，组成电容式液位测量仪表的，适合的测量对象包括电导率小于10^{-9}S/m的液体（如轻油类）、部分有机溶剂和液态气体。两根同轴装配、相互绝缘的不锈钢管分别作为圆柱形可变电容传感器的内、外电极，外管管壁上布有通孔，以便被测液体自由进出，如图8-15所示。

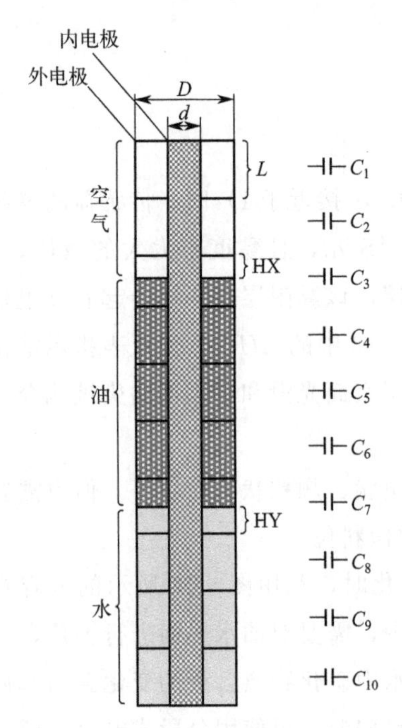

图8-14 分段式电容液位计（10段）原理及等效电容

L—单个电容器高度；
HX、HY—分别为油气、油水界面

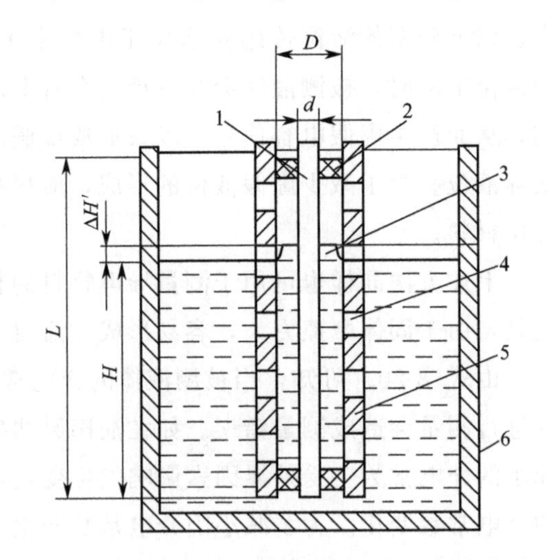

图8-15 测量非导电介质液位的电容式液位计原理

1—内电极；2—绝缘支架；3—虚假液位；
4—开孔；5—外电极；6—容器

当被测的液体高度$H=0$时，两电极间的介质是空气，即容器内没有液体时，介电层为两极间空气，这时传感器的初始电容量C_0为

$$C_0=\frac{2\pi\varepsilon_0 L}{\ln\frac{D}{d}} \tag{8-23}$$

式中，ε_0 为两极间空气的介电常数，F/m；L 为液位测量范围（可变电容器两电极的最大覆盖长度），m；D 和 d 分别为外电极的内径和内电极的外径，m。

当非导电液体液位高度为 H 时，在有液体的高度 H 范围内，非导电液体作为电容器的介电层，而被测液体上部与空容器时一样，是以两极间的空气为介电层，则总电容量 C 为

$$C=\frac{2\pi\varepsilon H}{\ln\frac{D}{d}}+\frac{2\pi\varepsilon_0(L-H)}{\ln\frac{D}{d}} \tag{8-24}$$

式中，ε 为非导电液体的介电常数，F/m。

电容量的变化量 C_H 为

$$C_H=C-C_0=\frac{2\pi(\varepsilon-\varepsilon_0)}{\ln\frac{D}{d}}H \tag{8-25}$$

该仪表的灵敏度 S 为

$$S=\frac{2\pi(\varepsilon-\varepsilon_0)}{\ln\frac{D}{d}} \tag{8-26}$$

显然，电容量的变化与液位高度成正比，测出电容量的变化，便可知道液位高度。被测介质的介电常数与空气的介电常数差别越大，仪表的灵敏度越高；D 和 d 的比值越接近于 1，仪表的灵敏度也越高。

8.4.4 电容式液位计的特点

电容式液位计内部无可动部件，结构简单、性能可靠、造价低廉，可用于各种恶劣的工况条件，如高温、高压的环境，一般的工作压力从真空到 7MPa，工作温度从−186～540℃。

电容式液位计对被测介质本身性质的要求并不严格，适应性广，测量结果与被测介质密度、化学成分等因素无关。它能够测量导电液体介质和非导电液体介质，能够测量具有强腐蚀性或易结晶堵塞的液体，此外还能够测量有倾斜晃动及高速运动的容器的液位。但要求物料的介电常数与空气介电常数差别大，且需要使用高频电路。电容式液位计的能量消耗小，可连续指示，能在磁场下工作。

但其缺点是泄漏电容和电缆电容大，屏蔽要求高，测量电路复杂，在液面激烈沸腾时（如液氦液面），因蒸气浓度高，其灵敏度会有所下降。此外，对于有些低温液体（如液氦），其液体的介电常数与蒸气的介电常数相差很小，因此，要求测量仪器具有很高的灵敏度和稳定性。例如在测量极低温度下的液态气体时，由于 ε 接近 ε_0，一个电容灵敏度太低，可取同轴多层电极结构。设计时，把奇数层和偶数层的圆筒分别连接在一起成为两组电极，这相当于多个电容并联，有利于提高传感器的灵敏度。

8.5 电阻式液位计

电阻式液位计主要有两类：一类是根据液体与其蒸气之间导电特性（电阻值）的差异进行液位测量，相应的仪表称为电接点液位计；另一类是利用液体和蒸气对热敏材料传热特性不同而引起热敏电阻变化的现象进行液位测量，相应的仪表称为热电阻液位计。

8.5.1 电接点液位计

近年来，电接点液位计得到了较广泛的应用。例如，在锅炉汽包水位测量中，由于电接点液位计的测量结果受汽包压力变化的影响很小，故适用于变参数运行工况的测量。但是，由于其输出信号是非连续的，因此不能用于液位连续测量。

由于密度和所含导电介质的数量不同，液体与其蒸气在导电性能上往往存在较大的差别。例如，高压锅炉中的饱和蒸汽的电阻率要比水的电阻率大数万乃至数十万倍，比饱和蒸汽凝结水的电阻率也要大一百倍以上。电接点液位计就是通过测量同一介质在气、液状态下电阻值的不同来分辨和指示液位高低的。

电接点液位计的基本组成和工作原理如图 8-16 所示。为了便于测点的布置，被测的液位通常由金属测量筒引出，电接点则安装在测量筒上。电接点由两个电极组成：一个电极裸露在测量筒中，它和测量筒的壁面用绝缘子相隔；另一个电极为所有电接点的公共接地极，它与测量筒的壁面接通。由于液体的电阻率较低，浸没其中的电接点的两电极被导通，相应的显示灯（氖灯）亮；而暴露在蒸气中的电接点因蒸气的电阻率很大而不能导通，相应的显示灯为暗。因此，液位的高低决定了亮灯数目的多少；也就是说，亮灯数目的多少反映了液位的高低。

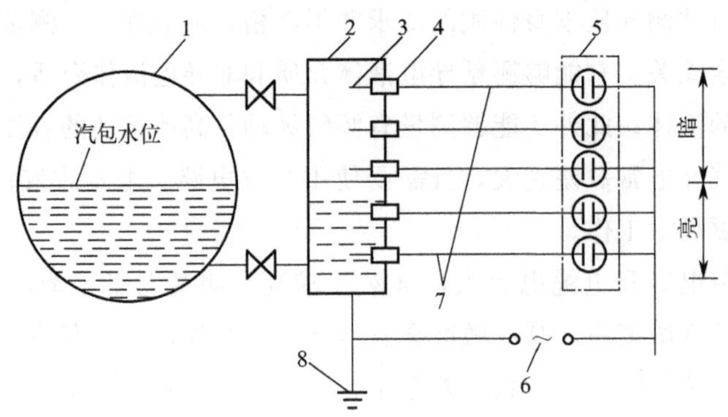

图 8-16　电接点液位计测量原理

1—汽包；2—测量筒；3—电接点位于测量筒内的电极；4—电接点的绝缘子；5—显示器；6—电源；7—电缆；8—电接点的地极（公共极）

为保证电接点能够在高温高压的环境下正常工作，与测量筒有良好的绝缘，常用超纯三氧化二铝和聚四氟乙烯作为绝缘材料。电接点液位计的液位指示除采用上述氖灯模拟显示外，还可以采用条形灯的双色模拟显示。另外，也可以将电接点浸没液体与否所表现的电阻“通-断”开关信号转换为“高-低电位信号”，从而实现数字显示。根据这些不同的显示方式，相应地也就有了模拟式电接点液位计（例如电接点氖灯液位计、电接点双色液位计）和数字式电接点液位计。但是，由上述工作原理可以知道，无论采用哪一种显示方式，均无法准确指示位于两相邻电接点之间的液位，即存在指示信号的不连续问题，这也就是电接点液位计固有的不灵敏区，或称为测量的固有误差。这种误差的大小取决于电接点的安装间距。为满足运行中监测液位的要求，目前多用 15 个、17 个或 19 个接点，同时采用单数接点和双数接点分别由两组交流电源供电的方式，以保证液位计安全运行，当一组电源发生故障时，另一组接点仍可继续指示液位。用电接点液位计测量锅炉汽包水位时，除了上述问题外，测量筒内水柱的温降会造成筒内水位与汽包重力水位之间的偏差，以及水位计的电接点因挂水而误发信号的问题。因此，需要对电接点水位计采取伴热和冷凝措施。

伴热装置的汽源来自汽侧取样管，汽源进入加热管，通过加热管对筒内的水样进行加热，以提高水样的温度。而冷凝装置所收集的冷凝水由冷凝管输至筒体内不同高度的水样中，这样筒体中就会不断涌现温度为饱和水温度的纯净水，迫使筒体内下部温度稍低、水质相对较差的水样流出筒体，经过水侧取样管流回汽包。这一过程不仅实现了水质的自优化，也提高了电极的使用寿命和筒体内水样的平均温度，从而增强了汽包内水样与测量筒内水样的一致性，减小了附加误差。

8.5.2 热电阻液位计

热电阻液位计利用通电的金属丝（以下简称热丝）与液、气之间传热系数的差异及其电阻值随温度变化的特点进行液位测量。一般情况下，液体的传热系数要比其蒸气的传热系数大 1～2 个数量级。例如，压力为 0.10133MPa、温度为 77K 的气态氮和相同压力下的饱和液氮，它们与直径为 0.25mm 的金属丝之间的传热系数之比约为 1∶24。因此，对于供给恒定电流的热丝而言，其在液体和蒸气环境中所受到的冷却效果是不同的，浸没于液体时的温度要比暴露于蒸气中的温度低。如果热丝（如钨丝）的电阻值还是温度的敏感函数，那么传热条件变化导致的热丝温度变化将引起热丝电阻值的改变。所以，通过测定热丝的电阻值变化可以判断液位的高低。图 8-17 所示的热电阻液位计就是利用热丝的电阻值与其浸没在液体中的深度关系进行液位测量的。

利用热丝作为液位敏感元件，还可以非常简便地制成液位报警传感器，也称定点式电阻液位计，如图 8-18 所示。在存储液体的容器内，将热丝安置于液面下预定的检测点 A 处并在其电路中并联一个小灯泡 R_0。选择正温度系数较大的热丝材料和合适的电源 E、灯泡 R_0，使热丝露出液面时的电阻值 $R_s \gg R_0$，在这样的参数匹配条件下，当液位正常时，热丝浸没于液体中，散热量较大，温度较低，电阻值较小，对回路电流起分流作用，使流经灯泡的电流减小，故灯泡较暗；当液位低于预定高度时，热丝露出液面，散热量减少，温度升高，电阻值增加至 R_s($R_s \gg R_0$)，这时，回路电流主要从 R_0 通过，即灯泡变亮。这样，就可以根据灯泡的亮度判断液位是否低于预定的高度。在这种检测回路中，当灯泡从暗变亮时，表示液位已低于预定高度。

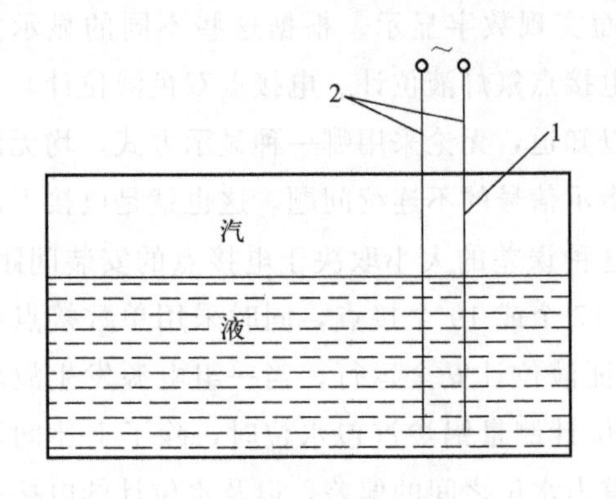

图 8-17　热电阻液位计工作原理

1—热丝；2—导线

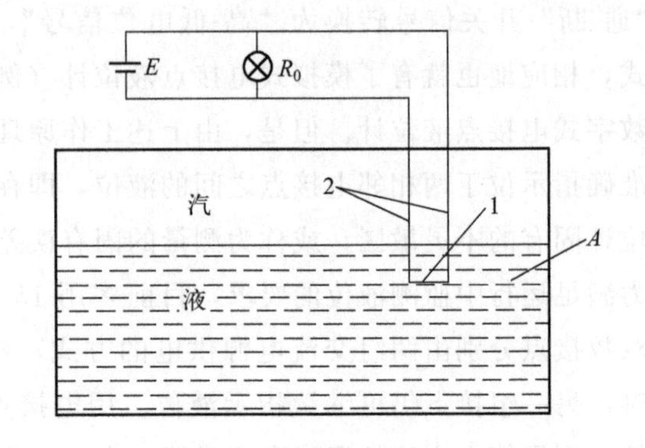

图 8-18　定点式电阻液位计工作原理

1—热丝；2—导线；A—预定液位

同样道理，如果将热丝安置于容器液面上方某一预定的检测高度，则可根据灯泡的亮度变化判断液位是否超过预定高度。

8.6　其他类型的液位计

8.6.1　磁翻板液位计

磁翻板液位计本质上也是一种浮力式液位计，它是根据浮力原理和磁性耦合作用原理工作的，弥补了早期玻璃管液位计不能在高温高压下工作且易碎的缺点。它适用于石油、化工等工业领域的液位指示，不仅可以就地指示，还可以实现远距离液位报警和监控。磁翻板液位计结构简单，观察直观、清晰，不易堵塞、不渗漏，安装方便，维修简单。

磁翻板液位计从被测容器接出不锈钢管作为导向管，管内有带磁铁的浮子，管外设置一排轻而薄的翻板，其结构如图 8-19(a) 所示。每块翻板都有水平轴，可灵活转动，高度约 10mm。翻板一面涂红色，另一面涂白色。翻板上还附有小磁铁，小磁铁彼此吸引，使翻板始终保持红色朝外或白色朝外。当浮子在近旁经过时，浮子上的磁铁就会迫使翻板转向，以致液面下方的红色朝外，上方的白色朝外，容器内部液位的实际高度为指示器的红白交界处。

磁滚柱液位计是将磁翻板液位计的磁翻板改为滚柱，其结构和安装示意图分别如图 8-19(b) 和(c)所示。滚柱又称翻柱，是有水平轴的小柱体，也附有小磁铁，一侧涂红色，另一侧涂白色。柱体一般为圆柱或六角柱，直径为 10mm。磁翻转液位计通过翻板或翻柱颜色的转换，能清晰观

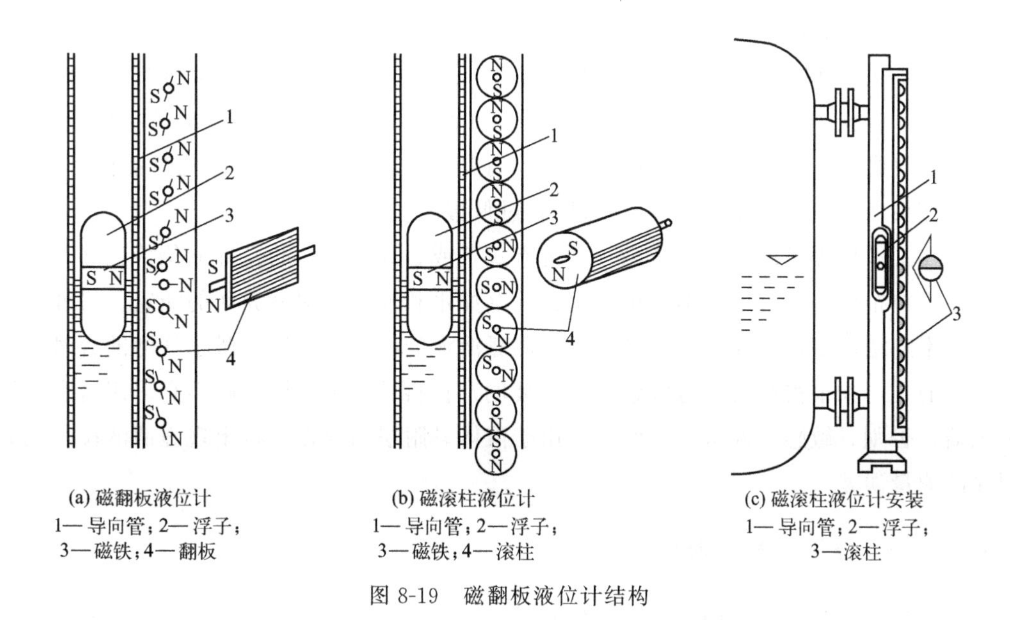

图 8-19　磁翻板液位计结构

察液位情况，直观、简单，安全性高，密封性好，其测量误差为±3mm。

8.6.2　光纤液位计

光纤传感技术具有高超的灵敏度，以及优异的电磁绝缘性能、防爆性能和耐腐蚀性能，根据光纤传感技术设计制作成的光纤液位计特别适用于易燃易爆或者有腐蚀的介质的液位测量。下面简要介绍两种比较典型的光纤液位计。

8.6.2.1　全反射型光纤液位计

全反射型光纤液位计由液位敏感元件、传输光信号的光纤、光源和光电检测单元等组成。液位传感器的结构原理如图 8-20 所示，粘接在两根大芯径光纤端部的棱镜即为液位敏感元件，它是利用拉锥法或研磨法制备而成的。两根光纤中的一根光纤与光源耦合，称为发射光纤；另一根光纤与光电元件耦合，称为接收光纤。入射光会依次在这两个斜面上反射后向入射方向传播。当传感器探头的外部介质为空气时，入射光在斜面上的入射角大于全反射角，满足全反射条件，在端面-空气界面会发生全反射，此时所有的入射光都会沿着光纤向入射方向传播；当传感探头的外部介质为被测液体时，入射光在端面-被测液体界面的全反射角会随着被测液体折射率的增大而增大，并且大于光的入射角，此时不再满足全反射条件，入射光不会在端面-被测液体界面发生全反射，仅有极少的能量向

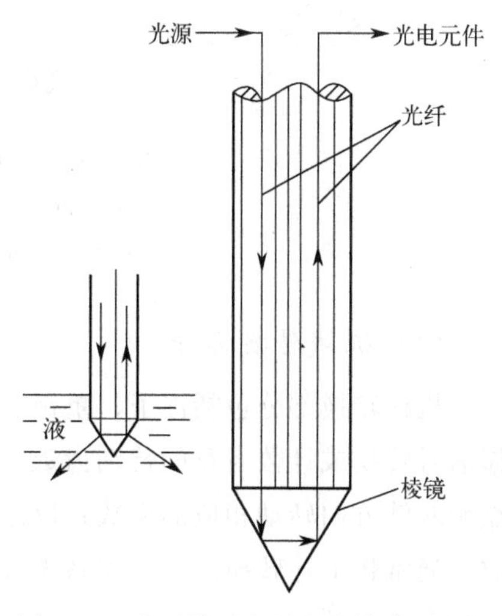

图 8-20　全反射型光纤液位传感器结构

入射方向反射。例如，当棱镜（材料折射率为 1.46）由空气（折射率为 1.01）中转移到水（折射率为 1.33）中时，光强的相对变化量约为 1∶0.11；由空气中转移到汽油（折射率为 1.41）中时，光强的相对变化量为 1∶0.03。基于此原理，将光纤传感器安装在固定位置，只需测量接收光强，就可以反推出传感探头此时是否浸没在液体中，即此时液位是否高于/低于光纤探头所在点，从而实现液位的过高/过低报警。

由上述工作原理可以看出，这是一种定点式（或者离散式）的光纤液位传感器，适用于液位的测量与报警，也可用于不同折射率介质（如水和油）之间分界面的测定。另外，根据溶液折射率随浓度变化的性质，还可以用来测量溶液的浓度或液体中微小气泡的含量等。但需要注意的是，如果被测液体对敏感元件（玻璃）材料具有黏附性，则不宜采用这类光纤液位传感器，否则，敏感元件露出液面后，由于液体黏附层的存在，将出现虚假液位，从而造成明显的测量误差。

8.6.2.2 浮沉式光纤液位计

浮沉式光纤液位计是一种复合型液位测量仪表，它由普通的浮沉式液位传感器和光信号检测系统组成，主要包括机械转换部分、光纤光路部分和电子电路部分，其工作原理以及测量系统，如图 8-21 所示。

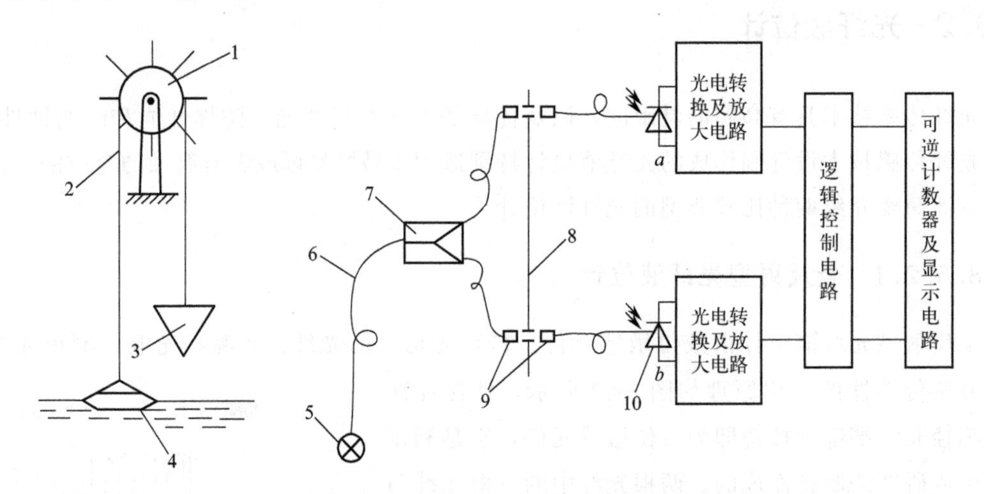

图 8-21 浮沉式光纤液位计工作原理及测量系统

1—计数齿盘；2—钢索；3—重锤；4—浮子；5—光源；6—光纤；7—分束器；8—齿盘；9—透镜；10—光电元件

（1）机械转换部分

机械转换部分包括浮子、重锤、钢索以及计数齿盘等，主要将浮子随液位上下变动的位移信号转换成计数齿盘的转动齿数。液位上升时，浮子上升而重锤下降，经钢索带动计数齿盘顺时针方向转动相应的齿数；反之，液位下降时，计数齿盘则按逆时针方向转动相应的齿数。通常将上述转换的对应关系设计成液位变化一个单位高度（如 1cm 或 1mm）时齿盘转过一个齿。

（2）光纤光路部分

光纤光路部分由光源（激光器或发光二极管）、等强度分束器、两组光纤光路和两个相应的光电检测单元（光电二极管）等组成。两组光纤分别安装在齿盘上下两边，每当齿盘转过一个齿，上、下两路光纤光路就被切断一次，各自产生一个相应的光脉冲信号。由于对两组光纤的相对位置作了特别的安排，使得两组光纤光路产生的光脉冲信号在时间上有一很小的相位差。通常，先导通的脉冲用作可逆计数器的加、减指令信号，另一光纤光路的脉冲则用作计数信号。

在图 8-21 中，当液位上升时，齿盘顺时针转动，假设是上一组光纤光路先导通，即相应光路上光电元件先接收到一个光脉冲信号，那么，该信号经放大和逻辑电路判断后就提供给可逆计数器作为加法指令（高电位）。紧接着导通的下一组光纤光路也输出一个脉冲信号，该信号同样经放大和逻辑电路判断后提供给可逆计数器进行计数运算，使计数器加 1。相反，当液位下降时，齿盘逆时针转动，这时先导通的是下一组光纤光路，其脉冲信号经放大和逻辑电路判断后提供给可逆计数器做减法指令（低电位），后导通的光路的脉冲作为计数信号，使计数器减 1。这样，每当计数齿盘顺时针转动一个齿，计数器就加 1；计数齿盘逆时针转动一个齿，计数器就减 1，从而实现了计数齿盘转动齿数与光电脉冲信号之间的转换。

（3）电子电路部分

电子电路部分由光电转换及放大电路、逻辑控制电路、可逆计数器及显示电路等组成。光电转换及放大电路主要是将光脉冲信号转换为电脉冲信号，再对信号加以放大。逻辑控制电路的功能是对两路脉冲信号进行判别，将先输入的一路脉冲信号转换成相应的“高电位”或“低电位”，并输出至可逆计数器的加减法控制端，同时将另一路脉冲信号转换成计数器的计数脉冲。每当可逆计数器加 1（或减 1）时，显示电路则显示液位升高（或降低）1 个单位高度（1cm 或 1mm）。

浮沉式光纤液位传感器可用于液位的连续测量，而且能够做到液体存储现场无电源、无电信号传送，保证了液位测量区域的安全，因而特别适用于易燃易爆介质的液位测量。

8.6.3 超声液位计

超声液位计是由微处理器控制的液位数字仪表。测量中超声波脉冲由传感器发出，声波经液体表面反射后被传感器接收，通过压电晶体或磁致伸缩器件转换成电信号，由声波发送和接收之间的时间来计算传感器到被测液体表面的距离。超声波液位计采用非接触测量，对被测介质几乎没有限制，可广泛用于液体、固体物料高度的测量。

目前，采用超声波测量液位的方法很多，有声波阻断式、脉冲回波法、共振法、频差法等连续液位测量方法，还有连续波阻抗式、连续波穿透式、脉冲反射式和脉冲穿透式等定点液位测量方法。

声波阻断式是利用超声波在气体、液体和固体中被吸收而衰减的情况不同，来探测在超声波探头前方是否有液体或固体物料存在。当液位达到预定高度位置时，超声波被阻断，即可发出报警信号或进行限位控制。这种方式主要用于超声波液位控制器中，也可用于运动体以及生产流水线上工件流转等的计数和自动开门控制中。

脉冲回波法是利用声波在同一介质中有一定的传播速度，而在不同密度的介质分界面处会发生反射，从而根据声波从发射到接收到液面回波的时间间隔来计算液位的。根据超声波探头的安装位置不同，此方法又分为液介式、气介式和固介式三种，如图 8-22 所示。

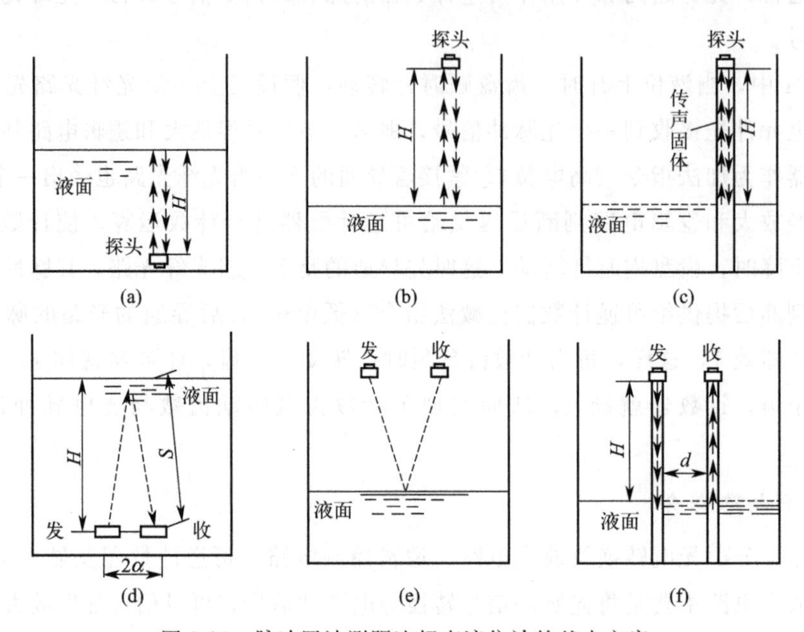

图 8-22　脉冲回波测距法超声液位计的基本方案

图 8-22(a)和(d)所示的是液介式超声液位计，发射探头可以置于液面底部，也可以安装在容器底的外部，分为单探头方式和双探头方式，其中单探头起发射和接收的双重作用。声波以被测液体为传播介质，在液面处发生反射，通过测量声波在液体介质中的传播时间计算液位高度。

图 8-22(b)和(e)所示的是气介式超声液位计，发射探头置于最高液位之上，声波在液面上方的气体介质中传播，经被测液体表面反射，通过测量声波在气体介质中的传播时间计算液位高度。

图 8-22(c)和(f)所示的是固介式超声液位计，声波是经固体棒或金属管传播的，经液面反射后，再由固体棒传回接收换能器。这种方式由于有一定的局限性，所以应用得较少。

8.6.4　雷达液位计

雷达液位计是基于电磁波反射原理而设计的。它不会受到介质的黏度、密度或者是蒸气的影响，并且具有很高的准确度，广泛地应用于工业领域中。与超声波不同，电磁波可以在传播介质是真空、稀薄气体或者半液态半气态的情况下传播，并且其传播速度不会受到气液体的任何波动的影响，故可用于测量挥发性液体的液面高度，且耐高温高压，具有很强的适应能力。根据测量原理，雷达液位计分为导波雷达、脉冲雷达、调频连续波雷达3种。

(1) 导波雷达液位计

导波雷达液位计（guided wave radar，GWR）的测量原理是时域反射技术，电子单元发射的电磁脉冲波以光速沿着导波杆（缆）传播，当遇到被测介质表面时，部分脉冲被反射形成回波并沿相反路径返回到脉冲发射装置，用超高速计时电路（电子表头）精确地测量出脉冲波的传导时间，而发射装置与被测介质表面的距离同传导时间成正比，经计算就可得到液位高度。

根据导波杆探头结构的不同，常用的导波雷达液位计包括同轴式和双杆式两种。同轴式导波杆探头是导波雷达液位计中最基本也是最有效的探头，它的结构类似于同轴电缆，由一根金属圆管以及一根金属棒同轴安装而成，电磁脉冲在金属棒和金属圆管之间的空间内传播，能量集中，不会扩散，能有效地传播高频信号，并且不易受到外界的影响。双杆式导波杆探头由两根平行的金属杆组成，可以应用于同轴式导波杆探头不能有效使用的场合，比如容易产生挂料或是高黏度的工况中，但其传输效率不及同轴式导波杆探头，且当待测物料在隔离器上积垢或者是在导波杆探头的两根金属杆上搭桥时，将会导致测量异常。

脉冲发射装置发射的电磁波信号到达介质表面并返回时，信号会衰减。此时，信号强度与介质的介电常数成正比，介电常数越大，反射信号越强；反之，反射信号越弱。高导电性介质（如水）产生较强的反射脉冲；而低导电性介质（如烃类）产生较弱的反射脉冲，低导电性介质使得某些电磁波能沿探头（波导体）穿过液面向下传播，直至完全消散或被一种较高导电性的介质反射回来。根据这一特点，可采用导波雷达液位计测量两种液体的界面（如油/水界面），条件是界面下的液体介电常数应远大于界面上液体的介电常数。导波雷达液位计所测量的液体的介电常数可以低至1.4。

(2) 非接触式雷达液位计

非接触式雷达液位计包括脉冲雷达液位计和调频连续波雷达液位计。脉冲雷达液位计利用电子单元通过天线系统发射极窄的微波脉冲，脉冲以光速在空间内传播，当遇到被测量介质阻碍时，部分能量产生反射波形，被天线系统接收。天线接收反射的微波脉冲并将其传给电子线路，微处理器对此信号进行处理，识别出微波脉冲在物料表面所产生的回波，并据此计算液位，将与被测液位距离成正比关系的时间再转换为4～20mA的标准电信号。常用的天线种类有圆锥喇叭式、绝缘棒式、平面阵列式等。

脉冲雷达液位计不适合用于待测液体介电常数较小的情况，否则会造成因反射信号幅度太小而无法测量，而且，若盛待测液体的容器较小或是容器内结构较复杂时，会导致反射信号复杂，难以确认，从而影响测量精度。

调频连续波雷达液位计微波源是X波段的压控振荡器，天线发射的微波是频率被线性调制的连续波，当回波被天线接收到时，微波发射频率已经改变。发射波与回波的频率差正比于天线到液面的距离，以此计算出液位高度。利用电子单元产生经频率调制的电磁波信号从天线系统发射。这种测量方式测量精度可达1mm。以喇叭天线为例，微波的频率越高，波束的聚集性能越好，测量距离越远；波束角越小，其喇叭尺寸可越小，不易产生较多的虚假回波，更易于现场的安装使用。

非接触式雷达液位计的频率可影响其性能。较低的频率可以降低对蒸汽、泡沫和天线污染物的灵敏度，更好地处理蒸汽、灰尘、凝结、污染和湍流表面的问题；而较高的频率可将管嘴、罐壁和干扰物的影响降至最低，始终保持狭窄的雷达波束。非接触式雷达液位计不易被腐蚀，是测量黏性、黏稠和腐蚀性液体工况的理想选择。常用在带有搅拌器的容器中，量程范围可达 30～40m。

思考题与习题

(1) 简述电动浮筒式液位计的工作原理。

(2) 差压式液位计是由哪几部分组成的？在使用差压式液位计时，为何要进行正迁移或负迁移的操作？

(3) 简述电容式液位计的工作原理，并分析测量导电介质和非导电介质时，电容式液位计结构上的差异。

(4) 用电接点液位计测量锅炉汽包水位时，为保证电接点能够在高温高压的环境下正常工作，需要注意的因素有哪些？

(5) 电接点液位计与差压式液位计相比具有哪些优点？

(6) 采用分段式电容传感器测量油水界面的优势是什么？

(7) 如图 8-9 所示用双室平衡容器测量汽包水位时，设汽包的额定压力为 10MPa，正常水位 $H_0=350\text{mm}$。若汽包压力下降到 1MPa，求正常水位时水位计的指示误差（其中 $L=650\text{mm}$，$\rho_1=987.6\text{kg/m}^3$）。

(8) 简述利用热电阻液位计实现液位报警的工作过程。

(9) 简述全反射型光纤液位计和浮沉型光纤液位计的工作原理。

(10) 脉冲回波法测量液位时，按照超声波探头的安装位置不同，可以分为哪几种？各自的工作过程是什么？

第 9 章

气体成分及颗粒物测量

9.1 概述

气体成分分析及颗粒物测量技术研究是改善燃料经济性和减少排放的重要课题。在能源与动力工程领域，各类装置或设备排放的气体成分有 CO、HC、NO_x、SO_2、CO_2、O_2 等，选择适当的分析方法和仪器需要根据具体要求，例如，在电控喷射内燃机和锅炉中，需要实时测量燃烧产物中的 O_2 含量，以控制燃烧过程的过量空气系数，这就需要保证测量仪器具有足够的测量精度，同时还应具有快速响应性能，以满足实时控制的要求。此外，为了确保测量准确性，除了需要精确的仪器，还要确保采样具有代表性。采样方法包括直接取样法、全量取样法、比例取样法和定容取样法，选择何种采样方法应根据被测组分和仪器要求而定。燃烧产物分析要求采样点设在燃烧结束且无气体分层、停滞和循环流动的位置，并考虑采样装置的温度承受能力。对于大截面排放通道，气体组分和颗粒物的浓度分布不均匀，存在分层现象，因此一般设置多个采样点并取平均值。本章主要对能源与动力工程中常用的气体成分及颗粒物测量方法和仪器结构以及在科研、工业中的应用进行介绍。

9.2 气相色谱分析法

9.2.1 色谱分析仪的基本原理

（1）组分分离的基本原理

色谱分析是一种利用物理的方法实现混合物组分分离的技术。它是利用流动相推动被分析的混合物通过装有固定相的色谱柱，并在色谱柱中实现分离的。固定相一般是具有吸附性能的固体，或具有溶解性能的液体。由于固定相对混合物中各种组分的吸附能力或溶解度不同，因此会产生浓度分配，一般用分配系数 K_i 表示

$$K_i=\frac{\varphi_s}{\varphi_m} \tag{9-1}$$

式中，φ_s 为混合物中成分 i 在固定相中的浓度，g/mL；φ_m 为混合物中成分 i 在流动相中的浓度，g/mL。由于分配系数不同，不同组分在固定相中的停滞时间也不同。当两相做相对运动时，分配系数大的组分不容易被流动相流体带走，因而它在固定相中滞留时间长，而分配系数小的组分则滞留时间短，经过一定时间后，各组分得以分离。

根据流动相的物态不同，色谱分析可分为气相色谱（gas chromatography，GC）和液相色谱（liquid chromatography，LC），前者的流动相为气体，后者的流动相为液体。气相色谱主要是利用物质的沸点、极性及吸附性质的差异来实现混合物的分离。气相色谱中的固定相可以是固态或液态，分别称为气-固色谱和气-液色谱。

（2）气相色谱仪的一般流程

图 9-1 所示的是气相色谱仪的简化流程图。在气相色谱分析中，作为流动相的载气多数使用 N_2、H_2、He 等气体，载气由高压气瓶供给，经干燥净化装置除去杂质和水分再经过计量调节仪表使之以稳定的压力和精确的流量先后进入汽化室、色谱柱、检测器，然后放空。被分析试样用微量注射器打进汽化室，当试样为液体时，要经汽化室加热使之瞬间汽化，成为气体试样，试样被载气带进色谱柱进行分离，不同组分将按顺序依次进入检测器。色谱炉是为色谱柱提供恒定或按程序改变温度环境的装置。由于样品中各组分的沸点、极性或吸附性能不同，每种组分都倾向于在流动相和固定相之间形成分配或吸附平衡。但由于载气是流动的，这种平衡实际上很难建立起来。也正是由于载气的流动，使样品组分在运动中进行反复多次地分配或吸附/解吸，结果是在载气中分配浓度大的组分先流出色谱柱，而在固定相中分配浓度大的组分后流出。当组分流出色谱柱后，立即进入检测器。检测器将载气中组分含量的多少转换为与之成比例的电信号。当将这些信号放大并记录下来时，就形成了包含色谱的全部原始信息的色谱图。一般来说，出峰时间的先后可作为定性分析的依据，峰的面积或峰高可作为定量分析的依据。

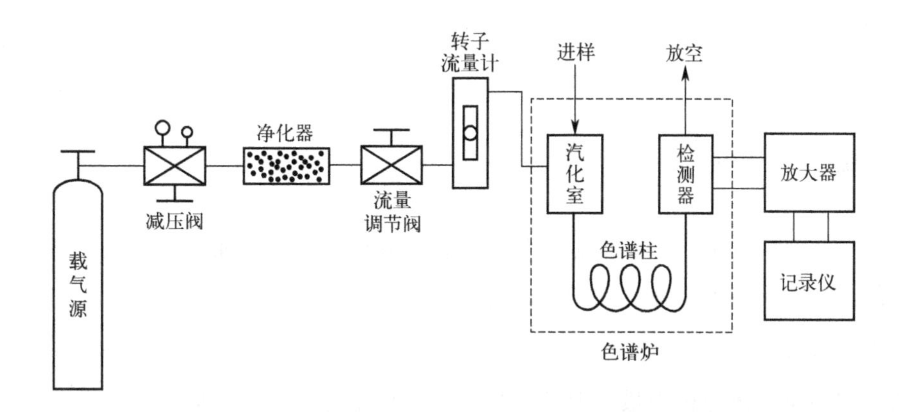

图 9-1　气相色谱仪的简化流程

图 9-2 表示混合物中的两个组分 A 和 B，经过一定长度的色谱柱后在不同时间流出色谱柱，进入检测器产生信号，并在记录仪中出现色谱峰的过程。t_4 和 t_5 分别是组分 A 和 B 在色谱图上出现的时间。

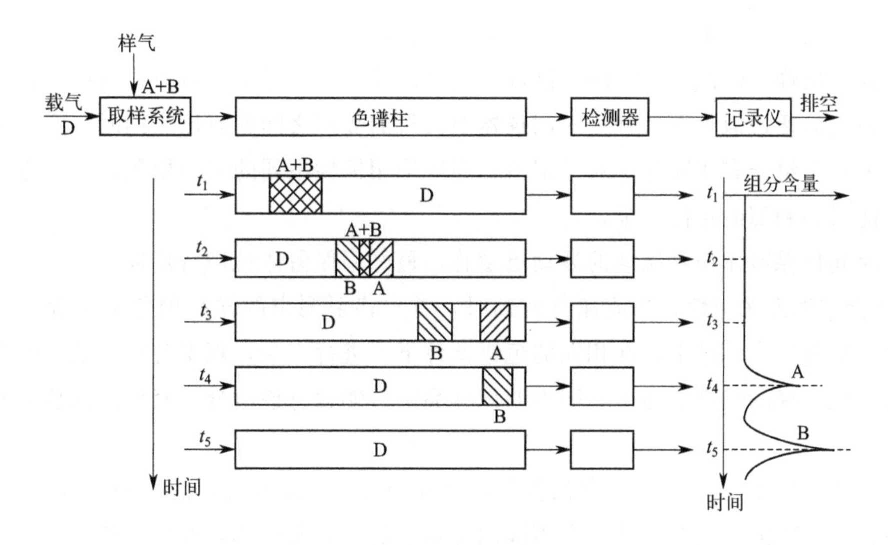

图 9-2　气相色谱分析流程

(3) 气相色谱的优点

气相色谱法的突出优点如下。

① 分离效能高。对物理化学性能很接近的复杂混合物质都能很好地分离，并进行定性、定量检测。有时在一次分析时，可同时解决几十甚至上百个组分的分离测定。

② 灵敏度高。只需要不足 1mL 的气体样品或不足 1μL 的液体样品，就能检测出 10^{-6} 级甚至 10^{-9} 级的杂质含量。

③ 分析速度快。在几秒钟内即可获得精确的分析结果。

④ 应用范围广。气相色谱法可以分析气体、易挥发的液体和固体样品。就有机物分析

而言，应用最为广泛，可以分析约20%的有机物。此外，某些无机物通过转化也可以进行分析。

9.2.2 组分定性分析

对色谱柱分离的气体组分实现定性分析主要是利用色谱流出曲线，即色谱图作为分析依据。常用的方法有保留值定性、化学反应定性以及检测器定性。

（1）保留值定性

保留值定性是气体分析中最重要的定性方法，使用得最广泛、最普遍。组分在色谱柱的滞留值称为保留值，如保留时间、保留体积。它们又分为绝对保留值和相对保留值。所谓的保留时间指的是从被测组分开始进入色谱柱到流出色谱柱后出现浓度最大值所需的时间，反映组分在色谱柱中滞留时间的长短。保留体积指的是组分从进样开始到出现峰最大值所需的流动相（载气）体积，即对应保留时间的载气体积。

① 绝对保留值定性。在色谱柱和操作条件（如柱温、进样量、流速等）严格不变的条件下，混合物气体中各组分的出峰时间（即绝对保留值）是一定的。通过对比试样中具有与纯物质相同的出峰（保留）时间的色谱峰，就可以确定该试样中是否有该物质及在色谱图中的位置。该法简便，但是不适合于不同仪器上获得的数据之间的对比。同时，为了避免在同一色谱柱上几个组分有相同的绝对保留值，还应采用极性不同的另一根色谱柱来进行同样的实验，才能得到确切的定性结果。

保留时间比保留体积对流速的波动更敏感，最好用保留体积进行定性。

② 纯物质加入法定性。当流速有波动时，首先将要测定的样品做色谱实验，然后将已知的纯物质组分加入样品中，在相同的色谱条件下再进行实验，观察各组分色谱峰的相对变化。若某一色谱峰的峰高增加了，则表明该样品中可能含有该组分，峰增高的色谱峰就是纯物质。

③ 相对保留值定性。相对保留值仅与色谱柱种类及柱温有关，而受操作条件影响很小，而且在色谱手册中能查到各种物质在不同固定相上的相对保留值，故也可作为定性指标。

当样品的组成成分比较复杂，难以推测其组成，且相邻的两峰距离较近时，采用相对保留值定性方法得到的结果容易发生错误，因此这种方法更适合于分析气体混合物。

（2）化学反应定性

化学反应定性是通过检测样品经反应后的组分，以推断其他组分的定性反应。这是一种简便有效的定性方法，特别适用于含有某种特定官能团的化学组分。这些带有官能团的气体化合物能与特征试剂起反应，生成相应的衍生物，处理后的样品色谱图上该类物质的色谱峰或提前，或后移，或消失。比较处理后样品的色谱图就可以推断哪些组分属于哪类（族）化合物。例如气体卤代烷与乙醇-硝酸银反应，生成白色沉淀，色谱图上卤代烷峰全部消失。又如，烷烯烃气体组分加入HBr，使其与烯烃加成，色谱峰后移，可作族组成定性。气体硫醇与$Pb(OAc)_2$作用生成黄色沉淀，色谱峰消失等。

(3) 检测器定性

① 与质谱（mass spectrometry，MS）联用技术定性。从气相色谱法的角度来看，气相色谱和质谱（GC/MS）联用仪中的质谱是气相色谱仪的检测器，检测器所给出的总离子流色谱图和组分质谱图可用于定性。在气相色谱和质谱中，进行定性的常用方法是标准谱图库检索。利用计算机将待测组分（纯化合物）的质谱图与计算机内保存的已知化合物的标准质谱图按一定程序进行比较，将配度（相似度）最高的若干化合物的名称、分子质量、分子式、识别代号及匹配率等数据列出供后续的分析参考使用。值得注意的是，匹配率最高的不一定是最终确定的分析结果，仍需要进行人工解释，寻找标样，做标样的质谱图，以此作为计算机检索结果的检验和补充手段。

② 选择性检测器定性。选择性检测器是指对某些物质特别敏感，响应值很高，而对另一类物质却极不敏感，响应值很低，因此可用来判定被检测物质是否为这类化合物。例如，要鉴定某一气样中有无有机物或无机物，则可在氢火焰离子化检测器或热导检测器上分析，如有信号，则说明气样中含有含碳有机物或无机物气体。进行检测时可根据样品的特点选择不同的检测器。

为了更有效地利用检测器的特征信号进行定性，多采用不同类型的双检测器系统进行定性。在选择双检测器时，应使两种检测器的响应信号比随组分种类不同有很大变化。

综合以上三种常用的定性方法。利用保留值定性方法简单，但是要求操作条件比较苛刻；化学反应定性，操作手续比较繁杂，要求的样品量较多，不适合痕量组分的定性；选择性检测器定性，灵敏度高，适合痕量组分的定性，但仪器比较昂贵。一般来说，特别在工业气体分析中，首先用保留值定性，大体上可以定出色谱峰的基本结果；对于比较复杂的气体混合物，再用检测器定性来进一步验证定性的结果。

9.2.3 工业气相色谱分析仪的组成

工业气相色谱分析仪和一般实验室用气相色谱仪相比，主要是增加了取样系统，采用柱切技术，而且程序控制和信息处理完全是自动化的。图 9-3 所示是其基本组成，包括取样系

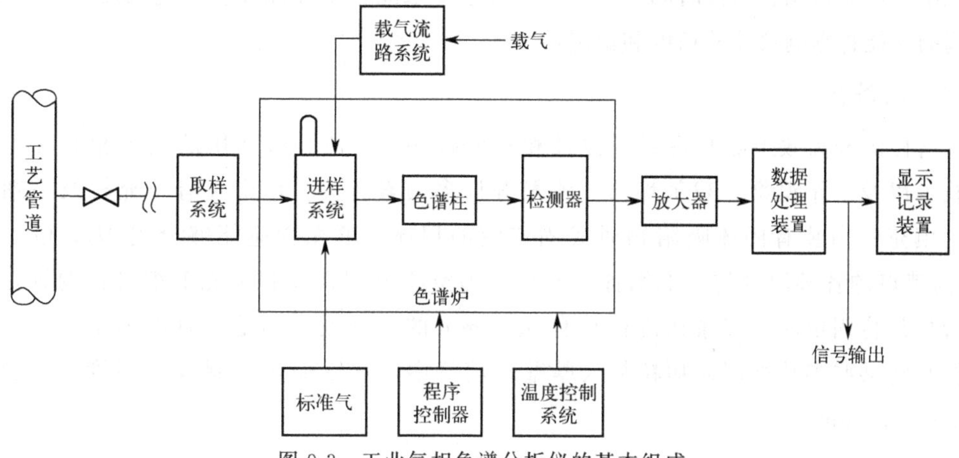

图 9-3 工业气相色谱分析仪的基本组成

统、载气流路系统、进样系统、色谱柱、检测器、色谱炉、温度控制系统、程序控制器、数据处理与显示记录装置等。下面详细介绍各部分的结构和性能。

(1) 取样系统

取样系统完成取样和样品预处理任务，是生产装置和工业气相色谱仪的接口设备。实际上，在分析仪外部，就应对样品进行初步的预处理，如减压、除水、除尘等。分析仪内部取样及样品预处理系统应具有调压、流路切换、流量监视、大气平衡和标准气（或标准液）校正等功能。

取样及样品预处理系统设计时，还应考虑其他一些实际问题，例如，系统管路和部件的耐腐蚀性、防止泄漏、防爆、减少传输滞后时间及控制排空污染等。

(2) 载气流路系统

载气流路系统包括载气源、净化器压力与流量的稳定和调节装置。通常使用钢瓶中的高压气体作为载气源，通过减压阀使压力降到 0.1～0.5MPa。为了避免污染色谱柱，要求载气纯度高，稳定性好。因此，多用硅胶、分子筛和活性炭等吸附载气中的水分和烃类化合物。可用作载气的气体有 H_2、N_2、Ar 等。工业气相色谱分析仪要求载气流量保持恒定，其变化应小于1%。所以在气路中，要配置流量计和调节阀，还要加装稳压阀来连续调整并稳定流路的气压，从而达到稳定流量的目的。

(3) 进样装置

进样就是把气体、液体或经过转化的固体样品定量地加到色谱柱头上，以便进行色谱分离。进样数量的恒定性、进样时间的长短、试样汽化的速度等都会影响定量分析结果的重复性和准确性。

① 汽化室　汽化室外壁用金属块制成，工作温度可控制在 50～500℃之间。工作温度高于 250℃时，为防止催化效应，宜采用内插玻璃管结构。汽化室的功能是保证液体试样在其中瞬间汽化。载气进入汽化室前要预热，但硅橡胶垫应冷却，以避免发生多余的化学反应。

② 进样阀　定量进样是靠带有定量管的进样阀完成的。对进样阀的要求是气密性好、死体积小、可靠耐用、切换时间快，有的场合还要求能够耐腐蚀和在一定温度条件下工作。进样阀的性能将影响仪器的精度和稳定性。

(4) 色谱柱

色谱柱的分离效果除与柱长、柱径和柱形有关外，还与所选用的固定相和柱填料的制备技术以及工作温度、载气性质、流量等许多因素有关。色谱柱有填充柱及毛细管柱两种，填充柱中装有固体吸附物质或固定液的担体。填充物应能够分离 N_2、O_2、H_2、Ar 等高沸点的各种混合物。毛细管柱又可分为空心毛细管柱和填充毛细管柱两种。空心毛细管柱是将固定液直接涂在内径只有 0.05mm 的玻璃或金属毛细管的内壁上，填充毛细管柱是将某些多孔性固体颗粒装入厚壁玻璃管中，然后加热拉制成毛细管，一般内径为 0.25～0.5mm。

固定相可分为固体固定相和液体固定相两种。固体固定相是一种吸附剂，对不同组分有不同的吸附能力。固定液是一些高沸点的有机液体，选择固定液的原则是：在使用温度下完全不挥发或挥发性极小，而对各分析组分有一定溶解能力及分配系数的差别。当用固定液时，需要把它涂在称为担体的固定材料上，担体的作用是使固定液牢固地分布在上面。气-固色谱常用粒状的氧化铝、硅胶、活性炭、分子筛和高分子多孔微球等作为固定相；气-液色谱采用的固定相有硅油、液态石蜡、聚乙烯乙二醇、甘油等。

（5）检测器

气相色谱仪检测器也称为鉴定器，也是仪器的关键部件，经过色谱柱分离的组分要用检测器把它们转化为易于测量的电信号，然后送记录系统记录下来。因此，检测器就是对载气中各组分浓度变化的敏感器，可分为浓度型和质量型两类。浓度型检测器测量的是载气中组分浓度的瞬间变化，即检测器的响应值正比于组分的浓度，如热导检测器（thermal conductivity detector，TCD）、电子捕获型检测器（electron capture detector，ECD）。质量型检测器测量的是载气中所携带的样品进入检测器的速度变化，即检测器的响应信号正比于单位时间内组分进入检测器的质量，如氢火焰电离检测器（flame ionization detector，FID）和焰光光度检测器（flame photometric detector，FPD）。通常，测量 CO 和 CO_2 等无机组分采用热导检测器；测量有机组分，特别是碳氢化合物（HC）时，则选用氢火焰电离检测器。另外，电子捕获型检测器对具有电负性的物质（如含卤素、硫、磷、氰等）的检测有很高的灵敏度，焰光光度检测器适用于含硫成分的测量。为达到最佳的分离效果，需要根据所用的检测器来选择载气。例如，在用热导检测器时，最好选用氢气或氮气，因为它们的热导率要比通常被分离的组分的热导率大得多。在使用氩离子化检测器时，则要选用氩气。根据气体分离能力，氮气和氩气相对比它们轻的气体分离能力要强，因为重气体有助于加速轴向扩散。在要求分离能力比检测器的响应更重要时，要采用氮气。

（6）温度控制系统、程序控制器和数据处理与显示记录装置

① 温度控制系统　温度是气相色谱仪最重要的操作条件。由于汽化室、色谱柱和检测器 3 个重要部件对温度各有不同的要求，所以应设置不同的温度控制装置。控制温度的方法有多种形式，如用铂电阻做敏感元件的晶闸管连续控温装置等。

② 程序控制器　工业气相色谱分析仪的测量是按周期重复进行的。在一个完整的分析周期中，应包括取样、进样、反吹或前吹、柱切换、组分开关门、零位调整、谱峰记录和数据处理等环节。这些工作都是由程序控制器按一定时间顺序自动控制的。在一个周期结束后，经复位后又开始下一个测量周期。

程序控制器有凸轮式、光电式、电子延时式和数字分频式等。

③ 数据处理与显示记录装置　数据处理和记录主要是由计算机软件来完成的，其软件主要包括数据的采集、数字滤波、峰的检测、各种峰形的判别处理、计算峰面积和百分比含量及图形显示等。随着计算机技术的发展，软件功能越来越强大。

9.3 红外气体分析仪

9.3.1 红外气体分析原理

一般来说，除了单原子气体（如 He、Ne、Ar 等）和具有对称结构的非极性双原子气体（如 H_2、N_2 和 O_2 等）在红外区不具有特征吸收带（波段）外，其他非对称分子气体，如 CO、CO_2、H_2O、NO 等在红外区均有特定的吸收带。这种特定的吸收带对某一种分子是确定的、标准的，其特性如同“物质指纹”。例如，CO 特征吸收波长在 4.5～5μm 之间，在 4.65μm 处吸收最强；CO_2 特征吸收波长在 2.7μm、4.26μm 和 14.5μm；CH_4 的特征吸收波长为 2.3μm、3.3μm 和 7.65μm；所有的碳氢化合物对波长大约为 3.4μm 的红外线都表现出吸收特性，成为 C—H 键化合物谱振频率的集中点，所以不能从这个波长去辨别碳氢化合物，而要从其他波长去辨认。所谓特征吸收波长，是指吸收峰处的波长（中心吸收波长）。此外，在特征吸收波长附近，有一段吸收较强的波长范围，这是由于分子振动能级跃迁时，必然伴随有分子转动能级的跃迁，即振动光谱必然伴随有转动光谱，而且相互重叠。因此，红外吸收曲线不是简单的锐线，而是一段连续的较窄的吸收带。这段波长范围可称为“特征吸收波带”。几种气体分子的红外特征吸收波带范围见表 9-1。

表 9-1 几种气体分子的红外特征吸收波带范围

气体名称	分子式	红外线特征吸收波带范围/μm			吸收率/%		
一氧化碳	CO	4.5～4.7	—	—	88	—	—
二氧化碳	CO_2	2.75～2.8	4.26～4.3	14.25～14.5	90	97	88
甲烷	CH_4	3.25～3.4	7.4～7.9	—	75	80	—
二氧化硫	SO_2	4.0～4.17	7.25～7.5	—	92	98	—
氨	NH_3	7.4～7.7	13.0～14.5	—	96	100	—
乙炔	C_2H_2	3.0～3.1	7.35～7.7	13.0～14.0	98	98	99

注：表中仅列举了红外气体分析仪中常用到的吸收较强的波带范围。

红外光谱分析就是根据不同分子的特征吸收波带来鉴别分子种类的。工业上常用的红外线气体分析仪也是利用这一原理对混合气体进行定性分析、鉴别所含组分种类，进一步利用光能吸收与组分浓度之间的关系，对各组分含量进行定量测量。红外气体分析的理论基础是朗伯-比尔定律，它描述了气体对一定波长的红外辐射的吸收强度与气体浓度之间的关系

$$A=\ln\left(\frac{I_0}{I}\right)=k_\lambda cl \tag{9-2}$$

式中，A 为溶液的吸光度；I_0 为红外光源向气体的入射强度；I 为经气体吸收后透射

的红外辐射强度；k_{λ} 为气体对波长为 λ 的红外辐射的吸收系数，对于某一特定的组分，k_{λ} 为常数；c 为气体的物质的量浓度；l 为红外辐射透过的气体厚度。

根据式(9-2)，当入射的红外辐射强度 I_0 以及待测组分的种类（k_{λ}）和厚度 l 一定时，透射的红外辐射强度 I 仅仅是待测组分物质的量浓度 c 的单值函数。因此，通过测量透射的红外辐射强度，就可以确定待测组分的浓度。

朗伯-比尔定律是吸光光度法的理论基础和定量测定的依据。此定律广泛应用于紫外光、可见光、红外光区的吸收测量，不仅适用于气体，也适用于其他均匀的、非色散的吸光物质，包括溶液和固体。但应用该定律也有一定的局限性，该定律只对单一频率的红外光才适用。因此，在实际应用时需加上滤光片，使红外光线的频率尽量限制在一个窄的范围内。但是落于探测器上的辐射也不完全是单色的，这就引起了一定的偏差。另外，除了待测物质要吸收红外能量外，组成红外传感器的光学元件也要吸收或者反射能量，引起测量的误差。因此，在实际计算过程中，需要对该定律进行修正。

9.3.2 红外气体分析仪的结构

9.3.2.1 红外气体分析仪的类型

目前使用的红外气体分析仪类型很多，分类方法也较多。首先，从是否把红外光变成单色光划分，可分为不分光型（非色散型）和固定分光型（色散型）两种。

不分光型（NDIR）是指光源发出的连续光谱全部都投射到被测样品上，待测组分吸收其特征吸收波带的红外光。由于待测组分往往不止一个吸收带，因而就 NDIR 的检测方式来说具有积分性质。因此不分光型仪器的灵敏度比分光型高得多，并且具有较高的信噪比和良好的稳定性。其缺点是待测样品各组分间有重叠的吸收峰时，会给测量带来干扰。固定分光型（CDIR）采用一套分光系统，使通过测量气室的辐射光谱与待测组分的特征吸收光谱相吻合。其优点是选择性好、灵敏度高，缺点是分光后光束能量小，分光系统任一元件的微小位移都会影响分光的波长。因此，分光型仪器一直用在条件较好的实验室，未能用于在线分析。近年来，随着窄带干涉滤光片的广泛使用，分光型仪器开始进入在线分析领域。不过这种窄带干涉滤光片的分光不同于光栅系统的分光，它不能形成连续光谱，只能对一个或几个特定波长附近的狭窄波带进行选通。

此外，从光学系统划分，可以分为双光路和单光路红外气体分析仪。双光路是从两个相同的光源或从精确分配的一个光源发出两路彼此平行的红外光束，分别通过几何光路相同的分析气室、参比气室后进入检测器。单光路是从光源发出单束红外光，只通过一个几何光路。但对于检测器，接收到的是两个不同波长的红外光束，只是它们到达检测器的时间不同。即利用调制盘的旋转，将光源发出的光调制成不同波长的红外光束，轮流通过分析气室送往检测器，实现时间上的双光路。

9.3.2.2 光学系统部件

红外气体分析仪主要由发送器和测量电路两部分构成，发送器的作用是将被测组分的浓度变化转化为某种电参数的变化，再通过相应的测量电路转换成电压或电流等信号输出。发送器由光学系统和检测器两部分组成，光学系统的构成部件主要有：红外辐射光源组件，包括红外辐射光源；反射体和切光（频率调制）装置；气室和滤光元件，包括测量气室、参比气室、滤波气室和干涉滤光片。

(1) 红外辐射光源

按照发光体的种类不同，红外辐射光源有合金丝光源、陶瓷光源、半导体光源等。合金丝光源多采用镍铬丝，绕制成螺旋形或锥形。镍铬丝被加热到700℃左右，其辐射光谱的波长主要集中在2～12μm范围内。合金丝光源的优点是光谱波长非常稳定，不受工作环境温度的影响，能长时间高稳定性工作。缺点是长期工作会产生微量气体挥发。陶瓷光源是通过对两片陶瓷夹层之间印刷在上面的黄金加热丝加热，使得陶瓷片受热后发射出红外光。陶瓷光源的优点是寿命长，物理性能特别稳定，不产生微量气体，是密封式的、安全隔爆的。缺点是易受温度影响，对控制它的电气参数敏感。半导体光源包括红外发光二极管和半导体激光光源两类。半导体光源的谱线宽度很窄，可将其集束成焦平面阵列以形成多谱带光谱，再使用二极管阵列检测器检测，发射波长与半导体材料有关。半导体光源的优点是可以工业化生产，价格便宜。缺点是对温度极为敏感，光谱波长稳定性较差。

红外辐射光源的光能输出可以是连续的，也可以是断续的。连续光源发出的光能量（辐射）是连续不断的，辐射光能量不随时间发生变化，而断续光源通常是随时间变化的脉冲光源。

(2) 反射体和切光（频率调制）装置

反射体的作用是保证红外光以平行光形式发射，从而减少因折射造成的能量损失。反射体一般采用平面镜或抛物面镜，要求其表面不易氧化且反射率高，通常采用黄铜镀金、铜镀铬或铝合金抛光等方法制成。

切光（频率调制）装置包括切光片和同步电机（切光马达），切光片由同步电机带动，其作用是对红外光进行频率调制，将光源发出的红外光变成断续的光。调制的目的是使检测器产生的信号变为交流信号，便于放大器放大。

(3) 气室和滤光元件

测量气室和参比气室的外形结构都是圆筒形，筒的两端用晶片密封。测量气室连续地通过待测气体，参比气室完全密封并充有中性气体（多为N_2）。气室的主要技术参数有长度、直径和内壁粗糙度。

气室的窗口材料（晶片）通常安装在气室端头，既要保证整个气室的气密性，同时又要具有高的透光率，还能起到部分滤光的作用。因此要求晶片应有高的机械强度，对特定波长有高的“透明度”，还要耐腐蚀、潮湿，抗温度变化等。窗口材料所使用的晶片材料有多种，如：ZnS（硫化锌）、ZnSe（硒化锌）、BaF_2（氟化钡）、CaF_2（氟化钙，萤石）、LiF_2（氟化锂）、NaCl（氯化钠）、KCl（氯化钾）、SiO_2（熔融石英）、蓝宝石等。其中氟化钙和熔融石英晶片使用最广泛。

红外线气体分析仪中常用的滤光元件有两种，一种是早期采用且现在仍在使用的滤波气室，一种是现在普遍采用的干涉滤光片。滤波气室的结构和参比气室一样，只是长度较短。滤波气室内部充有干扰组分气体，吸收其相对应的红外能量以抵消被测气体中干扰组分的影响。滤光片则是一种形式简单的波长选择器，它是基于各种不同的光学现象（吸收、干涉、选择性反射、偏振等）而工作的。从应用上看，滤光片是一种待测组分选择器，而滤波气室是一种干扰组分过滤器。

9.3.2.3 检测器

根据结构和工作原理的不同，检测器可以分成气动检测器（如薄膜电容检测器、微流量检测器）和固体检测器（如半导体检测器、热释电检测器）两类。气动检测器靠气动压力差工作，薄膜电容检测器中的薄膜振动靠这种压力差驱动，微流量检测器中的流量波动也是由这种压力差引起的。不分光型（NDIR）的原理源自气动检测器，只对待测气体特征吸收波长的光谱有灵敏度，不需要分光就能得到很好的选择性。半导体检测器和热释电检测器的检测元件均为固体器件，固体检测器直接对红外辐射能量有响应，对红外辐射光谱无选择性，这种红外分析属于固定分光型（CDIR）。

薄膜电容检测器又称薄膜微音检测器，由金属薄膜片动极和定极组成电容器，当接收气室内的气体压力受红外辐射能的影响而变化时，推动电容动片相对于定片移动，把被测组分浓度变化转变成电容量变化。薄膜电容检测器结构简图如图 9-4 所示。薄膜材料以前多为铝镁合金，厚度为 5～8μm，近年来则多采用钛膜，其厚度仅为 3μm。定片与薄膜间的距离为 0.1～0.03mm，电容量为 40～100pF，两者之间的绝缘电阻＞10^5 MΩ。优点是温度变化影响小、选择性好、灵敏度高，但须密封并按交流调制方式工作。缺点是薄膜易受机械振动的影响，接收气室漏气即使有微漏也会导致检测器失效，调制频率不能提高，放大器制作比较困难，体积较大等。

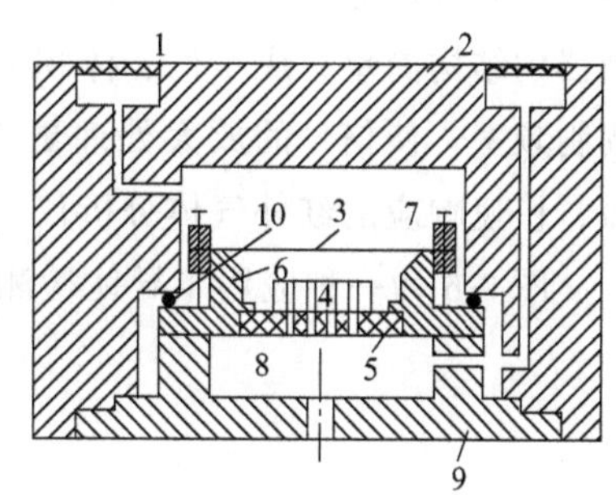

图 9-4 薄膜电容检测器结构

1—晶片和接收气室；2—壳体；3—薄膜；4—定片；5—绝缘体；6—支持体；7，8—薄膜两侧的空间；9—后盖；10—密封垫圈

微流量检测器是一种利用敏感元件的热敏特性测量微小气体流量变化的检测器。其传感元件是两个微型热丝电阻，和另外两个辅助电阻组成惠斯通电桥。热丝电阻通电加热至一定温度，当有气体流过时，带走部分热量使热丝元件冷却，电阻变化，通过电桥转变成电压信号。微流量检测器工作原理示意图如图 9-5 所示。

微流量传感器中的热丝元件有两种，一种是栅状镍丝电阻，简称镍格栅，它是把很细的镍丝编织成栅栏状制成的。这种镍格栅垂直装配于气流通道中，微气流从格栅中间穿过。另一种是铂丝电阻，在云母片上用超微技术光刻上很细的铂丝制成。这种铂丝电阻平行装配于气流通道中，微气流从其表面通过。

半导体检测器是利用半导体的光电效应原理制成的，当红外光照射到半导体元件上时，半导体元件会吸收光子能量后使非导电性的价电子跃迁至高能量的导电带，从而降低半导体

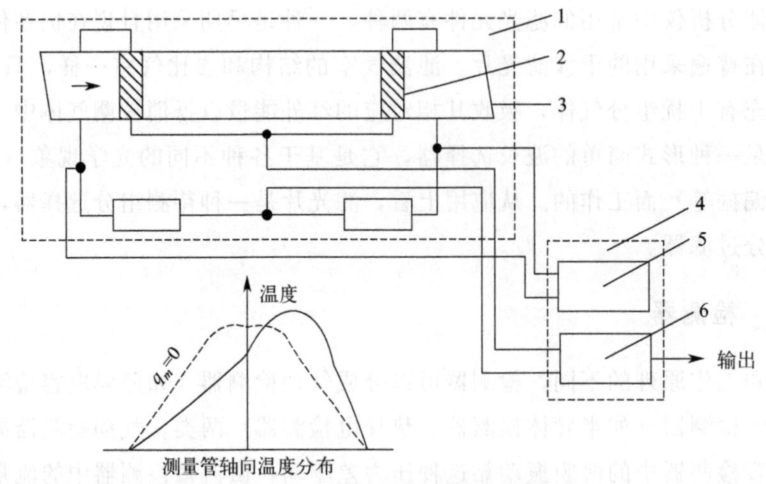

图 9-5　微流量检测器工作原理

1—微流量传感器；2—栅状镍丝电阻（镍格栅）；3—测量管（毛细管气流通道）；4—转换器；5—恒流电源；6—放大器

的电阻，引起电导率的改变，所以又称其为光电导检测器或光敏电阻检测器。半导体检测器使用的材料主要有锑化铟（InSb）、硒化铅（PbSe）、硫化铅（PbS）、碲镉汞（HgCdTe）等。红外气体分析仪大多采用锑化铟检测器，也有采用硒化铅、硫化铅检测器的。半导体检测器的结构简单、成本低、体积小、寿命长、响应迅速。与气动检测器相比，它采用更高的调制频率，使信号的放大处理更为容易。它与窄带干涉滤光片配合使用，可以制成通用性强、快速响应的红外气体分析仪。缺点是半导体元件受温度变化影响大。

图 9-6 为一种应用半导体检测器的红外气体分析仪的结构原理图。

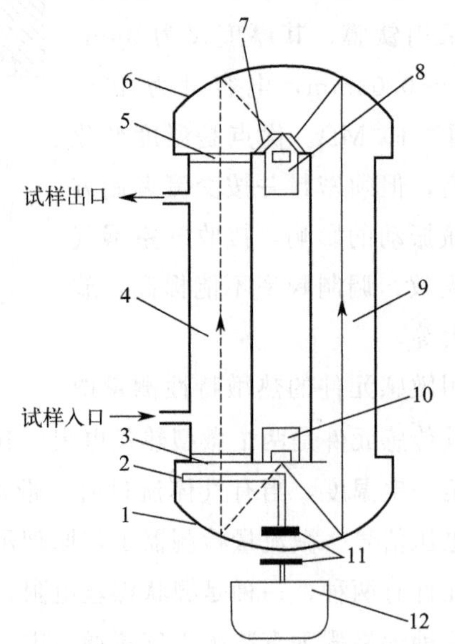

图 9-6　典型红外气体分析仪的结构原理

1，6—反射镜；2—扇形板截光器；3，5—窗口；4—测量室；7—整体式滤光器；8—半导体检测器；9—参比室；10—红外辐射光源；11—电磁离合器；12—电动机

红外辐射光源 10 发射的红外辐射经抛物面反射镜 1 反射，聚成平行的红外光束。该红

外光束通过扇形板截光器 2（由电动机 12 带动）调制，以一定的频率交替地通过参比室 9 和测量室 4，然后分别经反射镜 6 和整体式滤光器 7（干涉滤光片）投射到半导体检测器 8 上。在测量过程中，半导体检测器交替接收透过参比室和测量室的红外辐射。其中，滤光器的作用是只允许某一狭窄波段的红外辐射通过，而该狭窄波段的中心波长预先选为待测组分特定吸收带的中心波长。因此，检测器所接收的只是该狭窄波段内的红外辐射。

热释电检测器是基于红外辐射产生的热效应原理的检测器，分为把多支热电偶串联在一起形成的热电堆检测器和以热电晶体的热释电效应为原理的热释电检测器两类。热电堆检测器的优点是长期稳定性好，但它对温度非常敏感，不适合作为精密仪器的检测器，多用在红外型可燃气体检测器上。热释电检测器的优点是波长响应范围广、检测精度较高、反应快，可在室温的条件下工作。以前多用在傅里叶变换红外分析仪中，响应速度很快，可实现高速扫描。现在也已广泛用在红外气体分析仪中。

9.4 氧量分析仪

在锅炉或内燃机运行过程中，往往需要根据燃烧排放物中的 O_2 含量来判断过量空气系数的大小，以控制燃料与空气的比例，改善燃烧过程。由于 O_2 含量与过量空气系数之间呈单值性函数关系，并很少受到燃料品种的影响，加上 O_2 含量的动态测量相对容易，所以，在燃烧过程监测与控制中，普遍采用测量 O_2 的含量来判断过量空气系数的大小。

用来测量 O_2 含量的仪器称为氧量分析仪或氧量计，目前最常用的是氧化锆氧量分析仪，它具有结构简单、使用可靠、反应迅速（反应时间小于 0.4s）、可实现远距离指示、记录烟气（或燃气）含氧量等优点。

9.4.1 氧化锆氧量分析仪的基本工作原理

氧化锆氧量分析仪是利用氧化锆浓差电池所形成的氧浓差电势与 O_2 含量之间的量值关系进行含氧量测量的。

普通氧化锆（ZrO_2）为固体电解质，在常温下为单斜晶体。当温度升高到 1150℃左右时，氧化锆晶体由单斜晶体相变为立方晶体，同时产生约 9%的体积收缩。当温度下降时，反方向的相变又使其变成单斜晶体。因此，普通氧化锆晶体对温度的变化是不稳定的。此外，普通氧化锆晶体中氧离子空穴含量很小，即使在高温下，虽然热激发会增加氧离子空穴，但其含量仍然十分有限，不足以作为良好的固体电解质。若在普通氧化锆中掺入一定数量的其他低价氧化物，如氧化钙（CaO）或氧化钇（Y_2O_3）等，则不仅因为应力的改变而提高了晶体的稳定性，还因为 Zr^{4+} 被 Ca^{2+} 或 Y^{3+} 置换而生成了氧离子空穴，当温度升高到 800℃左右时，空穴型的氧化锆即可以作为一种良好的氧离子导体。如图 9-6 所示，在氧化锆材料的两侧分别附上多孔性的金属铂电极，让一侧处于参比气体（如空气）中，另一侧处于被测气体（如烟气）中。设被测气体和参比气体的氧分压分别为 p_1、p_2，并且 $p_2>p_1$，即参比气体中的氧含量高于被测气体中的氧含量。

当氧离子通过氧化锆中的氧离子空穴，从含量高的参比侧向含量低的测量侧迁移时，两电极上将发生如下反应：

在阴极侧，发生还原反应

$$O_2+4e^- \longrightarrow 2O^{2-} \tag{9-3}$$

在阳极侧，发生氧化反应

$$2O^{2-} \longrightarrow O_2+4e^- \tag{9-4}$$

式中，e 为电子。

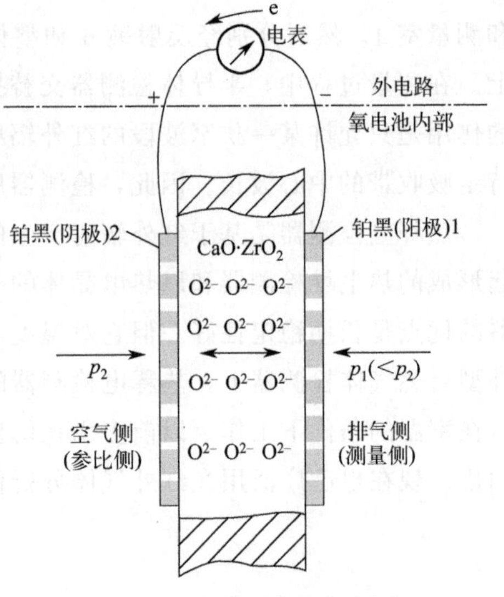

图 9-7　氧浓差电动势产生原理

此时，电极上因电荷积累而产生了电动势。由于该电动势与氧化锆两侧气体的氧含量有关，故称为氧浓差电动势，相应的装置就叫氧化锆氧浓差电池。

根据能斯特（Nernst）方程，可以得到氧浓差电动势

$$E=\frac{RT}{nF}\ln\frac{p_2}{p_1} \tag{9-5}$$

式中，E 为氧浓差电动势，V；R 为摩尔气体常数，$R=8.314\text{J/(mol·K)}$；T 为热力学温度，K；n 为一个氧分子输送的电子数，$n=4$；F 为法拉第常数，$F=96485\text{C/mol}$。

若被测气体的总压与参比气体的总压均为 p，则式(9-5) 可改写为

$$E=\frac{RT}{nF}\ln\frac{\varphi_2}{\varphi_1} \tag{9-6}$$

式中，$\varphi_1=p_1/p=V_1/V$、$\varphi_2=p_2/p=V_2/V$ 分别为被测气体和参比气体中的氧含量（体积分数）。

在分析氧含量时，经常采用空气做参比气体，即取定值 $\varphi_2=20.8\%$。将此值以及 R、n、F 等的数值代入式(9-6)，再将自然对数变换成常用对数，可得

$$E=0.0496T\lg\frac{20.8}{\varphi_1} \tag{9-7}$$

式中，氧浓差电动势 E 的单位为 mV。

利用氧化锆氧量计测量氧含量时应注意以下几点。

① 由式(9-7) 可知，氧浓差电动势与氧化锆的工作温度有关。当工作温度较低时，其灵敏度下降，工作温度过低时，氧化锆内阻很高，难以正确测量其两极的电势。工作温度过高时，烟气中的可燃物质会与氧迅速化合形成燃料电池，使输出增大，对测量造成干扰。因此氧化锆氧量计应处于恒定温度下工作或采取温度补偿措施使其处于恒定温度。

② 在使用时，应保持待测气体压力与参比气体压力相等，只有这样待测气体与参比气

体氧分压之比才能代表上述两种气体的含量之比。同时，要求参比气体的氧含量远高于被测气体的氧含量，才能保证检测器具有较高的输出灵敏度。

③ 由于氧浓差电池有使两侧氧浓度趋于一致的倾向，因此，必须保证待测气体和参比气体都要有一定的流速，但流量不可过大，否则会引起热电偶测温不准和氧化锆温度不匀，造成测量误差。

9.4.2 氧化锆氧量分析仪测量系统

氧化锆氧量分析仪由氧量传感器和相应的二次仪表组成。作为传感器的氧化锆管（氧浓差电池）有封头式和无封头式两种，如图 9-8 所示。在实际应用中，氧化锆氧量分析仪的测量系统有多种形式。例如，按氧化锆管的安装方式分，有直插式和抽出式两类；按氧化锆管的工作温度分，有恒温式和温度补偿式等形式。

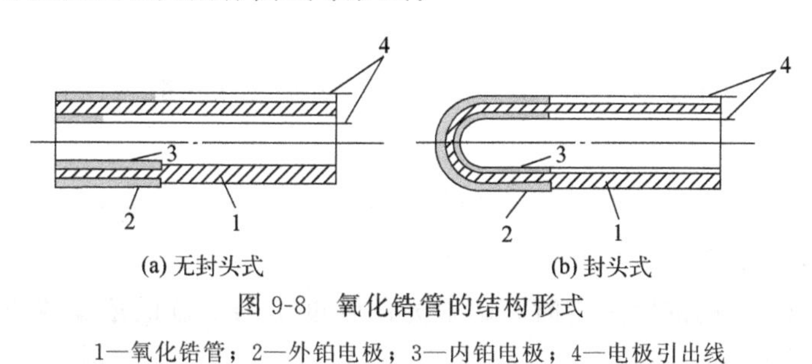

图 9-8 氧化锆管的结构形式

1—氧化锆管；2—外铂电极；3—内铂电极；4—电极引出线

抽出式测量系统具有抽气和净化功能，能去除杂质和 SO_2 等有害气体，有利于保护氧化锆管。同时，氧化锆管在稳定的工作温度（800℃）下，测量结果的精确度较高。但是，由于这种系统结构复杂，而且不能发挥氧化锆反应快的特点，故较少采用。而直插式测量系统不仅结构较简单，而且由于将氧化锆管直接插入排气管道（如烟道）的高温部位进行测量，因此系统的响应性能也较好。

另一方面，为了稳定氧化锆的工作温度，提高测量精度，在实际的测量系统中必须采取保温措施，或对温度变化带来的误差进行补偿。例如，在氧化锆管的外围安装电热丝，并用热电偶及温度调节器进行温度控制，使之温度恒定（如维持在 800℃），一般的工业锅炉及窑炉多采用这种方法。如果不能保证氧化锆工作温度恒定，则需要采用温度补偿式测量系统，即根据测定的氧化锆工作温度，在仪表测量电路中对氧浓差电动势的输出进行相应的补偿，以消除气体温度对指示值的影响。

9.5 化学发光气体分析仪

化学发光气体分析仪（chemiluminescent detector，CLD）分析法是 20 世纪 70 年代发

展起来的，是目前测定NO_x的最好方法，其特点是分辨率高（约为10^{-7}），反应速度快（一般为2～4s），可连续分析，线性范围广，对高、低浓度的NO_x气样均可测定。

化学发光法分析NO_x是利用NO-O_3反应体系的化学发光现象实现NO_x的测量的。NO和臭氧O_3在反应器中发生化学反应，反应中的过剩能量促成了激发态NO_2^*分子的产生，这些NO_2^*分子从激发状态衰减到基态时，辐射出波长为0.6至3μm的光子（hv），这种反应发光的化学机理可以描述为

$$NO+O_3 \longrightarrow NO_2^* + O_2 \tag{9-8}$$

$$NO_2^* \longrightarrow NO_2 + hv \tag{9-9}$$

式中，h为普朗克常量，$h=6.63\times10^{-34}$J·s；v为辐射光频率，s^{-1}。

在温度为27℃时，激发态的NO_2^*约占生成的NO_2总量的10%。随着温度的升高，NO_2^*的生成量也相应增高，因此，必须控制反应器内的温度，并且使标定和分析均在相同的温度下进行。

化学发光的强度I直接与O_3、NO两反应物的浓度（一般为体积分数）乘积φ_{O_3}和φ_{NO}成正比，即

$$I=K\varphi_{O_3}\varphi_{NO} \tag{9-10}$$

式中，K为反应常数。

当保持臭氧（O_3）的浓度一定时，辐射光的强度I与NO的浓度成正比。测定出发光强度即可求得NO的浓度。

图9-9为化学发光分析仪的结构简图。反应气体O_3由臭氧发生器1产生。干燥清洁的空气以一定的流速进入臭氧发生器后，经紫外线照射产生的O_3的质量分数约为空气的0.5%。被测量气体分两路进入，一路经除尘干燥器2，再经三通电磁阀4，与含有O_3的空气同时进入反应器5，被测气体中的NO与O_3即产生化学发光反应。反应后的气体被排至大气中。石英窗6和滤光片7用来分离给定的光谱区域，以避免反应气体中其他一些化学发光反应生成的光的干扰，而得到具有一定波长范围的光，经光电倍增管8放大并转化成电流信号，再经直流放大器10，最后由显示记录器11指示出NO的浓度。由于化学发光气体分

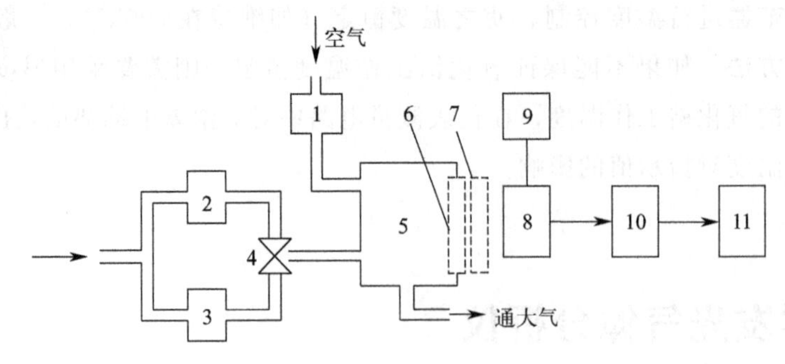

图9-9 化学发光分析仪结构

1—臭氧发生器；2—除尘干燥器；3—NO_2-NO转化器；4—三通电磁阀；5—反应器；6—石英窗；7—滤光片；8—光电倍增管；9—电源；10—直流放大器；11—显示记录器

析仪只能直接测定 NO，对于被测气体中的 NO_2 的测定，可将含有 NO_2 的被测气体在 NO_2-NO 转化器 3 中，通过加热的方式(一般为 600℃高温)，将其全部分解为 NO

$$2NO_2 \xrightarrow{600℃} 2NO + O_2 \tag{9-11}$$

然后经三通电磁阀 4 进入反应器 5，进行化学发光反应。由于上列反应中反应前后的 NO_2 和 NO 体积相等，因此此时所测得的 NO 浓度是被测气体中原有的 NO 和由 NO_2 转化的 NO 两部分浓度之和，即为 NO_x 的浓度。三通电磁阀可自动定时切换，在显示记录器上将交替指示出 NO 和 NO_x 的浓度，二者之差即为 NO_2 的浓度。

9.6 颗粒物排放测量

颗粒是与周围有界面分割状态的微小固体、液体或气体。由许多颗粒组成的颗粒群称为颗粒系。随着科学技术的日益进步和发展，在科研和工业领域出现了大量与细微颗粒密切相关的技术问题有待解决。颗粒的粒度范围非常广泛，跨度可达 7 个数量级。在工业应用中，大多数颗粒的粒径在数百微米，也有的情况，可能超过一千微米，甚至可达数千微米。

近年来，随着环境污染、雾霾现象的加剧，对颗粒物排放的严格控制成为各项法规的关键内容。颗粒物的成分非常复杂，与燃料种类和燃烧条件均相关。例如，内燃机排放的颗粒物除了炭烟外，还包含硫酸盐、金属微粒、高沸点有机物等。对于颗粒物排放测量，一方面是从微观角度，对颗粒物的成分、质量、数量和粒径分布等特性进行测量分析，另一方面是从宏观角度，对总排放重量或者烟度进行测量。

9.6.1 颗粒的基本知识

9.6.1.1 颗粒的几何特性

颗粒的几何特性一般以颗粒的形状、比表面积、密度等描述。

颗粒的形状与颗粒材料的结构和产生颗粒时的过程有关，如破碎、燃烧、凝结和蒸发、合成等过程所形成的颗粒形状就各不相同，颗粒形状还与其用途有关。复杂的颗粒形状会对粒度测量产生很大的影响。

颗粒的比表面积是指单位体积（或单位质量）颗粒的总面积，即

$$S_V = \frac{S}{V} \tag{9-12}$$

式中，S_V 为比表面积；S 为颗粒的总表面积；V 为颗粒的体积。

对于表面致密的球形颗粒，比表面积 S_V 越大，颗粒的粒度越小。但对于多孔表面颗粒，当粒径较大时，也可能具有较大的比表面积。颗粒的比表面积会直接影响到化学反应以

及吸附的速度和效率。比表面积可以用气体或溶液吸附法、压汞法或气体通过法等进行测量。

颗粒的密度分为表观密度和堆积密度（或容积密度）。表观密度是对单个颗粒而言的，与颗粒的材料和结构有关，其中颗粒的结构对其影响极大。如某些飞灰颗粒是中空的球体，它的表观密度就远小于它的母体材料的密度（又称真密度）。又如由几个颗粒凝聚成一个较大的颗粒，它的表观密度也将小于单个颗粒时的密度。堆积密度（或容积密度）是对颗粒群而言的，其定义为单位填充体积中颗粒的质量

$$\rho_B=\frac{V_B(1-\varepsilon_k)\rho_p}{V_B}=(1-\varepsilon_k)\rho_p \tag{9-13}$$

式中，ρ_B 为堆积密度；V_B 为颗粒的堆积体积；ρ_p 为颗粒的真密度；ε_k 为空隙率，是颗粒群中空隙体积占总填充体积的比率。

堆积密度与颗粒的形状、粒度、堆积方式等许多因素有关。在不同的场合往往需要不同的堆积密度。如在物料管道运输时，就希望颗粒能处于较疏松的填充状态，即较小的堆积密度，而在造粒过程中则希望是致密的填充状态，即有较大的堆积密度。

对于非球形颗粒，还常用球形度或圆形度表征其几何特性。

9.6.1.2 颗粒粒度及粒度分布

颗粒的粒度是指颗粒所占据空间大小的尺度。它的范围变化很大，可以从零点几个纳米到几千微米。表面光滑的球形颗粒的粒度即是它的直径，但非球体或不光滑表面颗粒的粒度表征就复杂得多。对于颗粒粒度的表征，大致可以分为相当球直径、相当圆直径和统计直径几类。表 9-2 是几种表征不规则颗粒粒度的方法。此外，对于一般的非球形颗粒，还可以采用统计的方法得到不同的统计直径，如几何平均直径、算术平均直径或调谐平均直径。在进行颗粒尺寸测量时，需要特别注意采用的是何种仪器和何种直径。

表 9-2 几种表征不规则颗粒粒度的方法

名称	符号	物理意义
体积直径	D_v	与颗粒体积相同的球的直径
表面积直径	D_s	与颗粒表面积相同的球的直径
体积表面积直径	D_{sv}	与颗粒体积与表面积比相同的球的直径
阻力直径	D_d	与颗粒在同样黏度介质中以相同速度运动时受到相同阻力的球的直径
自由沉降直径	D_f	与颗粒密度相同，在同样密度和黏度的介质中具有相同自由沉降速度的球的直径
斯托克斯直径	D_{st}	在层流区的自由沉降直径
投影面积直径	D_a	与静止颗粒有相同投影面积的圆的直径
筛分直径	D_A	颗粒刚能通过的最小方孔的宽度
Feret 直径	D_F	在一定方向与颗粒投影面两边相切的两平行线的距离
Martin 直径	D_M	在一定方向与颗粒投影面成两等面积的弦长

颗粒群或颗粒系（particle system）是由许多颗粒组成的。如果组成颗粒群的所有颗粒均具有相同或近似相同的粒度，则称该颗粒群为单分散的。当颗粒群是由大小不一的颗粒组成时，则称为多分散的。颗粒群尺寸或粒径分布指组成颗粒群的所有颗粒尺寸大小的规律。严格来讲，实际颗粒群的颗粒粒度分布并不是连续的，但当测量的数目很大时，可以认为是连续的。由不同大小的颗粒组成的多分散颗粒系的尺寸分布有单峰分布和多峰分布等形式。因此，表达颗粒群粒度分布的方法有多种，根据物理意义分为两类，即颗粒数分布和颗粒体积（重量）分布。颗粒数分布 $N(D)$ 与体积分布 $V(D)$ 的关系是

$$V(D)=\frac{\pi}{6}N(D)D^3 \tag{9-14}$$

由于颗粒体积是直径的 3 次方，在体积分布中存在少量大颗粒可对体积分布状况产生很大影响。因此在表示尺寸分布时，很重要的一点是要说明该尺寸分布是体积分布还是数目分布。以上两种分布又分为频度分布（frequency distribution）和累积分布（cumulative distribution）。频度分布又称频率分布，是指落在某个尺寸或某个尺寸范围内的颗粒数或颗粒体积占总量的百分率。累积分布是指大于或小于某一尺寸的颗粒数或体积占总量的百分率。常用的表示颗粒群尺寸频度分布和累积分布的方法有表格法、直图法和函数表示法 3 种，当前所用的描述颗粒粒径分布的函数多为双参数分布函数。顾名思义，双参数就是指该函数可以由两个特征参数确定，一个参数是特征尺寸参数，表征颗粒群的粒度大小，另一个参数是分布参数，表征颗粒群的粒度分布状况。常见的分布函数有以下几种。

(1) Rosin-Rammler 函数（Rosin-Rammler function）

Rosin-Rammler 函数简称 R-R 分布函数，对于大多数由破碎形成的颗粒均可用此函数来表示尺寸分布，其表达式为

$$V(D)=1-\exp\left[-(D/\overline{D})^k\right] \tag{9-15}$$

R-R 函数是一个累积分布函数，$V(D)$ 表示直径小于 D 的颗粒的累积体积百分率；$\overline{D}$ 是特征尺寸参数，表示小于这个值的颗粒占总体积的 63.21%；k 是分布参数，k 值越大，颗粒分布越窄，k 值越小，则分布越宽。$k\to\infty$ 为单分散颗粒，在实际应用中，$k>4$ 后即可认为是单分散性较好的颗粒群。

对式(9-15) 求导，可得到 R-R 分布的体积频度分布表达式为

$$\frac{\mathrm{d}V}{\mathrm{d}D}=\frac{k}{\overline{D}}(D/\overline{D})^{k-1}\exp\left[-(D/\overline{D})^k\right] \tag{9-16}$$

因为 $\mathrm{d}V=\frac{\pi}{6}D^3\mathrm{d}N$，式(9-16) 还可以写成

$$\frac{\mathrm{d}N}{\mathrm{d}D}=\frac{6}{\pi D^3}(k/\overline{D})(D/\overline{D})^{k-1}\exp\left[-(D/\overline{D})^k\right] \tag{9-17}$$

这是 R-R 分布函数的数目频度分布表达式。R-R 函数曲线为非对称形。

(2) 正态分布函数（normal distribution function）

正态分布函数的形式如下

$$\frac{dV}{dD}=\frac{1}{\sqrt{2\pi}\sigma}\exp\left[-\frac{1}{2}\left(\frac{D-\overline{D}}{\sigma}\right)^2\right] \tag{9-18}$$

式中，$\overline{D}$ 和 σ 分别是尺寸参数和分布参数。正态分布函数是对称函数，故尺寸参数 $\overline{D}$ 就是颗粒群的体积平均直径。分布参数 σ 越小，分布就越窄，σ 越大，分布越宽。当 $\sigma<0.2$ 后，可以视为是单分散的颗粒群。

(3) 对数正态分布函数 (log-normal distribution function)

实际颗粒的分布形状很少是对称的。故正态分布函数实际应用并不多，较常用的是对数正态分布函数，其形式如下

$$\frac{dV}{dD}=\frac{1}{\sqrt{2\pi}\ln\sigma}\exp\left[-\frac{1}{2}\left(\frac{\ln D-\ln\overline{D}}{\ln\sigma}\right)^2\right] \tag{9-19}$$

对数正态分布是非对称曲线，根据对数的定义，D 必须大于 0，这符合颗粒分布的物理意义。

(4) 上限对数正态分布函数

上限对数正态分布函数一般用于描述喷雾液滴的尺寸，其形式为

$$\frac{dV}{dD}=\frac{D_{max}}{\sqrt{2\pi}\sigma D(D_{max}-D)}\exp\left\{-\left[\frac{\ln(aD)-\ln(D_{max}-D)}{2\sigma}\right]^2\right\} \tag{9-20}$$

式中，D_{max} 为实际被测颗粒群的最大颗粒直径；a 为尺寸参数。由于需事先定出最大颗粒的粒径，实际应用比较困难，故一般用于根据经验已知 D_{max} 的情况。

在大气悬浮物测量中还经常用到幂函数

$$N(D)=KD^{-\gamma} \tag{9-21}$$

式中，$\gamma>0$；K 是个常数，由下式确定

$$K=\frac{\gamma-1}{D_{min}^{1-\gamma}-D_{max}^{1-\gamma}} \tag{9-22}$$

以及指数分布函数

$$N(D)=a\gamma^{\alpha}\exp\left[-b\left(\frac{D}{2}\right)^{\gamma}\right] \tag{9-23}$$

式中，a、b、α、γ 是正的参数。该分布函数有 4 个可调整的参数，可用于描述云、雨霭中的水滴的分布参数。

9.6.1.3 颗粒群的平均粒径

颗粒群的平均粒径指的是用一个假定的尺寸均一的颗粒群来代替原有的实际颗粒群，同时保持颗粒群原有的某些特性不变。常用的平均粒径有索特 (Sauter mean diameter，SMD) D_{32}、质量中位径 D_{W50}、体积中位径 D_{V50}、数目中位径 D_{N50} 等。

(1) 索特平均直径 D_{32}

索特平均直径的意义是，假设直径为 D_{32} 的单分散颗粒群，它的体积与表面积均与被测颗粒相同，即

$$D_{32}=\frac{\sum ND^3}{ND^2}=\frac{\int_{D_{\min}}^{D_{\max}}D^3\mathrm{d}N}{\int_{D_{\min}}^{D_{\max}}D^2\mathrm{d}N}=\frac{\int_{D_{\min}}^{D_{\max}}D^3N(D)\mathrm{d}D}{\int_{D_{\min}}^{D_{\max}}D^2N(D)\mathrm{d}D} \tag{9-24}$$

索特平均直径是应用最广泛的平均粒径之一。在求得颗粒的粒度分布函数 $N(D)$ 后，代入上式就能得到 D_{32}。如将上限对数正态分布函数式(9-20) 代入式(9-24)，可得到

$$D_{32}=\frac{D_{\max}}{1+a\exp\left(-\frac{\sigma^2}{2}\right)} \tag{9-25}$$

对于 R-R 分布函数，可以得到 D_{32} 的更为方便的表达式

$$D_{32}=\frac{\overline{D}\int_0^{\infty}\mathrm{e}^{-u}\mathrm{d}u}{\int_0^{\infty}\mathrm{e}^{-u}u^{-\frac{1}{k}}\mathrm{d}u}=\frac{\overline{D}}{\Gamma\left(1-\frac{1}{k}\right)} \tag{9-26}$$

式中，Γ 是伽马函数，其值可由数学手册查到，如下

$$\Gamma(\alpha)=\int_0^{\infty}x^{\alpha-1}\mathrm{e}^{-x}\mathrm{d}x \tag{9-27}$$

(2) 中位径 D_{V50}，D_{N50}

D_{V50} 为体积中位径或体积平均粒径，其物理意义是大于或小于该直径的颗粒的体积各占颗粒总体积的 50%。D_{N50} 为数目中位径，其物理意义是大于或小于该直径的颗粒的数目各占颗粒总数的 50%。

对于正态分布函数，由于曲线是对称的，因此峰值对应的 $\overline{D}$ 值就是中位径，即

$$\overline{D}=D_{V50} \tag{9-28}$$

在上限对数正态分布中

$$D_{N50}=\frac{D_{\max}}{1+a} \tag{9-29}$$

对 R-R 分布函数，则有

$$D_{V50}=(0.693)^{1/k}\overline{D} \tag{9-30}$$

虽然双参数分布函数中的 $\overline{D}$ 和 k（或 σ）表示了被测颗粒系的粒度大小分布，但由这 2 个参数并不能直观地看出颗粒的大致分布情况，还可以用 D_{V03}、D_{V10}、D_{V90}、D_{V97} 等来表示颗粒的分布情况。D_{V03} 表示小于该直径的颗粒占颗粒总体积的 3%，其余类推。

对于实际被测颗粒，其分布并不会完全符合某种分布函数，或事先并不清楚该被测颗粒的实际分布近似符合哪种分布函数。因此在实际测量中，可以用实际测量值与计算值的平方和的大小来判断该被测颗粒最符合哪种分布函数。

9.6.2 颗粒粒径的测试技术

9.6.2.1 颗粒粒径测量方法

颗粒粒径测定的方法很多。由于不同仪器的测量原理不同，所测的颗粒粒径含义也不

同。例如，显微镜测出的是投影面直径，沉降法测出的是斯托克斯直径或空气动力学直径，而电感应法测出的是体积直径。多数颗粒呈不规则形状，不同的测量方法之间很难对比，迄今为止尚无统一的标准方法。在实际测量过程中，应根据使用目的及方法的适应性进行合理的选择。表 9-3 列出了常用来测量颗粒粒径的几种主要方法，除了表中所列测量方法以外，还有其他多种方法。

表 9-3 颗粒粒径测量方法

测量方法	粒径范围/μm	粒径表达	分布基准	测量依据的性质
光学显微镜	0.25～250	投影面直径	面积或个数	通常是颗粒投影像的某种尺寸或某种相当尺寸
电子显微镜	0.001～5			
全息照相	2～500			
离心沉降	0.01～10	斯托克斯直径或空气动力学直径	重量	沉降效应、沉积量、悬浮液浓度、密度或消光等随时间或位置的变化
喷射冲击器	0.3～50			
光散射	0.3～50	体积当量直径	重量或个数	颗粒对光的散射或消光散射和吸收，颗粒对 X 射线的散射
X 射线小角度散射	0.008～0.2			
电感应法	0.2～2000	体积当量直径	体积或个数	颗粒在小孔电阻传感器区引起的电阻变化
声学法	50～200			

9.6.2.2 散射光分析法

(1) 光在分散体系中的传播

当光束通过分散体系时，一部分光会被吸收，另一部分则被散射，如图 9-10 所示。在真空和均匀介质中，光沿直线传播，不会发生散射现象，但是当均匀介质中含有微细颗粒时，介质的均匀性受到了破坏，就朝各个方向散射，如图 9-11 所示。

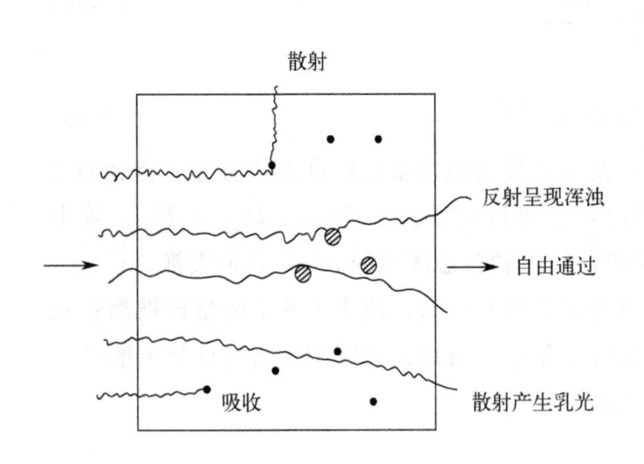

图 9-10 光在分散体系中传播

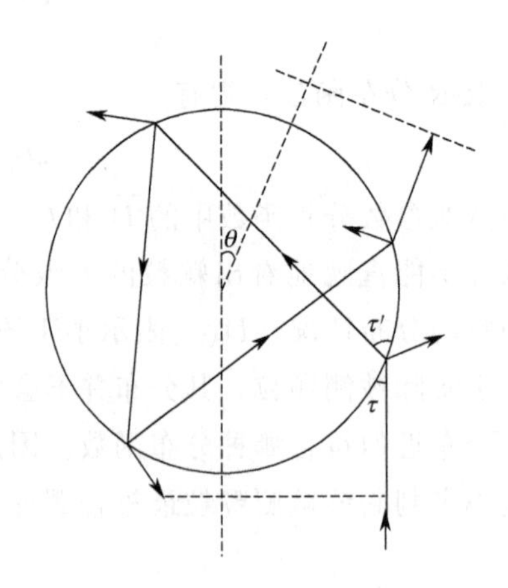

图 9-11 光在介质中传播

当光束入射到颗粒（包括固体颗粒、液滴或气泡）上时，将向空间四周散射，光的各个散射参数则与颗粒的粒径密切相关。可用于确定颗粒粒径的散射参数有散射光强的空间分布、散射光能的空间分布、透射光强度相对于入射光的衰减、散射光的偏振度等。通过测量这些与颗粒粒径密切相关的散射参数及其组合，可以得到粒径大小和分布，由此形成了散射光分析法及相关测量仪器。

散射光分析测量仪的形式种类很多，可以有不同的分类方法，主要是按散射信号分类，可分为小角前向散射法、角散射法、消光法、动态光散射法和偏振光法等。这些方法都是以散射光在某些角度范围内的光能作为探测量的，其中发展最为成熟并得到广泛应用的是小角前向散射法，它通过测量颗粒群在前向某一小角度范围内的散射光能分布，从中求得颗粒的粒径大小和分布。这类测量仪器通常以激光为光源，因此习惯上称为激光粒度仪。

（2）光的散射理论

散射光强度及方向随着分散颗粒大小的变化而变化，根据颗粒大小的不同，光散射有三种不同规律。

① Rayleigh 散射理论　颗粒的粒径小于光的波长或粒径小于 0.05μm 时，光散射符合 Rayleigh 散射理论

$$I_\theta=\frac{\alpha^4 d^2}{8R^2}\times\frac{m^2-1}{m^2+1}(1+\cos^2\gamma)I_0 \tag{9-31}$$

其中
$$\alpha=\frac{\pi d}{\lambda},m=\frac{n_1}{n_2}$$

式中，I_θ 为散射角为 θ 时的散射光强度；I_0 为入射光强度；d 为颗粒直径；R 为颗粒至观察散射光点间的距离；λ 为入射光波长；n_1、n_2 分别为分散相和分散介质的折射率；m 为相对折射率；γ 为散射角，即观察方向与入射光传播方向间的夹角。

非导电球形颗粒的散射光强度 I_θ 与入射光强度 I_0 之间有如下关系

$$I_\theta=\frac{24\pi^3}{\lambda^4}\times\frac{n_2^2-n_1^2}{n_2^2+n_1^2}cV^2 I_0 \tag{9-32}$$

式中，c 为单位体积中的质点数；V 为单位颗粒的体积。

② Mie 散射理论　随着颗粒粒径的增大，光散射逐渐偏离 Rayleigh 方程而服从 Mie 方程。Mie 方程的典型形式为

$$S=\frac{\lambda^2}{2\pi}\sum_{r=1}^{\infty}\frac{\alpha_r^2+p_r^2}{2r+1} \tag{9-33}$$

式中，S 为一个球体颗粒全散射强度；α_r、p_r 分别为 $2\pi r/\gamma$ 和 $2\pi rm/\gamma$ 的函数；r 为球形粒的半径。

③ Fraunhofer 衍射散射理论　当颗粒粒径比光的波长大很多时，特别是衍射光所占的比重很大而反射和折射所占比很小时，衍射光强度表达式为

$$I_w=\frac{1}{4}E\alpha^2 d^2\left[\frac{J_1(\alpha\omega)}{\alpha\omega}\right]^2 \tag{9-34}$$

式中，I_w 为衍射光强度；E 为单位面积入射光强度；J_1 为一阶 Bessel 函数；$\omega=\sin\theta$，θ 为衍射角。

当颗粒尺寸比光的波长大几个数量级时，一般按 Fraunhofer 规律发生衍射散射，该理论重要实用价值在于颗粒粒径的测量。

(3) 基于衍射理论的激光粒度仪

基于衍射理论的激光粒度仪的测量原理如图 9-12 所示，由激光器（一般为 He-Ne 激光器或半导体激光器）发出的光束经针孔滤波及扩束系统后成为一束直径为 5～10mm 的平行单色光，当该平行单色光照射到测量区中的被测颗粒群时便会产生光衍射现象。衍射光的强度分布与测量区中被测颗粒直径和颗粒数有关。用接收透镜（一般为傅里叶透镜）使由各个颗粒散射出来的相同方向的光聚焦到焦平面上，在这个平面上放置一个多元光电探测器，用来接收衍射光能分布。光电探测器把照射到每个环面上的散射光能转换成相应的电信号，电信号经放大和 A/D 转换后输入计算机，计算机根据测得的各个环上的行射光能按预先编好的计算程序可以很快解出被测颗粒的平均粒径及其分布。

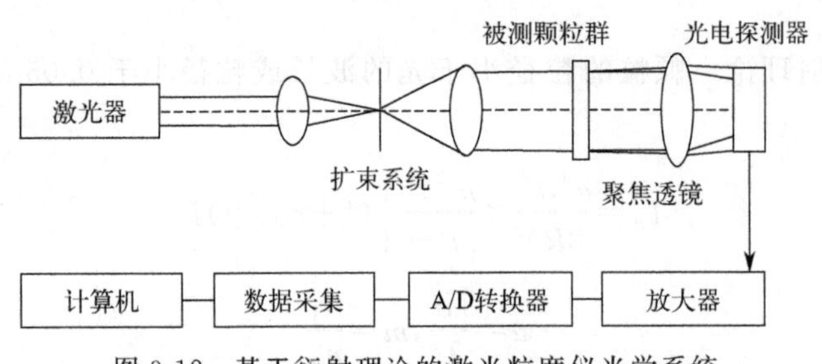

图 9-12　基于衍射理论的激光粒度仪光学系统

国内外基于衍射理论的激光粒度仪有很多，应用较多的有英国 Malvern 仪器有限公司生产的 Mastersizer 系列粒度仪、日本岛津公司生产的 Sald 系列粒度仪和美国 Beckman Coulter 有限公司生产的 LS 系列粒度仪，不同的产品测量的粒径范围不一样。

(4) 基于 Mie 散射理论的激光粒度仪

基于 Mie 散射理论的激光粒度仪原理如图 9-13 所示，来自激光器的光束经透镜聚焦形成细小明亮的束腰，在束腰中定义一光敏感区，即测量区。测量区的容积要足够小，使得每一瞬间只有一个颗粒流过。被测介质（液体或气体）由进样系统送入仪器并流经测量区。存在于介质中的颗粒经过测量区时，被入射激光照射产生散射光，某个（或几个）角度下的散射光由光学系统收集，经光电系统转化成电信号。根据 Mie 散射理论可知，颗粒的散射光分布与粒径相关，粒径不同时，散射光的分布就不同。因此，根据光学系统所收集到的散射光信号可以确定颗粒的粒径大小。当颗粒流出测量区后，或某一瞬间流过测量区的介质中没有颗粒时，散射光及相应的电信号为零。待下一个颗粒流过测量区时，光电系统又给出一个与其粒径相应的电信号。因此，测量到的是一个又一个的电脉冲，脉冲数即为颗粒数。

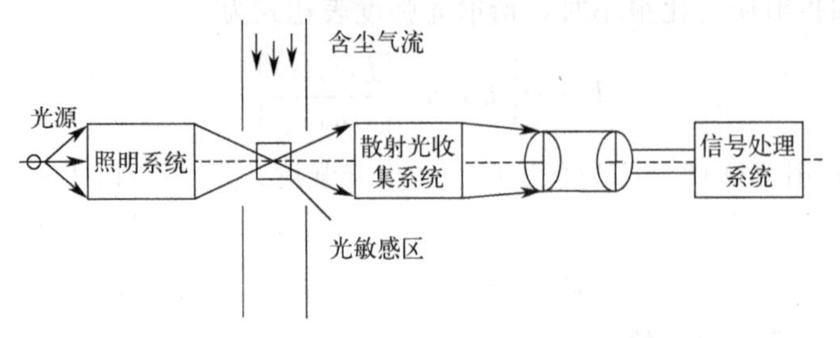

图 9-13　基于 Mie 散射理论激光粒度仪测量原理

目前常用的散射式激光粒度仪有德国 Palas 公司生产的 Welas 1000（粒径范围为 0.12～40μm），Welas 2000（粒径范围为 0.2～10^5μm），Welas 3000（粒径范围为 0.2～10^5μm）和美国 TSI 公司生产的 DUSTTRAKTMI 8530（粒径范围为 0.1～10μm）。

雾化液滴也是颗粒测量中常见的一类颗粒，其应用也非常广泛，例如，在火电厂的喷雾脱除和矿场中的喷雾除尘技术；在冶炼行业中的粉末冶金；在燃油动力方面，燃油都经过喷嘴雾化成油滴进入燃烧室。在喷嘴雾化应用中，雾滴的粒度及其分布是重要的参数之一。以燃油喷嘴雾化为例，燃油雾滴的细度决定了燃油的表面积从而影响到燃烧时间和发动机输出功率，雾化质量不佳可导致燃油的不完全燃烧和排放，影响能源效率，导致发动机内部积炭，加剧空气污染，严重时会导致发动机熄火，造成运行安全隐患。

为适应喷嘴雾化场的特殊环境，对激光粒度仪的结构进行相应的改动，这种激光粒度仪称作喷雾激光粒度仪或喷雾粒度分析仪。喷雾激光粒度仪包括发射和接收两个模块，如图 9-14 所示。发射模块输出一束直径数毫米的准直激光束，用于照射雾化场，接收模块用于探测雾滴散射光的角分布信号并进行光电转换和放大，输出到计算机进行数据处理。接收模块的关键部件是大口径的接收透镜和环状（扇形）多元探测器。两个模块通常安装在一个导轨上，有利于灵活调整两个模块之间的距离从而适用于多种雾化场的测试。雾化场位于发射模块和接收模块之间，入射光穿过整个雾化场，为防止雾滴对光学器件的污染，两个模块应离开雾化场一定距离，或者对光学器件做一定的防污隔离，如增设隔离气幕等。为同时保证喷雾粒度仪的测量下限和测量上限，接收透镜采用大口径的傅里叶透镜，使小雾滴发出的较大散射角的信号在接收口径范围内，从而能够被探测到，同时使入射光束得到很好的聚焦以保证小散射角信号的探测质量。此外，部分喷雾粒度仪还在发射模块中设置了后向散射探测器，用于辅助小雾滴散射光的探测。

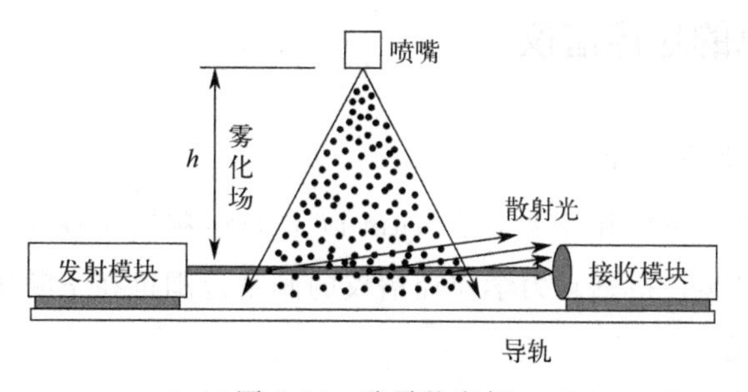

图 9-14　喷雾粒度仪

需要注意的是，在喷雾流量较大的情况下，遮光率较高，复散射现象严重，需要对测量进行修正；雾化场中粒径小于 150μm 的雾滴易受风力影响，应做好喷雾粒度仪的防护；对于锥角较大的雾化场，可考虑用挡板将部分雾化场遮挡在测量区外，在缩短喷雾粒度仪两个模块之间的距离的同时使得测量区厚度减小，从而减少复散射效应，保证测量结果的合理性。

9.6.2.3　电感应法

电感应法（electrical sensing zone method）又称为库尔特（Coulter）法，其原理如图

9-15 所示，将被测试样均匀地分散于电解液中，带有小孔的玻璃管同时浸入上述电解液，并设法令电解液流过小孔。小孔的两侧各有一电极并构成回路。当电解液中的颗粒流过小孔时，由于颗粒部分地阻挡了孔口通道并排挤了与颗粒相同体积的电解液，使得小孔部分电阻发生变化，因此，颗粒的尺寸大小即可由电阻的变化加以表征和测定。仪器设计时，颗粒流过小孔时的电阻变化以电压脉冲输出。每有一个颗粒流过孔口，相应地给出一个与颗粒的体积和相应的粒径对应的电压脉冲的幅值。对所有测量到的各个脉冲计数并确定其幅值即可得到被测试样中共有多少个颗粒及这些颗粒的大小。回路的外电阻应该足够大，使得当颗粒流过孔口时所导致的电阻变化相应很小，使回路中的电流成为一个恒定值。这样，电阻的变化即可以通过与之成正比的电压变化或脉冲输出加以测量。

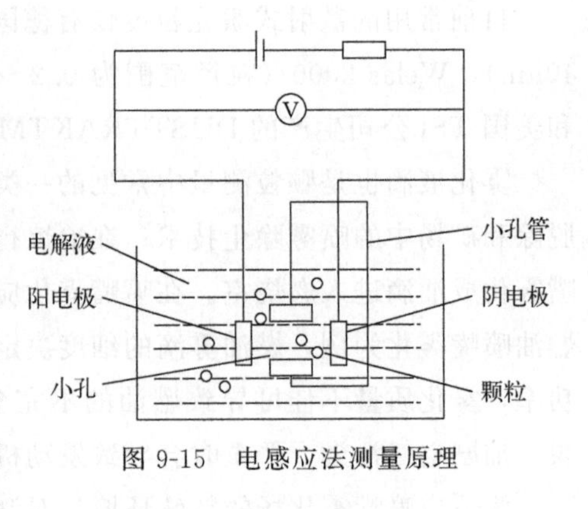

图 9-15 电感应法测量原理

受背景噪声的限制，电感应法的测量下限一般在 0.5μm 左右，但其上限可达 1000μm 甚至更大。对于球形粉尘来说，电感应法与其他方法有比较好的一致性；对于非球形粉尘来说，则其结果不一致。由于电感应法要求所有被检测的粉尘都悬浮在电解质溶液中，不能因为粉尘大而造成沉降现象，因此，对于粒径分散度较宽的粉尘样品，电感应法很难得出准确的结果。尽管如此，由于此法不受粉尘材质结构形貌、折射率及光学特性的影响，几乎适合于所有类型的粉尘测量。

9.6.3 几种常见的粒径谱仪

（1） 空气动力学粒径谱仪

空气动力学粒径谱仪主要用于粒径在 1μm 以上的颗粒物粒径尺寸及浓度分布的测量。近年来，随着技术的进步，空气动力学粒径谱仪的测量范围也在不断拓展，目前已可以实现 0.5～20μm 粒径的测量。

空气动力学粒径谱仪通过测量颗粒物通过两束平行激光束的飞行时间来测得颗粒物的空气动力学粒径。图 9-16 是典型空气动力学粒径谱仪的结构及工作原理。

带悬浮微粒的气体（气溶胶）分流成为鞘气和样气，样气经喷嘴加速并在鞘气的包裹下通过检测区域。由于惯性，不同粒径的颗粒物经过加速喷嘴时产生不同的加速度，粒径越大，加速度越小。颗粒物飞出喷嘴后，在检测区域直线通过两束距离很近的平行激光束，产生如图 9-17 所示的单独连续的双峰信号，两峰之间的间隔称为飞行时间。颗粒物飞出加速喷嘴时的加速度不同，导致颗粒物通过检测区域的速度和时间不同，即飞行时间不同，故飞行时间包含了颗粒物的空气动力学粒径信息，通过测量飞行时间即可确定颗粒物的粒径。

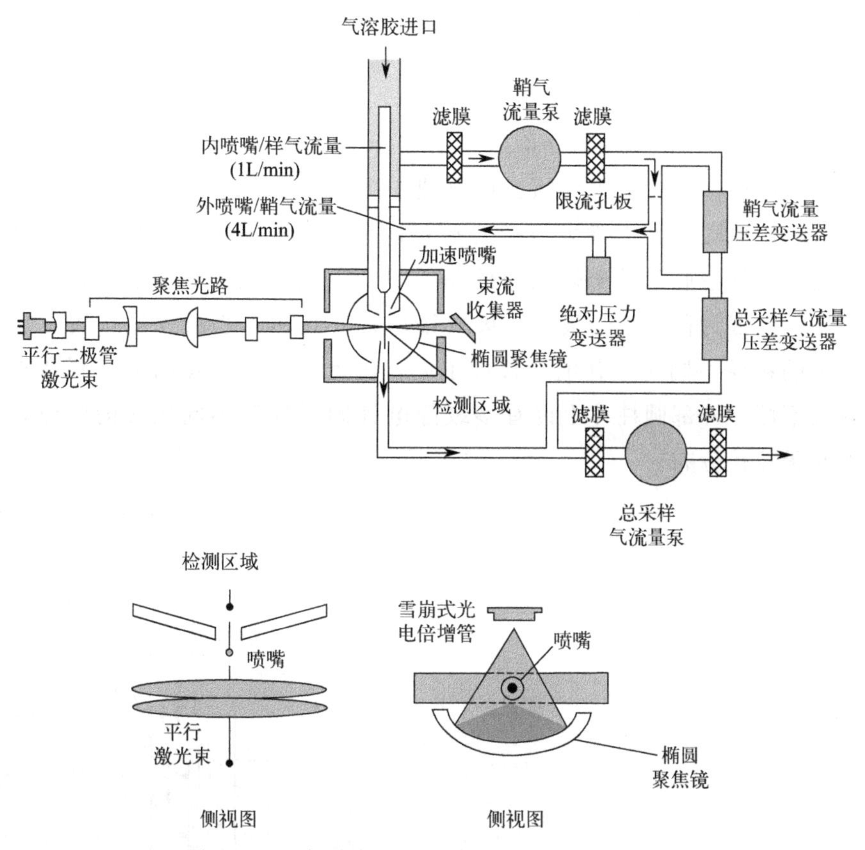

图 9-16　空气动力学粒径谱仪的结构及工作原理

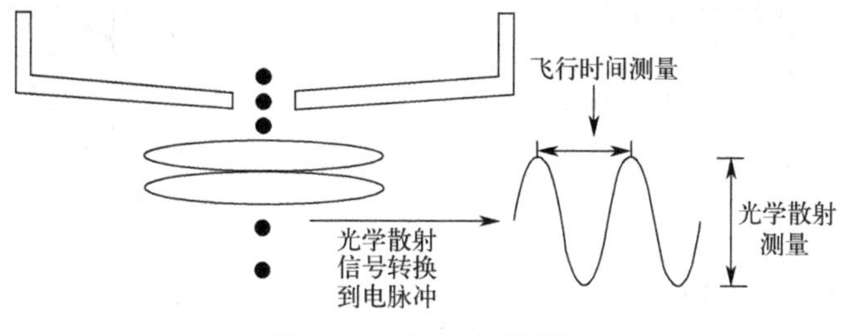

图 9-17　飞行时间测量

（2）扫描电迁移率粒度谱仪

扫描电迁移率粒度谱仪一般用于 1μm 以下细颗粒物粒径分布的测量，其可测量的最小粒径可达 2.5nm，被公认为是亚微米粒子的标准测量仪器。

扫描电迁移率粒度谱仪基于荷电粒子在电场中的电迁移特性进行测量。荷电是指带电离子或电子和中性粒子碰撞并使其带电的过程。当荷电粒子在电场的作用下运动时，其活动能力（电迁移率）Z_p 为

$$Z_p=\frac{粒子速度}{电场强度}=\frac{n_P eC}{3\pi\mu d_p} \tag{9-35}$$

式中，n_P 为荷电粒子数量与粒子总数量的比；e 为单位电荷，$e=1.602\times10^{-19}$C；μ

为气体黏度，Pa·s；d_p 为粒子的粒径，nm；C 为坎宁安滑动校正系数。

由式(9-35) 可知，当气体和电场强度一定时，荷电粒子的电迁移特性与粒子的粒径成反比，粒径越大，电迁移率越低，如图 9-18 所示。因此，电荷采集板在不同的区域对其粒子进行采集，即可获得不同粒径的分布。

典型的扫描电迁移率粒度谱仪的工作原理如图 9-19 所示。带悬浮微粒的气体（气溶胶）在进样口用旋风除尘器去除大粒径的颗粒，其余的样气在通过扩散荷电器时产生离子并使粒子荷电，气溶胶以及干燥洁净的鞘气在加有高压电场的中心极杆和外部圆柱之间自上而下流动。因为荷电粒子被中心极杆排斥，故其在中心极杆的作用下从内向外运动，由于粒子的粒径不同时，其电迁移性不同，因此，不同粒径的粒子到达外部圆柱时所处的区域也不同。外部圆柱体上设有多级静电计同时检测不同区域的电流，就可以快速、准确地测量粒径分布。

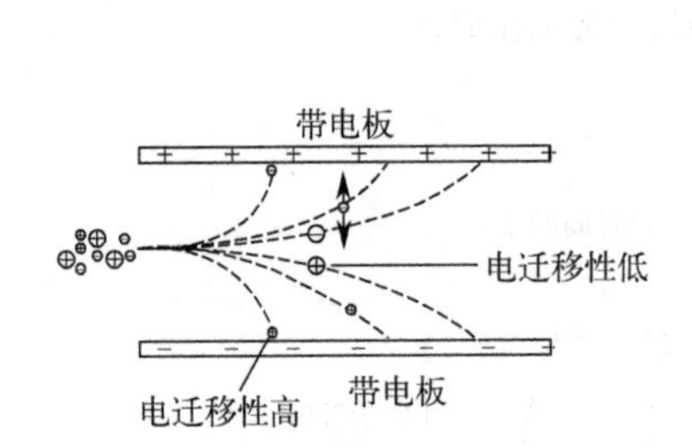

图 9-18　粒径与电迁移特性

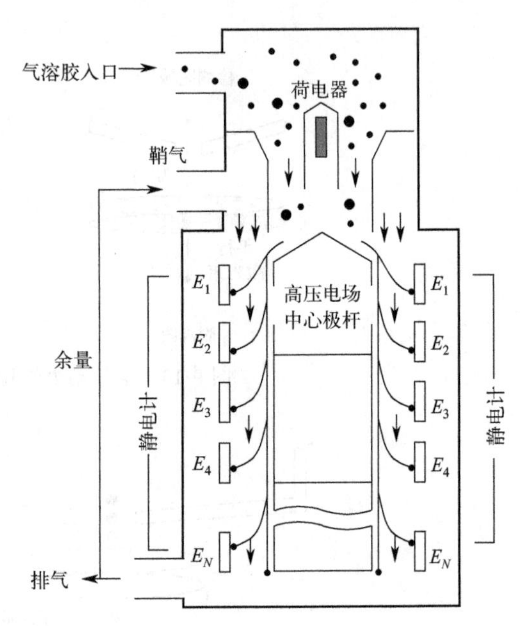

图 9-19　扫描电迁移率粒度谱仪的工作原理

9.6.4　烟度测量

排烟浓度是评价柴油机质量的一项重要指标，它不仅可以表征柴油机燃烧效果以及对大气污染的程度，同时也是限制柴油机最大输出功率的重要因素之一。烟度的测量方法主要有三类：一类是滤纸式烟度计，它是先用滤纸收集一定量的烟气，再利用光的反射作用，通过比较滤纸表面对光的反射率的变化来测量烟度，因此这种方法也称作反射法；一类是利用烟气对光的吸收作用，即通过测量光从烟气中的透过度来确定烟度，这种方法叫透光式烟度计；还有一类是测定排烟中烟粒的质量，用单位体积排烟中所含烟粒质量来表示烟度，这种方法称为重量式烟度计。下面介绍几种典型的烟度计结构及工作原理。

（1）博世（Bosch）烟度计

博世烟度计是一种典型的滤纸式烟度计，主要由定容采样泵（简称抽气泵）和检测仪两部分组成。抽气泵从排放气体中抽取固定容积的气样，并让气样通过装在夹具上的滤纸，使其中的炭烟沉积在滤纸上。由于抽取的气样数量（容积）恒定，故滤纸被染黑的程度（简称黑度）能够反映气样中炭烟的含量。博世烟度计检测仪部分的结构如图 9-20 所示。它是一种反射率检测计，当光源的光线射向滤纸时，一部分光线被滤纸上的炭烟所吸收，另一部分光线被反射到环形光电管上，使光电管产生光电流，光电流的大小反映了滤纸反射率的大小，而滤纸的反射率取决于滤纸的黑度。因此，光电流越小，滤纸的反射率越低，即滤纸的黑度越高，表明被测炭烟含量越高。

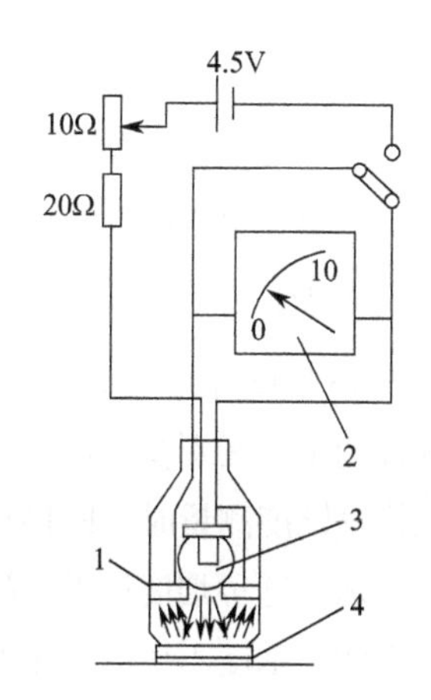

图 9-20　博世烟度计检测仪

1—光电管；2—烟度指示表；3—灯泡（3.8V，0.07A）；4—滤纸

博世烟度的分度方法：0 为洁白滤纸的黑度，10 为全黑滤纸的黑度。显示仪表按洁白与全黑两种滤纸作用下产生的光电流进行线性分度。博世烟度计的优点是结构简单，使用和调整方便，滤纸样品能够保存，可以用来测量炭烟的质量；其缺点是不能适应变工况下的连续测量，也不能测量蓝烟和白烟，测量结果的准确性受到滤纸品质的影响。

（2）哈特里奇（Hartridge）烟度计

哈特里奇烟度计是一种典型的透光式烟度计，由取样装置、检测装置和指示记录仪组成，其中检测部分由校正装置、测量装置、光源与光电检测单元（光电池等）等组成，如图 9-21 所示。其烟度分度方式以哈特里奇烟度值（HSU）为单位，0 表示无烟（通常用干净空气的透光度标定），100 表示全黑（透光度为 0）。

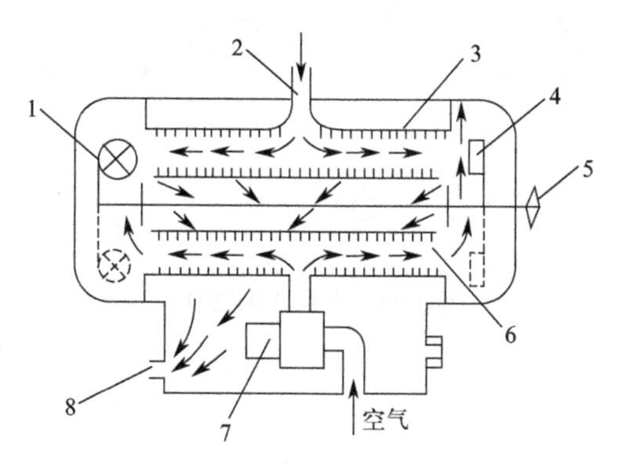

图 9-21　哈特里奇烟度计结构

1—光源；2—排气入口；3—排气测试管；4—光电池；5—转换手柄；6—空气校正器；7—鼓风机；8—排气出口

测量前，将转换手柄转向校正位置（光源和光电池位于图中虚线所示位置），这时光源和光电检测单元分别位于校正管的两端，用鼓风机将干净的空气引入校正管，对烟度计进行零点校正。校正零点后，将转换手柄转向测量位置（光源和光电池位于图中实线所示位置），使光源和光电检测单元分别位于测量管的两端，接通被测排放气体导入管，让部分排放气体连续不断地流经测量管，光电检测单元即可连续测出排放气体对光源发射光的透过度（或衰减率）。通过显示记录仪表，可以观察到排放烟度随时间的变化情况。

这种烟度计不仅能够测量炭烟的烟度，也能够测量排放气体中水气和油雾等成分形成的烟气烟度，如内燃机冷车启动时产生的白烟或蓝烟的烟度等。其特点是响应快、能够实现连续测量，但光学系统容易受到污染，使用时必须注意清洗，以免影响测量精度。此外，当被测对象（如内燃机）的排放气体流速变化时，如果不对取样压力加以控制，则会引起测量管中排放气体导入量的变化。这时，即便实际的排烟浓度没有改变，但烟度计也将显示烟度值的变化。为此，这种烟度计通常采用控制取样压力（如不低于 500Pa）的方法来使排放气体导入量保持一定，以保证烟度测量值与被测对象的排放气体总流量及流速无关。

（3）PHS 烟度计

PHS 烟度计是基于光电转换原理，利用透光度测量排烟浓度的透光式烟度计，其与哈特里奇烟度计的主要区别在于，它将被测的排放气体全部（而不是部分）导入检测系统。例如，用于内燃机排气烟度测量时，PHS 烟度计的检测部分直接放置在离排气口一定距离的排气通道上，如图 9-22 所示。这种烟度计无专门的校正管，其测量值直接受排气管道直径及其排放流量的影响。例如，在实际烟度不变的情况下，当排气管道直径或排气流量增大时，通过光源与光电检测单元之间的烟层厚度或密度增加，其对光的衰减量随之增大（即对光的透过度减小），致使烟度测量值增大。为此，在使用 PHS 烟度计时，应根据被测对象的特征指标（在内燃机中通常指标定功率），按照规定来选用排气导入管的尺寸，以使测量结果具有一定的可比性。

（4）重量式烟度计

重量式烟度计如图 9-23 所示。测量时真空气泵使全部排烟都通过过滤式收集器，测出收集器质量的增大值，同时用流量计测出排气的体积流量，然后算出单位体积排气中所含炭烟颗粒的质量。

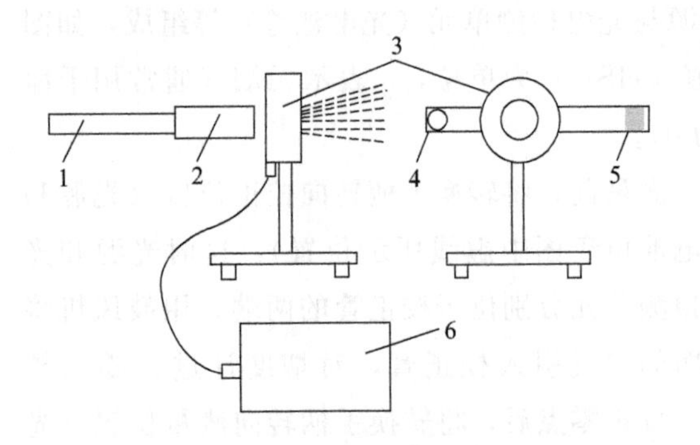

图 9-22 用 PHS 烟度计测量排气烟度

1—排气管道；2—排气导入管；3—检测部分；4—光源；5—光电检测单元；6—烟度显示记录仪表

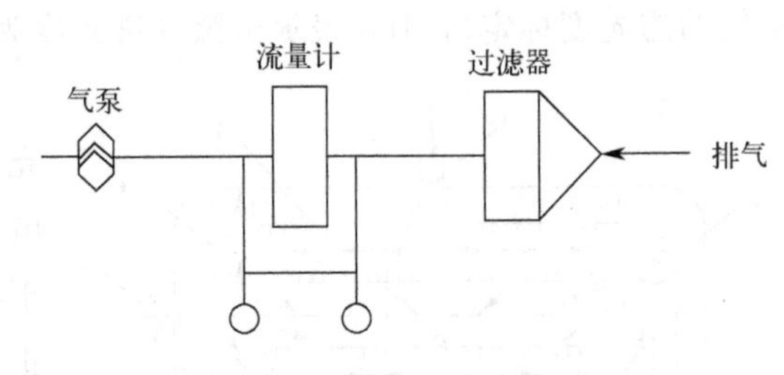

图 9-23 重量式烟度计

思考题与习题

（1）绘制气相色谱仪的基本流程图，简述混合气体中的各组分在色谱柱中的分离过程。

（2）简述组分定性分析的几种方法，并分析它们的优缺点。

(3) 简述红外气体分析仪的工作原理。

(4) 简述氧化锆氧量分析仪的工作原理。从其结构上来看，如果要提高其测量精度应采取哪些措施?

(5) 常用的描述颗粒的几何特性的参数有哪些?

(6) 简述基于衍射理论和基于 Mie 散射理论的激光粒度仪的工作原理。

(7) 排烟中的烟度怎样测量? 试列出几种烟度的测量方法。

第10章

转速、转矩及功率测量

10.1 转速测量

10.1.1 转速测量概述

在研究各种旋转机械的性能时，转速是反映各种旋转机械性能的重要特性参数之一。例如，在测量机械功率时，就需要通过测量转矩和转速来计算其功率，因此，准确测量转速是十分必要的。在动力机械测试中，转速是指单位时间内转轴的平均旋转速度，而不是瞬时旋转速度，单位为 r/min。测量转速的方法很多，其使用条件和测量精度也各不相同。按照测速元件与被测速转轴是否接触可以分为接触式转速测量和非接触式转速测量。常见的接触式转速测量仪表有离心式转速表、钟表式转速表等；非接触式转速测量仪表有频闪式测速仪表、光电式测速仪表、电子数字式转速仪表以及基于激光原理的激光转速仪表等，这类仪表测量精度高、使用方便，能够实现远距离的数据传输和显示。

10.1.2 常用的转速测量仪器

(1) 频闪式测速仪

频闪式测速仪表是较早使用的一种非接触式测速仪。其原理为石英晶体振荡器产生标准频率信号，信号经过几十个分频器产生可调的任何频率信号，测速仪可显示信号的频率。信号输入下一级后转换成尖脉冲，尖脉冲可控制闸流管以点燃闪光管。闪光管发出脉冲光，照射被测物体。当闪光频率与被测物体转动频率相同（或呈整数倍）时，由于人的视觉暂留现象，看上去被测物体似乎不转动。根据这种现象可判断转速值。如图 10-1 所示，被测轴相间涂上数量相同的黑色和白色条纹（各为 p 个），闪光灯对准轴上某一处，调整闪光频率，闪光灯第一次闪光时有一黑色（或白色）条纹经过闪光灯对准处，闪光灯第二次闪光时下一个黑色（或白色）条纹将正好转到前一个黑色（或白色）条纹的位置，以此类推，观测者将看见轴上黑色（或白色）条纹似乎一直停留在原位置，轴似乎静止。

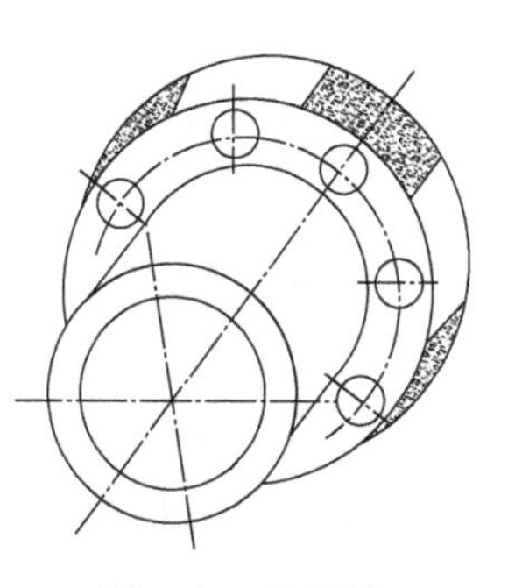

图 10-1　被测轴

当闪光频率和被测轴转速同步时，转速和闪光频率关系可由下式确定

$$n=f\frac{60}{p} \tag{10-1}$$

式中，n 为轴的转速，r/min；f 为闪光频率，Hz；p 为黑色或白色长条数目。

当运动机件的旋转频率或往复运动频率 f_x 与闪光频率 f 相等或成整数倍时，就可以看到运动部件停留在某一位置，好像是原地静止不动一样，因此可以清楚地观察运动着的部件，如进排气阀、弹簧、叶片和齿轮等在工作中的状况。频闪式测速仪精度一般为 1%～2%，测量范围为 300～2×10^5 r/min，特别适用于测量高转速机械，还是用来观察部件运动情况的一种手段。

（2）光电式测速仪

光电式测速仪将被测的转速信号利用光电变换转变为与转速成正比的电脉冲信号，然后测得电脉冲信号的频率和周期，就可以得到转速。光电测速传感器分为投射式和反射式两类，都是由光源、光路系统、调制器和光敏元件组成的，如图 10-2 所示。调制器的作用是把连续光调制成光脉冲信号，可在其上开有均匀分布的多个径向的透光缝隙（或小孔），或是直接在被测转轴的某一部位上涂以黑白相间的条纹。当安装在被测轴上的调制器随被测轴一起旋转时，利用圆盘缝隙（或小孔）的透光性，或黑白条纹对光的吸收或反射性把被测转速调制成相应的光脉冲。光脉冲照射到光敏元件上时，即产生相应的电脉冲信号，从而把转速转换成了电脉冲信号。

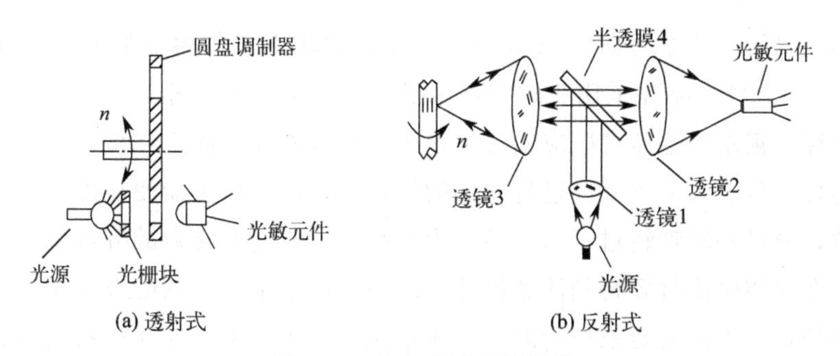

图 10-2　光电式测速仪原理

图 10-2(a) 所示为透射式测速传感器的原理图。当被测轴旋转时，安装在其上的圆盘调

制器使光路周期性地交替断开和导通，因而使光敏元件产生周期性变化的电信号。图 10-2(b) 所示为反射式光电测速传感器原理示意图。光源发出的光经过透镜 1 投射到斜置 45°的半透膜 4 上。半透膜具有对光半反射的特性，透射的部分光被损失掉，反射的部分光经透镜 3 投射到转轴上涂有黑白条纹的部位。黑条纹吸收光，白条纹反射光。在转轴旋转过程中，光照处的条纹黑白每换一次，光线就被反射一次。被反射回的光经过透镜 3 又投射到半透膜 4 上，一部分被半透膜反射损失掉，一部分透过半透膜并经透镜 2 聚集到光敏元件上，光敏元件就由不导通状态变为导通，从而产生一个电脉冲信号。因此，转轴每旋转一圈，光敏元件就输出与白条纹数目相同的电脉冲信号。

反射式转速仪的光源也可用红外线发射管代替，这时光敏元件要用红外线接收管代替，这样的转速传感器称为反射式红外转速传感器。

(3) 磁电式测速仪

磁电式测速仪的传感器如图 10-3 所示。当安装在被测轴上的导磁齿轮旋转时，永久磁铁与齿轮间的空气间隙不断变化，气隙磁阻也随之变化。转子转过 1 个齿就切割 1 次磁感应线，产生 1 个来自线圈感应电动势的脉冲信号。若导磁齿轮是有 z 个齿的齿轮，则每转一圈发出 z 个电脉冲信号。上述感生出的电脉冲信号正比于被测轴的转速 n。齿轮的齿槽可以制成梯形或矩形。磁电式测速仪并不适合于低转速测量，这是因为感应电压与磁通的变化率成比例，随着转速下降，输出电压幅值减小。为提高低速动力机械转速的测量精度，传感器齿轮的齿数可适当增多，一般透平动力机械转速很高，用磁电式测速传感器测量转速的精度是确保的。但当转速低到一定程度时，电压幅值将减小到无法测出的程度，此时一般采用电涡流式、霍尔式、磁敏二极管（或三极管）式的转速传感器，它们的共同特点是输出电压幅值受转速影响很小。

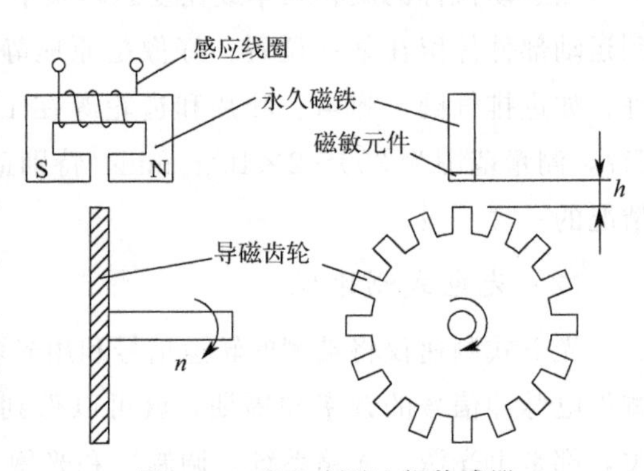

图 10-3　磁电式测速仪传感器

(4) 霍尔式测速仪

霍尔式测速仪的工作原理如图 10-4 所示。它是利用霍尔传感器的开关特性工作的。图 10-4(a) 是把永久磁铁粘贴在采用非磁性材料制作的圆盘上部；图 10-4(b) 则把永久磁铁粘贴在圆盘的边缘。霍尔传感器的感应面对准永久磁铁的磁极并固定在机架上。机轴旋转便带动永久磁铁旋转。每当永久磁铁经过传感器的位置时，霍尔传感器便输出一个脉冲。用计数器记下脉冲数，便可知转轴转过了多少转。为提高测量转速或转数的分辨率，可以适当增加永久磁铁数。在安装磁体时要特别注意极性，即相邻两个永久磁铁的极性相反，因为集成开关霍尔传感器的正常工作需要磁极的对应。霍尔元件可用多种半导体材料制作，其优点是结构牢固、体积小、重量轻、寿命长、功耗小、频率高（可达 1MHz），耐振动，不怕灰尘、油污、水汽及盐雾等的污染或腐蚀。

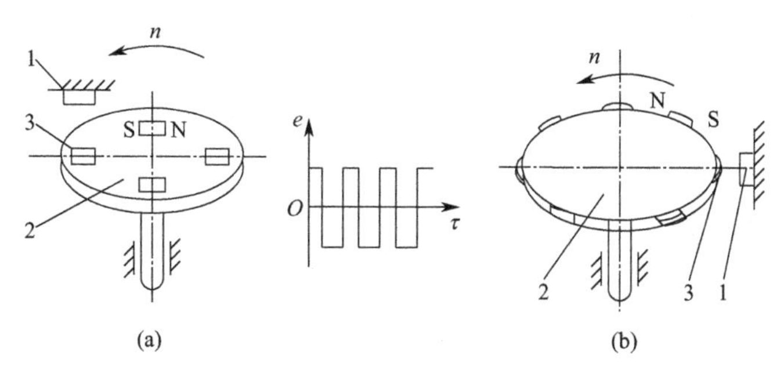

图 10-4　霍尔式测速仪工作原理

1—霍尔元件；2—被测物体；3—永久磁铁

（5）激光转速仪

激光传感器获取旋转物体转速信号的原理如图 10-5 所示。氦-氖激光器 1 发出的激光束穿过半透镜 2 后，透射的光束经过由透镜 3 组成的反射光学系统后，聚焦在旋转物体 5 的表面。旋转物体表面贴有一小块定向反射材料 4（简称反射纸）。当激光束照射到没有贴反射纸的表面时，大部分激光沿空间各个方向散射，能够沿发射光轴返回的光束极其微弱，因此，光电管没有感受到任何信息。一旦激光光束照射在反射纸上，由于反射纸的“定向反射”特性，有一部分激光沿发射光轴原路返回到半透镜上，经过反射，由透镜 6 会聚在光电管 7 上。于是物体旋转一周，反射纸就被激光照射一次，一个激光脉冲返回到光电管，经转换后产生一个电脉冲信号，物体不停地旋转，光电管就输出一系列电脉冲，这就是激光传感器所检取的旋转物体的转速信号。

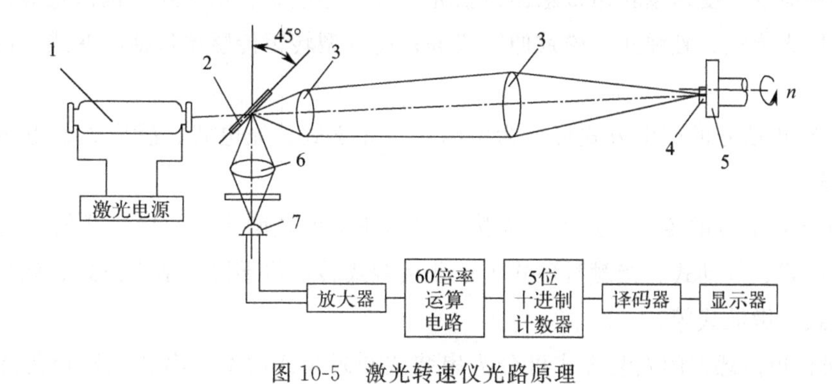

图 10-5　激光转速仪光路原理

1—激光器；2—半透镜；3，6—透镜；4—反射纸；5—旋转物体；7—光电管

激光转速仪与目前常见的非接触式转速测量仪比较，有三个独特的优点：一是它与被测物的工作距离可达 10m，而其他非接触式转速测量仪工作距离很近；二是当被测物体除了旋转外，还有振动和回转运动时，激光转速仪可以有效地测量其转速，而且操作简单，读数可靠；三是具有较强的抗干扰能力，当工作环境存在杂光干扰时，其他非接触式转速仪往往难以正常工作，而激光转速仪则不受其影响。例如，要测量摇头回转的台式风扇的转速，除了激光转速仪以外，其他转速仪都难以胜任。当激光器亮度足够时，即使在激光束的通路上设置几块厚玻璃板，激光转速仪仍能正常测量。这就意味着它可以测量玻璃罩壳内电机的转

速，各种风洞里正在进行吹风试验的模型的转速，甚至有可能测量正在水中旋转的螺旋桨的转速。

10.2 转矩测量

转矩往往与动力机械的工作能力、能量消耗、效率、运转寿命及安全等因素紧密相关，是动力学性能试验中需要测量的重要参数之一。转矩测量对传动轴载荷的确定与控制、传动系统工作零件的强度设计以及原动机容量的选择等都具有重要意义。

10.2.1 转矩测量方法分类

根据测量原理不同，转矩测量方法可分为传递法、平衡力法和能量转换法三大类。

(1) 传递法

传递法，又称扭轴法，是根据弹性元件在传递转矩时所产生的变形、应力或应变等，来测量转矩的方法。圆柱形扭轴是最常用的测量转矩的弹性元件。传递法通常有以下几种分类方法：

① 根据传感器感应的参数分为变形型、应力型和应变型转矩传感器，分别感知转轴的变形、应力和应变。变形型转矩传感器包括光电式、感应式、钢弦式、机械式等；应力型转矩传感器包括光弹式、磁弹式、磁致伸缩式等；应变型转矩传感器包括应变式、圆盘式、电感集流环式等。

② 根据转矩信号的产生方式可分为电阻式、光学式、光电式、感应式、电感式、钢弦式、机械式转矩传感器等。

③ 根据转矩信号的传输方式可分为接触式和非接触式两大类。接触式转矩传感器包括机械式、液压式、气动式、接触滑环式等；非接触式转矩传感器包括光波式、磁场式、电场式、放射线式、微波式等。

④ 根据转矩传感器的安装方式可分为串装式和附装式两类。串装式转矩传感器内部有一根弹性扭轴，测量时只需将其两端的联轴器与动力机械的转动系统连接起来即可进行测量；附装式转矩传感器需安装在动力机械的传动轴上，通过测量该轴的扭转变形、应力或应变来确定传递的转矩。

(2) 平衡力法

对任何一种匀速工作的动力机械或制动机械，当它的主轴受转矩 M 作用时，在它的机体上必定同时存在着方向相反的平衡力矩 M'，且有 $M=M'$。测量机体上的平衡力矩 M'，以确定机器主轴上的作用转矩 M 的大小的方法称为平衡力法，亦称为反力法。

作用在机体上的平衡力矩 M'，通常是通过作用在力臂上的作用力 F 而形成的。设力臂

长度为 L，则作用在机体上的力矩 M'为：$M'=FL$。显然，测得力臂上的作用力 F 和力臂长度 L，就可以确定力矩 M'及转矩 M 的值。

采用平衡力法测量转矩，没有从旋转件到静止件的转矩信号的传输问题，力臂上作用的平衡力 F 可以用测力机构测得。这种方法仅可用于测量匀速工作情况下的转矩，不能测量动态转矩。

(3) 能量转换法

能量转换法是根据能量守恒定律，用其他量参数（如电能参数）来测量机械能参数及转矩的一种间接测量方法。一般来说误差较大，为±(10%～15%)，故也很少采用，只有在直接测量无法进行的时候才考虑此法。

10.2.2 常用的转矩测量仪器

如前所述，转矩测量仪器的种类很多，使用时需要根据精度、使用场合等进行选择。下面介绍几种常用的转矩测量仪器。

(1) 钢弦式转矩测量仪

钢弦式转矩测量仪是根据弹性扭轴的变形引起钢弦伸缩，从而使钢弦振动的固有频率发生变化来测量转矩的。

钢弦的固有振动频率为

$$f=\frac{1}{2L_0}\sqrt{\frac{\sigma}{\rho}} \tag{10-2}$$

式中，f 为钢弦的固有振动频率，Hz；L_0 为钢弦的自由长度，m；σ 为钢弦绷紧时的拉应力，Pa；ρ 为钢弦的密度，kg/m^3。

钢弦式转矩测量仪的原理如图 10-6 所示。两只卡盘 2 固定在弹性扭轴 1 上，每只卡盘上有一凸臂 3，钢弦 4 的两端分别安装在两个凸臂上，钢弦与弹性扭轴相对固定。弹性扭轴在转矩的作用下发生弹性变形时，两只卡盘之间产生相对角位移，固定在卡盘凸臂上的钢弦长度发生变化，改变了钢弦的固有频率。

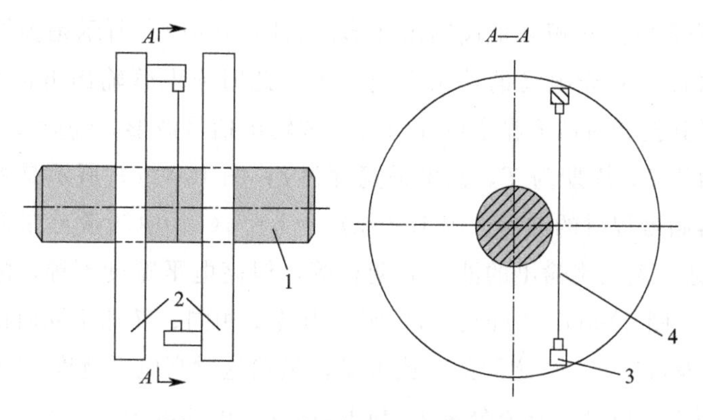

图 10-6 钢弦式转矩测量仪的原理

1—弹性扭轴；2—卡盘；3—凸臂；4—钢弦

假设弹性扭轴处于自由状态时，钢弦的固有频率为 f_0，受转矩 M 作用时频率为 f，则

$$M=K'(f^2-f_0^2) \tag{10-3}$$

式中，K'是常数，它由弹性扭轴的刚度、钢弦的尺寸及测量仪的特性等决定。

测得频率 f，即可测量出转矩 M。

(2) 光电式转矩测量仪

光电式转矩测量仪利用弹性扭轴两端的光学元件将转矩引起的弹性扭轴变形产生的相位差转换为电信号，再根据检测到的电信号确定作用于轴上的转矩。

图 10-7 为采用光栅的光电式转矩测量仪示意图，图 10-8 所示为光栅盘结构。光栅盘 3 和 3′是由两片直径相同的圆盘制成的，通过套筒 1、5 分别固定在弹性扭轴 6 的 A、B 端。光栅盘表面沿径向做成放射状透光和不透光部分相间的图形。当弹性扭轴 6 没有受到转矩的作用时，光栅盘 3 上的透光部分正好与光栅盘 3′上的不透光部分重叠，光源 2 发出的光照射不到光电管 4 上，光电管输出电流为零；当弹性扭轴 6 受到转矩的作用时发生扭转变形，光栅盘 3 与 3′相对错开一定位置，形成一个透光口，此时光源发出的光能穿过两光栅盘，转矩越大，透光口的开度越大，光通量就越大。

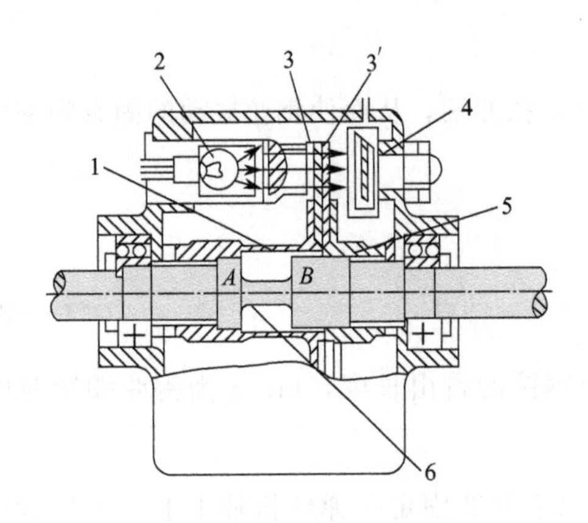

图 10-7 光电式转矩测量仪

1，5—套筒；2—光源；3，3′—光栅盘；4—光电管；6—弹性扭轴

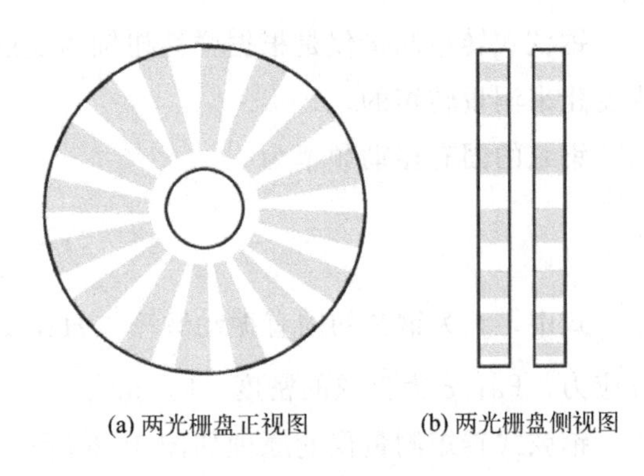

(a) 两光栅盘正视图 (b) 两光栅盘侧视图

图 10-8 光栅盘结构

（图示两光栅盘相互位置处于使光通量最大的位置）

图 10-9 所示为光电式转矩测量仪输出波形图。图 10-9(a) 所示是弹性扭轴没有受到扭转时两光栅盘相对位置和光电管的输出电流波形，此时光电管输出电流为零；图 10-9(b) 所示是弹性扭轴受到扭转时两光栅盘的相对位置和输出信号波形，经放大整形后的电流波形为方波，电流幅值为 I，周期为 T，高电平宽度为 t；图 10-9(c) 所示是弹性扭轴受到最大扭转时，即传感器满量程时的波形。图 10-9(a)、(b)、(c) 中测量是在弹性扭轴同一转速 ω_1 下进行的，可见，光电流输出的波形周期相等，但高电平宽度不等，随转矩的增大，占空比 (t/T) 增大。图 10-9(d)、(e)、(f) 所示为转矩相同、转速不同时的测量结果，从图 10-9(b) 与(c) 以及(e) 与(f) 之间的对比可见，虽然这时高电平宽度 t 随 ω 的不同而变化，但占空比不变，即方波信号的直流分量 I_1 和 I_2 不变。由此可知，光电流脉冲的占空比或直流分量只与弹性扭轴受扭转后的扭转角有关，而与弹性扭轴旋转的速度无关。

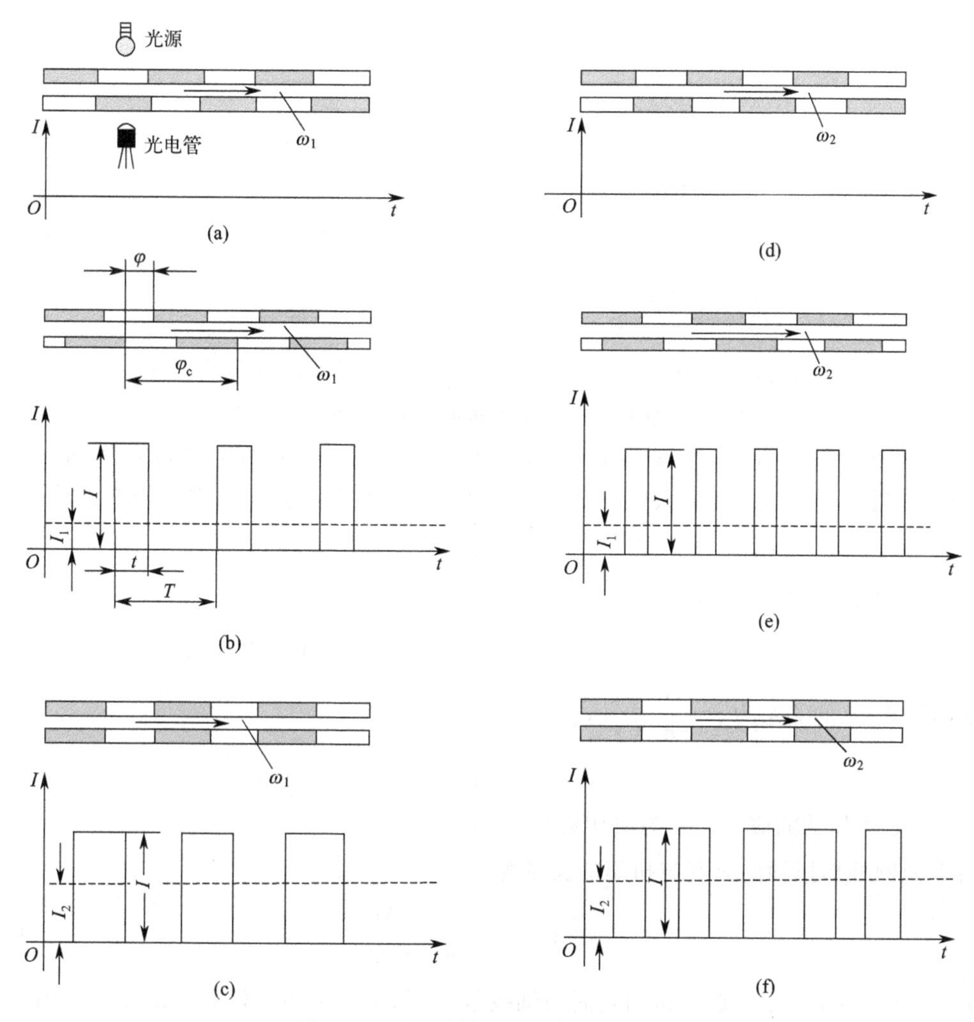

图 10-9　光电式转矩测量仪输出波形图

转矩测量结果的最后获取有两种方法：一是采用数字方法测量方波的占空比；二是用磁电式直流电流表测得脉冲电流的平均值，再根据标定的结果得到测量的转矩值。

(3) 磁电式转矩测量仪

磁电式转矩传感器示意图如图 10-10 所示，两个由铁磁材料制造的齿轮 2（称为外齿轮）相隔一定的距离固定在弹性轴 1 上，相对而设的两个内齿轮，固定在校准旋转筒 3 上，在内齿轮旁边设置一对固定的永久磁钢 4。校准旋转筒通过滚动轴承 5 安装在壳体 6 上，并由电动机 7 通过带驱动。在壳体中镶嵌线圈 8。每对齿轮和永久磁钢之间有微小空气间隙。

当弹性轴上无负载时，相对旋转的齿轮对使磁路中的气隙不断变化，在线圈中感应出交变的电势；当弹性轴承受转矩时，弹性轴两端产生一转角，使线圈中的感应电势相位发生变化，变化的程度反映了待测转矩的大小。

磁电式转矩测量仪的优点是结构简单可靠，不需要外接电源，有较强的输出信号，能在 −20～60℃的环境下正常工作。缺点是信号的强弱取决于弹性轴转速的高低，通常在低于

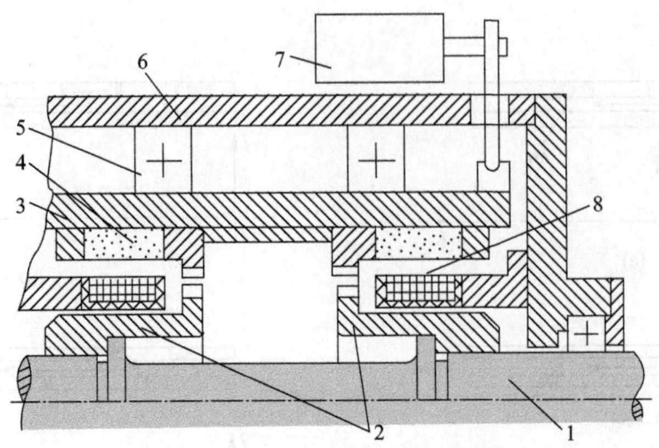

图 10-10　磁电式转矩传感器结构

1—弹性轴；2—齿轮；3—校准旋转筒；4—永久磁钢；5—滚动轴承；6—壳体；7—电动机；8—线圈

500r/min 的转速下，信号过于微弱，测量精度降低。将两个内齿轮固定在校准旋转筒 3 上，可以增加相对转速，增强信号，这样在较低转速时也能达到测量的目的。

(4) 应变式转矩测量仪

应变式转矩测量仪是利用应变原理来测量扭矩的。等截面、直径为 d 的圆柱形扭轴的应力 τ 与扭矩 M 的关系为 $\tau=\frac{16}{\pi}\times\frac{M}{d^3}$，由材料力学可知

$$\tau=\varepsilon G \tag{10-4}$$

式中，ε 为扭轴的应变；G 为剪切模数，Pa。

等截面圆柱形扭轴的应变与扭矩的关系为

$$\varepsilon_{45^\circ}=\varepsilon_{-135^\circ}=\frac{16}{\pi}\times\frac{M}{Gd^3} \tag{10-5}$$

式中，ε_{45° 和 ε_{-135° 分别是扭轴表面与轴线呈 45°和 135°夹角的螺旋线的主应变值。扭轴的应变可以引起贴在轴表面的电阻应变片的电阻变化，然后用电阻应变仪来测量。

一种专门用于测量扭矩的钢箔式组合片如图 10-11 所示，它是将两片电阻应变片粘贴在 0.1mm 厚的钢箔上制成的。两片应变片互成 90°，组成半桥电路。电阻应变片的引出线，焊在连接片上。最后，在应变片及连接片上均涂以防潮树脂保护层。采用这种应变片时，只需要用点焊的方法将钢箔片焊接到传动轴表面上，如图 10-11(a) 所示，从而简化了试验工作。

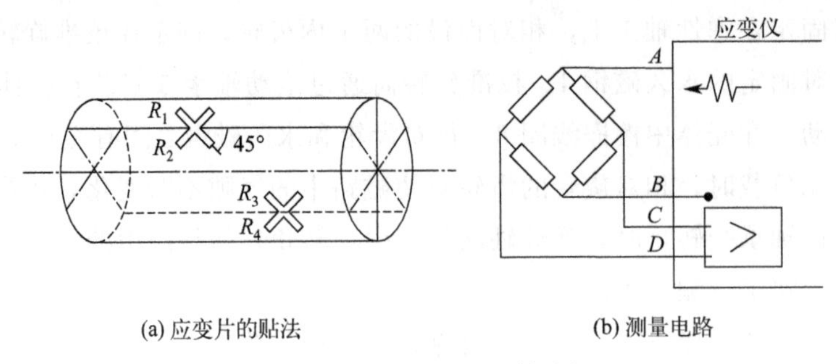

图 10-11　用应变片测量轴的扭矩

为了提高测量的灵敏度，在扭轴工作部分的外表面，与轴线成45°和135°两个方向上各贴两组钢箔式组合片，并联成全桥形式，如图10-11(b)所示，当扭轴传递扭矩时，有一对应变片承受最大拉伸应力（R_1、R_3 方向的应变为+），而另一对应变片承受最大压缩应力（R_2、R_4 方向的应变为-）。这种电桥对扭转应力很灵敏，而对轴向应力（沿轴线方向）和弯曲应力（垂直线方向）则不灵敏。一般粘贴应变片角度的允许误差范围为±0.5°。

当采用全桥电路测量转矩时，一般均采用电阻值相同、灵敏系数相同的应变片组成桥臂，即 $R_1=R_2=R_3=R_4=R$，此时，电桥输出电压为

$$U=\frac{\Delta R_1-\Delta R_2+\Delta R_3-\Delta R_4}{4R}U_0 \tag{10-6}$$

式中，U_0 为电源电压，V；ΔR_1、ΔR_2、ΔR_3 和 ΔR_4 分别为 R_1、R_2、R_3 和 R_4 的电阻变化量，Ω。

因为 $\varepsilon_1=-\varepsilon_2=\varepsilon_3=-\varepsilon_4$，所以 $\Delta R_1=-\Delta R_2=\Delta R_3=-\Delta R_4$。

由此可得全桥电路测量转矩的电压为

$$U=\frac{\Delta R}{R}U_0=K\varepsilon U_0 \tag{10-7}$$

式中，K 为电阻的灵敏系数。

而当扭轴受到弯曲应力作用，或者环境温度发生变化时，应变后的电阻变化分别为

$$\Delta R_{W1}=\Delta R_{W2}=\Delta R_{W3}=\Delta R_{W4} \tag{10-8}$$

$$\Delta R_{T1}=\Delta R_{T2}=\Delta R_{T3}=\Delta R_{T4} \tag{10-9}$$

所以弯曲应力和温度变化不会对桥路输出电压产生影响。转矩测量与一般的应力测量的不同之处在于：在测量应力时，电阻应变片与电阻应变仪之间可以用导线直接传递信号和供给电源；而测量转矩时，因为转动轴是旋转件，在转矩传感器与电阻应变仪之间不能单靠导线传递信号，而必须增添一套集流装置。图10-12所示的是集流环式结构的应变式转矩传感器的结构。在测量轴上粘贴与轴呈45°角的应变片。轴一端支承于壳体上，通过滚珠轴承来减小因摩擦产生的测量误差。轴上装有风扇，起散热作用。应变片电路与静止壳体的连接是经滑环和可移动电刷组来完成的。

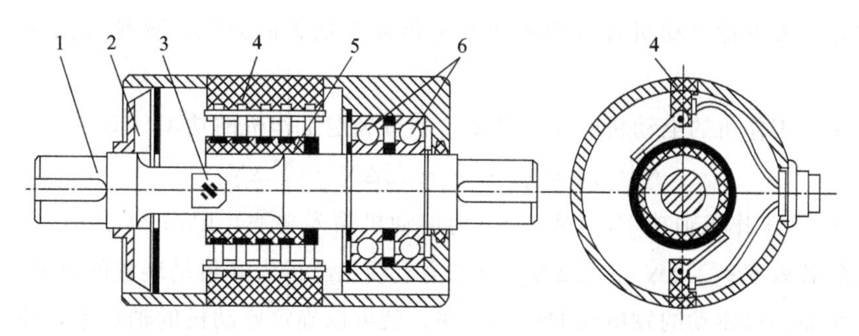

图10-12　集流环式结构的应变式转矩传感器结构

1—测量轴；2—风扇；3—应变片；4—电刷组；5—集流环组；6—轴承

以往采用接触型集流环的较多，如在水轮机内的应用，但接触型集流环在高转速情况下的精确度及工作寿命均不能满足要求。近年来，无接触集流环及无线电应变测量技术得到了

较快的发展。

10.3 功率测量

10.3.1 功率测量的基本方法

叶轮机械的功率是其重要的性能参数之一，输入功率和有效功率是计算叶轮机械效率的关键参数。在叶轮机械的试验中，大都需要测量有效功率。热力发电厂中汽轮机及锅炉设备的各种辅机的效率指标也十分重要。对于制冷机、风机和压缩机，要测量其输入功率，即原动机传给这些机械的轴功率；而对于汽轮机和水轮机，则要测量其输出的轴功率。

能源动力机械功率测量一般有三种方法。

(1) 测量转矩和转速的方法

测量出转矩和转速，就可得到轴的功率，即

$$N_e = M\omega = M\frac{\pi n}{30} \tag{10-10}$$

式中，N_e 为轴功率，kW；M 为转矩，N·m；ω 为角速度，rad/s；n 为转速，r/min。

这种方法是间接测量方法。测量转矩用的测功器分为吸收式和传递式两大类。吸收式测功器用机械摩擦制动器、水制动器、电制动器等来吸收转矩。传递式测功器只传递转矩不吸收功率，如前述的光电式、磁电式和应变式转矩测量仪等。转速的测量亦如前述的相关方法。

(2) 电测法

电测法是一种测量电动机输入功率或发电机输出功率的方法，这种方法又称为损耗分析法。

测量出驱动工作机的电动机的输入功率，就可确定工作机的功率，即

$$N_i = N_e\eta_e\eta_m = N_e - \Sigma\Delta N_e - \Sigma\Delta N_m \tag{10-11}$$

式中，N_i 为工作机轴功率，kW；N_e 为电动机输入功率，kW；η_e、η_m 分别为电动机效率与传动装置效率；$\Sigma\Delta N_e$、$\Sigma\Delta N_m$ 分别为电动机总损失和传动装置的总损失，kW。

测量出由原动机驱动的发电机的输出功率，就可以确定原动机的轴功率，即

$$N_i = \frac{N_e}{\eta_e\eta_m} = N_e + \Sigma\Delta N_e + \Sigma\Delta N_m \tag{10-12}$$

式中，N_i 为原动机轴功率，kW；N_e 为发电机输出轴功率，kW；η_e、η_m 分别为发电机和传动装置效率；$\Sigma\Delta N_e$、$\Sigma\Delta N_m$ 分别为发电机和传动装置的总损失，kW。

(3) 热平衡法

在不能用上述两种方法测定叶轮机械轴功率时，可以采用热平衡法间接确定其功率。热平衡法基于能量守恒原理。例如，进行压缩机试验时，其能量方程为

$$N=m_g(h_{g2}-h_{g1})+Q_{rc}+Q_{mc} \tag{10-13}$$

式中，N 为压缩机轴（输入）功率，kW；m_g 为压缩机气体的质量流量，kg/s；h_{g2} 为压缩机出口气体的焓值，kJ/kg；h_{g1} 为压缩机进口气体的焓值，kJ/kg；Q_{rc} 为压缩机机壳散热损失，kW；Q_{mc} 为压缩机轴承损失，kW。

机壳散热损失 Q_{rc} 按其暴露的外壁的表面平均温度和环境温度进行估算，一般可用经验公式计算，这里不作详述。轴承损失 Q_{mc} 通常根据润滑油带走的热量来进行估算，即

$$Q_{mc}=m_L c_{pt}\Delta t \tag{10-14}$$

式中，m_L 为润滑油的质量流量，kg/s；c_{pt} 为润滑油的比热容，kJ/(kg·℃)；Δt 为润滑油的温升，℃。

用热平衡法确定叶轮机械轴功率的方法主要归结为其压力、温度、流量等参数的测量。由于叶轮机通流截面的气体参数往往沿径向和周向是不均匀的，为了准确地测定气流参数的平均值，必须布置足够数量的、按一定规律分布的径向和周向测点，周向测点一般沿周向均匀布置，径向测点通常按等面积法或切比雪夫数值积分法布置，根据测量所得的各个测点的参数，按几何平均或流量平均计算其平均值。这种方法对压力、温度及流量的测试仪表精度要求较高，即便这样按热平衡法求得的功率的误差仍在±(1%～2%) 的范围内。

10.3.2 测功器

在测量原动机功率的试验中大都采用测功器来测量其输出的功率，此时测功器作为负载。原动机输出转矩可用转矩仪来测量，此时将转矩仪安装在原动机输出轴和测功器转轴之间。由于转矩仪不消耗原动机输出的功率，故原动机负载要由测功器来调节。

当原动机为电动机，要校核电动机内部损失和传动装置损失时，可将电动机、传动装置与测功器连接，然后采用两瓦计法测量电机的输入功率、测功器消耗功率。由此可得到不同工况下电机损失和传动装置的损失。当动力机械为负载时，测得电动机的输入功率，就可以确定动力机械的轴功率。

测功器通常按制动器工作原理的不同来分类，主要有水力测功器、电力测功器、机械测功器等，也可由几种不同类型的制动器组成组合测功器。其中，水力测功器和电力测功器是目前用得最多的两类测功器。

测功器由制动器、测力机构和测速装置等几部分组成。制动器可调节原动机的负载，并把所吸收的原动机的功率转化为热能或电能。测力机构和测速装置分别测量输出的转矩及相应的转速。随着电子技术的发展和微机的应用，现代测功器已具有自动调节和控制的功能。

在采用测功器测量发动机功率时通常包括指示功率的测量和有效功率的测量。测量指示功率时，需先绘制发动机某种工况下的示功图，然后量出示功图的面积求出该工况下发动机的指示功率。测量有效功率时，测功器用来吸收试验发动机发出的功，同时模拟实际使用的

各种工况，测定发动机输出转矩和转速，计算获得功率。

(1) 水力测功器

水力测功器是用水作工作介质来产生制动力矩以测量功率的装置，主要由转子和外壳两部分组成。转子在充满水的定子中旋转，水的摩擦阻力形成制动力矩，吸收原动机输出的功率或代替动力机械吸收功率。根据转子的结构不同，水力测功器分为盘式、柱销式和涡流式等三种。

以盘式水力测功器为例，图10-13所示为盘式水力测功器的结构简图。转盘1固定在转轴2上，构成测功器转子。转子用轴承支承在定子3内，而定子支承在摆动轴承上，它可绕轴线自由摆动。水经过进水阀4流入定子的内腔，当转子在定子中旋转时，由于转盘和水的摩擦作用，水被抛向定子的外缘，形成旋转的水环，而水环的旋转运动被定子内壁的摩擦所阻。水与壁面的摩擦作用使原动机输出的有效转矩传给定子，即水对测功器转子产生制动力矩的同时，有一大小相等、方向相反的反作用力矩作用于测功器的定子上。在定子上固定有一个力臂，通过与力臂相连的测力机构测定转矩。定子内腔中水量越多，即水环越厚，则水和转子之间摩擦阻力越大，制动力矩也就越大。所以改变测功器定子内腔中的水量，即可调节测功器的制动力矩。水量由进水阀4和排水阀5进行控制。

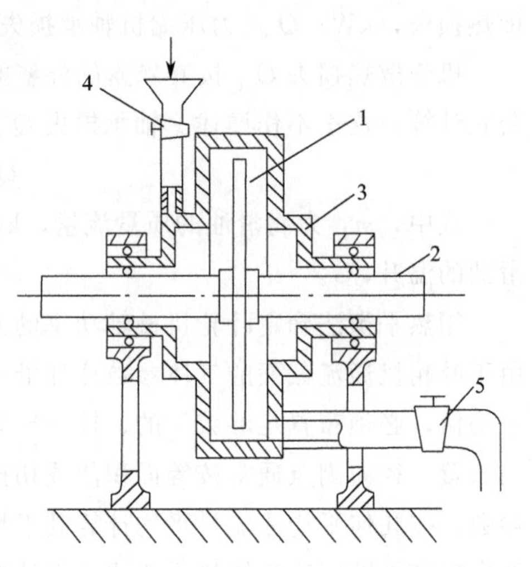

图10-13 盘式水力测功器

1—转盘；2—转轴；3—定子；4—进水阀；5—排水阀

为了使水力测功器稳定工作，必须用水位保持恒定的重力水箱向测功器均匀地供水，以避免供水压力不稳定造成内腔的水量变化和制动力矩波动。

测功器所吸收的功率使水的温度升高，工作后温度较高的水从转子外缘处排出。从测功器排出的水温一般为40～50℃，不超过60℃，以免水在定子中产生气泡。若水中形成气泡，则会引起瞬时卸荷，使制动力矩急剧地变化，影响测功器工作的稳定性，并发生汽蚀现象，损坏转子。

水力测功器所吸收的功率相当于水所带走的热量。根据测功器的进、排水温度和吸收的最大功率，可以计算其最大耗水量

$$G=\frac{N_{max}}{c(t_2-t_1)} \tag{10-15}$$

式中，N_{max}为测功器的最大吸收功率，kW；c为水的比热容，kJ/(kg·℃)；t_2为排水温度，一般取$t_2<60$℃；t_1为进水温度，一般t_1介于15～30℃之间。

在上述进、排水温度范围内，测功器每千瓦时的耗水量为20～30L。可由原动机和机械的功率决定具体水量。

图10-14为水力测功器的特性曲线，其所包围的面积表示测功器的工作范围，它由下列

各线组成：

曲线 A 为测功器在最大负荷调节位置时的特性曲线，也称固有特性曲线，转矩和功率分别随转速的二次方和三次方增加。图中虚线为测功器在部分负荷调节位置时的特性曲线。

曲线 B 为测功器转子和轴允许的最大转矩下的强度限制线。

曲线 C 为测功器出水温度达到最大允许值时的功率限制线，即测功器能吸收和测量的最大功率。

曲线 D 为受离心力负荷或轴承允许转速所限制的最高转速限制线。

曲线 E 为测功器空转时能测量的最小转矩和功率，此时制动器内腔的水完全放掉，阻力矩仅由转子与空气之间的摩擦以及轴承的摩擦产生。

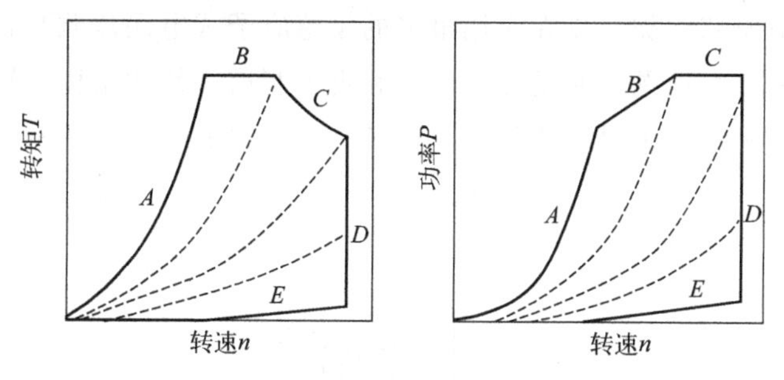

图 10-14　水力测功器特性曲线

(2) 电力测功器

电力测功器的工作原理和普通发电机或电动机基本相同，即将原动机的功转变成发电机的电能，或将电动机的电能转变为动力机械的功。众所周知，电机的转子和定子之间的作用力和反作用力大小相等、方向相反，所以只要将其定子做成自由摆动的，即可测定转子的制动力矩或驱动力矩。直流电力测功器既可作发电机来吸收原动机轴的输出功率，又可作为电动机驱动机械，所以被广泛地采用。图 10-15 为直流电力测功器的结构简图。

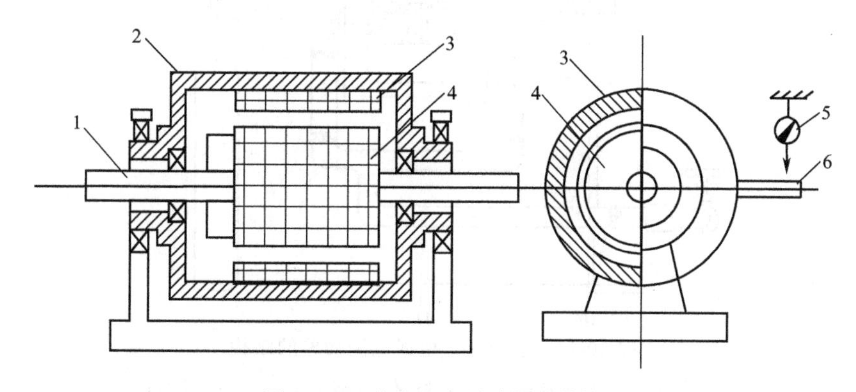

图 10-15　直流电力测功器的结构

1—转子；2—定子；3—励磁绕组；4—电枢绕组；5—测力机构；6—力臂

电力测功器由测功电机（包括平衡电机和测力电机）、交流机组、励磁机组、负荷电阻等组成，采用平衡式电机结构。直流电机转子 1 由发动机带动并在定子（外壳）磁场中旋转。定子（外壳）支承在与转子轴同心的滚动轴承上，可自由摆动。外壳与测力机构相连，依靠外壳摆动角度的大小来指示测力机构读数。

发动机带动转子在定子磁场中转动时，转子线圈切割磁力线而产生感应电流，感应电流的磁场与定子相互作用产生方向相反的电磁力矩，定子外壳受到的电磁力矩方向与转子旋转方向相同，与发动机施加于转子的扭矩大小相等。因此，通过用测力机构测量外壳角度可反映发动机输出功率的大小。在一定转速下，改变定子磁场强度（通过改变励磁机组供给平衡电机的励磁电流的大小）及负荷电阻即可调节负荷。

（3）电涡流测功器

电涡流测功器由电涡流制动器、测力机构及控制柜组成。电涡流测功器因结构形式不同，分为盘式和感应子式两类。现在应用最多的是感应子式电涡流测功器。图 10-16 为感应子式电涡流测功器的结构简图。制动器由转子和定子制成平衡式结构。转子为铁制的齿状圆盘。定子的结构较为复杂，由励磁绕组、涡流环、铁芯组成。电涡流测功器吸收的发动机功率全部转化为热量，测功器工作时，采用冷却水对测功器进行冷却。

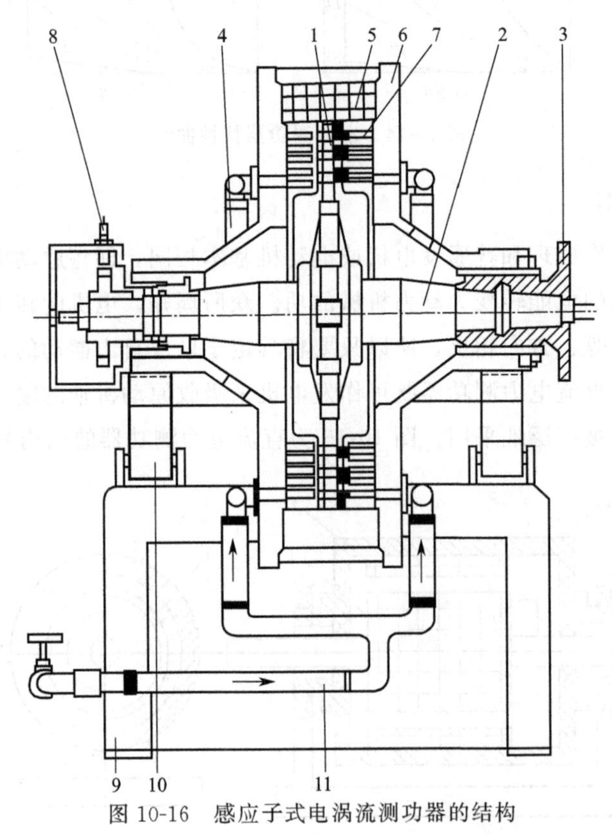

图 10-16　感应子式电涡流测功器的结构

1—转子；2—转子轴；3—连接盘；4—冷却水管；5—励磁绕组；
6—外壳；7—冷却水腔；8—转速传感器；9—底座；10—轴承座；11—进水管

电涡流测功器的原理是当励磁绕组中有直流电通过时，在由感应子、空气隙涡流环和铁芯形成的闭合磁路中产生磁通，当转子转动时，空气隙发生变化，则磁通密度也发生变化。在转子齿顶处的磁通密度大，齿根处磁通密度小。由电磁感应定律可知，此时将产生力图阻止磁通变化的感应电动势，于是在涡流环上感应出涡电流，涡电流的产生引起对转子的制动作用，从而使涡流环（摆动体）偏转一定角度，该角度可测得。涡流环吸收发动机的功率而产生的热量由软化处理后的冷却水带走，以免产生水垢堵塞通道。调节励磁电流大小即可调节电涡流强度，从而调节吸收负荷的能力。

电涡流测功器具有精度高、振动小、结构简单、体积小、耗能少等特点，并具有很宽的转速范围和功率范围，转速一般为 1000～25000r/min，甚至更高，功率可以达 5000kW。

思考题与习题

（1）转速传感器按原理分哪几种？它们是如何将转速转变为电信号的？

（2）为什么磁电式测速仪并不适合于低转速测量？

（3）激光转速仪有哪些特点？

（4）简述光电式转矩测量仪的测量原理。

（5）简述应变式转矩测量仪的测量原理。

（6）功率测量的基本方法都有哪些？

（7）简述测功器工作应满足的基本要求，并说明电力测功器、水力测功器是如何满足上述基本要求的。

（8）电涡流测功器的工作原理是什么？

第11章 振动与噪声测量

11.1 振动测量概述

机械振动是工程技术和日常生活中极为普遍的现象，这是因为在各种机械、仪器和设备中存在着各种旋转或往复运动的部件，它们都是具有质量的弹性体，由于不平衡质量的存在，在运行时会出现不平衡惯性力和力矩，这些交变的力和力矩将使机件不可避免地产生振动，如汽轮机转子本身的不平衡引起的轴系振动，叶片泵内发生空化时由于空泡溃灭引起的泵体振动等。

随着现代化机械设备的日益高速化、大功率化、结构轻型化以及精密程度的不断提高，对控制振动的要求也更加迫切。在设计和生产过程中，一般都要对整机和重要零部件进行振动计算、分析和测试试验，以防止振动的产生或控制其量级在允许的范围内。

机械振动有不同的分类方法，按振动系统的自由度（确定系统在振动过程中任何瞬时几何位置所需的独立坐标的数目）可以分为单自由度系统振动、多自由度系统振动和连续系统振动。连续系统在振动过程中任何瞬时几何位置的确定需要无穷多个独立坐标。按振动系统所受的激励形式的不同可以分为自由振动、受迫振动和自激振动。自由振动为外激励去除后的振动；受迫振动为系统在外激励力作用下产生的振动；自激振动为系统在输入与输出之间具有反馈特性并有能量补充而产生的振动。按系统的响应的表达函数可分为简谐振动（可用对时间的正弦或余弦函数表示系统响应）、周期振动（可用对时间的周期函数表示系统响应）、随机振动（不能用函数表示振动规律，只能用统计方法表示系统的响应）等。从更为基础的层面可以用常系数线性微分方程描述的振动为线性振动，而仅能用非线性微分方程描述的振动为非线性振动。

机械振动测试内容一般分为以下两类。

① 测量被测对象的振动动力学参量或动态性能，如固有频率、阻尼、阻抗、传递率、响应和模态等。这时往往要采用某种特定形式的振动来激励被测对象，使其产生受迫振动，然后测定输入激励和输出响应。

② 被测对象选定点的振动参量测试和后继特征量的分析，目的是了解被测对象的振动状态，评定振动量级和寻找振源，以及进行监测、诊断和预估。

从测量观点来看，测量机械振动的时域波形较合适，也就是研究振动的典型波形，以及其时域参数和频域参数。常见的表达振动的参数是位移、速度、加速度和频率。

以简谐振动为例，其振动量是随时间按正弦或余弦规律变化的，如图 11-1 所示。简谐振动的位移、速度、加速度表达式为

$$x(t)=x_{\mathrm{m}}\sin(\omega t+\phi) \tag{11-1}$$

$$v(t)=\frac{\mathrm{d}x}{\mathrm{d}t}=\omega x_{\mathrm{m}}\cos(\omega t+\phi)=v_{\mathrm{m}}\sin\left(\omega t+\phi+\frac{\pi}{2}\right) \tag{11-2}$$

$$a(t)=\frac{\mathrm{d}v}{\mathrm{d}t}=\frac{\mathrm{d}^2x}{\mathrm{d}t^2}=-\omega^2x_{\mathrm{m}}\sin(\omega t+\phi)=a_{\mathrm{m}}\sin(\omega t+\phi+\pi) \tag{11-3}$$

式中，$x(t)$、$v(t)$、$a(t)$ 分别为位移、速度、加速度在时刻 t 时的瞬时值，单位分别为 m、m/s、$\mathrm{m/s^2}$；x_{m}、v_{m}、a_{m} 分别为位移、速度、加速度的最大值或幅值；ω 为振动角频率，rad/s；ϕ 为初始相位角，rad。

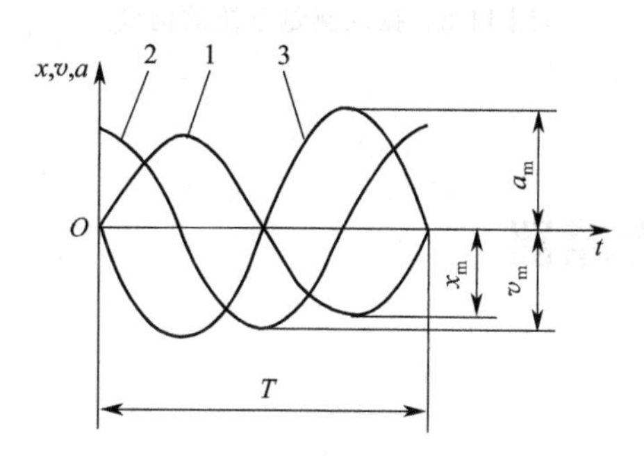

图 11-1　简谐振动波形

1—$x(t)$；2—$v(t)$；3—$a(t)$

由图 11-1 可知，简谐振动的位移、速度和加速度的波形和频率都一致，其速度和加速度的幅值与频率有关，在相位上，速度超前位移 $\pi/2$，加速度又超前速度 $\pi/2$。对于简谐振动，只要测定出位移、速度、加速度和频率这四个参数中的任意两个，便可推算出其余两个参数。

一个完整的振动测量系统是由检振、放大、处理、显示或记录等基本部分组成的。由于测量的目的不同，组成系统的各部分也不同，图 11-2 所示为振动测量系统各组成部分的仪器。

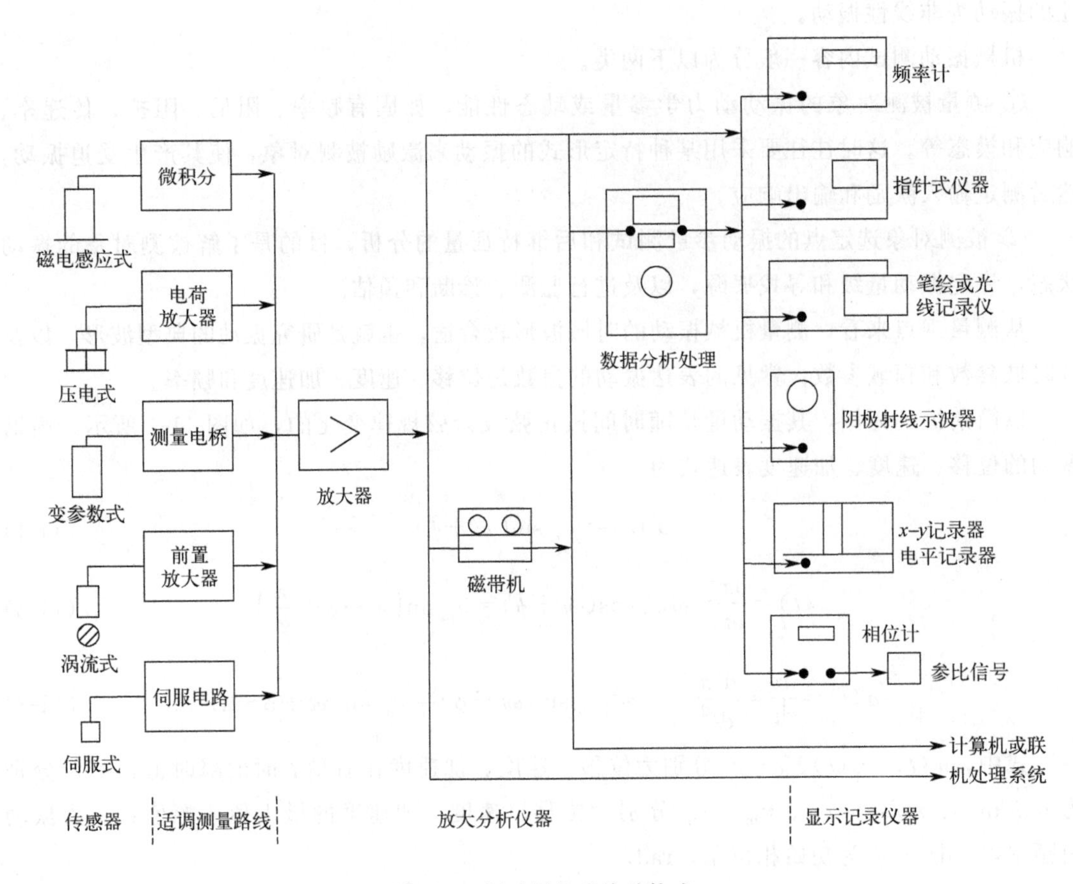

图 11-2 振动测量系统的构成

11.2 振动测量传感器

振动测量传感器的种类很多。按测振参数可分为位移传感器、速度传感器和加速度传感器。按传感器与被测对象的联系方式可分为接触式传感器和非接触式传感器两大类。电涡流、电容、电感、光电等位移传感器都可用于振动位移的非接触测量。在接触式传感器中，按其壳体的固定方式又分为相对式测振传感器和绝对式测振传感器两种。相对式测振传感器的壳体固定在基座上，仅将其活动件通过测杆与被测对象相连，它对被测对象相对于基座的振动敏感。相对式测振传感器主要用于无法或不允许将传感器直接固定在试件上（如旋转轴、轻小结构件等）的场合。绝对式测振传感器是将其壳体固定在被测对象上，利用弹簧支承一个惯性体（质量块）来感受振动，故又称为惯性式测振传感器。磁电式速度传感器和压电式加速度传感器都属于接触式惯性测振传感器。

11.2.1 振动位移传感器

根据运动方式的不同，位移传感器可以分为直线位移传感器和角度位移传感器；根据被测变量变换的形式不同，可分为模拟式和数字式两种。模拟式又可分为物性型（如自发电式）和结构型两种。常用的位移传感器以模拟式居多，包括电涡流式位移传感器、电位器式位移传感器、电感式位移传感器、电容式位移传感器、光电式位移传感器和霍尔式位移传感器等。

根据电磁感应定律，当块状金属置于变化着的磁场中或者在固定磁场中运动时，金属体内会产生感应电流，这种电流在金属体内自身闭合，称为电涡流，此种现象称为电涡流效应。因为电涡流效应与磁场变化特性有关，因此可以通过测量电涡流效应获得引起磁场变化的外界非电量。根据电涡流效应制成的传感器就称为电涡流式传感器。按电涡流在导体内贯穿情况，传感器又可分为高频反射式和低频透射式两种，二者原理基本相似。高频反射式应用最为广泛。

如图 11-3 所示的电涡流式位移传感器就是通过传感器端部与被测物体之间的距离变化来测量物体的振动位移和其幅值的。传感器由固定在聚四氟乙烯或陶瓷框架中的扁平线圈组成，结构简单，线圈的厚度越小，其灵敏度越高。

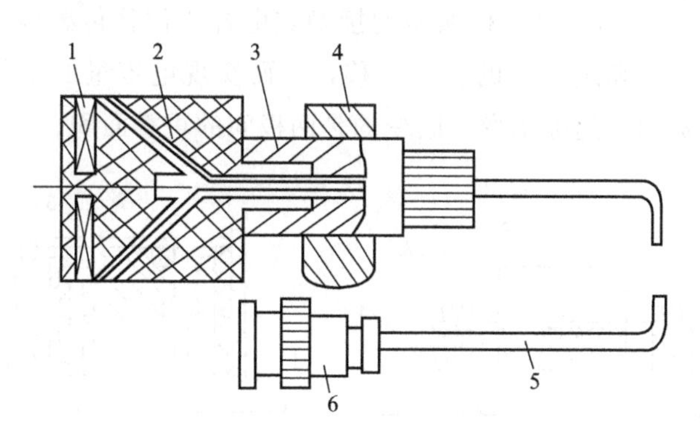

图 11-3　电涡流式位移传感器

1—线圈；2—框架；3—框架衬套；4—支架；5—电缆；6—插头

电涡流式位移传感器已成系列，应用范围一般为 0.5～10mm，灵敏阈值约为测量范围的 0.1%。电涡流式传感器具有线性范围大、灵敏度高、频率范围宽、抗干扰能力强、不受油污等介质影响及非接触式测量等特点。由于该传感器为相对式测振传感器，因此能方便地测量运动部件与静止部件之间的间隙变化。这类传感器已成功应用于汽轮机组、空气压缩机等回转轴系的振动监测，同时也广泛应用于各类位移测量、转速测量以及材料无损探伤等方面和领域。

图 11-4 所示的为某大型燃气轮机组运行状态监测的传感器布置示意图，共使用了 53 个传感器，其中 28 个是电涡流式传感器。电涡流式传感器用于实现该机组的轴振动、轴向位移胀差、热膨胀、转速、偏心、键相等 7 种物理量的测量和监测，在机组运行状态监测和保

障安全运行方面发挥了关键作用。

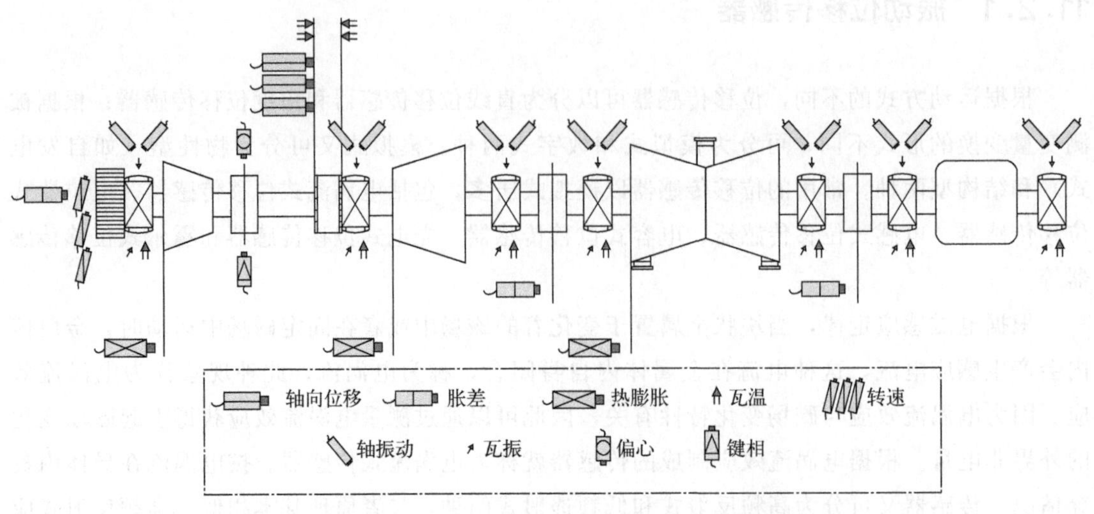

图 11-4　某大型燃气轮机组运行状态监测的传感器布置

电容式位移传感器分为非接触式和接触式两类。非接触式的电容式位移传感器与电涡流式传感器相近，接触式的电容式位移传感器重量轻，与地绝缘，适合测量 10～500Hz 范围内的角位移和线位移（0.001～1mm），可实现超低频测量，但受温度、湿度以及电容介质等的影响较大。图 11-5 所示的是两种典型的接触式电容式位移传感器，其中图 11-5(a) 是通过将振动转变为平弹簧和定片间的相对位移，从而实现电容量的变化的；图 11-5(b) 则是在振动时，电容两极间的间隙不变，改变的是两极间的重叠面积。

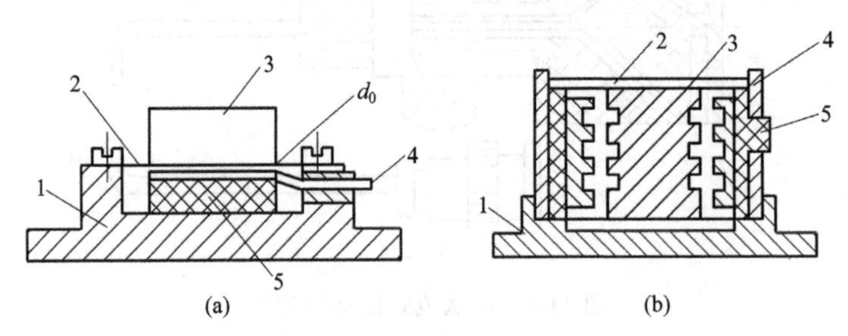

图 11-5　电容式位移传感器

1—基座；2—平弹簧；3—惯性质量；4—定片；5—绝缘物

电位器式位移传感器是通过电位器元件将机械位移转换成与之成线性或任意函数关系的电阻或电压输出来测量位移的。物体的位移引起电位器移动端的电阻变化。阻值的变化量反映了位移的量值，阻值的增加或减小则表明了位移的方向。通常在电位器上通以电源电压，将电阻变化转换为电压输出。电位器式位移传感器结构简单、输出信号强、使用方便、价格低廉，其缺点是易磨损。

电感式位移传感器是利用位移引起的电感变化来确定位移的大小的，它相对于电位器式位移传感器的优点是：无滑动触点，工作时不受灰尘等非金属因素的影响，并且功耗低，寿命长，可在各种恶劣条件下使用。

霍尔式位移传感器的测量原理是保持霍尔元件的激励电流不变，并使其在一个梯度均匀的磁场中移动，则所移动的位移正比于输出的霍尔电势。磁场梯度越大，灵敏度越高；梯度变化越均匀，霍尔电势与位移的关系越接近于线性。霍尔式位移传感器的优点是惯性小、频响高、工作可靠、寿命长。

11.2.2 振动速度传感器

单位时间内位移的增量就是速度。速度包括线速度和角速度，因此速度传感器分为线速度传感器和角速度传感器。在速度传感器中，磁电式速度传感器应用较多，它利用电磁感应原理，将传感器中的线圈作为质量块，当传感器运动时，线圈在磁场中做切割磁力线的运动，其产生的电动势大小与输入的速度成正比，只适用于动态测量。

如图 11-6 所示的是磁电式相对速度传感器的结构图。该传感器由固定部分、可动部分以及 3 组拱形弹簧片组成。3 组拱形弹簧片的安装方向是一致的。如果将壳体固定在一试件上，通过压缩弹簧片，使顶杆以力 F 顶住另一试件，则线圈在磁场中运动速度就是两试件的相对速度，速度传感器的输出电压与两试件的相对速度成比例。

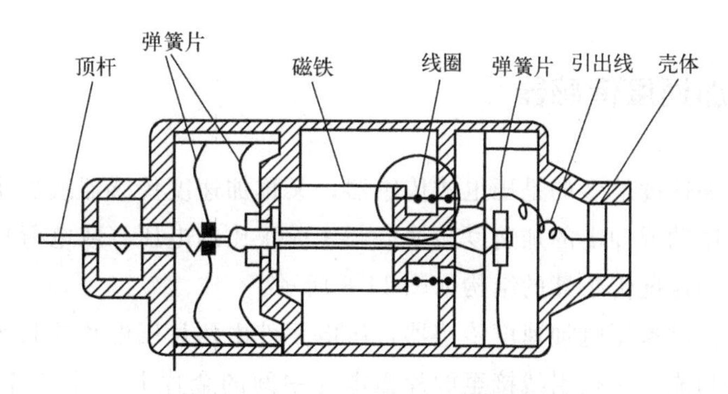

图 11-6　磁电式相对速度传感器结构

在振动测量时，必须先将顶杆压在被测物体上，并且应注意满足传感器的跟随条件。设振动系统的质量为 m_1，弹性刚度为 k_1，则当传感器顶杆跟随被测物体运动时，顶杆质量 m_2 和弹簧刚度 k_2 附属于被测物体上，它成了被测振动系统的一部分，因此在测量时应注意满足 $m_1 \gg m_2$，$k_1 \gg k_2$ 的条件，这样传感器的可动部分的运动才能主要地取决于被测物体系统的运动。根据电磁感应定律，磁电式传感器所产生的感应电动势 E 为

$$E=-BL\frac{\mathrm{d}x}{\mathrm{d}t}\times 10^{-4} \tag{11-4}$$

式中，E 为感应电动势，mV；B 为磁感应强度，T；L 为线圈在磁场内的有效长度，m；$\mathrm{d}x/\mathrm{d}t$ 为线圈和磁场的相对运动速度，m/s；负号表示产生的感应电动势与磁通方向相反。

由式(11-4) 可知，感应电动势与振动速度成正比，因而磁电式速度传感器不仅可以用于测量振动体的速度，而且经一次微分可以得到振动体的加速度，经一次积分可以得到振动体的位移。磁电式速度传感器可用于测量频率为 10～500Hz 的线速度或角速度，0.001～

1mm 的位移、0.01g～10g 的加速度（g 为重力加速度）的振动。使用时不需要供电电源，结构较简单，性能稳定，使用方便，输出阻抗低，从外部引入的电噪声很小，输出信号较大，灵敏度较高，有时可不加放大器，适于测量低频信号。其主要缺点是体积大、笨重，受磁场影响大，若采用永磁体，则其磁场衰减会导致灵敏度降低，不能用于高频信号的测量。

多普勒效应振动传感器属于光纤传感器，它是一种非接触式传感器，可以用来测量高频、小振幅的振动，具有较高的空间分辨率和测量精度。它是根据多普勒效应工作的，即振动物体反射光的频率变化与物体的速度有关，其工作原理如图 11-7 所示。当振动物体的振动方向与光纤的光线方向一致时，测知反射光的频率变化，即可测知振动速度。

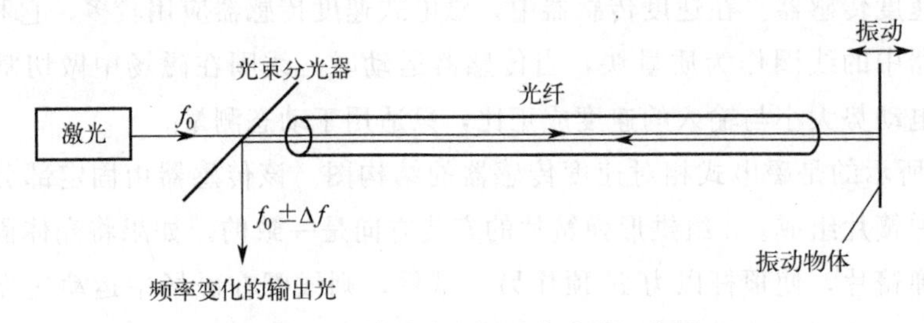

图 11-7　多普勒效应振动传感器工作原理

11.2.3　振动加速度传感器

用于测量振动加速度最多的是压电式传感器，又称加速度传感器或加速度计，是一种压电换能器，它能把振动或冲击的加速度转换成与之成正比的电压（或电荷）。

常用的压电式加速度传感器的结构如图 11-8 所示。

图 11-8(a) 是压缩型压电加速度传感器，压电元件由两片压电片并联连接组成，压电片通常采用压电陶瓷制成。一根引线接至两片压电片中间的金片上，另一端直接与基座相连。压电片上放一块重金属制成的质量块，用一弹簧压紧，对压电元件施加预负载。整个组件装在一个有厚基座的金属壳体中。测量时，通过基座底部的螺孔将传感器与试件刚性地固定在一起，传感器感受与试件相同频率的振动。由于弹簧的刚度很大，因此质量块也感受与试件相同的振动。这种结构谐振频率高、频响范围宽、灵敏度高，而且结构中的敏感元件（弹簧、质量块和压电元件）不与外壳直接接触，受环境的影响小，是目前应用较多的结构形式之一。图 11-8(b) 是剪切型压电加速度传感器。压电元件是一个压电陶瓷圆筒。在组装前先在与圆筒轴向垂直的平面上涂上预备电极，使圆筒沿轴向极化，极化后磨去预备电极，将圆筒套在传感器底座的圆柱上；压电元件外面再套上惯性质量环。当传感器感受到振动时，质量环的振动由于惯性有一滞后，这样在压电元件上就出现剪切应力，产生剪切形变。这种结构有很高的灵敏度，而且横向灵敏度小，受环境的影响也比较小。图 11-8(c) 是弯曲型压电式加速度传感器，它由特殊压电悬臂梁构成，有很高的灵敏度和很低的频率响应，主要用于医学上和其他低频响应的领域，如地壳和建筑物的振动等。

压电式加速度传感器由绝对加速度输入，压电片承受由质量块加速度而产生的惯性力，惯性力转换成电荷输出。考虑到第二次转换是一种比例转换，因而压电式加速度计的频率响

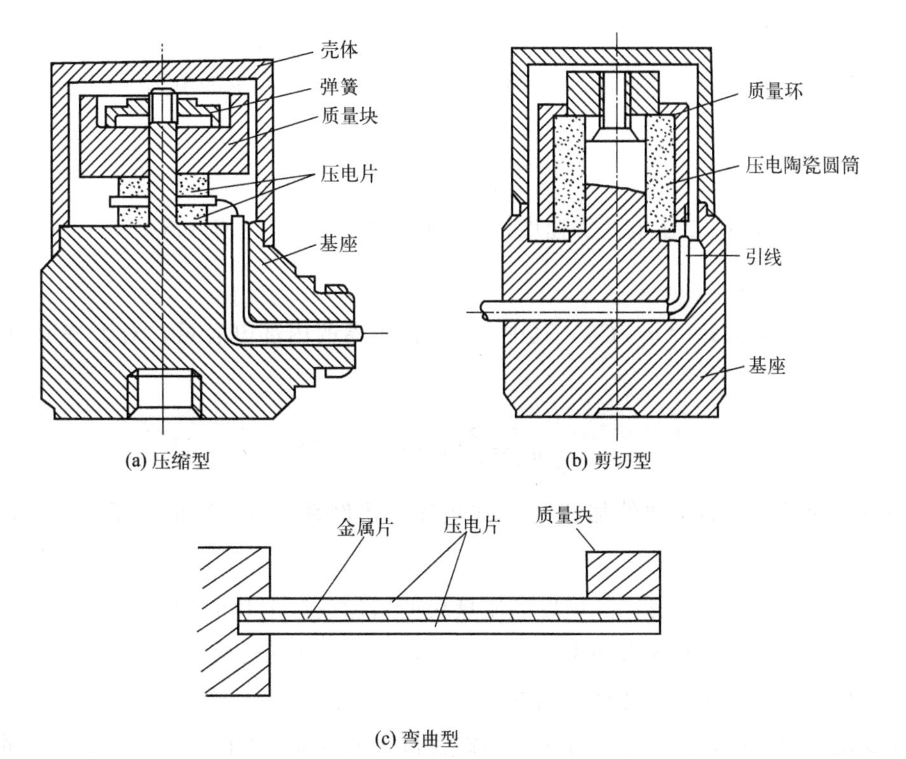

图 11-8　压电式加速度传感器结构

应特性在很大程度上取决于第一次转换的频率响应特性。

如果加速度传感器的固有频率是 ω_n，则有 $\omega_n=\sqrt{\frac{k}{m}}$，其中 k 是弹簧、压电元件片和基座螺栓的组合刚度系数，m 是惯性质量块的质量。为了使加速度传感器正常工作，被测振动的频率 ω 应该远低于加速度传感器的固有频率，即 $\omega \ll \omega_n$。很明显，由于输入和惯性质量块与基座之间的相对运动 z_{01} 成比例关系，加速度传感器的压电元件受到交变力后，z_{01} 与加速度成正比，因此加速度传感器就能输出与被测振动加速度成比例的电荷。

压电式加速度传感器的灵敏度有两种表达方法，一种是电荷灵敏度 S_q；另一种是电压灵敏度 S_V，图 11-9 为压电式加速度传感器的电学特性等效电路。

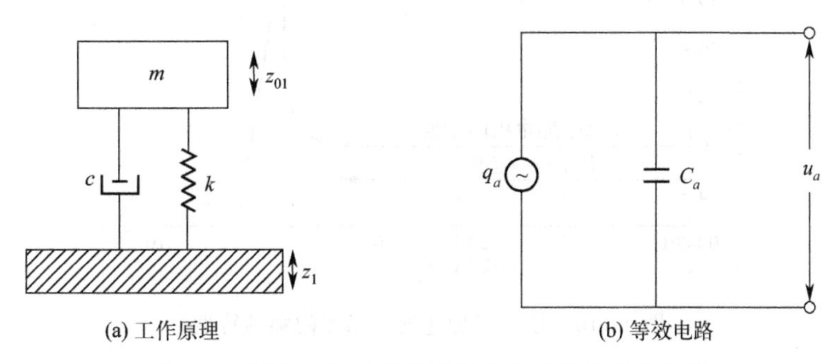

图 11-9　压电式加速度传感器的电学特性等效电路

(1) 电荷灵敏度

压电片上承受的压力为 $F=ma$，在压电片的工作表面上产生的电荷 q_a 与被测振动的加速度 a 成正比，即

$$q_a=S_q a \tag{11-5}$$

式中，比例系数 S_q 是压电式加速度传感器的电荷灵敏度，pC/(m/s^2)。

(2) 电压灵敏度

传感器的开路电压 $u_a=q_a/C_a$，其中 C_a 为传感器的内部电容量，对于特定的传感器，C_a 为定值，故

$$u_a=\frac{S_q}{C_a}a=S_V a \tag{11-6}$$

开路电压同样与被测振动的加速度 a 成正比，比例系数 S_V 就是电压灵敏度，单位是 mV/(m/s^2)。

对于给定的压电材料而言，灵敏度随质量块的增加或压电片的增多而提高。一般来说，加速度传感器尺寸越大，其固有频率越低。因此，选用加速度传感器时应当权衡灵敏度和结构尺寸、附加质量、频率响应特性之间的影响。

加速度是一个矢量，它有三个分量，当需要指定测量某一方向的加速度，而不希望其他两个正交方向的振动影响输出时，就要求加速度传感器的横向灵敏度尽可能低。横向灵敏度表示它对横向（垂直于加速度传感器轴线）振动的敏感程度。横向灵敏度常以主灵敏度（即加速度传感器的电压灵敏度或电荷灵敏度）的百分比表示。一般在壳体上用小红点标出最小横向灵敏度方向，一个优良的加速度传感器的横向灵敏度应小于主灵敏度的 3%。

由于电荷泄漏，实际的压电式加速度传感器幅频特性如图 11-10 所示，从图中可以看出压电式加速度传感器的工作频率范围很宽，只在其固有频率 ω_n 附近灵敏度才发生急剧变化。加速度传感器的使用上限频率取决于幅频曲线中的共振频率。一般小阻尼（阻尼比 $\xi\leqslant 0.1$）的加速度传感器，上限频率若取共振频率的 1/3，便可保证幅值误差低于 1dB（即 12%）；若取共振频率的 1/5，则可保证幅值误差小于 0.5dB（即 6%），相移小于 3°。

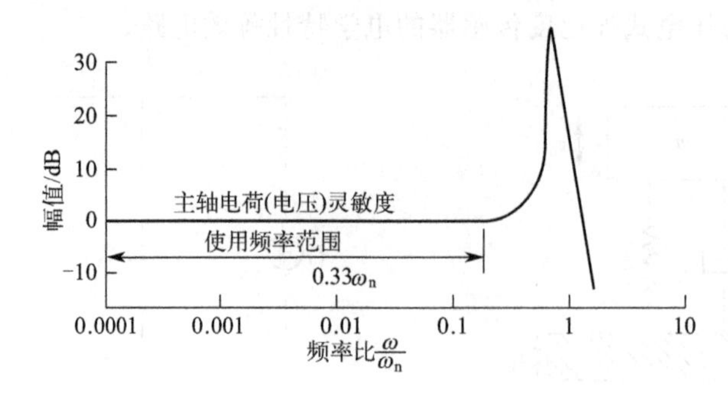

图 11-10 压电式加速度传感器的幅频特性

压电式加速度传感器的共振频率还与加速度传感器的定装固定状况有关。传感器出厂时给出的幅频曲线是在刚性连接的情况下得到的，实际使用时的固定方法往往难以达到刚性连

接，因而共振频率和使用的上限频率都会有所下降。只能在安装过程中提高安装刚度以提高安装谐振频率，从而保证加速度传感器的测频上限。一般要求安装谐振频率为传感器使用频率的5倍。实际上，采用淬火钢螺栓固定传感器可获得最高的安装谐振频率，并最符合加速度传感器的安装条件，可传递最大加速度。

压电式传感器输出的是电荷，只有在外电路负载无穷大，内部无漏电时，压电晶体表面产生的电荷才能长时间保持下来。但实际上负载不可能无穷大，导线、测量电路和加速度传感器本身的电荷泄漏也不可能完全避免。所以通常要采用高输入阻抗的前置放大器来代替理想的情况，从而把泄漏减少到测量准确度所要求的限度以内。

与压电式加速度计配用的前置放大器有电压放大器和电荷放大器两种。所谓电压放大器就是高输入阻抗的比例放大器。其电路比较简单，但输出受连接电缆对地电容的影响，适用于一般振动测量。此外在使用电压放大器时，当更换连接电缆时，必须对传感器进行重新标定，否则连接电缆电容的改变会引起等效电路电容的改变。电荷放大器以电容作为负反馈，使用中基本不受电缆电容的影响。在电荷放大器中，通常使用高质量的元器件，输入阻抗更高，但价格也比较贵。

压电式加速度传感器结构尺寸和重量极小，脉冲响应优异，可作冲击振动测量，也可用来测量低频振动。这是因为从压电式加速度传感器的力学模型看，它具有“低通”特性，故可测量极低频率的振动。但实际上由于低频，尤其小振幅振动时，加速度值小，传感器的灵敏度有限，因此输出信号将很微弱，信噪比很差；另外存在电荷的泄漏、积分电路的漂移(用于测振动的速度和位移)、器件的噪声等，这些都是不可避免的。因此实际低频端也存在“截止频率”，为0.1～1Hz，若配用好的电荷放大器则可降到0.1mHz。

11.3 振动测试仪器与振动测量

振动测试仪器是测振系统的重要组成部分，包括了测振放大器和信号处理仪器、记录设备与显示仪表。

11.3.1 振动测试仪器

11.3.1.1 测振放大器

测振放大器为二次仪表，它不仅对信号有放大作用，一般还具有对信号进行积分、微分和滤波等功能，因此，它的输入特性必须满足传感器的输出要求，而它的输出特性又应符合记录设备的要求。放大器的放大方式分为两种主要类型：一类是输入信号的直接放大形式，并具有积分、微分等运算网络和滤波网络，这类仪器配合压电式和磁电式传感器使用；另一类是载波放大形式，它把输入信号经过载波调制后再放大，然后经过检波解调恢复原波形输出，这类仪器配合参数变化型非接触式传感器使用。常用的放大器有微积分放大器、电压放大器和电荷放大器、动态应变仪和差动变差放大器，以及调频放大器等。

微积分放大器电路框图如图 11-11 所示，调频放大系统框图如图 11-12 所示。

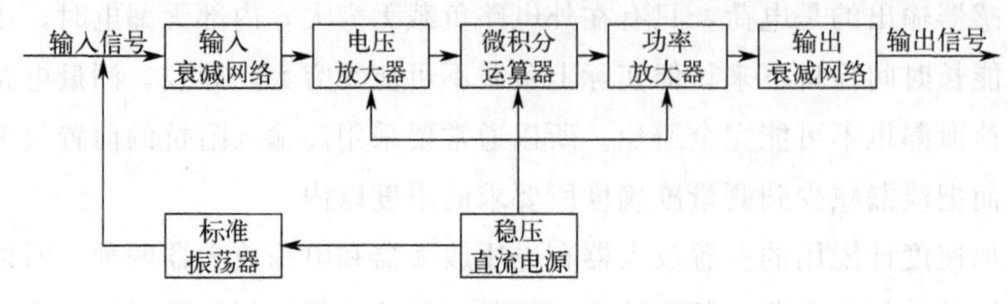

图 11-11 微积分放大器电路框图

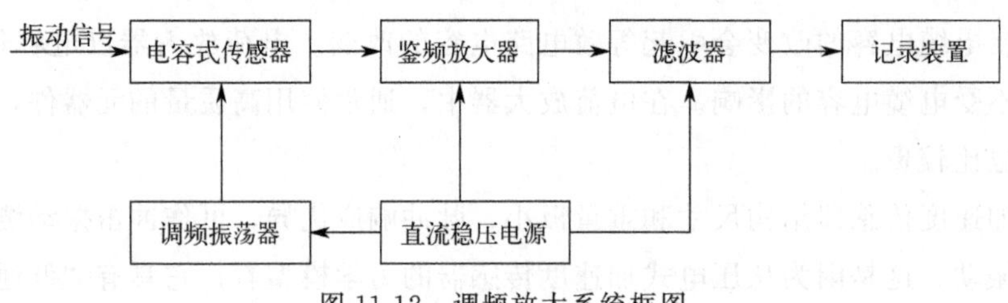

图 11-12 调频放大系统框图

11.3.1.2 振动分析仪器

最简单的指示振动量的仪表是测振仪，它用位移、速度或加速度的单位来表示传感器测得的振动信号的峰值、平均值或有效值。这类仪器只能获得振动强度（振级）。为了得到更多的信息，应将振动信息进行概率密度分析、相关分析和谱分析，采用的仪器为频谱分析仪。频谱分析仪有模拟式和数字式两类。下面对常用的频谱分析仪进行简单介绍。

（1）恒定百分比带宽频谱分析仪

此类频谱分析仪的工作基础为一系列带通滤波器，如图 11-13 所示，根据滤波器的带宽 B（上限频率与下限频率之差，单位为 Hz）和中心频率 f_0 的关系，通常将滤波器分为恒定带宽和恒定百分比带宽滤波器两类。前者带宽 B 为恒定值，不随中心频率 f_0 的变化而变化；后者的带宽 B 与中心频率 f_0 的比值保持不变。通常所说的倍频程滤波器即属后者。

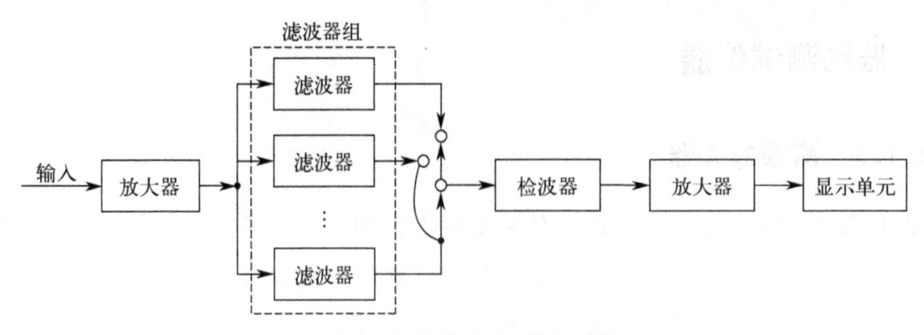

图 11-13 顺序滤波法原理框图

例如，一个 n 倍频程的滤波器，它的上、下限频率之间的关系为

$$f_{Hi}=2^n f_{Li} \tag{11-7}$$

式中，f_{Hi} 为第 i 频带的上限频率，Hz；f_{Li} 为第 i 频带的下限频率，Hz；n 为倍频程数，常用 $n=1$，1/2，1/3，1/4，…。

频带中心频率用 f_{oi}(Hz) 来表示，有

$$f_{oi}=(f_{Hi}f_{Li})^{\frac{1}{2}}=2^{\frac{n}{2}}f_{Li} \tag{11-8}$$

带宽

$$B=f_{Hi}-f_{Li}=(2^n-1)f_{Li} \tag{11-9}$$

$$\frac{B}{f_{oi}}=2^{\frac{n}{2}}-\frac{1}{2^{\frac{n}{2}}} \tag{11-10}$$

为了在一个相当宽广的频域中进行频谱分析，可以采用不同中心频率的带通滤波器来联合工作。把 B/f_{oi} 称为滤波器相对带宽。因各滤波器均具有相同的相对带宽，所以称为恒定百分比带宽频谱分析仪。

此频谱分析仪的工作方式为顺序滤波法，当频率为对数刻度时，滤波器的相对带宽在对数频率刻度上分辨率是均匀的。因此，恒定百分比带宽频谱分析仪适用于分析平稳的离散的周期振动。

(2) 恒带宽频谱分析仪

这类频谱分析仪所采用的滤波器中心频率连续可调，可用于分析带宽恒定不变并与中心频率的变化无关的振动。目前使用最多的是基于外差式跟踪滤波器的外差式频谱分析仪，其原理如图 11-14 所示。所谓“跟踪”，是指滤波器的中心频率能自动地跟随参考信号的频率的功能。频率为 f_τ 的本机振荡信号（参考信号）与频率为 f_x 的输入信号在混频器中进行差频。当差频信号的频率 $f_\tau-f_x=f_o$（滤波器的中心频率为 f_o）时，中频放大滤波器才有输出，其输出信号的大小正比于 f_x 的幅度。如果连续调节本机振荡器的频率 f_τ，则输入信号中的各个频率分量将依次落入中频放大滤波器的带宽内，中频放大滤波器的输出经检波放大后将送入显示器的垂直（y）通道，而本机振荡频率作为扫频信号加至显示器的水平（x）通道，即可得到输入信号的幅值频谱图。

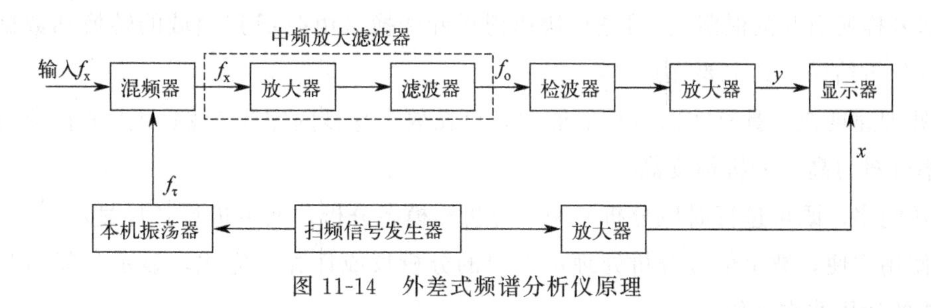

图 11-14　外差式频谱分析仪原理

基于外差式跟踪滤波器的恒带宽频谱分析仪，可对信号作窄带分析，但仍属顺序分析，它特别适用于含有谐波分量的噪声信号的分析。由于分析带宽不随滤波器中心频率的变化而变化，因而在整个频率范围内具有相同的频率分辨力。

(3) 实时频谱分析仪

对于那些频率随时间急剧变化的振动信号和瞬态振动信号，一般采用实时频谱分析仪。以并联滤波器实时频谱分析仪为例，将一组中心频率按一定要求排列的带通滤波器一端联在一起，另一端各自连接着一套检波器、积分器，最后接到电子转换开关上，如图 11-15 所示。它的工作原理是，输入的振动信号通过前置放大器同时加到各个滤波器上。电子开关和逻辑线路的作用是保证高速地、依次地、反复地将各个通道和显示单元瞬时接通，从而在显示单元上显示出每一个通道的输出量。并联滤波器实时频谱分析仪中所能并联的滤波器总是有限的，因而这种频谱分析仪不能用来进行窄带分析。能够进行窄带分析的有时间压缩式实时频谱分析仪。

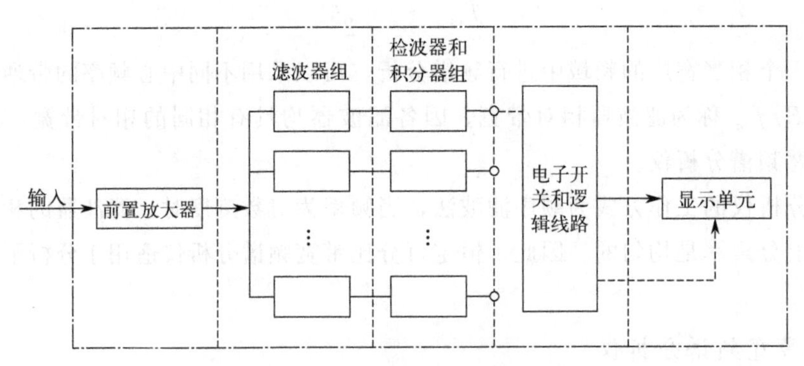

图 11-15　并联滤波器实时频谱分析仪

11.3.1.3　数字信号处理系统

随着微电子技术和信号处理技术的迅速发展和快速傅里叶变换算法的推广，在工程测试中，用数字方法处理振动测试信号已日益广泛，出现了各种各样的信号分析和数据处理仪器。这种具有高速控制环节和运算环节的实时数字信号处理系统和信号处理器，具有多种功能，因此又称为综合分析仪。

数字信号的测试与模拟信号的测试一样，先由传感器获得模拟信号；然后对模拟信号进行抗混滤波（防止频率混叠）波形采样和模数转换（计算机处理的需要）、加窗（减小对信号截断和采样所引起的泄漏）；再进行快速傅里叶变换（由时域到频域的转换和数据计算）；最后显示分析结果。其主要优点是：

① 处理速度快，具有实时分析的能力，可在数十毫秒内完成 1024 个点的快速傅里叶变换。频率分辨力高，分析精度高。

② 功能多，既可进行时域分析、频域分析和模态分析，又可进行各种显示。

③ 使用方便，数字信号分析处理由专门的分析仪或计算机完成，显示、复制和存储等各种功能的使用非常方便。

11.3.1.4　振动测量仪器的选择

目前市场上有许多通用的振动测量仪器可供选择。首先要依据测量对象的振动类型（周期振动、随机振动和冲击振动)、振动的幅度，以及研究目的确定合适的测量项目（位移、速度、加速度、波形记录和频谱分析)，选择合适的振动测量方法或分析系统。例如，有的振动测量研究只需了解振动的位移值（如机械轴系的轴向和径向振动)，有的研究需了解振动的速度值（如机械底座、轴承座的振动)，而且常常把振动烈度，即 10Hz～1kHz 频率范围内振动速度的有效值，作为评价机器振动的主要评价量。另外，振动测试仪的选择还需考虑测量的频率范围、幅值的动态范围以及仪器的最小分辨率等。对于冲击测量还应考虑振动测量仪的相位特性，因为在冲击振动频谱分量所确定的频率范围内，不仅要求测量设备的频率响应必须是线性的，而且要求设备的相位响应不能发生转变。

根据被测信号的特征和试验要求合理选用振动测量仪器是获得正确试验数据的前提。仪器主要性能包括以下几个方面。

① 灵敏度　测量时应该选用合理的仪器灵敏度。灵敏度过高，不仅会使抗干扰能力变差，同时也会降低测量数据的可靠性。过低的灵敏度会影响测量精度，也会使后续测量仪器必须具有更加良好的性能才能达到测量要求，这将增加测量难度和成本。

② 频率响应特性　所选仪器的频率使用范围必须保证被测信号在最低、最高频率时仍能不失真传输，达到规定的幅值和相位测量精度。

③ 线性范围　线性范围是指仪器在合格的线性度时的量程大小。选用仪器时应使其与被测量的变化范围相适应。

④ 稳定性　稳定性是衡量测量系统（仪器）在长时间测试过程中，其性能不发生变化或发生多少变化的一个指标。测量环境是影响仪器稳定性的重要因素，在选用仪器时应充分了解仪器的使用环境。

⑤ 精度　对仪器精度的选择以满足测量要求为准则，应考虑经济性等因素。

⑥ 自重和体积　一般在振动测量中应重点考虑传感器的自重和体积，因为传感器经常需要安装在被测量对象上，它会不同程度地影响被测量对象的振动状态。测加速度时一般要求传感器的质量小于被测量对象质量的 1/10。

⑦ 输入、输出阻抗　当测量系统是由多台测量仪器组成的时候，必须考虑仪器连接时的阻抗匹配问题，以保证信号有效地、正确地传输和变换。

11.3.2 测频系统

汽轮机、水轮机及叶片泵中测量和研究叶片的振动特性十分重要。以汽轮机叶片频率测定为例，汽轮机的叶片分为直叶片和扭叶片，可以看成是一个弹性梁，当有外界激振时，叶片就会来回振动。叶片振动时，叶片上各点产生扰度，它不仅是时间的函数，而且是位置的函数，叶片的振动形式近似于简谐振动。描述叶片振动的基本物理参数主要有振动频率和振型（模态)。叶片的振型根据叶顶端是否固定分为 A、B 两种，其中最常见的引起叶片损坏的危险振型是切向基调（A_0 型）振动，它对应的共振应力最大，是目前事故最多、最危险的振型。因此，对于新投运的机组，都需要全面地测定各级叶片的振型和自振频率。每次大修时，也需要对叶片的切向 A_0 型的自振频率进行测定、校核，以保证叶片运行的安全。

常见的叶片自振频率测量方法有3种：自振法、共振法和自激振动法。以下对自振法和共振法进行介绍。

（1）自振法测频

自振法测频的原理图如图11-16所示。用橡皮锤或者铜锤敲击叶片，使叶片发生自由振动，然后用传感器将叶片的振动转换为电信号，送至检测仪器以确定叶片的自振频率。传统的方法是根据李萨茹图形（Lissajous figure）来判断，将传感器采集的叶片振动信号放大，与标准信号发生器产生的信号分别通过x、y通道送进示波器，形成合成图像。调整标准信号频率，当其与叶片振动频率成一定倍数关系时，合成图像构成李萨茹图形，由此判断叶片振动的频率。

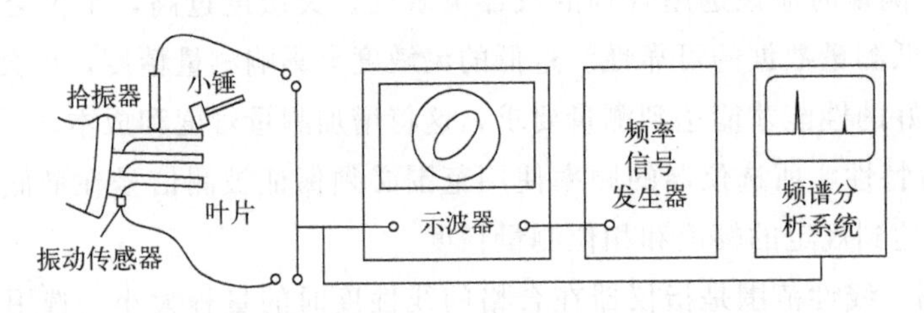

图11-16　自振法测定叶片自振频率原理

现代叶片振动频率检测更多采用频谱方法。最普通的频谱方法是将锤击激起的叶片振动信号送入频谱分析系统，直接根据频谱分析谱峰，判断叶片自振频率。针对振动信号快速衰减的问题，应该在数据采集时给予可靠的触发，及时捕捉振动信号。有条件的情况下，可采用带有力传感器的力锤敲击叶片，将力锤敲击信号作为采集触发信号，也作为叶片振动信号的激励信号，分析所采集振动信号与激励信号的传递关系，判断自振频率。

自振法是一种简单、准确和能迅速测定自振频率的方法，但因叶片的高频自由振动不易激发，即使产生，也是振幅小、衰减快，故难以用自振法测定。另外，自振法难以区分振型，所以多用来测定中、长叶片的A_0型振动频率。

（2）共振法测频

共振法测量原理如图11-17所示。由标准信号发生器产生的频率信号，除输到示波器及频谱分析系统外，还送入功率放大器，将信号功率放大后送到激振器，在激振器内将电气信号转换成为机械振动，经拉杆拉动叶片，使叶片发生与信号发生器频率一致的强迫振动。同时可将压电晶体片贴在叶片根部作为激振叶片的换能器，将信号发生器发生的信号放大并转变为机械振动，使叶片发生强迫振动。

当信号发生器输出的信号频率与叶片自振频率相等时，叶片发生共振，在激振器输出的振动幅值不变的条件下，叶片振幅达到最大值。利用频谱分析、波形分析或小波器上的李萨茹图形可以判别其自振频率。

当叶片被强迫共振时，将传感器触头沿叶片移动，找出叶片上各处振幅及相位的变化规律，即可判断出叶片的振型。共振法可用来测定叶片及叶轮的各种振型和自振频率。

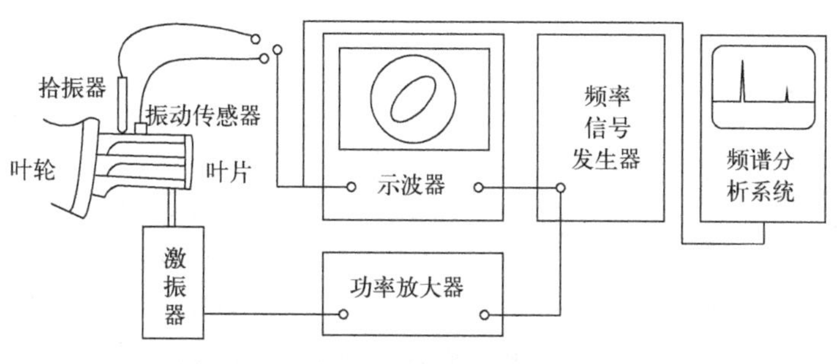

图 11-17　共振法测定叶片自振频率原理

11.3.3　激振设备

激振设备是对被测系统施加某种预定要求的激振力，激起被测系统振动的装置。激振设备应能在要求的频率范围内提供波形良好、强度足够和稳定的交变力。某些情况下还需提供一恒力，以便使被激对象受到一个一定的预加载荷，以消除间隙或模拟某种恒定力。另外，为减小激振设备质量对被测对象的影响，激振器的体积和质量应小而轻。激振器按工作原理可分为机械式、电动式、电磁式和液压式等，下面介绍几种常用的激振设备。

（1）脉冲锤

图 11-18 所示为脉冲锤的结构，它是由锤头（含锤头盖）、力传感器、锤体、配重块和锤柄等部件组成的，并用一中心螺栓预紧。锤头和锤头盖直接冲击试件，它相当于力传感器的顶部质量。

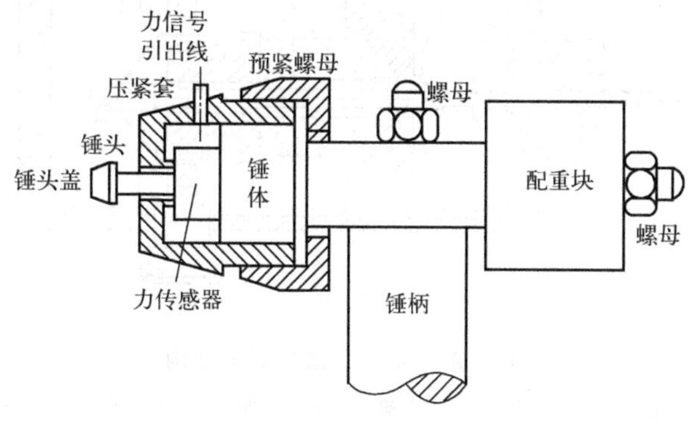

图 11-18　脉冲锤的结构

在振动测量中，可采取不同材料制成的锤头盖，以获得具有不同作用时间 τ 的冲击波形，如图 11-19(a) 所示。如将冲击力波形近似看作半正弦波，则其线性谱如图 11-19(b) 所示，频谱中心频率值约为 $3/(2\tau)$。在模态试验中，总是希望在所关心的频带内具有足够的能量，而在频带外的能量尽可能小一些。更换不同硬软材料制成的锤头盖就能得到合适的持续时间 τ 及中心频率 f。锤体质量主要是为了获得所需大小的冲击力峰值，但它对持续时间也略有影响。在锤头盖材料不变的前提下，增加锤体质量，不仅可得到较大的冲击力，而且持续时间也稍有延长。

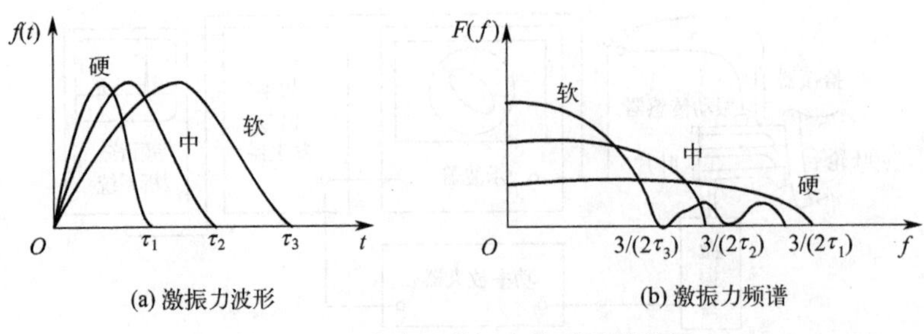

图 11-19 脉冲锤激振力波形及其频谱

常用脉冲锤的锤体质量小至几克，大到几十千克，锤头盖可用钢、铜、铝、塑料、橡胶等材料制造，可用于激励小至印制电路板，大到桥梁等物体，在现场试验中使用尤为方便。

(2) 电动式激振器

电动式激振器，又称磁电式激振器，主要是利用带电导体在磁场中受电磁力作用这一原理工作的。电动式激振器按其磁场形成方式分为永磁式和励磁式两种，前者一般用于小型的激振器，后者多用于较大型的激振台。

电动式激振器的结构如图 11-20 所示。当驱动线圈 4 通过经功率放大后的交变电流 i 时，根据磁场中载流体受力的原理，线圈将受到与电流成正比的电动力的作用，此力通过顶杆 1 传到被激振对象上，产生激振力。采用拱形的弹簧片组 2 来支承激振器中的运动部分，并能在试件和顶杆之间保持一定的预压力，防止它们在振动时脱离。

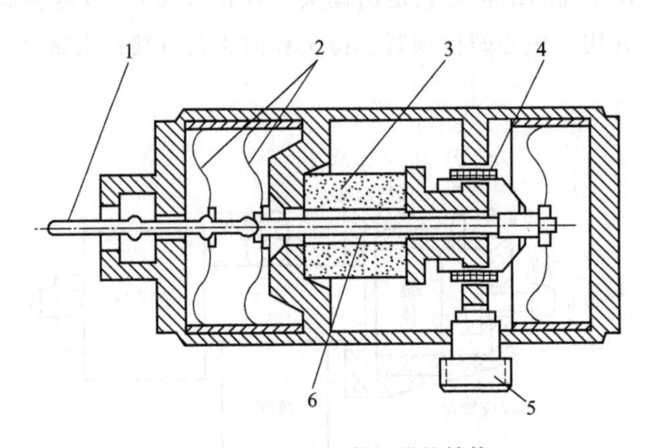

图 11-20 电动式激振器的结构

1—顶杆；2—弹簧片组；3—永久磁铁；4—驱动线圈；5—接线头；6—芯杆

由顶杆施加到试件上的激振力不等于线圈受到的电动力，最好使顶杆通过一只力传感器去激励试件，以便精确测出激振力的大小和相位。由于传力比（电动力与激振力之比）与激振器运动部分和被测对象本身的质量、刚度、阻尼等因素有关，而且是频率的函数，因此只有在激振器可动部分质量与被激对象的质量相比可略去不计、激振器与被激对象的连接刚度好且顶杆系统刚性也很好的情况下，才可认为电动力等于激振力。

(3) 电磁式激振器

电磁式激振器直接利用电磁力作为激振力，常用于非接触激振场合，特别适用于对回转件的激振。电磁式激振器的结构如图 11-21 所示。当电流通过励磁线圈 3 便产生相应的磁通，从而在铁芯 2 和衔铁 5 之间产生电磁力，实现两者之间无接触的相对激振。用力检测线圈 4 检测激振力，位移传感器 6 测量激振器与衔铁之间的相对位移。

电磁式激振器不与被激振对象接触，因此没有附加质量和刚度的影响，其频率上限为 500～800Hz。

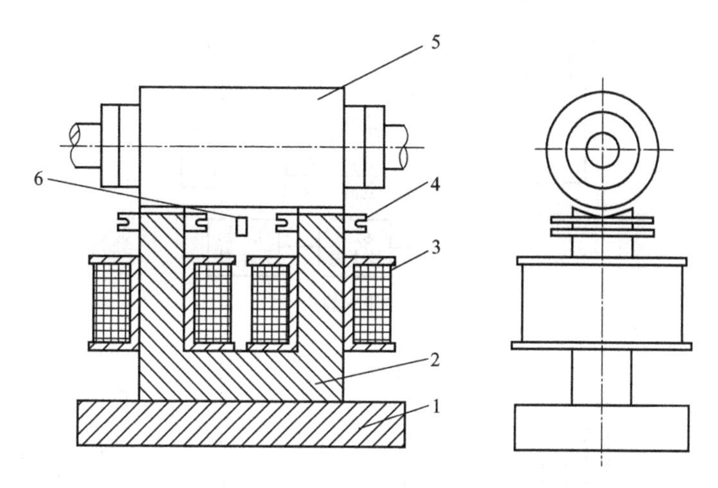

图 11-21　电磁式激振器的结构

1—底座；2—铁芯；3—励磁线圈；4—力检测线圈；5—衔铁；6—位移传感器

(4) 液压式激振台

液压式激振台也称电液式激振台，一般都做成大型的。激振力在千牛以上，承载质量以吨计，主要用于建筑物的抗振试验、飞行器的动力学试验以及汽车的行驶模拟试验等。整套设备结构复杂，价格昂贵。液压式激振台的工作介质主要是油，其工作原理是，利用电液阀控制高压油流入工作液压缸的流量和方向，从而使活塞带动台面和其上的试件振动。

图 11-22 所示的是液压式激振台的工作原理。电液控制阀的结构和原理类似于一个小型电动式振动台，其可动系统与控制阀内的一个滑阀相连，控制阀有多个出入油孔，分别与振动台的液压缸、来自液压泵的高压油管（供油管）和去油箱的低压油管（回油管）相连。

当没有信号输给电液阀的动圈时，动圈和滑阀都处在平衡位置，如图 11-22(a) 所示，滑阀正好关闭了控制阀的出入油孔，来自液压泵的高压油不能经控制阀进入液压缸，于是活塞和台面也都处于静止平衡位置。当有外加信号驱动动圈使其带着滑阀一起向上移动时，控制阀的有关出入油孔被打开。如图 11-22(b) 所示，高压油按图中箭头方向经控制阀流入液压缸下方，推动活塞和振动台向上移动，活塞上方的低压油按虚线箭头方向经控制阀的另一个室流回油箱。当另一瞬间，动圈和滑阀在信号控制下向下移动时，情况与此相仿，如图 11-22(c) 所示。高压油改变流向进入液压缸上方，使活塞带动台面向下移动，活塞下方的低压油流回油箱。振动台上还带有一个位移传感器，提供一个反馈信号给控制电路，以提高振动台的运动精度。这样，控制阀使得活塞完全跟随动圈上下运动的规律而运动，不过由于高压油的作用，推动活塞的液压力比推动动圈的电磁力大得多，即控制阀起到了从电磁力到液压力的放大作用，故也称为电液放大器。

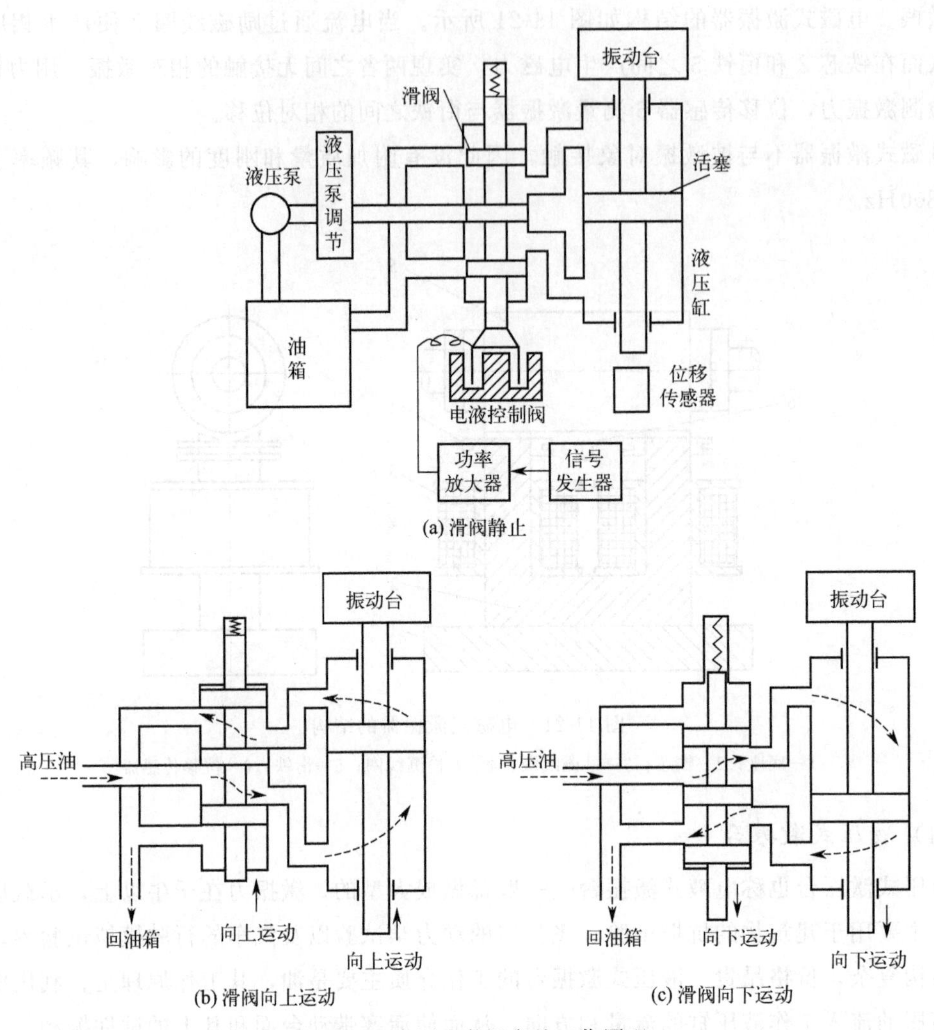

图 11-22　液压式激振台的工作原理

液压式振动台就输出功率和承受试件的重量而言，在各类振动台中是最大的，最大位移可达数百毫米，工作频率可低到零。由于液压体的惯性、阀门截面积有限和管道阻力等影响，频率上限仅为数百赫兹至1kHz，不如电动式振动台高。它的波形失真也会大些，这是由于液压系统的摩擦和非线性因素所致的。此外，它的结构复杂，制造精度要求高，并需一套液压系统，成本较高。

除了上述的几类常用激振器外，还有用于小型薄壁结构的压电晶体激振器，以及适用于高频激振的磁致伸缩激振器和高声强激振器等。

11.3.4　振动测试实例

(1) 行星齿轮箱故障模拟振动测试

行星齿轮箱故障模拟试验台主要由变频器、电机、转矩-转速传感器、行星齿轮箱、磁粉制动器、数据采集系统构成，如图 11-23 所示。三相交流电机驱动行星齿轮箱，电机的输入转速通过变频器进行调整，通过调节器可动态设定制动器的负载水平。数据采集系统主要包括安装在行星齿轮箱齿圈顶部的振动加速度传感器、NI 9231采集卡、以太网机箱以及计算机。

振动信号承载了齿轮箱的大量运行状态信息，也是状态监测、故障诊断等过程最有效、最可靠的分析参数。当齿轮箱的齿轮、轴承等零件出现局部异常时，通常会激起轴承座、箱体或其他构件的高频共振，对于此类响应频率高、频带范围宽、故障有效信息幅值低、能量微弱的振动信号而言，加速度参数具有更高的敏感度，是最为理想的分析参数。此实例中的振动加速度传感器灵敏度为1mV/g，频率响应范围为0.2～12800Hz，共振频率为38kHz，使用时将其磁铁底座吸附在待测点附近便可完成安装。

图11-23　行星齿轮箱故障模拟试验台

1—变频器；2—电机；3—转矩-转速传感器；4—行星齿轮箱；5—磁粉制动器；6—数据采集系统

在进行振动信号采集时，传感器测点位置对数据质量与测量结果影响较大，若传感器安装不当则可能无法反映出被测设备的真实工作状态。传感器测点的选取通常要遵循以下原则：

① 测点应该布置在振动特征最敏感的部位，如轴承座、端盖等。

② 为减少信号中有效信息的能量损耗，应尽量减少测点到故障源的中介面。

③ 多次测量或连续测量时应尽可能保证测点一致性，必要时可固定传感器位置。

④ 为保证测量数据的准确性，要保证安装面光滑、传感器连接牢固。

当齿轮或轴承出现故障时，所产生的冲击性振动会通过转轴向轴承座、箱体依次传递，因此振动信号的采集点应尽可能靠近故障零件位置，结合齿轮与轴承受力特性可知故障零件所在轴的径向振动最大，轴向次之。基于以上分析，可将加速度传感器布置在齿轮箱体的轴向和径向位置。

图11-24为行星轮局部故障振动信号的时域波形。可以看到，行星轮出现局部损伤时，振动信号时域波形中出现了明显的冲击成分。

(2) 配气机构振动测试

配气机构是内燃机的主要运动件之一，其作用是按照内燃机的工作要求，定时开启和关闭内燃机各缸的进、排气门，从而顺利地实现进、排气。配气机构的好坏对内燃机功率的输出、燃油的消耗、污染物排放及振动噪声等都有很大的影响。气门运动规律设计是配气机构

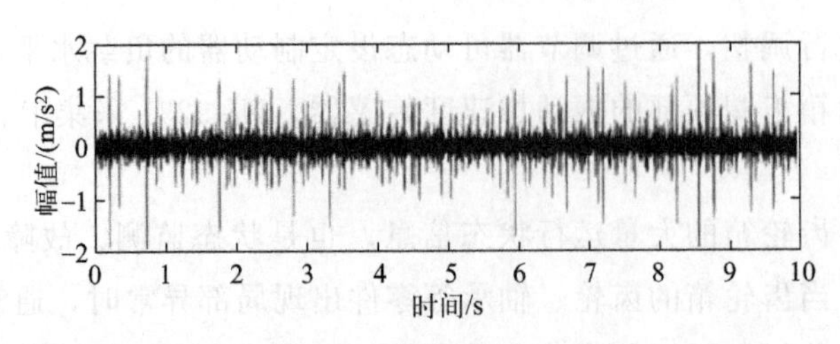

图 11-24　行星轮局部故障振动信号的时域波形

设计中的关键，要求气门具有较低的落座速度和接触应力，且加速度曲线连续、无突变，加速度值限定在允许的范围内。配气机构的飞脱转速也是设计过程中需要考虑的一个重要因素，飞脱转速的大小直接影响配气机构乃至整个发动机的寿命。

因此，通过试验的方式获取气门运动过程中的位移和加速度具有重要的意义。以下是气门位移和加速度这两个信号的采集应用实例。图 11-25 是配气机构模拟测试试验台的示意图。试验中采用电动机带动凸轮轴转动，模拟发动机工作下配气机构的运动状况。通过试验控制系统调节凸轮轴转速，使其运行在发动机额定转速范围之内。通过编码器测得凸轮轴转速及上止点信号。位移传感器安装在气门弹簧上，用于测量气门运动位移；加速度传感器安装在气门上，用来测量气门加速度。图 11-26 所示是加速度和位移的试验测量结果。

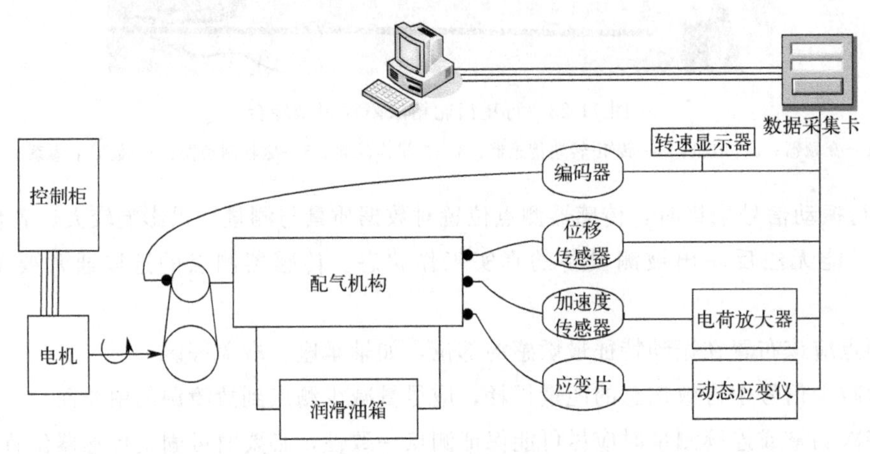

图 11-25　配气机构模拟测试试验台

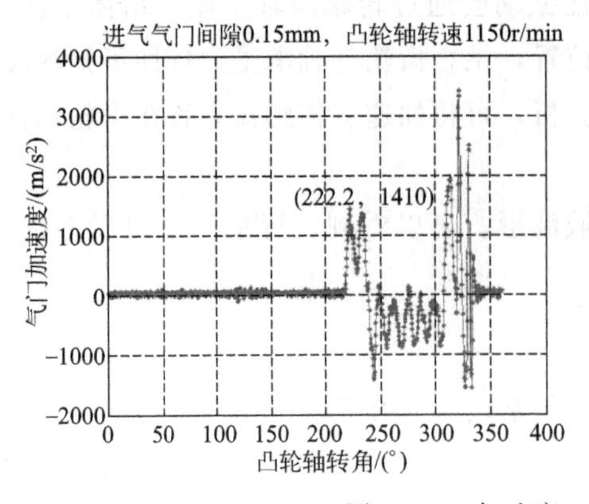

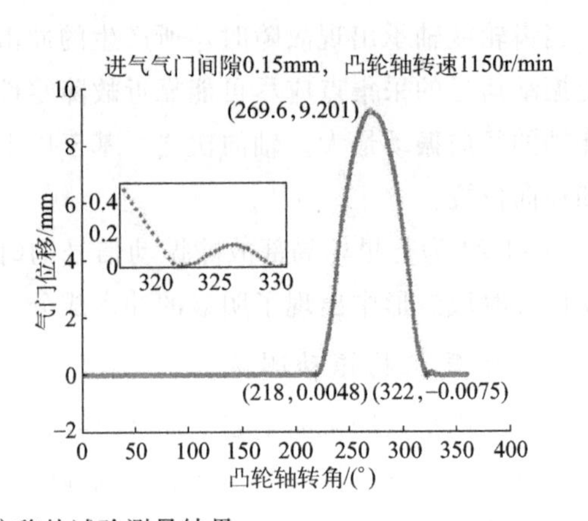

图 11-26　加速度、位移的试验测量结果

11.4 噪声测量概述

随着现代工业、交通运输和城市建设的迅速发展，噪声对环境的污染日益严重，已成为当今世界的一大公害。为此，国际标准化组织以及许多国家都纷纷制定了有关标准，用于环境噪声的监测和各类噪声的控制。城市环境噪声的主要来源是交通噪声、工业噪声、建筑施工噪声和社会生活噪声。由于城市中机动车辆的日益增多和超声速飞机的大量使用，运输工具产生的噪声已经成为城市环境噪声的主要污染源之一。直接影响生活环境的是发电机、变压器、锅炉、空调与通风设备、油烟净化器、装卸设备等产生的噪声。

按照声源的不同，噪声可以分为机械噪声、空气动力性噪声和电磁性噪声。机械噪声主要是由于固体振动而产生的，在机械运转中，由于机械撞击、摩擦、交变的机械应力以及运转中因动力不平均等原因，使机械的金属板、齿轮、轴承等发生振动，从而辐射机械噪声，如机床、织布机、球磨机等产生的噪声。当气体与气体、气体与其他物体（固体或液体）之间做高速相对运动时，由于黏滞作用引起了气体扰动，就产生空气动力性噪声，如各类风机进排气噪声，喷气式飞机的轰声，内燃机排气、储气罐排气所产生的噪声，爆炸引起周围空气急速膨胀也是一种空气动力性噪声。电磁性噪声是由于磁场脉动、磁致伸缩引起电磁部件振动而发生的噪声，如变压器产生的噪声。在三类噪声中，机械噪声源所占比例最高，空气动力性噪声源次之，电磁性噪声源较小。

按照时间变化特性，噪声可分为四种情况，分别为稳定噪声、周期性噪声、无规则噪声和脉冲噪声。稳定噪声通常指的是噪声的强度随时间变化不显著，如电机、织布机的噪声。周期性噪声指的是噪声的强度随时间有规律地起伏，周期性地时大时小地出现，如蒸汽机车的噪声。噪声随时间起伏变化无一定的规律，则称为无规则噪声，如街道交通噪声。如果噪声突然爆发又很快消失，持续时间不超过1s，并且两个连续爆发声之间间隔大于1s，则称之为脉冲噪声，如冲床噪声、枪炮噪声等。需要注意的是，这里1s的选择是任意的。在极限情况下，如脉冲时间无限短而间隔时间无限长，这就是单个脉冲。

几乎任何噪声问题的解决都离不开对噪声的测量。噪声测量数据是解决噪声问题的科学依据。近年来，对机器设备噪声的测量，受到人们的特别关注。这是因为：①机器设备噪声大小常被列为评价其质量优劣的指标；②比较同类机器设备所产生噪声的差异以便改进设计和生产工艺；③监测设备噪声及其变化，可据此实现对设备的工况监测和故障诊断；④对设备噪声进行分析，找出原因，以便采取有效的降噪措施；⑤测量设备附近环境的噪声，以确定环境噪声是否符合工业企业卫生标准。

11.4.1 噪声测量的基本概念

噪声也是一种声音，因而具有声波的一切特性。与声音的度量一样，噪声的物理度量也常用声压、声强和声功率等参数表征。

11.4.1.1 声压与声压级

声压是指声波波动时，媒介中的瞬时总压力与静压（没有声波时媒介的压力）之差，是空间位置和时间的函数，记作 p，单位为 Pa，通常以其均方根值来表示。

声压的数值要比大气压小得多。一台内燃机的工作噪声，在距离内燃机表面 1m 处的声压只有 1Pa 左右，仅为大气压的十万分之一。具有正常听力的人能够听到的最弱的声压为 2×10^{-5}Pa，称为听阈声压（国际上把频率为 1kHz 时的听阈声压作为基准声压）。当声压达到 20Pa 时，人耳开始感到疼痛，故称之为痛阈声压。虽然从听阈到痛阈是正常听觉的声压范围，但两阈值之间相差 100 万倍。为此，声学上引入“级”的概念，用成倍比关系的对数量来表示声音的强弱，即用声压级表示声压的大小。声压级的定义为

$$L_p=10\lg\left(\frac{p}{p_0}\right)^2=20\lg\frac{p}{p_0} \tag{11-11}$$

式中，L_p 为声压级，dB；p_0 为基准声压，Pa，空气中基准声压 $p_0=2\times10^{-5}$Pa。

声压级 L_p 是一个相对于基准的比较指标，用以反映声音的相对强度。由式(11-11) 可知，声压变化 10 倍，声压级改变 20dB。可见引入“级”的概念后，听觉范围由原来百万倍的声压变化幅度缩小为 0～120dB 的声压级变化。普通办公室的环境噪声的声压级为 50～60dB，小口径炮产生的噪声的声压级为 130～140dB，大型喷气式飞机噪声的声压级为 150～160dB。

11.4.1.2 声强与声强级

声强是在垂直于声波传播方向上，单位时间内通过单位面积的声能，用 I 表示，单位为 W/m^2。声强 I 是一个矢量，其方向是声波传播的方向。

声强的相对大小也可用“级”来度量，声强级的定义为

$$L_I=10\lg\frac{I}{I_0} \tag{11-12}$$

式中，L_I 为声强级，dB；I_0 为基准声强，W/m^2，空气中基准声强 $I_0=10^{-12}W/m^2$。

11.4.1.3 声功率和声功率级

为了直接表示声源发声能量的大小，还引入了声功率的概念。声源在单位时间内以声波的形式辐射出的总能量称为声功率，用 W 表示，单位为 W。

声功率级的定义为

$$L_W = 10\lg \frac{W}{W_0} \tag{11-13}$$

式中，L_W 为声功率级，dB；W_0 为基准声功率，W，空气中基准声功率 $W_0 = 10^{-12}$ W。

从式(11-11)～式(11-13)可以看出，对于声压级、声强级或声功率级，其含义均指被度量的量与基准量之比或其平方比的常用对数，这个对数值就称为被度量的级，因而“级”是相对量，分贝作为级的单位，是无量纲的。

在声强级和声功率级的定义中，其对数前面的常数均为 10，而声压级前面的常数为 20，这是因为声能量正比于声强和声功率的一次方。声压增加 1 倍时，声压级和声强级增加 6dB；声强增加 1 倍时，声压级和声强级仅增加 3dB。声功率是表示声源特性的物理参量，因此对于一个确定的声源，其声功率级与声波传播的距离、环境无关，而声压级和声强级随着测点的不同而变化。

11.4.1.4 噪声的频谱分析

(1) 频程

振幅（强度）、频率和相位不仅是描述波动现象的特性参数，同样也可以用来描述声波。通常，噪声由大量不同频率的声音复合而成，或者说更像是由从低频到高频的无数频率成分的声音组成的大合奏，而其中占主导地位的可能仅仅是某些频率成分的声音。例如，有的机器高频率的声音多一些，听起来高亢刺耳，如电锯、铆钉枪，它们辐射的主要噪声成分在 1000Hz 以上，这种噪声称为高频噪声。有的机器低频率的声音多一些，如空压机、汽车，辐射的噪声低沉有力，其主要噪声频率多在 500Hz 以下，称之为低频噪声。高压风机的噪声主要频率成分在 500～1000Hz 范围内，这种噪声称为中频噪声。有的机器较为均匀地辐射从低频到高频的噪声，如纺织机噪声，称之为宽频带噪声。因此，在很多情况下，只测量噪声的总强度（即噪声总声级）是不够的，还需要测量噪声强度（用声压表述）关于频率（用频谱表述）的分布情况。但是，如果要在正常听觉的声频范围 20Hz～20kHz 内对不同频率的噪声强度逐一进行测量，不仅很困难，也没有必要。对此，通常将声频范围划分为若干个区段，这些区段称为频程或频带。测量时，通过改变滤波器通频带的方法，逐一测量出每段频程上的噪声强度，这就是所谓的分频程测量。不同的要求决定了声学量分析频率带宽的选择，若分析精度要求较高时，选用窄频带宽，若是简单测量可放宽分析带宽。

噪声测量中最常用的是 1 倍频程（或倍频程）和 1/3 倍频程。1 倍频程是指频带的上、下限频率之比为 2∶1；1/3 倍频程是对 1 倍频程 3 等分后得到的频程，即其频带宽度仅为 1 倍频程的 1/3。参考式(11-7)～式(11-10)可知，当 $n=1$ 时为 1 倍频程，即两个相邻频程带的上、下限截止频率、中心频率和带宽之间均相差一倍，相对带宽 B/f_0 为 70.7%。当 $n=1/3$ 时为 1/3 倍频程，上、下限截止频率之比为 1.26∶1，相对带宽为 23%。1 倍频程和 1/3 倍频程的频率关系如表 11-1 所示。由该表可以看出，倍频程和倍频程的频率带宽随着中心频率的增加而增加。

表 11-1　1 倍频程和 1/3 倍频程的频率关系

频带数	1 倍频程			1/3 倍频程		
	f_L/Hz	f_o/Hz	f_H/Hz	f_L/Hz	f_o/Hz	f_H/Hz
12	11.2	16	22.4	14.1	16	17.8
13	—	—	—	17.8	20	22.4
14	—	—	—	22.4	25	28.2
15	22.4	31.5	44.7	28.2	31.5	35.5
16	—	—	—	35.5	40	44.7
17	—	—	—	44.7	50	56.3
18	44.6	63	89.2	56.2	63	70.8
19	—	—	—	70.8	80	89.2
20	—	—	—	89.1	100	112.2
21	89	125	178	112.2	125	141.3
22	—	—	—	141.2	160	177.9
23	—	—	—	177.8	200	224.0
24	177.6	250	355.2	223.8	250	282.0
25	—	—	—	281.2	315	355.0
26	—	—	—	354.7	400	446.9
27	354.4	500	708.8	446.5	500	562.6
28	—	—	—	562.1	630	708.2
29	—	—	—	707.7	800	891.6
30	707.1	1000	1414.2	891.0	1000	1122.4
31	—	—	—	1121.6	1250	1413.1
32	—	—	—	1412	1600	1779.0
33	1410.8	2000	2821.7	1777.6	2000	2239.6
34	—	—	—	2237.8	2500	2819.5
35	—	—	—	2817.3	3150	3549.5
36	2815	4000	5630.1	3546.7	4000	4468.6
37	—	—	—	4465.1	5000	5625.6
38	—	—	—	5621.2	6300	7082.3
39	5616.8	8000	11233.4	7076.7	8000	8916.0
40	—	—	—	8909.0	10000	11220.6
41	—	—	—	11215	12500	14131.0
42	11206.9	16000	22413.8	14119.8	16000	17789.8
43	—	—	—	17775.8	20000	22396.1

（2）频程声压级和频谱能级

在噪声强度的分频带测量方法中，各频程（1 倍频程或 1/3 倍频程）上所检测到的噪声声压级称为频程（频带）声压级。

在倍频程中，带宽与中心频率成比例（见表11-1），即使是1/3倍频程，在高频区域的频带也很宽，难以更详细地描述噪声的频率分布特性。因此，当噪声频率急剧变化时，其声压级的测量频带一般取与频率高低范围无关的恒定窄频带Δf，并用式(11-14) 计算出其频谱能级

$$S_n = L_n - 10\lg(\Delta f) \tag{11-14}$$

式中，Δf为测量时使用的恒定频带带宽，Hz；L_n为Δf频带声压级的测量值，dB；S_n为频谱能级，dB，它表示1Hz带宽频带上的声压级。

（3）频谱图

以测量选用的频率或1倍频程、1/3倍频程的中心频率为横坐标，以相应的频谱能级或频程声压级（或声功率级）为纵坐标，所绘制的图形就是噪声的频谱图。频谱图反映了噪声的频率分布特性，它是噪声频谱分析的基本依据，可以用于判断噪声的来源及其性质，以便采取切实有效的降噪措施。如果噪声为仅含有某几种频率成分的周期噪声，则其频谱是离散的线性谱型；如果噪声中包含从低到高的频率成分，则其频谱是连续谱型。某增压柴油机的1/3倍频程噪声频谱见图11-27。在整机噪声中，中、低频部分以柴油机噪声为主，而高频部分则以废气涡轮增压器的噪声为主。

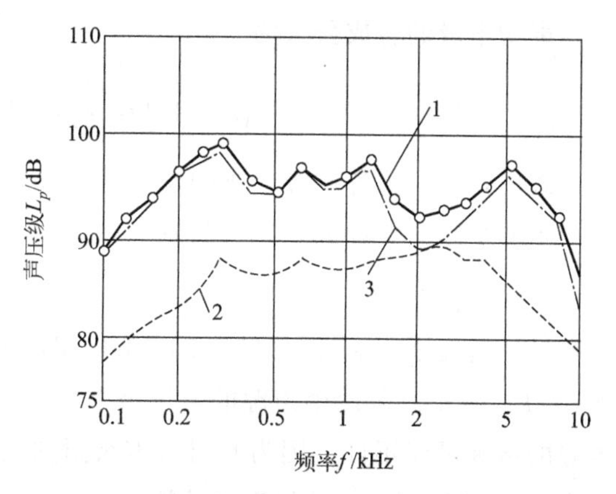

图11-27　某增压柴油机的1/3倍频程噪声频谱
1—带增压器的柴油机整机噪声频谱；
2—增压器的噪声估算频谱；
3—不带增压器时的柴油机噪声频谱

11.4.2 声级的计算

（1）声级的合成

通常情况下，声源不是单一的，而总是有多个声源同时存在的。因此，就有声级的合成问题。当声场中同时存在n个互相独立的声源时，显然，声场中某点处总声压的均方值等于各声源在该点单独引起的声压均方值之和，即

$$p_t^2 = p_1^2 + p_2^2 + \cdots + p_n^2 = \sum_{i=1}^{n} p_i^2 \tag{11-15}$$

式中，p_t为声场中某点处总声压，Pa；p_i（$i=1$，2，…，n）为各声源在该点单独引起的声压，Pa。

根据声压级的定义可知，它们同时作用时的总声压级为

$$L_{pt} = 10\lg\left(\frac{p_t}{p_0}\right)^2 = 20\lg\frac{p_t}{p_0} \tag{11-16}$$

式中，L_{pt}为各声源合成的总声压级，dB。

假设各声源单独发声时在声场中测点引起的声压级分别为L_{p1}，L_{p2}，…，L_{pn}，由式(11-11) 可以得出

$$\left(\frac{p_i}{p_0}\right)^2=10^{L_{pi}/10} \quad (i=1,2,\cdots,n) \tag{11-17}$$

因此，总声压级 L_{pt} 与各声源声压级 L_{pi} （$i=1,2,\cdots,n$）之间的关系可表示为

$$L_{pt}=10\lg\left(\sum_{i=1}^{n}10^{L_{pi}/10}\right)(i=1,2,\cdots,n) \tag{11-18}$$

同理可得，声强级的合成公式为

$$L_{It}=10\lg\left(\sum_{i=1}^{n}10^{L_{Ii}/10}\right)(i=1,2,\cdots,n) \tag{11-19}$$

式中，L_{It} 为各声源合成的总声强级，dB；L_{Ii} 为第 i 个声源的声强级，dB。

声功率级的合成公式为

$$L_{Wt}=10\lg\left(\sum_{i=1}^{n}10^{L_{Wi}/10}\right)(i=1,2,\cdots,n) \tag{11-20}$$

式中，L_{Wt} 为各声源合成的总声功率级，dB；L_{Wi} 为第 i 个声源的声功率级，dB。

当两个独立声源的声压级分别为 L_{p1} 和 L_{p2}，且 $L_{p1}\geqslant L_{p2}$，则它们共同产生的总声压级 $L_{pt}=10\lg(10^{L_{p1}/10}+10^{L_{p2}/10})\leqslant 10\lg(2\times 10^{L_{p1}/10})=L_{p1}+10\lg 2$。若记 $L_{pt}=L_{p1}+\Delta L_p$，则在任何情况下，$\Delta L_p\leqslant 10\lg 2\text{dB}=3.01\text{dB}$。而且可以推算，随着 L_{p1} 与 L_{p2} 之间差值的增加，ΔL_p 减小。若两个声源的声压级中的一个声压级超过另一个声压级的 6～8dB，则较弱声源的声级可以不计，因为此时总声级附加值小于 1dB。在声学工程和声的测量中，一般采用表 11-2 或图 11-28 进行简便计算。

表 11-2　分贝差值到总声压级的转换

级差 $L_{p1}-L_{p2}(L_{p1}\geqslant L_{p2})$/dB	0	1	2	3	4	5	6	7	8	9	10	11	12
加到 L_{p1} 上的增值 ΔL_p/dB	3.0	2.6	2.1	1.8	1.4	1.2	1.0	0.8	0.6	0.5	0.4	0.3	0.2

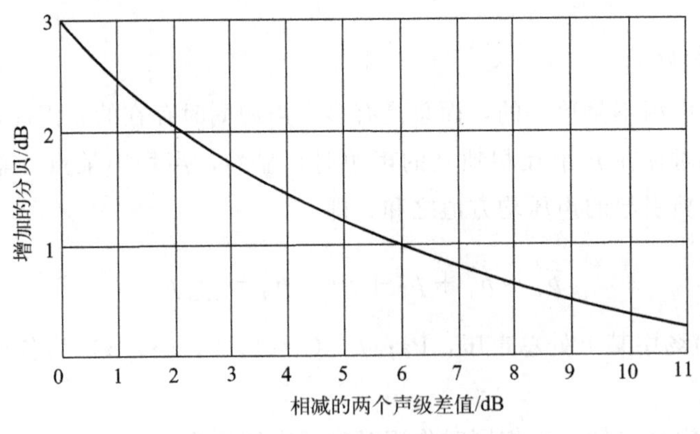

图 11-28　分贝增值图

当声源多于两个时，总声压级的求得可以采取两两合成办法，且所得结果与合成顺序无关。

（2）声级的分解

噪声测量中还经常会碰到这样的问题：测量现场除待测声源外，还存在其他声源。例

如，在实验室中进行内燃机噪声测量时，周围还存在排风扇、测功器等设备的运转噪声。另外，为了判断某一机器设备运转时的主要噪声源，需要从机器中逐一分解出单个运动部件产生的噪声等。这就涉及了从多声源的环境中分解出某一声源的问题。为此，首先要测出合成噪声的声级，如总声压级 L_{pt}。对于前一种情况，L_{pt} 是待测机器与其他设备一起运转时总的噪声声压级；对于后一种情况，L_{pt} 是待测部件与其他部件一起工作时的整机噪声声压级。然后，让待测的机器停止运转，或拆除待测的部件，再测量这时的噪声声压级，记为 L_{pb}。L_{pb} 称为待测噪声的背景噪声声压级。显然，L_{pt} 与 L_{pb} 的差别就是待测噪声声压级 L_{pm}，它们之间的关系为

$$L_{pt}=10\lg(10^{L_{pb}/10}+10^{L_{pm}/10}) \tag{11-21}$$

由此可以得到待测噪声的声压级为

$$L_{pm}=10\lg(10^{L_{pt}/10}-10^{L_{pb}/10}) \tag{11-22}$$

在工程上，常用查表或查图的方法。如图 11-29 即为减去背景噪声影响的修正曲线。需要注意的是，当环境噪声和测量所得噪声二者的声压级差小于 3dB，测量结果是不可信的，因而该测量是无效的。

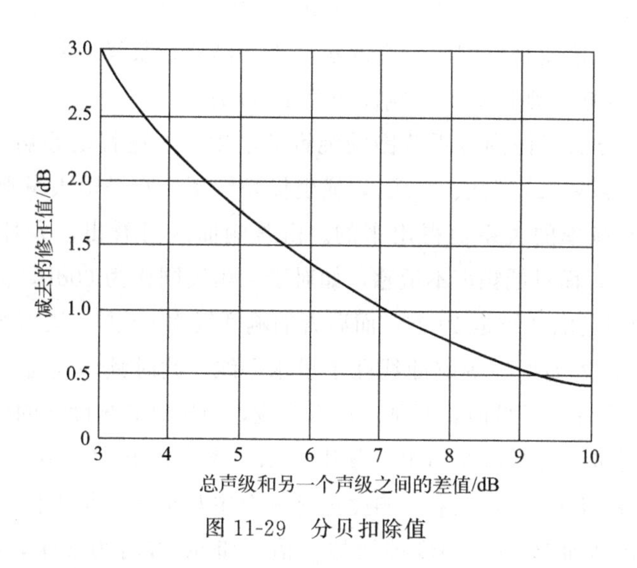

图 11-29　分贝扣除值

（3）声级的平均值

噪声测量中，往往围绕噪声源在同一测量表面（与声源距离相同的表面）上布置多个测点，逐点测量噪声级，然后用它们的平均值表示待测的噪声级。与上述声级的合成与分解一样，声级的平均值也必须按照能量平均的方法来计算。根据这一原则，可推导出声压级平均值 $\overline{L}_p$ 的计算公式为

$$\overline{L}_p=10\lg\left(\frac{1}{n}\sum_{i=1}^{n}10^{L_{pi}/10}\right)(i=1,2,\cdots,n) \tag{11-23}$$

式中，$\overline{L}_p$ 为测量表面的平均声压级，dB；L_{pi} 为第 i 个测点的声压级，dB；n 为总的测点数目。

为简便起见，在工程测量中有时也按照算术平均法来进行计算，即

当 $L_{pi\max}-L_{pi\min}\leqslant 5\text{dB}$ 时

$$\overline{L}_p=\frac{1}{n}\sum_{i=1}^{n}L_{pi} \tag{11-24}$$

当 $5\text{dB}<L_{pi\max}-L_{pi\min}\leqslant 10\text{dB}$ 时

$$\overline{L}_p=\frac{1}{n}\sum_{i=1}^{n}L_{pi}+1 \tag{11-25}$$

式中，$L_{pi\max}$ 和 $L_{pi\min}$ 分别为 L_{pi} 中的最大值和最小值，dB。

11.4.3 人对噪声的主观量度

(1) 响度及响度级

声压和声强都是客观物理量，声压越高，声音越强；声压越低，声音越弱。但是它们不能完全反映人耳对声音的“主观的”感觉特性。人耳对声音的感受不仅与声压有关，还与频率有关。人们仿照声压级的概念，引出一个与频率有关的响度级，用 L_N 表示，单位为方(phon)。它选取 1kHz 的纯音作为基准声，如果待测的声音听起来与某一基准声一样响，则该基准声的声压级分贝值就是待测的声音的响度级。例如，某噪声听起来与频率 1kHz 声压级 85dB 的基准音一样响，则该噪声的响度级就是 85 方。

与基准音比较的方法可得到可听范围的纯音的响度级，这就是等响曲线，如图 11-30 所示，图中纵坐标是声压级（或声强、声压），横坐标是频率，它是由大量典型听者认为响度相同的纯音的声压级与频率的关系而得出来的。由等响曲线可看出，人耳对高频声，特别是 1k～5kHz 的声音敏感，而对低频声不敏感，如对于声压级同样为 60dB，而频率分别为 100Hz 和 1kHz 的声音，前者的响度级是 50 方，而后者的响度级为 60 方。从等响曲线还可发现，当噪声声压级到达 100dB 左右时，等响曲线几乎呈水平线，此时频率变化对响度级的影响不明显。只有当声压级小和频率较低时，对某一声音来说，声压级和响度级的差别很大。

响度级是个相对量，有时需要用绝对量来表示，需引出响度的概念，用 N 表示，单位为“宋（sone）”，并以 40 方为 1 宋。响度也是一个主观指标，是人们对声音强度的一种心理感知量。响度级每增加 10 方，响度即增加一倍，如 50 方时为 2 宋，60 方时为 4 宋，70 方时为 8 宋等。其换算关系可由下式决定

$$N=2^{(L_N-40)/10} \text{ 或 } L_N=40+10\lg_2 N \tag{11-26}$$

式中，N 为响度，宋；L_N 为响度级，方。

用响度表示噪声的大小比较直观，可直接算出声音增加或减少的百分比。如噪声源经消声处理后，响度级从 120 方（响度为 256 宋）降低到 90 方（响度为 32 宋），则总响度降低。降低百分比为(256－32)/256＝87.5％。

一般噪声总响度的计算，是先测出噪声的频带声压级，然后从相应的表中查出各频带的响度指数，再按下式算总响度

$$N_t=N_{\max}+F(\Sigma N_i-N_{\max}) \tag{11-27}$$

式中，N_t 为总响度，宋；$N_{\max}$ 为频带中最大的响度指数，宋；ΣN_i 为所有频带的响

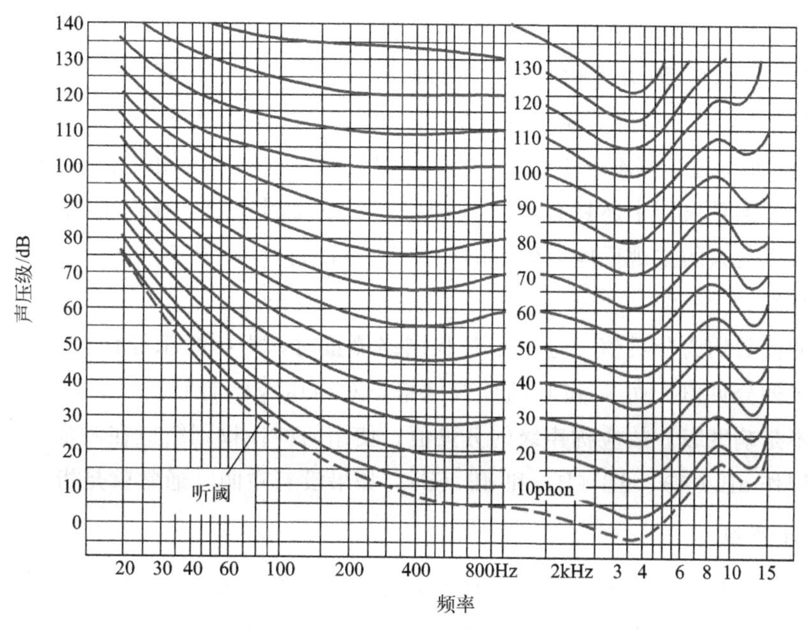

图 11-30 等响曲线

度指数之和，宋；F 为常数，对于倍频带和 1/3 倍频带分析仪分别为 0.3 和 0.15。

在噪声的主观评价中，对于飞机噪声，人们引进了一个新的参数——感觉噪声级和噪度，分别用 L_{PN} 和 N_n 表示，感觉噪声级 L_{PN} 的单位为 dB，与响度级相对应；噪度 N_n 的单位为呐（noy），与响度相对应，与响度级和响度不同之处在于它们是以复合声音为基础的，而后者是以纯音为基础的。

（2）计权声级

在声学测量仪器中，声级计的“输入”信号是噪声客观的物理量声压，而“输出”信号，不仅是对数关系的声压级，而且最好是符合人耳特性的主观量响度级。为使声级计的“输出”符合人耳特性，应通过一套滤波器网络对某些频率成分进行衰减，使声压级的水平线修正为相对应的等响曲线。故一般声级计中，参考等响曲线设置 A、B、C 三种计权网络，相应的计权声级分别记为 L_A、L_B 和 L_C。这样就可以对人耳敏感的频域加以强调，对人耳不敏感的频域加以衰减，从而直接读出反映人耳对噪声感觉的数值，使主客观量趋于一致。A、B、C 计权网络的衰减曲线如图 11-31 所示。

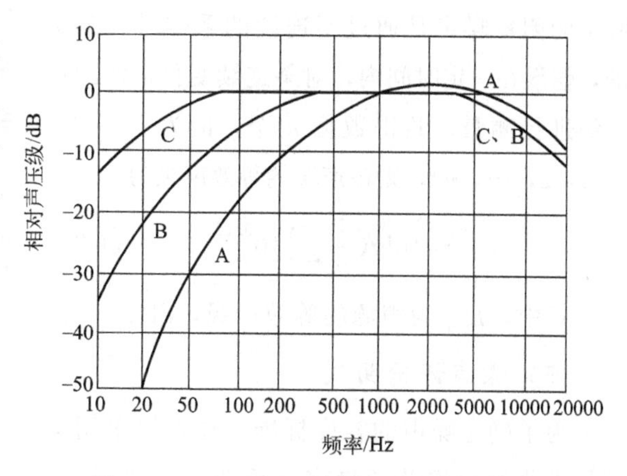

图 11-31 A、B、C 计权网络的衰减曲线

A 计权网络是效仿倍频等响曲线中的 40 方曲线设计的，较好地模仿了人耳对低频段（500Hz 以下）不敏感，对 1k～5kHz 声敏感的特点。由于 A 声级是单一的数值，容易直接测量，且是噪声的所有频率分量的综合反映，故目前在噪声测量

中得到广泛的应用，并用来作为评价噪声的标准。

B计权网络是效仿70方等响曲线，仅对低频段声音有一定的衰减。

C计权网络是效仿100方等响曲线，在可听频率范围内，有近乎平直的特点，让所有频率的声音近乎均同地通过，基本上不衰减，所以有时把C计权网络的测量结果叫作总声压级。

在有些声学测量仪器中还具有D计权网络，它主要用于航空噪声的测量，用D计权网络评价航空噪声与人的主观反应有较好的相关性。目前，D计权已不使用，有关的标准也已不再规定其特性。

声级计的读数均为分贝值。选用C计权网络测量时，声压级未经任何修正（衰减），读数仍为声压级的分贝值。而A和B的计权网络，对声压级已有修正，它们的读数不应是声压级，但也不是响度级，故应称声级的分贝值。使用何种计权网络应在测量值后面注明，因而单位一般记作dB（A）、dB（B）和dB（C），如果没有注明，通常就是指A声级。

（3）统计声级

统计声级是一种在一定的时间内，对不稳定噪声的各个测量值进行统计、分级评定的表示值，记作L_n，单位为dB（A）。实际测量时，在一定时间内，以均匀的时间间隔测量噪声的dB（A）值，然后从大到小依次排列，其中有10%的时间所超过的声级叫作峰值噪声级，用L_{10}表示；50%的时间所超过的声级叫作中间噪声级，相当于平均噪声级，用L_{50}表示；90%的时间所超过的声级叫作环境背景噪声级，用L_{90}表示。

（4）等效声级

我国工业企业噪声检测规范规定，稳态噪声测量A声级；非稳态噪声测量等效连续声级，或测量不同A声级下的暴露时间，计算等效连续声级，即用等效连续声级作为评定间断的、脉冲的或随时间变化的非稳态噪声的大小。

在声场中某一定位置上，用某一段时间能量平均的方法，将间歇出现的变化的A声级以一个A声级来表示该段时间内的噪声大小，并称这个A声级为此时间段的等效连续A声级。但是，实际上的测量噪声是通过不连续的采样进行测量的，假设在一定时间内，对某连续变化声源的噪声级进行测量，共得数据n个，记为L_i（dB；$i=1, 2, \cdots, n$），则该声源的等效声级为

$$L_{eq}=10\lg\left(\frac{1}{n}\sum_{i=1}^{n}10^{0.1L_i}\right) \qquad (11\text{-}28)$$

式中，L_{eq}为声源的等效声级，dB。

（5）噪声评价曲线

为了确定噪声的容许标准，还可以采用国际标准化组织推荐的噪声评价曲线，如图11-32所示。

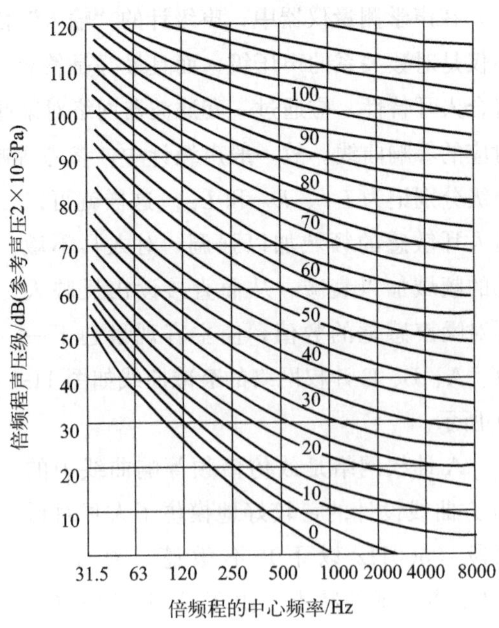

图11-32　噪声评价曲线

图 11-32 中每一条曲线均以一定的噪声评价数 NR 来表征，在这一曲线族上，1kHz 声音的声压级即为噪声评价数 NR，在数值上与 A 声级的关系可近似为

$$NR = L_A - 5\text{dB(A)} \tag{11-29}$$

根据容许标准规定的 A 声级可确定容许的噪声评价数 NR。声压级超过该容许评价数对应的评价曲线，则认为不符合噪声标准要求。

11.5 噪声测量仪器

11.5.1 传声器

传声器是将声信号转换成相应的电信号的一种声电换能器。在噪声测试仪中，传声器处于首环的位置，担负着感受与传送“第一手信息”的重任，其性能的好坏将直接影响到测量结果。因此，传声器在整个噪声测量系统中起着举足轻重的作用。

11.5.1.1 传声器的种类和结构

传声器按其变换原理不同，可分成电容式、压电式和电动式等形式。

(1) 电容式传声器

电容式传声器的结构如图 11-33 所示。张紧的膜片与其靠得很近的后极板组成一电容器。在声压的作用下，膜片产生与声波信号相对应的振动，使膜片与不动的后极板之间的极距改变，导致该电容器电容量的相应变化。因此，电容式传声器是一极距变化型的电容传感器。运用直流极化电路输出一交变电压，此输出电压的大小和波形由作用于膜片上的声压所决定。

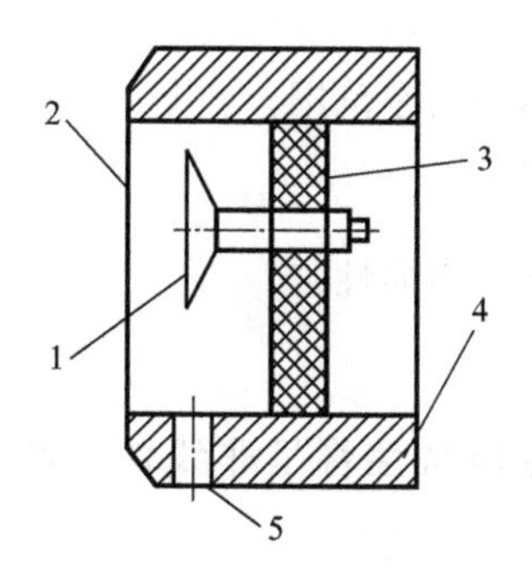

图 11-33 电容式传声器结构

1—后极板；2—膜片；3—绝缘体；4—壳体；5—均压孔

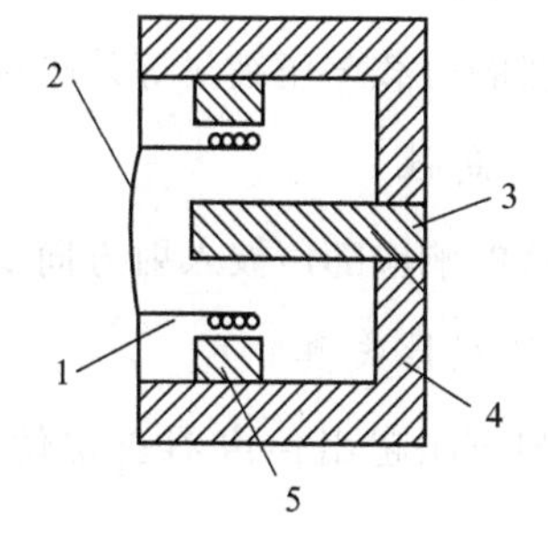

图 11-34 电动式传声器结构

1—线圈；2—膜片；3—导磁体；4—壳体；5—磁铁

(2) 电动式传声器

电动式传声器，又称动圈式传声器，结构如图 11-34 所示。在膜片的中间附有一线圈

(动圈)，此线圈处于永久磁场的气隙中，在声压的作用下，线圈随膜片一起移动，使线圈切割磁力线而产生一相应的感应电动势。

(3) 压电式传声器

压电式传声器主要由膜片和与其相连的压电晶体弯曲梁所组成，结构如图 11-35 所示。在声压的作用下，膜片产生位移，同时压电晶体弯曲梁产生弯曲变形，由于压电材料的压电效应，使其两表面产生相应的电荷，得到一交变的电压输出。

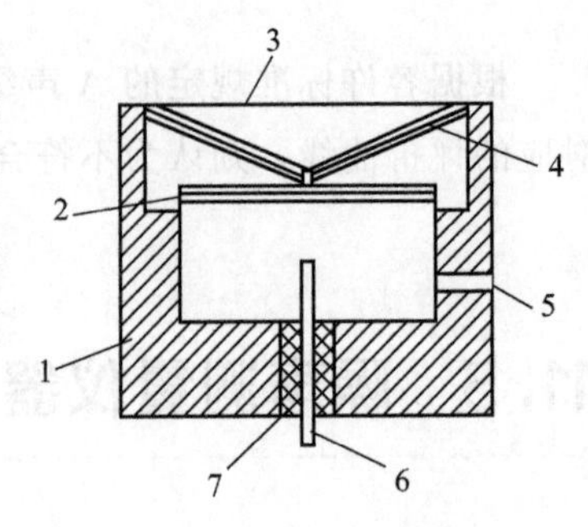

图 11-35 压电式传声器结构

1—壳体；2—压电片；3—膜片；4—后极板；5—均压孔；6—输出端；7—绝缘体

11.5.1.2 传声器的参数

(1) 灵敏度

传声器的灵敏度级，简称为灵敏度，由下式计算

$$L_S = 20\lg\left(\frac{u/p}{u_0/p_0}\right) \tag{11-30}$$

式中，L_S 为传声器的灵敏度，dB；u 为传声器的输出电压，V；p 为作用在传声器上的有效声压，Pa；u_0、p_0 分别为基准电压和基准声压，常取 $u_0/p_0=1\text{V/Pa}$。

灵敏度又分声场灵敏度和声压灵敏度两种。声场灵敏度是指输出电压与传声器放入声场前所在位置的声压之比；声压灵敏度是输出电压与传声器放入声场后实际作用于膜片上的声压之比。当传声器的直径 D 远远小于声波波长 λ（低频）时，两者基本相同；当 $D \gg \lambda$（高频）时，声场灵敏度值将大于声压灵敏度值。

(2) 频率响应特性

传声器的频率响应特性是指传声器灵敏度对被测噪声的频率响应。传声器的理想频响特性是在 20Hz～20kHz 声频范围内保持恒定。

(3) 动态范围

传声器的过载声压级与等效噪声声压级之间的范围称为动态范围。

(4) 指向性

传声器的响应随声波入射方向变化的特性称为传声器的指向性。

(5) 非线性失真

当被测声压超出传声器正常使用的动态范围时，输出特性将呈非线性，产生非线性失真。

(6) 输出阻抗

传声器种类不同，其输出阻抗也不同，这就要求后接电路有相应的处理方式。如电容式传声器输出阻抗很高，应经阻抗变换或用高输入阻抗的前置放大电路来匹配；而电动式传声器的输出阻抗较低，可直接与一般电压放大器连用。

11.5.2 声级计

声级计是声学测量中最常用的噪声测量仪器，它体积小、重量轻，一般用于电池供电。声级计不仅可进行声级测量，而且还可和相应的仪器配套进行频谱分析和振动测量等。

声级计在把噪声信号转换成电信号时，可以模拟人耳对声波反应速度的时间特性，对不同频率及不同响度的噪声作出相应的特性反应，描述出不同的反应曲线。声级计的种类有多种，按用途可分为一般声级计、积分声级计、脉冲声级计、噪声暴露计（又称噪声剂量计）、统计声级计、频谱声级计等；按电路组成方式可分为模拟声级计和数字声级计两种；按其体积大小可分为台式声级计、便携式声级计和袖珍式声级计；按其指示方式可分为模拟指示（电表、声级灯）和数字指示声级计。

早期的IEC标准，把声级计分为0型、1型、2型和3型声级计。0型声级计作为标准声级计，1型声级计作为实验室用精密声级计，2型声级计作为一般用途的普通声级计，3型声级计作为噪声监测的普查型声级计，4种类型的声级计的各种性能指标具有相同的中心值，仅仅是容许误差不同。

11.5.2.1 声级计工作原理

声级计主要由传声器、输入衰减器、输入放大器、计权网络、检波电路、输出衰减器、输出放大器和电源等部分组成，其工作原理如图11-36所示。声信号通过传声器转换成交变的电压信号，经输入衰减器、输入放大器的适当处理进入计权网络，以模拟人耳对声音的响应，然后进入输出衰减器和输出放大器，最后通过均方根值检波器检波输出一直流信号驱动指示表头，由此显示出声级的分贝值。输入级是一个阻抗变换器，用来使高内阻抗的电容传声器与后级放大器匹配。要求输入级的输入电容小和输入电阻高。电容传声器把声音变成电压，此电压一般是很微弱的，不足以驱动电表指示。为了测量微弱信号，需将信号进行放大。但当输入信号较大时，又需要对信号进行衰减，使电表指针得到适当的偏转。为了插入滤波器和计权网络，衰减器和放大器分成两级，即输入衰减器、输入放大器和输出衰减器、输出放大器。

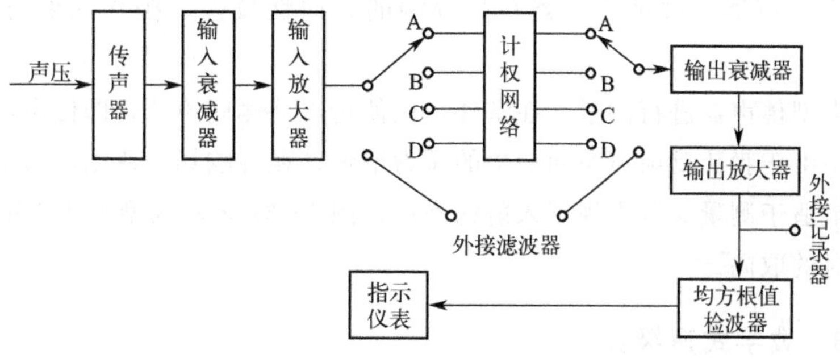

图11-36 声级计工作原理

声级计的指示表头一般有“快（F）”“慢（S）”两挡，表示表头的阻尼特性，通常根据测试声压随时间波动的幅度大小来做相应选择。“快”挡用来测量随时间起伏变化小的噪声。当“快”挡上的指示读数波动大于4dB时，应该换用“慢”挡。此外，为保证测试结果的精度和可靠性，声级计必须经常进行校准。

IEC 61672标准规定，声级计最少应带A、B、C三个计权网络中的一个，并对A、B、C网络的频率特性和允许误差做了明确规定。当计权网络开关放在“线性”时，声级计是线性频率响应，测得的是声压级。当放在A、B或C位置时，计权网络插入在输入放大器与输出放大器之间，测得相应的计权声级。当计权网络开关置“滤波器”时，在输入放大器和输出放大器之间插入倍频程滤波器，转动倍频程滤波器的选择开关，即可进行声信号的频谱分析。如需外接滤波器，只要将二芯插头插入“外接滤波器输入”和“外接滤波器输出”插孔，这时内置倍频程滤波器自动断开。外接滤波器插入输入放大器和输出放大器之间。新的IEC 61672对声级计的性能等级以及接受限和工作温度范围提出了新的规定和要求，也对其频率计权和时间计权作出了明确的规定。

检波器将来自放大器的交变信号变成与信号幅值保持一定关系的直流信号，以推动电表指针偏转。若整流输出信号相应于交变输入信号的有效值，则检波器称为有效值检波器；若整流输出信号相应于输入信号的平均值或峰值，则检波器为平均值或峰值检波器。

11.5.2.2 声级计的使用

(1) 声级计的读数

用声级计测量噪声，测量值应取输入衰减器、输出衰减器的衰减值与电表读数之和。一般情况下，为获得较大的信噪比，尽量减小输入衰减器的衰减，使输出衰减器处于尽可能大的衰减位置，并使电表指针在0～10dB的指示范围内。有的声级计具有输入与输出过载指示器，指示器一亮就表示信号过强，此信号进入相应的放大器后将产生削波而失真。为避免失真，必须适当调节相应的衰减器，有时为避免输出过载，电表指针不得不在负数范围内指示读数。为了获得较小的测量误差，避免失真放大，有时可采取牺牲信噪比的权宜措施。

(2) 传声器的取向

通常将传声器直接连到声级计上，声级计的取向也决定了传声器的取向。一般噪声测量中常用的是场型传声器。这种传声器在高频端的方向性较强，在0°入射时具有最佳频率响应。

若使用压力型传声器进行测量，在室外，应使传声器侧向声源，即传声器膜片与入射声波平行，以减小由于膜片反射声波而产生的压力增量。在混响场，使用压力型传声器则没有任何约束，它最适于测量这种无规则入射的噪声。图11-37表示场型与压力型传声器在自由场中测量噪声时的取向。

11.5.2.3 数字式声级计

数字式声级计，简称数字声级计，是数字式声学测量仪器的一种。数字声级计与模拟式声级计的关键区别在于：数字声级计将测量传声器输出的模拟电信号转换为数字信号，其核心功能（如平方、时间计权、频率计权、对数运算等）通过数值运算得到。数字声级计的核心器件是单片机或数字信号处理器，因而具有一般数字测量仪器的基本功能，在传声器之后，是测量放大器、抗混叠滤波器、采样/保持器、A/D转换器。A/D转换之后的数字信号按设定功能完成运算后，其结果可直接显示，同时也可将某些变量经过D/A转换和重建滤波器作为模拟量输出，扩展声级计的功能。需要指出的是，为了降低成本，数字声级计中的某些功能（如时间计权、频率计权等）仍然可以采用模拟器件完成。

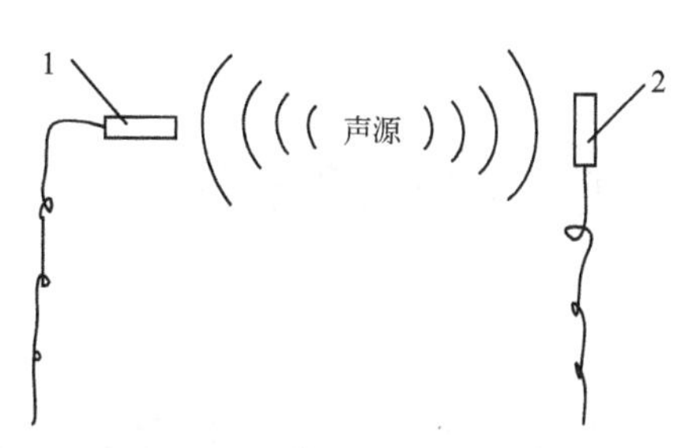

图 11-37　场型与压力型传声器在自由场中测量时的取向

1—场型传声器；2—压力型传声器

与模拟式声级计相比，数字声级计的准确度大大提高、测量范围更宽、灵敏度更高，读数清晰直观。更重要的是，数字声级计具有强大的运算功能，同时可与计算机接口，最新型的数字声级计集声学测量、分析与声信号处理为一体，已经演变为多功能声学信号处理系统。

11.5.3　噪声分析仪

噪声分析仪用作噪声频谱分析，而噪声的频谱分析是识别产生噪声原因、有效地控制噪声的必要手段。

（1）频谱分析仪

频谱分析仪主要由放大器、滤波器及指示器所组成。

对噪声的频谱分析，视具体情况可选用不同带宽的滤波器，常用的有恒百分比带宽的1倍频程滤波器和1/3倍频程滤波器。如ND_2型声级计内部设有倍频程滤波器，当选择“滤波器”挡时，声级计便成为倍频程频谱分析仪，采用的带宽有3.15Hz、10Hz、31.5Hz、100Hz、315Hz和1000Hz。滤波器的带宽越窄对噪声信号的分析越详细，但所需的分析时间也越长，且仪器的价格也越贵。

（2）实时频谱分析仪

上述的频谱分析仪是扫频式的，是逐个频率逐点进行分析的，因此分析一个信号要花费很长的时间。为加速分析过程，满足瞬时频谱分析要求，发展了实时频谱分析仪器。

最早出现的实时频谱分析仪是平行滤波型的，相当于恒百分比带宽的分析仪，由于分析信号同时进入所有的滤波器，并同时被依次快速地扫描输出，因此整个频谱几乎是同时显示出来的。随着采用时间压缩原理的实时频谱分析仪的发展，可获得窄带实时分析。采用时间压缩原理的实时分析仪采用的是模拟滤波和数字采样相结合的方法，时间压缩是由数字化信号在存入和读出存储器时的速度差异来实现的。随着电子技术的不断发展，采用数字采样和数字滤波的全数字式频谱分析仪得到了日益广泛的应用。

11.6 噪声测量技术

11.6.1 测试环境对噪声的影响

由于测试环境能改变被测噪声源的声场情况，因此它对噪声测量必定会产生一定影响，为使测量结果准确可靠，必须考虑各测试环境因素对噪声测试的影响。

（1）本底噪声的影响

实际测量中，与被测声源无关的环境噪声称为本底噪声。本底噪声的存在，影响了噪声测量的准确性，因此须从声级计上的读数值中扣除本底噪声的影响，可以按式(11-22) 进行分贝减法或按图 11-29 进行扣除。

（2）反射声的影响

声源附近或传声器周围有较大的反射体时，会使测量产生误差。实验表明，当反射表面与声源的距离小于 3m 时，必须考虑反射带来的影响，其结果会使测量值增大；而当反射表面与声源的距离超出 3m 时，反射的影响可忽略不计。

（3）其他环境因素的影响

风、气流、磁场、振动、温度、湿度等环境因素对噪声测量都会产生影响。尤其要注意风和气流的影响，当风力过大时，就不便进行测量。

11.6.2 噪声级的测量

测量噪声级只需要声级计。早先设想在声级计中设置 A、B、C 计权网络，以联系人耳的响度特性，因而规定，声级小于 55dB 的噪声用 A 计权网络测量，在 55～85dB 之间的噪声用 B 计权网络测量，大于 85dB 的噪声用 C 计权网络测量。近年来进行的研究并没有证实这种设想，但发现，A 声级可以用来评价噪声引起的烦恼程度，评价噪声对听力的危害程度，因此在噪声测量中越来越多地使用 A 声级。

准确使用声级计的时间响应很重要。使用“快”挡时，表针指示大约在 0.2s 达到稳定读数，故它不适合测量短脉冲。“慢”挡用于对起伏很大的信号取平均。对于持续时间为 0.20～0.25s，频率为 1000Hz 的脉冲声，“快”挡指示的准确度用 1 级声级计测量大约在 2dB 以内；用 2、3 级声级计测量大约在 4dB 范围内。对于持续时间为 0.5s，频率为 1000Hz 的脉冲信号，“慢”挡测量用 1 级声级计读数比最大值约低 3～5dB；用 2、3 级声级计读数比最大值低 26dB。对于稳态噪声，两种速度响应的读数是一样的。

为了准确测量噪声，在测量时应选择合适的测量设备并进行校准；要正确选择测量点的位置和数量；要正确放置传声器的位置和方向。当传声器电缆较长时，要对电缆引起的衰减进行校正。在环境噪声较高的条件下进行测量时，则应修正背景噪声的影响。在室外测量时，要考虑气候，即风噪声、温度和湿度的影响。在室内测量时，要考虑驻波的影响。对稳态噪声可直接测量平均声压级；对起伏较大的噪声，除了测量平均声压级外，还应给出标准误差。平均不但对时间而言，也应该对空间平均。对于噪声频谱分析通常用 1 倍频带和 1/3 倍频带声压级谱，常用的 8 个倍频带的中心频率分别为 63Hz、125Hz、250Hz、500Hz、1kHz、2kHz、4kHz 和 8kHz，有时还分别测量 L_A 与 L_C 以大致了解噪声频谱的情况。如果 $L_C > L_A$，表示低频声分量较多；如果 $L_C < L_A$，表示高频声分量较多。下面简单讨论各类噪声的测量方法。

（1）稳态噪声的测量

稳态噪声的声压级用声级计测量。如果用“快”挡来读数，当输入频率为 1kHz 的纯音时，在 200～250ms 以后就可指出真实的声压级。如果用“慢”挡读数，则需要更长时间才能给出平均声压级。对于稳态噪声，“快”挡读数的起伏小于 6dB。如果某个倍频带声压级比邻近的倍频带声压级大 5dB，就说明噪声中有纯音或窄带噪声，必须进一步分析其频率成分。对于起伏小于 3dB 的噪声可以测量 10s 时间内的声压级，如果起伏大于 3dB 但小于 10dB，则每五秒读一次声压级并求出其平均值。

测量时，背景噪声的影响除了可以用式(11-22) 或图 11-29 进行修正外，还可以用表 11-3 给出的数值进行修正。例如噪声在某点的声压级为 100dB，背景噪声为 93dB，则实际声压级应为 99dB。测得 n 个声压的平均值 $\overline{p}$ 为

$$\overline{p}=\frac{1}{n}\sum_{i=1}^{n}p_i \tag{11-31}$$

表 11-3　环境噪声的修正值

测量噪声级与环境噪声级之差/dB	3	4	5	6	7	8	9	10
应由测得噪声级修正的数值/dB	−3.0	−2.3	−1.7	−1.25	−0.95	−0.75	−0.6	0

注：修正值可应用于倍频带声压级。

其标准误差为

$$\delta=\frac{1}{\sqrt{n-1}}\left[\sum_{i=1}^{n}(p_i-\overline{p})^2\right]^{1/2} \tag{11-32}$$

若用声压级表示，声压级的平均值计算同式(11-24)，标准误差为

$$\delta=\frac{1}{\sqrt{n-1}}\left[\sum_{i=1}^{n}10^{(L_i/10)}-n10^{(\overline{L}_p/10)}\right]^{1/2} \tag{11-33}$$

式中，p_i 为第 i 次测得的声压，Pa；L_i 为第 i 次测得的声压级，dB。

当采用式(11-25) 对 n 个分贝数非常接近的声压级求平均时，标准误差为

$$\delta=\frac{1}{\sqrt{n-1}}\left(\sum_{i=1}^{n}L_i-n\overline{L}_p\right)^{1/2} \tag{11-34}$$

若 n 个 L_i 的数值相差小于 2dB，则计算误差小于 0.1dB；若 n 个 L_i 的数值相差 10dB，则计算误差可达 1.4dB。

(2) A声级测量

噪声测量中广泛使用的A声级，可用A计权网络直接测量，也可由测得的1倍频程或1/3倍频程声压级转换为A声级，其转换公式如下

$$L_A = 10\lg \sum_{i=1}^{m} 10^{-(R_i+\Delta_i)/10} \tag{11-35}$$

式中，R_i 为测得的倍频程声压级，dB；Δ_i 为修正值，dB，如表11-4所列。

表11-4 1倍频程和1/3倍频程声压级换算为A声级的修正值

中心频率/Hz	修正值/dB	中心频率/Hz	修正值/dB
100	−19.1	1250	0.6
125	−16.1	1600	1.0
160	−13.4	2000	1.2
200	−10.9	2500	1.3
250	−8.6	3150	1.2
315	−6.6	4000	1.0
400	−4.8	5000	0.2
500	−3.2	6300	−0.1
630	−1.9	8000	−1.1
800	−0.8	10000	−2.5
1000	0	—	—

(3) 脉冲噪声测量

脉冲噪声对人产生的影响通常是其能量而不是峰值声压、持续时间和脉冲数量。因此，对连续的猝发声序列应测量声压级和功率，对于有限数目的猝发声则测量暴露声级。

脉冲峰值声压和持续时间常用记忆示波器测量或用脉冲声级计测量。如果只需声压级可用峰值指示仪表。图11-38所示为超声速飞机飞行时产生的冲击波传到地面的N形波，其中Δp是峰压、Δt是持续时间，是描述N形波的两个参量。

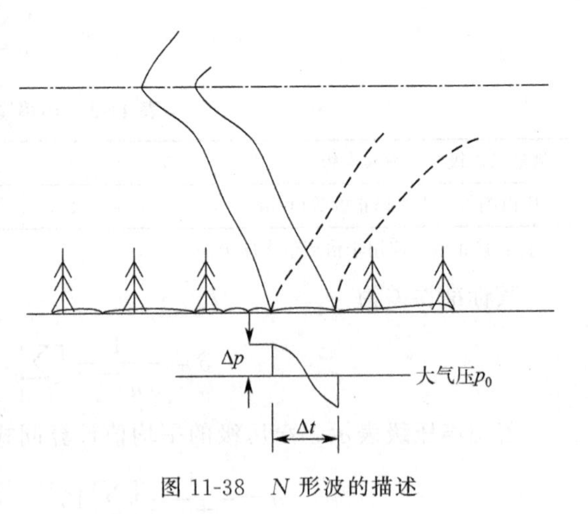

图11-38 N形波的描述

11.6.3 声功率级的测量

机械噪声的声功率级能客观地表征机械噪声源的特性。国际标准化组织根据不同的试验环境和测试要求颁布了一系列关于测定机械声功率级的不同方法的国际标准。表11-5列出

了国际标准规定的测量机械声功率级的各种方法。

表 11-5　国际标准规定的测量机械声功率级的各种方法

国际标准系列号	方法的分类	测试环境	声源体积	噪声的性质	能获得的声功率级	可选用资料
3741	精密级	满足规定的混响室	最好小于测试体积的 1%	稳态、宽带	1/3 倍频程或倍频程	A 计权声功率级
3742				稳态、离散频率或窄带		
3743	工程级	特殊的混响测试室	最好小于测试体积的 1%	稳态、宽带离散频率	A 计权和倍频程	其他计权声功率级
3744		室外或大房间	最大尺寸小于 15m	任意	A 计权以及 1/3 倍频程或倍频程	作为时间函数的指向性资料和声压级，其他计权声功率级
3745	精密级	消声室或半消声室	最好小于测试室体积的 0.5%	任意		
3746	简易级	无须特殊的测试环境	没有限制，仅受现有的测试环境限制	任意	A 计权	作为时间函数的声压级，其他计权声功率级

在工程应用中，较多采用近似半自由声场条件工程法。该方法与其他方法一样，都是在特定的测试条件下由测得的声压级参量经计算而得到声功率级的。用近似半自由声场条件进行声功率级测试的具体方法为：将待测机器放在硬反射地面上，测量以此机器为中心的测量表面上若干个（至少 9 个）均匀分布的点上的 A 声级或频带声压级，测量表面可以是半球面、矩形体面或与机器形状相应的结构表面，在条件许可的情况下，选用半球面为佳，其次为矩形体面。然后根据下列公式确定机器噪声的声功率级

$$L_W=\overline{L}_p+10\lg\left(\frac{S}{S_0}\right) \tag{11-36}$$

式中，L_W 为噪声的 A 计权，dB（A），或频带功率级，dB；$\overline{L}_p$ 为测量表面的平均 A 声级，dB（A），或频带的平均声压级，dB；S 为测量表面面积，m^2；S_0 为基准面积，$S_0=1m^2$。$\overline{L}_p$ 由下式确定

$$\overline{L}_p=10\lg\left[\frac{1}{n}\sum_{i=1}^{n}10^{(L_{pi}-\Delta L_{pi})/10}\right]-K_1-K_2 \tag{11-37}$$

式中，L_{pi} 为待测噪声在第 i 测点上测得的 A 声级，dB（A），或频带声压级，dB；ΔL_{pi} 为第 i 测点上本底噪声的扣除值，dB，当总噪声与本底噪声之间的差值小于 10dB 时，应考虑本底噪声的扣除值；n 为测点数；K_1 为测量环境（指场所）修正值，dB；K_2 为测量环境温度和气压修正值，dB。

修正值 K_1 可根据式(11-38) 计算，也可从图 11-39 所示的曲线中查取。

$$\begin{cases}K_1=10\lg\left(1+\dfrac{4}{A/S}\right)\\ A=0.16\,\dfrac{V}{T}\end{cases} \tag{11-38}$$

式中，A 为实验室房间的吸声量，m^2；S 为测量表面面积，m^2；V 为房间体积，m^3；T 为房间的频带混响时间，s。

修正值 K_2 的计算式为

$$K_2=10\lg\sqrt{\frac{293}{273+t}\times\frac{p_0}{100}} \tag{11-39}$$

式中，t 为测量环境的温度,℃；p_0 为测量环境的大气压，kPa。

应该注意的是，工程法和简易法对测量环境的要求是不同的。工程法要求测量环境满足条件 $A/S>6$，即环境修正值 $K_1<2.2$dB，见图 11-39，否则测量环境不符合要求；而简易法只要求测量环境的 $A/S>1$，即环境修正值 $K_1<7$dB。

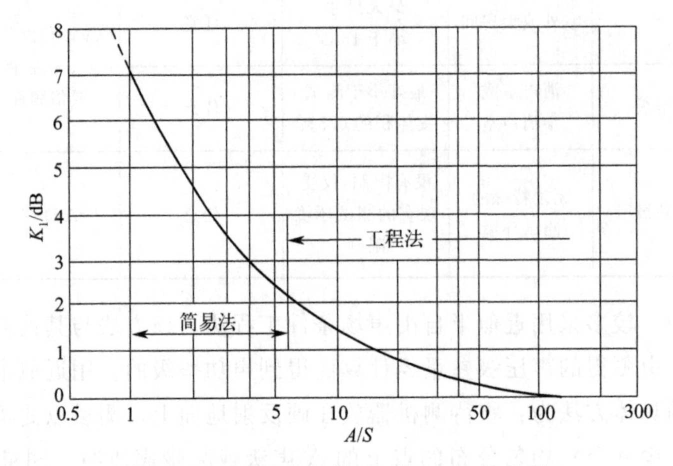

图 11-39 环境修正值 K_1 与 A/S 的关系

11.6.4 声强的测量

根据声强的定义及其量纲可知，声强具有单位面积的声功率的概念，即等于某一点的瞬时声压和相应的瞬时质点速度的乘积的平均值，用矢量表示则有

$$\boldsymbol{I}=\overline{p\cdot\boldsymbol{v}} \tag{11-40}$$

它的指向就是声的传播方向，而在某给定方向上的分量 I_r 为

$$I_r=\overline{p\cdot v_r} \tag{11-41}$$

根据牛顿第二定律，可得

$$\rho\frac{\partial v_r}{\partial t}=-\frac{\partial p}{\partial r} \tag{11-42}$$

式中，ρ 为媒质密度。式(11-42) 中，r 方向的压力梯度可近似为

$$\frac{\partial p}{\partial r}\approx\frac{\Delta p}{\Delta r}=\frac{p_2-p_1}{\Delta r}(\text{当 }\Delta r\leqslant\lambda) \tag{11-43}$$

式中，Δr 为测点 1、2 间的距离；p_1、p_2 为测点 1、2 处的瞬时声压；λ 为测试声波的波长。由式(11-42) 和式(11-43) 可得

$$v_r = -\frac{1}{\rho \Delta r}\int (p_2 - p_1)\,\mathrm{d}t \tag{11-44}$$

取

$$p = \frac{p_2 + p_1}{2} \tag{11-45}$$

将式(11-44) 和式(11-45) 代入式(11-43)，得出

$$I_r = -\frac{1}{2\rho \Delta r}(p_2 + p_1)\int (p_2 - p_1)\,\mathrm{d}t \tag{11-46}$$

式(11-46) 为设计声强测量仪器提供了依据，如丹麦 B&K 公司的 3360 型声强测量仪就是根据此设计的，其原理框图如图 11-40 所示。

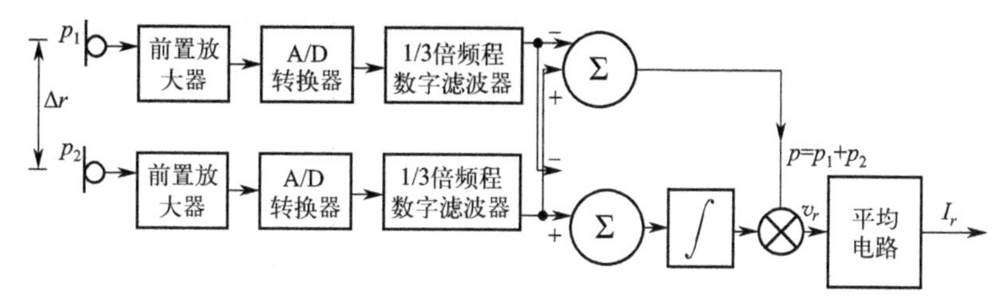

图 11-40　B&K 公司 3360 型声强测量仪器框图

两传声器获得的声信号（p_1、p_2）经过前置放大、A/D 转换和滤波后，一路使之相加得到声压，另一路使之相减后积分得到质点速度，然后两路相乘再经时间平均而得到声强。

由声强测量原理可知，测试某点声强需安置两个传声器组成声强探头。声强探头中两传声器的距离应满足式(11-46) 的近似条件，还应注意它们的排列方向。声强测量具有许多优点，如能用它来判别噪声源的位置，能在不需特殊声学环境条件下测试声源声功率等。

思考题与习题

(1) 机械振动测试的主要内容有哪些?

(2) 测振仪器的选择和使用应考虑哪几个方面?

(3) 简述电涡流式振动位移传感器原理。

(4) 试绘制微积分放大器电路框图和调频放大系统框图，并简述其工作过程。

(5) 结合压电式加速度传感器的不同结构形式，简述各自的适用情况以及局限性。

(6) 压电式加速度传感器所配置的放大器有哪几种形式? 各自的优缺点是什么?

(7) 简述自振法和共振法测量汽轮机叶片自振频率的工作原理。

(8) 简述液压式激振台的工作原理。

(9) 解释倍频程的含义。

(10) 某实验室测量内燃机运转时总噪声级为 95dB (A)，环境噪声为 87dB (A)，试问

此内燃机实际噪声为多少？

(11) 噪声评价的主观和客观技术参数有哪些？

(12) 什么是A声级？

(13) 某车间内有10台相同的车床，当只有1台车床运转时，车间内的平均噪声级是55dB。当有2台、4台及10台同时运转时，试问车间内的平均噪声级各是多少？

(14) 某居住区与一工厂相邻，该工厂10台同样的机器运转时的噪声级为54dB，如果夜间的噪声级允许值为50dB，试问夜间只能同时开启几台机器？

附　录

附录 A.1　铂铑 10-铂热电偶分度表

分度号：S　　　　　　　　　　　　　　　　　　　　　参考温度：0℃

t/℃	热电动势/mV									
	0	−1	−2	−3	−4	−5	−6	−7	−8	−9
−50	−0.236									
−40	−0.194	−0.199	−0.203	−0.207	−0.211	−0.215	−0.219	−0.224	−0.228	−0.232
−30	−0.150	−0.155	−0.159	−0.164	−0.168	−0.173	−0.177	−0.181	−0.186	−0.190
−20	−0.103	−0.108	−0.113	−0.117	−0.122	−0.127	−0.132	−0.136	−0.141	−0.146
−10	−0.053	−0.058	−0.063	−0.068	−0.073	−0.078	−0.083	−0.088	−0.093	−0.098
0	0	−0.005	−0.011	−0.016	−0.021	−0.027	−0.032	−0.037	−0.046	−0.048
t/℃	热电动势/mV									
	0	1	2	3	4	5	6	7	8	9
0	0	0.005	0.011	0.016	0.022	0.027	0.033	0.038	0.044	0.050
10	0.055	0.061	0.067	0.072	0.078	0.084	0.090	0.095	0.101	0.107
20	0.113	0.119	0.125	0.131	0.137	0.143	0.149	0.155	0.161	0.167
30	0.173	0.179	0.185	0.191	0.197	0.204	0.210	0.216	0.222	0.229
40	0.235	0.241	0.248	0.254	0.260	0.267	0.273	0.280	0.286	0.292
50	0.299	0.305	0.312	0.319	0.325	0.332	0.338	0.345	0.352	0.358
60	0.365	0.372	0.378	0.385	0.392	0.399	0.405	0.412	0.419	0.426
70	0.433	0.440	0.446	0.453	0.460	0.467	0.474	0.481	0.488	0.495
80	0.502	0.509	0.516	0.523	0.530	0.538	0.545	0.552	0.559	0.566
90	0.573	0.580	0.588	0.595	0.602	0.609	0.617	0.624	0.631	0.639
100	0.646	0.653	0.661	0.668	0.675	0.683	0.690	0.698	0.705	0.713

续表

t/℃	热电动势/mV									
	0	1	2	3	4	5	6	7	8	9
110	0.720	0.727	0.735	0.743	0.750	0.758	0.765	0.773	0.780	0.788
120	0.795	0.803	0.811	0.818	0.826	0.834	0.841	0.849	0.857	0.865
130	0.872	0.880	0.888	0.896	0.903	0.911	0.919	0.927	0.935	0.942
140	0.950	0.958	0.966	0.974	0.982	0.990	0.998	1.006	1.013	1.021
150	1.029	1.037	1.045	1.053	1.061	1.069	1.077	1.085	1.094	1.102
160	1.110	1.118	1.126	1.134	1.142	1.150	1.158	1.167	1.175	1.183
170	1.191	1.199	1.207	1.216	1.224	1.232	1.240	1.249	1.257	1.265
180	1.273	1.282	1.290	1.298	1.307	1.315	1.323	1.332	1.340	1.348
190	1.357	1.365	1.373	1.382	1.390	1.399	1.407	1.415	1.424	1.432
200	1.441	1.449	1.458	1.466	1.475	1.483	1.492	1.500	1.509	1.517
210	1.526	1.534	1.543	1.551	1.560	1.569	1.577	1.586	1.594	1.603
220	1.612	1.620	1.629	1.638	1.646	1.655	1.663	1.672	1.681	1.690
230	1.698	1.707	1.716	1.724	1.733	1.742	1.751	1.759	1.768	1.777
240	1.786	1.794	1.803	1.812	1.821	1.829	1.838	1.847	1.856	1.865
250	1.874	1.882	1.891	1.900	1.909	1.918	1.927	1.936	1.944	1.953
260	1.962	1.971	1.980	1.989	1.998	2.007	2.016	2.025	2.034	2.043
270	2.052	2.061	2.070	2.078	2.087	2.096	2.105	2.114	2.123	2.132
280	2.141	2.151	2.160	2.169	2.178	2.187	2.196	2.205	2.214	2.223
290	2.232	2.241	2.250	2.259	2.268	2.277	2.287	2.296	2.305	2.314
300	2.323	2.332	2.341	2.350	2.360	2.369	2.378	2.387	2.396	2.405
310	2.415	2.424	2.433	2.442	2.451	2.461	2.470	2.479	2.488	2.497
320	2.507	2.516	2.525	2.534	2.544	2.553	2.562	2.571	2.581	2.590
330	2.599	2.609	2.618	2.627	2.636	2.646	2.655	2.664	2.674	2.683
340	2.692	2.702	2.711	2.720	2.730	2.739	2.748	2.758	2.767	2.776
350	2.786	2.795	2.805	2.814	2.823	2.833	2.842	2.851	2.861	2.870
360	2.880	2.889	2.899	2.908	2.917	2.927	2.936	2.946	2.955	2.965
370	2.974	2.983	2.993	3.002	3.012	3.021	3.031	3.040	3.050	3.059
380	3.069	3.078	3.088	3.097	3.107	3.116	3.126	3.135	3.145	3.154
390	3.164	3.173	3.183	3.192	3.202	3.212	3.221	3.231	3.240	3.250
400	3.259	3.269	3.279	3.288	3.298	3.307	3.317	3.328	3.336	3.346
410	3.355	3.365	3.374	3.384	3.394	3.403	3.413	3.423	3.432	3.442
420	3.451	3.461	3.471	3.480	3.490	3.500	3.509	3.519	3.529	3.538
430	3.548	3.558	3.567	3.577	3.587	3.596	3.606	3.616	3.626	3.635
440	3.645	3.655	3.664	3.674	3.684	3.694	3.703	3.713	3.723	3.732
450	3.743	3.752	3.762	3.771	3.781	3.791	3.801	3.810	3.820	3.830
460	3.840	3.850	3.859	3.869	3.879	3.889	3.898	3.908	3.918	3.928

t/℃	热电动势/mV									
	0	1	2	3	4	5	6	7	8	9
470	3.938	3.947	3.957	3.967	3.977	3.987	3.997	4.006	4.016	4.026
480	4.036	4.046	4.056	4.065	4.075	4.085	4.095	4.105	4.115	4.125
490	4.134	4.144	4.154	4.164	4.174	4.184	4.194	4.204	4.213	4.223
500	4.233	4.243	4.253	4.263	4.273	4.283	4.293	4.303	4.313	4.323
510	4.332	4.342	4.352	4.362	4.720	4.382	4.392	4.402	4.412	4.422
520	4.432	4.442	4.452	4.462	4.472	4.482	4.492	4.502	4.512	4.522
530	4.532	4.542	4.552	4.562	4.572	4.582	4.592	4.602	4.612	4.622
540	4.632	4.642	4.652	4.662	4.672	4.682	4.692	4.702	4.712	4.722
550	4.732	4.742	4.752	4.762	4.772	4.782	4.793	4.803	4.813	4.823
560	4.833	4.843	4.853	4.863	4.873	4.883	4.893	4.904	4.914	4.924
570	4.934	4.944	4.954	4.964	4.974	4.984	4.995	5.005	5.015	5.025
580	5.035	5.045	5.055	5.066	5.076	5.086	5.096	5.106	5.116	5.127
590	5.137	5.147	5.157	5.167	5.178	5.188	5.198	5.208	5.218	5.228
600	5.239	5.249	5.259	5.269	5.280	5.290	5.300	5.310	5.320	5.331
610	5.341	5.351	5.361	5.372	5.382	5.392	5.402	5.413	5.423	5.433
620	5.443	5.454	5.464	5.474	5.485	5.495	5.505	5.515	5.526	5.536
630	5.546	5.557	5.567	5.577	5.588	5.598	5.608	5.618	5.629	5.639
640	5.649	5.660	5.670	5.680	5.691	5.701	5.712	5.722	5.732	5.743
650	5.753	5.763	5.774	5.784	5.794	5.805	5.815	5.826	5.836	5.846
660	5.857	5.867	5.878	5.888	5.898	5.909	5.919	5.930	5.940	5.950
670	5.961	5.971	5.982	5.992	6.003	6.013	6.024	6.034	6.044	6.055
680	6.065	6.076	6.086	6.097	6.107	6.118	6.128	6.139	6.149	6.160
690	6.170	6.181	6.191	6.202	6.212	6.223	6.233	6.244	6.254	6.265
700	6.275	6.286	6.296	6.307	6.317	6.328	6.338	6.349	6.360	6.370
710	6.381	6.391	6.402	6.412	6.423	6.434	6.444	6.455	6.465	6.476
720	6.486	6.497	6.508	6.518	6.529	6.539	6.550	6.561	6.571	6.582
730	6.593	6.603	6.614	6.624	6.635	6.646	6.656	6.667	6.678	6.688
740	6.699	6.710	6.720	6.731	6.742	6.752	6.763	6.774	6.784	6.795
750	6.806	6.817	6.827	6.838	6.849	6.859	6.870	6.881	6.892	6.902
760	6.913	6.924	6.934	6.945	6.956	6.967	6.977	6.988	6.999	7.010
770	7.020	7.031	7.042	7.053	7.064	7.074	7.085	7.096	7.107	7.117
780	7.128	7.139	7.150	7.161	7.172	7.182	7.193	7.204	7.215	7.226
790	7.236	7.247	7.258	7.269	7.280	7.291	7.302	7.312	7.323	7.334
800	7.345	7.356	7.367	7.378	7.388	7.399	7.410	7.421	7.432	7.443
810	7.454	7.465	7.476	7.487	7.497	7.508	7.519	7.530	7.541	7.552
820	7.563	7.574	7.585	7.596	7.607	7.618	7.629	7.640	7.651	7.662

续表

t/℃	热电动势/mV									
	0	1	2	3	4	5	6	7	8	9
830	7.673	7.684	7.695	7.706	7.717	7.728	7.739	7.750	7.761	7.772
840	7.783	7.794	7.805	7.816	7.827	7.838	7.849	7.860	7.871	7.882
850	7.893	7.904	7.915	7.926	7.937	7.948	7.959	7.970	7.981	7.992
860	8.003	8.014	8.026	8.037	8.048	8.059	8.070	8.081	8.092	8.103
870	8.114	8.125	8.137	8.148	8.159	8.170	8.181	8.192	8.203	8.214
880	8.226	8.237	8.248	8.259	8.270	8.281	8.293	8.304	8.315	8.326
890	8.337	8.348	8.360	8.371	8.382	8.393	8.404	8.416	8.427	8.438
900	8.449	8.460	8.472	8.483	8.494	8.505	8.517	8.528	8.539	8.550
910	8.562	8.573	8.584	8.595	8.607	8.618	8.629	8.640	8.652	8.663
920	8.674	8.685	8.697	8.708	8.719	8.731	8.742	8.753	8.765	8.776
930	8.787	8.798	8.810	8.821	8.832	8.844	8.855	8.866	8.878	8.889
940	8.900	8.912	8.923	8.935	8.946	8.957	8.969	8.980	8.991	9.003
950	9.014	9.025	9.037	9.048	9.060	9.071	9.082	9.094	9.015	9.117
960	9.128	9.139	9.151	9.162	9.174	9.185	9.197	9.208	9.219	9.231
970	9.242	9.254	9.265	9.277	9.288	9.300	9.311	9.323	9.334	9.345
980	9.357	9.368	9.380	9.391	9.403	9.414	9.426	9.437	9.449	9.460
990	9.472	9.483	9.495	9.506	9.518	9.529	9.541	9.552	9.564	9.576
1000	9.587	9.599	9.610	9.622	9.633	9.645	9.656	9.668	9.680	9.691
1010	9.703	9.714	9.726	9.737	9.749	9.761	9.772	9.784	9.795	9.807
1020	9.819	9.830	9.842	9.853	9.865	9.877	9.888	9.900	9.911	9.923
1030	9.935	9.946	9.958	9.970	9.981	9.993	10.005	10.016	10.028	10.040
1040	10.051	10.063	10.075	10.086	10.098	10.110	10.121	10.133	10.145	10.156
1050	10.168	10.180	10.191	10.203	10.215	10.227	10.238	10.250	10.262	10.273
1060	10.285	10.297	10.309	10.320	10.332	10.344	10.356	10.367	10.379	10.391
1070	10.403	10.414	10.426	10.438	10.450	10.461	10.473	10.485	10.497	10.509
1080	10.520	10.532	10.544	10.556	10.567	10.579	10.591	10.603	10.615	10.626
1090	10.638	10.650	10.662	10.674	10.686	10.697	10.709	10.721	10.733	10.745
1100	10.757	10.768	10.780	10.792	10.804	10.816	10.828	10.839	10.851	10.863
1110	10.875	10.887	10.899	10.911	10.922	10.934	10.946	10.958	10.970	10.982
1120	10.994	11.006	11.017	11.029	11.041	11.053	11.065	11.077	11.089	11.101
1130	11.113	11.125	11.136	11.148	11.160	11.172	11.184	11.196	11.208	11.220
1140	11.232	11.244	11.256	11.268	11.280	11.291	11.303	11.315	11.327	11.339
1150	11.351	11.363	11.375	11.387	11.399	11.411	11.423	11.435	11.447	11.459
1160	11.471	11.483	11.495	11.507	11.519	11.531	11.542	11.554	11.566	11.578
1170	11.590	11.602	11.614	11.626	11.638	11.650	11.662	11.674	11.686	11.698
1180	11.710	11.722	11.734	11.746	11.758	11.770	11.782	11.794	11.806	11.818

续表

t/℃	热电动势/mV									
	0	1	2	3	4	5	6	7	8	9
1190	11.830	11.842	11.854	11.868	11.878	11.890	11.902	11.914	11.926	11.939
1200	11.951	11.963	11.975	11.987	11.999	12.011	12.023	12.035	12.047	12.059
1210	12.071	12.083	12.095	12.107	12.119	12.131	12.143	12.155	12.167	12.179
1220	12.191	12.203	12.216	12.228	12.240	12.252	12.264	12.276	12.288	12.300
1230	12.312	12.324	12.336	12.348	12.360	12.372	12.384	12.397	12.409	12.421
1240	12.433	12.445	12.457	12.469	12.481	12.493	12.505	12.517	12.529	12.542
1250	12.554	12.566	12.578	12.590	12.602	12.614	12.626	12.638	12.650	12.662
1260	12.675	12.687	12.699	12.711	12.723	12.735	12.747	12.759	12.771	12.783
1270	12.796	12.808	12.820	12.832	12.844	12.856	12.868	12.880	12.892	12.905
1280	12.917	12.929	12.941	12.953	12.965	12.977	12.989	13.001	13.014	13.026
1290	13.038	13.050	13.062	13.074	13.086	13.098	13.111	13.123	13.135	13.147
1300	13.159	13.171	13.183	13.195	13.208	13.220	13.232	13.244	13.256	13.268
1310	13.280	13.292	13.305	13.317	13.329	13.341	13.353	13.365	13.377	13.390
1320	13.402	13.414	13.420	13.438	13.450	13.462	13.474	13.487	13.499	13.511
1330	13.523	13.535	13.547	13.559	13.572	13.584	13.596	13.608	13.620	13.632
1340	13.640	13.657	13.669	13.681	13.693	13.705	13.717	13.729	13.742	13.754
1350	13.766	13.778	13.790	13.802	13.814	13.826	13.839	13.851	13.863	13.875
1360	13.887	13.899	13.911	13.924	13.936	13.948	13.960	13.972	13.984	13.996
1370	14.009	14.021	14.033	14.045	14.057	14.069	14.081	14.094	14.106	14.118
1380	14.130	14.142	14.154	14.166	14.178	14.191	14.203	14.215	14.227	14.239
1390	14.251	14.263	14.276	14.288	14.300	14.312	14.324	14.336	14.348	14.360
1400	14.373	14.385	14.397	14.409	14.421	14.433	14.445	14.457	14.470	14.482
1410	14.494	14.506	14.518	14.530	14.542	14.554	14.567	14.579	14.591	14.603
1420	14.615	14.627	14.639	14.651	14.664	14.676	14.688	14.700	14.712	14.724
1430	14.736	14.748	14.760	14.773	14.785	14.797	14.809	14.821	14.833	14.845
1440	14.857	14.869	14.881	14.894	14.906	14.918	14.930	14.942	14.954	14.966
1450	14.978	14.990	15.002	15.015	15.027	15.039	15.051	15.063	15.075	15.087
1460	15.099	15.111	15.123	15.135	15.148	15.160	15.172	15.184	15.196	15.208
1470	15.220	15.232	15.244	15.256	15.268	15.280	15.292	15.304	15.317	15.329
1480	15.341	15.353	15.365	15.377	15.389	15.401	15.413	15.425	15.437	15.449
1490	15.461	15.473	15.485	15.497	15.509	15.521	15.534	15.546	15.558	15.570
1500	15.582	15.594	15.606	15.618	15.630	15.642	15.654	15.666	15.678	15.690
1510	15.702	15.714	15.726	15.738	15.750	15.762	15.774	15.786	15.798	15.810
1520	15.822	15.834	15.846	15.858	15.870	15.882	15.894	15.906	15.918	15.930
1530	15.942	15.954	15.966	15.978	15.990	16.002	16.014	16.026	16.038	16.050
1540	16.062	16.074	16.086	16.098	16.110	16.122	16.134	16.146	16.158	16.170

续表

t/℃	热电动势/mV									
	0	1	2	3	4	5	6	7	8	9
1550	16.182	16.194	16.205	16.217	16.229	16.241	16.253	16.265	16.277	16.289
1560	16.301	16.313	16.325	16.337	16.349	16.361	16.373	16.385	16.396	16.408
1570	16.420	16.432	16.444	16.456	16.468	16.480	16.492	16.504	16.516	16.527
1580	16.539	16.551	16.563	16.575	16.587	16.599	16.611	16.623	16.634	16.646
1590	16.658	16.670	16.682	16.694	16.706	16.718	16.729	16.741	16.753	16.765
1600	16.777	16.789	16.801	16.812	16.824	16.836	16.848	16.860	16.872	16.883
1610	16.895	16.907	16.919	16.931	16.943	16.954	16.966	16.978	16.990	17.002
1620	17.013	17.025	17.037	17.049	17.061	17.072	17.084	17.096	17.108	17.120
1630	17.131	17.143	17.155	17.167	17.178	17.190	17.202	17.214	17.225	17.237
1640	17.249	17.261	17.272	17.284	17.296	17.308	17.319	17.331	17.343	17.355
1650	17.366	17.378	17.390	17.401	17.413	17.425	17.437	17.448	17.460	17.472
1660	17.483	17.495	17.507	17.518	17.530	17.542	17.553	17.565	17.577	17.588
1670	17.600	17.612	17.623	17.635	17.647	17.658	17.670	17.682	17.693	17.705
1680	17.717	17.728	17.740	17.751	17.763	17.775	17.786	17.798	17.809	17.821
1690	17.832	17.844	17.855	17.867	17.878	17.890	17.901	17.913	17.924	17.936
1700	17.947	17.959	17.970	17.982	17.993	18.004	18.016	18.027	18.039	18.050
1710	18.061	18.073	18.084	18.095	18.107	18.118	18.129	18.140	18.152	18.163
1720	18.174	18.185	18.196	18.208	18.219	18.230	18.241	18.252	18.263	18.274
1730	18.285	18.297	18.308	18.319	18.330	18.341	18.352	18.362	18.373	18.384
1740	18.395	18.406	18.417	18.428	18.439	18.449	18.460	18.471	18.482	18.493
1750	18.503	18.514	18.525	18.535	18.546	18.557	18.567	18.578	18.588	18.599
1760	18.609	18.620	18.630	18.641	18.651	18.661	18.672	18.682	18.693	

附录 A.2 镍铬-镍硅热电偶分度表

分度号：K　　　　参考温度：0℃

t/℃	热电动势/mV									
	0	−1	−2	−3	−4	−5	−6	−7	−8	−9
−270	−6.458									
−260	−6.441	−6.444	−6.446	−6.448	−6.450	−6.452	−6.453	−6.455	−6.456	−6.457
−250	−6.404	−6.408	−6.413	−6.417	−6.421	−6.425	−6.429	−6.432	−6.435	−6.438
−240	−6.344	−6.351	−6.358	−6.364	−6.370	−6.377	−6.382	−6.388	−6.393	−6.399
−230	−6.262	−6.271	−6.280	−6.289	−6.297	−6.306	−6.314	−6.322	−6.329	−6.337
−220	−6.158	−6.170	−6.181	−6.192	−6.202	−3.213	−6.223	−6.233	−6.243	−6.252
−210	−6.035	−6.048	−6.061	−6.074	−6.087	−6.099	−6.111	−6.123	−6.135	−6.147
−200	−5.891	−5.907	−5.922	−5.936	−5.951	−5.965	−5.980	−5.994	−6.007	−6.021
−190	−5.730	−5.747	−5.763	−5.780	−5.797	−5.813	−5.829	−5.845	−5.861	−5.876

续表

t/℃	热电动势/mV									
	0	−1	−2	−3	−4	−5	−6	−7	−8	−9
−180	−5.550	−5.569	−5.588	−5.606	−5.624	−5.642	−5.660	−5.678	−5.695	−5.713
−170	−5.354	−5.374	−5.395	−5.415	−5.435	−5.454	−5.474	−5.493	−5.512	−5.531
−160	−5.141	−5.163	−5.185	−5.207	−5.228	−5.250	−5.271	−5.292	−5.313	−5.333
−150	−4.913	−4.936	−4.960	−4.983	−5.006	−5.029	−5.052	−5.074	−5.097	−5.119
−140	−4.669	−4.694	−4.719	−4.744	−4.768	−4.793	−4.817	−4.841	−4.865	−4.889
−130	−4.411	−4.437	−4.463	−4.490	−4.516	−4.542	−4.567	−4.593	−4.618	−4.644
−120	−4.138	−4.166	−4.194	−4.221	−4.249	−4.276	−4.303	−4.330	−4.357	−4.384
−110	−3.852	−3.882	−3.911	−3.939	−3.968	−3.997	−4.025	−4.054	−4.082	−4.110
−100	−3.554	−3.584	−3.614	−3.645	−3.675	−3.705	−3.734	−3.764	−3.794	−3.823
−90	−3.243	−3.274	−3.306	−3.337	−3.368	−3.400	−3.431	−3.462	−3.492	−3.523
−80	−2.920	−2.953	−2.986	−3.018	−3.050	−3.083	−3.115	−3.147	−3.179	−3.211
−70	−2.587	−2.620	−2.654	−2.688	−2.721	−2.755	−2.788	−2.821	−2.854	−2.887
−60	−2.243	−2.270	−2.312	−2.347	−2.382	−2.416	−2.450	−2.485	−2.519	−2.553
−50	−1.889	−1.925	−1.961	−1.996	−2.032	−2.067	−2.103	−2.138	−2.173	−2.208
−40	−1.527	−1.564	−1.600	−1.637	−1.673	−1.709	−1.745	−1.782	−1.818	−1.854
−30	−1.156	−1.194	−1.231	−1.268	−1.305	−1.343	−1.380	−1.417	−1.453	−1.490
−20	−0.778	−0.816	−0.854	−0.892	−0.930	−0.968	−1.006	−1.043	−1.081	−1.119
−10	−0.392	−0.431	−0.470	−0.508	−0.547	−0.586	−0.624	−0.663	−0.701	−0.739
0	0	−0.039	−0.079	−0.118	−0.157	−0.197	−0.236	−0.275	−0.314	−0.353

t/℃	热电动势/mV									
	0	1	2	3	4	5	6	7	8	9
0	0	0.039	0.079	0.119	0.158	0.198	0.238	0.277	0.317	0.357
10	0.397	0.437	0.477	0.517	0.557	0.597	0.637	0.677	0.718	0.758
20	0.798	0.838	0.879	0.919	0.960	1.000	1.041	1.081	1.122	1.163
30	1.203	1.244	1.285	1.326	1.366	1.407	1.448	1.489	1.530	1.571
40	1.612	1.653	1.694	1.735	1.776	1.817	1.858	1.899	1.941	1.982
50	2.023	2.064	2.106	2.147	2.188	2.230	2.271	2.312	2.354	2.395
60	2.436	2.478	2.519	2.561	2.602	2.644	2.685	2.727	2.768	2.810
70	2.851	2.893	2.934	2.976	3.017	3.059	3.100	3.142	3.184	3.225
80	3.267	3.308	3.350	3.391	3.433	3.474	3.516	3.557	3.599	3.640
90	3.682	3.723	3.765	3.806	3.848	3.889	3.931	3.972	4.013	4.055
100	4.096	4.138	4.179	4.220	4.262	4.303	4.344	4.385	4.427	4.468
110	4.509	4.550	4.591	4.633	4.674	4.715	4.756	4.797	4.838	4.879
120	4.920	4.961	5.002	5.043	5.084	5.124	5.165	5.206	5.247	5.288
130	5.328	5.369	5.410	5.450	5.491	5.532	5.572	5.613	5.653	5.694
140	5.735	5.775	5.815	5.856	5.896	5.937	5.977	6.017	6.058	6.098

续表

t/℃	热电动势/mV									
	0	1	2	3	4	5	6	7	8	9
150	6.138	6.179	6.219	6.259	6.299	6.339	6.380	6.420	6.460	6.500
160	6.540	6.580	6.620	6.660	6.701	6.741	6.781	6.821	6.861	6.901
170	6.941	6.981	7.021	7.060	7.100	7.140	7.180	7.220	7.260	7.300
180	7.340	7.380	7.420	7.460	7.500	7.540	7.579	7.619	7.659	7.699
190	7.739	7.779	7.819	7.859	7.899	7.939	7.979	8.019	8.059	8.099
200	8.138	8.178	8.218	8.258	8.298	8.338	8.378	8.418	8.458	8.499
210	8.539	8.579	8.619	8.659	8.699	8.739	8.779	8.819	8.860	8.900
220	8.940	8.980	9.020	9.061	9.101	9.141	9.181	9.222	9.262	9.302
230	9.343	9.383	9.423	9.464	9.504	9.545	9.585	9.626	9.666	9.707
240	9.747	9.788	9.828	9.869	9.909	9.950	9.991	10.031	10.072	10.113
250	10.153	10.194	10.235	10.276	10.316	10.357	10.398	10.439	10.480	10.520
260	10.561	10.602	10.643	10.684	10.725	10.766	10.807	10.848	10.889	10.930
270	10.971	11.012	11.053	11.094	11.135	11.176	11.217	11.259	11.300	11.341
280	11.382	11.423	11.465	11.506	11.547	11.588	11.630	11.671	11.712	11.753
290	11.795	11.836	11.877	11.919	11.960	12.001	12.043	12.084	12.126	12.167
300	12.209	12.250	12.291	12.333	12.374	12.416	12.457	12.499	12.540	12.582
310	12.624	12.665	12.707	12.748	12.790	12.831	12.873	12.915	12.956	12.998
320	13.040	13.081	13.123	13.165	13.206	13.248	13.290	13.331	13.373	13.415
330	13.457	13.498	13.540	13.582	13.624	13.665	13.707	13.749	13.791	13.833
340	13.874	13.916	13.958	14.000	14.042	14.084	14.126	14.167	14.209	14.251
350	14.293	14.335	14.377	14.419	14.461	14.503	14.545	14.587	14.629	14.671
360	14.713	14.755	14.797	14.839	14.881	14.923	14.965	15.007	15.049	15.091
370	15.133	15.175	15.217	15.259	15.301	15.343	15.385	15.427	15.469	15.511
380	15.554	15.596	15.638	15.680	15.722	15.764	15.806	15.849	15.891	15.933
390	15.975	16.017	16.059	16.102	16.144	16.186	16.228	16.270	16.313	16.355
400	16.397	16.439	16.482	16.524	16.566	16.608	16.651	16.693	16.735	16.778
410	16.820	16.862	16.904	16.947	16.989	17.031	17.074	17.116	17.158	17.201
420	17.243	17.285	17.328	17.370	17.413	17.455	17.497	17.540	17.582	17.624
430	17.667	17.709	17.752	17.794	17.837	17.879	17.921	17.964	18.006	18.049
440	18.091	18.134	18.176	18.218	18.261	18.303	18.346	18.388	18.431	18.473
450	18.516	18.558	18.601	18.643	18.686	18.728	18.771	18.813	18.856	18.898
460	18.941	18.983	19.026	19.068	19.111	19.154	19.196	19.239	19.281	19.324
470	19.366	19.409	19.451	19.494	19.537	19.579	19.622	19.664	19.707	19.750
480	19.792	19.835	19.877	19.920	19.962	20.005	20.048	20.090	20.133	20.175
490	20.218	20.261	20.303	20.346	20.389	20.431	20.474	20.516	20.559	20.602
500	20.644	20.687	20.730	20.772	20.815	20.857	20.900	20.943	20.985	21.028

续表

t/℃	热电动势/mV									
	0	1	2	3	4	5	6	7	8	9
510	21.071	21.113	21.156	21.199	21.241	21.284	21.326	21.369	21.412	21.454
520	21.497	21.540	21.582	21.625	21.668	21.710	21.753	21.796	21.838	21.881
530	21.924	21.966	22.009	22.052	22.094	22.137	22.179	22.222	22.265	22.307
540	22.350	22.393	22.435	22.478	22.521	22.563	22.606	22.649	22.691	22.734
550	22.776	22.819	22.862	22.904	22.947	22.990	23.032	23.075	23.117	23.160
560	23.203	23.245	23.288	23.331	23.373	23.416	23.458	23.501	23.544	23.586
570	23.629	23.671	23.714	23.757	23.799	23.842	23.884	23.927	23.970	24.012
580	24.055	24.097	24.140	24.182	24.225	24.267	24.310	24.353	24.395	24.438
590	24.480	24.523	24.565	24.608	24.650	24.693	24.735	24.778	24.820	24.863
600	24.905	24.948	24.990	25.033	25.075	25.118	25.160	25.203	25.245	25.288
610	25.330	25.373	25.415	25.458	25.500	25.543	25.585	25.627	25.670	25.712
620	25.755	25.797	25.840	25.882	25.924	25.967	26.009	26.052	26.094	26.136
630	26.179	26.221	26.263	26.306	26.348	26.390	26.433	26.475	26.517	26.560
640	26.602	26.644	26.687	26.729	26.771	26.814	26.856	26.898	26.940	26.983
650	27.025	27.067	27.109	27.152	27.194	27.236	27.278	27.320	27.363	27.405
660	27.447	27.489	27.531	27.574	27.616	27.658	27.700	27.742	27.784	27.826
670	27.869	27.911	27.953	27.995	28.037	28.079	28.121	28.163	28.205	25.247
680	28.289	28.332	28.374	28.416	28.458	28.500	28.542	25.584	28.626	28.668
690	28.710	28.752	28.794	28.835	28.877	28.919	28.961	29.003	29.045	29.087
700	29.129	29.171	29.213	29.255	29.297	29.338	29.380	29.422	29.464	29.506
710	29.548	29.589	29.631	29.673	29.715	29.757	29.798	29.840	29.882	29.924
720	29.965	30.007	30.049	30.090	30.132	30.174	30.216	30.257	30.299	30.341
730	30.382	30.424	30.466	30.507	30.549	30.590	30.632	30.674	30.715	30.757
740	30.798	30.840	30.881	30.923	30.964	31.006	31.047	31.089	31.130	31.172
750	31.213	31.255	31.296	31.338	31.379	31.421	31.462	31.504	31.545	31.586
760	31.628	31.669	31.710	31.752	31.793	31.834	31.876	31.917	31.958	32.000
770	32.041	32.082	32.124	32.165	32.206	32.247	32.289	32.330	32.371	32.412
780	32.453	32.495	32.536	32.577	32.618	32.659	32.700	32.742	32.783	32.824
790	32.865	32.906	32.947	32.988	33.029	33.070	33.111	33.152	33.193	33.234
800	33.275	33.316	33.357	33.398	33.439	33.480	33.521	33.562	33.603	33.644
810	33.685	33.726	33.767	33.808	33.848	33.889	33.930	33.971	34.012	34.053
820	34.093	34.134	34.175	34.216	34.257	34.297	34.338	34.379	34.420	34.460
830	34.501	34.542	34.582	34.623	34.664	34.704	34.745	34.786	34.826	34.867
840	34.908	34.948	34.989	35.029	35.070	35.110	35.151	35.192	35.232	35.272
850	35.313	35.354	35.394	35.435	35.475	35.516	35.556	35.596	35.637	35.677
860	35.718	35.758	35.798	35.839	35.879	35.920	35.960	36.000	36.041	36.081

续表

t/℃	热电动势/mV									
	0	1	2	3	4	5	6	7	8	9
870	36.121	36.162	36.202	36.242	36.282	36.323	36.363	36.403	36.443	36.484
880	36.524	36.564	36.604	36.644	36.665	36.725	36.765	36.805	36.845	36.885
890	36.925	36.965	37.006	37.046	37.086	37.126	37.166	37.206	37.246	37.286
900	37.326	37.366	37.406	37.446	37.486	37.526	37.566	37.606	37.646	37.686
910	37.725	37.765	37.805	37.845	37.885	37.925	37.965	38.005	38.044	38.084
920	38.124	38.164	38.204	38.243	38.283	38.323	38.363	38.402	38.442	38.482
930	38.522	38.561	38.601	38.641	38.680	38.720	38.760	38.799	38.839	38.878
940	38.918	38.958	38.997	39.037	39.076	39.116	39.155	39.195	39.235	39.274
950	39.314	39.353	39.393	39.432	39.471	39.511	39.550	39.590	39.629	39.669
960	39.708	39.747	39.787	39.826	39.866	39.905	39.944	39.984	40.023	40.062
970	40.101	40.141	40.180	40.219	40.259	40.298	40.337	40.376	40.415	40.455
980	40.494	40.533	40.572	40.611	40.651	40.690	40.729	40.768	40.807	40.846
990	40.885	40.924	40.963	41.002	41.042	41.081	41.120	41.159	41.198	41.237
1000	41.276	41.315	41.354	41.393	41.431	41.470	41.509	41.548	41.587	41.626
1010	41.665	41.704	41.743	41.781	41.820	41.859	41.898	41.937	41.976	42.014
1020	42.053	42.092	42.131	42.169	42.208	42.247	42.286	42.324	42.363	42.402
1030	42.440	42.479	42.518	42.556	42.595	42.633	42.672	42.711	42.749	42.788
1040	42.826	42.865	42.903	42.942	42.980	43.019	43.057	43.096	43.134	43.173
1050	43.211	43.250	43.288	43.327	43.365	43.403	43.442	43.480	43.518	43.557
1060	43.595	43.633	43.672	43.710	43.738	43.787	43.825	43.863	43.901	43.940
1070	43.978	44.016	44.054	44.092	44.130	44.169	44.207	44.245	44.283	44.321
1080	44.359	44.397	44.435	44.473	44.512	44.550	44.588	44.626	44.664	44.702
1090	44.740	44.778	44.816	44.853	44.891	44.929	44.967	45.005	45.043	45.081
1100	45.119	45.157	45.194	45.232	45.270	45.308	45.346	45.383	45.421	45.459
1110	45.497	45.534	45.572	45.610	45.647	45.685	45.723	45.760	45.794	45.836
1120	45.873	45.911	45.948	45.986	46.024	46.061	46.099	46.136	46.174	46.211
1130	46.249	46.286	46.324	46.361	46.398	46.436	46.473	46.511	46.548	46.585
1140	46.621	46.660	46.697	46.735	46.772	46.809	46.847	46.884	46.921	46.958
1150	46.995	47.033	47.070	47.107	47.144	47.181	47.218	47.256	47.293	47.330
1160	47.367	47.404	47.411	47.478	47.515	47.552	47.589	47.626	47.663	47.700
1170	47.737	47.774	47.811	47.848	47.884	47.921	47.958	47.995	48.032	48.069
1180	48.105	48.142	48.179	48.216	48.252	48.289	48.326	48.363	48.399	48.436
1190	48.473	48.509	48.546	48.582	48.619	48.656	48.692	48.729	48.765	48.802
1200	48.838	48.875	48.911	48.948	48.984	49.021	49.057	49.093	49.130	49.166
1210	49.202	49.239	49.275	49.311	49.348	49.384	49.420	49.456	49.493	49.529
1220	49.565	49.601	49.637	49.674	49.710	49.746	49.782	49.818	49.854	49.890

续表

t/℃	热电动势/mV									
	0	1	2	3	4	5	6	7	8	9
1230	49.926	49.962	49.998	50.034	50.070	50.106	50.142	50.178	50.214	50.250
1240	50.286	50.322	50.358	50.393	50.429	50.465	50.501	50.537	50.572	50.618
1250	50.644	50.680	50.715	50.751	50.787	50.822	50.858	50.894	50.929	50.965
1260	51.000	51.036	51.071	51.107	51.142	51.178	51.213	51.249	51.284	51.320
1270	51.355	51.391	51.426	51.461	51.497	51.532	51.567	51.603	51.638	51.673
1280	51.708	51.744	51.779	51.814	51.849	51.885	51.920	51.955	51.990	52.025
1290	52.060	52.095	52.130	52.165	52.200	52.235	52.270	52.305	52.340	52.375
1300	52.410	52.445	52.480	52.515	52.550	52.585	52.620	52.654	52.689	52.724
1310	52.759	52.794	52.828	52.863	52.898	52.932	52.967	53.002	53.037	53.071
1320	53.106	53.140	53.175	53.210	53.244	53.279	53.313	53.348	53.382	53.417
1330	53.451	53.486	53.520	53.555	53.589	53.623	53.658	53.692	53.727	53.761
1340	53.765	53.830	53.864	53.898	53.932	53.967	54.001	54.035	54.069	54.104
1350	54.138	54.172	54.206	54.240	54.274	54.308	54.343	54.377	54.411	54.445
1360	54.479	54.513	54.547	54.581	54.615	54.649	54.683	54.717	54.751	54.785
1370	54.819	54.852	54.886							

附录 A.3 分度号为 Cu50 的铜热电阻分度表

R（0℃）=50.000Ω　　单位：Ω

	0	−1	−2	−3	−4	−5	−6	−7	−8	−9
−50	39.242									
−40	41.400	41.184	40.969	40.753	40.537	40.322	40.106	39.890	39.674	39.458
−30	43.555	43.339	43.124	42.909	42.693	42.478	42.262	42.047	41.831	41.616
−20	45.706	45.491	45.276	45.061	44.846	44.631	44.416	44.200	43.985	43.770
−10	47.854	47.639	47.425	47.210	46.995	46.780	46.566	46.351	46.136	45.921
0	50.000	49.786	49.571	49.356	49.142	48.927	48.713	48.498	48.284	48.069
℃	0	1	2	3	4	5	6	7	8	9
0	50.000	50.214	50.429	50.643	50.858	51.072	51.286	51.501	51.715	51.929
10	52.144	52.358	52.572	52.786	53.000	53.215	53.429	53.643	53.857	54.071
20	54.285	54.500	54.714	54.928	55.142	55.356	55.570	55.784	55.998	56.212
30	56.426	56.640	56.854	57.068	57.282	57.496	57.710	57.924	58.137	58.351
40	58.565	58.779	58.993	59.207	59.421	59.635	59.848	60.062	60.276	60.490
50	60.704	60.918	61.132	61.345	61.559	61.773	61.987	62.201	62.415	62.628
60	62.842	63.056	63.270	63.484	63.698	63.911	64.125	64.339	64.553	64.767
70	64.981	65.194	65.408	65.622	65.836	66.050	66.264	66.478	66.692	66.906
80	67.120	67.333	67.547	67.761	67.975	68.189	68.403	68.617	68.831	69.045
90	69.259	69.473	69.687	69.901	70.115	70.329	70.544	70.758	70.972	71.186

续表

℃	0	1	2	3	4	5	6	7	8	9
100	71.400	71.614	71.828	72.042	72.257	72.471	72.685	72.899	73.114	73.328
110	73.542	73.757	73.971	74.185	74.400	74.614	74.828	75.043	75.258	75.472
120	75.686	75.901	76.115	76.330	76.545	76.759	76.974	77.189	77.404	77.618
130	77.833	78.048	78.263	78.477	78.692	78.907	79.122	79.337	79.552	79.767
140	79.982	80.197	80.412	80.627	80.843	81.058	81.273	81.488	81.704	81.919
150	82.134									

参 考 文 献

[1] 倪育才．实用测量不确定度评定［M］．北京：中国标准出版社，2020.

[2] 郭斯羽，刘波峰．计量与测试技术基础［M］．北京：电子工业出版社，2015.

[3] 郑正泉，姚贵喜，马芳梅，等．热能与动力工程测试技术［M］．武汉：华中科技大学出版社，2001.

[4] 叶培德．国家计量技术法规统一宣贯教材：测量不确定度理解评定与应用［M］．北京：中国质检出版社，2013.

[5] 张重雄．现代测试技术与系统［M］．北京：电子工业出版社，2010.

[6] 张子慧．热工测量与自动控制［M］．北京：中国建筑工业出版社，1996.

[7] 俞小莉，严兆大．热能与动力工程测试技术［M］．3 版．北京：机械工业出版社，2017.

[8] 张师帅．能源与动力工程测试技术［M］．武汉：华中科技大学出版社，2018.

[9] 吕崇德．热工参数测量与处理［M］．2 版．北京：清华大学出版社，2001.

[10] 方修睦．建筑环境测试技术［M］．3 版．北京：中国建筑工业出版社，2016.

[11] 康灿，代翠，梅冠华，等．能源与动力工程测试技术［M］．北京：科学出版社，2016.

[12] 易维明．热工参数测量［M］．北京：中国农业出版社，2017.

[13] 熊志宜，王新伟，苏亚丽，等．热工测试技术：富媒体［M］．北京：石油工业出版社，2021.

[14] 皇甫伟．无线传感器网络测试测量技术［M］．南京：南京大学出版社，2022.

[15] 姜楠，田砚，唐湛棋．工程中的流动测试技术及应用［M］．天津：天津大学出版社，2018.

[16] 万金庆．热工测量［M］．北京：机械工业出版社，2013.

[17] 丁振良，袁峰．仪器精度理论［M］．哈尔滨：哈尔滨工业大学出版社，2015.

[18] 吴祥．测试技术［M］．南京：东南大学出版社，2014.

[19] 韩东太．能源与动力工程测试技术［M］．徐州：中国矿业大学出版社，2016.

[20] 董大钧．误差分析与数据处理［M］．北京：清华大学出版社，2013.

[21] 唐经文．热工测试技术［M］．重庆：重庆大学出版社，2018.

[22] 董惠，邹高万．建筑环境测试技术［M］．北京：化学工业出版社，2009.

[23] 北京长城航空测控技术研究所．航空测试技术［M］．北京：航空工业出版社，2013.

[24] 祝志慧，冯耀泽．机械工程测试技术［M］．武汉：华中科技大学出版社，2017.

[25] 李郝林．机械工程测试技术基础［M］．上海：上海科学技术出版社，2017.

[26] 郑洁．建筑环境测试技术［M］．重庆：重庆大学出版社，2007.

[27] 李海富．两相流参数检测及应用［M］．杭州：浙江大学出版社，1991.

[28] 周云龙，孙斌，李洪伟．多相流参数检测理论及其应用［M］．北京：科学出版社，2010.

[29] 林宗虎，郭烈锦，陈听宽，等．能源动力中多相流热物理基础理论与技术研究［M］．北京：中国电力出版社，2010.

[30] 徐科军．传感器与检测技术［M］．5 版．北京：电子工业出版社，2021.

[31] 樊尚春．传感器技术及应用［M］．3 版．北京：北京航空航天大学出版社，2016.

[32] 杜维，张宏建，王会芹．过程检测技术及仪表［M］．北京：化学工业出版社，2010.

[33] 吴锦武，卢洪义．动力机械测试技术［M］．北京：机械工业出版社，2022.

[34] 吴爱平，孙传友．感测技术基础［M］．4 版．北京：电子工业出版社，2021.

[35] 孙长库，胡晓东．精密测量理论与技术基础［M］．天津：天津大学出版社，2021.

[36] 孔德仁，王芳．工程测试技术［M］．3 版．北京：北京航空航天大学出版社，2015.

[37] 熊诗波．机械工程测试技术基础［M］．4 版．北京：机械工业出版社，2018.

[38] 沈熊．激光多普勒测速技术及应用［M］．北京：清华大学出版社，2004.

[39] 陈永平，刘向东，施明恒．热工测试原理与技术［M］．北京：科学出版社，2021.

[40] 王子延．热能与动力工程测试技术［M］．西安：西安交通大学出版社，1998.

[41] 李似姣．现代色谱分析［M］．北京：国防工业出版社，2014.

[42] 谭秋林．红外光学气体传感器及检测系统［M］．北京：机械工业出版社，2013.

[43] 袁梅，高占宝，吕俊芳．传感器与航空测试系统［M］．北京：北京航空航天大学出版社，2022.

[43] 贾丹平，伞宏力，赵立民．荧光光纤温度测量技术及应用［M］．北京：科学出版社，2015.

参考文献